广东省长隆慈善基金会
GUANGDONG CHIMELONG
PHILANTHROPIC FOUNDATION

动物地理学

李兆元　董贵信　著

科学出版社

北　京

内 容 简 介

本书综合过去 30 年来国内外的最新研究成果,从演化和适应两个维度论述物种分布问题,是目前国内第一部系统介绍动物地理学内涵及范畴的学科专著,也是论述该学科最新研究进展的科学专著。通过绪论和物种多样性,系统介绍本学科内涵、历史脉络以及生物学概念和理论;通过描述地理空间的环境分异和生物相以及环境的历史变迁,以阐述环境压力及其动态性。用部分兽类分布区的历史变迁和地质时期动物区系来展示动物分布区及区系的动态性,通过介绍当代世界和中国动物地理区划来展示生物多样性的分布格局以及演化背景、当代环境与物种适应的统一性。最后结合作者的最新研究发现来探讨本学科在当代生物多样性保护中的应用价值。

本书可作为科研院所和高等院校相关领域的研究者的参考用书,也可作为高等院校生物地理学等相关学科的教学参考书。

审图号: GS 京(2022)1567 号

图书在版编目(CIP)数据

动物地理学/李兆元,董贵信著. —北京:科学出版社,2023.3
ISBN 978-7-03-073963-6

Ⅰ. ①动… Ⅱ. ①李… ②董… Ⅲ. ①动物地理学 Ⅳ. ①Q958.2

中国版本图书馆 CIP 数据核字(2022)第 226759 号

责任编辑:石 珺 白 丹 / 责任校对:郝甜甜
责任印制:吴兆东 / 封面设计:无极书装

科学出版社 出版
北京东黄城根北街 16 号
邮政编码:100717
http://www.sciencep.com
北京建宏印刷有限公司印刷
科学出版社发行 各地新华书店经销
*
2023 年 3 月第 一 版   开本:787×1092 1/16
2024 年 9 月第二次印刷   印张:31 1/2
字数:756 000
定价:255.00 元
(如有印装质量问题,我社负责调换)

作者简介

李兆元 西南林业大学教授，中国灵长类学会理事，英国苏格兰皇家动物学会顾问，卡塔尔霍尔动物园动物学顾问。长期从事灵长类行为生态、动物地理、动物保护研究，先后获得国内外 10 余项研究资助。荣获中国科学院自然科学奖二等奖（叶猴生物学特性的研究，1995）、国家新闻出版署全国优秀科技图书奖（《叶猴生物学》，1995）、英国灵长类学会 Georgina Dasilva 奖（1998）、美国灵长类学家协会灵长类学奖（1999）。2000 年以来，在西南林业大学先后讲授"动物行为学""动物生态学""保护生物学""生物地理学"等本科课程以及"动物地理学"和"实用统计学方法"等研究生课程；2018 年以来，采用全新研究思路进行群落生态学研究，并已获得初步成果。

董贵信 博士，正高级兽医师，现任广东长隆集团副总裁兼首席动植物官。兼任中国动物学会副理事长、中国野生动物保护协会野生动物园专业委员会副主任委员、中国野生动物保护协会水生野生动物保护分会副会长、广东海洋协会副会长、中国野生植物保护协会副会长、广东省动物学会副理事长和中国林学会常务理事。在广东长隆集团工作 30 余年，长期从事野生动物种质资源保护工作，受聘国务院政府特殊津贴专家，在野生动物保护研究、科普宣传、救护野化和文化旅游推广方面做出贡献。

前　言

　　地球的圈层结构中，生物圈是最生动的组成部分，也是人类起源、生存、演化的直接环境。生物圈的发展受制于其他圈层，同时又改变着其他圈层。这种互动不断改变着生物圈内部成分及其互动方式。内外互动的结果构成生物演化的历史，并塑造了当今物种的分布格局。解释这种格局形成的机制是生物地理学研究的任务，对维护当今地球环境，促进人类可持续发展意义重大。

　　地球的圈层中，生物圈也是最复杂的圈层。这种复杂性源自于成分的多样性以及成分间互动方式的多样性。生物圈的成分分为植物、动物、微生物三大类。除了极少数原始生命通过吸收地热获取新陈代谢所需的能量外，绝大多数物种的能量来源于太阳能。其中，植物通过光合作用吸收太阳能，将部分太阳能用于维持代谢外，剩余的太阳能以化学能形式储藏在组织中。组织中的能量被植食性动物所利用。植食性动物所获的能量中，部分用于动物机体代谢，部分储藏于动物机体的组织中，并被食肉动物所利用。动植物未被利用的能量最后为微生物分解后所利用。在能量的吸收和传递过程中，伴随着物质的吸收和传递。植物在进行光合作用过程中，通过叶片吸收 CO_2。另外，根部吸收水分以及矿物质。这些物质通过上述能量传递途径传递给各种动物。因此，物种间最基本的生态学关系是能量和物质的传递关系。

　　在传递链条中，各节点上的物种均因获得能量和物质而生存，甚至进一步发展。随着新物种的演化和加入，逐步产生各类种间互动方式。在相同营养级中，对共同资源的需求导致竞争。绿色植物在地面上竞争阳光，地下竞争水和矿物质。植食性动物竞争相同食物资源，捕食性物种竞争相同猎物物种。过度竞争导致物种灭绝。这种灭绝压力促使物种生存需求发生分化，降低生态位重叠度，从而增进共存机会。在相继营养级之间，物质和能量的种间传递以一个物种对另一个物种的消耗方式来实现。其中，食肉物种通过捕食或者食腐获得物质和能量，捕食性互动和食腐性互动形成。相继传递链上，前一物种受损，后一物种受益。受损物种演化出防御/抵抗机制，以减小因受损而走向灭绝。例如，在演化博弈中，植物演化出棘状分枝（物理抵抗）或者单宁及其他有毒次级化合物（化学抵抗）以降低被啃食的概率，提高自身生存率；猎物物种演化出各种反捕食策略，以降低捕食成功率，提高猎物存活率。在营养关系外，物种以其他互动方式提高自身生存率。其中，在形态学上，一个物种形似另一物种以迷惑捕食天敌（拟态）；在行为学上，一个物种通过其他物种的行为信号以判断潜在威胁或者食物资源的出现，或者利用其他物种活动过的区域作为自己的活动区从而获得更多利益，甚至与其他物种互利……。竞争、捕食、偏利、互利、拟态及其他互动方式将特定物种在空间分布上联结在一起，有组织地共同出现于相同地理空间中，并形成群落。群落的存在表现在空间上是一群特定物种的组合，这些组合局限在一定空间里。群落内广布物种分布区在群落间跨越，促成群落间联系。实现联系的物种越多，这些群落的相似性越大，表明其演化历史的共同性越高，亲缘关系越近。随着空间距离增大，环境的地理分异程度增加，演化历史共同性下降，亲缘关系越远。

互动方式建立在形态学/生理学的适应基础上。例如，在攻克单宁及其他有毒次级化合物的防卫机制中，食叶物种通过形态和生理上的演化，形成适合特定微生物生存的胃肠道环境，并借助这些微生物将毒素降解。因此，这些互动方式是演化上对特定时空环境的适应。适应意味着在"能"的同时，有许多"不能"。例如，特定食叶物种在能降解当地植物中常见的毒素的同时，可能无法降解在其他地理空间中出现的毒素。同时，由于微生物的产气作用，这些动物无法进食富含碳水化合物的果（微生物水解碳水化合物时产生大量代谢气体，导致食叶动物因消化道胀气而死亡）。适应于富钙食物的石山叶猴（如：白头叶猴、黑叶猴）离开喀斯特地区后可能会因缺钙而灭亡。这些适应上的"不能"阻碍了大多数物种的自由扩散，分布区被局限在特定地理空间中。适应性的改变有赖于基因突变的积累，是个漫长的过程。

适应是物种对环境的适应。环境在地质历史中一直在变化。当变化较快时，由于来不及积累足够的基因突变以便适应新环境，大量物种走向灭绝。地质历史中已经出现过多次大灭绝事件。每次灭绝事件后，存在大量空白生态位。少量从大灭绝中幸免逃生的物种在生态释放中出现适应辐射，产生大量新物种，填充这些空白生态位。因此，大灭绝后通常是新一轮的物种多样性的繁荣。其结果，不同地质时期有不同的区系。对于特定区域，现今与外界连通的通道在历史上可能或者一度可能因巨大水体而与外界隔绝，现今与外界存在巨大山体或水体的隔绝在历史上可能或者一度可能处于连通状态。地理障碍对物种扩散和分布的阻碍作用因物种跨越能力的差异而不同。人类在更新世以来大规模改变地表景观，进一步使物种分布格局复杂化。当代全球物种的分布格局就是在这种错综复杂的演化历史与当今环境分异格局交互作用中形成的结果。

由此可见，①物种分布不是随机的，而是有其自身规律性。任何特定空间中的物种不是一盘散沙似的自由组合的结果，而是演化的结果，是特定物种的组合。物种间存在错综复杂的生态学互动，并在空间分布上出现关联性。当代生物地理学中所使用的"区系"一词没有体现这种关联性，仅仅是个方便使用、但科学性明显不足的词汇。空间关联是生物群落存在的体现。群落生态学在过去 100 年里没有得到相应发展，导致不同研究领域对群落概念定义不一，大多不关注物质和能量种间传递的客观存在，致使群落被视为一个虚无的概念。由于群落研究的滞后性，生态系统的边际变得无法确定。"生物相"是生物地理学中另一个常见术语，是指由一系列拥有相似生态特征的生态系统组成的整体。既然找不到生态系统的边际，生物相也就成了一个空洞的概念。这种滞后性还严重影响生物地理区划的合理性，使不同作者为区划方案争论不休。②作为生存和演化的策略，多数物种具备适应多种生境的能力，以应对环境变化。同时，相同生境类型在不同时间随着环境变化而出现在不同地理空间中。与之相应的是物种分布区在一定程度上是可变的，不是固定的。这种动态性没有反映在我国当今的生物地理学思想中。物种固定分布的认识统治着生物多样性的保护实践。这种缺乏科学性的保护实践带来工作中的诸多问题，因此有必要在理论上予以澄清。③对物种分布的认识涉及古生物学、古地理学、古气候学、当代地理和环境分异、生态学以及演化生物学的研究，同时决定了生物多样性保护努力的成效。这些学科在过去 50 年来取得了长足进步。然而，这些进步没有反映在当代中国生物地理学思想中。

在这种背景下，有必要系统性地厘清相关概念，集成上述学科的相关理论和最新研究进展，为我国确立生物地理学的科学范畴和学科内涵，并彰显该学科的重大意义。然而，正像小达灵顿所感叹的那样，生物地理学内容过于浩瀚，无人能够单独科学、完整、深入地描述这门学科，也没有一本书拥有足够容量去容纳这些知识。因此，考克斯（C. B. Cox）等人撰写的《生物地理学：生态和演化的探讨方法》对生物地理学的学科理论进行了清晰描述，但缺乏生动实例予以支撑。植物在成种机制、适应方式、演化步伐、扩散能力及扩散机制与动物存在较大差异。因此，植物地理学教材和专著无法提供动物地理学特有的内容，即使是植物区系区划也与动物区系区划存在诸多不同，包括术语使用的差异。要完整理解生物地理学，需要对动物地理学进行完整系统的描述。小达灵顿（Philip J. Darlington Jr）的《动物地理学：动物的地理分布》反映的是 20 世纪 50 年代以前科学界对动物地理分布的认识，缺乏过去 50 年来科学理论更新带来的新认识。其他相关书籍，如印度学者 S. K. Tiwari 的《世界动物地理学原理》，以作者所在国家或地区为核心进行论述，缺乏对中国动物地理科学的关注。中国已有的动物地理学教材译自早年苏联的教科书，许多理论已经被科学证实为谬误。中国完整的动物地理科学专著缺乏基本理论和基本概念的介绍，同时缺乏全球广度和历史深度，无法展示动物地理学的全貌。在《中国动物地理》（张荣祖，1999）的序言中，陈宜瑜先生说："在我国，生物地理学始终处于生物分类学的附庸地位，是生物区系分析研究的代名词。"是时候改变这种状况了。

受益于近年来在地理学教学团队中受到的熏陶，肤浅掌握了一些地理学、地质学和气候学的基本知识。在此基础上撰写了这本专著。生物地理学是生物学和地理学的交叉学科，物种的分布格局是物种的演化历史与对当代环境适应交互作用中形成的结果。这是撰写本书的指导思想。生物演化、生态适应和环境分异与变迁是论述物种分布问题的三个支点，以此构筑本书各章节。撰写过程中，尽力引用最新研究成果，力图展示动物地理学的最新学科面貌。然而，由于能力有限，加之时间仓促，书中难免有疏漏和不足，敬请读者和同行专家指评指正。

李忠元

2022 年 3 月 25 日

目　　录

第一章

绪　论

第一节　动物地理学的定义

人们很难对动物地理学下一个普遍适用的定义，因为不同作者由于从事不同领域的研究会给出不同的适合本领域的定义。例如，生态动物地理学家们给出的定义中，核心思想是生态学，地理成分很少。历史动物地理学家们给出的定义中，古动物学为其核心。在影响了几代人的著作《动物地理学：动物的地理分布》（*Zoogeography: The geographical distribution of animals*）中，哈佛大学教授菲利普·J. 小达灵顿（Philip J. Darlington Jr）声称，他的动物地理学是基础动物地理学（basic zoogeography），也叫地理动物地理学（geographical zoogeography）。在这本书中，物种在地理空间中的分布是探讨的核心问题[1]。自始至终，这本书没有对动物地理学给出定义。此外，该书试图回答四个问题：①动物分布的主要格局是什么？②这种格局是如何形成的？③为什么会形成这样的格局？④现代动物分布格局隐含哪些古地理和古气候信息？这四个问题实际上都是关于物种分布的科学问题，没有任何应用目的。为此，可以理解动物地理学在小达灵顿"心目中"的定义是，动物地理学是关于动物地理分布的科学。显而易见，这个定义非常宽泛，缺乏明晰的边界。

《生物地理学：生态和演化的探讨方法》（*Biogeography: An Ecological and Evolutionary Approach*[2]）是当代影响力非常大的著作，到 2016 年已经出版到第九版。在这部著作中，作者对生物地理学的定义是：生物地理学是关于现生有机体从基因到整体以及生物相所有水平上的分布、分布格局及其演化的研究（study of the distribution, and of the patterns of distribution, of living organisms at all levels, ranging from genes to whole organisms and biomes, and of the evolution of these）。相比之下，这个定义边界非常明晰。生物不言自明地包含动物、植物、微生物，因此可以借用这个概念，并按照中文习惯为动物地理学进行定义：动物地理学是关于现生动物有机体从基因到整体以及生物相所有水平上的分布、分布格局及其演化的科学。

在小达灵顿的影响下，印度学者 S.K.Tiwari 在其著作《世界动物地理学原理》（*Fundamentals of World Zoogeography*）中将动物地理学定义为"关于动物分布的科学（the science of animal distribution）" [3]，与上述小达灵顿"心目中"的定义何其相似。在《中国动物地理》[4]中，中国科学院地理科学与资源研究所张荣祖着重对中国的地理空间分异情况与动物区系分布的分化情况进行关联，反映出小达灵顿的影响痕迹，属于地理动物地理学的概念范畴。由于对中国陆生动物各物种分布进行详细的描述，该著作对相关领域的研究人员帮助很大，因此成为我国目前影响力极大的著作。然而，其既没有对动物地理学进行定义，也没有提供相关概念和理论，而且关注面仅限于中国范围。

植物与动物在生物学中是孪生姐妹，生物地理学下有动物地理学，还有植物地理学。德国近代地理学家、植物地理学创始人亚历山大·冯·洪堡（Alexander von Humboldt）

最初为植物地理学下的定义是：植物地理学是研究从赤道到两极，从海洋深处和具有隐花植物原始体的山洞到依地理纬度和地方性质而处于不同高度永久雪线的不同纬度下植物的数量、外貌和分布的科学。马丹炜和张宏[5]认为，目前比较一致的定义是，植物地理学是研究生物圈中各种植物和各种植被的地理分布规律、生物圈各结构单元（各地区）的植物种类组成、植被特征及其与自然环境之间相互关系的科学。从洪堡到现在的定义，物种与地理空间的关联是其不变的核心内涵。这种内涵与小达灵顿、Tiwari 以及张荣祖的著作中体现出来的核心内涵高度相似，反映了生物地理学的学科本质：生物地理学是生物学与地理学的交叉学科，地理空间与生物类群的关联是这门学科的关注对象。

当一个动物类群与一个特定的地理空间发生关联时，科学家立即会问：①在这个区域，除了这个类群外，还有哪些其他类群（群落生态学问题）？②这些类群从哪里来（古生物学问题）？③它们为什么能够存在于这个空间中（生态学问题）？如果将注意力扩大到其他地理空间，可能会进一步问：④这个类群为什么还出现在其他地理空间中（演化问题）？要回答第①个问题，需要研究者对特定区域中的物种进行调查和分类，以便弄清楚该区域的群落和区系构成，这是分类学工作。因此，动物分类学成为支撑性学科。要回答第②个问题，答案涉及物种演化的相关概念以及佐证演化的古生物学证据。因此，演化生物学和古生物学成为重要的指导学科。要回答第③个问题，首先要理解物种与环境的互动——适应。因此，动物生态学研究不可或缺。最后，要回答第④个问题，要了解古地理、古气候的变化过程，以及物种的扩散机制。相应地，动物地理学是用分类学、演化生物学、生态学、古地理、古气候以及古生物学研究动物类群的分布格局及其形成机制的科学。

第二节 动物地理学的发展历史

动物地理学是既古老又新兴的科学。

一、动物地理学是古老的科学

动物地理学是一门西方科学，经历了古希腊古典科学的起源阶段、文艺复兴后的博物学发展阶段以及 19 世纪以来生物学发展阶段。

1. 古典科学①的起源阶段

现代欧洲文化可以追溯到古希腊文明。对现代欧洲文化影响深远的古希腊哲学有两个学派：一个是赫拉克利特（Heracleitus）学派，强调变化，认为"世间万物不断变化"，事物之间的差异是形式上的差异，不具备本质性；另一个是德谟克利特（Democritus）

---

① 古希腊的古典科学与现代科学最大的差异在于：通过观察、归纳获得对规律的认识；但在解释规律时，古典科学通过哲学思辨来完成，而现代科学通过事实构建机制来完成。

学派。德谟克利特本人提出原子论，并基于原子论强调宇宙的恒定不变性。这个时期，哲学与科学没有截然分开，许多关于动植物的科学问题都通过哲学思考来解决。亚里士多德（公元前 384—前 322）受德谟克利特的哲学思想影响较深，是在达尔文之前对生物研究贡献最多的哲学家，生物学史的各个方面几乎都从他开始。亚里士多德是将生物学分门别类的第一个人，并撰写了多部著作，如《动物志》《解剖学》《动物繁殖》等。在《动物志》中，他按照一定的标准对动物进行分类；其中，对无脊椎动物的分类比两千年后的林奈做得更合理。他首先发现了比较法的启示意义，并将之贯穿于他的研究中，被认为是比较法的创始人。由于受到德谟克利特原子论的影响，亚里士多德坚信世界基本完美无缺，本质是不变的，从而排除了演化的观点[6]。

2. 博物学发展阶段

在后续的欧洲历史中，随着基督教的兴起并在文化上占据主导地位，类似古希腊科学的研究逐步消失，沉寂了一千多年。《圣经》旧约全书"创世纪（Genesis）"告诉信众：上帝第一天创造了宇宙，包括黑夜和白昼；第二天创造了天空；第三天创造了陆地、海洋和所有植物；第四天创造了日月星辰；第五天创造了所有的海洋动物和鸟类，并将水灌入海洋动物体内使其能在海中生活，将空气灌入鸟类体内使其能够在空中飞翔；第六天，上帝创造了所有动物，大的、小的，野生的、家养的，然后，在同一天依照自己的样子创造了人类，包括男人和女人。创造出人类后，上帝赋予人类居住在陆地上所有地方以及管理所有动物的权利。"创世纪"显示了上帝的万能。由于上帝是完美的，上帝所创造的世界及世上万物均是完美的，因此不可能有任何意义上的进化的必要[2]。基督教征服了西方之后，德谟克利特和亚里士多德的永恒的、基本上静止的世界观被新的基督教观念替代。在基督教观念中，世界是由上帝创造的概念支配的，没有为生物演化思想留下任何发展空间[6]。可见，从古希腊到基督教西方，不变的世界观念一直延续下来，尽管不变性背后的原因截然不同。

14 世纪，欧洲文艺复兴运动兴起。由于极度厌倦了天主教（基督教的原形，今天基督教中的一大教派）神权和禁欲主义，同时又缺乏新的文化体系用以取代天主教文化，意大利市民和世俗知识分子开始追捧古希腊文化以及前基督教的古罗马文化。这场复兴运动导致 16 世纪宗教改革运动和 17 世纪欧洲启蒙运动。在这场复兴运动中，欧洲近代医学蓬勃发展。由于对药用植物的需求，人们对植物和人体解剖产生了新的兴趣[6]，对植物分类和多样性的研究得到了发展，催生了近代博物学。

15 世纪，随着奥斯曼帝国兴起，欧洲通往东方的陆上通道被阻断。为了从东方获取经济利益，欧洲人开始探索开辟新航路。1522 年 9 月，麦哲伦的远航船队完成了从西班牙向西跨越大西洋，环绕南美洲经麦哲伦海峡进入太平洋，经过菲律宾、印度、非洲好望角后再回到西班牙的历史性环球航行。这次成功激起了欧洲人向外探险的狂热浪潮。探险的目的是获取经济利益。然而，为了展示上帝的万能，一批理想主义者加入了探险家行列，沿着新航线，到印度、东南亚、美洲各地采集动植物和矿石（包括大量化石）标本，绘制各地地图，大大拓展了对未知地理空间的认识。这批人后来被称为博物学家，他们所进行的研究也被称为博物学（natural history）[①]。

探险热潮持续了几百年。随着博物学家们不断运回巨量的标本，管理以及后期研究中信息的检索是个大问题。管理的基础是对标本进行描述，然后鉴定并命名，并最终安排在一个有序的系统中，以便后期检索。为此，博物学家们进行各种探索。首先，他们对所获得的标本进行细致的外部形态特征和内部解剖特征描述，并统一术语，催生了形态解剖学。通过比较，将特征一致的标本划分为一个种，将特征不同的标本划分为不同种。这是物种鉴定的过程，也是现代分类学的起源。用于物种鉴定的形态和解剖学特征被称为分类学特征。由于不同学者所依赖的分类学特征不同，鉴定的结果便五花八门。16 世纪，有 5 位学者对近代动物学的兴起作出了重要贡献。其中，威廉·特纳（William Turner，1508—1568）出版了《鸟类志》（*Avium Historia*，1544 年）以及一些植物学著作，但其主要造诣是鸟类学。皮尔·贝隆（Pierre Belon，1517—1564）的《鸟类博物志》（*L'histoire de la nature des oyseaus*，1555 年）是鸟类学研究历史中非常重要的著作。该著作记录了地中海及近东国家的鸟类，并首次运用生态学和形态学将鸟类分为猛禽、水鸟、沼泽鸟、陆地鸟、林间大鸟和林间小鸟。物种对生境的适应成了他的主要分类依据。吉劳米·伦德烈（Guillaume Rondelet，1507—1566）的《鱼类全志》（*De Piscibus Libri 18*，1554 年）内容丰富，描述了大约 200 种真正的鱼类以及鲸、头足类、甲壳类、硬壳软体动物、环节动物、腔肠动物、棘皮动物、海绵等。当然，现代科学认为后面这些动物不属于鱼类。康拉德·盖斯纳（Konrad Gesner，1516—1565）的《动物志》（*Historia Animalium*，1551 年）是一部 4000 多页的百科全书式巨著。在这部巨著中，他将自己的观察和他人的资料全部编撰进去。他对动物的一切知识都感兴趣，唯独对分类毫无兴趣。因此，他对动物按照简单的字母顺序编排，归类系统毫不超越亚里士多德和伦德烈。由于工作量太大，他将鸟类的三大卷交由乌李斯·奥尔德罗万迪（Ulisse Aldrovandi，1522—1605）编撰。

1）林奈

18 世纪是博物学昌盛时期。受启蒙运动影响，认识自然的新浪潮出现，催生新一轮航海探险热。在这轮探险热中，库克（Cook）、布干维尔（Bougainville）以及卡默尔森（Comerson）相继完成新的环球航海，并从世界各地带回大量的动植物标本。关于自然的书籍日益受人欢迎，博物陈列室、植物标本展览室在英国和欧洲大陆纷纷出现，收藏动植物标本、通过科学目录展示藏品成为赞助探险活动的王公贵族和富商巨贾的时尚。

[①] 博物学是科学分门别类前的研究状态。博物学家没有针对某一对象进行深入研究，他们几乎对自然界的方方面面都感兴趣，包括植物、动物、矿物。Natural History 一词是希腊文的英文化词汇；History 的希腊文原形是 Historia，含义是"研究"。因此，Natural History 的含义是"关于自然的研究"，中文的正确翻译是"博物学"。常有人将其错误地翻译为"自然历史"。

在这种社会背景下，博物学研究空前繁荣。在众多博物学家中，瑞典的卡尔·冯·林奈（Carl von Linné，1707—1778）以及法国的布丰脱颖而出，成为影响力最大的博物学家。其中，林奈对现代分类学影响最大，被誉为分类学之父。受到法国植物学家威朗特的《花草的结构》一书影响，林奈注意到花的结构在植物分类中的价值，用雌蕊和雄蕊数目作为分类学特征进行植物鉴定分类。这种研究思路后来为其他植物学家所接受。此外，受到亚里士多德对动植物命名的影响，林奈提出了分类学中的双名命名法（binomial nomenclature），并贯穿于 1735 年出版的《自然系统》（*Systema Naturae*）中。双名法使用拉丁文，由两部分组成，第一部分是属名，词性为名词；第二部分是种名，词性为形容词。例如，川金丝猴（亦称四川仰鼻猴），拉丁名是 *Rhinopithecus roxellanae*。属名是名词，含义是"鼻子古怪的（*Rhino-*）猴子（*-pithecus*）"；种名是命名者的女友 Roxellana 的名字，形容词化后变成 *roxellanae*，意指"Roxellana 的"。合起来的含义是"Roxellana 的古怪鼻子猴"。从词性差异可以看出，林奈强调的是属的而非种的客观存在性。他认为，每位植物学家都必须熟记每个属的分类特征。与同时代的许多其他研究者一样，林奈对属的分类着迷，对属以上的分类阶元没有很大兴趣，因为分类系统建立的目的仅仅是管理和检索的方便。当时的研究思想还没有发展到探讨亲缘关系的程度。

林奈的分类系统只有纲（Class）、目（Order）、属（Genus）、种（Species）四个阶元（关于现代生物学完整的分类阶元，详见第二章），没有科（Family）级阶元。这是一个开放系统，对应所有的种都有一个标本储藏在标本馆中，称为模式标本。对新采集到的标本与标本馆中的模式标本进行分类特征比较，相同者被归为原有物种，不同者被赋予新的种名。任何物种都有一个独一无二的拉丁文名字。在那个时代，许多研究者不承认属以上的阶元，仅按照逻辑分类在属以上用"卷""章"来进行编排。相比之下，林奈的分类系统即使没有反映类群之间的亲缘关系，也至少反映了类群之间的形态特征相似性。

在后续研究中，学者们相继使用科级分类阶元。到 1800 年，这个阶元被普遍用来指目和属之间的层次，并在昆虫学家拉特莱利（Latreille）的著作中被完全正规化后一直沿用至今。

林奈在生物分类学方面做了大量工作，但最出色的是他对植物分类学的贡献。正如模式标本所隐含的，林奈的物种是没有个体差异的，同种所有个体的分类特征都是相同的；只要存在差异，就被鉴定为不同物种。这种思想被称为模式种思想，可能是受古希腊原子论（所有事物只有量的变化，不存在质的差异）和基督教上帝创造的完美性（上帝创造物种时，不会出错，因此个体间不可能存在差异）思想影响而形成的。另一个影响因素可能是操作难度，即接受个体差异时，多大差异范围内的个体属于同一个物种是个主观判断的问题，操作过程中很难把控。

模式种思想在分类学界的影响一直持续到 19 世纪达尔文时代。

2）布丰

与林奈同年出生的法国博物学家乔治·路易·勒克莱克·布丰（Georges Louis Leclerc de Buffon，1707—1788）几乎是当时家喻户晓的博物学家，其部分著作被选编到中小学课本中。布丰最初酷爱物理学和数学，对博物学没有什么兴趣。但是，32 岁时，他被任命为皇家花园（现在的植物园）总管后，这一切开始发生变化。他穷其后半生写就了 36 卷的巨著《自然史》（*Histoire naturelle*），用事实材料解释地球史、人类史、动物史、鸟类史以及矿物史。动物史主要涉及哺乳动物。与林奈的研究思想不同，布丰不注重分类学，认为那不过是给动植物一个名字而已，甚至贬称林奈为"命名学家"。他更感兴趣的是动物的内部解剖、行为以及分布，关注自然的多样性。在《自然史》中，他将动物描述得栩栩如生。在林奈的思想中，自然界是一个个相互独立的实体；而布丰则认为它们是连续的，物种之间没有截然的鸿沟，连续性将它们联结成完整的统一体，反对将统一的自然肢解成种、属、纲。他在《自然史》第一卷（1749 年）中声称，自然并不认识种、属以及其他阶元，只认识个体；连续性就是一切。在解释自然的统一性时，他放弃了传统做法，用逻辑贯穿事实提出无神论解释，没有为上帝的创造之手留下任何操作空间。这种研究思路为物种演化思想打开了大门。

布丰还开创了动物地理学研究的先河（详见"4. 动物地理学的发展"）。

3）居维叶

18 世纪博物学中的分类学被林奈一统天下。正因如此，他在动物分类上的工作成就还不如 2000 年前的亚里士多德，从而导致整个动物分类学界出现倒退。这种倒退趋势到 18 世纪末～19 世纪初发生了改变。法国博物学家乔治·居维叶（Georges Cuvier，1769—1832）发现，无脊椎动物的内部解剖具有大量信息。比较解剖学研究方法是他对付艰难的无脊椎动物分类问题的锐利武器。1795 年，居维叶出版了《蠕虫的分类》，将林奈在"蠕形动物"条目下极度混乱的分类单元重新订正，提出平行的 6 个新纲：软体纲、甲壳纲、昆虫纲、蠕虫纲、棘皮纲和植虫纲。此时，脊椎动物门占据着优越地位。17 年后，在《四足动物骨化石研究》（*Recherches sur les ossemens fossils des quadrupèdes*）中，他将所有动物归为 4 门：脊椎动物门、软体动物门、节肢动物门、放射对称动物门。脊椎动物作为平行的门，失去了原先在动物分类体系中的优越地位。这些分类单元中，许多单元至今仍在使用，如甲壳纲、昆虫纲、软体动物门、节肢动物门等。他的分类体系促进了动物分类学在 19 世纪的复苏。然而，居维叶自己的关注点没有放在动物分类上，而是关注动物类群间的关系。在居维叶的思想中，这种关系体现动物类群间特征以及结构关系的相似性，而不是亲缘关系的远近。他说："总之，我并不是为了分类才写这本书。如果为了确定种的名称，按人为的系统去做会更容易而且也更合适。我的目的是让大家更确切地了解无脊椎动物的类别及其相互之间的真正关系，办法是就其已知的结构和一般性质归纳成一般原则。"现代生物学认为，动物的特征以及结构关系的相似性反映的是它们之间的亲缘关系。可能正是这种逻辑使得居维叶的动物分类体系启动了现代动物分类学的发展历程。

居维叶的另外一项重要贡献是对化石的研究，使其成为古生物学创始人。他首先将化石标本定义为与现生物种具有相等分类学地位的"已灭绝物种"，通过比较解剖学方法对现生动物和化石进行形态特征比较，将化石种放置到他的分类体系中。他发现，地层年代越新，古生物类型越进步。最古老的地层中没有化石，后来出现了植物和海洋无脊椎动物化石，然后又出现脊椎动物化石。在最新的地层中出现了现代类型的哺乳类和人类化石。他的发现与现代古生物学的研究结论基本一致。

居维叶的分类系统存在等级结构（即门、纲、目、科、属、种依次下降），不同类群在不同等级上发生联系。在化石类群之间以及化石类群与现生类群之间，他使用了"进步"与"原始"这样的形容词来指称类群从古到今的演变。但是，他一次又一次放弃了用亲缘关系来探讨类群间的关系的机会，始终怀抱着上帝设计之手。他极力抨击早期演化思想，尤其是在与拉马克的争论中。有趣的是，正是他在比较解剖学、系统学和古生物学方面的杰出贡献为后来坚信进化论的人提供了最有价值的证据。

3. 生物学发展阶段

1）拉马克

与居维叶同时代的法国博物学家让·巴普蒂斯特·拉马克（Jean Baptiste Lamarck，1744—1829）是提出生物学概念的第一人，因此也可以认为他是第一位生物学家。与居维叶一样，拉马克一生投入大量精力用于研究无脊椎动物，出版了《无脊椎动物的系统》《动物学哲学》《法国全境植物志》。其中，《无脊椎动物的系统》和《动物学哲学》在科学史上有重要地位。在研究动物分类时，拉马克认为，从最简单的纤毛虫（单细胞动物）到人是单一系列，越接近人，动物的构造越完善，因而越高级。因此，他试图将每一高级分类单元按其"完善程度"加以分级并进行排列。同时，他试图用进化的观点来解释这种现象。他认为物种可以从一个变成另一个，并大胆推测人与猿具有共同起源，因此成为演化思想第一人。拉马克的演化学说有两个支撑点：①获得性状遗传；②用进废退。他认为，生命的演化是个缓慢演变的过程；最简单的生命，如纤毛虫，是自然产生的。在这个过程中，所有的生命都有一种内在的禀性，那就是向着结构完美发展。即使环境静止不变，物种也会因为这种禀性发生逐步变化。然而，环境也在逐步变化。在变化了的环境中，物种必须适应新环境，否则就会走向灭亡。在对新环境适应的努力中，生命获得新的性状和新的结构。关于如何获得新性状新结构的问题，拉马克在《无脊椎动物的系统》中这样说："在动物体内，新器官的产生来自动物体感觉到某种不断存在的新的需要"。在这里，"感觉"一词仅仅是为了表述的方便而被他使用，他并没有说是动物在意识层面上的某种愿望或者需要。后世经常曲解拉马克的用词，并对他进行批判。但是，拉马克确实没有解释清楚新性状、新结构是怎么获得的。这个问题后来留给了达尔文去解决。

新性状和新结构一旦有利于物种在新环境中生存，从而被经常使用，则会被保留下去并且进一步发展。如果用得少，则其逐步被生命有机体废弃掉。因此，环境的变化和物种内在的驱动共同作用促进生物进化。这就是拉马克的用进废退学说。清末民初学者严复在《天演论》中将拉马克的理论介绍给中国学界。

拉马克生不逢时，他生活的时代是居维叶影响巨大的时代。居维叶用他全部的知识和逻辑力量来反对进化思想的最初代表者拉马克。他的保守思想影响了几代法国生物学家。因而拉马克的进化思想在法国比在其他热衷于科学的欧洲国家经历了更艰难的历程后才被接受。1802 年，拉马克提出"生物学（biology）"概念，但当时欧洲只有博物学和医学生理学（medical physiology）。词汇的新创没有立即引来生物学的"科学"。真正的生物学科学是演化生物学（evolutionary biology）和细胞学（cytology）等科学建立起来之后的事。因此，拉马克的学说在他生活的时代对法国的影响微乎其微。1829 年去世后，他的进化思想由于自然哲学派和少数动植物学家的坚持，才在德国成为流行思想[6]。

2）达尔文

17～19 世纪是科学逐步从哲学和宗教中脱颖而出的时期。在中世纪后期和文艺复兴时期，使用拉丁语的学者在欧洲各国之间旅行和讲学的情况非常普遍。但是，17 世纪以后，这种情况急剧减少，拉丁语的流行程度明显下降，代之以科学中的民族主义（或者国家主义）抬头。人们开始用本国语言发表著作，越来越少地引用外文文献。这种狭隘的地域观念到 19 世纪达到高峰，每个国家都有了自己的理性背景、精神状态以及国家气质。正是由于这种差异，科学的发展程度在各个国家有所不同。科学的职业化在法国和德国大约在 1789 年法国大革命之后开始，而英国则迟至 19 世纪中叶。15～19 世纪，生物学研究中心最初在意大利，随后转移到瑞士、法国和荷兰，然后是瑞典，最后到德国和英国。19 世纪上半叶的德国，动物学、植物学、生理学研究早就职业化了；大学已经建立专门讲座，由职业教授讲授这些课程。然而此时，自然神学在英国占有完全统治地位；生物学主要由神职人员和医生讲授[6]，目的是展示上帝的万能或者达到医学研究目的。正是在这种社会背景下，英国生物学家查尔斯·罗伯特·达尔文（Charles Robert Darwin，1809—1882）成长起来。

达尔文 1809 年 2 月 12 日出生于英格兰的什罗普郡（Shropshire）。祖父伊拉斯默斯·达尔文（Erasmus Darwin）是动物学家，著有《动物法则》（Zoonomia）一书。父亲罗伯特·达尔文（Robert Darwin）是当地名医。查尔斯·罗伯特·达尔文从小喜欢收集标本、钓鱼、打猎，酷爱阅读有关自然的书籍。他自己说："我是一个天生的博物学者"[6]。然而，1825 年，在查尔斯·罗伯特·达尔文 16 岁时，他父亲把他送去爱丁堡大学学医学。在这里，医学课程让他伤透脑筋；但是，却开启了他的博物学生涯。他如饥似渴地阅读博物学文献，经常与地质学家、植物学家、昆虫学家、动物学家来往。他参加爱丁堡当地的一个博物学会——Plinian 学会，在动物学家罗伯特·格兰特（Robert Grant）

的指导下研究潮间带海洋生物。他经常造访博物馆，学习制作鸟类剥制标本。这种状况引发家庭担忧：作为一个中产阶级家庭的孩子，将来应该成为医生或者牧师。但达尔文显然不能满足家庭的期望。为此，家里人要求他返回英格兰，到剑桥大学学习神学，以期未来成为牧师。

当时，剑桥大学和牛津大学的植物学家和地质学家都是神学家。因此，达尔文同意了家人的要求，于1828年元月进入剑桥大学，并于三年后的1831年4月取得文学学士学位。在剑桥，他学习古典文学、数学和神学。但是，业余时间仍然继续他在爱丁堡大学时期从事的活动。对达尔文影响最深的莫过于植物学家亨斯娄（J. S. Henslow）牧师。他经常与这位牧师一道散步，从他那里汲取大量的植物学、昆虫学、化学、矿物学以及地质学知识。在亨斯娄的建议下，他专门安排时间去接受著名地质学家亚当·塞吉威克（Adam Sedgwick）教授在威尔士的野外工作培训，学会了绘制地质图。在基督教神学方面，Paley的文章的逻辑性和透彻性让他印象极深。Paley的《自然神学》是一本非常出色的关于博物学和研究适应现象的导论，可能对达尔文演化思想的构建产生过重要影响。在他视为珍宝的两本书中，一本是赫歇尔（Herschel）所著的《自然哲学研究导论》（*Introduction to the Study of Natural Philosophy*），他从中学习到许多科学方法。另一本是洪堡写的《自述》（*Personal Narrative*），该书诱发了他想当一名探险家的雄心，并且最理想的是到南美去探险。最终，他梦想成真——大学毕业的同一年年底（12月27日）登上英国皇家海军贝格尔号，踏上去南美的远航之路。这时，他还不到23岁。原定计划是航行两年，但最后实际航行了五年。1836年10月2日回到英国时，达尔文已经是一位成熟的资深的博物学家了。

1790～1850年世界上没有任何国家对地质学作出的辉煌贡献比得上英国。登上贝格尔号时，达尔文随身携带着著名地质学家查尔斯·莱伊尔（Charles Lyell）刚出版的《地质学原理》第一卷。1832年10月在乌拉圭首都蒙特维多收到第二卷。在该著作中，莱伊尔提出的均变论以及对拉马克及其进化学说的批判引起达尔文深思，并对其后来构建演化理论产生过重要影响。从《地质学原理》中不难看出，莱伊尔不仅是位地质学家，他也非常精通生物地理和生态学。当谈论到生物学问题时，他极富权威性。

五年的航海旅行为达尔文提供了丰富的资料，使其得以系统地构建他的演化理论。1836年结束航海旅行回到英国后，达尔文就开始构思写一本"关于物种的书"。然而，当时的英国，思想氛围对他的学说的发展非常不利，大家对其演化思想基本上持批评态度，包括他的好友、地质学家莱伊尔，以及后来极力推崇他的思想的博物学家托马斯·亨利·赫胥黎（Thomas Henry Huxley，1825—1895）。因此，关于物种演化问题，他三缄其口20余年。在这20多年里，他做了大量的研究工作，包括动物行为、植物繁殖、藤壶生物学，甚至地质学研究。这些工作反映在他随后发表的专著中，如《人类及动物的表情》（*The Expression of the Emotions in Man and Animals*，1872年）以及《植物界的杂交和自花授粉的效应》（*The Effects of Cross and Self-Fertilization in the Vegetable*

Kingdom，1876 年）。1858 年，一方面是地质学家莱伊尔和细胞学家胡克的敦促，另一方面是他发现博物学家阿尔弗雷德·拉塞尔·华莱士（Alfred Russel Wallace，1823—1913）也构建了几乎完全相同的演化理论，所以达尔文撰写了长达 490 页的"关于物种的书"的"摘要"。在发行人的要求下，他去掉"摘要"字样，书名改写成《生命斗争中通过自然选择或者受偏爱的族群的保留实现的物种起源》（*On the Origin of Species by Means of Natural Selection or the Preservation of Favored Races in the Struggle for Life*，1859 年）。此书简要介绍了他的演化思想。在后续再版中，书名被简化，仅保留前五个字，变成 *On the Origin of Species*，中文翻译成《物种起源》。完整的学说反映在其后的专著《人类的由来和性选择》（*The Descent of Man and Sexual Selection*，1871 年）中。在《物种起源》中，他陈述了育种学、生态学、古生物学、生物地理学、动物行为学、形态学、胚胎学、分类学等许多领域的大量现象，揭示出各种生物之间的亲缘关系。

达尔文的演化理论解释了物种多样性的起源问题。他认为，各类群均有一个共同祖先，所有类群来自一个共同祖先。他生活的时代是英国工业革命时期，已经与林奈时代大不相同。纺织业促进畜牧业发展，羊的遗传选育是农场主们每天都在进行的工作。同种羊中个体的差异已经司空见惯。家养动物中，狗的不同品种在形态学特征上的差异也给达尔文留下很深印象。从加拉帕戈斯群岛的三个小岛上采集到的小嘲鸫在形态特征上的差异及其生态学意义，使他认识到地理成种（geographic speciation）的过程。因此，与林奈不同，达尔文认为物种由相互间存在性状差异的个体组成（放弃了林奈的模式种思想），不同性状由个体的遗传因子决定：遗传因子发生突变产生新的性状。这些个体组成种群（population），物种以种群形式存在。面对不同环境压力，有利于个体生存和繁殖的特征最终得以保留，不利特征会随着个体的死亡而消失。因此，种群内个体的特征相似，这些特征有别于其他地方种群中的个体。在空间维度上，只要给予足够时间，种群间的性状差异会变得很大，新物种就会形成，从而一个物种就能演变成多个物种。这是物种多样性得以实现的自然机制。在时间维度上，历史上不能适应新环境的物种逐步灭绝，适应新环境的物种伴随着环境变化逐步演变成现代物种。这是物种演化的过程。与拉马克的学说不同，达尔文认为，性状是遗传因子突变的结果，先于环境出现，通过对环境的适应而被筛选（自然选择机制）。拉马克则认为，环境首先出现，物种在面对环境的挑战下，内在走向结构完善的禀赋决定物种是灭绝还是保留并最终变得更为完善。达尔文认为，不管这个结构是简单还是复杂，只要在与环境互动中有效适应环境、为个体提供更多生存和繁殖机会，它就能保留下来。因此，这个过程是多方向的，包含了结构从复杂到简单（如肠道寄生虫）的变化，即退化。拉马克认为，生物的变化是从结构的简单和不完善到复杂和完善的单向过程，这个过程称为进化。达尔文思想中的多维变化过程在中文中不能用"进化"，而应该用"演化"来表述。在达尔文描述的演化过程中，上帝没有插手之处。

作为科学理论，达尔文需要证据来支持演化的客观存在。为此，从居维叶到达尔文时代的地质学家们收集到的化石成为丰富的佐证。另外，胚胎学此时已经有了长足发展。他认为，动物胚胎时期的特征反映这种动物的祖先种类的特征。这一观点后来成为德国胚胎学家海克尔 1866 年提出的生物发生律（biogenetic law；也叫重演律 recapitulation law）①的理论核心。这种观点使得他引用丰富的胚胎学证据来支持他的理论。

达尔文理论的命运与拉马克理论不同。有精巧合理的自然机制（即自然选择）和丰富的研究事实使得《物种起源》出版以后的 10 年内再也没有一个合格的生物学家不接受演化的事实，包括之前极力反对演化思想的莱伊尔和赫胥黎。赫胥黎后来成为达尔文理论的坚定维护者。

达尔文在生物演化论中有部分重要问题没有解决。例如，自然选择的基本单位是什么？是性状，还是个体，亦或是群体？利他行为常常使得利他者失去繁殖机会（如蜜蜂中的工蜂）甚至生存机会，控制这种行为的基因（达尔文杜撰的一个概念）无法传递下去，这种行为又是如何在演化中得以保留下来的？19 世纪后半叶，孟德尔的遗传学以及摩尔根的基因理论带动了现代遗传学的发展，进一步充实了达尔文的演化学说。随着 20 世纪初生物学各分支研究的迅猛发展，40 年代以后，以恩斯特·迈尔（Ernst Mayr）和杜布赞斯基（T. Dobzhansky）为代表的哈佛大学"现代综合演化论"学派综合运用现代生物学各学科，包括形态学、生态学、行为学、胚胎和繁殖生物学、遗传学、分子生物学以及理查德·道金斯（Richard Dawkins）的自私基因理论，进行演化问题的探讨，达尔文未解的问题逐步得到解答，使演化理论成为主导 20 世纪生物学各学科发展的核心理论。

4. 动物地理学的发展

1）布丰及早期动物地理学

在博物学研究中，布丰发现，地球表面不同区域拥有相似环境，但动物种类组合不同。后人将这种现象称为布丰定律（Buffon's Law）[2]。布丰的分类系统与林奈的分类系统不同。林奈按照共同性状将物种置于不同类群中；而布丰根据来源地安排类群，并由此得出各种结论。例如，布丰的结论之一是北美的动物区系源于欧洲。布丰的主要贡献在于按照区域编排分类系统，这成为后来动物区系的雏形，对 18 世纪热衷于探险的博物学家们影响最大[6]。在解释动物区系的分布变化时，布丰将原因归结为历史的和生态的两个因素，这与现代动物地理学的基本思想是一致的。但是，细节大不相同。例如，他认为，当地球开始冷却时，生命首先出现于率先冷却的北方，因为此时靠近热带的地

---

① 生物发生律为 1866 年德国胚胎学家恩斯特·海克尔（Ernst Haeckel）在《普通形态学》中提出的。其含义是，生物发展史可以分为两个相互密切联系的部分，即个体发育和系统发展，也就是个体的发育历史和同一起源所产生的生物群的发展历史，个体发育史是系统发展史的简单而迅速的重演。简单地说，就是通过胚胎发育过程中个体形态特征的变化过程了解这个物种的演化历史。例如，人类胚胎中有一个阶段存在与猴子相似的尾，表明人类演化历史中早期灵长类的特征。

区仍然很热，不适合动物生存。随着地球进一步冷却，北方的动物区系逐步向热带移动；同时，新的北方区系又形成（形成地点很可能位于西伯利亚）。由于这些尝试，学术界认为是布丰开启了动物地理学研究的先河，因此将其尊为动物地理学之父。然而，随着动物地理学研究资料的不断积累和丰富，布丰的理论最终被抛弃。

18 世纪另一位值得一提的动物地理学家是德国动物学家 E.A.W. Zimmermann。他专注于研究哺乳类的地理分布，尤其是间断分布①现象。他认为，纯粹凭气候无法解释哺乳类的间断分布问题，因为间断分布是地球历史影响的结果。这种观点反映在他 1778～1783 年发表的论著中。他指出，当目前被海洋分隔开的两个地区气候相同、哺乳类区系不同的时候，这两个地区一定是一直被分隔开的。然而，当这两个地区拥有相似或相同物种时，则可以合理推论这两个地区以前曾经是连在一起的。他列举了一些海岛，如不列颠群岛、西西里岛、锡兰岛（即今天的斯里兰卡）以及大巽他群岛，并认为它们以前一定是和大陆连在一起的。他还认为，北美和北亚以前也是相连的。这种推测被现代自然地理学和现代动物地理学证明是正确的。因此，有人认为 Zimmermann 是历史生物地理学的创始人。他的推测挑战了在神创思想下地球静止不变（海永远是海、陆地永远是陆地）的信念。

像布丰、Zimmermann 这样对历史因素的重视，在 18 世纪的动物地理学文献中很常见，但 19 世纪早期消失了。此时，人们对各地动植物区系了解更多，尤其是发现澳大利亚生物区系的奇特性后，注意力开始转向研究各地区系的独特性。在解释这种独特性时，人们开始求助于上帝：他们认为，上帝在全世界创造，并且在不同地方设立创造中心（center or focus of creation）。在每个创造中心内创造的动物相似，不同中心的动物不同，因而呈现出不同的区系独特性。这是当时比较流行的对区系独特性的解释。莱伊尔也持这种思想，并且影响着正在登上贝格尔号军舰的达尔文。然而，在达尔文构思《物种起源》的 20 余年间，盛行着灾变论思想。灾变论认为，地球表面经历过十分剧烈的变化。这种思潮对生物地理学产生了深刻影响。按照灾变论，如果认为生物区系与其环境是协调一致的，那么灾变势必会大大影响区系的分布。这种推测得到了美籍瑞典博物学家路易·阿伽西（Louis Agassiz, 1807—1873）于 1857 年提出的冰期学说的证实。在灾变思想影响下，英国博物学家爱德华·福布斯（Edward Forbes, 1815—1854）和瑞士植物学家阿尔丰斯·德·坎多尔（Alphonse de Candolle, 1806—1893）将生物地理学从静态的转变为动态的。福布斯认为，不列颠群岛的动植物区系分布格局是近期地质历史的产物，区系的不连续分布是原先的连续分布遭到破坏后形成。福布斯以构想大陆桥而闻名，对地质变化印象很深。当要解释生物区系分布于不连续的两个地区时，他总是借助于曾经存在后来消失了的大陆桥，如直布罗陀以西、大西洋中的亚特兰蒂斯洲。当然，他构思的许多大陆桥与今天地理学上说的陆桥不是一回事，而且大多不存在。他的

① 间断分布是指同一物种（如虎）或同一类群（如灵长目）有两个甚至更多分布区的分布格局。分布区之间相互被隔离。

这种思路影响了后续几十年的生物地理学研究。

灾变论显然对达尔文思考《物种起源》产生了重大影响。他也很关注冰期对生物区系的意义。然而，他没有将大量精力放在动物地理区划中。他认为这种工作是静态的描述性分类，对此不感兴趣。他更感兴趣的是对物种起源有意义的地理学现象。在《物种起源》的开篇中，他说："当我作为一个博物学家登上英国皇家军舰贝格尔号后，给我印象极深的是南美洲动植物分布中的某些情况……这些情况就我看来可能说明物种的来源这个谜中之谜。"有两种现象引起达尔文的特别注意：①在南美洲，温带和热带间的动物区系在亲缘关系上与其他洲上的温带物种更接近。②南美洲附近海岛（如马尔维纳斯、加拉帕戈斯以及吉罗）上的动物区系和邻近的南美大陆区系与其他海岛上的物种在亲缘关系上更接近。为此，他认为，这些区系"引进"的历史比这些地区的生态似乎更重要。因此，物种的分布显然不是随机的。很显然，他已经发现了动物地理分布中的演化历史维度。但是，他没有进一步去构建动物地理区，而是用这个维度去构建物种起源过程中的地理成种机制。由于研究工作的前沿性，他总是面临两大任务，一个是用事实去否定原先错误的或无用的观点，另一个是试图介绍新的关于事物的原因的学说。因此，达尔文被尊为原因生物地理学（causal biogeography）的创始人。

2）斯克莱特

在达尔文构思《物种起源》的时间里，许多博物学家正在精心研究区域性生物地理学。其中，英国鸟类学家菲利普·L·斯克莱特（P. L. Sclater，1829—1913）依据鸟类的分布，于1858年（即《物种起源》出版前一年）提出将全球划分为两大界六大区域[7]，率先开创了动物地理学的区划研究。第一大界是位于东半球的"神创旧界（*Creatio Palaeogeana*）"，下分古北区（Palaearctic region，包括欧亚温带、非洲北角以及阿特拉斯山脉北部）、埃塞俄比亚区或者西古热带区（Aethiopian or Western Palaeotropical region，包括北角以外的非洲和阿拉伯半岛南部）、印度区或者中古热带区（Indian or Middle Palaeotropical region，包括亚洲热带及紧邻的大陆性岛屿），以及澳大利亚区或者东古热带区（Australian or Eastern Palaeotropical region，包括新几内亚岛、澳大利亚以及塔斯马尼亚岛）。第二大界是位于西半球的"神创新界（*Creatio Neogeana*）"，下分新北区或者北美区（Nearctic or North American region，包括墨西哥中部以北、含格陵兰的北美地区）和新热带区或者南美区（Neotropical or South American region，包括中美、南美以及墨西哥南部）。这六大区的划分成为现代世界动物地理区划的前身。他对界的划分反映了两大特点。第一，他的学说思想仍然受神创论控制，没有丝毫演化论的痕迹。界名反映他在寻找上帝的"创造中心"。第二，受鸟类静态分布的局限。鸟类的扩散能力很强，巴拿马地峡形成前的热带海对鸟类扩散的阻隔作用非常有限，南北美洲间鸟类交流的历史很长，因此两大洲共同类群很多，而与其他洲之间的共同类群较少。鸟类区系的相似性导致斯克莱特将南北美洲划在一个界中。

3）赫胥黎

斯克莱特提出区划方案 10 年后，英国博物学家、达尔文学说的坚定维护者托马斯·亨利·赫胥黎（Thomas Henry Huxley，1825—1895）也提出了全球动物区系的区划方案[8]。在这个方案中，他接受了斯克莱特的 6 区划分，但将 6 区置于不同的两大界之下：北方大陆界（Realm Arctogea）和南方大陆界（Realm Notogea）。其中，北方大陆界覆盖世界的主要部分，被进一步分为埃塞俄比亚区（Ethiopian region，包括北角以外的非洲和阿拉伯半岛南部）、东洋区（Oriental region，包括热带亚洲及周边大陆性岛屿）、古北区（Palearctic region，包括欧亚大陆热带以北地区以及非洲北角），以及新北区（Nearctic region，包括墨西哥热带地区以外的整个北美）。南方大陆界有新热带（Neotropical region，包括墨西哥的热带区域以及中美和南美）和澳大利亚（Australian region，包括澳大利亚和新几内亚岛）两个区。赫胥黎不是神创论者，他的分类完全基于自然现象。在区级分类上，他的方案与斯克莱特基本相似，只是所用名称有所不同。例如，斯克莱特的"印度或者中古热带区"在赫胥黎的方案中被称为东洋区。本质的不同在于界的划分：斯克莱特基于区系相似性（没有考虑亲缘关系）将南北美合为"神创新界"，而赫胥黎基于区系亲缘关系将北美划入"北方大陆界"、将南美划入"南方大陆界"。赫胥黎的划分反映了哺乳类区系在欧亚、非洲以及北美间的亲缘关系差异。

从斯克莱特以后的一百年里，区的划分不是学者们争论的焦点。争论主要集中在不同区之间的关系。华莱士的关注点是各个区内的成分构成，而对区间的关系兴趣不大。赫胥黎方案提出 8 年后，华莱士提出了自己的方案，在肯定斯克莱特 6 区划分的同时，将各区置于相互平行的关系中[9]。Heilprin[10]提出了全北区（Holarctic region）的概念，将古北区和新北区合并为一个区。这个概念现在还常用，但不是作为全球动物地理区划的正式单位，而是用于指称欧亚大陆和北美环北极区域的动物区系。华莱士之后，其他作者继续在区间关系上探索。其中，影响比较大的是 Blanford[11]的方案。在这个方案中，6 区置入三大区中：北方大陆区（含 4 个区，同赫胥黎方案）、南美区（South-American region）以及澳大利亚区（Australian region）；其他学者后来将南美区称为新大陆（Neogaea）区，将澳大利亚区称为南方大陆区（Notogaea）。英国博物学家理查德·莱德克（Richard Lydekker，1849—1915）进一步将这三大区提升为三大界，用 Realm 表示[12]。这个方案反映了各陆块地理空间关系的同时，也反映了类群分布的特点，如南北美洲兽类区系的差异性。此后，虽然还有其他作者提出各自的方案，如 Gadow（1913）、Scrivenor 等（1943）、Schmidt （1954），但三大界 6 区方案成为普遍接受的方案[1]。

4）华莱士与现代动物地理学

如果说布丰是动物地理学之父，英国博物学家阿尔弗雷德·拉塞尔·华莱士（Alfred Russel Wallace，1823—1913）则是当之无愧的现代动物地理学之父，因为他的学说灌注了演化思想。几乎与达尔文同时、但独立提出生物演化论的是华莱士。1855 年，华莱士就发表了论文《控制新种引进的法则》[13]；1856 年，他给达尔文寄去论文手稿《原种与变种永远分离的趋势》(*On the tendency of varieties to depart indefinitely from the original type*)。1858 年 8 月 20 日出版的伦敦林奈学会年报中，他与达尔文都有文章，讨论演化机制。达尔文长篇讨论变种的形成，华莱士则讨论生存竞争引起的自然平衡。但是，这些东西似乎没有引起人们的关注，以至林奈学会会长在 1858 年的会务报告中说："今年……确实没有什么使这门科学发生革命性变化的惊人发现。"到 1859 年《物种起源》出版后，华莱士完全被遮挡在达尔文的阴影之中了。

华莱士与达尔文有许多共同点，两人均是英国人，都读过莱伊尔和马尔萨斯的著作，都是博物学家，都曾在热带群岛从事博物学考察，都提出了生物演化理论。但是，华莱士出生于下层家庭（达尔文是很富有的绅士），没有受过任何高等教育（达尔文受过多年大学教育），手头从来不宽裕，需要找工作糊口（达尔文远航回国后，住在乡村别墅，不工作，把全部时间投入研究中）。13 岁时，正在读初中的华莱士由于生计被迫离开学校，给当测量员的哥哥做助手，跋涉于沼泽和山地中。7 年的测量助手工作使华莱士成为一名热诚的博物爱好者，经常采集植物标本。与昆虫学家亨利·沃尔特·贝特茨（Henry Walter Bates）交上朋友后，他又开始采集蝴蝶和甲虫标本。他将采集到的标本出售给博物学家以换取生活费。达尔文的《研究日记》和洪堡的《自述》激起华莱士和贝特茨的强烈热情，并带着物种起源问题，一道于 1848 年 4 月前往南美亚马孙流域考察，采集大量鸟类、昆虫和哺乳动物标本。不幸的是，1852 年回程途中，船只失火，全部标本、大部分日记、笔记以及见闻录随之遗失。凭借记忆，他于 1853 年描述亚马孙河及其支流周边的猴子、蝴蝶以及不善飞行的鸟类中亲缘关系最近的物种的分布情况。这次意外没有使他灰心丧气，1854 年 3 月又启程前往马来群岛进行第二次考察。华莱士在东南亚工作了 8 年，采集到 12.5 万份标本，包括鸟类、甲虫以及哺乳类；其中，大量物种在西方前所未见。他还发现，在巴厘岛和龙目岛之间、婆罗洲与苏拉威西岛之间存在一条界线，界线两侧动物区系非常不同：界线以西（巴厘岛、婆罗洲）与东南亚区系相似，以东（龙目岛、苏拉威西岛）与新几内亚岛区系相似。后人将其称为华莱士线（Wallace line）。此期间，他撰写了大量的论文和著作，尤其是关于演化和自然选择的著作。

1862 年回到英国后，华莱士已经成为达尔文之后最著名的生物学家。他一生发表了 800 多篇论文，出版了 22 部专著，是布丰以来在动物地理学领域最高产的作者。其中，1876 年出版的权威性两卷本《动物的地理分布》是当时流行很广的书[2]，被奉为区域生物地理学的"圣经"[6]。他的教育背景使他没有受到神学思想约束，大胆将演化思想贯穿于他的研究中。他确定了自斯克莱特和赫胥黎以来的全球动物地理 6 区划分方案。因此，如果说布丰是动物地理学之父，华莱士则当之无愧是现代动物地理学之父。

华莱士之后，各地的区域生物地理学家们不满足于对各大洲动物区系的粗糙分析，由坎多尔开始试图将各大区进一步细分为亚区和生物地区（biotic districts）。这种努力一直持续到今天。

5）间断分布和大陆漂移学说

随着区域生物地理学的发展，人们发现物种的间断分布在自然界中是个普遍现象。如何解释这种现象是摆在原因生物地理学家面前的问题。当一个物种形成后，由于对环境的良好适应，种群数量持续增长，分布区逐步扩张。因此，物种的分布区应该是连续的。然而，间断分布也是常见现象，如虎的分布。间断分布分为两种：一种是原发性间断分布，一种是续发性间断分布。原发性间断分布源于动植物种群从物种形成地"移居"到某个隔离区并在其中形成固定种群。例如，斯堪的纳维亚的昆虫和植物在更新世以后扩散到冰岛并在冰岛形成固定种群，两个分布区隔着宽阔海洋，形成间断分布。续发性间断分布是原先的连续分布区在经历地质、气候或生物事件后分割形成的。例如，灰喜鹊（*Cyanopica cyana*）分布于外贝加尔、中国、日本，但在西班牙和葡萄牙也有一个完全隔离的种群。这种分布格局不可能通过远距离扩散形成，而是原先或多或少连续的古北区遭受更新世冰川破坏后分割形成的格局[6]。

19世纪晚期到20世纪初期，在寻求原因来解释洲际间断分布（如灵长目间断分布于亚洲、非洲和中南美洲）时，原因生物地理学家们分为三个学派。第一个学派始于福布斯，偏重于寻思大陆桥和以前存在的海岛以及沉没的大陆。为了解释一些类群在太平洋两岸的间断分布，他们甚至提出"太平洲"的想法，认为这些类群原先是在太平洲上连续分布的。太平洲后来下沉，太平洋出现，将残余种群分隔在太平洋两岸[2]。这个学派最大的特点是无视动植物自身的扩散能力。由于许多大陆桥和古陆是虚构的，得不到地质学证据支持，这个学派受到达尔文和华莱士学派的反对。第二个学派认为，大陆块和海洋盆地是基本不变的，只有海平面会出现偶尔的升降。除了地质学证实的以外，他们不承认大陆轮廓的任何改变，相信大多数动植物具有超乎人们想象的能力来跨越巨大水域，实现间断分布。这个学派中的著名学者除了早期的华莱士和达尔文外，还有Matthew（1915）[14]、Simpson（1940）[15]、Mayr（1941）[16]以及Darlington[1]，他们都是大陆桥的坚决反对者。第三个学派始于大陆漂移学说。大陆漂移的可能性最早于1620年由英国哲学家弗朗西斯·培根（Francis Bacon）提出，认为西半球可能曾经与欧洲和非洲相连。1668年，法国R.P.F.普拉赛认为，在《圣经》中提到的大洪水以前，美洲与地球的其他部分属于一个整体，没有分开。19世纪末，奥地利地质学家爱德华·修斯（Eduard Suess）注意到南半球各大陆上的岩层非常一致，因而将它们拟合成一个单一大陆，称为冈瓦纳古陆（Gondwana）。这些大陆后来分裂并且漂移，形成今天的海陆相。然而，与今天的科学有直接关联的是德国气象学家和地球物理学家阿尔弗雷德·魏格纳（Alfred Lothar Wegener，1880—1930）提出的大陆漂移学说（continental drift theory）。1915年出版的《海陆的起源》中，魏格纳论证了他于1912年提出的大陆漂移说，主要观点是古代大陆原来是联合在一起的，后来由于大陆漂移而分开，分开的大陆之间出现了海洋。他介绍了大陆漂移学说的基本内容，并把它同地球冷缩说①、陆桥说和大洋永存说进行对比，指出了这些学说的缺点和问题，认为只有大陆漂移学说才能解释全部事实。他从地球物理学、地质学、古生物学、古气候学、大地测量学等方面系统论证了大陆漂移说的合理性，从地球的黏性、大洋底、硅铝圈、褶皱与断裂、大陆边缘的构造形态等方面讨论了大陆漂移的可能性以及漂移的动力。魏格纳认为，大陆由较轻的含硅铝质的岩石，如玄武岩组成，它们像一座座块状冰山一样，漂浮在较重的含硅镁质的岩石（如花岗岩）之上，并在其上发生漂移。二叠纪时，全球只有一个巨大的陆地，他称其为泛大陆（或联合古陆 Pangaea）。二叠纪之后，泛大陆首先一分为二，形成北方的劳亚大陆（Laurasia）和南方的冈瓦纳大陆（Gondwana），并继续逐步分裂成几块小陆地，四散漂移；有些陆地又重新拼合，最后形成了今天的海陆格局。

大陆漂移学说发表后，得到许多生物地理学家的支持。这些学者们认为，间断分布是原先的连续分布经历大陆分离和陆块间出现海洋后形成的。

然而，大陆漂移学说在地球物理学界没有得到支持。学者们无从想象能有什么力量足以推动部分地壳进行如此大规模运动。尤其是，一些关键的证据当时尚未发现。因此，该学说没能在地质学界确立为科学理论，且在生物地理学界，严谨的学者考虑到科学性也拒绝接受这个学说。一些承认大陆漂移的生物地理学家用该学说来解释新近纪晚期和更新世的生物地理现象。这个时期的生物分布其实已经与大陆漂移关系不大了。因此，他们盲目拥抱该学说导致许多错误。这些错误成为严谨的学者们拒绝该学说的另一个理由。这种状况一直持续到 20 世纪 60 年代板块学说的出现为止。

6）小达灵顿及其对中国动物地理学界的影响

1957 年，小达灵顿的《动物地理学：动物的地理分布》着重探讨区域动物地理学内容。但与之前的专著不同，该书作者从陆栖脊椎动物各类群（包括淡水鱼类、两栖类、爬行类、鸟类和哺乳类）的分布格局入手，综合分析全球六大动物地理区。他充分考虑到不同类群的扩散能力、气候和自然屏障的阻隔作用以及演化的因素，因此成为现代动物地理学影响极大的专著。例如，在北美（新北区）与南美（新热带区）之间，巴拿马海峡对扩散能力强的鸟类没有起到阻隔作用，因此南北美洲的鸟类区系相似度很高。但是，对于扩散能力较弱的哺乳类来说，阻隔作用非常明显，使北美类群保持新、南美类群保持古老的特点。小达灵顿将全球动物区系划分为六大区，分别为古北区（Palearctic region）、新北区（Nearctic region）、东洋区（Oriental region）、埃塞俄比亚区（Ethiopian region）、新热带区（Neotropical region）和澳大利亚区（Australian region），并将这 6 区组合成三个区组：气候限制型区（climate-limited regions，包括古北区和新北区）、旧大陆热带主要区（main regions of the old world tropics，包括东洋区和埃塞俄比亚区）以及

① 地球冷缩说是法国著名地质学家博蒙于 1829 年提出的假说，用于解释地壳运动。按照这个假说，地球是由炽热状态逐渐冷却而成的。由于冷却，地球的体积和面积都逐渐在缩小，从而使地壳产生水平方向的挤压力，造成地层的褶皱、断裂和地壳的升降运动。

障碍限制型区（barrier-limited regions，包括新热带区和澳大利亚区）。这种组合反映了区系扩散的限制因子，没有反映区系间的亲缘关系。因此，该书沿袭了华莱士的思想，将全球6区置于平行关系。由于受到地质学理论的限制，小达灵顿没有将大陆漂移学说用于解释物种的间断分布现象[2]。

　　小达灵顿的著作出版后，成为畅销书，对全球动物地理学影响很大。随后几十年，许多作者基于不同研究方法对动物地理区划进行探讨（详见第八章）。其中，匈牙利动物学家米克洛斯·乌瓦笛（Miklos Udvardy）基于小达灵顿之后新积累的资料提出了新的方案，并重新启用"界（realm）"的概念。1979年，中国第一部动物地理学科学专著《中国自然地理：动物地理》将全球动物区系划分为古北界、东洋界、旧热带界、新北界、新热带界以及澳洲界[17]。张荣祖[4]的《中国动物地理》延续了这种区划方案。《中国动物地理》是中国动物地理学界的"圣经"，当代中国学者大多通过这部书了解动物地理学。然而，这是一部科学研究专著。书中没有介绍基本概念和基本理论，只介绍了区划方法和各陆栖脊椎动物类群的分布，并对各物种按其分布区域划分成不同分布型。例如，分布区广泛覆盖东洋界的物种称为东洋型，而覆盖中国南方的物种称为南中国型。这些翔实的资料来自50年代以后的考察工作。作为一部国别科学专著，所有物种均为分布于中国的物种，所有论述仅限于中国版图。因此，作者将中国的动物区系在全球古北界和东洋界的基础上，进一步细分出中国古北界的东北区、华北区、蒙新区和青藏区，以及中国东洋界的华中区、华南区和西南区。该专著最重要的贡献是全球古北界和东洋界在中国中东部的划界：小达灵顿依据北回归线划分，线之北为古北界，线之南为东洋界；张荣祖依据区系50%原则（见第八章和第九章），将分界线北移到秦岭—淮河—通扬运河一线。这一分界线得到了古生物学证据的支持，并被Cox等[2]和Olson等[18]接受。

二、动物地理学是新兴科学

　　20世纪60年代，随着板块构造学说的诞生，魏格纳的大陆漂移学说得到了地质学界的支持，从而重新焕发了光辉。生物地理学界得以有信心地引用大陆漂移学说来解释物种分布现象。90年代以来，古地磁学和各种年代测定技术的发展，使地理学家们得以相对较准确地重构古地理地图以及古地理变化过程。古生物学资料的不断积累填补了一个又一个演化历史缺失的环节。2000年以后分子生物学技术及支序分析技术的发展，不但有助于现生类群亲缘关系的判断，还为生物类群（尤其是在化石缺失的情况下）间分化历史提供时间估计和亲缘关系判断。化石DNA提取技术为动物地理学家确定化石类群的起源地及随后的扩散路径提供了技术支撑。古气候研究在过去30年的进步为动物地理学家们重构古生态系统提供了可能。因此，现在有更多技术为历史动物地理学提供研究手段，有更多理论为这种研究提供指导。

　　新发现的不断涌现导致新的研究问题出现。例如，传统观点认为，伴随着印巴次大陆与欧亚大陆碰撞，青藏高原作为一个整体，在中新世以后与喜马拉雅一同抬升。在抬升过程中，随着环境不断高寒化，高原面上新近纪动物区系灭绝，只有少数物种因适应高寒化环境得以保留。然而，最近研究发现，青藏高原局部地区在古近纪就已经达到较高海拔，印巴次大陆与欧亚大陆碰撞导致青藏高原进一步抬升和喜马拉雅山脉形成。同时，古青藏高原中部在古近纪存在一条东西走向的谷地，晚始新世海拔还小于2600m；低谷两侧分别为冈底斯山脉和唐古拉山脉，山脉在始新世已达4200m。在后期的不断挤压变形和填充下，低谷逐步消失，整个青藏高原变成今天的地貌。问题来了：在始新世温室气候背景下，海拔高达4200m的始新世冈底斯山脉和唐古拉山脉上孕育着什么样的动物区系？它们与后来的高原区系存在哪些演化关系？始新世低谷在亚洲南北动物区系的交流中扮演着什么角色？它们如何参与塑造今天的高原动物区系？既然高地在始新世便已存在，为什么高原北面到中新世才出现干旱……

随着考察资料的积累和更细致的分析，区域动物地理学在过去几十年里也获得了新发展，出现了新的区划方案。Olson 等[18]提出全球陆栖动物 8 界方案，包括古北界（Palearctic realm）、新北界（Nearctic realm）、新热带界（Neotropical realm）、非洲热带界（Afrotropic realm）、印度马来界（Indo-Malay realm）、澳大拉西亚界（Australasia realm）、大洋洲界（Oceania realm）以及南极界（Antarctic realm）。作者合理地放弃了 6 界方案中的东洋界称谓，代之以印度马来界。这是因为，东洋（Oriental）通常指日本和中国或者东亚，而事实上该区系位于南亚和东南亚。因此，使用"印度马来界"更为准确。6 界方案没有覆盖太平洋上的小岛屿（即 8 界方案中的大洋洲界范围）和南极洲及其附近小岛（即 8 界方案中的南极界范围）上的动物区系。因此，8 界方案是更为全面的区划方案。新方案在界线划分上也做了调整，区划变得更合理。例如，古北界与印度马来界在中国东部季风区的分界，新方案不再以北回归线划界，而是采纳中国学者的意见，沿着秦岭—淮河—通扬运河划界。这一方案提出后，迅速被各方专家以及世界自然基金会（WWF）接受，作为全球当代陆栖动物地理区划的通用方案。

2015 年，Morrone 提出三大界（kingdoms）及过渡带（transitional zones）方案[19]：全北界（Holarctic kingdom，思路源于 Heilprin 1887 年的全北区）、全热带界（Holotropical kingdom，思路源于 Rapoport 1968 方案）以及南方界（Austral kingdom，思路源于 Engler 1899 方案）。其中，全北界包括斯克莱特 1858 年的古北区（Palearctic region）和新北区（Nearctic region），全热带界包括斯克莱特 1858 年的新热带区（Neotropical region）和埃塞俄比亚区（Ethiopian region）以及华莱士 1876 年的东洋区（Oriental region），南方界包括 Grisebach 1872 年的开普区（Cape region）和南极区（Antarctic region）、Engler 1882 年的安第斯区（Andean region）以及斯克莱特 1858 年的澳大利亚区（Australian region）。过渡带包括新北—新热带之间的墨西哥过渡带（Mexican transition zone）、古北—埃塞俄比亚之间的撒哈拉—阿拉伯过渡带（Saharo-Arabian transition zone）、古北—东洋之间的中国过渡带（Chinese transition zone）、东洋—澳大利亚之间的华莱士过渡带（Wallace's transition zone）以及新热带—安第斯之间的南美过渡带（South American transition zone）。但是，这一方案没有被多数学者接受。

第三节 本书的结构

动物地理学是研究动物物种分布的科学。物种是生物学研究的核心概念，也是动物区系的基本成分。要解释物种的分布，需要从两个维度进行研究：一个是演化，一个是适应。为此，本书第二章解释物种的含义及其两个维度的基本概念和理论，为后续陈述进行必要铺垫。第三章描述地理空间的环境分异及其中的动物区系类型，展示环境与动物类群的互动规律和环境因素对区系的塑造。第四章介绍地球环境在地质时期的变化过程，以展示生物区系演变的环境背景。第五章介绍部分重要现生兽类分布区的历史变迁，展现这些类群的当代分布格局形成的过程。环境的变化带来区系的更迭：原有类群逐步消失，新的类群逐步形成。为了显示这个过程，第六章和第七章分别简述古生代以来各时期的环境特征和动物区系。第八章简要介绍世界现生陆栖脊椎动物的区系和各种区划方案，展示环境与区系互动的最终结果。出于相同目的，第九章介绍我国现生陆栖脊椎动物区系的演化背景和区系区划。这种安排平衡了历史动物地理学和地理动物地理学内容，让读者深刻理解区系的形成规律和机制。为了回应时代的需求，第十章简要介绍生物多样性保护的必要性、保护生物地理学的使命以及研究领域，并介绍本书作者近年来在保护生物地理学方面所做的探索。

本书与《中国动物地理》[4] 存在 3 个不同点：①本书介绍动物地理学的基本概念和基本理论，而《中国动物地理》没有这些内容。②《中国动物地理》详细描述了中国的陆栖脊椎动物的分布。本书对《中国动物地理》中的区划部分进行简要介绍，并视该著作为本书的重要参考文献。③《中国动物地理》仅涉及中国范围，本书展示全球范围。本书也不同于《生物地理学：生态和演化的探讨方法》[2]，后者几乎完全缺失物种分布内容，仅谈基本原理；而本书对这些内容做了适当安排。

生态生物地理学是一个经常被人谈起的词汇，其含义比较模糊，而且与顾名思义得到的含义可能不同。听到"生态生物地理学"这个名称时，人们很容易以为是研究不同地理空间中的生态系统或者生态特征的科学。据迈尔[6]，生态生物地理学是研究生态（环境）因素对分布的影响的科学。然而，在进行物种分布研究时，对物种与环境关系的研究（即生态学）是阐明物种适应不可或缺的工作。只有在阐明适应的基础上，才能解释分布。因此，生态生物地理学从内容上来看，与生态学并无二致。据 Cox 等[2]，生态生物地理学始于林奈，关注每种植物所分布的环境类型。随后，在划归生态生物地理学范畴的经典研究中，福斯特（Forster）研究植物多样性随纬度变化，洪堡研究植物多样性随海拔变化，坎多尔则强调竞争在限制植物分布中的重要性。恩格勒（Engler）及其他植物学家（如德国植物学家 Hermann Wagner 以及 Emil von Sydow）则分析植被类型及其分布环境。Tansley[20] 在植被类型的基础上加入了动物物种、土壤以及气候，并称其为"生态系统"。可见，在植物研究中，所谓的生态生物地理学研究的本质仍然是生态学。

生态学史认为，现代生态学起源于生物地理学研究中对物种适应的解释。由于生态学现在已经是一个理论体系严密的学科，对物种分布的解释只是生态学研究的任务之一，本书将生态生物地理学视为一个非正式名称，同时将生态学视为动物地理学的支撑学科。

达尔文解决了多样性的产生机制，生态学解决的是多样性的实现机制。那么，多样性到底有多高？1967 年，美国生态学家罗伯特·麦克阿瑟（Robert MacArthur）和爱德华·O.威尔逊（Edward O. Wilson）提出岛屿生物地理学理论（theory of island biogeography，1967），首次探讨岛屿面积与岛屿所能承载的物种数之间的定量关系。后续作者对这个模型进一步精细化，提出了许多衍生模型，用以估计不同地区的物种数。人类对自然生境的蚕食鲸吞，导致原先连续的大片生境片断化，形成一个个生境孤岛。这些生境孤岛犹如海岛，因此保护生物学家们采用这个模型对生境孤岛中的物种数进行估计（详见第十章）。地球犹如太空中的一座孤岛，因此生态学家们用这个模型估计全球的物种数。迈尔[6]将岛屿生物地理学归入生态生物地理学范畴，但 Cox 等[2]将其独立出来，置于与生态生物地理学平行的位置，作为生物地理学的分支学科。由于这一理论已经被生态学和保护生物学广泛介绍，本书不将其列入。

作为动物地理学的重要组成部分，海洋动物不能被忘记。最早涉足海洋动物地理学研究的是美国博物学家詹姆斯·丹纳（James Dana）。基于珊瑚和甲壳动物的全球分布状况，依据平均最低水温，丹纳将全球海洋水域划分为几个带，并于 1853 年发表其区划方案[2]。三年后，福布斯首次发表了全面性的海洋动物地理研究工作，将全球各大陆近海划分为 5 个深度带、25 个动物区系省[21]。在众多早期海洋动物地理学家的成果中，最具有里程碑意义的是英国动物学家 John Bartholomew、William Clark 以及 Pery Grimshaw 于 1911 年合作出版的《动物地理学地图集》（Atlas of Zoogeography）。该地图集汇聚了 27 科鱼类的分布区。1935 年，瑞典动物学家 Sven Ekman 对海洋动物地理研究文献进行了综述性回顾的同时，将浅水底栖鱼类划分为 7 个区系，并且将印度洋和西太平洋划分在一个动物地理单元中。1974 年，美国海洋动物学家 Jack Briggs 出版了《海洋动物地理学》（Marine Zoogeography），确定了 23 个动物地理区。在 1995 年的专著[22]中，他再一次确立了 23 个海洋动物地理区：印度—西太平洋区（Indo-West Pacific region）、东太平洋区（Eastern Pacific region）、西大西洋区（Western Atlantic region）、东大西洋区（Eastern Atlantic region）、南澳大利亚区（Southern Australian region）、北新西兰区（Northern New Zealand region）、南新西兰区（Southern New Zealand region）、西南美区（Western South America region）、东南美区（Eastern South America region）、南非区（Southern Africa region）、地中海—大西洋区（Mediterranean–Atlantic region）、卡罗来纳区（Carolina region）、加利福尼亚区（California region）、日本区（Japan region）、塔斯马尼亚区（Tasmanian region）、澳新区（Antipodean region）、亚南极区（Subantarctic region）、麦哲伦区（Magellan region）、东太平洋北方区（Eastern Pacific Boreal region）、西大西洋北方区（Western Atlantic Boreal region）、东大西洋北方区（Eastern Atlantic Boreal region)、南极区（Antarctic region）以及北冰洋区（Arctic region）。这一区划方案被Morrone[23]采纳。Spalding 等提出 12 界方案[24]：①北冰洋界（Arctic realm），包括北冰洋海岸区域、大陆架以及附近海域，如北极半岛、哈得孙湾、拉布拉多海、格陵兰周边海区、冰岛北部和东部海岸以及白令海东部。②温带北大西洋界（temperate Northern Atlantic realm），包括温带和亚热带北大西洋及其周边海域，如黑海、墨西哥湾。③温带北太平洋界（temperate Northern Pacific realm），包括北太平洋的温带水域。④热带大西洋界（tropical Atlantic realm），包括大西洋热带水域。⑤西印度—太平洋界（Western Indo-Pacific realm），包括东、中印度洋热带水域。⑥中印度—太平洋界（Central Indo-Pacific realm），包括西太平洋热带水域、东印度洋以及两洋之间的海域。⑦东印度—太平洋界（Eastern Indo-Pacific realm），包括中太平洋群岛周边的热带水域。⑧热带东太平洋界（tropical Eastern Pacific realm），包括从下加利福尼亚半岛到秘鲁北部的美洲太平洋沿岸水域及加拉帕戈斯群岛、雷维利亚希赫多群岛（Revillagigedo Islands）、科科斯岛（Cocos Island）以及克利伯顿岛（Clipperton Island）附近水域。⑨温带南美界（temperate South America realm），包括南美太平洋和大西洋沿岸及岛屿周边温带和亚热带水域。⑩温带南非界（temperate Southern Africa realm），包括南部非洲大西洋和印度洋交界区的温带水域。⑪ 温带澳大拉西亚界（temperate Australasia realm），包括澳大利亚和新西兰的温带和亚热带的太平洋、印度洋沿岸及岛屿周边水域。⑫ 南大洋界（Southern Ocean realm），也称南极洋界，包括全球各大洋 60°S 线及以上、环绕南极洲的水域。这一区划方案已经为 WWF 所接受，用以指导全球海洋动物保护行动。由于海洋环境迥然不同于陆地，限制海洋动物分布的因素及相关理论显著不同于陆地动物。因此，海洋动物地理学有其相对的独立性。本书重点探讨陆地脊椎动物，海洋动物区系内容将在谈论海洋生态系统发展和变化时零星触及。

参 考 文 献

[1] Darlington Jr P J. Zoogeography: The Geographical Distribution of Animals. New York: John Wiley & Sons, Inc, 1957.

[2] Cox C B, Moore P D, Ladle R J. Biogeography: An Ecological and Evolutionary Approach. Ninth Edition. New Jersey: Wiley Blackwell, 2016.

[3] Tiwari S K. Fundamentals of World Zoogeography. New Delhi: Sarup & Sons, 2006.

[4] 张荣祖. 中国动物地理. 北京: 科学出版社, 1999.

[5] 马丹炜, 张宏. 植物地理学. 北京: 科学出版社, 2008.

[6] 迈尔. 生物学思想发展的历史. 涂长晟等译. 成都: 四川教育出版社, 1990.

[7] Sclater P L. On the general distribution of the members of the class Aves. J. Proc. Linn. Soc. London (Zoology), 1858, 2: 130-145.

[8] Huxley T H. On the classification and distribution of the Alectoromorphae and Heteromorphae. Proc. Zool. Soc. London, 1868, 294-319.

[9] Wallace A R. The Geographical Distribution of Animals. London: Macmillan, 1876.

[10] Heilprin A. The Geographical and Geological Distribution of Animals. New York: Appleton, 1887.

[11] Blanford W T. Anniversary Address. London: Proc. Annual Meeting Geological Soc, 1890: 13-80.

[12] Lydekker R. A Geographical History of Mammals. Cambridge: Cambridge University Press, 1896.

[13] Wallace A R. On the law which has regulated the introduction of new species. The Annals and Magazine of Natural History Ser, 1855, 2(16): 184-196.

[14] Matthew W D. Climate and evolution. Ann. New York Acad. Sci, 1914, 24(1): 171-318.

[15] Simpson G G. Mammals and land bridges. J. Wash. Acad. Sci, 1940, 30: 137-163.

[16] Mayr E. The origin and the history of the bird fauna of Polynesia. Proc. 6th Pacific Sci. Cong, 1941, 4: 197-216.

[17] 中国科学院《中国自然地理》编辑委员会. 中国自然地理: 动物地理. 北京: 科学出版社, 1979.

[18] Olson D M, Dinerstein E, Wikramanayake E D, et al. Terrestrial ecoregions of the world: A new map of life on earth. BioScience, 2011, 51 (11): 933-938.

[19] Morrone J J. Biogeographical regionalisation of the world: a reappraisal. Australian Systematic Botany, 2015, 28: 81-90.

[20] Tansley A G. The use and abuse of vegetational concepts and terms. Ecology, 1935, 16(3): 284-307.

[21] Forbes E. Map of the distribution of marine life. The Physical Atlas of Natural Phenomena, 1856, 31.

[22] Briggs J C. Global Biogeography. Developments in Palaeontology and Stratigraphy n. 14. Amsterdam: Elsevier, 1995.

[23] Morrone J J. Evolutionary biogeography, an integrative approach with case studies. New York City: Columbia University Press, 2009.

[24] Spalding M D, Fox H E, Allen G R, et al. Marine ecoregions of the world: a bioregionalization of coastal and shelf areas. BioScience, 2007, 57: 573-583.

第二章

多样性

动物地理学是关于动物物种分布的科学。它的核心研究问题是物种与地理空间的关联规律。为此，首先要了解物种和与物种相关的一系列生物学概念以及与动物地理学相关的生物学理论。

第一节　物　　种

人们走在大街上，很容易辨认对面的动物是人还是狗。这种快速辨认是基于对动物的整体形态特征进行判断后做出的。然而，当面对整体形态学特征比较相似的动物时，恐怕就没那么容易快速辨认了。例如，猪獾和狗獾怎么区分？这个问题恐怕就没那么容易回答了……

一、物种定义

上述快速辨认只能在特别场合下使用。当两个物种非常接近时，整体形态特征无法帮助辨认不同物种。这时，需要进行细致的特征观察。例如，翠青蛇（*Cyclophiops major*，游蛇科 Colubridae）和竹叶青蛇（*Trimeresurus stejnegeri*，蝰科 Viperidae）属于不同科，前者无毒，后者剧毒。体表绿色，普通人难以快速辨认。仔细辨认之下，头部形态、尾部形态以及鳞片颜色具有差异。另外，在远距离交流中，整体形态特征的描述常常缺乏准确性。为了正确鉴定物种，需要对动物的特征进行细致的描述。因此，形态学特征描述和比较是物种鉴定的基础性工作。

形态学特征有很多，大体可以分为结构性特征（如竹叶青在眼睛和鼻孔之间的颊窝[①]，翠青蛇没有这种特征）、颜色特征（如翠青蛇通体绿色，竹叶青则在尾背侧及尾尖鳞片呈焦红色）、斑纹特征（如眼镜蛇 Naja 颈部皮褶上的眼镜圈纹）、形状特征（如竹叶青颈部较细，头部显得较大，而且呈三角形；翠青蛇颈部较粗，头部显得较小，不呈三角形）、数量特征（如蛇类的鳞片数、兽类的牙齿数）、测量特征（如兽类的肩高、体长、尾长）、比例特征（如头长/体长比、尾长/体长比）。不同物种中，这些特征千差万别。如果将解剖学特征（即体内的形态特征，如瘤胃、分室胃、阑尾长度）也用到物种分类中，则特征种类不胜枚举。植物也一样，花的形态、结构、排序，叶子形态、颜色、托叶，茎的颜色、分枝模式，叶表、茎表纤毛的有无及多寡，根系类型，等等。在众多特征中，不同特征显眼程度不同，如眼镜蛇的眼镜圈纹、猫科动物的犬齿、显花植物的花瓣形态和颜色都是最容易引起研究者注意的特征。不同研究者关注的特征会因人而异。最终，对于同一地区的物种及区系，不同研究者给出不同的鉴定结果。

经过长期实践，分类学家发现，在众多形态特征中，有些特征出现在大量的物种中（如结构性特征中，兽类的毛发、鸟类的羽毛；颜色特征中，叶子的绿色），对于物种鉴

---

① 颊窝（facial pit）是蝰蛇类用于捕食小型兽类的红外探测器，位于头部两侧的鼻孔与眼睛之间，凹下呈漏斗形。颊窝里有一层很薄的膜，对热非常敏感，能感知周围气温千分之几摄氏度的变化，附近任何物体的温度，只要比颊窝所处的温度稍微高一点，就能引起其反应。

定毫无帮助。另外一些特征（如显花植物的花结构、形态、颜色）在不同种之间表现出适度差异，对物种鉴定非常有效。经过讨论，分类学家同意一致使用那些有效特征。这些特征被称为分类学特征，也叫分类性状。

有了分类性状，分类学家们便有了讨论问题的共同基础，大大推进了分类学的发展。林奈的最大贡献之一是在植物分类中发现花结构的价值，并用作分类性状。这种传统一直延续至今。

1. 形态学物种定义

由于物种的鉴定是通过一系列分类性状的描述和比较完成的，因此在操作上，物种是一系列分类性状的组合。物种是生物学研究的对象，是一种客观存在。那么，物种是什么？当分类学家进行分类性状描述和比较时，他们坚信物种是同一本质的存在，并通过性状的相似性来推论其本质。因此，物种的定义简单说来就是相似个体的集群，集群中的个体与属于另一物种的集群中的个体特征不同[1]。这种定义在哲学上属于本质论定义，也是分类学家长期使用的定义，因此也称为分类学物种定义。按照这个定义，所有分类学研究均严格按照形态学特征进行，因此又称为形态学物种定义。林奈将这种本质论定义发挥到极致，在他的模式种思想指导下，任何两个标本的分类性状必须完全一致才能划归同一物种。

然而，问题来了，公鸡和母鸡的形态学差异很明显，变态昆虫的幼虫、蛹、成虫形态学特征完全不同，青蛙的蝌蚪像鱼、成体是蛙，是否要将这些形态不同的个体划归不同种呢？流苏鹬（*Philomachus pugnax*）是一种涉禽，在湿地（wetlands）中捕食昆虫，分布范围很广，见于南美洲和南极洲以外所有大陆。雄性颈部有三种形态：①黑色领颌①；②白色领颌；③无领颌。这种现象称为多型性（polymorphism）。在繁殖季，黑色领颌个体攻击力强，占据领域，并通过领域吸引雌性前来交配；白色领颌个体攻击力差，没有领域，只是守候在黑色领颌者的领域附近，并在黑色领颌者不注意时与靠近领域的雌性交配。无领颌者个体小，攻击力差，无领域，形似雌性，留守在黑色领颌者领域中，但拒绝与黑色领颌者交配。但是，一旦雌性进入领域后，无领颌者伺机与雌性交配[2,3]。在进行细致的行为学研究前，分类学家长期将这些形态不同的个体划分为不同种。具有多型性的物种还见于鱼类和蜥蜴。

分类学家很早就试图摆脱个体差异带来的困惑。瑞在 1686 年出版的《植物志》中提出，不管种子及未来萌发的植株在形态学上不同程度多大，只要种子来自同一植株，便可以划归相同种[1]。这种定义后来得到几代博物学家的拥护。它是本质论定义与博物学家实际经验之间的绝妙折中，容纳了同种个体间的变异，同时把人们的注意力引到生殖问题上。但是，瑞的定义将物种局限于单一谱系中。

沿着这个方向，布丰走得更远。布丰最初抨击分类学，认为分类学只不过是唯名论。

---

① 翎颌是部分鸟类和兽类的环形彩色项毛，形似 16 世纪和 17 世纪欧洲盛行的衣服上的飞边（白色轮状皱领）。

他看到个体的变异以及自然存在的连续性，而不是物种间的截然分界线。这一点反映在他的《自然史》第一卷中。然而，后来他的思想发生了改变。他开始接受本质论思想，接受物种的客观和独立的存在。他将早年对个体性状的连续性认识与物种存在的独立性认识结合在一起：在承认同种个体间的变异性的同时，承认物种间的不连续性。他进一步指出，物种间的不连续性是通过世世代代的种内个体交配、种间个体不交配来维持的。在《自然史》第四卷（385 页），他写道："种不过是能够在一起配育的同样个体的恒定不变的家世"。很显然，布丰已经向现代生物学的物种概念迈进了一大步。

如果说，达尔文一辈子也没弄清物种的定义，读者一定觉得难以接受。但这是事实。他生活的年代，物种定义没有统一。在给好友——细胞学家胡克的信（1856 年 12 月 24 日）中，他评价道：有些定义关注性状相似性，有些关注亲缘关系，还有些关注神创和不育性（生殖隔离）。他在《物种起源》（1859 年，第 52 页）中说，物种这个词只是为了方便起见，可以任意指定给彼此极其相似的一组个体。这种陈述与唯名论并无二致，他不认为物种是真实存在的。由于缺乏物种定义，没有判断物种的标准，因此他建议只能遵循判断力强、有广泛经验的博物学家的意见（第 47 页）。他认为不育性（即生殖隔离）在判断物种时毫无用处（第 248 页）。很显然，达尔文在《物种起源》中对物种概念表达出来的思想在哲学上属于古希腊赫拉克利特学派，强调连续性和变化性，否定不连续性和本质性。或许这与他当时寻求物种自然起源的心态有关。然而，私下里，他却把目光投到生殖隔离上，而且承认物种的真实存在性。在他的笔记①中，达尔文说："我的物种定义丝毫不涉及杂种性（hybridity），而仅仅是一种（物种）保持分隔开的本能冲动。这种冲动无疑是应当被克服的，否则就不会产生杂种。但是，在杂交前，这些动物就是不同的种。"这是对物种的不连续性和本质性的承认。在公开（出版物）和私下两种场合中认识上的不同，表明他并未完全想通物种到底是什么。显然，与布丰一样，他注意到生殖隔离与物种独立性的关系。不过，他比布丰更接近现代生物学的物种定义：布丰关注到了生殖隔离，但没有解释个体维持种内交配的机制；而达尔文在笔记中反复提及物种对异种交配的互相"敌对"现象："两个物种彼此厌恶现象显然是一种本能，这样就避免了繁殖"。这种描述在现代生物学的物种概念中属于生殖隔离中的行为隔离机制。

2. 现代生物学物种定义

《物种起源》出版后，学者们处于两难局面：达尔文的物种起源观点是物种通过缓慢渐进的（连续）过程由共同祖先演化而来，但来自大自然的知识告诉博物学家们物种在自然界中是由无法弥补的裂缝分隔开的（相互之间不连续）。在这种状况下，博物馆分类学中本质论的物种概念仍然占统治地位。直到 1900 年，一批英国学者（包括华莱士）一致支持严格的形态学物种定义。华莱士提出，物种是在一定的变异限度内产生与

① 达尔文关于物种演变的笔记（notebooks on transmutation），C 辑，第 161、197 页。

本身相似的后代的一群个体，它们并不和最邻近的有关种经由不可察觉的变异联系起来。这一概念被大多数分类学家采纳，也得到实验生物学家支持。在后续探索中，人们发现有三个要素在物种定义中必须考虑：首先，不能把种设想为模式，而应当看作是种群或种群集群，这是本质论向种群思想的转变。其次，不能按差异程度为种下定义，而应当按生殖隔离所奠定的独特性下定义。最后，不能按内在性质给种下定义，而是要按它们与其他种的关系下定义；这种关系既表现在行为上，也表现在生态学上。这三点后来成为现代生物学物种定义各版本必不可少的三要素：种群思想、独特性、生殖隔离[1]。

最先为生物学物种下定义的是昆虫学家 K. Jordan：种是由血缘关系联系起来的个体在一个地区形成的单独的动物区系单位[4]……由某个地区动物区系组成的单位彼此之间由不能被任何东西弥补的间隔分隔开[5]。这里，他所用的"动物区系"的含义与今天动物地理学中所说的"动物区系"不同，指的是个体的集群——种群。几乎同时，Poulton[6]将物种定义为："有性生殖的相互配育的种群"。在随后的众多定义中，杜布赞斯基和迈尔的定义最简洁且具有代表性。杜布赞斯基的定义（见迈尔[1]）是"物种是生理上不能互相配育的那些类型"。迈尔 1942 年给出的定义[7]是："物种是实际上或者潜能上可以相互配育的自然种群的类群，这些类群和其他类似的类群彼此被生殖隔离分隔开（species are groups of actually or potentially interbreeding populations，which are reproductively isolated from other such groups）"。1982 年，他对该定义给出更简洁的版本[1]：物种是在自然界中占有特定生境的种群的生殖群体（reproductive community of populations），和其他种群的生殖群体被生殖隔离分隔开。此后，国际学术界主流接受迈尔的定义，如Futuyma[8]。

在生物学的物种定义中，生殖隔离是维持物种独立性和不连续性的机制。事实上生殖隔离有多种方式；自达尔文以来的文献中，有行为隔离、生态隔离、形态隔离、生理隔离。行为隔离是指不同物种中，雌雄个体使用不同的行为信号导致相互间无法理解，从而无法做出正确反应，致使生殖过程失败。例如，绿孔雀中，雄性通过展示尾羽形成的羽屏吸引雌性，而凉亭鸟通过展示自己对巢的点缀来吸引雌性[9,10]。雄孔雀的羽屏对雌性凉亭鸟是没有吸引力的，雌性凉亭鸟也就不会对雄孔雀做出"恰当"反应以完成生殖过程。生态隔离是指不同物种偏爱不同生境类型后，分布于不同地理空间中，从而导致它们事实上无法进行交配繁殖。这种例子在生态学和动物地理学文献中比比皆是。形态隔离是指种群分化后，生殖器官形态学特征发生了变化，导致不同种间雌雄个体无法进行交配。生理隔离是指两个分化了的种群再次相遇时，可以进行交配，但无法形成受精卵（许多无籽水果便是通过这种方式人工操作形成的），或者受精卵发育到一定阶段便成为死胎，或者生产没有繁殖能力的后代个体（如马和驴杂交后生产的骡）。在生物学的物种定义中，所有这些方式均是指在自然状态下实现的生殖隔离，排除任何形式的人工干预结果。值得注意的是，当代学者在使用生物学物种定义时，大多忽视使用条件（即自然状态下）以及不同方式的隔离机制；只关心是否有杂种后代产生，忽略自然状态下的行为隔离和生态隔离对分化种群的维持作用。这种忽略常常导致对定义的不当使用以及错误的科学结论。

二、物种定义在使用中的困难

《物种起源》出版后的两难局面事实上一直延续至今，分类学家依然依赖形态学特征对物种进行分类。他们将某些形态学特征相同的种群划分为一个物种，将不同的种群划分为不同物种。这种操作带来两个主观性问题：首先，不同学者经历不同，对不同性状在分类中的价值认识不同。因此对于相同种群，他们关注不同性状。其次，关注相同性状的学者，在对测量性状差异程度的把握上，也因人而异。不同分类学家对相同类群给出不同的分类系统。这种现象非常普遍。因此，分类学是争论最多的学科。归根结底，只要主观性不排除，这种争论就不会消失。解决争论的方法是人们普遍重视有广泛经历的分类学家的观点，将他们的分类系统当作权威来接受。然而，这样做违背了科学研究的基本方法，会阻碍科学的发展①。

为了排除主观性，使素人也能从事分类学研究，从 19 世纪中叶就有人开始尝试用数学手段帮助判断物种，这就是数值分类（numerical phenetics）。电子计算机发明后，有三个分类学家小组各自独立提出运用计算机方法将相似性进行数量化，并借助这种定量法把物种和高级分类单元归类。他们是美国的 Michener 和 Sokal[11]、英国伦敦细菌学家 Sneath[12]，以及英国牛津的 Cain 和 Harrison[13]。1960 年，哈佛大学动物学家辛普森等合著出版的《数量动物学》（*Quantitative Zoology*）[14]是这种努力的里程碑。20 世纪 80 年代，这种研究方法被引入中国。然而，数值分类的研究实践最终似乎没有解决物种鉴定过程中的主观性问题。例如，在对短尾猴（*Macaca arctoides*）和藏酋猴（*M. thibetana*）的分类探讨[15]中，研究者的操作过程如下：①将 72 个牙齿和颅骨测量性状数据输入计算机；②用主成分分析（principal component analysis）剔除分类意义不大的性状；③用剩下的性状建立多维数学空间，并寻找各种群在这个空间中的位置；④通过欧氏距离聚类分析来判断不同种群是否属于同一物种。基于前二向量构成的二维空间，作者凭主观判断将不同点圈入不同组别。在聚类分析中，作者将上述两类猴子的欧氏距离与其他在分类学上无异议的同属种类（猕猴 *M. mulatta*、日本猕猴 *M. fuscata* 及其他 7 种）间的欧氏距离进行比较发现，这两类猴子的距离达到其他种类间的距离，从而得出结论认为这两类猴子可以划分为两个独立种。其中，二维空间中的组别划分仍然依赖主观判断。

在排除形态学分类中的主观性和随意性的努力中，德国昆虫学家亨尼西（W. Hennig）提出了被后人称为支序分类（cladistics）的研究方法[16]。按照其理论和方法，

---

① 科学史表明，每次科学上的重大进步都是在推翻了长期统治科学共同体的权威后发生的。因此，作为科学研究的基本方法之一，是科学家拒绝把"权威"当作真理的最后依据［E. B. 威尔逊，《科学研究方法论》（*An Introduction to Scientific Research*），1952，McGraw-Hill，石大中、鲁素珍、穆秀瑛、牛又奇、袁仲方、谷肖梅译，梁华校，1988，上海科学技术文献出版社］。

分类应当完全建立在系谱(即血缘、家系)或者系统发育(phylogeny)分支模式的基础上。在这个系谱中,祖先种以二叉分支方式形成子代姐妹种。在分类分析中,假定祖先种在二叉分支时便已经不存在。在分类鉴定中,核心工作是仔细分析和比较所有性状,并将性状区分为祖先特征(祖征 plesiomorph,亦即存在于祖先种中的特征)和衍生特征(衍征 apomorph,亦即仅出现于子代姐妹种中的特征)。拥有共同衍征的个体为一个种群,划归一个子代种;衍征不同的其他个体为另一个种群,划归另一个子代种。共同出现在不同子代种中的特征判断为祖征。这种分类方法带来一系列操作上的困难,因此受到许多人反对[1]。在解决主观性的努力中,支序分类也没有达到目的。按照现代演化理论,一个物种的不同地方种群逐步分化后,形态学特征会出现种群间差异;分化时间越长,差异越大。支序分类无法解决的问题是,衍征积累到什么程度才符合种的判断标准?在这种状况下,支序分类仍然依赖于主观判断。

20 世纪 90 年代,随着分子生物学技术发展,一些分子生物学者参与分类学探讨。他们选择某些 DNA 片断,测定片断中的碱基序列;通过比较不同种群碱基排序的差异性计算遗传距离,并以遗传距离来判断种群是否属于同一物种。这种尝试存在的第一个问题是,不同作者使用不同的 DNA 片断,得出完全不同的结果。例如,关于白头叶猴的分类问题:上海动物园谭邦杰于 20 世纪 50 年代在广西崇左发现并记录了白头叶猴,并将之定名为独立种 *Presbytis leucocephalus*。基于 1963 年、1976 年和 1977 年进行的考察和采集到的标本,李致祥和马世来[17]发现,白头叶猴与黑叶猴(*P. francoisi*)在测量性状上很相似,而且还存在着白头黑尾的杂交个体。为此,他们将白头叶猴订正为黑叶猴的亚种 *P. francoisi leucocephalus*。20 世纪 80 年代末,李兆元在对白头叶猴进行生态学研究时,特别关注订正文中提到的杂交个体。野外观察发现,白头叶猴尾部毛色黑白比例是个体差异,从全黑到全白的各种比例都有。同时,订正文中提到的发现杂交个体的地点(崇左三更山)中,白头叶猴种群远离黑叶猴分布区至少 50km,两类叶猴间是广泛的农耕地、公路、人类居住区、河流。这种分布格局超过百年,两类叶猴间没有任何生境通道进行交配。基于地质演变历史以及两类叶猴的分布特征,李兆元认为,两类叶猴存在生态隔离,故应划分为不同种;基于分类学优先原则,支持继续沿用原名 *Presbytis leucocephalus*[18]。为了判断两种观点的正确性,丁波等[19]采用随机扩增 DNA 多态性分析菲氏叶猴(*Trachypithecus phayrei*)、紫面叶猴(*T. vetulus*)、长尾叶猴(*Semnopithecus entellus*)、黑叶猴(*T. francoisi*)和白头叶猴(*T. leucocephalus*)[①]间的遗传距离。由于白头叶猴和黑叶猴遗传距离较近,他们判断这两类为同一物种。在进行亚

---

① 叶猴的分类在 20 世纪 90 年代发生重大变化:从 J. R. Napier 和 P. H. Napier(1967,*A Handbook of Living Primates*,Academic Press,London)开始到 90 年代中后期,亚洲南部、东南部以及东南亚岛屿上的食叶猴归入一个属 *Presbytis*。90 年代中期开始,在全面审视这些种类的生物学特征,尤其是婴猴毛色差异后,国际灵长类学界将 *Presbytis* 属拆分成三个属:长尾叶猴属 *Semnopithecus*(印度长尾叶猴独享)、乌叶猴属 *Trachypithecus*(亚洲东南部的种类)以及叶猴属 *Presbytis*(东南亚岛屿种类)。此后至今,国际灵长类学界沿用此分类方案。

洲东南部物种的分类学探讨时，Christian Roos 的研究团队基于分子生物学分析，将白头叶猴归属于菜板岛（Cat Ba Island，北部湾靠近越南一小岛）上的白额叶猴（white-fronted langurs，*Trachypithecus poliocephalus*；又叫棕头叶猴、金头叶猴），成为白额叶猴的一个亚种（见 Groves[20]）。两项研究结论的差异植根于所用 DNA 片断不同，数据不具有可比性。此后多年来，在评估各方面特征的基础上，现在分类学主流观点接受白头叶猴独立种（*Trachypithecus leucocephalus*）地位[21]。

分子生物学方法的尝试中存在的第二个问题是分类判断的主观性始终没有消除。例如，在上述例子中，作者按照遗传距离进行聚类，然后将距离最近、被聚为一组的两个种群判为相同种。遗传距离与物种分化之间没有客观稳定的对应关系，分类判断依据相对距离进行。这样得出的结果不可靠。例如，如果将鲤鱼、黄牛和人进行类似分析，会得到人与黄牛的遗传距离近、与鲤鱼的遗传距离远的结果。按照相同逻辑，就会得到人与黄牛是相同种的荒唐结论。

第三个问题是在选择 DNA 片断进行遗传距离测试时，研究者对所选片断的合理性和有效性没有进行分析论证，导致研究结果无法被接受。例如，上述 Roos 将白头叶猴与菜板岛的白额叶猴归为同一种。然而，白头叶猴和白额叶猴分布区之间是黑叶猴分布区。这种分布格局直接否定了该文结论的正确性。

20 世纪 90 年代以后，我国学者开始越来越注重生殖隔离对分类鉴定的作用，并且常常简单地将动物园中的杂交事件作为依据来断定某些类群间的关系。事实上，使用生殖隔离作为分类标准面临几重困难。首先，面对上百万物种的分类，每个物种都需要采集大量翔实数据来证明生殖隔离是否存在，操作起来不容易。其次，对于无性繁殖的物种，生殖隔离标准完全无用。最后，在现有分类系统中，大量形态学差异很大的物种事实上不存在生殖隔离。当生物学物种概念在迈尔时代被提出来时，人们没有意识到杂交在现生物种中的普遍性。迈尔[1]（第 321 页）说："在具有高度发展的行为隔离机制的能运动的动物中，杂交是罕见的，实际上在绝大多数动物中只是例外现象。"然而，这种陈述已经不可能得到当代生物学支持。灵长目中，杂交不仅出现在属内种间，还出现在属间[22]。在泰国 Khao Yai 国家公园，黑帽长臂猿（*Hylobates pileatus*）和白手长臂猿（*H. lar*）有各自的分布区。在分布区接壤处出现两个物种的杂交地带，有自然杂交个体存在[23]。植物学中种间杂交的文献也不胜枚举。杂交的广泛性与边际状况或者端始种状态有关（详见本章第二节）。

三、当代分类学中物种鉴定手段及存在的问题

由于生物学物种概念在使用中面临重重困难，在当代分类学中，物种鉴定主要还是依赖形态学特征的比较，尤其是对新种的描述。然而，由于越来越多的物种正在面临灭绝风险，猎杀、捕捉濒危动物，尤其是大、中型动物，以便进行形态学特征测量，正受到越来越严厉的限制，使传统的数据采集手段变得越来越困难。为此，研究者采用综合分类学方法进行研究。首先是对研究对象进行拍照，用照片记录研究对象的大

体形态特征。同时，在野外工作中，采集研究对象的粪便或毛发，以获取 DNA 信息。然后，将其与标本馆/博物馆中相近类群的馆藏标本进行比较，通过数学工具（如判别分析）最后判断研究对象的分类学归属[24]。可见，物种存在的客观性与物种鉴定的主观性之间的矛盾在当代分类学中仍然存在。相应地，分类学界对"权威"依赖的现象仍然普遍。

第二节　多样性的实现

一、成种机制

自然界从无机世界向有机世界的演化历程发生在几十亿年前。对于现生物种而言，每个物种均是祖先物种在对环境的适应演变过程中形成的产物。从一个物种演变成一个或多个后裔物种的过程称为物种形成（speciation），简称成种。成种机制有多种，不同类群由于演化历史不同而经历不同的成种过程。大体分为两类机制：异域成种（allopatric speciation）和同域成种（sympatric speciation）[1]。

1. 异域成种

在陆生动物中，大多数物种的扩散能力较弱，地理障碍的阻碍作用较强。这些物种采用异域成种机制。异域成种机制分为以下几个步骤。

第一，当一个物种出现在一个地理空间时，其种群迅速占据该空间中的适宜生境；同时，沿着适宜生境走廊扩散进入另一空间，实现种群的连续分布和分布区的扩展。

第二，当两个地理空间之间出现地质、地理变化（如江河改道、海平面上升、极端气候，甚至陆块裂解）后，适宜生境走廊消失，导致原有种群的连续分布变成间断分布，形成两个分布区，各自拥有一个种群。例如，大熊猫原先的连续分布遭受 30 万年前的冰期影响后变成间断分布[25]。

第三，随着分布区断裂，两个种群的个体无法进行自由交配，基因交流中断，创始种群（founder population）形成，并开始独立演化。

第四，在独立演化中，种群不断积累新突变和新性状。随着时间推移，种群间差异越来越大。这个过程常常很漫长。例如，秦岭大熊猫和四川大熊猫被视为两个亚种，其分化时间已经长达 30 万年[25]。

第五，独立演化的种群间特征差异增大到一定阈值时，出现生殖隔离，新种出现，成种过程结束。

这是异域成种最简单的过程，实现了一个物种变成两个物种的多样化增长。如果这个过程同时在几个方向进行，则由一个物种变成若干新种。由于新种分化于不同的地理空间，因此称为异域成种。

新形成的种群中，如果其中一个所生活的生境没有发生显著变化，环境选择压力较小，该种群保持原有物种的形态学特征，则出现祖先种与后裔种共存的格局。如果所有种群都面临较大选择压力，导致形态学特征都发生较大变化，则形成祖先种灭绝、后裔种相邻分布的格局。选择压力越大，种群性状分化越快，新种间差异越大。

异域成种是陆栖动物成种的重要且普遍的方式，相关文献大量出现在鸟类、蝴蝶以及一些蜗牛的研究中[1]。欧亚大陆周边岛屿上许多兽类物种也是通过异域成种机制形成的，如日本猕猴。海退时，祖先种的种群从大陆连续分布到边缘高地；海进时，高地与大陆被海水阻隔，形成大陆和海岛两个分布区。在随后的独立演化进程中，海岛种群逐步分化，形成新种。

2. 同域成种

同域成种是个集合名词，包括所有新种分化于祖先种的分布空间中的情况，如染色体成种、行为学成种[1]。

1) 染色体成种

大多数有性物种是二倍体（$2n$）物种。在进行两性结合前，性细胞进行减数分裂①，核染色体从 $2n$ 状态变成单倍体（n）配子状态。在正常减数分裂过程中，核 DNA 首先进行自我复制，染色体从 $2n$ 变成 $4n$。然后，细胞核率先进行分裂，继而细胞膜内缢成两部分，每一部分包含一个细胞核，形成两个 $2n$ 细胞，完成第一次减数分裂。接着，在每个子细胞内，细胞核又分裂，细胞膜再次内缢成两部分，形成两个细胞；此时，每个细胞仅含单倍染色（n）。单倍体细胞与对应性别个体的单倍体细胞结合形成受精卵，开始子代生命。与亲代一样，子代染色体是 $2n$。在减数分裂过程中，有一个环节是同源染色体联会②。当细胞分裂出错、本该进行两次细胞分裂而实际上只进行了一次时，最终产生的配子是 $2n$。$2n$ 配子遇到正常减数分裂产生的单倍体配子（n）时，形成三倍体（$3n$）受精卵。$3n$ 子代在繁殖期进行减数分裂过程中，同源染色体联会时发生紊乱，阻断生殖机制。然而，如果 $2n$ 配子遇到的另一个配子也是减数分裂出错形成的 $2n$，子代则是四倍体（$4n$）。$4n$ 子代在生产配子时，配子染色体是 $2n$，可以正常进行同源染色体联会，生殖过程得以正常进行。通过这种机制，一个 $2n$ 物种就迅速变成一个 $4n$ 物种，新物种形成。$4n$ 物种反交 $2n$ 物种时，存在生殖隔离。

这种实现成种的机制存在于植物中。为了实现某些经济利益，育种学家有时利用这种机制，人为阻断一次细胞分裂，获得四倍体作物。

---

① 减数分裂（meiosis）是有性生殖生物在生殖细胞成熟过程中发生的特殊分裂方式。在这一过程中，DNA 复制一次，细胞连续分裂两次，形成 4 个子细胞。每个子细胞的染色体数目只有母细胞的一半，故称为减数分裂，又称成熟分裂（maturation division）。减数分裂的结果是形成单倍体（n）配子。

② 同源染色体是在二倍体生物细胞中形状相似、结构和大小相同的两条染色体，一条来自母亲，另一条来自父亲。在减数分裂的第一次细胞分裂中，同源染色体彼此联会（即彼此配对），然后分开，并进入不同的生殖细胞（即精子、卵）中。若是三倍体及其他奇数倍体生物细胞，联会时会发生紊乱。

2）行为学成种

动物一些行为能够诱发种群分化。第一种行为是拟态（mimicry）。拟态现象很常见。拟态有两种类型，一种是形态特征逼近静物，如竹节虫；另一种是一个物种形似另一物种，如亚马孙丛林箭毒蛙类[26]和一些蛇类（如剧毒的索诺拉珊瑚蛇 *Micruroides euryxanthus* 和无毒的索诺拉山王蛇 *Lampropeltis pyromelana*，两者外形极其相似[27]）。在后一种拟态关系中，被拟者称为模型物种，通常有抵抗天敌的"武器"，如毒素，能导致天敌晕厥甚至死亡。同时，它们还演化出醒目的外形特征（如色彩鲜艳），以警示天敌。这是模型物种的防卫机制。拟态者通常与模型亲缘关系较远，不具备抵抗天敌的能力，只能通过形态和色彩"模拟"模型物种，以在关键时刻提高生存率。因此，在拟态关系中，拟态者不断从拟态过程中获取演化上的利益，从而进一步促进拟态发展。当拟态者数量升高到一个阈值时，天敌将因为顾忌猎物的"武器"而面临饥饿从而出现生存危机。此时，天敌只能"铤而走险"进行捕食。其结果，由于大量猎物并无"武器"，捕食面临的风险下降，"顾忌"消除；模型物种的防卫机制破裂，开始承受越来越大的捕食风险。演化驱动力此时促进模型物种获得新性状、适应新环境，并且远离原有分布区，以摆脱被拟态。同理，演化驱动力也促使拟态者获得新的适应力，并尾随被拟者进入新的地理空间或生境类型继续拟态。拟态者种群中，部分个体获得这种新适应能力时，尾随模型物种的进程即已开始。获得新性状的个体逐步脱离原种群，拟态者种群开始分化。栖息于新的地理空间后，拟态者不断积累新性状，最终形成新物种。在这种成种机制中，分化开始于祖先种分布区，不依赖地理隔离，因此属于同域成种。

第二种行为是巢寄生（brood parasitism）。巢寄生是指一个物种自己不筑巢，不孵卵，而是将卵产在别的物种巢内，让其代为孵化。这种行为常见于鸟类、鱼类和昆虫[28]。杜鹃科（Cuculidae）鸟类有大约 140 种；其中，60%自己筑巢育幼，40%营巢寄生。巢寄生行为在杜鹃科中独立演化了三次[29]。在巢寄生关系中，寄生物种产卵后的生殖投入（孵化、育幼）由宿主（host）物种代劳，减少了宿主物种对自己后代的投入。因此，寄生物种受益，宿主物种受损。演化驱动力倾向于偏爱宿主演化出反寄生行为。在寄生与反寄生的演化军备竞赛（见本章第三节）中，双方博弈激烈。首先，宿主演化出识别寄生卵的能力，并在孵卵过程中排斥寄生卵。相应地，寄生者改变卵的形态学特征，使其与宿主卵相似，以迷惑宿主；同时，减少在每个宿主巢所产卵数，从而提高宿主反寄生过程中因出错造成的成本[30,31]，抑制反寄生。其次，为了提高子代生存率，寄生卵常常先于宿主卵孵化出来，并通过各种方式从亲鸟处获取更多食物（如口腔颜色更鲜艳醒目以吸引亲鸟注意），生长更快。最后，寄生卵结束孵化后，幼鸟将宿主卵推出巢外，以减少来自宿主后代的竞争[28]。在进一步反寄生演化中，宿主逃离寄生高发区，进入缺乏寄生物种的空间[32]。成功逃离后，拥有对新生境适应力的个体在新生境中建立宿主创始种群。这种摆脱可能是短暂的。对于寄生物种，拥有对新生境适应力的个体"尾随"宿主进入新生境，并建立寄生创始种群，继续与宿主进行军备竞赛。在宿主—寄生物的不断互动中，两个创始种群逐步远离原有种群，积累新性状，最后形成新种。由于创始种群与原种群的分化不依赖地理隔离，这种成种机制也属于同域成种。

同域成种还有其他方式[1]。

在不同地质时期，由于环境发生变化，同一地理空间中的一些物种在对新环境的适应中不断积累新性状。经历足够长时间后，这些种群本身没有灭绝，但其个体形态学特征已经变得与之前大有不同。古生物学家在挖掘这些地层时，将同一谱系在不同时期的种群鉴定为不同种。此时，生殖隔离标准不适用。前一时期的"物种"的消失是假灭绝现象，因为它们有后裔"物种"存在，这个谱系没有真正灭绝。例如，东亚的中生代羽毛恐龙与现代鸟类极其相似，因此有人认为恐龙假灭绝，今天的鸟类就是中生代的羽毛恐龙[33]；羽毛恐龙与鸟类是同一谱系在不同地质时期的类群称谓。

二、成种时间

不同类群的成种时间不同。在上述染色体成种中，一个新物种的形成只需要一个世代的短暂时间。然而，对于地理隔离造成的异域成种，过程缓慢，需要很长时间。在异域成种中，生态压力不同的区域，成种时间也不同。例如，狗于 5kaBP[①]跟随人类进入澳洲后，脱离人类返回自然，再度野化[34,35]，变成澳洲野狗。由于缺乏竞争压力，在过去几千年，澳洲野狗没有发生任何形态学特征变化。

成种时间长短不一，长期困惑早期演化生物学家，导致对物种形成机制的长期争论[1]。

据彭燕章等[22]，灵长目现生属的分化时间约为 4.5~16.7MaBP[②]，亦即中新世前中期—上新世前中期。基于染色体组型演化度的研究，Maruyama 和 Imai[36]认为，种的分化时间大约需要 2.5Ma。周明镇[37]认为，现代属出现于上新世末期，种的分化大多出现在第四纪初期，亚种分化于冰期之后的雨林期。关于属的分化，彭燕章等给出的时间与周明镇的不同。古生物学证据表明，不同类群的属出现时间不同，有些早在中新世，有些在上新世，还有些在更新世早期。关于种的分化时间，古生物学认为，现生种在属内的分化时间大多在 1MaBP 以后，不支持周明镇的观点。然而，周明镇的观点与染色体组型演化度给出的时间一致。造成这种矛盾的根本原因可能是研究者所持的物种定义以及在使用生物学物种定义时对生殖隔离的理解有所不同。古生物学家更多采用形态学物种定义。按照染色体组型演化度给出的时间以及现生种最早化石出现的时间，现生种事实上是在分化的半道上，处于半种（semispecies）状态。这些半种在形态特征上的差异已经非常显著，足以划分为不同物种。但是，按照生物学物种定义，它们尚未成为完全独立的种。如果严格按照生物学物种定义，这些半种全部划归同一物种，则掩盖了差异性，导致分类系统出现无序状态；如果按照形态学物种定义，半种间尚未出现完全的生

---

① kaBP（kilion-anniversary ago）即千年前，是地质年代单位。相应地，千年的单位是 ka。

② MaBP（megaannus ago）即百万年前，地质年代单位。相应地，百万年的单位是 Ma。

殖隔离，导致前述种种争议。

由于现生物种分化历史的短暂性（几十万年到 100 万年），现生属内物种间的杂交非常普遍。例如，在东南亚长臂猿各物种分布区的毗连处，存在许多自然杂交地带[23]。在地质历史时期，杂交也很普遍，如尼安德特人与智人间的杂交（见第五章第三节），导致古生物学家面临大量的分类鉴定困难[38]。

三、物种维持机制

从种群的分化到物种形成，大多是逐步且缓慢的过程，种群间的性状差异程度也是连续变化的。创始种群通常是小种群，遗传多样性比较单调。小种群中，新性状不容易被漂变（亦即流失）掉[8]。因此，小种群状态有利于新突变产生的有益性状在创始种群中积累和扩散。当种群差异达到某个阈值时，新种形成。有两个机制维护新种的存在和独立性，一个是近交衰退，另一个是远交衰退。

1. 近交衰退（inbreeding depression）

近交衰退是指有亲缘关系的个体进行交配，导致后代个体遗传纯合度上升，从而提高基因稳定性，同时导致后代个体数减少、后代体质变弱或者后代不育的现象。

引起近交衰退的原因有两种：①有害隐性基因暴露。依据孟德尔遗传学理论，一些等位基因是显性的，它们无论在任何情况下都能通过性状的出现得以表达。一旦这些基因是有害基因，则很容易由于个体的生存力较差使其从基因库中漂变掉。因此，有害显性基因出现的频率很低，大多数是有益基因。另一些等位基因是隐性的，当与显性等位基因共同出现时，其所支持的性状无法表达（受显性等位基因压制）；只有两个等位基因都是隐性基因时，其所支持的性状才得以表达。由于显性等位基因的压制作用，有害隐性基因在杂合状态下事实上得到了"保护"，没有因为个体生存力下降而被漂变。然而，当处于纯合状态时，有害隐性基因的性状得以表达，导致个体死亡或者生存力下降。在孟德尔遗传定律中，隐性等位基因纯合体出现的概率为 0.25，杂合体概率为 0.50。因此，有害基因处于隐性状态的概率很高。一旦出现近交，相同隐性等位基因相遇的概率大增，生产致死或病态后代的概率提高，导致种群数量下降。②多基因平衡被破坏。个体发育受许多基因共同影响，其中每个基因的作用效应微小，但与其他基因间处于平衡及和谐关系中。处于平衡和谐之中的多基因系统生存力较强，受自然选择偏爱。近交繁殖往往会破坏这种平衡与和谐，造成个体发育障碍，生存力下降，最终导致种群数量下降。

在行为学研究中，已知物种大多表现出回避近交的行为特征。在人类大多数文化形态中，近交（兄弟与姐妹间通婚）被视为乱伦或不道德，因而受到拒绝。在许多非人灵长类中，近交也被有效回避[39]。回避近交的过程涉及亲缘个体的识别机制。低等灵长类更多采用气味识别，如马达加斯加的环尾狐猴（*Lemur catta*）[40]；高等灵长类则采用面部图像识别,如非洲的山魈(*Mandrillus sphinx*)[41]。

在近交回避机制的运作下,近交衰退得以避免,种群的遗传多样性逐步上升,应对环境的能力持续加强,种群得以存在和发展。

近交衰退主要出现在独立生活的物种中。在寄生物种中,个体生活的环境非常恒定,遗传多样性对物种生存的意义不大。同时,发现并遇上非亲缘个体很困难,概率太小。因此,许多寄生物种通过近交实现物种的延续[42]。

2. 远交衰退(outbreeding depression)

远交衰退是指发生遗传分化的种群间杂交导致后代生存力低下的现象。远交衰退通常不会发生在种群内,同种种群间发生的概率也较低。种群间的差异越大,远交衰退现象越突显。例如,白头叶猴与黑叶猴杂交子代在回交过程中,弱子率高达50%;而同期黑叶猴所产后代弱子率仅为10%~20%[43]。这种现象反映的是种群的遗传系统和谐性被打破。在一个区域内,自然选择塑造了种群内一整套基因(即基因组)以适应区域内的环境特征[8,42]。来自另一个种群的基因流会在一定程度上影响目标种群基因组内基因间的平衡性与和谐性,从而导致个体出现生存力下降。种群分化程度越大,远交衰退影响越大。生态需求存在重叠的同属物种在分布区毗连处形成杂交地带,如东南亚的长臂猿[19]。这些物种存在种间领域保卫行为[44];结合远交衰退机制,防止亲缘种种群大规模相互渗透,维护亲代物种的相互独立性。

四、分类单元、分类系统、演化历史及物种多样性

经过种群分化和物种形成,一个物种至少演变为两个物种。在多数成种事件中,一个物种形成多个物种,实现多样性增加。来自共同祖先的新物种亲缘关系最近,遗传距离最短,拥有共同祖征。分类学家将这些物种置于一个属(Genus)内。例如,智人、尼安德特人、能人等相互间存在差异,如颅腔容量;但他们具有许多来自祖先种——能人的共同特征,如扁平面部、凸起鼻骨、较小的牙齿等。因此,分类学家将这些种置于同一个属——人属(*Homo*)[38]。

如果一个属中仅含一种,分类学称之为单型属;如果含有多个种,则称为多型属[1]。

以同样逻辑,具有相同祖征的属被聚类到同一科(Family)中。例如,人属、傍人属(*Paranthropus*)、南方古猿属(*Australopithecus*)……这些属在与攀爬相关的形态特征以及牙齿大小和粗壮程度上存在差异,但也拥有许多祖征,如长骨上与完全二足直立行走相关的形态特征。因此,它们被归入人族(Hominini)。人族与黑猩猩、猩猩以及大猩猩存在差异:后三者犬齿显著增大,而且有珩磨复合体(见第五章第三节);人族没有这些特征。然而,它们已经具备不同程度的二足直立行走特征。因此,它们被归入人科(Hominidae)[21]。人科与长臂猿科(Hylobatidae)体形大小差异很大,而且运动方式也不同。但是,二者具有猿类的共同特征:胸腹部均为前后扁平,无尾。因此,它

们被划归人猿超科（Hominoidea）。当一个科仅含一属时，这个科被称为单型科；如果含两个或多个属，则被称为多型科。

具有相同祖征的科被归入相同目（Order）。在灵长目（Primates）中，人猿超科与猴超科（Cercopithecoidea）及其他类群存在差异，如人猿超科无尾，猴超科有尾；人猿超科胸腹部前后扁平，猴超科左右侧扁；新大陆猴比旧大陆猴吻部更突出。但是，这些类群的共同特征也有很多，如眼眶前置形成双筒视野、趾/指端有甲、五指/趾、拇指/趾与其余四指/趾分开并对握。这些特征是灵长目的祖征。因此，它们被归入灵长目。

具有相同祖征的目被归入相同纲（Class）。灵长目、奇蹄目、鲸偶蹄目、食肉目及其他一些类群，外形特征迥异。例如，奇蹄目单趾、有蹄、无角，鲸偶蹄目大多有四趾、有蹄、有角（鲸类除外），食肉目无角、有爪，灵长目无角、有甲。在巨大的差异中，所有这些类群都有唇，雌性有子宫、乳房；母亲泌乳，幼崽吸乳。这些是祖征。因此，它们被归入哺乳纲（Mammalia）。

具有相同祖征的纲被归入相同门（Phylum）。哺乳纲物种有皮肤，雌性有子宫，营胎生生殖。鸟纲（Aves）物种无皮肤、有羽毛，雌性无子宫，营卵生生殖，有卵壳。爬行纲（Reptilia）皮肤角质化为鳞片，营卵生生殖，有卵壳，上下颌无关节。两栖纲（Amphibia）皮肤薄，胸腹间无膈肌，有肺囊，营卵生生殖，无卵壳，有四肢（蚓螈除外，蚓螈四肢退化，适应洞穴生活）。鱼纲（Pisces）体表被鳞片，流线形，无四肢，有鳍，营卵生生殖，无卵壳，有鳃无肺。这几大纲的外表形态差异极大，一目了然，极易区分。然而，它们共有脊椎构成的脊柱及其他支撑体形的内骨骼，因此被归入脊椎动物亚门（Vertebrata）。海洋中的海鞘（*Ascidia*）、文昌鱼（*Branchiostoma*）及其他一些类群无脊柱，但在背侧皮下有一管状结构，位于神经索腹侧、消化管背侧，称为脊索。管中注入液体后，由于水的张力，脊索变硬，支撑动物躯体并使其成形。这些物种被归入脊索动物中相应的亚门，包括尾索动物亚门（Urochordata）和头索动物亚门（Cephalochordata）。现代科学认为，脊椎起源于脊索。脊椎动物胚胎发育过程中也有脊索出现的阶段。因此，脊椎动物亚门、尾索动物亚门和头索动物亚门合并构成脊索动物门（Chordata）。

脊索动物门不是动物的全部。昆虫、蜘蛛、海蜇、珊瑚、乌贼以及许多其他物种没有脊索，更无脊柱，属于无脊椎动物。由于形态学特征差异很大，它们分属不同的动物门。依据形态学特征，无脊椎动物可以分为原生动物门（Protozoa，包括现生草履虫、纤毛虫及其他单细胞动物）、多孔动物门（Porifera，现生各种海绵）、腔肠动物门（Coelenterata，现生各种水螅、水母、珊瑚及其他双胚层动物）、扁形动物门（Platyhelminthes，现生各种寄生性的吸虫、绦虫）、线虫动物门（Nematoda，如蛔虫）、环节动物门（Annelida，如蚯蚓、水蛭）、软体动物门（Mollusca，如各种蚌壳、乌贼）、节肢动物门（Arthropoda，现生各种蜘蛛、昆虫、虾、蟹）和棘皮动物门（Echinodermata，如熟知的海星、海胆、海参）九大类，以及许多小门，包括栉水母动物门（Ctenophora）、纽形动物门（Nemertinea）、轮虫动物门（Rotifera）、腹毛动物门（Gastrotricha）、棘头动物门（Acanthocephala）、蟥虫动物门（Echiura）、星虫动物门（Sipuncula）、须腕动物门（Pogonophora）、帚虫动物门（Phoronida）、苔藓动物门（Bryozoa，又称外肛动物门 Ectoprocta）、腕足动物门（Brachiopoda）、毛颚动物门（Chaetognatha）、鳃曳动物门（Priapulida）、动吻动物门（Kinorhyncha）、叶足动物门（Lobopodia）以及半索动物门（Hemichordates）。这些门之间形态迥异，但共同点是都能够自主运动，细胞膜外无细胞壁，因此全部归入动物界（Animalia）。

以上是现行动物分类系统的构建逻辑。其中，界、门、纲、目、科、属、种是现行分类系统的基本分类单元（taxon，也叫分类阶元），组成高低不同的阶梯状结构。在这个结构中，分类单元位置高低代表着物种间演化或者分化历史的长短。例如，现生同属种分化的历史仅有几十万到一百万年，同科属的分化时间约为 1～5Ma，同目科的分化在 5～22Ma；同纲目的分化则可以追溯到 50～60MaBP。两个类群的亲缘关系如果涉及纲的分化，其演化历史可以追溯到中生代中期；如果涉及门的分化，则至少可以追溯到古生代寒武纪之初。因此，任何两个物种所共享的最低分类单元反映其关系的古老性。例如，白头叶猴与黑叶猴共享乌叶猴属（Trachypithecus），反映二者的关系很年轻，其分化发生于更新世中晚期；与非洲的红疣猴（Colobus badius）共享疣猴科（Colobidae），反映二者的关系不古老，分化发生于中新世末到上新世；与猕猴共享灵长目，反映二者关系较古老，分化发生在渐新世到中新世；与羚牛（Budorcas taxicolor）同属哺乳纲，分化始于 50～60MaBP。分化时间越长，关系越古老，经历的分化环节越多，古地理、古气候在演化历程中的影响越大。例如，白头叶猴与黑叶猴的分化仅受更新世冰期以及全新世人类活动的影响。但是，白头叶猴与澳大利亚的袋鼠间的关系则经历了属内物种分化，乌叶猴属、叶猴属（Presbytis）以及长尾叶猴属（Semnopitheucs）的属间分化，疣猴科和猴科的科间分化，灵长目与其他真兽目的目间分化，以及真兽类与后兽类之间的分化。其漫长的分化历史经历了大陆裂解、陆块经纬度变化以及古气候和古环境的变化。在这种背景下，人类的影响微乎其微。因此，这个分类系统蕴含着丰富的类群分化历史信息。

现行分类系统是一个开放系统，可以随时安排新物种、新类群进入该系统中。分类系统的构建逻辑是从低级单元（种）到高级单元（界）的过程，但将物种安排到分类系统的过程是从高级单元到低级单元的过程。目前，这个分类系统中，已经安排了大约 150 万种动物。

分类鉴定中存在一定的主观性。面对一群物种，关注差异性的作者可能将它们划分为两个属，而关注相似性的作者可能将其划归一个属。例如，一些作者将大小猫类基于相似性全部划入猫属（Felis），其他作者基于差异性将虎及其他大型猫类划入另一个属——豹属（Panthera）。由于这种主观性，不同作者给出的分类系统会有一定程度的差异。

在不同阶级的基本分类单元间还有居间分类单元，包括门下的亚门，纲下的亚纲，目上的总目和目下的亚目和下目，科上的总科和科下的亚科，族、属下的亚属以及种组。这些居间分类单元反映：①上位单元内平行类群间亲缘关系的差异。例如，灵长目（上位单元）猴超科包括猴科（Cercopithecidae）和疣猴科，反映这二科的亲缘关系近，与跗猴科、指猴科以及新大陆猴之间的亲缘关系较远。②演化历史沿革不同。例如，牛科（Bovidae）中的牛亚科（Bovinae）属于牛齿系（Boodontia），起源于欧亚大陆，羚羊亚科（Antilopinae）属于羊齿系（Aegodontia），起源于非洲大陆。两个亚科起源地不同，祖先类群也是牛科下的不同类群（见第五章第三节和第四节）。

第三节　自然选择、适应和分布

科学理论是否被接受，关键在于是否有合理的机制解释。在达尔文的物种演化理论中，演化的机制是性状突变和自然选择。在自然选择的解释中，自然选择的作用单位（或者是作用水平）长期困扰着科学界对他的演化理论的理解和接受。自达尔文以降，对自然选择单位先后有个体选择、群选择、亲缘选择以及基因选择等观点。

一、自然选择单位

1. 个体选择（individual selection）

在达尔文的理论中，自然选择的单位是个体。由于拥有不同性状特征，个体间出现生存率和繁殖成功率的变异。当一些个体拥有更有效战胜环境挑战的性状时，它们有更多机会生存和繁衍。所有性状都有遗传基础，并通过遗传物质传递到下一代。这种机制决定了个体必须是自私的，其行为目的是自身的生存和繁衍成功。这种理论在解释自私行为时行之有效。然而，当面对蜜蜂中工蜂的利他行为时，达尔文犯难了。在蜜蜂社会中，工蜂是雌性个体，每天负责采集花粉花蜜、清理蜂巢、育幼以及防卫。蜂后（雌性个体）和雄蜂完成生殖，工蜂通常没有繁殖机会。在达尔文看来，工蜂为了群体的生存而放弃自己繁殖后代的机会，是一种极端的利他行为。工蜂由于利他而中断了自身遗传物质的传递。那么，利他行为是如何在演化历史中得以保留和发展的？达尔文最终没能解答这一问题。

2. 群选择

针对达尔文未解答的问题，英国动物学家维罗·温·爱德华兹（Vero Wyne-Edwards）1962 年提出群选择（group selection）的概念[45]。他认为，自然选择不仅选择个体，也选择群体。由于利他行为对群体的生存和繁衍有利，因此，为了群体的利益，个体压制自己的自私行为。那些不压制个体自私行为的群体容易被自然选择淘汰，最后种群内只剩下由利他个体组成的群体。这些群体因受自然选择偏爱而得到保留和发展，最后种群内所有个体都表现利他性。然而，这种假说缺乏运作机制，没有解释利他者承载着利他行为特征的遗传物质如何传递到下一代的问题。

3. 亲缘选择

为了解释达尔文的困惑，伦敦大学教授霍尔顿（J.B.S. Haldane）提出亲缘选择（kin selection）理论。他认为，个体在面对没有亲缘关系的个体时表现出自私行为，而面对有亲缘关系的个体时表现出利他行为。自然选择偏爱这样的个体，并将这些个体形成的群体选择保留，使其得以发展。霍尔顿的同事威廉·汉密尔顿（W.D. Hamilton）进一步将这种思想定量化，提出汉密尔顿法则。这个法则是一个不等式：$rB>C$。其中，r 是利他者与受益者之间的亲缘系数，B 是受益者从利他关系中所获得的利益（通常用受益者接受利他行为后产生的后代数目来衡量），C 是利他者因利他行为导致的损失（通常用利他者行使自私行为可以产生的后代数减去行使利他行为产生的后代数）。亲缘系数以血缘来计算：在二倍体有性繁殖中，减数分裂使父母双方各有约一半的遗传物质进入配子，因此父母与子女的亲缘系数为 0.5（父母各自只有一半遗传物质进入子代个体；图 2-1，路径 1、3、5、7）。后代个体有一半（0.5）遗传物质来自父亲（路径 2、6），另一半（0.5）来自母亲（路径 4、8）。兄弟姐妹间的亲缘关系要同时通过父亲和母亲两条渠道才能实现。其中，在父亲渠道，兄（或姐）与父亲的亲缘关系是 0.5（即一半遗传物质来自父亲；路径 2），父亲与弟（或妹）的亲缘关系是 0.5（父亲将一半遗传物质给予每个子女；路径 5），因此通过这条渠道形成的兄弟姐妹关系（路径 2—5）是 0.5×0.5=0.25。同理，通过母亲渠道的兄弟姐妹关系（路径 8—3）也是 0.25。最后，他们的亲缘关系总和是 0.25+0.25=0.5。按照相同逻辑，一个个体与其叔叔的亲缘关系是 0.25（路径 2—9），与堂兄弟姐妹的亲缘关系是 0.125（因为堂兄弟姐妹的母亲与该个体没有亲缘关系；路径 2—9—10）。利他行为的表现与否取决于上述不等式是否实现。亲缘选择理论没有定位自然选择的作用单位；但因考虑了血缘关系，这个理论向现代演化理论迈进了一大步。

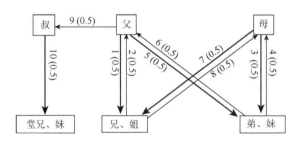

图 2-1　二倍体物种中个体间的亲缘关系

亲缘选择理论被提出来后，受到各方质疑。例如，小达灵顿认为[46]，这种理论忽视选择的代价对适应（包括适应性行为）精确性的影响。他同时认为，昆虫和人类社会的演化不需要借助亲缘选择，通过两个步骤的个体选择就可以实现：①赋予群居生活的个体某种演化优势；②在群居生活中，利他行为通过概率性优势（即利他个体拥有更高概率从群居生活中获益）得以演化出来。现代动物行为研究结果显示，群居生活确实能为个体带来一些演化优势，如稀释捕食压力、获取更多与生存相关的环境信息等[47]。遗憾的是，小达灵顿的观点自 1981 年发表以来没有受到足够重视，行为学家们继续沿着亲缘选择思想前进。

4. 基因选择

1976 年，牛津大学行为学家理查德·道金斯（Richard Dawkins）在其影响全球的著作《自私的基因》（*Selfish Genes*[48]）中首次将自然选择定位在基因水平上。他提出，个体只不过像汽车一样承载着基因。基因间进行激烈竞争，并通过基因在性状上的表达与环境互动。由于性状特征不同，个体在生存斗争中表现出不同的生存率和繁殖率。被自然选择偏爱的基因在生存率和繁殖率的分化过程中逐步胜出，基因频率在种群基因库中得以逐步提高。

自私基因理论与汉密尔顿法则结合，将亲缘选择中模糊的"亲缘"或者"血缘"概念具体化，亲缘系数 r 等于拥有相同基因的概率，很好地解释了工蜂的利他行为。蜜蜂及其他膜翅目昆虫的遗传系统不是二倍体系统，而是单倍–二倍体系统（Haplo-Diploidy）。在这种系统中，蜂后（或称蜂王）通过无性繁殖生产单倍体的雄性后代，通过有性繁殖生产二倍体的雌性后代。在有性繁殖中，雄性是单倍体，性细胞不进行减数分裂，而是通过有丝分裂形成配子；雌性则是通过减数分裂形成单倍体配子。雌性后代中，通过不同育幼方式形成蜂后（少数个体）和工蜂（绝大多数个体）。可见，雌雄个体的遗传背景不同，父母子女间的亲缘系数不对称（图 2-2）。其中：

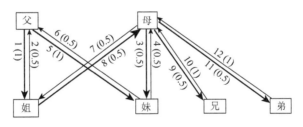

图 2-2 单倍—二倍体物种中个体间的亲缘关系

（1）母—子关系。儿子没有父亲，所有基因均来自母亲，与母亲基因相同的概率为 1，从而实现亲缘系数 $r=1$（路径 10 或者 12）。但是，母亲只有一半基因给予了儿子，基因相同的概率为 0.5，实现亲缘系数 $r=0.5$（路径 9 或者 11）。因此，母—子间的亲缘系数是不对称的。

（2）母—女关系：女儿有父亲和母亲，一半基因来自母亲，实现亲缘系数 $r=0.5$（路径 4、8）；母亲有一半基因给予任一女儿，实现亲缘系数也是 $r=0.5$（路径 3、7）。因此，母亲与女儿间亲缘系数是对称的。

（3）父—女关系：父亲的全部基因给予了女儿，亲缘系数 $r=1$（路径 1、5）；女儿仅有一半基因来自父亲，$r=0.5$（路径 2、6）。因此，父亲与女儿间亲缘系数是不对称的。

（4）兄—弟关系：兄弟间的亲缘关系仅通过母亲发生，全部基因来自母亲，$r=1$（路径 10、12）；母亲给每个儿子一半基因，实现亲缘系数 $r=0.5$（路径 9、11），因此兄弟间的亲缘系数 $r=1$（路径 10）$\times0.5$（路径 11）$=0.5$。

（5）姐—妹关系：姐姐与父亲的亲缘系数是 $r=0.5$（路径 2），父亲与妹妹的亲缘系数 $r=1$（路径 5）。因此，姐妹通过父亲实现的亲缘系数 $r=0.5\times1=0.5$。姐姐与母亲的亲缘系数 $r=0.5$（路径 8），母亲与妹妹的亲缘系数 $r=0.5$（路径 3）。因此，姐妹通过母亲实现的亲缘系数 $r=0.5\times0.5=0.25$。姐妹间最终的亲缘系数是 $r=0.5+0.25=0.75$。

（6）兄—妹关系：由于儿子没有父亲，因此兄妹间仅共有母亲。哥哥的基因全部来自母亲，与母亲的亲缘系数 $r=1$（路径 10）；母亲有一半基因进入妹妹，$r=0.5$（路径 3）。因此哥哥与妹妹的亲缘系数是 $r=1\times0.5=0.5$。然而，妹妹有一半基因来自母亲，$r=0.5$（路径 4）；母亲有一半基因进入哥哥，$r=0.5$（路径 9）。因此妹妹与哥哥的亲缘系数 $r=0.5\times0.5=0.25$。显然，兄—妹（亦即儿子—女儿）的亲缘性与姐—弟（女儿—儿子）的亲缘性不对称，前者大于后者。

在这些关系中，亲缘系数最高的是姐妹间的关系。在演化过程中，工蜂面临两种策略：①自私策略，自己生育子女，并哺育子女，实现 $r=0.5$ 的利益；②利他策略，帮助母亲哺育姐妹，实现 $r=0.75$ 的利益。最终，自然选择偏爱了利他策略，满足了基因的自私性，而不是个体的自私性。亲缘系数不对称还可能引发其他一系列行为特征的演化。首先，蜂后通常进行有性繁殖，生产女儿；偶尔进行无性繁殖。因此，蜂巢中雄蜂数量不多。其次，当出现食物短缺时，工蜂首先将雄蜂（父亲）逐出蜂巢，或者直接杀死雄蜂，留出有限资源给妹妹们；牺牲 0.25 的亲缘系数以换取 0.75 的亲缘系数，提高蜂群的适合度。最后，在专司生育的分工演化道路上，蜂后体形变得越来越大，产卵率越来越高，进一步提高利他行为的适合度。

5. 现代演化理论

亲缘选择理论与汉密尔顿法则的结合成为现代演化理论的基石。现代演化理论认为，自然选择在基因水平上进行。通过遗传突变，种群获得任一位点上不同的等位基因，并承载在不同个体中。面对自然选择，基因不是单独进行竞争，而是与其他基因协调一致作为整体——基因型与其他基因型之间进行竞争[49]。当不同基因型进行竞争时，它们控制其携带者从事有利于本基因型频率增长的行为，包括个体意义上的自私行为和利他行为。相同基因型可以出现在不同个体中。当个体利他行为有助于某一基因型频率增加时，个体虽然牺牲了自己的繁殖机会，但其所携带的基因型及其中的基因通过其他个体进入下一代并在下一代基因库中频率得以提高（因为利他行为的受益者生产更多后代个体）。

利他者遗传物质向下传递中断与性状演化连续性的矛盾得以解决，个体的自私行为和利他行为在基因水平上得以统一：个体行为可以是自私的，也可以是利他的；但基因永远是自私的，永远在"追求"提高自己的出现频率以及自身适合度。

6. 适合度

这个概念用于衡量性状在演化中的价值，是性状演化动力大小的度量。当一个性状有助于其携带者（个体）有更大生存和繁衍的概率时，该性状就有较高适合度（fitness）[8,42]。一个性状的表现为其携带者带来利益（benefit，B）的同时，一定需要投入成本（cost，C）。例如，眼镜蛇产生毒素用于捕食和防卫，需要在生理上投入大量营养和能量。再如，当动物进入一个新区域摄食，获取更多食物（利益）的同时，可能面临更大的捕食风险（成本）。雄性绿孔雀色彩艳丽的尾屏能吸引雌性与其交配。色彩越艳丽，吸引的雌性个体越多，生殖机会越多，因此利益越大。然而，色彩越艳丽，被天敌发现和捕食的概率就越大，成本也越高。因此，一个性状的适合度既要考虑获利，也要考虑成本。相应地，适合度（F）的计算如下[47]：

$$F=B-C \tag{2-1}$$

当 F>0 时，性状得以保留并可能进一步发展；距离 0 越远，性状发展的演化动力越大。当 F≤0 时，性状很快会在种群中漂变掉；距离 0 越远，漂变越快。

个体通常通过直接与其他个体竞争，从而获得更高的生存率和更多繁殖机会。这时实现的适合度是通过个体直接竞争得到的，称为直接适合度（direct fitness，F），使用式（2-1）计算。个体有时对亲缘个体行使利他行为。这时，它们没有为自己创造更多生存和繁殖机会，但通过受益亲戚而获得机会，使自己的基因得以更多地进入下一代。这种演化利益是通过利他行为的受益者间接获得的，被称为间接利益（B'）。基于间接利益获得的适合度被称为间接适合度（indirect fitness，F'），计算如下：

$$F'=B'-C' \tag{2-2}$$

式中，C'是利他行为的代价。

相应地，一个个体通过所有努力获得的适合度是直接适合度和间接适合度之和，被称为总适合度（inclusive fitness，$F_{\text{inclusive}}$），计算如下：

$$F_{\text{inclusive}} = F+ F' \tag{2-3}$$

以上适合度是针对个体获得某个性状后在演化历史中的竞争力。性状从来不是单独起作用的，而是以性状群为单位发挥作用。性状群的基础是基因型。一个基因型的总适合度影响种群大小的增长，取决于特定基因型相对于其他基因型在总适合度上的大小差异。一个基因型的总适合度与种群的各种参数（包括世代重叠、生命表特征）相关[8]，计算比较复杂，超出本书讨论范畴。

适合度是性状或者性状群出现后，个体获得对环境更好适应力的度量。

二、适应

1. 物种适应

物种生存的基础是适应。适应有不同定义。生理学家、生态学家、行为学家分别根据自己的研究领域给出自己的定义。动物地理学家对适应的定义不仅要面对当代物种的生存问题，还要解释类群的演化历史与现代分布的关系问题。因此，演化生物学关于适应的定义适用于动物地理学。据 Futuyma[8]，适应是指由于能够提高适合度，自然选择的具体作用力在遗传变异之上发挥作用，从而塑造出来的一种特征（an adaptation is a feature that, because it increases fitness, has been shaped by specific forces of natural selection acting on genetic variation）。也就是说，在一个物种的种群中，一个基因位点上有多个不同等位基因，这些等位基因导致不同个体在这个基因位点所决定的性状表现形式不同，即不同特征。不同特征为个体带来不同的生存和繁衍机会。当面临环境挑战时，那些能有效提高个体存活和繁殖机会的特征（及其下的等位基因）有更多机会在种群中保留并散布。最终，整个种群甚至整个物种的所有个体均表现出这种特征。这种特征就是适应，能够有效支持物种战胜环境挑战，从而生存和发展。

因此，这里所说的适应与平时日常用语中的适应不同。当南方人到了北方边远地区，没有大米，只能吃面食时，出现腹胀、消化不良。这时，他说"不适应北方生活"。这种"适应"是指习惯。大米中的淀粉分子主要是直链淀粉，所含能量较少；小麦中的淀粉主要是支链淀粉，所含能量较多。水解这两类淀粉的酶不同。然而，人类的遗传系统中含有生产两种酶的基因。以大米为主食的文化中，胃受直链淀粉长期刺激，分泌水解直链淀粉的酶比例较高。当进食面食时，因支链淀粉酶含量低，食物分解较慢。然而，随着支链淀粉的持续刺激，支链淀粉酶分泌量会逐步提高，消化问题会逐步消失。由于这种状况不是遗传决定的，是生活习惯造成的，因此不属于生物学的适应概念。

适应特征建立在基因基础上。例如，喀斯特地区的水和植物富含钙离子。过量摄入钙会导致一系列生理上的问题，如多尿、口渴、便秘、肾结石以及精神抑郁等。白头叶猴、黑叶猴以及生活于喀斯特地区的其他物种，面对高钙，必须有生理上的应对机制；否则无法生存于这种环境中。基因组学和细胞功能研究[50]表明，白头叶猴、黑叶猴在L-型电压门控钙通道 $Ca_v1.2$ 的 α1c 亚单位（CACNA1C）上出现了一个位点突变（Lys1905Arg），导致在细胞功能上减弱了进入细胞的钙离子流，从而确保这些石山叶猴的细胞电解质处于正常状态。这是对喀斯特环境在生理上的适应。当然，对喀斯特的适应还包括形态特征的适应，使这些物种能够在绝壁上攀爬，犹如在平地上运动。形态学特征的适应也是建立在基因基础之上。

另一个例子是对高原环境的适应。高原环境对动物分布的限制因素有很多，但最重要的因子是低氧分压。低氧造成缺氧性肺动脉高压及其他不良生理反应。藏族人对青藏高原有良好适应。在一项研究[51]中发现，祖祖辈辈生活于高原的拉萨（海拔 3658m）藏族居民几乎没有肺动脉高压症状，与其他族裔在低海拔的血压水平相似。另一项研究[52]发现，藏族人缺氧基因（*EGLN1*）中有一个非同义突变（rs186996510，D4E），这个突变在低地人群（中国汉人、日本人、欧洲人、非洲人）中不存在。rs186996510 与血红蛋白有紧密联系，它将血红蛋白水平维持在相对较低水平，使藏族人在高海拔地区能够适应性地维持血红蛋白低水平，不出现高原反应。藏族人与其他族裔在缺氧基因中的分化大约始于 8.4kaBP 的新石器时期。这些研究结果表明，藏族人对高原环境的适应性是在人群演化历史中的基因突变与环境相互作用过程中逐步形成的。

适应是相对的。一个特征在某一环境下使个体有更高适合度。当环境变化时，这种适合度就不存在了。镰刀型贫血症①是隐性基因疾病。在常染色体控制红细胞 β 珠蛋白第六位氨基酸的位点上存在两个等位基因，一个是正常的显性等位基因，指导谷氨酸进入第六位氨基酸位点；另一个是突变的隐性等位基因，导致第六位氨基酸位点并入缬氨酸。这个位点的氨基酸变化导致成熟红细胞形状发生改变，降低携氧能力，并容易引发溶血，从而致病；病人期望寿命较短。在埃及阿斯旺水坝修建前，尼罗河一年一度洪水导致下游泛滥，形成沼泽，孳生蚊蝇，传播血吸虫。血吸虫破坏人体成熟红细胞，触发造血组织不断形成新的细胞。由于患者体内大量成熟红细胞是病变红细胞，血吸虫破坏减少了病变细胞。在激发新细胞形成的过程中，尚未变形的红细胞数量较多，一定程度上改善了病人的血氧供给，提高了生存率。阿斯旺水坝修建起来后，洪水被控制，血吸虫病得到防治的同时，镰刀型贫血症问题凸显出来。血吸虫袭击病变红细胞，提高沼泽环境中病患的适合度。环境改变后，适合度因疾病而下降。

在季节性不明显的热带地区，植物一年四季结果。以果为食的动物（如东南亚岛屿上的叶猴属动物）从果中获取丰富营养，表现出良好的适应性。然而，这些物种进入山地温带后，由于果实物候变化的季节性很强，在大部分时间里无法获取食物而死亡。反之，生活于山地温带的物种（如菲氏叶猴），由于体内肠道菌群共生，帮助分解纤维素，可以从植物叶子甚至树皮上获取营养，表现出对季节性环境良好的适应力。然而，一旦只有高糖的果，它们将因肠道过度产气而死亡。这就是适应的相对性。

从适应的相对性中看出，适应意味着物种能从事某些活动的同时，无法从事其他活动。这就迫使物种选择适宜的生境生存，从适宜生境中获取各种资源，表现出适应的被动性。然而，物种并非总是被动地适应环境。它们有时也会主动改变环境，使环境变得适宜自身的生存。主动改变环境的著名物种是智人（*Homo sapiens*）。为了防止血吸虫病，人捣毁了湿地，消灭钉螺；为了避免蚊子袭扰，人使用各种驱蚊剂；为了食物，人改变

---

① 镰刀型贫血症是一种常染色体隐性遗传病，遗传基因缺陷导致红细胞 β 珠蛋白第六位谷氨酸被缬氨酸替代，形成异常的血红蛋白 S，使红细胞发生扭曲变形呈镰刀状。患者血液中的红细胞携带氧的功能只有正常红细胞的一半；镰刀状红细胞变形能力差，易发生溶血。

地貌进行种植；等等。这样的改变并非人特有的。为了逃避被捕食，美洲河狸（*Castor canadensis*）在倒伏于水面上的树干上筑巢。如果没有自然倒伏的树干，它们则啃咬岸边的树木，使树木倒伏在水面上，然后筑巢。通过这种主动改变环境的行为，使环境变得适宜自身的生存。

2. 生态位

　　适应的被动性意味着物种的生存和繁衍受到许多环境因子的限制。这些环境因子共同作用，决定一个物种生活于一个特定空间中。这个空间称为生态位（ecological niche）[8]。乔治·伊夫林·哈钦森（G. Evelyn Hutchinson）于1957年提出生态位概念，并将其分为基础生态位（fundamental ecological niche）和实现生态位（realized ecological niche）[53]。基础生态位反映一个物种对环境条件的潜在生理耐受性，实现生态位是指一个物种能够存在的，由于生物相互作用影响而变得更为有限的环境条件域。很明显，基础生态位概念只考虑物种对物理环境的耐受性，未考虑生物因素，如动物所需的食物。实现生态位将生物因素纳入生态位的构建中，因此更贴近真实自然，在生态学和生物地理学研究中更有意义。

　　物种的生态位通常是由许多因子构成的多维数学空间中的位点，并且可以用解析几何来表现。例如，一种海洋蚌类，能够忍耐一定的温度范围，温度成为生态位空间的第1轴；它以特定大小的浮游生物为食，食物成为第2轴；能够忍受一定的盐度范围，盐度成为第3轴。这3个轴建立起来的三维空间中，这种蚌在各轴上的数值范围汇集而成的空间便是它的生态位。然而，在现实自然中，除了温度、食物以及盐度外，蚌类还受到捕食、水含氧量、光照强度以及其他许多因素的制约，在各种因素中都有一定的适应范围。这些因素加入到生态位空间的构建中，上述三维空间就变成多维空间，或称 *n*-维空间。多维空间无法用图形表示，只能通过想象。理论上，物种在这个空间中生活得很好；一旦越出这个空间，会面临众多挑战，从而失去生存和繁殖机会。

　　在 *n*-维空间中，一些轴上的数值范围比较大，表明物种对这些因子变化的忍耐性较大；这些因子属于普遍性因子。其他轴上的数值范围较小或者很小，表明物种对这些因子变化的忍耐性小，要求苛刻；这些因子属于特化性因子。物种间生态位的差异表现在因子数、普遍性因子数、特化性因子数、这些因子的种类以及各数轴上的数值范围。按照高斯原理（Gause's axiom），又称竞争排斥原理（competitive exclusion principle），物种间的生态位是分离的，一旦出现重叠，种间竞争就会激烈，最终导致其中一方走向灭绝；或者生态位发生分离，舒缓竞争，使竞争双方可以共存。

　　物种生态位涉及维度众多，要对其进行完整准确刻画，需要投入大量的时间和精力进行数据采集分析。因此，要完整描述一个物种的生态位通常很困难。由于基础生态位取决于生理基础，Kearney 和 Porter 在实验室中采集生理学数据，包括卵发育中的热需求、热偏好和热耐受、代谢引起的水丧失速率以及蒸发引起的水丧失速率；同时，还采集高精度的气候数据，包括气温、云层、风速、湿度以及辐射。基于这些数据，他们为澳大利亚宾诺蜥（*Heteronotia binoei*，一种夜行性蜥蜴）建立基础生态位模型。通过这个模型，最后得到这种蜥蜴的潜在分布区高分辨率地图[54]。这是至今为止为数不多的关于基础生态位的研究之一。生态学家们通常只关注生态位中一、两个轴；例如，鸟类进食的种子大小以及进食时间，并通过所谓"生态位重叠"来评估种间竞争的激烈程度。这种"生态位重叠"实际上是生态位中部分轴上数值范围的重叠，没有从根本上影响物种生态位的独立和相互分离。因此，不能随意做出结论认为某个物种的激烈竞争是另一物种的生存威胁，因为竞争物种可能在其他轴上完全分离。

三、适应辐射和物种多样化

1. 生态释放

从达尔文开始，生物学家们就深刻认识到竞争在物种分化过程中发挥的重要作用。竞争的激烈性常常形成强大的生态压力，限制一个物种或种群使用某些特定资源（如食物资源），使其生态位无法扩张。一旦竞争消失，物种便获得生态释放（ecological release），继而探索新资源，生态位开始扩张，并发生形态学特征的变化。性二型（sexual dimorphism）是指同种动物雌雄间的性状特征差异。这种差异反映在形态学特征上，被称为形态性二型（morphological sexual dimorphism）。生活于加勒比海伊斯帕尼奥拉岛（Hispaniola）上的条纹啄木鸟（*Centurus striatus*）雄性个体喙显著大于雌性个体，但是在周边大陆上有多种啄木鸟共存，不存在这种形态性二型现象。岛屿与大陆种类的差异被认为是生态释放导致的食物生态位扩张的结果[55]。这种扩张有利于舒缓同种两性间的食物竞争。现代理论认为，鸟喙大小与食物大小紧密相关。在大陆，啄木鸟种间竞争激烈，特定物种中不同个体难以有机会探索其他大小的食物类型，雌雄个体在食物生态位上的数值区间相同；在岛上，由于缺乏竞争压力，雄性个体在食物生态位上的数值区间向大型食物方向移动，减轻与同种雌性个体的食物竞争[8]。

在演化历史中，物种一旦获得新性状，从而突破关键生态因子的限制，就会进入新的适应带，并且获得生态释放。如果新适应带中缺少天敌，生态释放则进一步加大。一百年前，杜鹃花从滇西北和川西被引种进入苏格兰，现在在英国北部泛滥成灾。在现代贸易中，一些昆虫（如美国白蛾）跟随木材从一个区域搬运到另一个区域后，可能会出现虫灾。大量外来物种导致各种生态问题。这些都是生态释放的结果。

2. 适应带

一些物种所占据的生态位比较相似，在多维空间中比较接近。这些生态位共同组成适应带[56,57]。例如，鹞有不同种，在多维空间中占据不同的生态位，但这些生态位的空间距离比较近，各种特征比较相似。它们的生态位组成一个适应带。鹰有另一个适应带，由一系列不同鹰种的生态位构成。两个适应带的主要差异是活动时间：鸮在夜间活动，鹰在白天活动。这个变量轴导致两个适应带距离较远。

在演化历史中，空白适应带是常见的。当一个物种首先突破了环境限制、进入空白适应带时，立即占据其中一个生态位。此时，物种处于生态释放状态，不同种群自由而迅速地探索各种资源，并不断演化，最后发生适应辐射，形成大量新种，占据着该生态带中的不同生态位。例如，膜翅目（Hymenoptera）蜜蜂科（Apidae）属于热带亚热带分布类型，冬天的严寒是阻止其进入温带的限制因子。然而，得益于突变导致的冬天积累脂肪、冬眠以及自体产热，科下熊蜂（Bombus）能够抵御严冬，对寒冷环境有适应力。对寒冷适应力的分化大约出现在始新世—渐新世交替期（约 34MaBP）全球急剧凉化（global cooling）时期。这种特征使熊蜂成功扩散进入温带。在温带地区，由于缺乏竞争者，先驱类群处于生态释放状态，从而迅速扩散，占领各种生态位，演化出大量新种，最终形成几百种以温带为主的熊蜂分布格局[58]。

3. 趋同

当不同支系的物种进入相同适应带时，迫于共同的环境压力，性状发生变化，形成相似的形态特征。这种现象叫作趋同演化。例如，儒艮、鲸、海豹分别属于海牛目（Sirenia）、鲸偶蹄目（Cetartiodactyla）和食肉目（Carnivora）。其中，海牛目属于非洲兽总目，起源于冈瓦纳非洲板块；鲸偶蹄目和食肉目起源于劳亚大陆。在对水生环境的适应演化过程中，儒艮、鲸、海豹四肢都向鳍状演化。鳍状附肢在兽类中多次独立演化。这种性状不是祖征，而是在生态特征相似的情况下发生的趋同演化结果。趋同性状的存在使分类鉴定中对祖征的判断变得困难和复杂化。

4. 趋异

在新的适应带中，各种群进入不同生态位时，性状发生变异，出现多种表现形式，如夏威夷管舌雀科鸟类喙形态的变化（见"5."）。这个过程称为趋异演化。随着性状的趋异演化，类群出现适应辐射和物种多样化。

在趋同和趋异的共同作用下，一个群落常常由来自不同支系的物种构成。例如，在四川卧龙国家级自然保护区，构成雪豹所生活的高山地栖动物群落的 14 个物种中，没有任何两个物种属于同一个属[59]；构成大熊猫所生活的中低海拔地栖动物群落的 21 个物种也不存在同属的情况[60]。趋异使同一支系的物种分化并进入不同生境中，降低近亲物种的竞争，丰富该支系的物种多样性。趋同使不同支系的物种在适应共同生境的同时形成种间生态学关系，并最终构成群落。

5. 适应辐射与生物多样化事件

适应辐射（adaptive radiation）是指从共同祖先分化出来的后裔物种发生多样化、进入不同生态位的过程[8]。一个物种进入新的适应带，处于生态释放状态；为了利用大量未用资源，各地种群形态特征发生趋异演化。在图解中，趋异演化的结果犹如从车轴向车轮散射的辐条，因此被称为"辐射"。例如，普通喙形的鸟类进入新适应带后，除了适合其喙形大小的食物种类外，还有大量形状更大和更小的食物类型。此时，获得突变、拥有更大的喙的个体开始自由享用大型食物。随着时间推移，食物生态位发生位移，进入没有竞争的空间，适合度得以提高，大喙特征得到进一步强化。其结果，这些个体形成了不同于祖先的种群，最后逐步演化为新种。例如，夏威夷管舌雀科（Drepanididae）鸟类，安娜黑领雀（Ciridops anna）的喙的形态特征从上下喙同长、喙形直圆短钝向两个方向发展：①上下喙不同长、喙形弯长渐细，并在这个方向上演化出不同演化阶段的物种，包括白臀蜜雀（Himatione sanguinea）、镰嘴管舌雀（Vestiaria coccinea）、黑监督吸蜜鸟（Drepanis funerea）。②上下喙同长、喙形渐细弯曲（弯管舌鸟 Loxops virens），并进一步向喙形粗短（夏威夷红管舌雀 Loxops coccinea）、直细长（射手座管舌雀 Loxops sagittirostris）以及长且弯曲（史氏弯管舌雀 Loxops virens stejnegeri）发展。史氏弯管舌雀的喙形进一步发展出至少 8 种形态特征，包括上喙极长、下喙极短，上下喙弯曲细长，啄木鸟状喙，以及形似鹦鹉的粗壮钳状喙。喙形态的特征差异是趋异演化的结果，有利于动物取食不同食物类型，包括树叶、种子、花蜜以及树干中的昆虫[61]。这些食物生态位在大陆上被不同科的鸟类所占据。在夏威夷岛上，管舌雀科祖先种通过适应辐射，使一个科占据所有这些生态位[8]。中新世晚期到更新世，啮齿类从东南亚岛屿进入澳洲板块后出现适应辐射，也产生大量土著种类[62]。

适应辐射在生命演化历史中反复出现。每次适应辐射后，在短期内出现大量新物种。这种现象被称为物种多样化事件或者生物多样化事件。大奥陶纪生物多样化事件（见第六章）是寒武纪以来第二次生物大爆发事件，与奥陶纪初全球性浅海、陨石雨、地质抬升有关：这些事件创造了大量新适应带，大量物种进入新适应带，在生态释放状态下通过趋异演化发生适应辐射，出现生物多样化事件，丰富了各动物门下类群。始新世极热事件（见第七章）中，两极无冰，全球处于新生代以来最温暖时期，气温对陆生动物分布没有阻碍作用。原始兽类开始进入新适应带，发生适应辐射，导致生物多样化事件。原始兽类的生态习性大多为食虫、陆生、夜行，小体形（如现代鼠类）。始新世生物多样化事件后，出现了植食类、肉食类、水生、昼行，大体形；如里昂莫湖兽（Moeritherium lyonsi，埃及法雍），肩高 70cm，体重已达 235kg。

6. 逆向演化

适应辐射通常出现在大类群演化的早期。在适应辐射中，一些类群发生逆向演化，如水生爬行类。脊椎动物演化的大方向是从水生到陆生。从鱼类到两栖类，脊椎动物尝试着登陆，营陆生生活；但始终未能完全摆脱对水的依赖。伴随着皮肤角质化成为鳞片、羊膜出现、肺结构和功能进一步完善以及生理上的一系列变化，爬行类最终摆脱了对水的依赖，于二叠纪开始向远离水体的陆地扩散。这是演化的大方向。二叠纪，锯齿龙科（Pareiasauridae）中出现了逆向演化，最早返回到水中生活[63]。爬行类适应辐射发生于该类群演化的早期——三叠纪。适应辐射中，整个鳍龙总目（Sauropterygia）返回到海洋中生活，丰富的类群广布于全球海洋（见第六章）。在对陆地环境适应的进一步演化历程中，爬行类演化出鸟类和兽类。鸟类演化早期（古新世初 65MaBP），企鹅类开始分化，返回海洋[64]；现代兽类演化早期（始新世初 54MaBP），鲸类开始分化，返回海洋（见第七章）。逆向演化在其他许多类群的演化早期均有发生。

通过逆向演化，类群增加了适应带，丰富了生态位，拓展了生存空间。

7. 种间生态学关系

当进入新的地理空间时，物种将面对一些新物种。如何处理与这些新物种的关系决定分布区扩展的成败。对于植食性物种，如果不能发现可食植物，或者如果没有有效逃避捕食的行为策略，它将无法在新空间中站稳脚跟。对于肉食性物种，在面对新空间中的食肉物种时，只有战胜这些物种或者找到一种与这些物种共存的生存策略，其分布区才能成功扩展。在这种相对漫长的试错过程中，部分种群成功进入了新的空间，拥有不同演化历史背景和生物学特征的物种间形成不同的生态学关系，包括捕食者-猎物、寄生-宿主、拟态者-被拟者、种间共生以及其他关系。拥有共同生境/资源需求的物种面临竞争关系。竞争的结果是生态位分离，从而形成新老物种共存的格局。还有一些物种生活在被其他物种改变过的生境中，导致这些物种形成如影随形的关系，如人类和家鼠。通过这些生态学关系，生活于相同地理空间中的物种形成复杂的网络状结构。这种网络便是生物群落。

8. 群落

由种间生态学关系形成的网络状结构看不见、摸不着，只能通过想象。因此，关于群落的定义五花八门[42]。其中，有两个概念最著名。第一个是超级有机体概念（superorganism concept）。根据这个概念，群落是个超级有机体，其组成部分是各个物种。物种与群落的关系犹如器官（如肾脏）与生物个体的关系。因此，群落在自然界中是一个整体，占据一定的空间位置，是物种水平以上的组织实体。第二个是个体主义概念（individualistic concept），认为群落的结构和功能只不过是当地物种间互动的一种表达，不反映任何物种水平以上的组织实体。这两个极端概念的共同点是承认群落中物种关系的实质[8,42]。基于现代生态学理论，本书给出的概念是，群落是由种间生态学关系联系起来的物种形成的网络状结构，包括有形的物种和无形的种间关系。其中，无形的种间关系是群落存在的关键。

群落中，通常扮演某种生态角色的物种不止一种。例如，在石灰岩，为白头叶猴提供食物（生态角色 1）的植物多达 28 科 42 属 50 种[65]。同时，以这些植物为食（生态角色 2）的动物除了白头叶猴外还有鸟类和昆虫。树种在白头叶猴食谱中所占的比例存在年际变化以及不同地理空间中种群间的差异。正是这种动态性为群落抵御环境变化提供韧性。随着时间推移，环境在逐步变化，群落物种构成也在变化；但前后物种由于遗传上的亲缘性和生态习性上的继承性，不同生态角色（如上述生态角色 1 和生态角色 2）间的关系仍然得到维系。这种维系和物种构成的变化构成了群落的演化历史。一旦某一生态角色完全丧失，这一生态关系即消失，整个群落就会崩溃。例如，苏格兰高地在工业革命前存在中大型食肉动物，与苏格兰马鹿（*Cervus elaphus scoticus*）间存在着捕食者-猎物的生态关系。工业革命期间，人类猎杀并导致食肉动物灭绝。由于完全失去了捕食者角色，捕食者-猎物生态关系消失，马鹿不受控制地繁殖，过度消耗苔原植被。当地政府不得不每年发放执照进行狩猎，通过人工干预来维持苔原上剩余的物种。

一些学者执着于对物种构成稳定性的追求，忽视生态演化的动态性，从而否定群落存在，认为群落只不过是一个方便使用的人造概念[66]。然而，群落不是一群物种散沙式的集合。在这个物种集合中，物质和能量在种间传递，种间生态关系构成传递通道。通道一旦消失，物种将失去存在基础，最终走向灭绝。因此，群落是肉眼看不见的客观存在。群落是物种间协同演化的产物。

9. 协同演化

在群落中，一些物种从与其他物种的互动中受益，从而导致一些性状的演化。这些性状是对这种种间关系的适应。这种演化被称为协同演化（coevolution）。协同演化的经典实例是显花植物与授粉动物的关系[67]。风媒传粉在演化历史中最早出现，授粉成功率依赖于花粉落在柱头上的概率。因此，风媒传粉效率低下。在随后出现的虫媒传粉中，植物在花瓣基部演化出蜜腺，并且产生过量花粉，用以招引昆虫前来采食。采食中，昆虫体表绒毛吸附花粉，并在造访下一朵花时将花粉携带到后者的柱头上，实现授粉。因此，虫媒传粉中，植物利用动物有目的地运动，大大提高了授粉成功率。蜜腺、花粉产量以及昆虫体表的绒毛在这种互动中出现协同演化，性状得到加强。

类似的协同演化还出现在种子传播中。种子落在母树下，不利于植物分布区扩展，同时加剧种内个体间，尤其是亲子代间的竞争。为此，在演化过程中，一些物种演化出类激素，用以抑制母树附近的种子萌发。与此同时，中果皮①增厚，并充满碳水化合物及其他成分，用以招引动物前来觅食；内果皮木质化，用以抵抗动物消化。动物获取果实后，在体内消化吸收中果皮的营养成分，并部分消耗内果皮。最终，随着排便，种子被散播到距离母树较远的地方，实现种群扩散和分布区扩展。为了确保成熟种子散播，植物外果皮在种子成熟前保持绿色，以将果隐藏在绿叶中，降低被进食的风险。果皮中演化出次级化合物（secondary compounds），如单宁（消化抑制剂）以及一些苦味植物

---

① 植物果的基本解剖学结构分为外果皮、中果皮以及内果皮。以一个桃子为例，外果皮是布满绒毛的外层薄皮，人们食用时通常将其剥弃。中果皮是食用部分，内果皮是硬核。将硬核敲开，里面是种子，裹以膜状种皮。

碱，进一步阻止动物此时进食。随着种子成熟，外果皮颜色逐步变化（多数变红），以便动物发现[68]；单宁及其他植物碱逐步降解，以便动物进食，实现种子传播机制[67,69]。在这种互动中，食果动物眼球演化出三原色（鸟类甚至有四原色）视觉，帮助动物辨认外果皮颜色。在这种协同演化中，动物为植物散播种子，植物为动物提供食物，双方从中获益。

10. 演化军备竞赛

群落中存在偏利甚至偏害的生态关系：一些物种从种间关系中受益，另一些物种不受益或者受害。例如，捕食者与猎物、寄生者与宿主的关系中，捕食者和寄生者获益，猎物和宿主受害。在这些生态关系的演化过程中，受害方倾向于摆脱受益方。在捕食者-猎物的关系中，演化驱动力促使猎物演化出反捕食策略，如提高奔跑速度，以摆脱被捕食。相应地，演化驱动力促使受益方演化出反反捕食，如捕食者也提高奔跑速度，以避免被摆脱。捕食者奔跑速度超过猎物时，猎物进一步提高奔跑速度，甚至演化出高速奔跑的同时突然急转弯的运动技能（如塞伦盖蒂草原的汤姆逊瞪羚），以摆脱捕食者追捕。捕食者则演化出迂回隐蔽突袭的合作捕食策略（如非洲狮），以有效捕获猎物。猎物进一步演化出灵敏嗅觉，以探测潜伏在附近的捕食者……这种演化过程，犹如冷战时期苏、美间的军备竞赛过程。演化生物学和动物行为学将这种演化过程称为演化军备竞赛（evolutionary arms races）[47]，其思想最早由罗纳德·费歇尔（R. A. Fisher）在飞车理论（Fisherian Runaway）中提出[70]。

演化军备竞赛中，受益方通常在获取利益上表现出某种缺陷，使其无法高效获取利益。例如，非洲猎豹捕猎速度极快（达到约 120km/h），但无法长时间追捕猎物，因为它容易因运动导致身体过热而死。这是非洲猎豹的缺陷。在采取隐蔽突袭的捕食策略中，猎物演化出灵敏的嗅觉，能在几十米以外甚至更远探测出猎豹。因此，猎豹能够成功捕食到的猎物大多是老弱病残的猎物。正是这种捕食效率的缺陷使群落中的捕食者-猎物生态关系得以维持。在杜鹃和苇莺的寄生物-宿主关系中，苇莺演化出识别卵颜色的能力；杜鹃则发生突变，使卵颜色与苇莺卵相似。苇莺进一步改变卵颜色，杜鹃继续跟进改变卵颜色。然而，杜鹃卵颜色无法达到与苇莺卵完全一致的程度，多数情况下能够被苇莺识别并剔除出巢；只有部分苇莺识别能力不足，使杜鹃的巢寄生成功，相应的生态关系得以持续[28]。

演化军备竞赛也发生在植物和动物间。多数植食性动物在进食植物时，没有为植物带来好处。它们的关系只是简单的剥削-被剥削关系。为了摆脱被剥削，一些植物在茎上演化出刺状凸起、刺状叶或者在叶上演化出刚毛，以阻止动物啃食；动物则演化出对付这些植物性状的形态或者行为特征。植物进一步演化出刺激性植物酸或者有毒植物碱，动物则演化出解毒的生理学特征[67]。在这种演化军备竞赛中，植物虽然没有完全摆脱被剥削，但成功阻止了大部分动物啃食。虽然动物从这些植物中获取食物的效率较低，但因拥有相应的适应特征,可以脱离其他植食物种的摄食竞争。因此,剥削-被剥削成为维持群落结构的生态关系之一,也是物质和能量种间传递的主要通道。

11. 生物地理学过程

生物地理学过程是物种自然分布格局变动的机制。分布区是类群在演化历史中与环境不断互动形成的,是对当地环境的适应结果。分布区扩展过程涉及种群扩散、新特征产生以及进入新生境、新适应带。进入新环境时,迁入物种与新环境中的物种互动,演化出复杂的种间关系,并可能激发成种过程。整个过程是物种从一个群落进入另一个群落的过程,时间尺度在万年以上,不会引起当地区系出现急剧的灾难性变化。在此过程中,成功者最终实现分布区扩展。

四、分布

1. 连续分布

物种以种群形式存在。当一个物种对环境有良好适应力时,种群数量(population size)不断增长,最终充满所有的适宜生境,实现该物种的连续分布(continuous distribution)。

2. 间断分布

当种群数量进一步增长时,分布区就要向外扩张。扩张过程中,不同地理要素(如高山、深谷、水体、陆地)和环境因素(如温度、湿度、氧含量、水盐度、水压、光照)会起到不同程度的限制作用。在跨越这些障碍中,许多物种通过被动扩散实现分布区扩展。例如,风可以将许多昆虫以及植物种子从一地带到遥远的另一地。植物种子还可以通过水流实现被动扩散。一些植物种子演化出耐海水浸泡的特征,从而随洋流扩散到遥远的岛屿(如夏威夷群岛[71]),实现这些类群的间断分布(discontinuous distribution)。其他物种通过主动扩散实现分布区扩展。在主动扩散中,跨越能力与物种自身的生物学特征有关。例如,对于多数鸟类,沿岸岛以及近岸岛与大陆间的水体无法形成障碍,鸟类通过飞行可以轻易将其分布区从大陆扩展到这些岛屿上,从而形成间断分布。大多数扩散能力较弱的动物通过各种机制实现间断分布,包括大陆漂移、河道变化、摆渡以及岛屿跳跃。

3. 替代分布

相近的种、属(或科)被分割成彼此相邻、依次排列、不重叠的分布区的现象被称为替代分布(vicariance)。替代分布通常是亲缘相近的类群在分化过程中进入相邻区域后发展形成的。例如,鹤鸵(*Casuarius casuarius*)分布于新几内亚岛,其近亲鸸鹋

（*Dromaius novaehollandiae*）分布于澳洲大陆。

4. 大陆漂移

一些大的类群原先拥有连续分布。在后来大陆裂解过程中，不同地区的种类随着陆块漂移，最终形成间断分布。例如，有袋类在中生代中后期连续分布于泛大陆北方，并向南方扩展。新生代大陆裂解后，部分伴随澳大利亚向北漂移，部分滞留在南美洲；北美和欧亚大陆的类群灭绝，最终形成当今的间断分布格局。另外，冈瓦纳的平胸总目（Ratitae）鸟类在冈瓦纳裂解后伴随澳洲、印度、非洲以及南美洲的漂移，远隔重洋，分布于今天这几个区域。

5. 河道变化

当一个类群的分布区扩展到江河边时，由于有限的扩散能力，分布区的扩展前锋受阻于江河。江河改道在世界地质历史中常见。一旦变更后的河道穿越了某类群的分布区，该类群原先的连续分布则变成间断分布。同时，原受阻的扩展前锋由于江河消失，分布区开始进一步扩展。例如，据最新研究[72]，在晚始新世以前，发源于青藏高原的古金沙江进入云南后，自北向南流经低海拔的古剑川盆地和古元江盆地，并最后经哀牢山—红河，在北部湾进入南海。晚始新世—渐新世，古剑川盆地抬升，切断了金沙江向南的水道，水道开始向东北发展，逐步形成长江第一湾和现代长江水系。在长江第一湾形成前，金沙江以东动物区系在南北向可以自由扩散，但东西向扩散受阻于金沙江。现代长江形成后，南北扩散受阻于长江，但东西向扩散变得畅通。

河道变化的另一种形式是临时性干涸。例如，猕猴属（*Macaca*）广布于中国各地，从华南沿海到河北兴隆（20世纪90年代灭绝）、从西南山地到黄土高原均有分布。这种分布格局的演化始于上新世青藏高原东南角和横断山区，猕猴属从这里向华南、华东、华北扩散。扩散路径绕开了高海拔地区，并在更新世覆盖了整个中国大陆中低海拔地区以及周边岛屿。在此过程中，东部季风区的种类从南向北扩散，面临江河阻隔。晚更新世冰期，长江水面下降大约20m，江面变窄，江洲出露，动物通过摆渡（rafting）或者游泳即可抵达对岸[73]。在末次冰盛期，长江在江苏北部入海口变成湖泊相，并于全新世中期干涸；同时，河道逐步南移到当今出海口[74]。这些变化为猕猴属向北扩散扫清了障碍。

6. 摆渡

在发生洪水、泥石流时，躲藏在植物中的小型兽类（如啮齿类）与植物一起被冲入江河大海，并在水上漂浮。水流常常将其带到其他陆地上。小型兽类常常一胎多仔，有儿有女。在新的地理空间中，如果没有遇到天敌，所产子女通过近亲繁殖确立种群，并实现种群数量增长。因此，一只怀孕母兽足以将该物种分布区扩展到新的地理空间中，并实现类群的间断分布。在这种扩散方式中，动物利用漂浮物渡过大水体，犹如人类乘船摆渡。因此，这种扩散方式在文献中被称为摆渡。已经发现有许多种类的分布区扩展可能是借助摆渡方式实现的。

7. 岛屿跳跃

地质历史时期，海平面反复升降。海平面下降时，陆连岛与大陆间的陆地出露水面，岛屿成为高地，并与大陆连成一体。此时，动物开始扩散并进入这些高地。海平面上升后，海水将高地与大陆间的陆地淹没，隔离两地的生物区系，间断分布出现，岛屿区系开始独立演化。在下一次海退期来临时，如果近岸岛屿与远岸岛屿间出现陆连，近岸岛上的物种又开始向远岸岛扩散。再一次海进时，近岸岛与远岸岛又出现隔离。通过这种机制，物种从大陆向远岸岛的扩散过程犹如兔子蹦跳，因此被称为岛屿跳跃（island hopping）。通过岛屿跳跃实现间断分布的例子有很多，如东南亚岛屿上的猕猴属物种[73]。灵长目甚至通过这种方式实现跨大西洋的间断分布（详见第五章）。

8. 分布区

当物种种群实现扩散后，种群出现的地理空间总和被称为该物种的分布区（distribution range）。该物种所属的属中所有物种出现的地理空间的总和称为属的分布区。依次往上有科的分布区、目的分布区……不同阶元的分布区统称为类群的分布区。

物种分布区包涵生态位的所有因子维度。因子维度越少，意味着物种分布受限制的因素越少，分布区越大。同时，因子维度中，物种的适应值范围越大，物种在这一维度中的适应范围越大，分布区则越大。例如，当温度的适应值范围越大时，物种适应的温度范围就越大，温度的限制作用越小，分布区就越大。再如，当湿度的适应值范围越大时，物种适应的湿度范围就越大。在中国东部季风区，大多数动物对湿度适应范围小，对温度适应范围大，从南到北是喜湿广布种占区系优势。这些物种的分布区受温度限制小，受湿度限制大。

由于特定的演化历史，有些物种的生态位维度较多，各维度上的适应值范围较小，物种有严格的生境选择，导致分布区狭窄以及这些物种的濒危性。这种濒危性属于物种的生态学特征，不是人为干扰导致的。

类群分布是个动态过程（详见第五章）。因此，任何类群的分布区仅仅是其动态过程在现时的静态表现。随着环境变化，分布区继续其动态演变进程。全球气候变化加速了这种演变进程，以至在人类个体寿命的时间里就能发现这种变化。例如，灰雁（*Anser anser*）的传统分布区由瑞典的夏季繁殖场和西班牙的冬季越冬场构成。伴随着全球气候暖化，1984～2005 年越冬场逐步从西班牙北移到荷兰[75]。同时，这种鸟类在瑞典国内的分布区也发生了重大变化[76]。类似变化可能还发生在其他物种中。2016 年夏，笔者到滇西北白马雪山进行野外考察时发现，20 世纪 80 年代滇金丝猴（*Rhinopithecus bieti*）研究者的野外数据采集点终年积雪；现在四处化雪，滇金丝猴不见踪影。笔者被告知，猴子已经在最近 10 年里往西藏方向迁移了（谢宏芳，时任白马雪山自然保护区管理局局长，私下交谈）。四川卧龙大熊猫似乎也有类似情况。

由于分布区的阶段性，一个物种分布于一个地理空间中，尚未进入另一个适合其生存繁衍的地理空间。后一个空间被称为潜在分布区（potential distribution range）。

9. 人工搬运

人类出现后，一些物种被人类有意或无意从一地搬运到另一地，实现物种的分布区扩展。有意搬运通常基于一些经济目的，如辣椒、西红柿、烟叶原产地均在南美和加勒比，人类将其搬运到世界各地。植物学家 100 年前将杜鹃花从滇西北和川西引种到苏格兰。欧洲殖民者将兔子引入澳大利亚，将有蹄类带到世界各地。早期人类将狗带进澳洲大陆。无意搬运的例子也有很多，如工业革命时期，北美灰松鼠随木材运输进入英国；美国白蛾目前正在伴随人类经济活动进入中国。人工搬运（artificial transport）实现的物种分布区扩展速度是自然扩展速度的上千倍甚至上万倍，分布区扩展过程缺乏生物地理学过程。因此，本书将这类分布区视为物种的非自然分布区，不做深入分析。

10. 分布型

《中国动物地理》[77]中率先提出分布型，并为每个物种赋予一个分布型，诸如古北型、东洋型、南中国型、高地型、喜马拉雅横断山型等。书中没有对分布型下定义。通览全书发现，当某一物种的分布区位于或者主要位于某个空间时，作者便认为该物种属于这个空间，并将该物种的分布定义为该空间的分布型。《植物地理学》[78]中也谈到分布型（distribution pattern），指的是植物分布区的类型，也称为地理分布型，是物种"与环境相互影响及演化的结果，占据一定空间范围"。很显然，这个定义含义不清，更像是为分布区下的定义。其他有影响的生物地理学著作[66,79]没有提及这个概念。分布型的界定既没有基于演化历史以及演化历史形成的适应性特征，也未考虑到物种分布区的动态性和阶段性。在使用分布型概念时，研究者遇到了困难：一个物种在《中国动物地理》中属于某个分布型（如东洋型），却大量出现在另一空间中（如古北界）。如何解释分布型与分布空间不一致成为棘手问题。因此，本书不采用分布型概念。

11. 外来物种

人类有意无意地将一些物种从其原栖息地搬运到新的地理空间中。这些通过人工搬运实现分布区扩展的物种在新的地理空间中被称为外来物种（exotic species）。由于没有经历生物地理学过程，外来物种有两种命运：灭绝和大发展。多数情况下，进入新的地理空间后，由于对新环境不适应，这些物种无法生存。即使个体可以生存，也将面临繁殖失败，无法实现代际更新，最终灭绝。在有些情况下，物种进入新空间后有很好的适应力，同时因为缺乏天敌捕食和强有力的竞争者，种群得以迅速增长，并将当地物种排斥掉，形成当地的生态灾难。北美灰松鼠进入英国后，由于对当地的痘病毒有天然抵抗力，不容易染病；在竞争过程中将当地红松鼠从低海拔地区排斥掉。最终，相较于灰松鼠，红松鼠由于更适应苏格兰高地的低温环境，分布区收缩到苏格兰高地。

目前，外来物种引起的生态安全问题已经引起科学家高度关注，成为保护生物学的一个重要研究领域。

12. 区 系

这是一个没有得到严格定义的概念，是指某一地理空间中或者某一时期所有物种的总称（生物区系，biota）[66]或者所有植物物种的总称（植物区系，flora）[78]。动物地理学文献中，大量使用动物区系（fauna）一词，但完全缺乏对动物区系的定义。本书援引生物区系和植物区系的概念，将动物区系定义为某一地理空间中或者某一时期所有动物物种的总称。

由于区系定义的宽泛性，文献中有依地理区域称谓的区系，如横断山生物区系、古北界动物区系；也有依分类类群称谓的区系，如鸟类区系、啮齿类区系；还有依时间段称谓的区系，如中生代爬行动物区系、始新世灵长类区系。在地理空间中，如果一个区系范围比较小，其中的物种可能来自一个群落；如果区系范围大，物种则可能来自多个群落。因此，区系中的物种并非必须存在种间生态关系。文献中普遍存在"群落"和"区系"概念的混用，如将中山湿性常绿阔叶林中的物种总和说成是中山湿性常绿阔叶林群落。这个所谓的群落事实上是区系，因为不是所有物种都存在种间生态学关系。区系与群落的本质差异在于，区系是生物地理学概念，是一个区域所有物种的总和，不考虑种间生态学关系；群落是区系中存在种间生态学关系的物种组成的整体，完成生态系统物质循环和能量流动过程中物质与能量的种间传递任务。

13. 生物相（biome）

Cox 等对生物相的定义[66]是存在于世界不同地方、拥有相似的动植物生活型的大尺度生态系统，如沙漠、苔原（A large-scale ecosystem，such as desert or tundra，found in different parts of the world and characterized by a similar life forms of animals and plants）。显然，这是一个生态学概念，但主要出现在生物地理学文献中。依据这个定义，在非洲纳米布沙漠，动植物表现出的共同生活型是耐旱，如百岁兰和沙漠象。耐旱物种构成沙漠生态系统。在卡拉哈里沙漠，动植物（如刺角瓜 *Cucumis metuliferus* 和跳羚 *Antidorcas marsupialis*）表现出相似的生活型，并组成沙漠生态系统。所有这些以耐旱为特征的生态系统共同组成沙漠和夏旱生生物相（见第八章）。因此，生物相本质上是由一系列拥有相似特征的生态系统组成的整体，或者是拥有相似特征的生态系统类型，而不是单一生态系统。生物相概念解释了布丰定律：由于物种的生活型相似，在物理环境相似的不同地理空间中形成特征相似但物种构成不同的生态系统。生物相反映了不同支系物种在不同地理空间中对相似物理环境条件组合的适应结果。特定类群分布区的扩展通常在同一生物相中进行，从一个群落进入另一个群落。因此，物种分布区的扩展受到双重环境条件制约，一个是生物相之间的不同物理环境，另一个是生物相内部的不同生物环境（亦即不同群落）。

参 考 文 献

[1] 迈尔. 生物学思想发展的历史. 涂长晟译. 成都: 四川教育出版社, 1990.

[2] Hogan-Warburg A J. Social behaviour of the ruff Philomachus pugnax (L.). Ardea, 1966, 54(3-4): 109-229.

[3] Van Rhijn J G. Behavioural dimorphism in male ruffs Philomachus pugnax (L.). Behaviour, 1973, 47: 153-229.

[4] Jordan K. On mechanical selection and other problems. Novit Zool, 1896, 3: 426-525.

[5] Jordan K. Der Gegensatz zwischen geographischer und nichtgeographischer variation. Z. wiss. Zool, 1905, 83: 151-210.

[6] Poulton E B. What Is A Species? London: Proc. Ent. Soc, 1903.

[7] Mayr E. Systematics and the Origin of Species. Warren, Oregon: Columbia University Press, 1942.

[8] Futuyma D J. Evolutionary Biology. Second Edition. Massachusetts: Sinauer Associates: Publishers Sunderland, 1986.

[9] Borgia G. Bower quality, number of decorations and mating success of male satin bowerbirds (Ptilinorynchus violaceus): An experimental analysis. Animal Behavior, 1985, 33: 266-271.

[10] Madden J R. Bower decorations are good predictors of mating success in the spotted bowerbird. Behavioral Ecology and Sociobiology, 2003, 53: 269-277.

[11] Michener C D, Sokal R R. A quantitative approach to a problem in classification. Evolution, 1957, 11: 130-162.

[12] Sneath P H A. The application of computers to taxonomy. J. Gen. Microbiol, 1957, 17: 201-226.

[13] Cain A J, Harrison G A. An analysis of the taxonomist's judgement of affinity. Proc. Zool. Soc. London, 1958, 131: 85-98.

[14] Simpson G G, Roe A, Lewontin R C. Quantitative Zoology. The Quarterly Review of Biology, 1962, 37(1).

[15] Pan R, Jablonski N G, Oxnard C, et al. Morphometric analysis of *Macaca arctoides* and *M. thibetana* in relation to other macaque species. Primates, 1998, 39(4): 519-537.

[16] Hennig W. Grundzüge Einer Theorie der Phylogenetischen Systematik. Berlin: Deutscher Zentralverlag, 1950.

[17] 李致祥, 马世来. 白头叶猴的分类订正. 动物分类学报, 1980, (4): 116-118.

[18] 卢立仁, 李兆元. 论白头叶猴的分类: 兼与马世来商榷. 广西师范大学学报: 自然科学版, 1991, (2): 67-70.

[19] 丁波, 张亚平, 刘自民, 等. RAPD 分析与白头叶猴分类地位探讨. 动物学研究, 1999, 20(1): 1-6.

[20] Groves C. Primate Taxonomy. Washington, D C: Smithsonian Institution Press, 2001.

[21] Mittermeier R A, Rylands A B, Wilson D E. Handbook of The Mammals of The World: 3. Primates. Lynx Edicions, 2013.

[22] 叶智彰, 彭燕章, 张跃平, 等. 金丝猴解剖. 昆明: 云南科技出版社, 1987: 311-313.

[23] Matsudaira K, Reichard U H, Malaivijitnond S, et al. Molecular evidence for the introgression between *Hylobates lar* and *H. pileatus* in the wild. Primates, 2013, 54(1): 33-37.

[24] Fan P F, He K, Chen X, et al. Description of a new species of Hoolock gibbon (Primates: Hylobatidae) based on integrative taxonomy. Am J Primatol, 2017, 9999: 22631.

[25] Zhao S C, Zheng P P, Dong S S, et al. Whole genome sequencing of giant pandas provides insights into demographic history and local adaptation. Nature Genetics, 2013, 45: 67-71.

[26] Merrill R M, Jiggins C D. Müllerian mimicry: Sharing the load reduces the legwork. Current Biology, 2009, 19: R687-R689.

[27] Pfennig D W, Harcombe W R, Pfennig K S. Frequency-dependent Batesian mimicry: Predators avoid look-alikes of venomous snakes only when the real thing is around. Nature, 2011, 410: 323.

[28] Davies N B, Krebs J R, West S A. An Introduction to Behavioural Ecology. Fourth Edition. New Jersey Wiley: Wiley-Blackwell, 2012.

[29] Sorenson M D, Payne R B. A Molecular Genetic Analysis of Cuckoo Phylogeny. Oxford: Oxford University Press, 2005: 68-94.

[30] Davies N B, Brooke M De L. An experimental study of co-evolution between the cuckoo Cuculus canorus and its hosts. I. Host egg discrimination. Journal of Animal Ecology, 1989, 58(1): 207-224.

[31] Davies N B, Brooke M De L. An experimental study of co-evolution between the cuckoo Cuculus canorus and its hosts. II. Host egg markings, chick discrimination and general discussion. Journal of Animal Ecology, 1989, 58(1): 225-236.

[32] Jelínek V, Procházka P, Požgayová M, et al. Common Cuckoos Cuculus canorus change their nest-searching strategy according to the number of available host nests. Ibis, 2014, 156: 189-197.

[33] Norell M A. The World of Dinosaurs. American Museum of Natural History, 2019.

[34] Savolainen P, Leitner T, Wilton A N, et al. A detailed picture of the origin of the Australian dingo, obtained from the study of mitochondrial DNA. Proceedings of the National Academy of Sciences, 2004, 101 (33): 12387-12390.

[35] Cairns K M, Wilton A N. New insights on the history of canids in Oceania based on mitochondrial and nuclear data. Genetica, 2016, 144 (5): 553-565.

[36] Maruyama T, Imai H T. Evolutionary rate of the mammalian karyotype. J. Theor. Biol, 1981, 90 (1): 111-121.

[37] 周明镇. 中国第四纪哺乳动物区系的演变. 动物学杂志, 1964, 6: 274-278.

[38] Humphrey L, Stringer C. Our Human Story. London: Natural History Museum, 2019.

[39] Smith D G. Avoidance of close consanguineous inbreeding in captive groups of rhesus macaques. Am. J. Primatol, 1995, 35: 31-40.

[40] Boulet M, Charpentier M J, Drea C M. Decoding an olfactory mechanism of kin recognition and inbreeding avoidance in a primate. BMC Evolutionary Biology, 2009, 9: 281.

[41] Charpentier M J E, Harté M, Poirotte C, et al. Same father, same face: Deep learning reveals selection for signaling kinship in a wild primate. Sci. Adv., 2020, 6: eaba3274.

[42] Ricklefs R E. Ecology. Third Edition. New York: WH Freeman and Company, 1990.

[43] 阙腾程, 胡艳玲, 张才昌, 等. 杂交白头叶猴 F1 代及其后代性状和行为跟踪观察. 动物学研究, 2007, 28(3): 225-230.

[44] Suwanvecho U, Brockelman W Y. Interspecific territoriality in gibbons (Hylobates lar and H. pileatus) and its effects on the dynamics of interspecies contact zones. Primates, 2012, 53 (1): 97-108.

[45] Wynne-Edwards V C. Animal Dispersion in Relation to Social Behaviour. Edinburgh: Oliver & Boyd, 1962.

[46] Darlington Jr P J. Genes, individuals, and kin selection. Proc. Natl. Acad. Sci. USA, 1981, 78(7): 4440-4443.

[47] Krebs J R, Davies N B. An Introduction to Behavioural Ecology. Third Edition. Oxford:Blackwell Scientific Ltd, 1993.

[48] Dawkins R. Selfish Genes. Oxford: Oxford University Press, 1976.

[49] Haig D. Chapter 12: The social gene//Krebs J R, Davies N B. Behavioural Ecology: An Evolutionary Approach. Fourth Edition. Oxford: Blackwell Science Ltd., 1997: 284-304.

[50] Liu Z, Zhang L, Yan Z, et al. Genomic mechanisms of physiological and morphological adaptations of limestone langurs to karst habitats. Mol. Biol. Evol, 2019, 37(4): 952-968.

[51] Groves B M, Droma T, Sutton J R, et al. Minimal hypoxicpulmonary hypertension in normal Tibetans at 3, 658 m. J. Appl. Physiol, 1993, 74 (1): 312-318.

[52] Xiang K, Ouzhuluobu, Peng Y, et al. Identification of a Tibetan-specific mutation in the hypoxic gene EGLN1 and its contribution to high-altitude adaptation. Mol. Biol. Evol, 2013, 30 (8): 1889-1898.

[53] Hutchinson G E. A Treatise on Limnology. New York: Wiley, 1957.

[54] Kearney M, Porter W P. Mapping the fundamental niche: Physiology, climate, and the distribution of a nocturnal lizard. Ecology, 2004, 85(11): 3119-3131.

[55] Selander R K. Sexual dimorphism and differential niche utilization in birds. Condor, 1996, 68: 113-151.

[56] Simpson G G. Tempo and Mode in Evolution. Warren, Oregon: Columbia University Press, 1944.

[57] Simpson G G. The Major Features of Evolution. Warren, Oregon: Columbia University Press, 1953.

[58] Hines H M. Historical biogeography, divergence times, and diversification patterns of bumble bees (Hymenoptera: Apidae: Bombus). Systematic Biology, 2008, 57 (1): 58-75.

[59] 周厚熊, 姜楠, 李君, 等. 四川卧龙国家级自然保护区雪豹地栖动物群落初探. 野生动物学报, 2021, 42(3): 645-653.

[60] 杨虎, 李君, 姜楠, 等. 卧龙自然保护区羚牛群落初探. 野生动物学报, 2021, 42(3): 654-662.

[61] Bock W J. Microevolutionary sequences as a fundamental concept in macroevolutionary models. Evolution, 1970, 24: 704-722.

[62] Rowe K C, Reno M L, Richmond D M, et al. Pliocene colonization and adaptive radiations in Australia and New Guinea (Sahul): Multilocus systematics of the old endemic rodents (Muroidea: Murinae). Molecular Phylogenetics and Evolution, 2008, 47: 84-101.

[63] Kriloff A, Germain D, Canoville A, et al. Evolution of bone microanatomy of the tetrapod tibia and its use in palaeobiological inference. Journal of Evolutionary Biology, 2008, 21 (3): 807-826.

[64] Subramanian S, Beans-Picón G, Swaminathan S K, et al. Evidence for a recent origin of penguins. Biol Lett, 2013, 9: 20130748.

[65] Li Z, Wei Y, Rogers E. Food choice of white-headed langurs in Fusui, China. International Journal of Primatology, 2003, 24: 1189-1205.

[66] Cox C B, Moore P D, Ladle R J. Biogeography: An Ecological and Evolutionary Approach. Ninth Edition. New Jersey: Wiley Blackwell, 2016.

[67] Gilbert L E, Raven P H. Coevolution of Animals and Plants. Austin: University of Texas Press, 1980.

[68] Rothschild M. Remarks on carotenoids in the evolution of signals//Gilbert L E, Raven P H. Coevolution of Animals and Plants. Austin: University of Texas Press, 1980: 20-51.

[69] Hladik C W. Adaptive strategies of primates in relation to leaf-eating// Montgomery G G. The Ecology of Arboreal Folivores. Washington, DC: Smithsonian Institution Press, 1978: 373-395.

[70] Fisher R A. The Genetic Theory of Natural Selection. Oxford: Clarendon Press, 1930.

[71] Price J P, Wagner W L. Origins of the Hawaiian flora: Phylogenies and biogeography reveal patterns of long-distance dispersal. J. Syst. Evol, 2018, 56 (6): 600-620.

[72] Zheng H, Clift P D, He M, et al. Formation of the First Bend in the late Eocene gave birth to the modern Yangtze River, China. Geology, 2020, 49(1).

[73] Li B, He G, Guo S, et al. Macaques in China: Evolutionary dispersion and subsequent development. Am J Primatol, 2020, e23142.

[74] Xiao S, Li A, Jiang F, et al. The history of the Yangtze River entering sea since the Last Glacial Maximum: A review and look forward. Journal of Coastal Research, 2004, 20 (2): 599-604.

[75] Nilsson L. Changes in migration patterns and wintering areas of south Swedish Greylag Geese Anser anser//Boere G C, Galbraith C A, Stroud D A. Waterbirds Around the World. Edinburgh: The Stationery Office, Edinburgh, 2006: 514-516.

[76] Nilsson L. Recent changes in numbers and distribution of the Swedish population of Greylag Geese Anser anser. Vogelwelt, 2008, 129: 343-347.

[77] 张荣祖. 中国动物地理. 北京: 科学出版社, 1999.

[78] 马丹炜, 张宏. 植物地理学. 北京: 科学出版社, 2008.

[79] Darlington Jr P J. Zoogeography: The Geographical Distribution of Animals. New York: John Wiley & Sons, Inc, 1957.

第三章

地理空间的环境分异和生物相

第二章讨论的是物种和与物种相关的一系列生物学概念以及与动物地理学相关的生物学理论。为了完整理解物种与地理空间的关联规律，本章讨论地理空间中环境的分异以及与之相关的生物相的分化。

地球表面没有任何两个地理空间的环境特征完全一样。在陆地上，驱动环境分异的主要因素有热量、水分、氧分压以及光周期。这些因素的表现特征随地球经度、纬度、海拔、洋流、大气环流以及区域地形发生变化。在海洋中，驱动因素有光照、热量、盐度、营养以及水压力。与陆地环境的分异相似，这些因素随地球经度、纬度、水深以及与陆地距离发生变化。由于适应不同环境，相同支系的动物群在进入不同地理空间时发生适应上的趋异演化；不同支系的动物群进入同一地理空间时发生趋同演化，从而导致不同空间中动物群的分化。不同动物群在对相似环境的适应过程中形成相似的生态系统。这些生态系统构成相应环境类型的生物相。

第一节　驱动环境分异的主要因子

一、地表水热分布的基本格局

1. 地球经纬

1）经度

地球南北两极之间的直线被称为地轴。在地轴上，南北两极间的中间点是地球的几何中心，亦即地心。从地心向地表延伸、在穿越地表时，延伸线与地表相交形成一个点，此点沿着地表分别向南极和北极运动，得到一条南北纵向线，称为经线。穿越英国皇家格林尼治天文台（The Royal Observatory of Greenwich）的经线被定义为0°经线，亦称子午线。子午线向北穿越北极、向南穿越南极后，两极间的另一条连线被定义为180°经线。子午线以东到180°经线等分为180基本等分，得到东经各经线。当某一物体落在第30条基本经线上时，该位置被记为东经30°经线，科学上记为30°E。子午线以西为西经各经线；相应地，西经30°记为30°W。

2）纬度

从地心出发，沿着垂直于地轴的方向向地表运动；穿透地表时，与地表相交形成一个点。这个点环绕地轴旋转一周后得到的环线被定义为0°纬线，亦称为赤道。从地心到赤道任一点间的连线设为X-轴，地心到北极的连线设为Y-轴，两轴相互垂直，夹角为90°。将夹角进行90个等分，得到90个基本等分角。从地心出发，沿着任一等分角向地表运动，穿透地表时形成的相交点沿着与赤道平行方向环绕地轴旋转一周，得到一条环线，这条环线就是相应的北纬度线。90个基本等分角生成90条纬线。第30个等分角得到北纬30°纬线，科学上记为30°N。同理，当地心到南极设为Y-轴时，得到一系列南纬度线。南纬 30° 记为 30°S。

物体落在地球某一位置上，通过经纬度就很容易定位该位置。

2. 地表太阳能分布

地球环绕地轴旋转，被称为地球的自转。自转周期大约是 24h。在一个自转周期中，地表不同区域在不同时间进入太阳辐射面和背影面，形成一天 24h 的光照周期。在自转的同时，地球环绕太阳做圆周运动，活动轨迹大致呈椭圆形。这种运动被称为地球的公转。公转周期大约为 365d。公转轨迹被称为黄道。黄道面与赤道面的夹角为 23.5°，与地轴间的夹角大约为 66.5° [图 3-1（a）]。

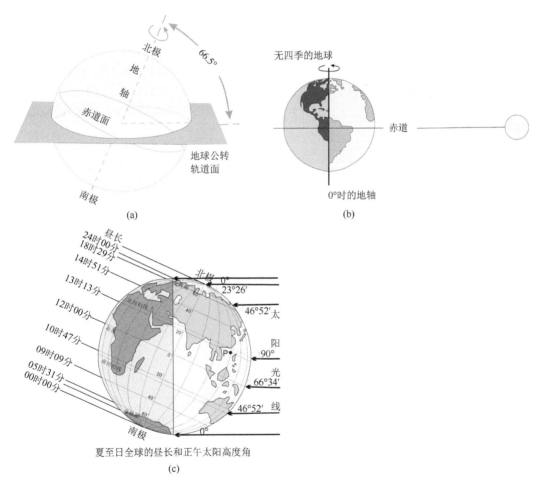

图 3-1　太阳高度角与太阳光投射

（a）实际状态；（b）理想状态；（c）太阳能在地表的分布格局

理论上，如果黄道面与地轴呈直角，太阳光穿透大气层，始终直射赤道表面 [图 3-1

(b)]。由于是直射,阳光穿透率最高,投射在赤道地表的能量最多。从赤道向两极移动,阳光入射方向与地平面形成夹角,称为太阳高度角 [图 3-1 (c)]。由于存在这个夹角,部分太阳能被大气层反射到太空,因此投射到地表的能量减少。随着纬度增高,太阳高度角变小,地表所获太阳能减少。因此,从赤道到两极,抵达地表的能量总体呈现随纬度增高而减少的趋势。这种梯度变化大体可以用气候带来刻画:从赤道到两极依次为热带、亚热带、温带、寒带。

实际上,黄道面与地轴间不是直角关系,太阳光并非总是直射赤道。随着地球公转,地、日几何关系发生连续变化,直射阳光在北回归线(约23°26′N)和南回归线(约23°26′S)之间不断摆动 [图 3-1 (c)]。因此,两条回归线之间的区域接受的太阳能最多,温度最高。在上述能量分布的总体格局下,当直射线位于赤道与北回归线之间时,北半球太阳高度角大,高纬度大气层太阳能反射率低,地表所获能量多,温度上升;与此同时,南半球太阳高度角变小,增大大气太阳能反射率,地表所获能量减少,温度进一步下降。当直射线位于赤道与南回归线之间时,情况恰好相反。这些变化加大了不同地理纬度上的温度差异,并且促成能量的四季分布格局以及南北半球的季节颠倒。由于水的吸热能力较强,海洋环境中,温度随纬度分异幅度小;陆地环境分异幅度大,导致陆地环境多样性高于海洋。

3. 地表光周期分异

太阳高度角与地表曲面的结合形成日影区。角度变化使日影区发生变化,导致不同纬度带光周期的分异。当太阳高度角较小时,地表曲面形成阴影,并投射到高纬度地区;随着纬度增加,投射区增大,日照时间缩短 [图 3-1 (c)南半球]。当太阳高度角较大时,阳光覆盖高纬度地区,相应地区阴影消失,日照加长 [图 3-1 (c)北半球]。因此,随着纬度增加,夏季日长(day length)增加,极地出现极昼(即 24h 均有阳光);冬季夜长(night length)增加,极地出现极夜(即 24h 处于黑暗中)。光周期进一步加大各地地表太阳能的分异。

4. 水分分布

由于太阳能驱动,海洋和陆地每天都在进行大规模水循环:海洋水分蒸发进入高空后,扩散进入陆地上空,再以降水形式落到地面;地表水汇入溪流江河,最后返回大海。在此过程中,沿海区域接受的降水量大于内陆。同时,从赤道向两极,随着气温下降,大气水分越来越多地被吸附在固体表面,形成固态水,导致环境干旱化。因此,将纬度叠加后形成的水分分布总体格局是:从沿海到内陆,从赤道向两极,大气水分逐步下降,环境趋于干旱化。在中国,从大兴安岭西麓,经过阴山、呼和浩特以北、贺兰山东北、银川以西向阿拉善延伸,到达祁连山东南角和青海湖后,沿着黄河继续西进,在黄河源头向西南斜插,经过拉萨以北,沿雅鲁藏布江北岸一直延伸到冈底斯山西端,形成干旱和湿润两大区域分界线。分界线东南为湿润气候区,河水外流进入大海;西北为干旱气候区,河水内流,实现大陆腹地内循环(图 3-2)。虽然有多种因素促成这条分界线形成,但海陆间水循环与纬度叠加后形成的水分分布轮廓仍然可见。

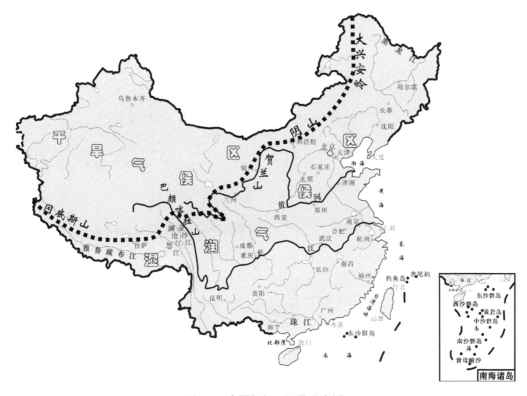

图 3-2 中国气候干湿带分布图

二、改变水热分布基本格局的因素

在上述水热分布的基本格局下,一系列因素在不同时空尺度中发生作用,改变这种格局,打乱全球水热分布变化的连续性。

1. 大气环流

大气环流(atmospheric circulation)是指具有世界规模的、大范围的大气运行现象。大气环流的成因有四种:首先是太阳辐射,这是大气运动能量的来源。地表太阳能分布不均匀,热带多,极地少,从而形成大气的热力环流。其次是地球自转,导致在地球表面运动的大气受地转偏向力作用而发生方向偏转。再次是地球表面海陆分布不均匀。最后是大气内部南北之间热量、动量的相互交换。以上种种因素构成了地球大气环流的平均状态和复杂多变的形态。从大气运动方向来看,大致可以分为纬向环流(zonal circulation，大气大体上沿纬圈方向绕地球运行）和经向环流（meridional circulation，大气沿经圈方向运行）。在对流层里，纬向环流的最基本特征是，在低纬地区常盛行东风，称为东风带，又称为信风带；北半球为东北信风带，南半球为东南信风带（图3-3）。中纬度地区盛行西风，称为西风带，所跨纬度比东风带宽。西风强度随纬度增大而增大。最大风出现在纬度30°~40°上空，称为行星西风急流。在极地附近，低层存在较浅薄的弱东风，称为极地东风带[1]。

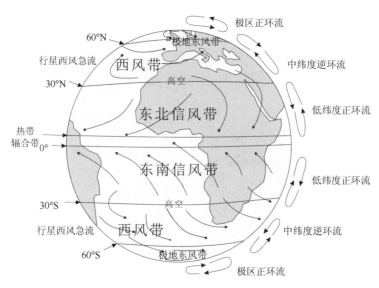

图3-3　全球大气流动示意图

全球有三个经圈环流：①低纬度正环流，即哈得来环流（Hadley cell），位于赤道到纬度大约30°的范围。在赤道，空气受热上升，北半球到达高空后向北运行，南半球向南运行，同时受地转偏向力的作用，并逐渐转为偏西风。在纬度30°左右有一股气流下沉，到达低空后分为两支，一支向赤道方向，另一支向高纬度方向。②中纬度逆环流，或称间接环流（mid-latitude cells）、费雷尔环流（Ferrel cells），位于纬度30°~60°的范围，南北半球各有一个。该圈内，近地气流向极地方向运动，高空气流向赤道方向运动；运动方向与哈得来环流刚好相反，是逆环流。③极区正环流（polar cells），环流较弱，位于纬度60°到极地，南北半球各有一个。这个环流的方向与费雷尔环流相反，与哈得来环流相同。在纬度60°地区，气流从地面上升，到达高空后向极地运行，并在极地上空下沉，再沿地面向低纬方向运动。

大气环流深刻改变了地表水热的总体分布格局。在东风带，大陆东海岸在原有的水分总体格局下湿度进一步上升，西海岸湿度下降；即使是在海边，西海岸也会出现干旱区，如非洲撒哈拉大西洋海岸区、南美阿塔卡玛沙漠。在西风带，情况刚好相反：大陆西海岸湿度上升，东海岸湿度下降。湿度在地表的分异复杂化，增加生境类型。

在费雷尔环流和极区正环流的交界面，来自极地的冷气流在这里转回极地，来自中纬度的暖气流在此转回中纬度，导致热量交流受阻，极地冷空气被"封锁"在极地上空。同理，热空气被"封锁"在赤道及其附近区域上空。因此，经圈环流使原有的热量分异连续性被打破，不同纬度区温度变化幅度受到限制，加剧环境分异。

2. 洋流

洋流即海流，也称洋面流，是指海水沿着一定方向有规律、具有相对稳定速度、从一个海区水平或垂直地向另一个海区做大规模的非周期性的水平流动[2]。洋流是海水的主要运动形式。驱动洋流的主要动力是风。其他因素包括地球自转偏向力、海水密度、海陆分布和海底地形。地球自转偏向力①使洋流在北半球中低纬度地区发生顺时针运动，在高纬度地区发生逆时针运动；在南半球发生逆时针运动。大陆阻挡使洋流环绕流动，岛屿或大陆突出部分使洋流发生分支，如印度洋。这些因素综合作用，形成复杂的洋流格局（图 3-4）。

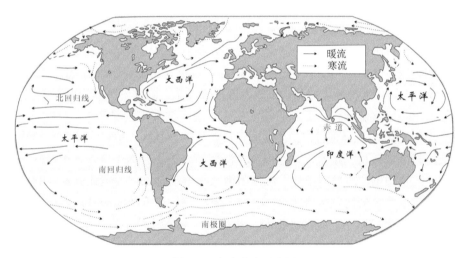

图 3-4　全球洋流示意图

地表各地受热不同，导致各海区水温不同。总体上，赤道水温高，极地水温低。伴

---

① 地球自转偏向力是由于地球自转而使地球表面运动物体受到与其运动方向相垂直的力。例如，当物体从极地沿经线向赤道运动时，拥有两个运动：第一个是物体本身的纵向运动，第二个是跟随地球自转形成的自西向东的运动。由于物体具有惯性，在跟随地球自转过程中与地表速度不同，从而产生相对运动：地表自西向东运动，物体相对地面自东向西运动。地球自转过程中，各纬度的角速度一样。然而，各纬度圈大小不同；从极地到赤道，纬度圈变大，圈上线速度（线速度是指质点做曲线运动时所具有的即时速度；它的方向是沿运动轨道的切线方向，故又称切向速度；它是描述做曲线运动的质点运动快慢和方向的物理量）变大，所形成的相对速度变大。结果，在低纬度上，物体运动快；在高纬度上慢。这种差异导致运动轨迹向西偏斜。这种偏斜在北半球表现出顺时针旋转，在南半球则逆时针旋转。值得注意的是，地球自转偏向力不是物体运动中获得的外力，而是地球自转以及物体惯性导致的。一旦物体停止运动，这个力就消失。

随洋流运动，海区间实现热量交换。当一股洋流进入水温较低的海区时，由于它自身的水温较高，被称为暖流。如果其进入水温较高的海区，由于它自身的水温较低，因此被称为冷流。暖流与冷流深刻影响着所经区域的陆地环境。例如，在北大西洋，暖流经过东大西洋面，冷流经过西大西洋面，导致大西洋两岸的西欧与北美同纬度地区（如英国、加拿大）冬天温差巨大：西欧暖和，北美寒冷。另外，太平洋环流为东亚带来丰富的赤道暖流，为北美带来极地冷流，使东亚夏天更趋炎热，北美西海岸夏天更趋温和。环南极冷流绕南极进行相对封闭的循环，阻断热量交换，维持南极的冰川环境。

3. 海拔

海拔上升全面改变一个区域原有的环境特征。在大气层内，由于地球的引力作用，大气随海拔上升变得稀薄。随着这种变化，大气中 CO_2 含量下降，长波太阳能的捕捉量下降，导致气温随海拔上升逐步下降。从海平面垂直向上移动，每上升 $100\sim220m$，气温下降大约 $1℃$；或者更为宽泛地说，海拔每上升 $1000m$，气温下降 $9.8℃$。因此，高海拔地区呈现冷凉化趋势。例如，在美国新罕布什尔州华盛顿山（约 $71°W$，$40°N$），从海拔 $500m$（山脚）上升到 $1935m$（山顶），气温从 $8℃$ 下降到 $-6℃$。

随着温度逐步下降，大气水分子逐步凝结，并从气态水凝结成液态水—小露珠。此时的温度称为露点（dew point）。低于 $0℃$ 的露点被称为霜点（frost point）。随着海拔上升，温度逐步下降，水汽逐步凝结，空气湿度逐步增大。温度降到露点时，水汽形成云。高海拔低气压与低气温结合，促进降雨，使高海拔区常常比较湿润。

海拔与湿度的关系因地而异。在湿润区，如热带雨林区，地表水蒸发和植物蒸腾为地面和低海拔区域提供充足水汽，湿度高；湿度随海拔上升而下降。在干旱区，如欧亚大陆腹地，关系颠倒，即地面干燥，湿度随海拔上升而加大。在藏北高原 $4300\sim4700m$ 海拔上，土壤湿度随着海拔的升高而增大[3]，表明空气湿度随海拔升高而增大，土壤和空气水分扩散压力差减小。在祁连山脚，极度干旱导致寸草不生（绿洲除外）；扁都口（3500m）出现大面积高山草原，草本植物分布；七一冰川附近 4000m 处出现垫状草甸，有低矮丛状灌木分布。这种地表景观变化反映空气湿度随海拔的分布格局。在低温下，水汽容易吸附在固体表面，形成液态甚至固态水，导致高海拔区域出现高山冰川。在祁连山，海拔 4200m 是七一冰川夏季雪线。

湿度垂直变化，改变区域气候。在内陆及其他干旱地区，随着山体海拔上升，高山（如天山、祁连山）吸附大气中的水汽，形成冰川。冬季冰川发育，夏季融化。液态水顺流而下，滋润邻近地区，促进绿洲形成，加大干旱区域中的环境分异，为动物生存提供立足之地，使动物分布格局复杂化。在高原上地势平坦低洼处，水分蓄积形成大量湿地。例如，羌塘高原，湖泊众多，湖泊面积达 2.14 万 km^2，约占中国湖泊总面积的 1/4。

受海拔影响的第三个环境因子是大气氧含量。海拔上升的同时，气压下降。高海拔低气压意味着氧含量下降。因此，随着海拔上升，由于缺氧，能够生存的物种（尤其是动物）越来越少。从45°N海平面到海拔5500m，大气中氧含量大约从20.8%下降到10.4%，降幅约为50%。羌塘高原平均海拔4800m，氧含量<11.4%，是海平面氧含量水平的55%，成为绝大多数动物的生命禁区。

4. 地形

在一个特定的地理空间中，周围地形常常改变当地风场，从而改变水热分布格局，带来环境的巨大变化。当周围存在高原时，如果该地理空间位于高原迎风面，由于高原阻挡，出现大量水热积聚。例如，喜马拉雅南坡，南来的印度洋暖湿气流受阻于山脉，大量水热积聚于此，形成炎热潮湿环境，使得热带北沿在此北移将近5个纬度。在相同因素影响下，位于亚热带的云南铜壁关动植物区系体现热带特征。如果该地理空间位于高原背风面，由于高原阻挡，水热无法进入该区域，因此出现干旱环境特征。例如，柴达木盆地，喜马拉雅和青藏高原挡住了南来的暖湿气流，导致盆地极度干旱，出现大面积砾石沙漠，成为生命禁区。

在高山背风面，气流翻越高山后下沉。在下沉过程中，气流温度迅速上升，导致当地原本凉爽的环境温度骤然升高。这种现象就是焚风效益[4]。焚风在世界各地常见，尤以欧洲阿尔卑斯山、北美落基山以及欧亚高加索山区著名。焚风出现时，白天气温可以突然上升20余摄氏度，容易出现自然山火。

在喀斯特地区，由于存在许多滴水洞，地表保水能力差，导致干旱现象出现，植被也表现出对干旱的适应。

三、环境分异对生物的影响

以上叙述的是导致环境分异的主要因素。其他因素还包括土壤和水文条件等。所有这些因素叠加起来，形成各地不同的水热资源配置。例如，广西扶绥白头叶猴分布区地处热带，距离海洋不远，这是水热资源充沛的基础。然而，十万大山阻挡减少了进入该区域的水汽，形成一定程度的干旱[5]，木棉科（Bombacaceae）植物成为这里显著的景观植物[6]。另外，这里是喀斯特地形，滴水洞导致地表保水能力差，进一步加剧干旱。冬季，西伯利亚冷空气经常直达此地，干冷的冬天环境特征致使植被出现干旱冬季半落叶的物候特征[7]。

在热带和亚热带，由于地形封闭，局部河谷地段水分受干热影响而过度损耗，形成干热河谷。在中国，干热河谷集中在云南省内金沙江、怒江、元江以及南盘江流域。云南大部分地区处于21°~28°N，热量非常丰富，由南向北出现热带、准热带、亚热带。在这种热量基础上，地形和大气环流促成干热河谷形成[8]。受喜马拉雅山—青藏高原影响，云南地形总体上呈现南北向山原地貌，巨大山脉分布在河谷两侧。河谷谷底封闭，上部气流流畅。云南受西南季风（亦即印度洋热带季风）和东南季风（太平洋热带季风）

的影响。在冬半年，干热河谷分布区受热带大陆季风控制，河谷内出现暖冬特征，如元江河谷日均温>15.2℃。在夏半年，受西南季风和东南季风控制，丰厚的西南季风受到喜马拉雅山和青藏高原迎风面阻挡后形成大量降水，雨季出现；然而，在延伸至云南山原腹地的过程中，降雨逐步衰减。东南季风控制着中国东部沿海和长江以南的夏季降水，并随着向云南山原腹地延伸的路程中也逐步衰减。随着多次地形抬升形成降雨后，云南山原腹地降水已经明显少于同纬度的东部（如福建、浙江）和西部（青藏高原东南部）。同时，这里有较大蒸发量，蒸发量/降雨量（比值）上升，形成相对干旱的环境。在河谷两侧，迎风坡面接受较多水汽，并随着海拔上升，降雨量增加；背风坡面接受较少水汽，导致环境干旱。焚风效应进一步加剧这种干旱。这种水热分异形成河谷一侧干旱、一侧湿润的景观。例如，怒江河谷西岸湿润，林木葱茏；东岸干旱，母壤裸露。干热河谷中，植被出现逆向演替。从山谷向上，环境从干热化向干旱、半干旱半湿润变化，植物群落优势群丛依次是草丛、灌木草丛、稀树灌丛。构成植被的种类属于耐旱类群，如常绿肉质多刺灌丛中的霸王鞭（*Euphorbia royleana*，大戟科 Euphorbiaceae）、落地生根（*Kalanchoe pinnata*，景天科 Crassulaceae）、芦荟（*Aloe vera*，百合科 Liliaceae）以及稀树灌丛草地中的木棉、黄茅（*Heteropogon contortus*，禾本科 Gramineae）。外来物种，如仙人掌（*Opuntia dillenii*，仙人掌科 Cactaceae），在这里找到适宜生境，分布区正在迅速扩展。在这种生境中，植被与土壤间的生态关系非常脆弱，很容易受到破坏；一旦被破坏，植被很难恢复。

地理要素的分异，最后集中反映在水热结合形成的环境类型。从热带向极地以及从热带山脚向高山，由于水热条件分异的相似性，形成相似的生物相分化：从赤道向极地以及热带山脚到山顶，生物相依次为热带雨林、落叶林、针叶林、苔原和冰雪（图 3-5）。由于赤道高山与极地光周期不同，生物相虽然可能相同，动植物种类、生长周期及节律不同。同时，由于高山缺氧，只有耐高寒动物可以生存，极地动物在高山无法生存。

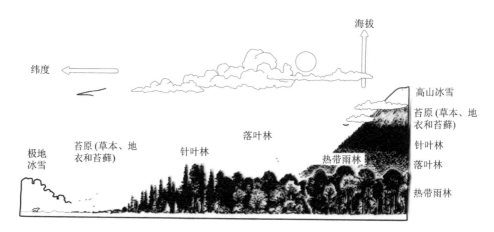

图 3-5　生物相随纬度和海拔发生的变化

第二节 环境分异与生物相

地球表面最不缺水的环境是水生环境。在海洋中，由于水的吸热率高，环境温度分异不大。在海底，只有火山口和温泉附近温度非常高。这些区域几乎成为生命禁区，只有极少数微生物能够存活。在绝大多数地区，水温高于 0℃，低于 40℃。与陆地环境相比，这种分异幅度非常小。

海洋中，分异较大的环境因子是光照强度。在深海，光照常常为零，环境漆黑一片。这里的生态系统中，物种多样性低。没有光合作用，一些微生物利用地热完成新陈代谢。初级消费者以漂流在水中的微生物为食。许多物种（主要是鱼类）演化出发光、发电特征，用以诱惑并捕食猎物。在浅海，尤其是珊瑚礁生态系统，阳光充足，藻类、微生物甚至绿色植物光合作用旺盛，物种多样性高。

海洋环境的分异还表现在近岸和远洋的差异。近岸浅海中，存在大量来自陆地的营养。在远洋，水质清澈，营养物质少。其结果，近岸物种多样性高，远洋低。

相比于海洋环境，陆地水体环境中盐度对生物影响较大。在内陆，部分湖泊盐度极高，可达海水盐度的 8～9 倍（如死海），变成生命禁区。物种多样性集中于近海的淡水湖泊和江河中。在中国，水生物种多样性集中在干湿区分界线以东水体中。

从水生到陆生环境，不同地区由不同水热条件组合，形成不同环境类型。在同一环境类型中，不同物种出现适应趋同，以适应共同的环境特征。例如，在冰雪地区，不同物种都趋向于毛发变白（如北极兔、北极熊、北极狐），以隐蔽自己，同时起到保温作用。在水生环境中，不同物种的附肢不同程度地向鳍状形态演化，体形向流线形演化（如企鹅、鲸、海豹等），以适应游泳。另外，多样性倾向于富集在不同适应带交界区，如潮间带，从而出现边缘效应现象。

1. 边缘效应

生态学研究中发现，适应带交界区（如森林-草原交界的林缘环境、海-陆交界的潮间带、湖泊-陆地交界的湿地）通常富集大量物种，多样性高于适应带内部。这种现象被称为边缘效应（edge effect）。边缘效应产生的原因是生境多样性高，能够支撑的种类多。边缘效应加大了物种在地球表面分布的不均匀性，使分布格局进一步复杂化。

2. 伯格曼法则

英国动物学家伯格曼（C. Bergmann）最早注意到，恒温动物（鸟类、兽类）一旦向寒冷地区扩散，在寒冷地区中的个体体形变大。这种现象后来被称为伯格曼法则（Bergmann's rule）[9]。例如，熊类，生活于北方的种类（如北极熊、棕熊）体形比热带、亚热带种类（如马来熊）大。再如，虎，分布于北方的种群（即东北虎）体形比分布于南方的种群（即华南虎）大。伯格曼法则揭示的是恒温动物对寒冷环境的适应。由于环境温度低，动物体温丧失率高。为了生存，动物在演化过程中增大体形，减小体表面积与体积的比例，从而减少体热散失，增强对寒冷环境的适应。

3. 阿伦定律

寒冷地区的恒温动物体表突出部分（如吻部、喙部、耳廓、四肢等）缩短，而热带地区种类的体表突出部分相对较长。这种现象被称为阿伦定律（Allen's law）。这个定律与伯格曼法则一样，揭示的是恒温动物对温度适应的形态学特征。恒温动物体表突出部分增大体表相对面积，导致体热散失；在对寒冷适应的过程中，这些突出部分趋于缩短，减少热量散失。例如，北极狐（*Vulpes lagopus*）。反之，生活于热带地区的恒温动物，体表突出部分相对较长，有利于散热，是对炎热环境的适应。例如，耳廓狐（*V. zerda*）。

光周期和四季节律因纬度不同，控制着动物的生长节律。随着纬度增加，动物的生殖季节缩短。例如，北冰洋冠海豹（*Cystophora cristata*）的生殖季仅有 4 天[10]。没有世代交替的昆虫在短暂的生长季中出现种群大爆发，繁殖后很快死亡，并以卵的形式度过漫长的冬天。反之，生活于热带的物种，大多没有特定的繁殖季节，繁殖活动一年都在进行，如白头叶猴[11]。

不同水热组合，形成以下不同的陆地生物相。

一、潮间带（intertidal zone）

潮间带是海洋到陆地的过渡性适应带，是高潮线和低潮线之间的空间。许多作者将潮间带列入湿地生物相中。本质上，潮间带属于湿地。然而，这里是海洋起源的生物区系与陆地起源的生物区系的汇聚地，与大陆湿地存在很大差异，是物种多样性分布中典型的边缘效应区域。为此，本书将其单列。

潮间带生物相海拔变化很小，环境分异主要来自纬度变化。在低纬度，四季热量充足，生命活动节律季节性不明显。随着纬度增加，生命活动季节性越来越强。在高纬度，冬天海面冰冻，生命活动几乎完全停止。

在潮间带生物相中，随着潮起潮落，浅海与陆地环境周期性、有规律地相互转换。来自陆地的有机质富集于此，使浮游生物大量繁殖，为鱼类和其他水生动物提供丰富营养，促进物种多样性发展。由于基底不同，潮间带生物相中有两大类生态系统：红树林生态系统和滩涂生态系统。这两类生态系统空间构成不同：退潮期，红树林为物种分布提供空中维度，是三维生态系统；滩涂生态系统缺乏空中维度，是二维生态系统。相应地，红树林生态系统物种多样性高于滩涂生态系统。

1. 红树林生态系统

在泥质基底上，热带、亚热带潮间带通常孕育着大面积红树林，形成红树林生态系统［图 3-6（a）］，通常分布在河流入海口及其附近。红树林是不同类群的集合，种类多达 24 科 30 属 81 种，仅在台湾岛和海南岛就有 31 种[12]。这种成分构成表明，红树林可能是适应趋同的演化结果。天然红树林生态系统中有草本、藤本、灌木和乔木。对潮间带生境的适应特征首先是发达的根系，尤其是强劲的树根将树茎托离地面，根间空间允许海浪通过，减小对海浪的阻力，从而逐步吸纳海浪能。其次是假胎生和生长节律：红树林的果成熟后一直保留在母树上不脱落，种子直接在果壳中萌发。退潮时，果脱离母树，掉落在泥泞的基底上，初露的根直接插入泥土中，并立即快速萌芽生长。到下次涨潮时，茎长到足够高，确保叶子生长在水面之上。

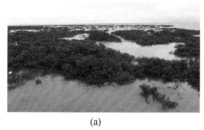

(a)　　　　　　　　　　　(b)　　　　　　　　　　　(c)

图 3-6　潮间带生物相（刘萍摄）
(a) 广西北海红树林；(b) 广西北海沙质海滩；(c) 苏格兰石质海滩

红树林根系有效抵御海浪的破坏作用，维持生态系统内部及周边陆地环境的稳定。当外海波浪滔天时，红树林深处水流缓慢甚至保持静止状态。红树林是红树林群落的优势类群，其他类群以同生物种[①]和伴生物种[②]形式存在。水下是各种鱼类、虾蟹等甲壳类以及环节动物，以水中藻类及其他浮游生物为食。水面上是各种涉禽[③]（如华南沿海和海南岛的小琵鹭 *Platalea minor*）和游禽[④]（如中国沿海常见的海鸥 *Larus canus*）。涉禽在近岸浅水区活动，游禽在离岸较远的深水区活动。蟹类经常从水中爬到红树林枝叶上活动；遇到天敌时隐藏在朝下的叶背上或者逃入水中。丰富的海洋动物使红树林成为传统渔场。

---

① 同生植物（consortive plant），也称红树林同生者（mangrove comnensal），是指专一性生长于红树林生境的草本植物、藤本植物以及专一性寄生于红树的植物和附生植物。它们既不能归为红树植物（包括真红树植物和半红树植物），也不同于既可生于林缘又可生于海岸边的伴生植物，因而特称其为同生植物。中山大学生物数字博物馆"红树林植物"。

② 伴生植物（associated plants，mangrove associates）是那些偶尔出现于能被不规则高潮浸淹到的红树林最内缘或边缘地带的海岸、海滨、盐生或者陆生植物，它们或被认为是红树林的边缘种类及非典型种类，其在红树林的出现反映出边缘分布。伴生植物包括偶尔出现在红树林中、但不成为优势种的木本植物，以及出现于红树林下的附生植物、藤本植物和草本植物。

③ 涉禽是指那些适宜在沼泽和水边浅水或岸边栖息生活的鸟类，包括鹳形目、红鹳目、鹤形目和鸻形目的所有种类，主要特征是喙、颈、脚细长，无蹼，适于浅水行走以及在水底淤泥中觅食。鹭、丹顶鹤是涉禽的典型代表。

④ 游禽栖息地与涉禽相同，但活动地点在深水处；种类包括雁鸭类、鸥类。游禽趾间有蹼，善于游泳和潜水；喙大多宽阔扁平，适于捕食鱼虾。天鹅、海鸥是游禽的典型代表。

2. 滩涂生态系统

在沙质基底 [即沙滩；图 3-6（b）] 上，由于海浪的反复冲刷以及沙的流动性，这里通常见不到绿色植物。常见水下动物包括鱼类、虾蟹等甲壳类以及环节动物（如环毛蚓）。蟹类和环节动物常出现在海浪冲刷处。浪退时，它们短暂暴露在空气中。这些物种有高超的潜沙能力，它们对震动有敏锐的察觉力，遇到敌害靠近时迅速钻到沙中；紧接而来的海浪将沙面抚平，其消失得无踪无影。

在滩涂生态系统中，岩质基底 [图 3-6（c）] 上常分布着苔藓植物。优势动物有鱼类和软体动物，尤其是分泌碳酸钙营固着生活的瓣鳃类（如牡蛎）。鱼类始终随着潮起潮落留在水中，软体类则在退潮后留在陆地上。

滩涂生态系统中的鸟类也是游禽和涉禽。在捕食者-猎物的演化军备竞赛中，猎物演化出各种反捕食能力，如上述的潜沙行为。鸟类则演化出高超的沙中觅食能力。瓣鳃类、腹足类（螺蛳）以其硬壳保护肉体，鸟类则将它们叼起在 10 余米的空中，再往下砸在石头上，将其外壳砸裂后取食其内部肉体。对于像牡蛎这样营固着生活的瓣鳃类，鸟类则用喙叼着石头敲击其外壳，敲裂后取食其内部肉体。

二、湿地

与潮间带一样，湿地也是水陆过渡区的生物相。然而，群落概念长期以来有很多种论述，定义因国别、作者、工作领域和目的而异[13,14]。潮间带定义中有明确的边际界线，但湿地定义没有。加拿大地处温带，有大量温带泥炭冻土。冻土融化后形成湿润土壤，并在其上分布着喜湿植物。为此，在加拿大对湿地的定义中，湿地的关键因子包括湿润土壤和化冻季节水淹[15,16]。美国关于湿地的定义强调浅水以及暂时性或者间歇性积水的覆盖（美国鱼类和野生动物保护协会 1956 年《美国的湿地》）[13]。其他国家（如英国、日本、赞比亚、澳大利亚）都提出了大体相同、但细节有差异的定义。在《中国自然保护纲要》（1987）中，湿地被定义为"沼泽和滩涂的合称"。徐琪将湿地定义为所有受地下水和地表水影响的土地[17]。如果该定义中的"影响"没有具体限制，那么湿地可以泛指所有水体，包括海洋。如此一来，湿地与水生环境就混为一谈了，显然有所不妥。

崔保山和杨志峰[13]对湿地定义做了很好回顾，遗憾的是没有明确提出自己的定义，也没有明确表示他们所接受的定义。在众多定义中，有必要讨论以下三个定义。

（1）《关于特别是作为水禽栖息地的国际重要湿地公约》定义：1971 年，全球 158 个国家在伊朗拉姆萨尔（Ramsar）签署了《关于特别是作为水禽栖息地的国际重要湿地公约》（*Convention on Wetlands of International Importance especially as Waterfowl Habitat*，简称《湿地公约》），旨在保护湿地。这一公约后来简称为《拉姆萨尔公约》（*Ramsar Convention*），也是常说的《湿地公约》。在第一条款中，《湿地公约》使用了特别广泛的关于湿地的定义：湿地是指天然的或者人工的、长久的或者暂时的沼泽地、湿原、泥炭地或水域；其中，水可以是流动的，也可以是静止的，可以是淡水，也可以是咸水。湿地包括低潮时水深不超过 6m 的海洋水体区域（areas of marsh，fen，peatland or water，whether natural，permanent or temporary，with water that is static or flowing，fresh，brackish or salt，including areas of marine waters the depth of which at low tide does not exceed six meters）（引自 Keddy[14]）。这个定义中，出于物种多样性保护的目的，人工湿地（如农田、水库周边）也被纳入，因为这些地方客观上有许多野生动物（尤其是两栖类）分布。

该定义将水陆过渡区的类型罗列进来，强调水的标志性，而不是湿地群落结构的本质。事实上，岸上的一些物种虽然不在水中生长，但总是伴随在水体周边分布，对土壤湿度有特别需求，与水生物种存在生态学关系。同时，一些水禽在水面上觅食，但在岸上林中过夜。因此，这个定义忽略了水体周边的陆地。定义中包涵的"水域"缺乏界定，含义宽泛，可以指称江河湖泊。因此，它模糊了湿地与水生环境的界限。

（2）Keddy[14]给出的定义是，湿地是个生态系统，这个生态系统形成于水淹之时。水淹导致厌氧过程占主导的土壤的形成，并进而驱使生物区系，尤其是有根植物对水淹环境适应（A wetland is an ecosystem that arises when inundation by water produces soils dominated by anaerobic processes，which，in turn，forces the biota，particularly rooted plants，to adapt to flooding. P.2）。这是一个科学定义，它清楚指明：湿地是一个生态系统，是客观存在，不是人为指定的某个或某些区域（见《湿地公约》的定义）。如果去掉非生物环境，这个客观存在就是一个由一群物种构成的生物群落。这个定义包含三个要素：水、植物以及（厌氧性）土壤。各地湿地物种构成差异极大，所受光热影响也不同，因此形成不同的生态系统。共同的水陆过渡区环境特征将这些生态系统组织成同一生物相——湿地生物相。

（3）据佟凤勤和刘兴土[17]，湿地是指陆地上常年或季节性积水（水深≤2m、积水时间≥4 个月）和过湿的土地，并与在其上生长、栖息的生物种群，构成的独特生态系统。这种定义与 Keddy 的定义非常相似，也认为湿地是个生态系统，由群落及其非生物环境构成。同时，浸泡的土地、水以及生物是湿地的三大要素。但是，这个定义没有摆脱《湿地公约》定义的影响：对积水时间和水深做了主观界定，缺乏客观依据。

本书接受 Keddy 的定义，但未将红树林纳入湿地范畴。本书接受佟凤勤和刘兴土定义中的范围界定：陆地上常年或季节性积水……因此，本书的湿地仅指陆地上的水陆过渡地带，排除红树林及其他潮间带生态系统。其原因是：①海洋生物区系与陆地上的水生生物区系经历的演化历史背景不同；②红树林生态系统在潮汐作用下形成的节律具有高度准确的周期性，陆地湿地生态系统不具备这种节律。

在研究工作中，界定湿地的边际通常是争论最多的问题。《湿地公约》采用多数人同意的人为规定（6m 水深），终止了争论，但缺乏科学依据。佟凤勤和刘兴土以 2m 为标准，同样缺乏客观依据。各地水热组合模式不同，湿地边际也不一样。由于湿地是一个群落，群落的边际应该就是湿地的边际。因此，从岸边向水面，客观的湿地边际应该是有根水生植物分布的水面边际；从岸边向陆地，环绕湿地分布的湿生植物以及以湿地为活动区的动物的分布边际是湿地的陆地边际。

湿地水生环境最大的特征是缺氧。因此，所有水生物种都必须在适应趋同的演化过程中适应低氧环境[14]。由于底泥中旺盛的厌氧呼吸，水中有机物被分解成无机物，然后被水生植物吸收。这个过程净化了富营养水。因此，湿地被称为地球肾脏。湿地植被有4个主要生态类型：湿生植被、水生植被、盐生植被和耐盐植被。在一个典型的湿地生态系统中，水生植被可以分为沉水植物、浮叶植物、挺水植物以及漂浮植物[13]。岸边通常是湿生植被。盐生植被和耐盐植被通常分布在内陆盐湖湿地。最熟知的挺水植物有芦苇、菖蒲，浮叶植物有睡莲（图 3-7）。它们将湿地空间分隔成不同层次，为动物提供丰富的微生境，促进湿地物种多样性。

(a)　　　　　　　　　　　(b)　　　　　　　　　　　(c)

图 3-7　湿地（李兆元摄）

（a）西双版纳热带湿地；（b）白洋淀温带湿地；（c）大理茈碧湖高原湿地

湿地植物包括各大类群：苔藓、蕨类、裸子植物和被子植物[18]。据崔保山和杨志峰[13]，中国湿地植物共有 2760 种；其中，高等植物 225 科 815 属 2276 种。最具有景观意义的湿地植物首推芦苇（*Phragmites*，禾本科）和菖蒲（*Acorus*，天南星科）。中国湿地动物大约 1500 种，包括无脊椎动物的软体动物门（Mollusca；尤其是腹足纲 Gastropoda 和瓣鳃纲 Lamellibranchia 最常见）和节肢动物门（Arthopoda；以昆虫纲 Insecta 的蜻蜓目 Odonata、直翅目 Orthoptera、半翅目 Hemiptera、同翅目 Homoptera、鞘翅目 Coleoptera、鳞翅目 Lepidoptera 和双翅目 Diptera 最为常见），脊椎动物中的两栖纲（Amphibia）、爬行纲（Reptilia；包括蛇目 Serpentiformes、龟鳖目 Testudoformes、蜥蜴目 Lacertiformes，以及鳄目 Crocodilia）、鸟纲（Aves；包括䴙䴘目 Podicipediformes、鹈形目 Pelecaniformes、雁形目 Anseriformes、鸥形目 Lariformes、鹳形目 Ciconiiformes、鹤形目 Gruiformes、鸻形目 Charadriiformes、隼形目 Falconiformes、鸮形目 Strigiformes、佛法僧目 Coraciiformes、雀形目 Passeriformes 以及鸡形目 Galliformes）、哺乳纲（包括食虫目 Insectivora①、食肉目 Carnivora、兔形目 Lagomorpha、啮齿目 Rodentia 和鲸偶蹄目 Cetartiodactyla），以及硬骨鱼亚纲（Osteichthyes）。鳄是著名的湿地捕食者。水面上各种游禽和涉禽是常见景

---

① 食虫目是传统分类系统中的类群，包含演化历史不同的两个类群，但适应趋同的结果导致它们均以昆虫为食以及出现与食虫习性相关的形态学相似性。现代主流的动物分类系统已经将食虫目分为两个目：起源于北方大陆的劳亚食虫目（Eulipotyphla）和起源于非洲的猬形目（Erinaceomorpha）。

观物种。目前尚无全球湿地植物和动物种数的报道。据文献[19]，全球湿地兽类大约有100种。根据第四版《水鸟种群估计》（*Waterbird Population Estimates*），全球有湿地水鸟33科878种以及2305个生物地理种群；其中，亚洲种群数最多，其次是新热带和非洲[20]。许多湿地鸟类是迁飞鸟类（如灰雁），通过长距离飞行，于不同季节在不同区域的湿地中活动（觅食、繁殖）。

全球湿地分布广泛，所有大陆、所有纬度带、沿海和内陆均有分布[14]。不同地理空间中，水热条件组合不同，内陆不同，湖泊水的盐度不同，以及其他众多因素，导致湿地物种种类及群落结构产生差异，物种多样性发生变化。主导物种多样性的因素有纬度（多样性随纬度增加而下降）、湿地面积（面积越大，多样性越高）、地形变异（地形种类越多，多样性越高）、优势物种（优势物种越少，多样性越高）。在塑造湿地类型的众多因素中，最重要的是洪涝（flood）、侵蚀（erosion）以及沉积（deposition）。在浑浊水体中，阳光透射率低常常导致沉水植物消失，湿地群落结构受破坏而变得简单。

三、森林

在陆地各类型生物相中，森林生物相的物种多样性最高，根源在于高大的树木为动物分布提供了第三维空间。在苏里南热带雨林中，灵长类不同成员生活于森林的不同层面：节尾猴（*Callimico*）、卷尾猴（*Cebus*）、松鼠猴（*Saimiri*）、蜘蛛猴（*Ateles*）和小体形的狨猴科（Hapalidae）生活在树冠顶层，体重较大的吼猴（*Allouatta*）和狨猴科生活于树冠中层，体重更大、四足行走的灵长类生活在地面和树干层。马来西亚吉隆坡雨林中也有类似特征：长臂猿科（Hylobatidae）、猩猩（*Pongo*）、叶猴（*Presbytis*）生活于树冠顶层，猕猴类（*Macaca*）生活于树冠下层、树干层以及地面[21]。在北方针叶林中，生活于冠层的松鼠科（Sciuridae）是常见种类。各种森林林冠上的鸟类更是熟知的栖居者。

新生代以来，从赤道到温带一直有森林分布。早期，喜温的热带、亚热带森林一度分布到北方大陆高纬度地区，如始新世格陵兰和阿拉斯加。在随后的气温下行过程中，各地水热分异，喜温森林退缩到赤道附近（热带雨林、热带干树林）。在亚热带，由于较强的气候季节性，阔叶林出现季节性落叶（落叶林），减少蒸腾作用，降低细胞代谢活动，以适应冬季的寒冷。在温带，冬季严寒漫长，夏季短促，因而针叶林在中生代基础上，演化出耐寒的温带针叶林。由于气候特征的过渡性，各森林类型在分布交界区形成混交林，如常绿-落叶混交林、针阔叶混交林。从热带森林到温带针叶林的变化中，伴随着寒冷，物种多样性呈下降趋势。

1. 热带雨林（tropical rain forests）

在各大陆地生态系统中，热带雨林的水热最充沛。这里地处热带，全年阳光充足；年平均温度>24℃，最冷月平均温度>18℃，白天温度一般在30℃左右，夜间约20℃；年积温为8000℃。全球有三大雨林区：非洲刚果河流域的西非雨林、南美亚马孙流域的亚马孙雨林以及以东南亚岛屿为核心的东南亚雨林［图 3-8（a）］。零星分布的雨林还见于其他热带岛屿。通常，雨林的年降雨量≥2000mm，一些地方甚至达到 6000mm。全年雨量分配均匀，降雨量超过蒸发量，空气相对湿度高达 95%。热带雨林面积占全球陆地面积不足 2%，但拥有的物种数超过全球物种数的 50%，因而成为物种保护的主要区域。至今，无人准确知道热带雨林中的物种数，但估计在 $3 \times 10^6 \sim 5 \times 10^7$ 种，是巨大的基因库。丰富的物种多样性与复杂的群落结构有关。高大的乔木（如望天树 *Parashorea chinensis*，龙脑香科 Dipterocarpaceae 柳安属 *Parashorea*；株高>60m）拓展了第三维空间，丰富了群落的空间结构［图 3-9（a）］。雨林从地面往上的层次依次为地面层、灌木层、幼树层、树冠层、露生层。地面层在 0～5m 的空间内，光线极弱；植被由地衣、苔藓构成，不连续分布，通常在河边及林缘环境茂盛。灌木层在 6～10m，光线较弱，环境荫蔽；植被分布不连续，由蕨类、丛木、灌木构成。幼树层在 11～20m，有少量阳光；植被分布不连续，通常由幼年树木构成。树冠层在 21～30m，阳光充足；树冠横向生长，连续分布，截留大部分阳光和雨水。露生层高度>31m，乔木，挺立于树冠层之上，不连续分布。在这些层次上，藤本植物、木质藤本植物攀援附生，寄生植物点状着生于树干上。发达的板根支撑着高大的树干，气生根支撑着发达的冠层。发达的气生根常常包裹着裸岩，形成"树抱石"，是热带雨林中的常见景观。优势植物类群有桑科（Moraceae，尤其是气生根发达的榕属 *Ficus*）、无患子科（Sapindaceae）、番荔枝科（Annonaceae）、肉豆蔻科（Myristicaceae）、橄榄科（Burseraceae）、棕榈科（Palmae）。树蕨（桫椤科 Cyatheaceae）是潜藏在热带雨林中的古老类群。

热带雨林中分布的动物大多是古近纪—新近纪喜温物种的后裔，如长鼻目、灵长目、各种食虫类、森林有蹄类、啮齿目、食肉目、翼手目，以及更古老的后兽类（如新几内亚岛有袋类）。其中，灵长目、翼手目以及食虫类（如刺猬、鼩鼱）是热带雨林的代表性兽类。丰富的空间层次为动物分布提供丰富的微生境，不同物种在垂直空间中

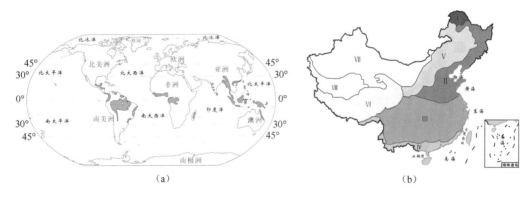

（a）　　　　　　　　　　　　　　　　　　　　（b）

图 3-8　全球热带雨林分布

（a）世界三大雨林区；（b）中国植被分布。（Ⅰ）寒温带落叶针叶林，（Ⅱ）温带落叶阔叶林，（Ⅲ）亚热带常绿阔叶林，（Ⅳ）热带季雨林，（Ⅴ）温带草原，（Ⅵ）高寒草甸、草原，（Ⅶ）温带荒漠，（Ⅷ）高寒荒漠

(a)   (b)

图 3-9　热带雨林（刘萍摄）

（a）云南屏边雨林林下景观；（b）西双版纳雨林区浓雾

分布，树栖动物种类多样。由于水热充足，植物物候缺乏同步性，全年提供各种食物资源，动物食果习性得到发展，如食果蝠、叶猴。鸟类更丰富，而且大多是留鸟[①]。拥有景观价值的犀鸟、以小型动物为食的鸦类是常见类群。巨蜥（Varanidae）和树蛙（Rhacophoridae）分别是爬行类和两栖类的代表物种[22]。亚马孙雨林中，箭毒蛙（Dendrobatidae）种类丰富。

　　中国热带雨林是东南亚雨林区的北部边缘，见于台湾南部、福建沿海、广东、广西、云南南部、海南以及藏东南［图 3-8（b）］。实际上，分布于中国大陆以及中南半岛（泰国、老挝）的热带雨林受到季风影响，常出现季节性干旱，植被由较耐旱的热带常绿和落叶阔叶树种组成，旱季出现落叶物候，呈现明显的季相变化。物种多样性较低，大叶种类少；树高较低，群落空间结构较简单[23]。因此，中国和中南半岛的雨林属于热带季雨林（tropical monsoon forest），与马来群岛的湿润雨林不完全一样。其中，云南西双版纳是热带雨林向亚热带常绿阔叶林的过渡地带，拥有 5000 种维管植物，占全国物种数的 16%；鸟类种数占全国的 36.2%，兽类占 21.7%，爬行类占 14.6%[24]。这里海拔 491～2429.5m，年降雨量为 1493mm，年均温 21.8℃，年积温 7600～7800℃，显然不适合热带雨林分布。然而，该区域的西面、北面和东面海拔均高于区域中心和南面，西北的横断山区阻断了冬季来自北方的冷气流，弥补了积温不足；旱季，每日浓雾弥补年降雨量的不足［图 3-9（b）］。这些因素使热带雨林得以存在[25]。由于物候季节性，动物类群也发生变化，如叶猴的近亲乌叶猴（Trachypithecus）食叶性得到发展，以适应果实季节性

---

　　① 留鸟是指没有迁飞习性、四季生活于同一地方的鸟类。

短缺的生境特征[6]。

2. 亚热带常绿阔叶林（subtropical evergreen broadleaf forests）

亚热带热量虽然略少于热带，但总体上热量充足，冬天气温足够高。这个区域存在常绿林，包括两大类森林生态系统：常绿阔叶林和常绿针叶林。在南北纬 25°～35°，大陆东部水分较充足，夏季不出现干旱，属于亚热带海洋性气候，分布着常绿阔叶林。这类森林的主要分布区包括北美东南部（佛罗里达半岛及附近沿海区域），亚洲的中国东南部、日本南部、朝鲜半岛南部，南美东南部（智利、阿根廷），澳洲东南部也有少量分布（图 3-10）。中国亚热带常绿阔叶林分布面积最大，主要分布于秦岭—淮河一线以南、热带季风区以北 [图 3-8（b）]。

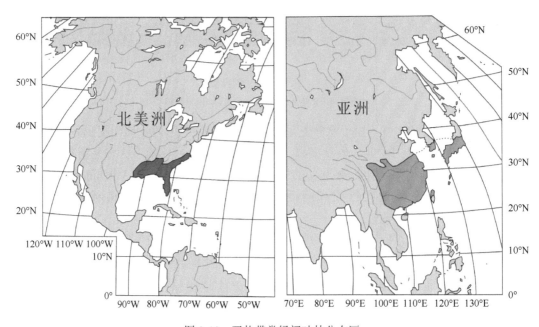

图 3-10　亚热带常绿阔叶林分布区

亚热带常绿阔叶林分布区气候四季分明，年均温 15～22℃。冬季温暖，最冷月平均温度>0℃；夏季炎热潮湿，最热月平均温度为 24～27℃。年降水量>1000mm，集中于夏季。冬季降雨少，但没有明显旱季。空气相对湿度平均为 75%～80%，蒸发量小于降水量。这些条件有利于森林发育。在外观上，亚热带常绿阔叶林不同于热带雨林：叶子变小，并革质化；树高变矮，林冠郁闭度下降；茎花、板根少见。植物群落的空间结构相对简单，缺乏高耸的露生层，林冠表面连续分布，优势类群为壳斗科（又称山毛榉科 Fagaceae）和樟科（Lauraceae）种类。林冠内乔木层分布不连续，优势类群为樟科、山茶科（Theaceae）以及木兰科（Magnoliaceae）种类。林下层发育良好，有树蕨、小型棕榈、竹、灌木以及草本植物，种类因地而异。林内还有木质藤本和附生植物。群落整体优势类群因地而异，北美是各种栎类、美洲山毛榉（*Fagus americana*）以及荷花玉兰（*Magnolia grandiflora*）；南美主要是假山毛榉（*Nothofagus cunninghamii*）；澳洲的典型种类是桉属（*Eucalyptus*）、假山毛榉和树蕨；亚洲种类较丰富，以栎类占优势，其次是樟科、木兰科和山茶科种类。

与热带雨林一样，亚热带常绿阔叶林群落的空间结构为动物分布提供较丰富的微生境。林内动物种类较丰富，著名兽类有猴类（如仰鼻猴 *Rhinopithecus*、日本猴 *Macaca fuscutta*）、鹿类（如白唇鹿 *Cervus albirostris*、毛冠鹿 *Elaphodus cephalophus*、白尾鹿 *Odocoileus virginianus*）、大熊猫（*Ailuropoda melanoleuca*）。澳洲亚热带常绿阔叶林中有多种有袋类动物。动物群落属于热带森林类群沿纬度的延伸，但喜温种类开始减少（如灵长目蜂猴 Lorisidae 以及长鼻目 Proboscidea 消失了），多样性低于热带雨林。适应在林中生活的类群发生了习性变化，如灵长目乌叶猴属和长臂猿科一些种类食果比例下降，食叶比例上升，以适应季节性果实短缺。

3. 常绿硬叶林（evergreen hardleaf forests）

在亚热带（纬度 30°～40°）大陆西岸，由于气压带、风带的季节性位移，夏季受副热带高气压控制，气流下沉，气候炎热干燥；冬季受西风影响，气候温和湿润，形成地中海气候特征。地中海气候区包括地中海沿岸、美国加利福尼亚沿海、南美智利中部沿海、南非西南端以及澳洲南端和西南端（图 3-11）。这些地区年降水量为 300～1000mm，主要集中在冬季。最冷月气温为 4～10℃。夏季气温存在空间分异，沿海受冷洋流影响，温度较低，最热月气温<22℃，空气潮湿多雾；内陆距海较远，空气干燥暖热，最热月气温>22℃。

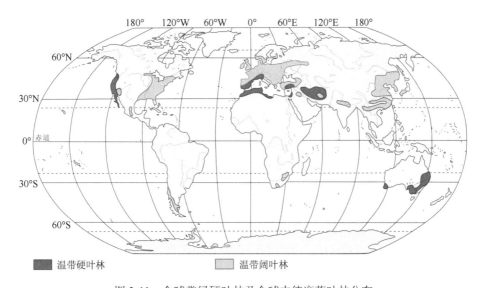

图 3-11 全球常绿硬叶林及全球中纬度落叶林分布

在这种气候条件下，植被演化出对干旱的适应特征：叶片小、厚而硬，叶表、茎表多毛多刺，并分泌蜡质层，形成常绿硬叶林，以减弱蒸腾作用。由于雨热不同季，夏季干热环境不利于植物生长，植物演化出夏季休眠习性。这里是秋植球根花卉的自然分布中心，代表植物有石蒜科（Amaryllidaceae，如欧洲的水仙 *Narcissus tazetta*、网球花 *Haemanthus multiflorus*、雪滴花 *Galanthus nivalis*）、百合科（Liliaceae，如郁金香 *Tulipa gesneriana* 和葡萄风信子 *Muscari botryoides*）、风信子科（Hyacinthaceae，如风信子 *Hyacinthus orientalis*）、毛茛科（Ranunculaceae，如花毛茛 *Ranunculus asiaticus* 和银莲花 *Anemone cathayensis*）、鸢尾科（Iridaceae，如番红花 *Crocus sativus*、小苍兰 *Freesia hybrida*、唐菖蒲 *Gladiolus gandavensis*、球根鸢尾 *Iris*）、天门冬科（Asparagaceae，如地中海蓝钟花 *Scilla peruviana*）以及桑科（如无花果 *Ficus carica*）。由于夏季干热，易发周期性自然山火。动物多样性很低，代表物种如灵猫科（Viverridae，食肉目）和地中海猕猴（*Macaca sylvanus*，灵长目 Primates）。

地中海沿岸是人类开发较早的地区，植被遭到了强烈破坏，常绿硬叶林大面积消失，代之以各种灌丛。

4. 中纬度落叶林（middle latitude deciduous forests）

中纬度落叶林又称夏绿阔叶林、夏绿林或者温带落叶林，分布于中纬度湿润地区。该生物相主要分布区位于北半球北美和欧亚大陆东西两侧；南美、澳洲、新西兰有少量分布（图 3-11）。在冷暖洋流影响下，各地中纬度湿润地区的分布存在纬度差异：大陆西侧位于 40°～60°，东侧为 35°～50°。中国的温带落叶林主要分布在华北和东北南部。该生物相气候四季分明，夏季炎热多雨，冬季寒冷。年平均气温 8～14℃，1 月平均气温–3～22℃，7 月为 24～28℃。年降水量 75～150mm，但沿海地区可达 500～1000mm，集中于夏季[26]。在秋季光周期和夜间低温刺激下，植物激素发生改变，导致叶绿素降解，叶子中留下叶红素、叶黄素和胡萝卜素，使得林冠色彩斑斓。随着季节推移，植物合成脱落酸（$C_{15}H_{20}O_4$），促使叶子脱落，进入冬眠，从而降低代谢水平和蒸腾作用，以应对冬天的寒冷和干旱。这种适应特征始于渐新世。

温带落叶林中，落叶被子植物乔木占优势。植被空间结构一般分为乔木层、灌木层和草本层；层次结构明显，但复杂程度不如热带雨林和亚热带常绿阔叶林。林内灌木数量不多，藤本植物不发达，附生植物由苔藓和地衣构成。各地物种多样性不同：东亚最高，北美和地中海东部沿岸次之，欧洲最低。优势树种为山毛榉科落叶乔木，如山毛榉属（*Fagus*）、栎属（也称橡属 *Quercus*）、栗属（*Castanea*）等；其次为桦木科（Betulaceae）、杨柳科（Salicaceae）、槭树科（Aceraceae）以及榆科（Ulmaceae）。在中国，栎属落叶树种占优势，如辽东栎（*Quercus wutaishanica*）、蒙古栎（*Q. mongolica*）、栓皮栎（*Q. variabilis*）等；其他类群有椴树科（Tiliaceae）椴属（*Tilia*）、槭树科槭属（*Acer*）、桦木科桦木属（*Betula*）、杨柳科杨属（*Populus*）。

动物区系由南北方广适性种类组成，呈现明显过渡性。夏季多样性及种群数量高于冬季。换羽（鸟类）、换毛（兽类）以及候鸟迁徙现象普遍，旅鸟①较多；部分物种有冬眠、冬睡习性，其他物种有储粮习性。昼行性种类多于夜行性种类，地栖种类多样性和种群数量多于热带、亚热带森林，树栖种类相对较少。树栖类型中，兽类主要有松鼠、睡鼠（Gliridae）、鼯鼠（Pteromyini）、蝙蝠（翼手目 Chiroptera）、树豪猪（Sphiggurus）等，鸟类有啄木鸟（Picidae）、林鸮（Strix）、杜鹃（Cuculidae）、黄鹂（Oriolidae）等，爬行类和两栖类有树栖响尾蛇（Crotalus 和 Sistrurus）、蝮蛇（Crotalinae）及雨蛙（Hylidae）。亚洲代表性兽类有梅花鹿（Cervus nippon）、马鹿（C. elaphus）、麝（Noschus noschiferus）、野猪（Sus scrofa）、黄鼬（Mustela sibirica）、亚洲黑熊（Ursus thibetanus）、狐（Vulpes）、獾（Meles meles）、花鼠（Tamias sibiricus）、林姬鼠（Apodemus sylvaticus、A. peninsulae）等，鸟类有灰喜鹊、黑枕黄鹂（Oriolus chinensis）、杜鹃、绿啄木鸟（Picus canus）、褐马鸡（Crossoptilon mantchuricum）等，爬行类和两栖类有蝮蛇、虎斑游蛇（Rhabdophis tigrinus）、大蟾蜍（Bufo gargarizans）、雨蛙、中国林蛙（Rana chensinensis）等。

温带落叶林受人类破坏极大，许多物种已经绝迹，欧洲野牛（Bison bonasus）、河狸（Castor fiber）、松貂（Martes martes）等濒临灭绝。一些典型类群目前仅在自然保护区内分布。

5. 北方针叶林（boreal coniferous forest）

在北半球中温带落叶林和苔原之间（50°～60°N 或更北）分布着北方针叶林，也称为寒温带明亮针叶林（cold temperate bright coniferous forest）、泰加林（taiga）。泰加林带南北平均宽达 1300km。在加拿大，泰加林带在北极圈以南、沿着北极圈呈东西向延伸（图3-12）。在西伯利亚，森林南北延伸达 1650km，抵达北极圈以内。在中国，泰加林分布于大兴安岭、伊勒呼里山（亦即顺松子岭，大兴安岭北段向东延伸的一条支脉）以北，以及新疆阿尔泰山北端喀纳斯区域。其中，喀纳斯河谷是最典型的泰加林分布区，是重要的生物基因库。泰加林生物相大陆性气候明显，夏季温凉，冬季严寒。7月平均气温 10～19℃，最高气温>30℃。冬季长达 6 个月；欧亚大陆西部 1 月平均气温 3℃，西伯利亚低至–43℃。年平均降雨量低于 50mm。可见，冬长、寒冷、干旱是该生物相的典型环境特征。

泰加林是寒温带地带性植被，由耐寒的针叶乔木组成，终年常绿；主要优势树种有云杉（Picea asperata）、冷杉（Abies fabri）、落叶松（Larix gmelinii）。多数为单优势种森林，外表看似单种纯林。叶缩小呈针状，具有抗旱耐寒特征，是对低温干旱的适应。植物生长季短，是对长冬气候特征的适应。这种适应特征大约始于上新世。上新世是全球气温迅速下行并进入冰期的开始时期，泰加林在欧亚大陆和北美北部迅速发育，并持续到第四纪冰期。西伯利亚植被在第四纪冰期沿着阿尔泰山向南延伸，形成新疆喀纳斯泰加林。

---

① 旅鸟是指季节性迁飞途中经停的种类。这些种类在此地既不越冬，也不度夏。

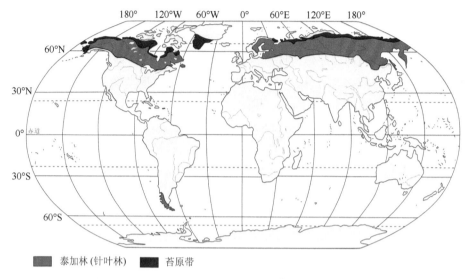

泰加林 (针叶林)　　苔原带

图 3-12　北方针叶林和极地苔原的分布

　　泰加林中，不但植物物种多样性低于其他森林，空间结构也最简单。由优势乔木树种形成林冠层，树高约 20m。林冠层下是灌木层（各种浆果灌木）、草本层或者苔原层。较低的生境多样性导致较低的动物物种多样性。代表性兽类有阿穆尔虎（*Panthera tigris altaica*）、猞猁（*Lynx lynx*）、北美灰熊（*Ursus arctos horribilis*）、棕熊（*Ursus arctos*）、北极狐、狼獾（*Gulo gulo*）、貂（*Martes*）、驼鹿（*Alces*）、驯鹿（*Rangifer tarandus*）、马鹿、雪兔（*Lepus timidus*）、旅鼠、松鼠、花鼠，鸟类有松鸡（*Tetrao*）、榛鸡（*Tetrastes*）、三趾啄木鸟（*Picoides tridactylus*）、交嘴雀（*Loxia*）、松鸦（*Garrulus glandarius*）；两栖类和爬行类种类更少，但种群数量较大，如雨蛙（*Hyla*）、极北蝰（*Vipera berus*）、胎生蜥蜴（*Zootoca vivipara*）。一些物种的分布区从这里进一步向北延伸，进入苔原带，如旅鼠；甚至进入冰原，如北极狐。在适应性演化中，一些动物演化出冬眠习性，如棕熊；另一些物种有冬季储藏食物的行为，如松鼠。许多鸟类和一些哺乳类有季节迁徙行为。动物种群数量呈现显著的季节性变化。

　　以上是陆地各主要森林生物相。在这些生物相的毗连区分布着过渡森林类型，例如，亚热带北部及暖温带南部的常绿落叶阔叶混交林（evergreen and deciduous broad leaved mixed forests）以及中温带北部、寒温带针叶林和夏绿阔叶林间的过渡类型——针阔混交林（coniferous and broad-leaved mixed forests）。这些过渡林型是拥有不同适应特征的物种混杂共存的结果，也是对过渡性气候类型的适应性表现。过渡林型不仅出现在气候带交替区，也出现在其他地区；如广西石灰岩地区地处热带北部—亚热带中部，独特的水热组合促成常绿落叶阔叶混交林出现[6,27]。过渡林型中存在一些知名物种，如东北虎（东北完达山东部林区、老爷岭、张广才岭的针阔叶混交林中）和白头叶猴（*Trachypithecus leucocephalus*，广西西南部石灰岩地区的常绿落叶阔叶混交林中）。

6. 竹林（bamboo forest）

竹林是由竹类植物组成的单优势种植被，有乔木状竹类构成的高竹林，也有矮小灌丛状竹类构成的矮竹林。竹类植物有地下茎和地上茎之分。地下茎有越冬芽，相当于树木的主茎；地上茎（即竹杆）实际上是茎上的分枝。一片竹林常常由同一地下茎分枝并出露地面而成，因此实际上是单一植株。竹林与一般森林和灌丛不同，常被划分为独立的植被类型，但不属于独立的生物相。

竹类属于禾本科（Poaceae）竹亚科（Bambusoideae）植物，广布于全球热带和亚热带，局部进入暖温带，46°N～47°S。在中国，竹类的自然分布区向北止于秦岭和淮河（图3-13）。另外，山地温带也有分布。竹类多样性很高：全球共有 62～150 属 1000～1400种；其中，亚洲 37 属 700 余种，美洲约 260 种，非洲和大洋洲合计不到 100 种，欧洲完全缺乏。亚洲竹类不但种类丰富，而且特有属（27 属）多，反映亚洲可能是竹类植物的分布中心。

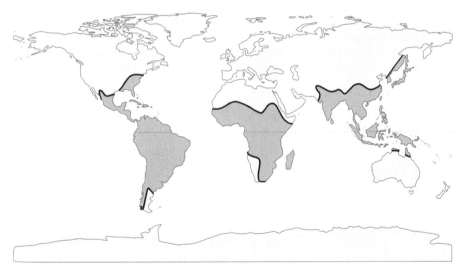

图 3-13 全球竹类自然分布区示意图

自然纯竹林很少，大多是竹子与阔叶树种混生而成的混交林：竹子散生于林下，构成森林下木。这种生境中分布着一些特有动物类群，如喜马拉雅山—横断山的大熊猫、小熊猫（*Ailurus fulgens*）以及南美安第斯山区的眼镜熊（*Tremarctos ornatus*）。

除了混交林，还有一些非地带性植被，如热带和亚热带干树林（tropical and subtropical dry forests），星点状分布于墨西哥南部、非洲东南部、马达加斯加岛、小巽他群岛、印度中部、中南半岛、新喀里多尼亚岛、玻利维亚东部、巴西中部、加勒比群岛、安第斯北部山谷以及厄瓜多尔和秘鲁海岸。干树林中存在一些特有动物类群，如马达加斯加岛上的狐猴类（包括狐猴科 Lemuridae 和大狐猴科 Indriidae）。

7. 温带雨林（temperate rainforests）

温带雨林是另一类非地带性植被，通常出现在海岸山地上。全球温带雨林有六大处：①北美温带雨林，分布于美国加利福尼亚州以北到加拿大太平洋沿岸山地；②南美温带雨林，分布于智利南部太平洋沿岸山地；③欧洲温带雨林，分布于黑海和里海沿岸；④东亚温带雨林，分布于中国华南大陆沿海及台湾岛、朝鲜半岛东部沿海、俄罗斯远东南部沿海以及日本；⑤澳大利亚温带雨林，分布于维多利亚东海岸和塔斯马尼亚岛西部；⑥新西兰温带雨林，分布于南岛西海岸和整个北岛。其中，北美温带雨林面积最大，在北美阿帕拉契亚山脉（Appalachian mountains）以及欧洲爱尔兰、英格兰西部、威尔士、苏格兰、挪威南部、西班牙北部以及克罗地亚海岸等地有小面积零星分布。由于特殊的水热组合，这些地方气候温和，冬季漫长，但无严寒，气温很少低于冰点；夏季短暂，且无酷暑，气温很少高于27℃。年降雨量可达1400mm；降雨多发生于冬季，夏季多雾。由于比较潮湿，山火不常见。这些区域也有一些著名种类，如南美林虎猫（*Leopardus guigna*）、北美灰熊、棕熊。特有鸟类不少。

四、草原（grasslands）

在少雨区域，树木难以生长，植被主要由禾本科、菊科（Asteraceae）、豆科（Leguminosae）、莎草科（Cyperaceae）草本植物构成。这些区域被称为草原。化石证据表明，禾本科植物最早出现在白垩纪晚期热带森林中或林缘地带的开阔生境。这个时期正值地质巨变期，强烈的造山运动加上大陆漂移，大西洋和印度洋相继出现，使地球陆地气候发生了很大变化。最显著的变化是旱化，导致热带、亚热带平原和低山占优势的中生代裸子植物和蕨类植物大量灭绝，取而代之的是被子植物，包括禾本科植物。在裸子植物和蕨类植物的灭绝过程中，森林中出现类似芦竹亚科（Arundinoideae）的禾本类植物，占据林中或林缘空地。由于对新环境具有极强适应力，它们快速取代森林，形成热带稀树干草原。这些植物茎上具节，靠居间分生组织使节间伸长。禾本类植物起源后沿各个方向演化[28]。新生代中新世晚期，随着C4固碳途径①出现，光合作用过程中需要更少的水分和热量，使植物更适应干旱和寒冷环境，促进草本植物发展和草原扩张，

---

① 光合作用的实质是把CO_2和H_2O转变为有机物（即葡萄糖），同时将光能转化为化学能，储存在葡萄糖分子中，并释放出O_2。总方程式是$6CO_2+6H_2O$（光照、叶绿体）$\rightarrow C_6H_{12}O_6+6O_2$。光合作用分为两个阶段：光反应阶段和暗反应阶段。光反应过程是光能在色素蛋白作用下转化为电能的过程，暗反应过程是电能转化为化学能以及将CO_2合成为葡萄糖的过程。暗反应有多种化学反应途径，仅高等植物就有3种：C3途径、C4途径以及景天酸代谢途径。其中，C3途径中，CO_2固定后的初产品为分子中含有3个碳的甘油酸-3-磷酸（$C_3H_7O_7P$），因此称为C3途径。采用这一途径完成暗反应的植物被称为C3植物。C4途径中，CO_2固定后的初产品为分子中含有4个碳的草酰乙酸（$C_4H_4O_5$）；采用这一途径的植物被称为C4植物。C4途径所需能量和水分较少，利用氮素效率更高，而且固定CO_2效率更高。这些特征使C4植物更适应干旱寒冷环境：在干旱环境中，叶片气孔张开时间越长，蒸腾作用导致的水分丧失越多，因而不利于植物生长。通过C4途径，在较短的气孔开放时间内可以获得足够CO_2进行光合作用。同时，化学反应过程中消耗较少的水以及需要较少热量，均有利于植物在干旱/寒冷环境中生存。

覆盖几乎所有气候带。经过更新世冰期后，草原主要分布于欧亚大陆温带（中亚干草原Asian steppes；自欧洲多瑙河下游起，呈连续带状向东延伸，经罗马尼亚、中亚、蒙古国，直达中国内蒙古）、南亚、北美（北美大草原 prairies；由南萨斯喀彻温河开始，沿经度方向，直达雷达河畔，形成南北走向草原带）、南美［潘帕斯草原 pampas（又称南美热带无树大草原 llanos）和南美稀树草原 cerrados；其中，潘帕斯草原位于南美东南部温带阿根廷及乌拉圭境内，南美稀树草原位于巴西东南部和巴拉圭，南美热带无树大草原位于南美北部委内瑞拉境内］、非洲撒哈拉以南（热带稀树草原 savannah）以及澳大利亚（沿海森林与中央沙漠之间的过渡地区，称为牧场 rangelands；图 3-14）。其余地方有零星分布，如云贵高原。

图 3-14 全球草原分布示意图

草原生物相中，各地气候有差异，总体上可以划分为温带草原和热带草原，共同点是气候干旱。热带草原气温为 15～35℃，年均降雨 500～1500mm；分旱季和湿季，旱季可持续 8 个月，只有湿季才会出现降雨多于蒸发的情形，导致短暂河川流动。热带草原气候与稀树草原相似。相比于热带草原，温带草原更干燥，而且较冷（至少在冬天），年温差较大（可达 40℃）。北美草原区年均降雨量为 300～600mm；1 月平均气温从北方的–18℃到南方的 10℃，7 月平均气温为 18℃（北）和 28℃（南），最北地区年均温<0℃。

干旱环境导致植被空间结构简单，动物基本上在平面上活动。优势种类主要是有蹄类（如羚羊、野牛、野马、野驴、斑马、长颈鹿）、啮齿目、兔形目、食肉目（如狼、狮、非洲猎豹、鬣狗、鬣狼）以及猛禽类[29]。热带草原动物物种多样性高于温带草原。草原是人类赖以生存的重要栖息地。人类开垦草地，种植小麦及其他作物，饲养家畜，猎杀各类野生动物，导致生态灾难。尤其在北美，欧洲人殖民后，大面积破坏草原，将其改变成农场，使自然草原生态系统退缩到点状分布的自然保护区/国家公园中（WWF[30]，2020 年 10 月数据）。

五、荒漠（deserts）

在更干旱的地区出现荒漠。在地理学中，荒漠是降水稀少、植物稀疏、人类活动受到限制的干旱区。在植物生态学中，荒漠是由旱生、强旱生低矮木本植物（包括半乔木、灌木、半灌木和小半灌木）为主组成的稀疏不郁闭的群落。从植被来说，荒漠是分布于干旱区的地带性植被类型。在普通生态学中，荒漠是指任何大型的、极度干旱、植被覆盖稀疏的地区。在生物地理学中，荒漠是地球上主要的生物相之一，支撑着对严酷环境有独特适应力的动植物区系。这些含义的共同点是环境干旱，终年少雨，年降水量≤250mm，腹地甚至终年无雨，是生命禁区。日温差和年温差均较大，日照时间长。风沙频繁，地表裸露干燥。荒漠中，水源地区出现绿洲，是物种多样性的分布中心。

荒漠分布于南北纬15°~50°，包括北美西部、南美西部、非洲北部和西南部、阿拉伯及西亚、中亚以及澳洲中西部；分为热带荒漠（如撒哈拉沙漠）和温带荒漠（如中亚沙漠）（图3-15）。如果不计南极洲，荒漠占地球陆地面积约30%。依据大型地貌组合特征，荒漠分为岩漠、砾漠、沙漠和泥漠[31]。其中，沙漠面积最大。南极洲是全球最大的沙漠区，面积1420万km^2；年降水量≤50mm，年均温−48℃。严寒导致南极洲99%的面积覆盖在冰川下。其次是撒哈拉沙漠，面积860万~940万km^2；年降水量≤25mm，最低气温0℃（冬夜），最高气温>38℃（夏日），局部气温更高（如利比亚最高气温纪录58℃，地表温度则高达78℃）。中亚沙漠（戈壁沙漠）面积为130万km^2，年降水量为50~200 mm。中亚沙漠向东延伸至中国内蒙古阿拉善。这里是草原和荒漠的分界：年降水量为32.8~208.1mm，年蒸发量为1555.7~2808.5mm；年平均气温为7.7~9.8℃，极端最低气温为−34.4℃，极端最高气温为44.8℃。阿拉善以东湿度逐渐增大，属于蒙古草原区；以西干旱，属于中亚荒漠区。

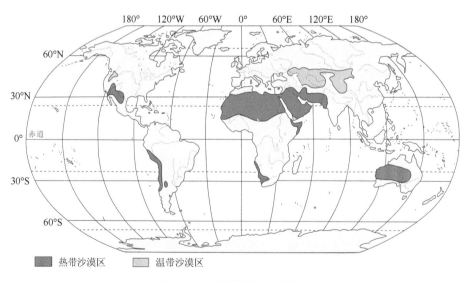

图3-15 自然荒漠的全球分布

许多沙漠已经拥有很长的演化历史，如非洲纳米布沙漠，历史超过 65Ma。漫长的演化史中，一些物种获得极强的耐干旱适应力，如百岁兰（*Welwitschia mirabilis*；见第八章）。

严酷的环境使得只有极少数物种能够生存于荒漠区。荒漠植物类群由一些局域分布类群（如仙人掌科，美洲荒漠区；番杏科 Aizoaceae，非洲南部；桃金娘科 Myrtaceae，主要分布区在澳洲；山龙眼科 Proteaceae，主要见于澳洲和非洲南部；木麻黄科 Casuarinaceae，澳洲）和各荒漠区都常见的广布类群（如豆科、百合科、藜科 Chenopodiaceae、菊科）构成。在中国中亚荒漠区，最常见的种类有骆驼刺（*Alhagi sparsifolia*，豆科）、狼毒（*Stellera chamaejasme*，瑞香科 Thymelaeaceae）、沙枣（*Elaeagnus angustifolia*，胡颓子科 Elaeagnaceae）。动物类群多样性很低，骆驼（*Camelus*，中亚、北非）是著名耐旱动物；驴（*Equus asinus*）、马（*E. caballus*）是中亚荒漠与中亚干草原共有的著名物种。在澳洲荒漠区，许多色彩艳丽的鹦鹉科（Psittacidae）鸟类是代表性物种，如虎皮鹦鹉（*Melopsittacus undulatus*）。在非洲荒漠，代表性食肉类有耳廓狐、金背胡狼（*Canis anthus*）、狐獴（*Suricata suricatta*，又名猫鼬）以及鬣狗（*Hyaena*）。

六、苔原（polar tundra）和冰原

在泰加林以北更寒冷的环北极地区是无树苔原（北极苔原 arctic tundra），占陆地表面积约 10%（图 3-12 和图 3-16）。苔原南限在泰加林分布区北限；北美苔原在 60°N 纬度圈以内，欧亚苔原在 70°N 纬度圈以内（但西伯利亚苔原从勘察加半岛向南延伸到 60°N）。中国没有北极苔原分布。与其他生物相比，极地苔原属于年轻生物相，起源于更新世初。在苔原分布区，气温是−32℃（冬季）～4℃（仲夏）。年降雨量约 38cm，其中 2/3 集中在夏天；降雪量可达 64～191cm。地形主要是丘陵，地表大面积裸露。地下有厚达 350～650m 的永冻层。永冻层阻挡地表水向下渗透，导致湿地形成。地表下有一活动层，夏天温度较高，有植物根系分布。严酷环境导致植被矮小，斑块状分布。常见植被类型有藓类、地衣、莎草以及小灌丛。南极洲也有藓类、地衣以及至少 26 种维管植物、3 种有花植物；由于陆地几乎全部被冰雪覆盖，苔原仅点状分布于少数适宜的小空间中，没有得到良好发育。

北极苔原土中有独特细菌和真菌种类，雪下生命活动活跃；活跃种类冬夏不同，持续为植物生长提供矿物营养。严寒环境下，物种多样性低（北美植物仅 600 余种），但单种种群数量很大，优势度高。由于生长季短暂，植物物候活动高度同步，开花季节形成大面积花海景观。植物演化出独特的生理适应性。在多云、阴天以及夜间，花的温度与周围大气温度相似；但在晴天，花的温度可以高于环境气温达 2～10℃。这种特征是对环境的重要适应。

极地苔原常见植物种类有莎草科苔草属（*Carex*）、杨柳科柳属（*Salix*）、菊科向日葵属（*Helianthus*）、杜鹃花科（Ericaceae）岩须属（*Cassiope*）以及豆科种类。在苔原向针叶林过渡地带还出现杜鹃花科欧石楠属（*Erica*）种类。这些种类都是低矮丛状灌木

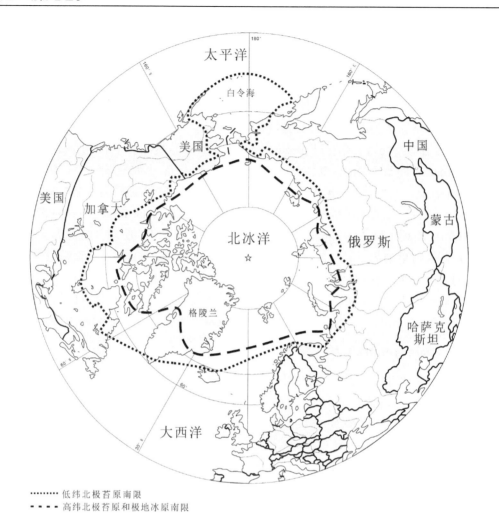

········ 低纬北极苔原南限
- - - - 高纬北极苔原和极地冰原南限

图 3-16　北极苔原和冰原的分布

或草本。生态系统空间结构非常简单，物种沿平面分布。动物多样性很低，只有耐寒种类能够生存。从极地苔原向极地，脊椎动物区系中没有两栖类和爬行类，仅有鸟类和哺乳类。常见物种有食肉目北极熊（*Ursus maritimus*）、棕熊、北极狐、灰狼（*Canis lupus*）、鼬（*Mustela*），鲸偶蹄目驯鹿、驼鹿，兔形目北极兔（*Lepus arcticus*），啮齿目旅鼠（*Myopus*、*Lagurus*），以及雷鸟属（*Lagopus*）、雪鸮（*Nyctea scandiaca*）和贼鸥（*Stercorarius*）等鸟类。这些物种属于冰期动物群，以北极苔原带为分布中心，向南延伸到北方针叶林，向北延伸到北极冰原。其中，一些种类环北极分布，如北极狐、北极兔。

　　苔原到极地间，气温进一步下降，大面积终年覆盖冰雪，植被星散分布于小区域适宜生境中。在这种生物相中，物种多样性进一步下降。由于冰雪覆盖，陆地上光合作用缺失，生态系统中缺乏生产者环节，系统中的能量来源于海水中的浮游生物以及以浮游生物为食的动物；极地海洋生态系统生产力比极地陆地生产力高 10～25 倍。动物区系主要由苔原带区系向北延伸的种类构成。真正适应并以冰原为主要分布区的种类极少，如北极熊、北极狐、北极兔、驯鹿、麝牛（*Ovibos moschatus*）。

极地动物在寒冷环境中各自有不同的适应性，如北极狐、北极兔、雷鸟冬夏更换不同颜色的体毛/羽；北极熊、麝牛、驯鹿体形硕大，皮下积累大量脂肪。这些都是减少体温散失的适应性特征。

七、垂直景观

在山地和高原，由于不同海拔带上水热条件组合不同，形成垂直生物相。以分布于热带雨林区的山地为例，从山脚到山顶，生物相依次为热带雨林、山地落叶林、山地针叶林、山地苔原、山地冰雪。这种分布格局与赤道到北极的生物相在外貌上很相似。然而，山地和纬度相同生物相之间内在环境差异很大。例如，山地苔原通常有强风，但气候较温和：夏季气温为3～12℃（极地苔原仅4℃），冬季很少低于–18℃（极地苔原–32℃）；年降水量因地而异（如落基山脉640mm，喜马拉雅山脉西北部则<76mm），但总体上低于极地苔原。此外，光周期也不同：热带山地苔原昼夜时间比例较均衡；极地苔原夏季有极昼，冬季有极夜。

各地垂直生物相带谱外貌因经纬度不同而不同，受附近低地生物相类型影响。例如，地处热带边缘的高黎贡山，山脚分布着茂密的常绿阔叶林（热带-亚热带湿润区特征），往上依次为落叶林、针叶林、苔原以及冰原；地处暖温带的祁连山，山脚干旱，寸草不生（中亚干旱低地特征），针叶林、草甸、苔原、冰原随海拔上升依次分布。

环境差异以及不同的演化历史导致垂直生物相中动物区系不同于纬度生物相。例如，在温带针阔混交林中出现虎，寒温带-寒带冰原中出现北极熊，但在热带山地相应生物相中缺失。又如，羌塘高原苔原中出现的藏羚羊（*Pantholops hodgsonii*）在极地苔原中缺失。

第三节　环境的动态性

上述各种生物相是地球环境连续演变过程在目前的表现形式。地球环境一直在变化之中。促成变化的原因多种多样。太阳黑子活动改变投向地表的太阳能量。星体撞击地球触发一系列由热（温室效应）到冷（核冬天）的变化。地球板块漂移，改变其所在的经纬度，导致板块上水热组合变化。地震、火山喷发改变地表形态，向大气注入超量温室气体。地球内部的物理学过程导致地磁场变化，进一步改变大气水热布局。绿色植物光合作用过程消耗大量 CO_2 并释放 O_2，不但降低气温，还改变环境中的氧分压；生物大灭绝过程中，动植物尸体的分解消耗大量 O_2，并释放 CO_2。这些因素持续改变着地球环境（详见第四章），导致生物相类型及其动物区系随时间不断演变（详见第五、六、七章）。

参 考 文 献

[1] 徐钦琦. 史前气候学, 北京: 北京科学技术出版社, 1991.

[2] 伍光和, 王乃昂, 胡双熙, 等. 自然地理学. 第四版. 北京: 高等教育出版社, 2008.

[3] 付刚, 沈振西. 藏北高原不同海拔高度高寒草甸蒸散与环境温湿度的关系. 中国草地学报, 2015, 37 (3): 67-73.

[4] 贺庆棠. 气象学. 北京: 中国林业出版社, 1988.

[5] Li Z. Preliminary investigation of the habitats of Presbytis françoisi and Presbytis leucocephalus, with notes on the activity pattern of Presbytis leucocephalus. Folia Primatologica, 1993, 60 (1-2): 83-93.

[6] Li Z Y. The Socioecology of White-headed Langurs (Presbytis leucocephalus) and Its Implications for Their Conservation. Edinburgh: The University of Edinburgh, 2000.

[7] Li Z, Rogers M E. Food items consumed by white-headed langurs in Fusui, China. Int. J. Primatology, 2006, 27 (6): 1551-1567.

[8] 何永彬, 卢培泽, 朱彤. 横断山—云南高原干热河谷形成原因研究. 资源科学, 2000, 22(5): 69-72.

[9] Futuyma D J. Evolutionary Biology (Second Edition). Massachusetts: Sinauer Associates, Inc. Publishers Sunderland, 1986.

[10] Manning A, Dawkins M S. An Introduction to Animal Behaviour. Cambridge: Cambridge University Press, 2012.

[11] Li Z, Rogers E. Social organization of white-headed langurs Trachypithecus leucocephalus in Fusui, China. Folia Primatologica, 2004, 75 (2): 97-100.

[12] 林鹏. 红树林的种类及其分布. 林业科学, 1987, 23 (4): 481-490.

[13] 崔保山, 杨志峰. 湿地学. 北京: 北京师范大学出版社, 2006.

[14] Keddy P A. Wedland Ecology: Principles and Conservation. Second Edition. Cambridge: Cambridge University Press, 2010.

[15] Zoltai S C. An outline of the wetland regions of Canada// Rubec C D A, Pollett F C. Proceedings of a Workshop on Canadian Wetlands. Ecological Land Classification Series 12. Saskatoon, Saskatchewan: Lands Directorate, Environment Canada, 1979.

[16] Tarnocai C. Canadian wetland registry// Rubec C D A, Pollett F C. Proceedings of a Workshop on Canadian Wetlands. Ecological Land Classification Series 12. Saskatoon, Saskatchewan: Lands Directorate, Environment Canada, 1979.

[17] 佟凤勤, 刘兴土. 中国湿地生态系统研究的若干建议// 陈宜瑜. 中国湿地研究. 长春: 吉林科学技术出版社, 1995.

[18] 李强. 湿地植物. 广州: 广东南方日报出版社, 2010.

[19] Lévêque C, Balian E V, Martens K. An assessment of animal species diversity in continental waters. Hydrobiologia, 2005, 542: 39-67.

[20] Delany S N, Scott D A. Waterbird Population Estimates. 4th ed. Wageningen, The Netherlands: Wetlands International, 2006.

[21] Fleagle J G. Primate Adaptation and Evolution. Second Edition. Academic Press, 1999.

[22] 费梁, 胡淑琴, 叶昌媛. 《中国动物志》"两栖纲" (中卷) 无尾目. 北京: 科学出版社, 2009.

[23] 朱华. 西双版纳的热带雨林植被. 热带地理, 1990, 10 (3): 233-240.

[24] Cao M, Zou X, Warren M, et al. Tropical forests of Xishuangbanna, China. Biotropica, 2006, 38 (3): 306-309.

[25] Zhu H. The tropical rainforest vegetation in Xishuangbanna. Chinese Geographical Science, 1992, 2 (1): 64-73.

[26] 林育真, 赵彦修. 生态与生物多样性. 济南: 山东科学技术出版社, 2013.

[27] 王献溥, 胡舜士. 广西石灰岩地区常绿落叶阔叶混交林的群落学特点. 东北林学院学报, 1981, (3).

[28] 韩建国, 樊奋成, 李枫. 禾本科植物的起源、进化及分布. 植物学报, 1996, 25(1): 9-13.

[29] 刘荣堂. 草原野生动物学. 北京: 中国农业出版社, 1997.

[30] WWF (World Wide Fund for Nature). https://www. worldwildlife. org/habitats/grasslands[2020-5-10].

[31] 曹伯勋. 地貌学及第四纪地质学. 北京: 中国地质大学出版社, 1995.

第四章

地球环境的历史变迁

翻开世界地图，中心是广袤的亚欧大陆，中国位于大陆东端。大陆东南方分布着众多岛屿。岛屿南面是另一块大陆——澳洲。在亚欧大陆西端，隔着地中海是非洲大陆。亚欧大陆东面是广阔的太平洋，西面是大西洋，两洋阻断了亚欧大陆与北美大陆陆地动物的往来。北美与南美存在着陆地联系（巴拿马运河仅有 100 多年历史，不足以改变南北美洲动物区系的总体面貌）。

这种海陆格局长期困扰着科学对一些物种分布现象的解释。例如，分布于马来半岛和苏门答腊的马来貘（*Tapirus indicus*）与分布于中、南美的貘类同属奇蹄目貘科（Tapiridae）貘属（*Tapirus*）的陆生物种，它们如何跨越辽阔的太平洋实现这种分布格局？非人灵长类分布于亚洲南部及其东部和东南部岛屿、非洲及马达加斯加岛以及中美和南美，大西洋、印度洋以及欧洲将整个分布区分割成三大块：亚洲南部和东南部、撒哈拉以南非洲、中-南美洲。这种分布是怎么形成的？非洲大陆与亚欧大陆虽然有陆地联系，但极度干旱使得能够往来于两大陆的动物种类极少。亚洲南部与非洲拥有大量共同的区系成分，如象科（Elephantidae），这是为什么？鸵鸟是大型地栖鸟类，不善于飞行，分布于南美（美洲鸵 Rheiformes）和非洲（鸵鸟，鸵形目 Struthioniformes），与分布于澳大利亚和新几内亚岛的鹤鸵（Casuariiformes）以及分布于新西兰的几维（无翼鸟目 Apterygiformes）是近亲，这种分布格局说明什么？扩散能力很弱的两栖纲无尾目（Anura，含各种蛙和蟾）为什么见于南极洲以外所有大陆？

这些问题与地球古地理和古气候变迁历史相关。

第一节　古海陆相

一、地球构造

海陆分布格局一直在变化之中。据现代地质学核心理论——板块构造理论[1]，地球由地壳、地幔以及地核构成（图 4-1）。从地核向外，温度逐渐降低：地核最高温度超过6000℃，地幔表面降至大约 1000℃。从地面下 3km 深处开始，深度每增加 100m，温度大约升高 2.5℃。在地下 11km 深处，温度大约为 200℃。

地核相对于地壳运动，导致地球磁场变化。地壳由大小不等的板块构成。板块分为两大类：大陆板块和海洋板块。两类板块厚度不同：大陆板块较厚，平原下面为 30～40km，山地下面为 50～60km，甚至更厚（如喜马拉雅山下面厚达 75～80km）；海洋板块较薄，厚度不过 15km。两类板块构成不同：大陆板块由上部沉积层（厚度通常为 2～10km）、中部花岗岩层（10～20km）以及下部玄武岩层（15～25km，有时厚达 40km）构成，海洋板块由上部沉积层（厚度通常仅有 0.2～0.5km，有时可达 3km）和下部玄武岩层（通常为 3～12km）构成。

地幔由熔融状物质组成。由于上下温差，地幔深处物质不断上涌，浅处物质下沉。上下运动的同时，地幔物质还以 1～15cm/a 的速度进行水平运动。黏稠的地幔物质拖动

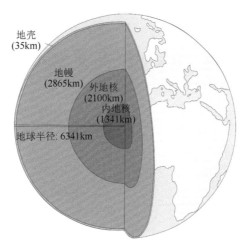

图 4-1 地球内部圈层结构

着表层地壳板块向不同方向移动。板块相向移动时，在界面上相互挤压、俯冲，导致造山运动、地面抬升、海水退却以及陆地扩展；背道而驰时，地壳撕裂，海水入侵，陆地缩小。板块间的界面常常与海岸线不吻合，界面有时在陆地上，有时在水平面下。因此，海岸线不是板块间的界线。但是，海岸线受板块界线控制。海陆相是指海洋与陆地的相对位置，通过海岸线标识，是制约动物分布的最大地理要素。海陆相变化对生物区系产生全面而深刻的影响。陆地裂解扩大海陆交界面，增加大陆内部水汽，提高环境湿润度；同时，形成大量近岸浅海，扩大海洋生物区系的生存空间，并由于海岸线不规则延伸，增加浅海生境多样性。陆块漂移改变其经纬度，使其进入不同的水热组合区。漂移过程中，陆块相遇并整合，不同陆块上的生物区系发生融合和物种灭绝。这一切驱动着生物区系的演化。

二、海陆相演变

地球海陆相随着地质年代不断发生演变。各国科学家对地质年代的划分意见不完全一致。依据国际地层委员会，地质年代的划分单元从上到下依次为宙、代、纪、世。相应地，地球的整个地质历史分为隐生宙（Cryptozoic Eon）和显生宙（Phanerozoic Eon）。隐生宙也称为前寒武纪（Precambrian），地球生命演化到它的最后一个时期——震旦纪（Sinian，也称埃迪卡拉纪 Ediacaran）时，大部分动物门已经出现。但是，全部的动物门出现的时期是寒武纪（Cambrian），因此寒武纪成为显生宙的第一个时期。显生宙分为古生代（Paleozoic）、中生代（Mesozoic）和新生代（Cenozoic）。其中，古生代下分6 个纪，包括寒武纪、奥陶纪（Ordovician）、志留纪（Silurian）、泥盆纪（Devonian）、石炭纪（Carboniferous）、二叠纪（Permian）；中生代下分 3 个纪，包括三叠纪（Triassic）、侏罗纪（Jurassic）、白垩纪（Cretaceous）；新生代有古近纪（Paleogene）、新近纪（Neogene）和第四纪（Quaternary）。详见附表 1。

1. 陆地扩张期

11 亿年前（狭带纪 Stenian 中期），海洋广布，陆地面积很小，以条带状和点状分布，号称罗迪尼亚超级大陆（Rodinia Supercontinent；图 4-2（a），灰色阴影部分）。随着罗

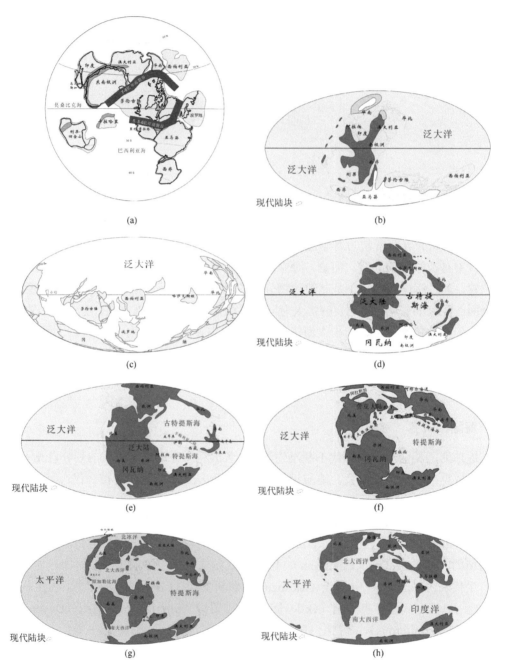

图 4-2　地质时期全球海陆相变化过程

迪尼亚超级大陆不断扩展，到 750MaBP（拉伸纪 Tonian 晚期）出现许多陆块，包括赤道上的劳伦（Laurentia，现代北美一部分）和波罗地（Baltica，现代欧洲一部分），赤道以北的东南极洲、印度、澳洲、华南和西伯利亚，赤道以南的里约•普拉塔（Rio Plata）、亚马孙和西非，以及劳伦西南外海卡拉哈里（Kalahari，现代非洲一部分）和刚果—圣弗朗西斯科（Congo-Sao Francisco，部分构成现代非洲，部分成为现代南美）。西非南端已经延伸进入南半球 60°S，西伯利亚、华南、澳洲以及印度延伸进入北半球 50°N。这些陆块在地质上各自独立，但在地理上彼此相连。在随后的地理演化中，有些陆块部分下沉，陆地面积变小；部分上升，陆地面积增大。随着板块漂移，位置不断改变，并与其他板块分离、融合，最后形成现代板块。

继罗迪尼亚超级大陆之后，陆块相继融合，并向南极集中。到震旦纪，各陆块融为一体，形成潘诺西亚大陆（Pannotia），陆地大规模下沉，面积缩小 [图 4-2（b）]。此时，中国已沉在北半球海底，华南板块位于西部，华北板块位于东部。南面紧邻澳洲，板块部分出露海面。西伯利亚、劳伦、亚马孙以及西非板块下沉在南极及其周边海底。陆块下沉形成大量浅海，为海洋无脊椎动物发展提供广阔空间，奠定了寒武纪生物大爆发的生境基础。

寒武纪是地质历史的重要转折期。寒武纪以前，主要是单细胞动物演化时期，也有部分多细胞动物。那个时期被称为隐生宙。到了寒武纪，现代各动物门全部出现，地球进入显生宙。寒武纪是显生宙初期，陆地大面积抬升出露水面。震旦纪后期，潘诺西亚开始裂解，各陆块开始漂移并重新组合，寒武纪时出现了超级大陆—冈瓦纳大陆[又称南方大陆；图 4-2（c）]。这是第一个冈瓦纳，横跨南极，东西两臂延伸到北半球中纬度地区。劳伦和西伯利亚向北漂移到了赤道，波罗地紧随其后[2-4]。赤道上还出现了一块新大陆——哈萨克斯坦（现代中亚一部分），位于西伯利亚和冈瓦纳东臂之间。中国板块已经融入冈瓦纳大陆东臂；其中，华北位于赤道以南，华南位于赤道以北。寒武纪各陆块间以及冈瓦纳东臂内陆存在大量浅海，为寒武纪生物大爆发提供广阔空间。在这次生物大爆发中，虽然尚无陆地动物，但现生动物各门已经全部出现在陆边浅海中。寒武纪早期，劳伦和华南已经抵达南北回归线之间的热带区域。因此，今天布尔吉斯（Burgess，加拿大不列颠哥伦比亚省）页岩动物群、澄江（云南澄江帽天山）动物群以及凯里（贵州镇远竹坪）动物群分别代表劳伦和华南寒武纪早期到晚期热带浅海动物区系。

奥陶纪开始，陆地下沉。奥陶纪中期（458MaBP），波罗地仅剩下马蹄形狭长地带，劳伦有约一半沉入海底，广阔的冈瓦纳西臂和南极部分陆地消失。随着板块继续漂移，华南到了赤道以南冈瓦纳印度区域附近，并沉降到古特提斯海（Paleo-Tethys Sea）底；华北仅剩余小部分出露海面，位于北半球中纬度地区。冈瓦纳南极洲区域延伸进入北半球亚热带。在陆地下沉、浅海大面积扩展的背景下，出现了大奥陶纪生物多样化事件，动物各门下类群获得大发展。

志留纪中期（425MaBP），劳伦仅露出狭长的马蹄形陆地，并与此时陆地面积扩大了的波罗地融合，分布于赤道上，开始欧美大陆（Euramerica）演化进程。西伯利亚有一半出露海面，并且漂移到北半球中高纬度地区，纬度超越了哈萨克斯坦和华北。哈萨克斯坦仅出露近10%陆地。华北抬升，陆地扩张；南面毗邻马来半岛。华南抬升，露出条带状陆地。

2. 陆地整合期

泥盆纪早期（390MaBP），陆地进一步抬升，欧美大陆、华北、冈瓦纳澳洲区和西伯利亚面积扩增，南欧在欧美大陆和冈瓦纳之间出现，华南条带状陆地融合成片，哈萨克斯坦大部沉入洋底。此时，所有陆块开始靠拢，冈瓦纳主体向南极移动，西伯利亚漂移到欧美大陆正北方，华南已经抵达华北西南方赤道上，正式开启向中生代泛大陆发展的历程。从奥陶纪到泥盆纪的130Ma，陆地整体上比较破碎（冈瓦纳除外）。由于生物演化在这一时期主要处于浅海中，这种破碎对海洋生物的生存与繁衍极为有利，同时为原始维管植物、小型节肢动物（志留纪）以及四足脊椎动物（tetrapods，后面简称四足动物；泥盆纪）登陆提供过渡性生境类型。

石炭纪，各陆块进一步相向漂移并整合，统一的泛大陆（Pangaea）面貌形成[图4-2（d）]。泛大陆从北半球中纬度向南跨越赤道延伸到南极，并在南半球中高纬度地区向东延伸。泛大陆南北均有内陆海。哈萨克斯坦重新露出水面，并于东北方与面积增大了的西伯利亚融为一体。在哈萨克斯坦和泛大陆之间的海域，乌拉尔山脉露出海面，表明欧洲板块与亚洲板块开始接触。海退时期，西伯利亚与泛大陆间出现陆地联系。华北在向赤道漂移的同时逆时针旋转，北端指向西伯利亚，并以岛链联系。华南向南漂移至赤道以南，北端开始接触华北；同时，大部分陆地没入海中，仅有少量陆地出露，以岛链与华北联系。泥盆纪华南东面的冈瓦纳东臂此时已经没入海中。华北、华南、哈萨克斯坦以及泛大陆包围着古特提斯海，外面是广阔的泛大洋（Panthalassic Ocean）。泛大陆南部大面积被极地冰川所覆盖，覆盖区域包括南极洲全部、马达加斯加全部、印度全部、南美大部、非洲大部以及澳洲大部。石炭纪是两栖动物大发展时期，也是原始爬行动物（如始祖单弓兽 *Archaeothyris*）初现时期。借助这一时期的海陆相格局，两栖类分布区开始扩展，但程度有限；陆生脊椎动物石炭纪化石多为局域分布类群，全球性类群出现在二叠纪。

二叠纪，泛大陆内海海水完全退去，南美区几乎完全露出海面成为陆地。泛大陆中部（赤道附近）抬升，形成东北—西南走向的泛大陆中央山脉（Central Pangaea Mountains）。乌拉尔山脉此时没入海底，西欧露出海面并紧贴泛大陆东北角。哈萨克斯坦—西伯利亚与泛大陆北部之间的海面缩小，并有岛链联系。泛大陆南极洲区几乎到了南极位置，非洲和澳洲区全部、印度区大部出露海面。辛梅利亚大陆（Cinmmeria）在澳洲区和印度区以北以岛链形式出露海面，并向北漂移；特提斯海（Tethys sea）在辛梅利亚和澳洲—印度区之间出现。中南半岛出现，并与马来半岛和华南融为一体，南端以岛链与泛大陆澳洲区联系，北端以岛链与华北联系。华北此时以陆桥与西伯利亚—哈萨克斯坦连接。南极冰盖消退殆尽。二叠纪是真正的爬行动物和裸子植物的发展时期，海陆相格局进一步为这些类群的分布区扩展提供空间；如水龙兽（*Lystrosaurus*），二叠纪早期是冈瓦纳南非区和印度区动物区系的主导成分，晚期扩散到中国新疆吐鲁番[5]。

在二叠纪基础上，泛大陆的演化进程在三叠纪全部完成［图 4-2（e）］。从二叠纪到三叠纪，乌拉尔山脉附近海水退去，亚洲与泛大陆融合。辛梅利亚大陆继续向北漂移，古特提斯海继续收缩，特提斯海在扩大；马来半岛开始向北漂移，远离泛大陆澳洲区，岛链消失。三叠纪早期，华南与华北仍以岛链联系；随后，华南快速漂移，并迅速与华北融为一体。三叠纪初期，从华北到西伯利亚是狭长的大陆，后期陆地迅速扩张。至此，全球所有陆块全部融合为一个整体。

三叠纪是恐龙出现并且开始大发展的时期。这个时期的海陆相格局使恐龙可以自由扩散到泛大陆任何地方，并且出现适应辐射和物种多样化。恐龙灭绝后，化石分布于各地（南极洲除外）。云南楚雄的恐龙属于这一时期的类群。整个三叠纪，大约有 60 个陆生脊椎动物科在泛大陆上自由驰骋[1]。

3. 大陆裂解期

侏罗纪，泛大陆开始裂解，各陆块朝不同方向漂移。裂解过程始于泛大陆南北分裂：沿着中央山脉，泛大陆分裂成北方劳亚大陆（Laurasia）和南方冈瓦纳大陆［图 4-2（f）］；这是第二个冈瓦纳。与此同时，冈瓦纳北部开始南北向内缢，中大西洋及墨西哥湾出现，非洲和南美北部轮廓初现端倪。南北两大陆在侏罗纪长时间里存在陆桥和岛链联系，并在海进-海退中时隐时现，为陆生动物扩散提供时断时续的通道。这种状况一直持续到白垩纪末。侏罗纪晚期，在冈瓦纳中部出现东北—西南走向的内缢，非洲东南轮廓出现。在劳亚大陆，又一次海进出现在乌拉尔山脉西麓，将亚洲与欧洲分开；欧洲与劳亚格陵兰分裂，北大西洋出现。辛梅利亚大陆此时接近亚洲南沿，陆地面积扩增；古特提斯海残留在辛梅利亚和劳亚大陆之间，广阔的特提斯海在东边与泛大洋相连。中南半岛与东南亚发生陆地联系。这个缓慢的过程逐步阻断陆生动物的自由扩散，并促进区系分化。起源于劳亚大陆的有袋类跨越劳亚—冈瓦纳浅海区（海退时出现陆连）进入冈瓦纳后，向东扩散。在劳亚有袋类灭绝后，冈瓦纳有袋类没能成功地重新殖民劳亚，一直滞留在冈瓦纳。起源于冈瓦纳的平胸总目（Ratitae；含鹤鸵、美洲鸵、鸵鸟、几维）鸟类不善飞行，扩散能力差。由于南北隔离，平胸总目一直滞留在冈瓦纳各区域，并随着新生代陆块漂移，形成今天在南美、非洲、澳洲、新几内亚以及新西兰的分布格局。起源于劳亚的真兽类进入冈瓦纳后，由于南北逐步隔离，分化出北方兽类（Boreoeutheria）和大西洋兽类（Atlantogenata）。

白垩纪，劳亚和冈瓦纳进一步纵向裂解，向着现代海陆相方向演化［图 4-2（g）］。白垩纪晚期，大西洋完全形成。劳亚和冈瓦纳距离进一步加大，劳亚北美区与冈瓦纳南美区之间的海面进一步扩张，并以岛链联系。早期兽类（包括后兽类和原始真兽类）通过这个通道自北向南扩散。古加勒比海出现。在劳亚大陆，北美落基山东麓出现贯通南北的狭长浅海，将北美大陆分割成两部分。劳亚格陵兰区与北美出现部分裂解，海水开始涌入北美内陆；北美与欧洲间的北大西洋完全贯通，形成狭长浅海，海退期存在陆地联系。因此，北美与欧洲间的区系此时仍然有交流，但交流越来越有限。乌拉尔山脉附近的浅海又一次退去，欧亚陆地贯通。西伯利亚和阿拉斯加之间出现白令陆桥，为亚洲—北美间的陆生区系交流提供另一条通道；北冰洋形成。辛梅利亚大陆与亚洲融合，形成土耳其、伊朗以及中国（西藏）陆地，进一步扩大劳亚亚洲区陆地版图。劳亚亚洲区以南濒临广阔的特提斯海。

在南半球，非洲、印度于白垩纪中期（约90MaBP）脱离冈瓦纳向北漂移，印度开始漫长的区系独立演化历程。约80MaBP，新西兰脱离冈瓦纳，但没有快速向北漂移。白垩纪末，马达加斯加岛脱离印度，守候在非洲东南方。印度板块经历的历史反映在化石记录中：①白垩纪中期以后出现在其他大陆上的类群在印度缺失，如白垩纪兽类；印度仅有白垩纪早期及更早类群，如恐龙中的鱼龙（*Ichthyosaurus*）、斑龙（*Megalosaurus*）、兽脚亚目（Theropoda）的种类以及部分蜥脚类（Sauropod）。②白垩纪晚期，印度板块存在特有类群，如恐龙中的拉米塔龙（*Lametosaurus*）和拉布拉达龙（*Laplatasaurus*）。③印度板块的部分种类与马达加斯加岛共有，如拉布拉达龙[1]。

印度区系的独立演化是相对的。在脱离马达加斯加岛后，印度和冈瓦纳东部之间仍然存在岛链联系。这条岛链后来沉没海底，成为如今长达5000km的90°E海岭（Ninetyeast Ridge）。Ali和Aitchison[6]认为，这条岛链应该是晚白垩纪—早古新世印度与冈瓦纳之间区系交流的垫脚石。佐证这一观点的证据之一是海岭上一些古新世—晚渐新世岛屿存在具有东冈瓦纳特征的热带雨林和棕榈树植物化石，而这些岛屿当时距离冈瓦纳澳洲区>1000km[7]。这说明，这条岛链维系着独立漂移时期印度与外界有限的区系交流。如果这个理论成立，则可进一步预测，印度现代区系中可能存在白垩纪末—古新世冈瓦纳成分。这个预测得到了支持，南青冈属（*Nothofagus*）现生植物种类见于所有冈瓦纳板块，包括印度、澳洲、新西兰、塔斯马尼亚以及南美。化石记录表明，该属起源于白垩纪末66.043MaBP冈瓦纳[5]，此时印度板块已经脱离冈瓦纳独立漂移了大约25Ma。该属出现于印度区系中，说明印度板块在向北漂移过程中存在与冈瓦纳的陆地联系[8]。

随着向亚洲逐步靠近，印度逐步接纳来自亚洲的类群，如蜥蜴、蛇和蛙[9]。这表明，在存在南方岛链联系的同时，北方还有岛链或陆桥为印度与外界区系交流提供通道。因此，印度与亚洲区系的融合在两大板块接触前就开始了。印度为亚洲带来冈瓦纳类群，如南青冈属、山龙眼科（Proteaceae）以及罗汉松科（Podocarpaceae）种类。这些类群后来扩散到东南亚各地。

随着印度板块向北漂移，南方的印度洋出现，北方的特提斯海收缩。非洲与南美间的南大西洋在白垩纪完全贯通，但洋面仍然狭窄。非洲与劳亚欧洲区之间出现岛链联系，为冈瓦纳非洲兽类区系与劳亚区系在早期的有限交流提供通道，促进两大区系逐步融合。在这种格局下，大西洋兽类开始分化，出现以南美为主要分布区的贫齿兽总目（Xenarthra）和以非洲为主要分布区的非洲兽总目（Afrotheria）。北方兽类分化成灵长总目（Euarchontoglires）和劳亚兽总目（Laurasiatheria）。白垩纪末，劳亚北美后兽类沿着岛链"跳跃"进入冈瓦纳南美区，并沿着南极洲向东扩散至澳洲区。

4. 现代海陆相形成期

白垩纪结束后，地球进入新生代。新生代古近纪，各陆块朝着现代位置漂移［图4-2（h）］。古近纪中期（约 45MaBP），澳洲脱离南极洲向北漂移，板块北端的新几内亚出露海面，生物区系（如原兽类、后兽类以及部分平胸总目鸟类）开始独立演化。古近纪中晚期，南美脱离南极洲，与北美间可能存在岛链联系，南北区系交流受限，南美区系（大量后兽类及早期真兽类）开始独立演化。非洲出现逆时针旋转，撬动欧亚大陆顺时针旋转的同时向北挤压，触发阿尔卑斯山及伊朗高原隆起。白令陆桥面积扩大，促进亚洲—北美区系融合。落基山东麓浅海退出，北美陆地成为一体。格陵兰与北美间的内海进一步发展，但在北部仍然有陆地连接；与欧洲间的北大西洋海面在扩张，但海水较浅，并且存在岛链联系，为北美—欧洲区系交流提供通道（如鼠李科 Rhamnaceae 勾儿茶复合群 Berchemia complex 正是利用这一通道从北美向欧洲扩散[10]），直至古近纪晚期（早渐新世）。古近纪早期和中期，乌拉尔山脉附近出现图尔盖海峡（Turgai Strait），连接北冰洋和副特提斯海（存在于非洲与欧洲间的广泛浅海）；古近纪末消失。

新近纪，各大陆进一步靠近现代位置。南北美之间的热带海贯通太平洋和大西洋，同时阻碍南北美洲陆地区系交流。一些迹象表明，中新世南北美之前可能仍然存在岛链联系，因为北方一些类群（如浣熊科）的化石见于南美中新世晚期。新近纪末，巴拿马地峡出现，障碍消失，引发大规模的南北区系交流，即南北美洲生物大迁徙（Great American Interchange）。该次大迁徙中，北方类群进入南美，导致南美物种大规模灭绝。大西洋继续扩张，格陵兰与欧洲间岛链消失，欧美陆生区系交流中断。新近纪初始，南欧陆地以岛屿形式点状分布于副特提斯海中，海退期出现陆地联系，为非洲与欧亚区系交流提供间歇性通道。副特提斯海西部通向大西洋，东南连接印度洋。新近纪中期（19～12MaBP），非洲在土耳其—阿拉伯区域向欧亚板块俯冲挤压，副特提斯海通向印度洋的海道中断，地中海形成。新近纪晚期（中新世末），地中海西部抬升，与大西洋的联系中断，引发墨西拿盐度危机（Messinian salinity crisis），地中海完全干涸，陆地出露。从渐新世到中新世，随着非洲与欧亚陆地联系逐步顺畅，非洲动物区系逐步向欧亚扩散，如乳齿象（Mastodon）和亚洲象（Elephas）；同时，欧亚区系也进入非洲，如灵长目[1]。上新世初，大西洋海水重新灌入地中海。整个新近纪，南美和澳洲在隔离中区系继续独立演化，非洲、亚欧大陆以及北美区系频繁交往，相互渗透。

第四纪，各大陆块平均前移几十千米，抵达现代位置。

在上述海陆相变化中，各地环境持续变化，推动生物区系不断演化。

第二节 古 气 候

从地球诞生开始，气候在持续变化。从前寒武纪到现代，地球经历了 4 个大的温暖期和 4 个大的寒冷期［图 4-3（a）］。与此同时，湿度也在发生变化。

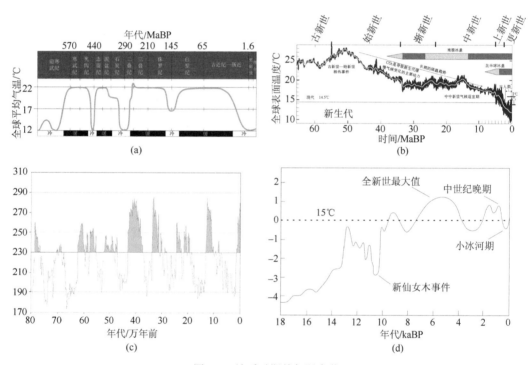

图 4-3 地质时期的气温变化

（a）前寒武纪以来；（b）新生代；（c）过去 80 万年以来（南极，浅灰色部分为冰期）；（d）过去 1.8 万年以来与当代气温（15℃）的比较

一、温度

按照现有科学理论，影响气温的因子主要有太阳活动、天体撞击、地球运动、地质活动以及生物事件。太阳活动不是恒定不变的，它会随时间发生变化，如黑子活动变化。由于太阳活动变化，投向地球的能量会发生改变：能量多时，地球变热；少时，地球变冷。天体撞击地球时，巨大冲击波摧毁地球表面物体，引起植被燃烧；冲击激起的粉尘遮天蔽日，捕捉大量太阳红外光。因此，在撞击后初期，地球表面气温急剧上升，进一

步促进更大面积的植被燃烧。燃烧过去后，地表温度开始缓慢下降。与此同时，悬浮于空中的粉尘阻挡着投向地面的太阳能，地表温度进一步下降，导致"核冬天"现象出现。地球绕日运行的黄道面偏心率一直在变化之中，93ka 为一个周期。地轴倾斜角也在变化，周期为 41ka。这种变化可能导致地球冰期—间冰期交替变化[11]。地球自身的地质活动，尤其是火山喷发，释放大量温室气体（CO_2 以及 CH_4）。温室气体捕捉长波太阳能，致使温室效应出现，气温上升。当环境发生重大改变后，生物出现大量死亡。遗体分解消耗大量 O_2，释放 CO_2，促进气温上升。环境适宜时，绿色植物旺盛生长，光合作用吸收大量 CO_2，并释放 O_2，促进气温下降。

在各种因素综合作用下，气温出现反复升降。前寒武纪（800～550MaBP），地球一度处于雪球地球期，两极到赤道覆盖着厚达千米的冰雪，地球极度寒冷，生命演化历程在冰下海中进行。寒武纪初到奥陶纪前半期，地球处于温暖期，平均气温达 22℃，两极无冰。奥陶纪中期，气温开始急剧下行，晚期降到谷底，平均气温大约 12℃。这是地球生命演化历史中已知的第 2 个寒冷期。气温触底后迅速回升，早志留纪平均气温回升至 22℃。早志留纪到中泥盆纪是寒武纪以来第 2 个温暖期，平均气温维持在 22℃。中泥盆纪开始，地球进入第 3 个寒冷期，涵盖整个石炭纪和二叠纪大部分时间。晚二叠纪，地球进入第 3 个温暖期。这个温暖期非常漫长：从晚二叠纪开始，经过三叠纪，持续到晚侏罗纪。晚侏罗纪到早白垩纪是冷凉期：气温下降，但幅度不大；最低平均气温大约 16℃。白垩纪前期到古近纪中期（始新世末）是第 4 个温暖期，也是最漫长的温暖期。此后是第 4 个寒冷期，气温持续下降，更新世达到最低，全球进入冰期气候。更新世结束后，全球气温回升，但仍然处于第 4 个寒冷期中。

泥盆纪之前，地球的生物演化史属于海洋动物演化历史。由于水的比热较大，水温变化较小，泥盆纪前的气温变化对海洋生物直接影响不大。泥盆纪开始，生命演化历史开始从水生向陆生历程转变，气温对生物的直接影响越来越大。三叠纪之后的漫长温暖期大大促进了陆生动物（主要是爬行动物）在泛大陆上扩散。侏罗纪和白垩纪之间，温度快速降升短暂地促进了原始鸟类和兽类的演化。

图 4-3（a）描述大时间尺度下气温变化的总体特征，没有详细呈现变化过程。实际上，白垩纪结束后，气温总体下行过程中，曾经在新生代早期大幅度上升［图 4-3（b）］。从古新世初到中期，全球平均气温在 25℃（现代平均气温 14.5℃）上下震荡，然后开始下降。古新世中后期到早始新世，气温又持续上升（最高平均温度 28℃）；然后震荡下行，直至晚始新世。这个时期被称为古新世—始新世极热事件（Paleocene-Eocene thermal maximum，PETM），全球地表平均气温比现代水平高 8℃，是新生代地球最温暖时期，白垩纪晚期出现的冰川此时全部消失。新生代早期的温暖气候导致高纬度地区（如阿拉斯加、格陵兰以及南极洲）均出现热带和亚热带森林，以茂密森林为运动基底的早期灵长类在亚洲、欧洲和北美之间反复扩散。在这个温暖时期中，出现了一次大的适应辐射，

产生大量新类群，鸟类和兽类大量现代目出现。

古新世—始新世极热事件晚期，随着澳大利亚脱离南极洲，环南极冷流出现，南极冰盖开始发育。渐新世初，随着南美洲与南极洲分离，环南极冷流加强，南极冰盖加速发育；南极洲植被开始退化，从亚热带森林逐步演变成苔原，并最终演变为冰原。与此同时，物种开始灭绝，多样性逐步下降。然而，在南极洲以外，整个渐新世到中新世中期，气温比较稳定，在19℃上下震荡。

经历中中新世气候适宜期（17～15MaBP）之后，气温震荡下行，直至更新世末次冰期[12]，平均气温降至约12℃。晚中新世（约8MaBP），格陵兰冰盖开始发育，开启了北半球现代冰盖的演化进程。在中纬度地区，更适应冷凉环境的植物固碳机制——C4途径出现。由于C4途径光合作用时所消耗的能量和水分比C3途径少，拥有这种机制的草本植物（称为C4植物，如禾本科中的玉米、高粱、甘蔗以及马齿苋）特别适应温、湿度逐步下降的环境，将C3植物分布区收缩后留下的空白地理空间迅速填补，并形成欧亚大陆和北美中纬度地区以及非洲地中海区域的优势类群。以C4植物为主导的草原生态系统形成，并在上新世得到进一步发展。草地的发展为有蹄类、啮齿类以及兔形类提供丰富食物，促进食草动物以及以食草动物为食的食肉目种类大发展，形成三趾马动物区系。在这种背景下，南方古猿和早期人族动物在非洲出现并发展[13]。

上新世—更新世是气温急剧下降时期，也是现代北极冰盖的急速发育时期。随着巴拿马地峡于晚上新世出现，大西洋与太平洋之间的海道被阻断，大西洋冷循环出现，表面水温下降2～3℃，大大改变大西洋沿岸的环境气候。上新世末，随着冰盖发育，格陵兰森林消退，中纬度冰川也开始出现。上新世北方植被逐步从落叶林和针叶林向苔原发展，热带雨林不断消失，并退缩到赤道附近；草地在全球各大陆（南极洲除外）发展。气温下降过程中，空气湿度逐步下降，干旱稀树草原和沙漠开始在亚洲和非洲出现，现代陆地景观形成。伴随这种变化，动物开始灭绝，如鳄科（Crocodylidae）和短吻鳄科（Alligatoridae）在欧洲灭绝。

更新世冰川深刻影响了北半球自然环境和生物区系。进入更新世后，冷暖变化激烈；其中，寒冷时期称为冰期，相对温暖时期称为间冰期。每个间冰期和冰期构成一个旋回。在过去700～800ka中，旋回周期大约是100ka[11]。伴随着一个个旋回，冰川反复进退，形成冰期和间冰期冷暖交替［图4-3（c）］。每次冰期来临，厚达千米的冰川浩浩荡荡向南挺进；所到之处，动植物全部被毁灭。冰川盛期，大约25%的陆地覆盖着冰。冰川退缩后，留下冰碛物，自然群落从这里开始演替。间冰期盛期，大约10%的陆地覆盖着冰。少数物种在冰雪/冰缘周围演化，适应寒冷环境，如现生北极熊（Ursus maritimus）、北极狐（Vulpes lagopus）以及全新世灭绝了的猛犸象（Mammuthus primigenius）和披毛犀（Coelodonta antiquitatis）。由于适应寒冷环境，这些物种的多样性在分布上表现出由北向南逐步减少的特征。冰川反复进退促进了适应性广的广布类群演化。更新世冰川在动物地理学上产生的总体结果是，北方各大陆区系物种多样性和特有性低，区系主体由广布性物种构成。

冰川影响程度在各地不同。总体上，冰川对欧洲和北美影响大：欧洲、北美冰期次数多于亚洲，冰川南侵时的前沿纬度低于亚洲。其结果，欧洲和北美物种多样性较亚洲低，耐寒物种多，古老物种少。在亚洲，由于山地较多，冰川南进受到阻遏，山地南坡成为许多更新世物种避难所，如原始的木兰科（Magnoliaceae）植物和两栖动物中华大鲵（*Andrias davidianus*），丰富了亚洲的物种多样性。

更新世末次间冰期盛期出现在 125～100KaBP，末次冰期盛期出现在 25～16KaBP[11]。约 11.7KaBP，地球进入现代间冰期，延续至今，大约 10.4%陆地面积覆盖在冰下。这个时期称为全新世。随着气温震荡回升［图 4-3（d）］，区系开始向高纬度扩散，逐步丰富中纬度物种多样性。山地动物区系存在两种变动趋势：第一，喜温的低海拔类群和喜冷的高海拔类群同时向上迁移；第二，在处于构造运动中的地区（如喜马拉雅山和横断山区），随着海拔不断升高，物种向下迁移。两种趋势共同作用，使全新世山地动物区系分布格局复杂化。

人类进入工业文明后，大量排放温室气体，加速了气候暖化，导致自然气候格局被打破。人口快速增加，促使自然生境迅速退缩和片断化。动物在不断灭绝的过程中，分布格局持续发生改变。

二、湿度

温度、海陆相格局和造山运动显著影响环境湿度。陆块分散分布时，陆地面积较小，陆地上呈现海洋性气候，湿度通常较高。小陆块聚合成大陆块时，陆地内部呈现大陆性气候，湿度下降，甚至出现沙漠。造山运动导致山体各面的水热条件发生改变。低温环境下，自由水被吸附成冰，空气湿度下降。这些因素在地质时期不断变化，因此环境湿度也在不断变化。

1. 古干旱区

湿度是陆生物种生存的制约因素。陆生物种的演化历史始于志留纪；此时，原始维管植物和小型节肢动物开始登陆。这些物种尚无法完全脱离水环境。这个时期的陆地由面积巨大的冈瓦纳和多个小板块组成，浅海广布，陆地环境大体湿润，仅有少数区域出现小面积干旱，如冈瓦纳印度—南极洲湾区［图 4-4（a）］。这种环境使早期物种登陆、向陆生方向演化成为可能。

泥盆纪，各大陆聚拢，出现几个明显的干旱区域［图 4-4（b）］：①位于南极附近的冈瓦纳内陆（大陆性气候）；②位于赤道的冈瓦纳澳洲区中心；③位于赤道的欧美大陆西部；④位于北半球中纬度的西伯利亚西南部。这个时期，干旱区域面积显著大于志留纪，环境分异加剧。泥盆纪是生命向干旱陆地扩散的时期；维管植物遍及各大陆，

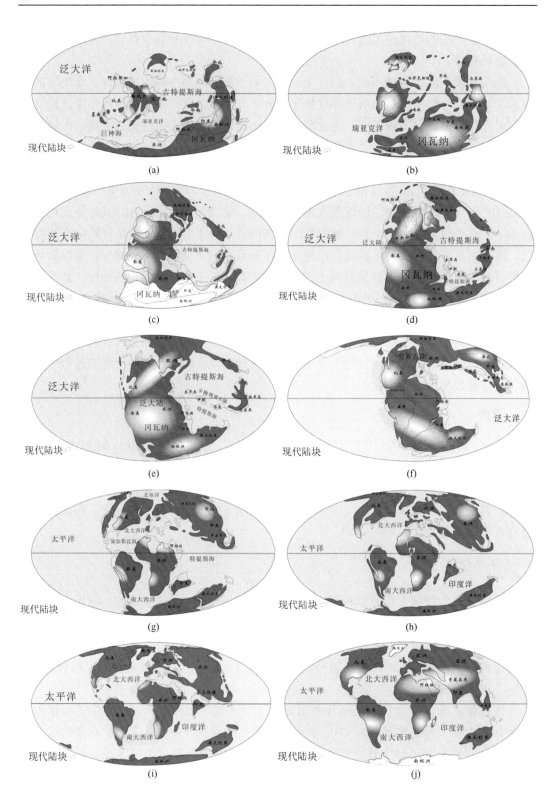

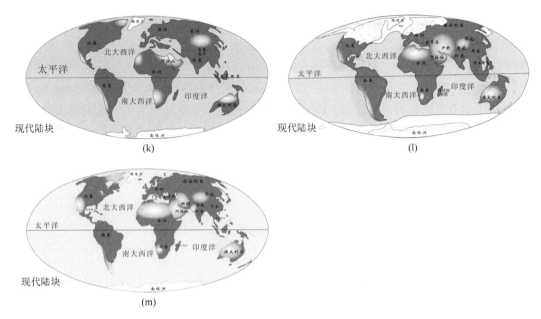

图 4-4 地质时期干旱区分布格局

（a）志留纪 425MaBP；（b）泥盆纪 390MaBP；（c）石炭纪 306MaBP；（d）二叠纪 255MaBP；（e）三叠纪 237MaBP；
（f）侏罗纪 195MaBP；（g）白垩纪 94MaBP；（h）白垩纪末—古新世初 66MaBP；（i）始新世 50.2MaBP；（j）渐新世；
（k）中新世 14MaBP；（l）更新世 18kaBP；（m）当代

形成广泛的第一批森林，并且在泥盆纪末出现种子植物。各类陆生节肢动物和四足动物出现。

石炭纪，泛大陆轮廓形成［图 4-4（c）］。泛大陆赤道带是温暖湿润区，泥盆纪四个小干旱区演变成石炭纪两个大干旱区，分别位于赤道湿润区两侧大陆中西部。随着板块进一步融合，干旱区到二叠纪［图 4-4（d）］变成三个区域：①泛大陆北美—欧洲条形干旱区，东北—西南走向，位于泛大陆中央山脉以北；②泛大陆南美椭圆形干旱区，位于中央山脉以南，呈西北—东南走向；③泛大陆南极洲干旱区。三叠纪［图 4-4（e）］，干旱区进一步扩张。随着欧亚出现陆地联系，二叠纪北美—欧洲干旱区进一步向东北延伸，辐射到乌拉尔山。二叠纪南美干旱区在三叠纪向周边扩散，覆盖了泛大陆西非区。由于泛大陆中央山脉两侧干旱区扩展，石炭纪—二叠纪赤道湿润区此时呈现干旱特征。二叠纪南极洲干旱区在三叠纪辐射到澳洲区。侏罗纪［图 4-4（f）］，随着东亚陆地扩张，大陆性气候逐步增强，华北出现干旱。同时，三叠纪斜跨北美—欧洲的干旱区此时向泛大陆北美西南部收缩。伴随着中大西洋出现，三叠纪呈现干旱趋势的泛大陆中央山脉附近此时又开始湿润，南部两个干旱区于侏罗纪融合为一，呈西北—东南走向，跨越南美中南部、非洲南部（西非已经变得湿润）以及南极洲，并辐射到印度区和澳洲区。从石炭纪到三叠纪，陆生无脊椎动物大发展，耐旱区系新成员——昆虫主导着陆生无脊椎动物区系；脊椎动物完成了从四足动物向两栖类的演化进程，并且出现早期羊膜动物。由于具备羊膜①，脊椎动物可以远离水源，生活于干旱区域。羊膜动物中，爬行动物于侏罗纪发展到鼎盛，恐龙主导脊椎动物区系，占据水、陆、空几乎所有生境类型。在两栖类无法生活的干旱区中，爬行类获得大发展。

白垩纪，随着泛大陆裂解，现代气候格局开始逐步显现。白垩纪晚期［图 4-4（g）］，侏罗纪华北干旱区此时仍然存在，而且干旱程度加大；劳亚北美区由于内陆海出现，侏罗纪干旱区此时大部分消失，仅在海边残存着狭长干旱带，并有向北延伸的趋势。随着南大西洋出现，侏罗纪泛大陆南部干旱区此时被分成两个小干旱区，分别位于南美内陆海沿岸和非洲南部大西洋海岸。侏罗纪南极洲干旱区此时已经湿润，印度和澳洲的干旱特征也已消失。非洲北部沿海小面积干旱。

2. 现代干旱区

1）非洲南部干旱区

白垩纪非洲南部大西洋海岸纳米布干旱区［图 4-4（g）］是当代纳米布沙漠生境演化历程的开始。在随后几千万年的演化历程中，这里一直保持着干旱气候特征，是世界最干旱的区域之一。著名的耐旱植物——百岁兰大约从此时开始出现，并伴随着纳米布沙漠一同演化。到白垩纪末［图 4-4（h）］，纳米布干旱区面积开始扩张，古新世覆盖整个南部非洲，始新世向纳米布沙漠收缩［图 4-4（i）］。这种格局一直持续到现在［图 4-4（m）］。

2）撒哈拉干旱区

白垩纪末［图 4-4（h）］，随着非洲板块东北角下沉海底，北非沿海干旱区仅剩余西北角（直布罗陀区域）。同时，靠近直布罗陀区域的南欧（仅一小岛）开始干旱。古新世，干旱区迅速向南扩张，古撒哈拉沙漠形成，覆盖几乎整个当代撒哈拉区域，并隔着刚果河流域森林与当时的南部非洲干旱区遥遥相望。中始新世［图 4-4（i）］，整个撒哈拉和北非地区重新湿润，干旱区仅残存于非洲西北角大西洋沿岸。渐新世，在全球大干旱背景下，这个干旱区大规模扩张［图 4-4（j）］。中新世，这个干旱区有所收缩，并片断化［图 4-4（k）］。中新世末，随着非洲—阿拉伯板块挤压，伊朗高原抬升，西亚开始干旱。更新世，这些干旱区融合成片，形成当今古北界地中海盆地生物区和撒哈拉—阿拉伯沙漠生物区。据撒哈拉水泵理论（Sahara pump theory）[14]，更新世前中期（约

---

① 羊膜（amniotic membrane）为单层上皮细胞构成的薄膜，包裹着胚胎。羊膜与胚胎间是羊膜腔。单层上皮细胞分泌羊水，充满在羊膜腔中。羊膜与外层的绒毛膜紧贴，形成胎膜。具有羊膜的动物称为羊膜动物（Amniote），包括合弓类动物（哺乳类与似哺乳爬行类）和蜥形类（含爬行类与鸟类）。其中，爬行类和鸟类中，胎膜外形成坚硬透气防止水分蒸发的外壳（卵壳），胚胎在卵壳中发育；哺乳类中，胎膜外是子宫，胚胎在母体子宫中发育。羊膜的出现使胚胎能够始终在水环境中发育。这种结构使羊膜动物能够在生殖过程中摆脱对水源的依赖，从而实现对干旱环境的适应。

1.9MaBP），撒哈拉沙漠经历了几千年的湿润期，黎凡特走廊①和非洲之角②环境湿润，促进欧亚大陆和非洲间动植物区系扩散交流。但是，这个时期在整个更新世里很短暂，未能从根本上改变这个干旱区的环境特征。

3）南美干旱区

南美内陆海沿岸干旱区——阿塔卡玛干旱区是当代阿塔卡玛沙漠（Atacama Desert，位于新热带界中安第斯生物区）演化的源头。在晚白垩纪［图 4-4（g）］基础上，这个干旱区自北向南收缩；白垩纪末，收缩到中安第斯区域，呈圆形向周边辐射［图 4-4（h）］。古新世，干旱区沿着内陆海向北和东南条带状扩展。始新世，随着南美中部和北部湿润区扩张，该干旱区向南退缩到现代阿塔卡马沙漠及其以东；中始新世，形成西北—东南走向的狭长干旱带［图 4-4（i）］。中新世中期［图 4-4（k）］，干旱带整体向西退缩，形成现代阿塔卡玛沙漠。

4）北美西南部干旱区

北美内陆海沿岸干旱区，亦即北墨西哥—西南北美干旱区，是新北界北墨西哥—西南北美生物区的演化源头。在白垩纪［图 4-4（g）］的基础上，随着内陆海于古新世初［图 4-4（h）］逐步退出北美，原内陆海东岸的干旱区域消失，干旱集中在北美西南端。这种状况随后持续几千万年，直至更新世［图 4-4（l）］才开始扩展，覆盖墨西哥西北部和美国西南部，成为现代新北界北墨西哥-西南北美生物区的干旱生境类型。

5）中亚干旱区

华北干旱区与现代中亚沙漠没有直接联系。华北干旱区从早侏罗纪［图 4-4（f）］开始，持续到古新世［图 4-4（h）］，于始新世消失［图 4-4（i）］。渐新世，在南、北半球中纬度地区各存在一条全球性干旱带［图 4-4（j）］。北半球干旱带北起美国与加拿大边界—西班牙—北非地中海沿岸—叙利亚—土耳其—高加索—哈萨克斯坦北部—蒙古高原北部—胶东半岛一线，南抵墨西哥南部—佛罗里达南部—撒哈拉中南部—阿拉伯半岛南沿—伊朗高原南沿—青藏高原北沿—秦岭—淮河一线。这条干旱带覆盖了现代北半球所有干旱区，包括青藏高原以北的中亚干旱区——中亚沙漠。在后续历史中，这条干旱带逐步消退。中新世，随着原西藏高原中部的古峡谷消失，高原海拔全面上升，阻断印度洋暖湿气流，高原北部和中亚又开始干旱［图 4-4（k）］。新近纪以来，尤其是更新世［图 4-4（l）］，喜马拉雅山的急剧抬升进一步阻断了本来已经稀少的印度洋暖湿气流，加剧了中亚干旱程度。同时，中亚干旱区与西亚干旱区相互辐射，最终形成现代分布格局［图 4-4（m）］。因此，现代中亚干旱区可能起始于中新世。

---

① 黎凡特走廊（Levantine Corridor）是一条狭长地带，位于红海两端，包括地中海东岸下埃及地区和阿拉伯半岛地中海沿岸；是早期人类及其他动物在非洲与欧亚大陆之间的交流通道。

② 非洲之角（Horn of Africa），即非洲东北角，包括埃塞俄比亚、厄立特里亚、吉布提、索马里。

6）澳洲干旱区

现代澳洲中心沙漠起源时间很晚。泥盆纪冈瓦纳澳洲干旱区［图 4-4（b）］在石炭纪消失［图 4-4（c）］。湿润气候一直延续到二叠纪结束［图 4-4（d）］。三叠纪和侏罗纪［图 4-4（e）和图 4-4（f）］，冈瓦纳澳洲区仅受到南极洲干旱区辐射的影响，表现出一定的干旱特征。从白垩纪开始，湿润气候再次出现，并持续到古近纪末［渐新世澳洲处于南半球干旱带外；图 4-4（g）～图 4-4（j）］。现代澳洲干旱区最初见于中新世［图 4-4（k）］，并持续至今［图 4-4（l）和图 4-4（m）］。

第三节　海平面升降

地质时期，海平面频繁升降。其中，第四纪海平面升降对现代动物地理影响最大。第四纪冰期，大量自由水被束缚在冰中，导致海水总量下降，海水表面到海床的深度变浅，海平面相对陆地出现下降，导致大量陆地出露，原先被海水隔离的大陆与岛屿间以及岛屿与岛屿间出现陆地联系，为陆生动物扩散提供通道。然而，在冰川中心所在的陆块，冰川巨大的重量迫使地壳下沉，陆地相对海平面出现下降。间冰期，相反过程出现：随着温度上升，冰川大量融化并释放大量自由水进入海洋，海水量增加，海平面相对陆地上升，陆地没入海水中，导致冰期出露的陆地消失，陆生动物交流被阻断。冰川中心所在的陆块，由于冰川消失，重量减轻，地壳上浮，陆地相对于海平面出现上升。因此，在冰期—间冰期的交替中，海平面反复上升和下降，但各地海平面升降幅度不同，变幅最大者可达 100～120m。各地陆生区系反复出现交流中断，使演化历史复杂化[8]。

在西欧末次冰盛期，全球海平面下降约 120m。不列颠群岛是欧洲大陆向大西洋伸出的半岛，现代岛屿是半岛时期的高地。莱茵河（Rhine）、泰晤士河（Thames）、索姆河（Somme）以及塞纳河（Seine）集中向西流入大西洋[15]。在 10～6kaBP，英格兰康沃尔（Cornwall）和法国布里塔妮半岛（Brittany）之间的丘陵被海水淹没，英吉利海峡形成，不列颠半岛变成群岛。在海进过程中，爱尔兰与英国之间存在的低地成为海水首先灌入的通道——爱尔兰海。因此，爱尔兰在英国与欧洲大陆分离之前先与英国分离。在这种背景下，欧洲大陆区系中，扩散能力强的植物在半岛时期进入爱尔兰，成为当代爱尔兰区系的组成部分，如葡萄牙捕虫堇（*Pinguicula lusitanica*），半岛时期从西班牙和葡萄牙向英国和爱尔兰扩散，并且成功融入当地植物区系。扩散能力稍弱的种类仅扩散到英国，并受阻于爱尔兰海，未能抵达爱尔兰岛，如心叶椴（*Tilia cordata*）和四叶重楼（*Paris quadrifolia*）。扩散能力更弱的种类未能在半岛时期成功进入不列颠群岛区域。欧洲大陆一些动物种类也是在类似古地理背景下进入并成功殖民不列颠群岛各地，如小鼩鼱（*Sorex minutus*）、普通鼩鼱（*S. araneus*）、白鼬（*Mustela erminea*）、伶鼬（*M. nivalis*）以及河狸（*Castor fiber*）。河狸于工业革命时期在英国灭绝[8]。

现代白令海峡宽 80km，深 50m。末次大冰期中，海平面下降，现代海峡海底在当时大量出露水面，形成陆桥，连接亚洲和北美，动植物（包括现代智人）得以借此跨越两大洲。这种解释得到了化石和文化遗存支持[8]。在加拿大育空（Yukon）地区发现丰富的 24kaBP 植物化石，如冷蒿（*Artemisia frigida*）。这些化石表明，当时的苔原干草原植被为大型食草类（包括猛犸象、马、野牛等）以及尾随这些食草动物的食肉类提供跨越亚洲—北美的生境通道[16]。在北美地区广泛发现的石矛尖表明，智人也属于尾随物种之一[8]。

日本列岛、台湾岛、海南岛以及东南亚岛屿与东亚拥有许多共同的现生动植物类群，如广泛分布于南亚、东南亚岛屿以及东亚大陆东南沿海内陆的水鹿（*Rusa unicolor*）。阻碍东亚陆生区系向日本列岛扩展的障碍有朝鲜海峡（宽 180km，平均水深 50～150m）、宗谷海峡（42km，30～60m）、津轻海峡（24km，200m）以及对马海峡（41.6km，50～100m）。台湾海峡宽约 140km，平均水深 60m。琼州海峡宽19.4km，平均水深 44m。在东南亚，马六甲海峡最窄处约 30km，平均水深 27m。爪哇海平均水深 111m。在南亚，印度与斯里兰卡之间的保克海峡最窄处 64km，平均水深仅 2～3m。这些数据表明，在末次大冰期全球海平面下降 120m 的背景下，这些海峡和海区的海底大部分出露成为陆地，日本海成为内陆海，为陆生生物区系的扩展和交流提供通道。在过去 250ka 以来，东南亚岛屿长期存在陆地连接，仅苏拉威西岛及其以东的岛屿间存在永久性海洋阻隔[17]，成为大部分陆生动物（包括直立人 *Homo erectus*）扩散的障碍。

更新世，随着冰期—间冰期反复交替，上述陆地联系反复出现：海进期，海水隔离，岛屿出现；海退期，陆地出现，岛屿变成大陆的组成部分。早期扩散到大陆边沿的种类，海进后形成的岛屿区系独立演化历史较长；晚期扩散的种类分化历史较短。岛屿区系分化的历史还受海面宽度以及水深影响，海面宽、海水深，岛屿被隔离的机会多、时间长，区系差异大，类群在种级水平上分化；海面窄、海水浅，岛屿被隔离的机会少、时间短，区系差异小，类群分化在亚种水平上发生。反映在现生区系的特征上，分化时间长的区系与周边大陆区系相似度较低；如日本列岛与东亚区系相似度低，台湾岛与东亚区系相似度较高，海南岛与亚洲大陆东南部区系相似度更高，斯里兰卡与南亚区系相似度最高（斯里兰卡与印度南部拥有大量的相同种类）。中更新世冰期，猕猴（*Macaca mulata*）东亚种群扩散进入日本列岛后，分化形成新种日本猴（*Macaca fuscutta*）[18]。然而，海南岛与大陆隔离时间短，区系交流频繁，分化历史短；海南猕猴和海南长臂猿与大陆上的猕猴和西黑冠长臂猿（*Hylobates concolor*）分化程度低，传统上被视为大陆种的亚种或地方种群[19]。

第四纪前，图尔盖海峡以及欧洲—格陵兰之间的海峡也反复出现陆地联系，影响着亚—欧之间以及欧洲—北美之间的区系演化历程。

第四节 造 山 运 动

由于地球自身的结构，构造运动持续进行，导致各地山脉在不同地质时期出现，如阿帕拉契亚山系（The Appalachian Mountains，奥陶纪）、科迪勒拉山系（Cordillera，中生代—新生代）以及阿尔卑斯—喜马拉雅山系带（Alpine-Himalayan Belt，中生代—新生代）。山体抬升带来环境的全方位变化，改变地表景观和生物区系[20]。随着海拔上升，立体气候带出现，山地生物区系形成。在世界各地的现代山地植物区系（如南美安第斯高寒区系、欧洲地中海阿尔卑斯山地区系、新西兰南阿尔卑斯山地区系以及东非的非洲山地带区系）中，西藏—喜马拉雅—横断山区的山地植物区系出现最早（渐新世），而且表现出植物区系演化的连续性。由于山体阻断和垂直气候带阻隔，成种活跃，多样化过程形成大量土著种[12]。随着持续抬升和气候变化，景观和区系构成也发生改变。在青藏高原腹地伦坡拉和尼玛盆地，古近纪与新近纪之交为热带和亚热带气候，环境温暖湿润，来自印度洋的暖湿气流可深入藏北；动植物以攀鲈和棕榈为代表。中新世，植被以北温带落叶阔叶树种占优势，同时出现大量针叶树，草本植物进一步发展，裂腹鱼和近无角犀开始出现。上新世，以披毛犀为代表的寒冷适应性冰期动物祖先出现。这种重大转折与山体和高原隆升及其所产生的降温效应相关[21]。在西藏札达盆地，上新世气温较现今高，降水量大，植被是以枸子、绣线菊、锦鸡儿、沙棘、杜鹃花、金露梅等灌木构成的落叶灌丛，叶形普遍微小。在后续的环境演变中，干旱导致了植被由灌丛向荒漠转变，区系成分也随之发生变化[22]。

第五节 第四纪环境变化对生物区系的塑造

环境的持续改变驱动物种和动植物区系不断演化。随着物种演化，各类群的分布区在地质时期不断变化（详见第五章）。因此，各时期地球生物区系的构成不同（详见第六、七章）。其中，第四纪与现代生物区系的形成直接相关。第四纪，环境变化迅速，而且高度分异，形成丰富的生境类型。促成环境迅速而高度分异的主要因素是新构造运动和冰川活动。环境的急剧分异和快速变化导致生物区系发生一系列变化。

第一，环境分异导致连续分布的三趾马动物区系破碎化（见第九章），旧大陆区系格局复杂化。

第二，新构造运动形成地理隔离，促进各地方种群分化，触发活跃的成种过程。在横断山区，造山运动导致生境相互隔离以及丰富的垂直生境类型，产生大量局域物种，使这个区域成了世界重要的成种中心。

第三，变化过于迅速的第四纪中，物种因无法适应新环境而频繁灭绝，导致物种寿命普遍很短。例如，人属（Homo）出现于上新世与更新世交替时期。在整个更新世，除了现生智人（*H. sapiens*）外，还出现过能人（*H. habilis*）、格鲁吉亚人（*H. georgicus*）、直立人、匠人（*H. ergaster*）、鲁道夫人（*H. rudolfensis*）、纳莱迪人（*H. naledi*）、海德堡人（*H. heidelbergensis*）、先驱人（*H. antecessor*）、尼安德特人（*H. neanderthalensis*）、弗洛勒斯人（*H. floresiensis*）。最近，倪喜军又报道了哈尔滨的龙人（*Homo longi*）[23]。还有尚难以分类、可能包涵多个物种的丹尼索瓦人（Denisovans）。其中，许多种是同时代种，如现生智人与尼安德特人和弗洛勒斯人、能人与格鲁吉亚人和直立人[13]。这表明，该属在成种上非常活跃。然而，除了直立人，绝大多数物种存活时间都很短，仅有 300ka 左右。只有直立人存活超过 1Ma。目前智人已经存活了大约 30 万年……

第四，成种需要时间，处于半种状态的近亲类群由于缺乏生殖隔离机制而出现频繁杂交。智人与尼安德特人和丹尼索瓦人都发生过杂交，这些物种将基因留在现生智人中[13]。在其他非人类群中，由于绝大多数现生属分化于中更新世（约 1MaBP），现生种分化于几十万年前，杂交变得司空见惯。在灵长目中，现生类群的杂交不但发生在属内物种间（如圣狒狒 *Papio hamadryas* 和橄榄狒狒 *P. anubis*），还发生在科内属间（如狒狒属 *Papio* 和猕猴属 *Macaca*）[19]。

第五，更新世冰川导致北半球生物区系遭受不同程度的毁灭，中高纬度物种多样性下降，形成赤道附近区系古老、极地附近区系年轻的新老区系共存格局。同时，在冰缘苔原带中演化出耐寒的冰期动物群。间冰期的气温回升消灭了许多冰期动物，尤其不利于山地苔原区系的恢复，导致多样性进一步下降。在冰期—间冰期反复交替中，只有适应性较广的广布性类群得以保留，形成北美和欧亚大陆区系特有性低、多样性低、原始性低的特征。

第四纪冰期还留下许多科学问题。例如，现代欧洲人的体质人类学特征在末次冰盛期（大约 20kaBP）前后发生了显著变化：冰盛期后的欧洲人体形变矮而敦实，脑容量变小；当代蓝眼、金发红发以及白皮肤特征出现于冰盛期之后[13]。这种体质特征的变化如何提高欧洲智人在冰期环境中的适应度？类似变化是否在亚洲智人中发生过？类似变化是否也在其他动物类群中发生过？

第六节　区系的动态性

地球板块还在运动，造山运动还在进行，环境还在变化。今天的地球环境和地表景观会随着时间继续变化，今天的生物区系只是演变历史中的暂时存在形式。寒武纪以来，各动物类群分布区反复扩展—收缩（第五章）。伴随着物种灭绝和新类群的适应辐射，各地质时期生物区系构成不同：古生代结束前，生物区系以水生类群为主，各种藻类、海洋无脊椎动物、鱼类占区系优势。古生代晚期，苔藓、原始四足动物及其后裔—两栖类率先探索陆地环境。中生代以后，陆生区系繁荣（第六章）。其中，裸子植物占陆生植物区系优势，爬行动物（尤其是恐龙类）占陆生动物区系优势。新生代，占区系优势的分别是被子植物、鸟类以及兽类。在这种大背景下，人类于新生代末期出现（第五、七章）。

参 考 文 献

[1] Tiwari S K. Fundamentals of World Zoogeography. New Delhi: Sarup & Sons, 2006.

[2] Powell C M, Dalziel I W D, Li Z X, et al. Did Pannotia, the latest Neoproterozoic southern supercontinent, really exist. Eos, Transactions, American Geophysical Union, 1995, 76: 46-72.

[3] Scotese C R. A tale of two supercontinents: the assembly of Rodinia, its break-up, and the formation of Pannotia during the Pan-African event. Journal of African Earth Sciences, 1998, 27 (1A): 171.

[4] McKerrow W S, Scotese C R, Brasier M D. Early Cambrian continental reconstructions. Journal of the Geological Society, 1992, 149 (4): 593-599.

[5] Fossilworks. www. fossilworks. org. [2017-5-14].

[6] Ali J R, Aitchison J C. Gondwana to Asia: Plate tectonics, paleogeography and the biological connectivity of the Indian sub-continent from the Middle Jurassic through the latest Eocene (166-35 Ma). Earth-Science Reviews, 2008, 88: 145-166.

[7] Renner S S. Biogeographic insights from a short-lived Paleocene island in the Ninetyeast Ridge. Journal of Biogeography, 2010, 37: 1177-1178.

[8] Cox C B, Moore P D, Ladle R J. Biogeography: An Ecological and Evolutionary Approach. Ninth Edition. New Jersey: Wiley Blackwell, 2016.

[9] Willis K J, McElwain J C. The Evolution of Plants. Oxford: Oxford University Press, 2014.

[10] 周浙昆, 王腾翔, 黄健, 等. 西藏芒康似勾儿茶叶属(鼠李科)化石及其生物地理学意义. 中国科学: 地球科学, 2019, 49.

[11] 王绍武, 龚道溢, 翟盘茂, 等. 第二章: 气候变化//王绍武, 董光荣. 中国西部环境演变评估. 第一卷: 中国西部环境特征及其演变. 北京: 科学出版社, 2002: 29-70.

[12] Ding W N, Ree R H, Spicer R A, et al. Ancient orogenic and monsoon-driven assembly of the world's richest temperate alpine flora. Science, 2020, 369 (6503): 578-581.

[13] Humphrey L, Stringer C. Our Human Story. London: Natural History Museum, 2019.

[14] Van Zinderen-Bakker E M. A late-glacial and post-glacial climatic correlation between East Africa and Europe. Nature, 1962, 194 (4824): 201-203.

[15] Gaston K J. Body size and probability of description: the beetle fauna of Britain. Ecological Entomology, 1991, 16: 505-508.

[16] Villard M A, Metzger J P. Beyond the fragmentation debate: A conceptual model to predict when habitat configuration really matters. Journal of Applied Ecology, 2014, 51(2): 309-318.

[17] Voris H K. Maps of Pleistocene sea levels in Southeast Asia: Shorelines, river systems and time durations. Journal of Biogeography, 2000, 27: 1153-1167.

[18] Smith D G. Chapter 3: Taxonomy of non-human primates used in biomedical research//Abee C R, Mansfield K, Tardif S, et al. American College of Laboratory Animal Medicine, Nonhuman Primates in Biomedical Research. Second Edition. Volume 1: Biology and Management. Amsterdam: Elsevier Inc, 2012: 57-85.

[19] 彭燕章. 第十四章: 现生灵长类目录//叶智彰, 彭燕章, 张耀平, 等. 金丝猴解剖. 昆明: 云南科技出版社, 1987.

[20] DiPietro J A. Landscape Evolution in the United States: An Introduction to the Geography, Geology, and Natural History. Amsterdam: Elsevier, 2013.

[21] 邓涛, 吴飞翔, 王世骐, 等. 古近纪/新近纪之交青藏高原陆地生态系统的重大转折. 科学通报, 2019, 64: 2894-2906.

[22] 黄健, 苏涛, 李树峰, 等. 西藏札达盆地上新世植物群及古环境. 中国科学: 地球科学, 2019, 49.

[23] Ji Q, Wu W, Ji Y, et al. Late Middle Pleistocene Harbin cranium represents a new Homo species. The Innovation, 2021, 2(3): 100132.

第五章

部分重要兽类分布区的历史变迁

第一节　绪　　论

　　今天的世界动物分布格局是新生代动物区系演化的结果,也是演化历程在目前的阶段性表现。地球进入新生代以后,大陆板块在中生代晚期的基础上进一步分崩离析,造山运动此起彼伏,大气环流、洋流发生重大变化,气候先热后冷,海进海退反复出现。陆块的分裂和漂移使原先完整的区系被分割,区系开始独立演化,各板块动物区系差异越来越大。与此同时,岛链和陆桥为各板块区系交流提供有限的通道支持。随着板块再接触,区系出现大规模融合,各板块区系成分相互渗透,区系特征发生改变。新旧物种在互动过程中逐步建立起新的生态学关系,新区系形成。

　　造山运动导致高山崛起和高原隆升,大大丰富生境类型。巨大山体使原来连续的区系发生隔离,阻断区系成分间的交流互动,撕裂原来连续分布的区系,导致新区系形成。在山脉和高原迎风面,山体阻挡,水热大量积聚,导致气候带向高纬度地区移动。例如,地处亚热带纬度的喜马拉雅山南坡拥有热带气候。在背风面,山地阻挡导致大气水分减少,出现相对干旱环境。例如,柴达木盆地。在高原面上,环境逐步高寒化,热量和氧分压下降,如羌塘高原;演化出适应这种环境的新物种,如藏羚羊(*Pantholops hodgsonii*)。在高原周边,山体的巨大落差导致不同海拔上热量、水分以及氧分压出现分异,形成立体气候带。在有限空间内聚集各种适应型物种,形成物种多样性富集区,如横断山区。更新世,青藏高原一度出现苔原环境,并以苔原生境走廊与环北极苔原带相连,为高原冰期动物群加入全北界动物群提供扩散通道。在横断山区,随着青藏高原继续抬升,物种分布区不断向南延伸。面对新的环境类型,生存竞争中的成功类群发生适应辐射,产生大量新物种,丰富区系成分。

　　大陆漂移导致洋流改变,从而改变附近环境。始新世澳洲和南美洲相继脱离南极洲,导致环南极洋流形成,阻断南极地区和赤道间的热量交流,加速南极变冷和冰川发育。上新世末,巴拿马地峡出现,阻断大西洋和太平洋的洋流联系,导致大西洋海水冷循环出现,使得北美和欧洲同纬度地区气候类型迥异。

　　自地球诞生以来,气温一直处于波动中。始新世极热事件中,地球进入新生代最温暖时期,南极洲和阿拉斯加处于亚热带,森林在全球高纬度地区极度发育。这次事件导致亚洲现代兽类向北扩散[1],并触发活跃的适应辐射和成种过程,被称为始新世适应辐射。这次适应辐射促进了兽类类群丰富度的发展。偶蹄类、奇蹄类、灵长类此时从原始兽类中分化出来,并在极热事件开始后的 13~22ka 扩散到欧亚和北美大陆的所有地区[2]。随后,气温一路震荡下行。从上新世末(2.58MaBP)开始,北方大陆进入反复的冰川期。冰期,温暖时期演化出来的动物大规模灭绝,动物分布向南退缩;与此同时,耐寒物种形成(如北极熊 *Ursus maritimus*)。间冰期,随着气温回升,动物开始向北扩散的同时,耐寒物种灭绝(如猛犸象 *Mammuthus primigenius*)。全新世(现代间冰期），分布区向北扩张的势头至今仍在欧亚大陆和北美持续。从演化历史来看，喜温是现生物种的祖征，耐寒是上新世以来为了适应寒冷环境而演化出来的衍征。温暖环境是新生代的主体气候类型，始于古新世，终于上新世，持续了大约 63Ma；寒冷环境是新生代末期出现的新气候类型，始于上新世末，持续了仅 2～3Ma。在这种气候历史影响下，相较于喜温物种和温暖区域，耐寒物种少，寒冷地区的物种多样性低。

冰川反复进退导致海退/海进交替出现。海退期，大陆周边岛屿与大陆发生陆连（如亚洲大陆与日本列岛、台湾岛、海南岛以及东南亚岛屿，欧洲大陆与不列颠群岛），物种开始扩散（如来自亚洲大陆的海南猕猴 Macaca mulatta brevicaudatus），区系发生交流，物种分布格局复杂化；海进期，由于巨大水体阻隔，岛屿区系开始独立演化，新物种出现（如日本猕猴 Macaca fuscata）。海退/海进的交替出现直接导致白令陆桥反复出现/消失，欧亚大陆与北美区系呈多波次相互渗透。

更新世晚期，智人的出现和迅速扩散，以前所未有的规模和速率改变着地球环境，导致物种出现大规模灭绝以及物种分布区出现片断化（如虎 Panthera tigris）。

不同类群扩散能力存在差异。其中，鸟类、海洋兽类和翼手类（蝙蝠）跨越障碍的能力最强，自然屏障的阻碍作用表现最弱；它们在区系分析中反映古地理和古气候对区系演化的影响作用有限。淡水鱼类、两栖类以及爬行类的能力最弱，自然屏障的阻碍作用表现最强；它们在区系分析中更多反映泛大陆时期的区系特征和演化关系。陆生兽类受自然屏障的阻碍程度适中，分布区演变历史中蕴含古地理和古气候变化的信息量最大，因而成为区系分析中的主要依据类群。

由于化石记录极度不完整，重构兽类演化历史困难重重。在现有化石记录中，最早真兽类是中华侏罗兽（Juramaia sinensis，侏罗纪晚期 160MaBP，辽宁[3]）。这种动物体形小（70～100mm），营树栖生活[4]。随后出现的早期真兽类年代多在中生代白垩纪，如蒙大拿兽（Montanalestes keeblerorum，早白垩纪，美国蒙大拿[5]）和迪卡诺兽（Deccanolestes，晚白垩纪 70.6MaBP，印度安得拉邦 Andhra Pradesh；Fossilworks[6]，2019年 3 月数据）。这些早期类群虽然因为具备了真兽类特征而被划归真兽亚纲（Eutheria），但尚无胎盘。其共同特征是体形小、树栖、夜行，能很好地适应恐龙世界，帮助它们有效逃脱食肉恐龙的捕食，并在漫长演化历史中得以生存。带齿兽目（Cimolesta）、长鼻跳鼠科（Adapisoriculidae）以及丽猬目（Leptictida）均为小体形类群，大小如鼠或刺猬，属于真兽类的基干类群①[7,8]。其中，仅丽猬目有胎盘。这些类群生活于中生代泛大陆时期，分布区遍及全球各地。

随着大陆分裂和中大西洋出现（图 5-1），早期胎盘类开始分化，出现南方冈瓦纳大陆上的大西洋兽类（Atlantogenata）和北方劳亚大陆上的北方兽类（Boreoeutheria）[9-11]。

---

① 基干类群是大的生物类群在演化历史中最早分化出来的小类群，它们的形态学特征携带许多祖征，是演化生物学家重构早期类群的重要依据。

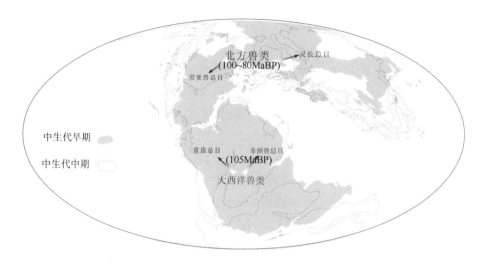

图 5-1　中生代兽类分化、分布和扩散

　　大西洋兽类进一步分化出非洲兽总目（Afrotheria）和贫齿总目（又称异关节总目 Xenarthra）。分子钟研究结果[12]显示，非洲兽总目大约于白垩纪中期（105MaBP）与贫齿总目和北方兽类分道扬镳，那时非洲正处于与其他大陆的分离时期。但也有研究[13]认为，非洲兽总目分化时间可能更早，因为南美洲的一些灭绝类群属于非洲兽总目中最古老的成分，表明分化发生在非洲脱离冈瓦纳之前。非洲兽总目随后演化出长鼻目（Proboscidea；现生种类如大象）、海牛目（Sirenia；现生种类如儒艮）、蹄兔目（Hyracoidea；现生种类如蹄兔 Procavia capensis）、非洲猬目（Afrosoricida；现生种类如金鼹鼠）、象鼩目（Macroscelidea）以及土豚科（Orycteropodidae；现生种类如土豚）。贫齿总目于古新世中期（59MaBP）形成于南美洲，上新世结束后有少量类群跨越巴拿马地峡进入北美，但主要分布区仍然在南美。演化过程中，贫齿总目发生适应辐射，产生大量新类群。由于环境变化，尤其是巴拿马地峡形成后北美区系进入，许多类群相继灭绝。现生类群仅有有甲目（Cingulata；如著名的犰狳）和披毛目（Pilosa；如著名的树懒）下的类群[13]。

　　北方兽类已知最早化石出现于白垩纪晚期（80～70MaBP），但分子生物学数据显示起源时间更早，约 100～80MaBP[13,14]。北方兽类分布于劳亚大陆北部。在随后地质历史中，北方兽类分化出灵长总目（Euarchontoglires）和劳亚兽总目（Laurasiatheria）。据 Archibald 和 Averianov[15]，扎兰兽超科（Zalambdalestoidea）属于灵长总目，最早化石见于俄罗斯布里亚特共和国 130MaBP 地层，后期见于乌兹别克斯坦、哈萨克斯坦和印度（Fossilworks[6]，2019 年 3 月数据）。如果这个观点正确，那么灵长总目最早化石应该代表北方兽类早期成员，而且出现时间是白垩纪早期，早于分子生物学给出的时间。灵长总目随后演化出 7 个目。其中，现生类群有啮齿目（Rodentia；常见种类如各种鼠）、兔形目（Lagomorpha；各种兔）、树鼩目（Scandentia；现生树鼩）、皮翼目（Dermoptera；

东南亚鼯猴）和灵长目（Primates；各种猴、猿以及人）[11]，广布全球各地（可能南极洲除外）。劳亚兽总目最早化石见于白垩纪晚期 80～70MaBP 欧亚大陆和北美（Fossilworks[6]，2019 年 3 月数据）。该总目的现生类群包括劳亚食虫目（Eulipotyphla；现生种类如刺猬）、翼手目（Chiroptera；各种蝙蝠）、奇蹄目（Perissodactyla；马、驴）、鲸偶蹄目（Cetartiodactyla；牛、羊、猪、鲸、海豚）、鳞甲目（Pholidota；穿山甲）以及食肉目（Carnivora；狮、狼、熊、虎）。

随着区系独立演化、各目下类群反复出现适应辐射、大陆板块再连接和区系再融合，各目分布区扩展，形成各大陆不同的动物区系。不同地质时期里，不同大陆间以及海岛和大陆间的区系反复渗透进一步使动物分布格局复杂化。气候变化中，随着灭绝事件和新的适应辐射，各目分布格局进一步改变。智人加速了全球动物区系格局变化。以下各节分别叙述有袋类、灵长目、奇蹄目、鲸偶蹄目、食肉目以及长鼻目分布区的演化历史，以此体现古地理和古气候对动物区系的塑造作用以及对分布区变化的驱动作用。

第二节 有 袋 类

有袋类（各种袋鼠、袋熊、负鼠以及考拉）是澳洲兽类区系的主体、南美动物区系的重要特征之一。两大洲同时拥有有袋类，反映这两大区系在中生代冈瓦纳时期的亲缘关系。

一、关于有袋类（有袋下纲 Marsupialia）

哺乳动物最显著的形态解剖学特征包括雌性个体发达的乳腺、乳头、子宫、阴道，以及雌雄个体都具备的嘴唇（最早用于吮吸乳汁）。这些特征在演化历史中逐步出现，与胎生生殖方式以及哺乳育幼方式的演化有关。爬行动物营卵生生殖方式，不具备这些特征。爬行动物的生殖系统有尿殖窦和泄殖腔。依据形态学特征，现生哺乳纲分为三大亚单元：原兽亚纲（Prototheria）、后兽亚纲（Metatheria）和真兽亚纲。有些学者将后兽亚纲与真兽亚纲合并为兽亚纲，并在该亚纲下设后兽附纲（或者后兽下纲）和真兽附纲（或者真兽下纲）。其中，原兽亚纲无子宫和阴道，有乳腺、无乳头；有尿殖窦和泄殖腔，生殖上营卵生方式。尿殖窦、泄殖腔以及卵生是爬行类的特征；它们的存在表明本亚纲的原始性以及兽类与爬行类的演化连续性。现生原兽类仅有单孔目（Monotremata），含 3 属 3 种，包括针鼹（Tachyglossus）、原针鼹（Zaglossus）和鸭嘴兽（Ornithorhynchus），分布于澳洲、塔斯马尼亚岛以及伊里安岛。

后兽亚纲在演化上居于原兽亚纲和真兽亚纲之间，已经出现了乳腺、乳头、子宫和胎盘，但胎盘非常原始，功能尚未完善，只能支撑短暂的胚胎发育；胎儿尚未发育完全便已产出，部分胚胎发育过程在体外完成。北美黑耳负鼠（Didelphis marsupialis）妊娠期仅 12d，新生儿大小似蜜蜂，附着于母亲乳头上继续发育。这个时期持续 50～60d。澳洲有袋类则在腹部形成育儿囊。幼儿出生时前肢已经发育完全，可自行爬入育儿囊，并附着在母亲乳头上继续胚胎发育进程。现生后兽类基本上是有袋类动物，但化石种类包括非有袋后兽类。有袋类分为澳洲有袋总目（Australidelphia，现今分布于澳洲及附近岛屿，大约有 300 现生种）和美洲有袋总目（Ameridelphia，现今分布于南美洲及附近岛屿，大约有 100 现生种）[16]。北美有袋类仅有 1 属，即负鼠（*Didelphis*），是巴拿马地峡形成后南美有袋类向北扩散并成功定居下来的类群。

真兽亚纲现生类群具备上述全部兽类特征，而且胎盘功能完善；但部分化石类群不具备胎盘。在化石记录中，判断后兽类和真兽类最常用的特征是下颌臼齿数目：后兽类有 4 对，真兽类有 3 对。真兽类是全球现生兽类区系的主体，种类超过 90%，遍布全球各大洲和海洋中。

有袋类同时出现在相距遥远的澳洲和南美洲。这种现象长期困扰着科学界。20 世纪前半期，部分地质学家认为在亚洲和北美间一度有一个板块，叫太平洲（Pacifica）[17]。各种动植物（包括有袋类）通过这个洲扩散。后来，太平洲沉入海中，太平洋出现，形成如今的分布格局。现代科学否定太平洲的存在，有袋类的间断分布与冈瓦纳的裂解和板块漂移有关。

二、有袋类的起源和分布区的演变

中华袋兽（*Sinodelphys*，辽宁义县热河动物群，白垩纪早期 125MaBP）被认为是最早的后兽类，是有袋类的祖先[13]。据此，中国或者亚洲被认为是有袋类起源地。然而，随后的发现动摇了这种观点。骆泽喜（中华袋兽的发现作者之一）及其研究组在辽宁西部晚侏罗纪地层（160MaBP）发现的中华侏罗兽是真兽类[4]；这表明，后兽类与真兽类的分化时间早于 160MaBP。毕顺东及其研究组在内蒙古宁城地区发现的热河动物群另一成员—混元兽（*Ambolestes*），年代与中华袋兽相同。由于骨骼保留完整，高精度 CT 扫描技术和数字化三维重构技术完整地将形态学特征细节呈现出来。经过比较，他们认为中华袋兽与混元兽同属于真兽类，否定了中华袋兽的后兽类地位[18]。因此，后兽类与真兽类的分化时间可能在泛大陆时期的侏罗纪中期。这种观点得到分子生物学研究结果的支持：后兽类与真兽类分化于侏罗纪 201～145MaBP[4]。

在后续地质年代中，真兽类主导着亚洲化石兽类区系，而后兽类（尤其是有袋类）主要分布于北美[19]。按照科学界一度流行的中国/亚洲起源学说，有袋类起源于亚洲后，沿着泛大陆北部自东向西扩散到泛大陆北美区，并经北美进入白垩纪末尚有狭窄陆地联系的南美[20,21]。根据化石年代和分布格局推测，中国/亚洲可能不是有袋类起源地，而是真兽类起源地；有袋类可能起源于北美[18]。

侏罗纪，北美与欧亚大陆尽管已经分裂，出现浅海隔离；但是距离很小，海退期仍然可能是连续大陆。北美与南美间还有广泛陆连。因此，有袋类在早侏罗纪北美起源后，可能有一支向东扩散至泛大陆欧亚区，另一支向南进入南美区（图 5-2）。这种推测有待化石证据支持。迄今为止，北美最早后兽类化石是三尖齿兽（Tribosphenida；美国蒙大拿州和怀俄明州，早白垩纪约 110MaBP[22]），最早有袋类是小阿法齿负鼠

（*Peradectes minor*；美国蒙大拿州，白垩纪末、古新世初 66～63MaBP[23]），年代非常晚近。如果北美起源学说正确，未来可能在北美侏罗纪地层中会有早于中华侏罗兽的后兽类甚至有袋类化石被发现。

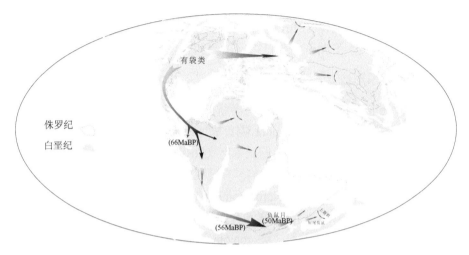

图 5-2 早期有袋类的扩散示意图

有袋类南美最早化石出现在白垩纪末 66MaBP 地层中（Fossilworks[6]，2018 年 6 月数据），说明有袋类在白垩纪后期便已进入南方大陆，白垩纪末繁荣于南北美区域。进入南方大陆后，有袋类进一步向东扩散，经过南极洲，并于始新世早期（56MaBP）抵达冈瓦纳东部澳洲区（Fossilworks[6]，2018 年 7 月数据）。有袋类随后在劳亚大陆逐步灭绝。传统观点认为，灭绝的主要原因是胎盘类的竞争[24]。

南美于古新世早期脱离北美，于晚始新世—渐新世脱离冈瓦纳。此后，区系开始独立演化。在南美，至少在白垩纪后期就已出现真兽类或其直接祖先，如德氏兽超目（Dryolestoidea）的种类（Fossilworks[6]，2018 年 7 月数据）。因此，有袋类在南美很早就与真兽类相处，相互适应，协同演化。上新世晚期（2.8MaBP），巴拿马地峡形成，北美真兽类进入南美，导致南美大量物种灭绝（包括部分有袋类）。幸存的有袋类、早期南美真兽类以及新来的北美真兽类构成南美动物区系，并延续至今。

基因组学研究认为，澳洲有袋类起源于一个单一的、来自南美的祖先种[25]。这种单一种起源可能与澳洲板块脱离冈瓦纳有关[20,26,27]：早始新世（50MaBP），澳洲板块脱离冈瓦纳南极区不久，负鼠目（Didelphimorphia）的一个种有几个个体偶然通过海上漂浮物"摆渡"到澳洲。该解释的合理性值得质疑。首先，它认为澳洲在 50MaBP 已经脱离了冈瓦纳；但其他学者认为脱离时间是中始新世（45MaBP），两种观点相距 5Ma。如果两大陆脱离发生在中始新世，则有袋类不需要"摆渡"，可以沿着冈瓦纳陆地直接扩散到澳洲区。其次，澳洲有袋类最早化石年代为始新世初 56MaBP，当时澳洲板块尚未脱离冈瓦纳，有袋类可以沿着陆地扩散进入澳洲。最后，化石记录显示，美洲有袋总目下的短尾负鼠（*Monodelphis*）于上新世澳洲灭绝（Fossilworks[6]，2018 年 7 月数据）；此时，澳洲与其他大陆已经隔离很久。这说明，①澳洲有袋类区系开始于一个种上单元，而非单一种。②澳洲有袋总目与美洲有袋总目分化于泛大陆或冈瓦纳时期，澳洲有袋总目分布核心区位于冈瓦纳澳洲区，美洲有袋总目分布核心区位于冈瓦纳南美区，两大类群相互渗透，分布区相互重叠。③在随后的演化中，在澳洲，澳洲有袋总目兴盛，美洲有袋总目衰落；在南美，美洲有袋总目兴盛，澳洲有袋总目衰落。

三、现代有袋类区系形成

有袋类是澳洲和南美区系的共同特征。渐新世及之前，南美及其附近岛屿有袋类化石多达 3 目（美洲古袋鼠目 Polydolopimorphia、鼩负鼠目 Paucituberculata、袋犬目 Sparassodonta）19 属；其中 15 属归属 13 科，4 属的科归属未定（Fossilworks[6]，2017 年 5 月提取数据）。同期，澳洲（包括新几内亚岛及其附近岛屿）有袋类化石有 3 目（袋鼬目 Dasyuromorphia、袋狸目 Peramelemorphia 和双门齿目 Diprotodontia）10 科 20 属。两洲丰富的有袋类与大陆漂移历史有关。在冈瓦纳时期，南美与澳洲有袋类区系界线很模糊。例如，澳洲有袋总目下的微兽目（Microbiotheria）微兽科（Microbiotheriidae）中，已发现的化石有 5 属，全部分布于白垩纪到渐新世南美。该总目下有一现生种南猊（*Dromiciops gliroides*），体形如小鼠，分布于中安第斯，是澳洲有袋总目在南美唯一现生代表[28]。

美洲有袋总目下的美洲古袋鼠（*Polydolops*，属于美洲古袋鼠目美洲古袋鼠科 Polydolopidae）在始新世分布区延伸至南极洲，短尾负鼠（负鼠目负鼠科 Didelphidae；上新世澳洲）化石是该总目在澳洲的最后代表。在演化进程中，随着澳洲与南美的分离，区系不断分化，两大总目下的类群分布逐步收缩到现今分布区（Fossilworks[6]，2017 年 5 月提取数据）。

迄今尚未发现澳洲有早期真兽类化石，表明冈瓦纳西部真兽类在澳洲板块与冈瓦纳分离前可能从未进入过冈瓦纳东部地区。从 45MaBP 开始，澳洲板块孤立于海上，动物区系独立演化。由于缺乏真兽类竞争，有袋类出现适应辐射，产生大量新种类，形成澳洲以有袋类为主体的兽类区系特征。这种特征一直延续至今。更新世以后，虽然有少量真兽类（如啮齿类、翼手类）进入，但至今没有改变有袋类的主体地位。

第三节 灵 长 目

世界人口分布地图显示，除了南北两极，人类几乎在所有地方都有分布，包括亚洲、非洲、欧洲、南美洲、北美洲和大洋洲。这种分布格局是怎么形成的？要回答这个问题，读者很容易想到欧洲殖民运动。然而，这不是答案，因为在现代欧洲殖民运动之前，各大洲已经有人居住了，如美洲印第安人（Amerindians）、澳洲土著人、新西兰毛利人（Maoris）、太平洋岛屿的波利尼西亚人（Polynesians）、欧洲白人、亚洲蒙古人、非洲黑人……这些人群在史前就有分布。他们从哪里来？

在动物分类学中，现代人属于灵长目人科（Hominidae）人族（Hominini）人属（*Homo*）

智人。人类有两种含义：广义人类是人属中所有物种，如直立人（*H. erectus*）、能人（*H. habilis*）、先驱人（*H. antecessor*）、海德堡人（*H. heidelbergensis*）、匠人（*H. ergaster*）、尼安德特人（*H. neanderthalensis*）、智人……；狭义人类是指今天仍然存在的智人，包括各大洲所有人群。由于一个物种称不上"类"（如当称呼现生大熊猫 *Ailuropoda melanoleuca* 时，不会称大熊猫类，只称大熊猫），从这里开始到本节结束，文中出现的"人类"是指人属中所有物种。

不同于人的分布区，现生非人灵长类动物分布于亚洲、非洲、美洲热带及其邻近区域，包括欧洲直布罗陀地区，非洲北部地中海边缘、撒哈拉沙漠以南、马达加斯加岛，阿拉伯半岛西南角，亚洲大陆南部、东南亚岛屿以及日本，北美南部（墨西哥低地），中美以及南美（亚马孙流域及其邻近地区）。这种分布格局表明，灵长类属于喜温类群，分布区以热带为中心（图 5-3）。

图 5-3 现生非人灵长类全球分布示意图

一、关于灵长目

1. 灵长类形态学特征

灵长类是指灵长目中的种类。"长"读 zhang，上声；意指"灵性得到增长的动物"。该目拉丁名是 Primates，词根是 primitive，意指"原始的"。从字面来理解，中西文含义似乎刚好相反。这种矛盾与这个目的显著特征有关系。第一，这个目的所有种类均为五指/趾型，亦即附肢端部有 5 指/趾。这是爬行类的特征，属于兽类的祖征。第二，指/趾端由角蛋白形成甲（其他目要么是蹄，要么是爪；要么完全退化，没有角蛋白保护）。

第三，对指/趾型：拇指/趾与其他四指/趾分开并对握。第四，与其他目相比，灵长目大脑皮质发达，在生存竞争中使用智力是这个目显著的行为特征。第五，灵长目所有种类吻部不同程度扁平，眼眶前置，视线平行，视野重叠，立体视觉（亦称双筒视觉）。这些特征是在长期的演化历史中逐步出现并积累形成的。演化早期，动物具备部分灵长目特征，并保留部分原始兽类特征。这种过渡性导致分类学观点出现差异。例如，现生树鼩（*Tupaia*）形似松鼠，但出现了对指型。一些作者将树鼩划归灵长目，其他作者将其独立成树鼩目。在古生物学中，一些化石仅具备部分灵长目特征，被称为类灵长类（Primate-like）、原灵长类（Proto-primate）或者灵长型先驱（Primatomorph precursor）。由于分类观点差异，不同作者给出的灵长类起源时间不同。

2. 现生灵长类的分类和分布

灵长目现生类群有约 16 科 81 属 447 种[29-32]。基于演化程度，灵长目分为原猴亚目（Prosimii）和类人猿亚目（Anthropoidea）。原猴亚目也叫狐猴亚目（Prosimii），分布于马达加斯加岛（狐猴类 Lemurs）、南亚、中国南部和东南亚（眼镜猴类 Lorises、跗猴类 Tarsiers）。原猴类吻部较长，鼻骨凸起，眼眶分置两侧，大体形态更似狐。类人猿亚目也叫猿猴亚目，包括阔鼻下目（Platyrrhini，或称新大陆猴类）和狭鼻下目（Catarrhini）。猿猴类吻部较短甚至面部扁平，眼眶前置形成双筒视觉，不同程度像人。其中，阔鼻类分布于中、南美洲，南美洲见于亚马孙流域。狭鼻类包括旧大陆猴类（即猴超科，Cercopithecoidea，或称狭鼻猴类）和人猿类（Hominoidea）。旧大陆猴进一步划分为疣猴科（Colobidae）和猴科（Cercopithecidae），分布于亚洲、非洲以及欧洲西南角直布罗陀。人猿类包括小猿类（即长臂猿类）和大猿类（各类猩猩和人类）。小猿类分布于孟加拉国和印度东北角以东、中国南部（云南、海南）以南地区。非人大猿类分为亚洲大猿和非洲大猿；亚洲大猿类（即猩猩 *Pongo*）分布于马来西亚和印度尼西亚，非洲大猿类（包括黑猩猩属 *Pan* 和大猩猩属 *Gorilla*）分布于非洲。在类人猿亚目中，猴类与人猿类最明显的差异是猴类有尾，人猿类无尾。

二、类灵长类的起源和分布变迁

依据化石记录，最早的灵长型先驱动物是晚白垩纪的普尔加托里猴（*Purgatorius*，约 66MaBP，美国蒙大拿州普尔加托里山 Purgatory Hill[13]），体长 15cm，体重大约 37g，吻部长、尖、凸起，眼眶位于左右两侧，形似老鼠；昼行性，食虫，营洞栖生活。其次是古新世末、始新世初的更猴（*Plesiadapis*，58～55MaBP，北美和欧洲[33]）。更猴种类很多，现已发现化石 18 种（Fossilworks[6]，2018 年 5 月数据）。许多化石保存完整，软组织和毛发在化石上均留下印痕。更猴体重约 2.1kg；尾部多毛，营树栖四足攀爬生活，类似树鼩和松鼠[34,35]。与普尔加托里猴相比，更猴吻部略短，更显扁平化；眼眶开始向面部中心靠拢，整体形态学特征更接近灵长目特征[36]。这表明，更猴更接近真正的灵长类。由于还有部分原始兽类特征（如肢端有爪，拇指/趾尚未对握），普尔加托里猴和更猴是否属于真正的灵长类，分类学尚存争议。形态特征反映从原始兽类到灵长类支系的演化渐进性：普尔加托里猴代表该支系在古新世的特征，更猴代表始新世的特征。

形态学特征的演进以及化石年代和分布表明，类灵长类可能起源于古新世北美。此时，地质很活跃，北美几条大山脉（包括落基山）处于隆升过程中。在地理上，北大西洋还非常狭小，尤其是格陵兰周边海区；时隐时现的陆桥间断性地连接着北美与欧洲。气候总体温和湿润，格陵兰分布着亚热带植被。这些条件促进了欧洲与北美的区系交流，类灵长类通过陆桥扩散进入欧洲。始新世初，兔猴科（Adapidae）和更猴出现在欧洲特提斯海边（法国），加入到欧洲动物区系中。随后，它们向亚洲扩散，最终进入中国。古新世，加勒比海洋分隔南美洲和北美洲，特提斯海（从中国延伸到欧洲）将非洲、印度与欧亚大陆分隔，澳洲尚未脱离冈瓦纳，与亚洲远隔重洋。因此，类灵长类无法扩散到这些大陆。类灵长类在北美和欧亚的分布是古新世类灵长类的全球分布格局［图5-4（a）］。

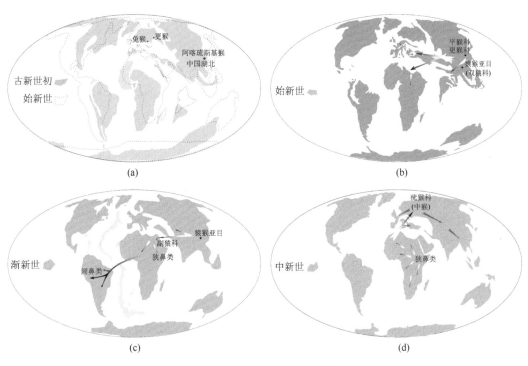

图 5-4 早期灵长类的扩散

（a）类灵长类和灵长目；（b）灵长目的扩散；（c）猿猴亚目的扩散；（d）狭鼻类的扩散

三、现代灵长类的起源和分布变迁

1. 灵长目的早期分布区及其变化

灵长目最早成员可能是始新世初的阿喀琉斯基猴［*Archicebus*，湖北荆州，

55MaBP[37]；图 5-4（a）]，目前仅发现 1 种，即 *A. achilles*，体形极小，体重为 20～30g，吻部较更猴进一步扁平化，眼眶基本朝向前方，双筒立体视野出现，对握指/趾型。这些特征表明，该种属于灵长目。阿喀琉斯基猴跟骨和距骨与猿猴类相似，附肢骨与跗猴相似；这表明，它可能是最接近跗猴类和猿猴类共同祖先的类群。这个祖先类群也是灵长目狐猴亚目祖先类群的近亲。随后的地质时期里，灵长目化石见于欧洲、非洲、北美以及东南亚和南亚[34]。

阿喀琉斯基猴化石可能表明灵长目起源于始新世中国/亚洲。始新世初，地球处于始新世极热事件中，是陆生动物区系发生重大变化的时期。许多现代兽类，如最早的偶蹄类、奇蹄类和啮齿类，此时取代了原始兽类。灵长目起源后，随着原猴类的发展，分布区不断向西扩展进入欧洲的同时，相继取代了亚洲和欧洲的类灵长类。北美与欧亚大陆北部有连续森林分布。欧洲北极圈以内以及中国山东有平猴科（Paromomyidae）、更猴科（Plesiadapidae）和其他热带动物分布[36,38]［图 5-4（b）]。始新世初（约 50MaBP），随着印度板块开始与亚洲大陆接触，印度半岛形成[39]，亚洲原猴类扩散进入印度。非洲板块已经进一步接近欧洲南部，其西北部有一海域，西连大西洋，东接特提斯海，将非洲西北角与非洲大陆其余部分分隔开。特提斯海域进一步缩小。海退时，海中岛屿与大陆发生陆连，为非洲、欧洲和亚洲的动物扩散提供通道。原猴类借此通道扩散进入非洲北部。在欧洲，原猴类经过格陵兰陆桥扩散进入北美。南美和澳洲尚未脱离冈瓦纳，与北方大陆远隔重洋。因此，始新世灵长类的全球分布区包括欧亚大陆、北美以及非洲北部。在始新世末大断裂事件（见第七章）中，灵长目一度从欧洲消失。在后续演化中，该目重新殖民欧洲。

跗猴类与猿猴亚目分化后，跗猴类多样性不高，包括几个灭绝的化石属和现生的跗猴科（共 3 属 11 种，分布于东南亚岛屿）。猿猴亚目类群丰富，有曙猿科（Eosimiidae，灭绝类群）、双猿科（Amphipithecidae，灭绝类群）、阔鼻类和狭鼻类[32,40]。曙猿科是猿猴亚目最早的成员，化石分布区以始新世中国为核心，并扩展到巴基斯坦和缅甸[41]；渐新世灭绝（Fossilworks[6]，2018 年 5 月数据）。其中，始新世中期的曙猿属（*Eosimias*）是最早化石属，属中最早成员是中华曙猿（*E. sinensis*，江苏溧阳上黄镇，45～40MaBP）；同属另一成员——世纪曙猿（*E. centenicus*）被发现于晚始新世山西垣曲[42]。双猿科化石见于晚始新世到早渐新世巴基斯坦、泰国和缅甸。因此，猿猴亚目的起源地可能在中始新世中国或者东亚。随后，它们向西扩散进入欧洲和非洲［图 5-4（b）]。

2. 阔鼻类和狭鼻类的分化及分布区演变

进入非洲后，猿猴亚目开始大发展，演化出阔鼻类和狭鼻类。

1）阔鼻类

猿猴亚目可能在晚始新世（约 40MaBP）非洲分化，形成阔鼻类和狭鼻类。地处埃及开罗西南 100km、撒哈拉沙漠东部边缘的法雍（Fayum）是重要的化石挖掘地。法雍沉积的地质年代尚有争议。据 Fleagle [34]，这里的地质年代应该是始新世末、渐新世初的交替期（约 34MaBP）。法雍的始新世副猿科（Parapithecidae，约 40～33MaBP[43]）形态学上有狭鼻类和阔鼻类共同祖先的特征；原始新猿科（Proteopithecidae）下的原始新猿属（*Proteopithecus*）的齿式[①]、头盖骨以及后颅骨的许多特征与阔鼻类相似，被认为是阔鼻类的祖先类群（引自 Fleagle[34]）。因此，阔鼻类与狭鼻类分化地点可能在晚始新世埃及或者非洲［图 5-4（c）］。阔鼻类的化石和现生种全部分布于南美，最早化石见于渐新世中晚期（29～24MaBP），比法雍动物群晚 5～10Ma[34]。形态学特征和化石年代差异表明，现今南美的阔鼻类起源于非洲。支持这种观点的关键在于对扩散路径的解释。渐新世，北美分布的是类灵长类（兔猴）和原猴亚目的种类，尚未发现有猿猴类化石。因此，南美阔鼻类不可能来自北美。目前，灵长类学界普遍接受跨越南大西洋学说。该学说认为，渐新世早期，大西洋出现海退，大量海底露出水面成为陆地，洋面宽度大大缩小，约为现今宽度的 2/3。由于地壳上升，大西洋总体上是浅海；今天淹没在海水下的塞拉利昂海隆（Sierra Leone Rise）[②]和鲸湾海脊（Walvis Ridge）[③]当时可能露出海面，形成一系列小岛。这些小岛间以及大陆与小岛间可能存在间断性陆桥。阔鼻类可能于中渐新世通过"摆渡"或者岛屿跳跃方式扩散到南美[34]。啮齿类化石情况相似：同期出现在南美的啮齿类化石（也是啮齿类在南美的最早记录）形态学特征与非洲法雍类群很相似，表明这条跨越路径存在的可能性极高[44]。

进入南美后，阔鼻类出现适应辐射，分布区扩张，形成各科的早期类群[32,40]。此时，灵长目分布区达到最大范围，包括南北美洲、亚欧大陆以及非洲。

2）狭鼻类

狭鼻类可能最早出现于早渐新世东非。渐新世，特提斯海在收缩。非洲板块东北角分裂出来，形成阿拉伯半岛，并与欧亚大陆开始接触。伊朗高原和东非抬升，加剧周边干旱，热带雨林向西（今刚果河流域方向）退缩，促进了狭鼻类的发展。此时的狭鼻类既有猴类特征，也有猿类特征，如出现于早渐新世的埃及猿（*Aegyptopithecus*，体长 56～92cm；30MaBP，埃及法雍[45,46]）和原上猿（*Propliopithecus*，体长 40cm；33MaBP，埃及法雍[47]；Fossilworks[6]，2019 年 3 月数据）。卡莫亚猿（*Kamoyapithecus*；27.5～24.2MaBP，肯尼亚[48]）和原康修尔猿（Proconsulidae，28.4～23.0MaBP，肯尼亚、乌干

[①] 哺乳类的牙齿，一般都是异型齿，分为门齿、犬齿、前臼齿和臼齿。它们的数目和排列称为齿式（dentition）。例如，人的齿式是 2·1·2·3，表明将上下颌等分为四部分，每一部分有门齿 2 枚、犬齿 1 枚、前臼齿 2 枚、臼齿 3 枚。不同哺乳类齿式不同。因此，齿式是兽类分类学的重要依据。

[②] 塞拉利昂海隆位于大西洋东赤道，是一条整体呈西北—东南走向、从非洲塞拉利昂海岸附近延伸到大西洋中脊圣保罗断裂带的不连续海山链，深度仅 2km。

[③] 鲸湾海脊是南大西洋洋脊，全长超过 3000km，从特里斯坦—达库尼亚群岛（Tristan da Cunha）和高夫群岛（Gough Islands）附近的大西洋中脊延伸到 18°S 的非洲海岸。

达；Fossilworks[6]，2019 年 3 月数据）出现于晚渐新世。原康修尔猿已经具备狭鼻类的全部解剖学特征[49]，完全不同于阔鼻类。形态学特征的变化显示，随着时间推移，这些早期狭鼻类呈现出越来越多的猿类特征，总体向着猿类方向演化。

从早渐新世开始，格陵兰与欧洲间的距离逐步增大，北美与欧洲间的陆桥逐步消失。气温下行导致气候带南移，低温阻碍喜温的灵长类通过白令陆桥进入北美，亚欧与北美间的区系交流逐步中断。随着气温进一步下降，欧洲和北美类灵长类以及原猴类相继灭绝。到渐新世末，灵长目分布区收缩到亚洲、南美和非洲[34]，与现生非人灵长类分布格局相似。

3. 猿猴类的分化及分布演变

狭鼻类旧大陆猴类（即猴超科 Cercopithecoidea）与猿类（即人猿超科）的分化可能发生在中新世。旧大陆猴最早化石出现于中新世东非，如维多利亚猴科（Victoriapithecidae，肯尼亚维多利亚湖附近，22MaBP；Fossilworks[6]，2019 年 3 月数据）和原长臂猿（*Prohylobates*，利比亚和埃及，16.9～15.97MaBP；Fossilworks[6]，2019 年 3 月数据）。这表明，猿猴分化地点在非洲东北部。分子生物学研究认为，猿猴分化时间在渐新世末期约 25MaBP[50]。猿猴分化代表着旧大陆猴类和猿类独立演化历程的开始。旧大陆猴诞生后，没有立即发生适应辐射，演化历程在整个中新世非常缓慢。同一时期，猿类得到大发展，占据灵长目主体地位。这种状况持续到上新世。

旧大陆猴出现后，分布区开始缓慢扩展，进入非洲其他地区和欧亚大陆。中新世中后期，中猴（*Mesopithecus*，11.6MaBP[51]）首先出现在东欧和南欧（化石见于今马其顿、保加利亚和乌克兰），随后扩散到欧洲中、西部和西亚（Fossilworks[6]，2019 年 3 月数据）。中猴曾经被认为是印度长尾叶猴（*Semnopithecus*）甚至整个疣猴科的祖先；但潘汝亮及其同事认为，中猴与仰鼻猴（*Rhinopithecus*，亦即金丝猴）及越南白臀叶猴（*Pygathrix*）的亲缘关系更近[52]。由于它是目前发现的疣猴类最早化石成员，而且兼具不同属的特征，可能是疣猴科的最早成员。因此，疣猴科可能起源于中新世中后期欧洲东部［图 5-4（d）］。

疣猴类起源后，向西扩散进入欧洲中、西部，向南进入非洲；向东扩散，于第四纪进入亚洲（化石发现地包括更新世中国、泰国、马来西亚、印度尼西亚；Fossilworks[6]，2019 年 3 月数据）后出现适应辐射，形成优势类群（包括现生各种叶猴、金丝猴、长鼻猴 *Nasalis*、白臀叶猴和豚尾叶猴 *Simias*）。西瓦叶猴（*Presbytis sivalensis*）被发现于印度次大陆西瓦里克晚中新世 8MaBP 地层，曾经也被认为是亚洲最早疣猴类。然而，每次谈及这个化石，作者们都加一个问号[34,53]，表明其分类尚存疑惑。上新世，气温急剧下行，疣猴类在欧洲开始衰落。更新世，疣猴类分布区彻底退出欧洲。受更新世冰川影响，亚洲疣猴类分布区向南收缩。例如，菲氏叶猴（*Trachypithecus phayrei*）于晚更新世出现在湖北郧西黄龙洞（Fossilworks[6]，2019 年 3 月数据），目前在中国仅分布于云南元江以西地区[54]。疣猴类目前分布于非洲、亚洲南部以及东南亚，但以东南亚为分布核心。

猴科最早化石见于中新世末（5.332MaBP）中国、阿尔及利亚和意大利（Fossilworks[6]，2018年5月数据）。尚不清楚确切起源地。在后期演化中，上新世和更新世是猿类衰落期，同时是旧大陆猴繁盛期，猴科得到发展，产生许多新类群。上新世猴类化石主要分布在欧洲和非洲，更新世扩散到欧亚非各地。冰期气候可能导致猴科在欧洲走向灭亡，仅在直布罗陀地区保留了一种，即蛮猴（*Macaca sylvanus*）。

喜温的旧大陆猴没有成功跨越白令陆桥进入北美。更新世冰川导致旧大陆猴基本退出了欧洲，亚洲分布区也在向南退缩，最终形成现代分布格局。疣猴类与猴类分别在亚洲和非洲繁盛，形成两大洲间的地理替代。

从阿喀琉斯基猴出现以来的55Ma里，超过95%的时间，地球处于相对温暖期。更新世开始以来的2.5Ma是地球寒冷期。这种气候变化促使一些类群开始适应寒冷环境，如日本猴、河南太行山猕猴（*M. mulatta*）、云南部分长臂猿、贵州麻阳河黑叶猴（*Trachypithecus françoisi*）以及印度长尾叶猴（*Semnopithecus entellus*）。其中，日本猕猴和太行山猕猴对高纬度寒冷环境产生适应，长臂猿、麻阳河黑叶猴、仰鼻猴以及印度长尾叶猴对高海拔寒冷环境产生适应。在应对寒冷的挑战中，川金丝猴（*R. raxelanae*）在入冬前食物丰富时大量进食，在体内蓄积能量，以度过食物短缺的寒冬[55]。同时，通过与肠道微生物的协同演化，前、后肠中的微生物降解寒冷环境中富含粗纤维的食物，川金丝猴摄取能量的效率得以提高[56]。

四、猿类的起源和分布变迁①

1. 长臂猿

猿类最早可以追溯到晚渐新世卡莫亚猿[48]以及原康修尔猿。这些类群是原始狭鼻类向猿类演化的开始类群。中新世早期，猿类化石遍布欧亚非，已发现的化石种类多达18属，体重最大者已达60kg[34]。因此，猿类应起源于东非，随后向非洲和欧亚大陆各地扩散。

猿类中，长臂猿（Hylobatidae，又称小猿类）与人类形态学特征差异最大，是最早偏离人类演化主线的类群。目前尚未发现长臂猿的最早化石记录，所有化石均出现于中国、越南和印度尼西亚晚更新世地层（Fossilworks[6]，2018年5月数据），化石年代显然晚于实际分化年代。中新世中期分布于利比亚和埃及的原长臂猿已经具备部分长臂猿特征，但更多特征显示它们属于旧大陆猴，是猿猴分化前的状态。分子生物学数据显示，

---

① 在灵长类分类学中，猿和猴外在最明显的差异是尾：尾是兽类祖征，在猿类中消失。按照体型划分，猿类可以分为大猿和小猿。小猿是长臂猿，首先从向人类演化的主线中分离。分离后，人类演化的主线由各时期大猿组成。从猿到人是个逐步演化的阶段。现生猿和人的最大差异在于犬齿的发育程度：猿类有发达的犬齿，而且上犬齿与下第一前臼齿之间形成珩磨复合体（honing complex，即上犬齿与下第一前臼齿边沿锋利，相互咬合，用于珩磨食物）；人类缺乏珩磨复合体。依据这个特征，南方古猿及其后人属各物种均缺乏珩磨复合体，黑猩猩及之前各类群拥有这一特征。我国文献中，长期以来对类人猿、人猿和猿人的概念划分模糊。本书将拥有这一特征的类群定义为猿，其中形态似人（如直立二足行走）的种类归为类人猿（简称人猿）；将不具备这个特征的类群定义为人，其中人属（*Homo*）以外的种类归为猿人。

长臂猿的分化时间大约在中新世中期 16.8MaBP[57]，与原长臂猿的化石年代（16.9～15.97MaBP）不谋而合。由于现生长臂猿仅分布于亚洲，化石也仅发现于亚洲，因此长臂猿可能起源于亚洲，而且分布区从未超出亚洲。然而，如果原长臂猿与长臂猿存在演化上的直接关系，那么长臂猿可能起源于非洲，然后扩散至亚洲，并在亚洲繁盛。如果这种推测正确，那么未来可能会在非洲或西亚发现年代较原长臂猿稍晚、形态学特征更像现生长臂猿的狭鼻类化石。

2. 猿和人

随着长臂猿分化，大猿类出现，并开始向前演化。

在大猿类演化历程中，猩猩亚科（Ponginae）最早分化。猩猩亚科现生类群仅有猩猩属 3 种，分布于马来西亚和印度尼西亚。最早化石是中新世中期西瓦古猿（*Sivapithecus*，印度次大陆西瓦里克山，12.2MaBP）和中新世后期科拉特古猿（*Khoratpithecus*，泰国清迈，9MaBP）[58,59]。稍后化石见于中国、泰国、缅甸、尼泊尔、印度、巴基斯坦、土耳其以及非洲肯尼亚[60]。因此，猩猩类应该起源于亚洲，分化时间比长臂猿晚几百万年。猩猩类形成后，向各地扩散，并演化出亚科中其他类群，如云南禄丰古猿（*Lufengpithecus*，中新世）和广西柳城巨猿（*Gigantopithecus*，中新世—更新世晚期）。进入非洲的类群于上新世灭绝，分布区逐步向东南亚退缩，最后演变成现代分布格局。

在后续演化中，非洲大猿类与人类发生分化。现生非洲大猿类有倭黑猩猩（*Pan paniscus*）、黑猩猩（*P. troglodytes*）和大猩猩，化石类群有森林古猿（*Dryopithecus*）。有观点认为，非洲大猿类起源于欧洲或者西亚，随后扩散进入非洲[61]。大猩猩族（Gorillini）分化最早；其中，晚中新世脉络猿（*Chororapithecus*，埃塞俄比亚，10.5～10MaBP）可能是最早大猩猩类[62]。这表明，大猩猩至少在 10ma 便在非洲脱离了人类演化主线。晚中新世地层中还有两个较早的猿类：欧兰猿（*Ouranopithecus*）和纳卡里猿（*Nakalipithecus*）。欧兰猿有两个种：马其顿欧兰猿（*O. macedoniensis*，马其顿，9.6～8.7MaBP[63]）和土耳其欧兰猿（*O. turkae*，土耳其，8.7～7.4MaBP[64]）。关于演化地位，有观点认为欧兰猿属于森林古猿族（Dryopithecini）[65]或者猩猩亚科[66]。由于与早期人族成员拥有许多共同特征，欧兰猿可能是人族祖先，是南方古猿和人类演化的先驱类型[67,68]。纳卡里猿（肯尼亚，10MaBP）年代略早于欧兰猿[69]，形态学特征近似欧兰猿，同时与人族祖先非常相似。据此推测，类人猿起源于非洲，随后扩散至西亚和欧洲。此后，人猿类演化进入人族发展阶段。

在中新世末猿类开始衰落的大背景下，人族向前发展。其中，黑猩猩与南方古猿（Australopithecinae）首先分化。已知黑猩猩化石很少，仅在东非大裂谷更新世地层中发现一例[70]，年代晚于实际分化时间。DNA 序列分析结果认为，黑猩猩可能分化于 12～5MaBP[71]；或者更准确些，是在中新世末期 6～5MaBP[72]。分化地点有待进一步研究。

黑猩猩分化后，大猿演化进入二足行走的猿人时代。上新世初非洲，猿人类发生一次小的适应辐射，出现南方古猿属（*Australopithecus*）、地猿属（*Ardipithecus*）、肯尼亚人属（*Kenyanthropus*）以及其他类群[27,73,74]。所有这些类群均已二足行走；但是，它们还有许多猿的特征（如脑量尚小），故属于猿人。南方古猿属已知有 7 化石种。其中，南方古猿阿法种（*A. afarensis*，上新世中期到后期）以及同时期的南方古猿非洲种（*A. africanus*）被怀疑最有可能是人属的直接祖先[30,75]，但尚无法确定哪个种的可能性更大。Fleagle[34]认为，南方古猿阿法种是人属的祖先类群。

3. 人类诞生和走出非洲

人属在上新世末期 2.8MaBP 出现于非洲，标志着人类的诞生，地球从此进入人类演化历史。化石记录显示，该属共有 8 种[76]，最早成员是上新世末能人（埃塞俄比亚阿发，2.8MaBP[77]）。据此推测，人类起源于东非。化石分布显示，能人似乎从未走出东非（Fossilworks[6]，2018 年 6 月数据）。有观点认为[34]，鲁道夫人（*H. rudolfensis*）是能人的姊妹种，直立人的祖先种。

1）直立人

直立人是人属中存在时间最长的物种。最早化石发现于黑海边高加索 1.8MaBP 早更新世地层[78]。这表明，直立人起源地在欧洲或者高加索附近的亚洲。从这里，直立人向非洲、欧洲以及亚洲扩散（后期化石发现于北非、东非、意大利、叙利亚、中国以及印度尼西亚），并在各地形成亚种，如云南元谋人（*H. erectus yuanmouensis*，1.7MaBP）和周口店北京人（*H. e. pekinensis*，780～680kaBP）。元谋人代表着早期人类在中国和东亚的分布[79,80]。北京人（传统称之为北京猿人或中国猿人）比元谋人晚约 1Ma[81]。也有观点认为直立人在 2MaBP 已出现[82]。根据奥杜韦文化①中石器的特点、地理分布以及出现年代，文化人类学研究结果认为直立人起源于东非。随后，从东非开始向南扩散，但未抵达西非；1.9MaBP 经过黎凡特走廊和非洲之角向欧亚大陆扩散[83]。在 1.9MaBP 的撒哈拉湿润期，黎凡特走廊和非洲之角拥有许多大湖泊和河流，环境湿润，适宜欧亚大陆和非洲间的动植物区系扩散交流（见第四章撒哈拉水泵理论）。直立人就在此时与其他物种一起通过这两个地区扩散进入欧亚大陆，并迅速向其他区域扩散。约 1.7MaBP，直立人扩散到印度尼西亚爪哇，1.66MaBP 进入中国，并在 1.3MaBP 扩展至 40°N 区域

---

① 奥杜韦文化是人类先祖能人创造的石器文化，是地球上目前发现最早的人类制造的石头工具，由古生物学家路易·李基（Louis Leakey）及其妻子玛丽·李基（Mary Leakey）在东非大裂谷中的奥杜韦峡谷（Olduvai Gorge）发现。最早奥杜韦石器年代为 2.6MaBP，见于埃塞俄比亚冈纳（Gona）。这种文化在非洲一直持续到 1.5MaBP。在欧亚大陆，这种文化最早见于中国安徽人字洞、四川龙骨坡以及巴基斯坦 2MaBP 地层。其他发现地有印度和印度尼西亚。从这些石器及其伴生的古人类化石推测，奥杜韦文化从能人向直立人和弗洛勒斯人甚至智人传递。通过种间传递，实现了这种文化从非洲向欧亚大陆的扩散。奥杜韦文化表明，人类文化的演化历史不是单一物种实现的，而是多物种共同参与实现的。

（如河北阳原县泥河湾盆地），1.25MaBP 在欧洲分布至 47°N 地区。在中国，考古学发现，1.27MaBP 山西西侯度有直立人用火的痕迹[84]。北京周口店龙骨山有两个人类化石发现地，一个在山顶，一个在山下。在山顶发现的山顶洞人属于智人，在山下发现的北京人是直立人。化石年代测定结果表明，周口店直立人的年代是 780~680kaBP[81]。在西班牙，直立人化石最早年代大约是 1.2MaBP[85]。依据化石分布，直立人是除智人外在旧大陆分布最广的人种。目前尚未发现直立人在旧大陆以外分布的证据。

据 Strait 等[76]，直立人有 3 个后裔种：海德堡人、尼安德特人和智人。但是，Humphrey 和 Stringer[86]认为，智人是海德堡人的后裔。

2）尼安德特人

化石记录显示，尼安德特人大约在 120kaBP 出现于非洲地中海沿岸，并广布欧亚大陆；灭绝时间大约在 40kaBP（Fossilworks[6]，2018 年 6 月数据）。分子生物学研究结果给出的起源年代大约在 800~200kaBP。尼安德特人起源后，自西向东扩散到达西南亚和中亚，最北抵达西伯利亚阿尔泰山（未发现抵达东亚的证据）。这个人种对环境有较强适应能力，能够生活于 60kaBP 英格兰和西伯利亚寒冷的干草原以及 120kaBP 西班牙和意大利温暖林地中[86]，约 40kaBP 灭绝。灭绝的可能原因有：①面对后来的智人时处于竞争劣势，最后被智人取代。这个观点似乎得到了下面的研究支持。Adler 等[87]对制造工具的石材进行比较后发现，南高加索的尼安德特人有 95%的石材采自当地，而智人从更广阔的外地获取石材。这表明，同时代的智人可能有更具有优势的社会组织（即强大的社会网络）以促进个体间合作，群体行为特征表现出更大的开拓性；而尼安德特人表现得比较保守，从而导致种间竞争实力逊于智人，在生存竞争中被智人排斥，最终灭绝。②与智人通婚后，因为混血而失去独立的存在形式，从而消失。这个观点意指尼安德特人事实上血缘还在。通过尼安德特人和现代智人基因组的比较研究发现，尼安德特人与智人欧亚人群（法兰西人、中国汉人、巴布亚—新几内亚人）拥有 1.8%~2.6%的共同等位基因[88]，而与非洲撒哈拉以南区域人群没有这样的相似性[89]。另一项报道认为这个比例更高达 3.4%~7.3%[90]。东亚人群拥有来自尼安德特人基因的比例（2.3%~2.6%）高于欧洲人群（1.8%~2.4%）[88]。因此，目前的证据对通婚学说更有利。

3）龙人

倪喜军及其团队最近从哈尔滨东江桥的上黄山组沉积中发现一新人种龙人（*Homo longi*；晚更新世 148±2kaBP），其形态学特征与智人最接近[91,92]。由于化石分布点有限，无法重构该物种的起源地和分布区的演变历史。

4）智人

智人最早化石见于 315kaBP 北非摩洛哥[93]。此前，最早智人化石被发现于埃塞俄比亚 200kaBP 地层，因此传统观点认为智人起源于东非[94]。依据摩洛哥化石，智人起源地应该在北非地中海沿岸。智人形成后，开始向外扩散，过程很复杂。

首先，从起源地向外扩散到全球是多波次实现的，而非一次性完成。多波次扩散的推动力是环境变化。基因组学研究结果[95]认为，非洲智人大约在 260kaBP 即已抵达南部非洲，这应该是第一波扩散中实现的分布区扩展。大约在 130kaBP 或稍晚，智人抵达中非[96-100]。尚无证据表明智人最早抵达西非的时间。从北非向欧亚大陆扩散中，第一波离开非洲的智人大约在 185kaBP 抵达黎凡特走廊，并于 177kaBP 走出非洲抵达以色列[101]。进入东亚后，一部分种群经过白令陆桥进入北美，于 130kaBP 抵达加利福尼亚南部[102]；另一部分于 125kaBP 抵达中国。但是，这些人群后来灭绝了[103]。

其次，一些种群在新区域成功建立了稳定连续种群，而其他种群因为没有成功而灭绝了。失败地区又被后来种群占据。例如，智人大约在 185kaBP 抵达黎凡特走廊，并于 177kaBP 走出非洲到达以色列。但是他们灭绝了。大约 80kaBP，智人再次殖民这些地方，成功建立稳定连续种群，并延续至今[103]。

最后，成功建立起来的稳定连续种群在发展一段时间后，又反向扩散回原住地。例如，智人从北非首次向外扩散后，于 130kaBP 在非洲形成两支：一支分布于南部非洲，早期来自东非，携带 L_0 单倍型线粒体 DNA，是南非科桑（Khoi-San）族人的祖先；另一支分布于中非和东非，携带 L_{1-6} 单倍型线粒体 DNA，是其他智人的祖先。约 120～75kaBP，携带 L_0 的人群又从南非向东非扩散[104]。这些因素使扩散过程复杂化，至今尚无足够证据来准确重构智人在全球的扩散过程。由于证据差异，学者们提出大体相同、但细节上存在差异的扩散路线图。

López 等[103]认为，现代智人走出非洲的时间是 125kaBP，路径有两条：其一是南线，起点在红海南端吉布提与也门之间的曼德海峡（Babel-Mandeb）；其二是北线，起点在尼罗河谷（图 5-5）。

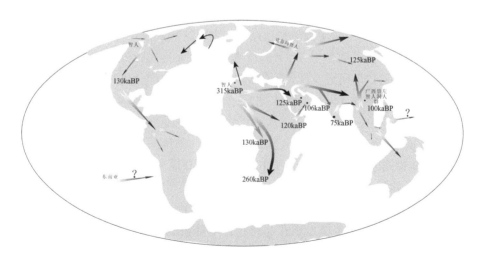

图 5-5　现代智人首次成功扩散路线示意图

（1）南线。大约在125kaBP，红海海平面较低，曼德海峡狭窄。智人以这里为起点，跨越海峡后在阿拉伯半岛定居。据石器研究，智人最早于125kaBP定居于阿拉伯联合酋长国[105]，106kaBP定居于阿曼[106]。这些种群继续向东，跨越伊朗、巴基斯坦，并沿着喜马拉雅南麓扩散。化石记录显示，智人于100kaBP已抵达中国南部，如广西崇左智人洞人群[107]。柳江人可能属于这个群体，但年代测定结果还有争议。

沿着南线扩散过程中，智人至少在75kaBP已经成功定居于印度次大陆（印度南部加拉普姆Jwalapuram）。65～40kaBP，他们从这里沿着南亚沿海继续扩散进入东南亚，并成功殖民澳大利亚[108,109]。直立人在扩散时，沿着小巽他群岛跨越了巴厘、龙目等岛屿，但止于弗洛勒斯（Flores）岛，未能继续前进。智人抵达小巽他群岛时，海平面非常低，大量陆连出现；澳大利亚现今处于水下的许多区域在当时出露水面，成为陆地。因此，智人在小巽他群岛大部分区域的扩散不受影响。唯一的障碍可能是韦伯线①附近海区，当时宽约90km。跨越这一海区需要航海技能。目前尚不清楚他们跨越韦伯线海区的具体方法。

南线智人继续沿着东亚海岸线向北扩散，最后进入中国和当时作为亚洲大陆边缘地区的日本，与北线智人相汇。

（2）北线。智人沿尼罗河谷、西奈半岛进入以色列和叙利亚，经中亚逐步扩散至东亚。由于尼安德特人主要分布于欧亚大陆中纬度地区，北线智人扩散过程中与尼安德特人相遇，发生竞争，出现通婚。北京周口店的田园洞人是东亚最早现代人之一，化石年代大约为40kaBP[110]，比南线智人抵达广西崇左智人洞的时间稍晚，但比更早发现的周口店山顶洞人年代稍早（山顶洞人约为34～27kaBP）。DNA序列分析结果显示，田园洞人所属的种群是许多现代东亚北方人和美洲土著人的祖先[111]；同时，它还有相当成分的尼安德特人基因[112]，表明现代人与尼安德特人的通婚与混血。东亚人群3p21.31染色体渗透了18个尼安德特人基因。这些基因在人群中的频率从45kaBP开始缓慢而稳定增长；5.0～3.5kaBP，基因频率突然快速增长，表明这些基因对过去5000年以来的东亚环境特征有特殊适应性。阿伊努人（Ainu）是东北亚原住民，分布于堪察加半岛、库页岛、北海道。种群遗传学研究发现，阿伊努人代表早期族群分化时期的状态：他们与西伯利亚人在新石器时代前（即更新世末期）有血缘关系[113]，与蒙古人在35kaBP开始分化[114]。这表明，现代人可能至少在35kaBP就已抵达东北亚及其岛链。

现代智人抵达美洲的时间不会早于23kaBP[115]。传统理论认为，在更新世冰期海平面显著下降时，智人通过白令陆桥进入北美，成为美洲最早原住民，即美洲印第安人[116]。这个理论指出，营狩猎生活的东亚智人跟随更新世大型动物，沿着西伯利亚劳伦冰原和北美科迪勒拉冰原间无冰的生境走廊扩散进入北美。抵达北美后继续向南扩散，最后到达南美。其实，无冰生境走廊并非跨越白令陆桥的必须条件，因为智人已经会制造和使用工具割取动物毛皮以裹身御寒、凿制冰屋以定居，并已掌握可控火的使用技

---

① 韦伯线（Weber's line）位于华莱士海区，华莱士线东南侧。详见第八章。

能[117,118]。值得注意的是，最近的遗传学研究发现，南美亚马孙原住民与东南亚太平洋岛民存在着某种直接的遗传联系[119]；这暗示，南美智人不是通过北美扩散而来的。如果是这样，就可能有一条未知的、从东南亚到南美的扩散途径存在。

北线智人向东亚扩散过程中，定居于中东、营狩猎生活的克鲁马努人（Cro-Magnon）在追逐冰期干草原动物过程中逐步向西扩散抵达欧洲。大约于 50kaBP 从中东扩散，翻越伊朗西北部、土耳其东部的扎格罗斯山脉（Zagros Mountains）抵达中亚；然后西进，于 45～43kaBP 抵达意大利、不列颠以及北欧[120,121]，40kaBP 抵达俄罗斯北极地区[122]。殖民欧洲的过程总共耗时 15～20ka[123,124]。在向欧洲扩散过程中，克鲁马努人与尼安德特人通婚混血程度非常有限[124]。

至此，智人完成了初次全球各大洲的殖民过程。一些作者认为，非洲智人跨越直布罗陀海峡进入欧洲，从欧洲沿着海岸线舟筏航行经过格陵兰进入北美[125]（图 5-5）。

智人完成对全球殖民后，各地方种群发展出不同文化形态；中亚可能是东西方文化的分水岭……与此同时，气候变化、战争、饥饿、技术发展经常导致人口迁移。其中，近代最大规模迁移是欧洲工业革命时期欧洲人向美洲和澳洲的殖民。最终，形成现代全球人口分布格局。

人类进入澳大利亚和南美后，由于缺乏与当地动物区系协同演化的历史，大量物种，尤其是大型物种灭绝，最终形成这些区域的现代动物区系特征。

第四节 鲸偶蹄目

一、关于鲸偶蹄目（Cetartiodactyla）

传统动物分类系统将有蹄动物（ungulates）分为两个目：偶蹄目（Artiodactyla）和奇蹄目。这些类群的共同点是趾端有蹄，属于真兽类。澳大利亚的豚足袋狸（*Chaeropus ecaudatus*）趾端有蹄，但不属于有蹄类，而是有袋类，其蹄是趋同演化的结果，不反映亲缘关系。偶蹄目种类各肢第三趾和第四趾膨大，并包裹以蹄；其余各趾不同程度退化。现生偶蹄目有大约 200 种，包括牛、骆驼、猪、羊、鹿、长颈鹿。化石种类远比现生种类丰富。

传统分类系统将海洋中的鲸类划分成独立的鲸目（Cetacea）。然而，在解剖学上，鲸类与偶蹄类有许多共同特征。分子生物学研究结果[126]认为，偶蹄类与鲸类存在直接的演化关系。因此，当今动物分类学主流将偶蹄目和鲸目合并，称为鲸偶蹄目（Cetartiodactyla）[127,128]；鲸类属于河马形亚目（Whippomorpha）的一个下目。其他亚目有胼足亚目（Tylopoda）、猪亚目（Suina）以及反刍亚目（Ruminantia），共 300 余现生种。

胼足亚目现生类群仅有骆驼科（Camelidae），分布于非洲北部、阿拉伯、西亚、中亚以及南美亚马孙流域以南地区。澳洲骆驼为人工引入，澳洲并非该科自然分布区。旧大陆分布的是骆驼属（*Camelus*），新大陆是羊驼属（*Vicugna*）和美洲骆驼属（*Lama*）。

猪亚目现生类群包括猪总科下的猪科（Suidae）和西猯科（Tayassuidae）。旧大陆是猪科自然分布区，其余区域是人工引入结果。广泛的自然分布与其对环境的强大适应力有关。西猯科又称新大陆猪，分布于北美西南部、中美以及南美大部分地区。

河马形亚目分为两个类群，一个是鲸下目（Cetacea），包括长须鲸类和齿鲸类，共计18科约90种；其中4个化石科。另一个类群是以河马为代表的弯齿兽下目（Ancodonta），现生仅存河马科（Hippopotamidae），含2属2种：河马（*Hippopotamus amphibius*）广布于非洲撒哈拉以南地区；倭河马（*Choeropsis liberiensis*）呈点状分布于西非，包括利比里亚、塞拉利昂、几内亚和象牙海岸。

反刍亚目下有鼷鹿下目（Tragulina）和新反刍下目（Pecora）。鼷鹿下目现生类群仅有鼷鹿科（Tragulidae）3属10种。其中，水鼷鹿属（*Hyemoschus*）仅1种（即水鼷鹿*H. aquaticus*），分布于非洲刚果河雨林中；鼷鹿属（*Tragulus*）分布于南亚和东南亚森林中，中国鼷鹿（*T. kanchil*）分布于云南西双版纳。

新反刍下目现生类群有叉角羚科（Antilocapridae）、长颈鹿科（Giraffidae）、鹿科（Cervidae）、麝科（Moschidae）以及牛科（Bovidae）。叉角羚科是长颈鹿的近亲，二者共同组成长颈鹿总科（Giraffoidea）。叉角羚科现生仅1种，即叉角羚（*Antilocapra americana*），分布于北美（美国中西部和加拿大西南部内陆）。长颈鹿科现生2属2种：长颈鹿（*Giraffa camelopardalis*）和霍加狓（*Okapia johnstoni*），分布于非洲撒哈拉以南。其中，长颈鹿栖息于开阔的热带稀树草原（即萨瓦纳），霍加狓栖息于刚果河流域密林中。有观点认为长颈鹿有8种，但世界自然保护联盟（IUCN）认为仅有1种，分为多个亚种。麝科现生类群仅1属7种。其中，原麝（*Moschus moschiferus*）分布于俄罗斯西伯利亚山地森林，典型生境是泰加林。分布区延伸到蒙古国、中国（内蒙古和东北）以及朝鲜半岛。安徽麝（*M. anhuiensis*）分布于安徽西部大别山区。林麝（*M. berezovskii*）分布于华中、华南和西南山地，并延伸至越南北部山区。黑麝（*M. fuscus*）分布于东喜马拉雅南麓，包括中国（西藏）、缅甸、印度、尼泊尔、不丹。高山麝（*M. chrysogaster*）分布区与黑麝相同，但栖息于高海拔生境，与黑麝存在海拔生态位分离。克什米尔麝（*M. cupreus*）分布于喜马拉雅西端，包括印度、巴基斯坦、阿富汗。喜马拉雅麝（*M. leucogaster*）分布于巴基斯坦、尼泊尔、不丹、印度以及中国（西藏东南山地）。这些种类以喜马拉雅区域为分布核心，栖息于山地，属于中新世麝科分布区的残留部分。

鹿科是逃脱了更新世冰期大灭绝、演化成功的类群之一。在本目中，鹿科种类较多（约50种），分布区面积最大（以欧亚大陆和北美为主），生境多样性最高（从热带到寒温带、从雨林到苔原、从平原到高山均有分布）。鹿科包括鹿亚科（也叫真鹿亚科Cervinae）和狍亚科（Capreolinae）。鹿亚科常见类群有麂属（*Muntiacus*）、鹿属（*Cervus*）、黇鹿属（*Dama*）、花鹿属（*Axis*）。狍亚科适应寒冷环境，常见类群有驯鹿（*Rangifer*）、狍

（*Capreolus*）、驼鹿（*Alces*）。在人与动物的协同演化中，人类将鹿科动物视为主要的动物蛋白来源之一（其他主要来源包括猪科和牛科）。

牛科是演化最成功的偶蹄类。现生类群含 8 亚科 143 种，熟知种类有美洲野牛（*Bison*）、非洲水牛（*Syncerus*）、亚洲水牛（*Bubalus*）、角马（*Connochaetes*）、羚羊（含 30～32 属 82～91 种）。科分布区以非洲为中心，覆盖整个旧大陆和北美，从平原密林到高山均有分布；生境类型包括赤道雨林、湿地、草地、沙漠以及北极苔原[129]。其中，非洲著名的羚羊归属牛科马羚亚科和狷羚亚科。马羚亚科特别耐旱，种类不多，仅 3 属 8 种，分别为马羚属（*Hippotragus*，3 种）、大羚羊属（*Oryx*，4 种）和旋角羚属（*Addax*，仅 1 种），是国际保护机构特别关注的类群。旋角羚（*A. nasomaculatus*）自然分布于撒哈拉沙漠区，尼罗河谷以西所有国家都曾经有分布。由于人类猎杀，目前仅在尼日尔有 1 个自然种群。阿拉伯大羚羊（*Oryx leucoryx*）栖息于阿拉伯半岛沙漠和干草原地区，20 世纪 70 年代初在野外灭绝。80 年代经过人工繁殖放归野外后，该物种得以成功拯救。南非大羚羊（*O. gazella*）栖息于南非干旱地区，如卡拉哈里沙漠。撒哈拉大羚羊（*O. dammah*）一度广布于非洲北部，但 2000 年被正式宣布在野外灭绝。东非大羚羊（*O. beisa*）栖息于东非干草原和半沙漠地区。由于野外种群生存状况严峻，已被 IUCN 列为近危物种。马羚属蓝羚羊（*Hippotragus leucophaeus*）自然分布于南非南部海岸，面积 4300 km^2[130]，19 世纪灭绝。黑貂羚羊（又称黑马羚 *H. niger*）分布于肯尼亚以南的东非和南非热带稀树草原。萨瓦纳羚羊（*H. equinus*）分布跨度较大，包括东非、中非、西非以及南非共和国的热带稀树草原。狷羚亚科在文献中有时被列为马羚亚科的一个族。该亚科善于奔跑，角弯曲似牛角，体形大，体格健壮。现生类群 4 属 9 种[16]，最熟知的是黑斑牛羚（*Connochaetes taurinus*），亦称角马，广布于非洲东部和南部，有季节集群迁徙习性。

牛科动物是人类驯养繁殖最多、历史最长的偶蹄类动物；家养羊和山羊的驯养历史始于 10kaBP，家养牛始于公元前 8000 年的塞浦路斯和幼发拉底河[131]。由于人工驯养，许多种类被人为带出其自然分布区；如奶牛、羊和山羊。

二、类有蹄类的起源和分布变迁

有蹄类属于北方兽类劳亚兽总目，起源于泛大陆劳亚区域。古生物学观点认为，分布于北美北部的踝节目（Condylarthra）原有蹄兽（*Protungulatum*，晚白垩纪和古新世）属于类有蹄类[132,133]。该目部分种类趾端有小蹄，另一些种类有爪，被认为是鲸偶蹄目和奇蹄目的共同祖先。古新世到早始新世熊犬科（Arctocyonidae，踝节目；欧洲，66～50MaBP）特化程度低，有 20 余属[134]，被认为是中爪兽目（Mesonychia）和鲸偶蹄目的共同祖先[135,136]或者食肉目的祖先[137]。中爪兽肢端有五趾，趾端有很小的蹄，体重分布在掌上，跖行；主要分布于亚洲，最早类群是阳潭兽（*Yangtanlestes*，中国，早古新世[138]）。中爪兽的食性已经向肉食性演化，大量捕食踝节目种类及其他动物。这些早期化石分布格局表明，类有蹄类起源于北美，然后向东扩散进入欧洲和亚洲（图 5-6）。

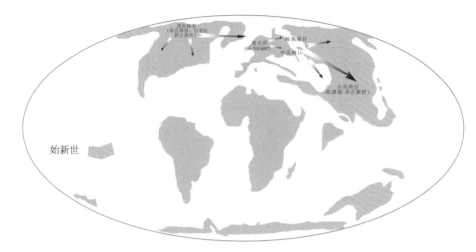

图 5-6 早期有蹄类的扩散示意图

三、现代鲸偶蹄目的起源和分布变迁

依据现有化石记录，鲸偶蹄目最早类群是始新世双锥齿兽科（Dichobunidae）古偶蹄兽属（*Diacodexis*，北美、欧洲、亚洲，55.4～46.2MaBP[139]），大小如兔，躯干纤细，长尾，腿细长[140]。始新世，格陵兰附近的欧美陆桥以及欧亚间图尔盖海峡海退期形成的陆连支撑着该属在欧、亚和北美间扩散。从分布的广泛性和化石形成的滞后性来看，鲸偶蹄目起源时间应早于 55.4MaBP。由于古偶蹄兽属分布区很大，确定鲸偶蹄目的具体起源地尚有待更古老的化石证据。相比之下，目下各类群的起源和演变历史已有较清晰的化石记录支持。

1. 胼足亚目

胼足亚目和全撰类（Artiofabula）是最早分化的类群[141]，前者包括多个化石科和唯一现生的骆驼科，后者包括该亚目所有其余类群。

胼足亚目最早化石是中始新世先齿兽（*Poebrodon*，美国犹他州、怀俄明州以及南加利福尼亚州，46.2～40.4MaBP; Fossilworks[6]，2018 年 8 月数据)，体重已达 2486kg[142]；据此推测胼足亚目起源于北美双锥齿兽。随后，分布区逐步向北进入加拿大，向南进入墨西哥 [图 5-7（a）]。中新世以前，胼足类化石分布局限于北美，种类丰富，多达 8 个分类确切的科及 6 个分类存疑科[127]。骆驼科最早化石是始新世—渐新世先兽（*Poebrotherium*，北美，38～30.8MaBP; Fossilworks[6]，2019 年 3 月数据)。中新世开始，骆驼类向南扩散到中美。上新世早期（约 5MaBP)，向西经过白令陆桥扩散至亚洲[143]，并进一步沿着欧亚大陆扩散至欧洲和非洲局部地区（如乍得)；但这个时期的主要分布区仍然是北美。上新世中期，北美骆驼类衰落，仅在北美南部和中美有少量分布，分布区核心转移到欧亚大陆和非洲。上新世末，巴拿马地峡出现，骆驼类进入南美，并在第四纪繁荣［图5-7（b）］。第四纪，冰期气候导致骆驼类在北美和欧洲灭绝，亚洲分布区也急剧退缩到中亚，形成中亚—北非以及中—南美的间断分布格局，并持续至今。骆驼科演化史中物种多样性很高，共6亚科。其中5亚科全部局限于北美，仅骆驼亚科（Camelinae）见于其他地区，含7属，孑遗3属（含3野生种）存活至今。

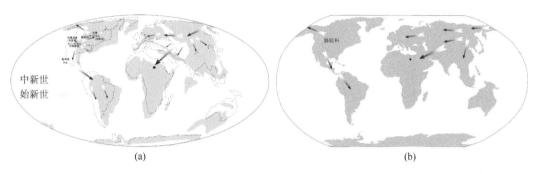

图5-7 胼足亚目的扩散路线示意图
（a）早期；（b）晚期

2. 猪亚目

全撰类进一步分化为猪亚目和鲸反刍类（Cetruminantia），但是目前尚未发现代表猪亚目和鲸反刍类共同祖先的全撰类化石。

在猪类演化历史中，完齿兽科（Entelodontidae）生活于始新世中期到中新世早期（37.2～16.3MaBP）[144]北美和欧亚大陆，为杂食性种类[144]。完齿兽体形粗壮，口鼻部长，肩高可达2.1m，体重421kg[142]。已具备现代猪的特征：腿细短，二趾触地，余趾退化；门齿笨重，犬齿长，臼齿强劲有力[145]，显示完齿兽与猪亚目的亲缘关系。有观点认为完齿兽是猪亚目下的类群，与猪科是姐妹类群[146]；但另一种观点认为完齿兽与鲸类及河马类（属鲸反刍类）的关系比与猪类的关系更近[127]。

猪科的另外两个姐妹类群是古猪科（Palaeochoeridae）和沙尼兽科（Sanitheriidae）。古猪科化石见于始新世末（33.9MaBP）中国和泰国，在欧洲见于渐新世（瑞士，28.4MaBP；Fossilworks[6]，2019年3月数据）。沙尼兽科出现较晚（渐新世28.4MaBP，巴基斯坦；中新世欧洲和非洲，上新世灭绝）。

晚始新世埃氏猪（Egatochoerus，泰国，37.2～33.9MaBP）是完齿兽同时代的姐妹类群，一度被认为是西猯科的类群[147]。新的研究[148]结果认为，埃氏猪是早期猪总科的代表类群。埃氏猪生活的时期，猪科可能已经从猪总科中分化出来，因为猪科下的始新猪（Eocenchoerus）和单尖旅猪（Odoichoerus）化石见于始新世晚期（37.2MaBP，广西百色）[149,150]。如果始新猪和单尖旅猪是猪科的最早代表，则猪科可能起源于晚始新世广西或者华南。随后分布区逐步扩展，中新世遍布旧大陆各地，但没有进入北美和澳洲（Fossilworks[6]，2018年8月数据）。有观点认为，猪属（Sus）的种类于第四纪进入北美，但尚无化石证据支持。

西猯科化石最早出现于始新世中期北美（如 *Perchoerus probus*，墨西哥，46.2～40.4MaBP），晚期（37.2～33.9MaBP）见于中国，渐新世广布亚洲和北美。中新世，该科从亚洲扩展到欧洲并进入非洲；上新世末化石见于南美（阿根廷、哥伦比亚、乌拉圭；Fossilworks[6]，2019 年 3 月数据）。这表明，西猯科可能起源于中始新世北美南部，然后向北扩散，通过白令陆桥进入东亚，并进一步向西扩散至欧洲和非洲；向南进入中美，并于上新世末通过巴拿马地峡进入南美。上新世以后，该科类群在旧大陆逐步灭绝（原因未详），分布区退回美洲；更新世，北美类群大规模灭绝，分布区进一步向南收缩到北美西南部，最终形成现代分布格局（图 5-8）。

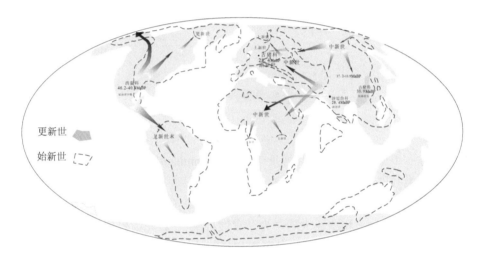

图 5-8　猪亚目的扩散路线示意图

3. 河马形亚目

鲸反刍类进一步分化为河马形亚目和反刍亚目。

随着演化进展，部分偶蹄类逐步分化，开始走向水生生活[151]，分化出河马形亚目，包括鲸下目和弯齿兽下目。据线粒体基因组研究结果[152]，鲸下目和弯齿兽下目大约分化于早始新世 54MaBP。如果这个结论正确，那么未来可能会在早于 54MaBP 地层中找到代表反刍亚目和河马形亚目共同祖先的鲸反刍类化石，以及在 54MaBP 或稍晚地层中找到代表鲸下目和弯齿兽下目共同祖先的河马形亚目化石。依据现有化石分布格局推测，鲸反刍类可能分布于早始新世旧大陆和北美，鲸下目和弯齿兽下目的共同祖先可能分布于此时的欧亚大陆。

古鲸类（Archaeoceti）是古偶蹄类从陆生向鲸类演化的过渡类型，也是鲸下目最早成员。其中，始新世巴基斯坦鲸（*Pakicetus*，巴基斯坦、印度，48.6～40.4MaBP）体长1～2m，趾端有蹄，半水生生活，以鱼类为食，四肢开始向鳍状演化[153]。同一时期还有劳埃兽科（Raoellidae）种类，化石广布于始新世南亚和东南亚。最早的劳埃兽是分布于克什米尔的印多霍斯（*Indohyus*，中国、印度、巴基斯坦，48.6～40.4MaBP；Fossilworks[6]，2019 年 3 月数据），体形大小如家猫，趾行，营半水生生活，很少在水中觅食[151,154]。

传统观点认为，鲸类的直接祖先可能是硬齿鲸亚科（Dorudontinae）中的类群[151]。该亚科的著名成员是矛齿鲸（*Dorudon atrox*），与龙王鲸亚科（Basilosaurinae）的种类共同生活于始新世晚期（37.2～36.0MaBP），化石遍布南极洲、意大利、英国、塞内加尔、新西兰（Fossilworks[6]，2018 年 8 月数据）。硬齿鲸和龙王鲸都已拥有现代鲸类特征，如听觉系统、发声系统、鳍状附肢。因此，从陆生兽类到鲸类的演化历史延续了大约 17Ma。然而，据最近在南极洲 49MaBP 地层中发现的鲸类化石，这个演化时间可能只有 5Ma（即 54～49MaBP）[155]。相应地，鲸类的直接祖先不可能是硬齿鲸，而是更早的、目前尚待发现的类群。

古鲸类在 53～45MaBP 印度与亚洲间的特提斯浅海中发生第一次适应辐射，产生适应于远洋生活的须鲸亚目（Mysticeti）和齿鲸亚目（Odontoceti）共约 30 种[156]。这个时期的鲸类尚无回声定位系统。第二次适应辐射发生在 36～35MaBP，回声定位能力此时出现[157]。伊普雷斯期①的古鲸类化石几乎全部出现于印巴板块区域，路德期化石大部分出现在该区域；从巴顿期到普利亚本期，化石分布覆盖了全球[158]。这种变化表明，古鲸类可能起源于印度次大陆区域的特提斯浅海中。随着古鲸类进一步对海洋生活适应，尤其是回声定位系统的演化，其分布区逐步扩展到远洋，最终覆盖全球各大洋。

弯齿兽下目化石类群有无防兽科（Anoplotheriidae）和石炭兽科（Anthracotheriidae）以及现生类群河马科，适应于淡水环境。无防兽科化石分布于始新世—渐新世欧洲（法国、德国、葡萄牙、西班牙、瑞士）和英国（48～23MaBP 地层；Fossilworks[6]，2019 年 3 月数据），当时气候温暖湿润，有茂密的热带—亚热带雨林覆盖。无防兽科可能生活于密林下的水体附近。渐新世末灭绝，没有留下后代类群。石炭兽科最早出现于晚始新世中国（37.2MaBP），随后扩散到亚洲其他地方（越南、泰国、缅甸、蒙古国、日本、巴基斯坦），并兴盛于欧洲（克罗地亚、法国、英国）和非洲（阿尔及利亚、埃及），并有少量类群进入北美（美国、加拿大；Fossilworks[6]，2019 年 3 月数据）。最古老化石是石炭兽属（*Elomeryx*），被发现于始新世中期亚洲；晚期扩散到欧洲和非洲，并在早渐新世进入北美[159]，营水生生活。中新世在欧洲和非洲灭绝，稍后在北美灭绝。灭绝原因可能是气候变化以及来自其他偶蹄类（包括猪和石炭兽的后裔——真河马）的竞争。其在亚洲灭绝于上新世。据此推测，弯齿兽下目可能起源于欧洲，随后向亚洲扩散。目下石炭兽科分布区最广，涵盖整个旧大陆和北美。

由于鲸类源于亚洲，弯齿兽类源于欧洲，这两个下目的共同祖先可能分布于欧亚大陆。

---

① 地层学将始新世进一步细分为以下几个时期：伊普雷斯期（Ypresian，56.0～47.8MaBP）、路德期（Lutetian，47.8～41.3MaBP）、巴顿期（Bartonian，41.3～38.0MaBP）以及普利亚本期（Priabonian，38.0～33.9MaBP）。

石炭兽被认为是河马的祖先类群。现生河马尚用四趾行走，蹄得到部分发育，可能代表古老偶蹄类的形态学特征。从化石记录来看，中新世晚期河马出现于非洲和阿拉伯半岛；上新世扩散到欧洲和亚洲（Fossilworks[6]，2018 年 7 月数据）。因此，河马可能起源于中新世非洲某个石炭兽类群，后经阿拉伯进入欧亚大陆。第四纪晚期，它们从欧亚大陆灭绝，仅在非洲残余分布，并持续到现在。

4. 反刍亚目

反刍亚目含鼷鹿下目和新反刍下目。最古老化石类群有鼷鹿下目的异鼷鹿科（Hypertragulidae）和原角鹿科（Protoceratidae）以及新反刍下目的美鹿科（Leptomerycidae）和丹当鹿属（*Thandaungia*），化石年代为始新世中后期（40.4MaBP；Fossilworks[6]，2018 年 8 月数据）。丹当鹿分布于缅甸，兼有鼷鹿下目和新反刍下目的形态特征，可能是两个下目的共同祖先，或者该共同祖先的姊妹类群。异鼷鹿科分布于始新世和渐新世墨西哥、美国和蒙古国，中新世扩散到欧洲（法国、西班牙）。原角鹿科分布于始新世和渐新世北美，中新世扩散到中美。美鹿科从始新世到中新世化石仅发现于北美三国。据此推测，北美是这些类群的分布中心，因此反刍亚目可能起源于北美，并于始新世中期在北美分化出鼷鹿下目和新反刍下目，经白令陆桥扩散到欧亚大陆。但是，亚洲起源说[160]认为，丹当鹿的出现表明，反刍亚目起源于亚洲，经白令陆桥扩散到北美，在北美演化出两个下目；在后续演化中，两个下目经白令陆桥又扩散进入亚洲，并向西进入欧洲和非洲。

鼷鹿。在亚洲，鼷鹿类和新反刍类开始分化。据已知化石，大约在始新世后期（37.2ma）及其后，泰国相继出现了最早鼷鹿科成员——甲米鹿（*Krabitherium*）和古鼷鹿（*Archaeotragulus*），表明鼷鹿科起源地在亚洲/东南亚。渐新世，分布区扩展到欧洲；中新世进入非洲、阿拉伯半岛和印度次大陆（Fossilworks[6]，2018 年 8 月数据），种类增加到 7 属[161-165]，并延续到上新世。第四纪冰期，欧洲和中亚类群相继灭绝，仅在非洲、南亚和东南亚残存少量种类，形成间断分布，并延续至今。

长颈鹿。新反刍下目中，长颈鹿科、叉角羚科和梯角鹿科（Climacoceratidae，灭绝）亲缘关系紧密，同属长颈鹿总科[166,167]。其中，化石记录最早类群是叉角羚科，渐新世末（23.03MaBP）分布于美国，中新世扩展到北美三国，并经白令陆桥进入日本；上新世在东亚灭绝后，分布区又退缩到北美。梯角鹿科仅见于中新世非洲（15.97～11.608MaBP，肯尼亚和利比亚），表明该科在新近纪可能已灭绝。长颈鹿科演化更成功：中新世，长颈鹿科开始出现适应辐射，产生 20 余属，遍布欧、亚、非三大洲，一直存在到更新世（Fossilworks[6]，2018 年 8 月数据）。由于尚未发现更早化石，无法确认长颈鹿科的起源地。依据化石分布格局推测：①长颈鹿总科的祖先类群（有待化石证据）可能起源于北美，经白令陆桥扩散到东亚，随后向西进入非洲。②滞留在北美的种群分化出叉角羚，非洲种群分化出梯角鹿。③更新世冰期，长颈鹿科种类大量灭绝，分布区从整个旧大陆退缩到非洲，残存于撒哈拉以南地区（图 5-9）。

图 5-9　长颈鹿的扩散路线示意图

麝。麝科是现存的最原始鹿类，与鼷鹿非常接近，可能是始鼷鹿科（Palaeomerycidae）的后裔类群；种类多样性和分布区处于衰落状态。麝科化石种类多达 14 属 28 种[168]，最早见于渐新世末（23.03MaBP）法国和哈萨克斯坦，中新世初见于美国（加利福尼亚州、蒙大拿州、俄勒冈州、怀俄明州、内布拉斯加州以及南达科他）。中新世，北美化石分布区向南扩展到美国南部（如新墨西哥）以及中美（巴拿马），但未进入南美。第四纪化石仅见于中国（Fossilworks[6]，2018 年 8 月数据）。从中新世到第四纪，化石分布区极度收缩，原因是上新世麝科遭遇大灭绝，但成因尚不清楚。大灭绝后，仅有 1 属 7 种孑遗至今。

牙齿形态学特征表明，美鹿科美鹿属（*Leptomeryx*）与鹿科和牛科亲缘关系密切[169]。因此，牛科和鹿科的祖先可能来源于北美。

鹿。鹿科最早出现于中新世欧亚大陆，代表类群有叉角鹿（*Dicrocerus*，15.97～7.246MaBP，广布于从中国到法国和德国的欧亚大陆）、真角鹿（*Euprox*，15.97～11.1MaBP，广布于中国和欧洲）、异角鹿（*Heteroprox*，13.65～11.608MaBP，广布于欧洲；Fossilworks[6]，2018 年 8 月数据；也见 Gentry 和 Rössner[170]）。鹿亚科分化于晚中新世（9～7MaBP）中亚，随后广布欧亚大陆，向西抵达英国。稍后，麂族（Muntiacini，包括麂子和毛冠鹿 *Elaphodus*）从真鹿亚科中分化出来，如雷老麂（*Muntiacus leilaoensis*，云南元谋，8～7MaBP）[171]以及昭通鹿（*M. zhaotongensis*，6.1～5.9MaBP，云南昭通）[172]，表明麂类可能起源地是云南及其邻近地区。麂族后来得到大发展：上新世分布区一度扩展到东欧和南欧，第四纪进入中南半岛、印度次大陆以及印度尼西亚岛屿。向北扩散过程中，受阻于更新世冰川，分布区又向南退缩，并持续至今。该族总体上受冰期影响不大，现生类群多达 17 种[128]。与麂族相比，鹿族（Cervini，含 8 属 37 现生种和 1 化石种）更为成功：晚中新世已经广泛分布于整个欧亚大陆：从东边的日本到西边的英国、从北边的俄罗斯到南边的印度均有化石分布。鹿族已知最早成员是晚中新世新罗斯祖鹿（*Cervocerus novorossiae*，中国、摩尔多瓦，7MaBP）[173]。中新世，特提斯海消失，形成大面积草地；上新世极地冰川进一步发育，海平面下降，出露的陆地形成草地，并盛产富含营养的植被，促进鹿类种群增长[174,175]。

鹿亚科出现后不久，随着驼鹿族（Alceini）和驯鹿族（Rangiferini）于晚中新世（8.4～6.4MaBP）出现[176]，狍亚科形成。

晚中新世—上新世，海平面下降，白令陆桥出露，鹿科动物经过白令陆桥进入北美，最早抵达的类群是布里空齿鹿（*Bretzia*）和始空齿鹿（*Eocoileus*）[176]（5MaBP，美国内布拉斯加、加利福尼亚以及华盛顿州；Fossilworks[6]，2018 年 8 月数据）。随后，各类群不断向北美全境扩展。上新世末，这些类群通过巴拿马地峡进入南美。由于缺乏竞争者，鹿科于第四纪在南美发生适应辐射，产生许多新类群[177]。在亚洲，鹿科分布区虽然最终扩展到了东南亚岛屿，不过没有进入澳大利亚。在欧洲，仅有巴巴里马鹿（*Cervus elaphus barbarus*）进入非洲西北部亚特拉斯山脉。非洲现今的黇鹿是人工从欧洲引入的结果。

牛、羊。牛科、鹿科、长颈鹿科分化于早中新世。早期牛类属于小型动物，体形与现生瞪羚相似，栖息于林地环境[145]。已知最早类群——中中新世始羚（*Eotragus*，15.97MaBP），体重 18kg，与现生汤姆逊瞪羚相似[178]，广布于欧亚大陆。已知化石记录尚未提供足够信息用以确定牛科起源地，推测在中亚到欧洲间。牛科向东扩散，于 15～12MaBP 进入中国和印度次大陆。晚中新世，由于适应正在发展的开阔草原生境，牛科出现适应辐射，物种多样性迅速提高，短期内产生 70 个物种[145,178]。此时，地中海出现干涸，并经历墨西拿盐度危机①。非洲与欧亚大陆相连，新物种大量进入东非[179,180]，形成从中国、泰国、蒙古国，到塞尔维亚、斯洛伐克、希腊、德国、法国、西班牙、瑞士，以及东非肯尼亚的广泛分布区（Fossilworks[6]，2018 年 8 月数据；图 5-10）。

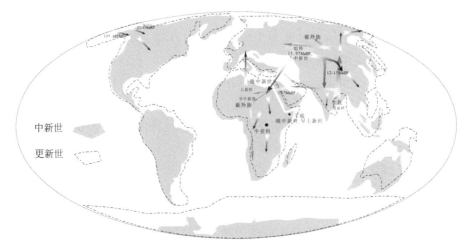

图 5-10　牛科的扩散路线示意图

---

① 中新世末期，地中海西部山地抬升，阻断了地中海与大西洋的联系，导致地中海干涸，海水盐度急剧上升，科学界称之为"墨西拿盐度危机（Messinian salinity crisis）"。这次事件为非洲动物区系向欧洲扩散提供了陆地通道。

在牛科早期演化历程中，非洲和欧亚板块在相当程度上处于隔离状态。在有限的岛链区系交流中，牛科类群进入非洲后，与欧亚种群交流较少，开始独立演化，并分化出欧亚大陆的牛齿系（Boodontia）和非洲大陆的羊齿系（Aegodontia）两大支系。墨西拿盐度危机中，板块进一步整合，地理隔离逐渐消除，两大支系开始向对方分布区渗透[181]。牛齿系拥有的类群不多，仅有牛亚科（Bovinae）[182]，可能在早中新世从牛科分化出来[183]。牛亚科含 3 族：蓝牛羚族（Boselaphini）、牛族（Bovini）和薮羚族（Tragelaphini）。蓝牛羚族是牛亚科最原始类群，现生 2 属各 1 种，即蓝牛（*Boselaphus tragocamelus*）和四角羚羊（*Tetracerus quadricornis*），分布于印度和尼泊尔。但是，该族化石种类非常丰富，多达 22 属，包括上述始羚[184,185]。蓝牛羚族化石在中新世广布于旧大陆，因此无法确定该族以及该亚科的起源地。上新世早期，该族在非洲灭绝[186]，原因不详。第四纪，该族仅见于印度。这表明，蓝牛羚族曾经非常繁盛，分布区很广，种类繁多；现生蓝牛和四角羚羊是灭绝中的幸存者，残存于印度。

牛族现生类群含 5 属 17 种，分布于北美、欧亚大陆、非洲。化石类群含 6 属 8 种。依据化石比较和支序分析，Bibi[187,188]认为，牛族起源于晚中新世南亚地区。大约在 13.7MaBP 或稍后，该族扩散进入非洲，并在非洲出现物种多样化，产生许多新种类[189,190]。上新世，部分类群从非洲进入欧洲，并在欧洲演化出强壮耐寒种类[191]。更新世晚期，牛族亚洲类群分两波次（分别于 195～135kaBP 和 45～21kaBP）经白令陆桥进入北美[192]。

薮羚族与牛族于早中新世分化[179]，有现生 2 属 10 种[193]，分布于撒哈拉以南地区。化石类群 4 属 15 种[189,194,195]，分布于非洲和欧亚大陆（希腊和高加索）。已知最古老化石是羊鹿（*Tragelaphus moroitu*，非洲之角，晚中新世—早上新世）。据此推测，薮羚族起源于晚中新世非洲，随后进入欧亚大陆；欧亚类群在更新世灭绝后，分布区退缩回非洲[196]。但是，基于颅骨形态学特征的支序分析结果认为，薮羚族于晚中新世起源于欧洲，随后扩散进入非洲[194]。目前尚无更有力证据判断这两种观点的正确性。

羊齿系演化出牛科其余 7 亚科：羚羊亚科（Antilopinae）、麂羚亚科（Cephalophinae）、苇羚亚科（Reduncinae）、高角羚亚科（Aepycerotinae）、羊亚科（Caprinae）、马羚亚科（Hippotraginae）以及狷羚亚科（Alcelaphinae）。羚羊亚科现生类群有羚羊、印度羚、跳羚、长颈羚以及沙羚，共 14 属。这些类群被称为真羚类，分布于亚洲和非洲，但东非是集中度最高的分布区。分布于羌塘高原的藏羚羊以及分布于欧亚大陆北部、白令海峡、阿拉斯加和加拿大西北部的赛加羚（*Saiga tatarica*）属于真羚类，是该亚科一个族——赛加羚族（Saigini）。由于与羚羊亚科和羊亚科同时拥有亲缘关系，文献中也经常将这两种划归一个独立亚科——赛加羚亚科（Saiginae），或者将这两种划归羊亚科。赛加羚族或者赛加羚亚科与其余真羚类的差异在于：赛加代表真羚类对更新世寒冷环境的适应，而其余类群保留了原始喜温习性。羚羊亚科化石分布在中新世整个旧大陆。由于缺乏更早化石证据，无法确定其起源地。第四纪，羚羊亚科扩展到北美（赛加羚羊）、欧亚大陆附近岛屿（不列颠群岛和日本列岛）以及东南亚岛屿（Fossilworks[6]，2018 年 8

月数据）。这种分布格局基本保留至今。

麂羚亚科现生类群含 3 属 22 种，栖息于非洲撒哈拉以南密林生境中。但是，历史分布区涵盖了北非。中新世化石被发现于北非阿尔及利亚和东非肯尼亚，上新世扩展到南非和坦桑尼亚，第四纪扩展到刚果（金）、苏丹、斯威士兰和赞比亚（Fossilworks[6]，2018 年 8 月数据）。这表明，①麂羚亚科起源于非洲，但更具体的地点有待进一步的化石证据；②麂羚亚科一度广布于非洲各地，但随后向撒哈拉以南退缩，并延续至今。

苇羚亚科现生类群共 2 属 7 种，栖息于撒哈拉以南沼泽和冲积平原，个别种类进入撒哈拉沙漠南缘，如苇羚（*Redunca redunca*，分布于尼日尔[197]）。该亚科出现于中新世中期非洲（乍得、肯尼亚，11.6MaBP；Fossilworks[6]，2019 年 3 月数据）。非洲以外的化石发现地有中新世伊朗以及上新世和更新世印度。因此，无法确定该亚科起源地。另外，在更新世，苇羚亚科种类广布于非洲，包括北部阿尔及利亚和摩洛哥（Fossilworks[6]，2018 年 8 月数据）。这表明，该亚科分布区处于从北向撒哈拉以南不断收缩的进程中。

高角羚亚科现生仅 1 属 1 种 2 亚种[198]，即常见黑斑羚（*Aepyceros melampus melampus*）和黑脸黑斑羚（*A. m. petersi*），分布于非洲东部和南部的林地和稀树草原（萨瓦纳）的交界生境中。从中新世至今，该亚科仅有黑斑羚 1 属（*Aepyceros*），上新世有 1 种（*A. datoadeni*，3MaBP，埃塞俄比亚）[199]。中新世，黑斑羚属化石见于肯尼亚，随后逐步扩展到东非更多地区，第四纪遍布东非南北（Fossilworks[6]，2018 年 8 月数据）。由此可见，高角羚亚科起源地在肯尼亚，分布区从未超越东非，而且成种不活跃。

羊亚科是个兴旺的类群，包括各种绵羊、山羊和一些著名动物（如扭角羚 *Budorcas*），含现生类群 3 族（羊羚族 Naemorhedini、羊牛族 Ovibovini 和山羊族 Caprini）13 属 36 种[200]，分布于欧亚大陆和北美，少量分布于北非。一些作者将赛加羚族划归此亚科，本书将其归入上述羚羊亚科中。羊牛族和山羊族化石种类含 6 属 7 种以及 32 个分类存疑属[201]。在生态学上，羊亚科有两大适应类群：一类栖息于高山悬崖（如各种山羊、扭角羚、岩羊），能有效避开天敌捕食；另一类栖息于山脚和平原（如绵羊），通过奔逃和结群以抵御天敌。本亚科最早化石见于中新世后期（9.7MaBP）西班牙，晚期羊牛族类群进入非洲[168]，上新世向欧亚大陆迅速扩散，第四纪进一步扩展到非洲全境、北美大陆（加拿大和美国）、格陵兰、日本列岛和东南亚岛屿（Fossilworks[6]，2018 年 8 月数据）。化石时空分布变化表明：①羊亚科可能起源于西班牙或者西南欧。②借助于中新世晚期地中海干涸事件，羊牛族类群进入非洲。③在演化过程中，羊亚科类群不断朝着对边缘极端生境（如高山、沙漠、苔原）适应的方向演化；同时，亚科分布区不断向东扩展，上新世覆盖整个欧亚大陆。④第四纪喜马拉雅运动和冰期气候创造更多生境，导致羊亚科物种多样性急剧上升，并沿着白令陆桥以及东亚广泛陆连扩散，进入北美、日本和东南亚岛屿（图 5-11）。

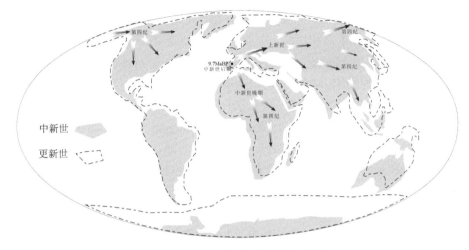

图 5-11　羊亚科的扩散路线示意图

化石记录显示，马羚亚科在晚中新世（7.246MaBP）出现于乍得、肯尼亚和埃及，可能表明其起源地在撒哈拉地区。上新世，化石分布区向南扩展到南非，向北抵达地中海沿岸，并进一步扩展进入土耳其和格鲁吉亚。这种分布格局一直持续到第四纪（Fossilworks[6]，2018 年 8 月数据）。从中新世到更新世，分布区在扩展，但种类不多，化石仅 6 属 11 种。这表明马羚亚科对干旱环境的独特适应性以及生境对成种过程的巨大压力。第四纪（尤其是全新世）以来，分布区退出西亚，向非洲收缩。

狷羚亚科化石类群有 12 属 22 种，远比现生类群繁荣。最早化石见于中新世（7.246MaBP）肯尼亚、坦桑尼亚和意大利，上新世见于印度次大陆，第四纪以色列有分布（Fossilworks[6]，2018 年 8 月数据）。因此，狷羚亚科起源地很可能在非洲，中新世晚期向非洲全境以及地中海沿岸扩散，并在上新世进入西亚和南亚。更新世，狷羚亚科在西亚和南亚灭绝，分布区又退回非洲。

第五节　奇　蹄　目

一、关于奇蹄目（Perrisodactyla）

在有蹄类的演化进程中，另一支是奇蹄类。奇蹄类中趾趾端膨大，包裹以蹄。一些种类仅中趾有蹄，余趾退化，如各种现生马、斑马、驴。另一些类群，中间三趾有蹄，两侧趾退化，如三趾马（已灭绝）。退化的趾数及蹄的发育程度反映奇蹄类演化历程不同阶段中的形态学特征。

奇蹄目现生类群共 3 科 17 种，分为马形亚目（Hippomorpha）和犀形亚目（Ceratomorpha）[202-204]。其中，马形亚目包括马科（Equidae，含 1 属，即马属 *Equus*，共 7 种），犀形亚目包括貘科（Tapiridae，含 1 属，即貘属 *Tapirus*，共 5 种）和犀科

（Rhinocerotidae，含 4 属 5 种）。与鲸偶蹄目相比，奇蹄目现生种类多样性非常低，间断分布于中美、南美、非洲东部和南部、中亚、南亚以及东南亚。马属分布于非洲和亚洲，包括非洲野驴（*Equus africanus*，非洲之角）、蒙古野驴（*E. hemionus*，伊朗、巴基斯坦、哈萨克斯坦、乌兹别克斯坦、塔吉克斯坦、印度、蒙古国和中国的中亚荒漠地区）、藏野驴（*E. kiang*，青藏高原）、蒙古野马（*E. ferus*，蒙古国到中亚干草原）、细纹斑马（*E. grevyi*，东非肯尼亚和埃塞俄比亚）、普通斑马（*E. quagga*，埃塞俄比亚南部、东非、博茨瓦纳以及南非东部）和山斑马（*E. zebra*，安哥拉南部、纳米比亚以及南非）。貘属间断分布于中南美和东南亚，以南美为分布核心；种类包括分布于南美的南美貘（*Tapirus terrestris*，也称巴西貘）、小黑貘（*T. kabomani*）和山地貘（*T. pinchaque*），分布于墨西哥、中美和南美西北部的中美貘（*T. bairdii*），以及分布于东南亚马来半岛和苏门答腊的马来貘（*T. indicus*）[205]。犀科 4 属 5 种中，2 种分布于非洲，合称非洲犀牛；3 种分布于亚洲东南部，包括东南亚岛屿，合称亚洲犀牛。非洲犀牛中，黑犀牛（*Diceros bicornis*）分布于非洲西部和南部，包括博茨瓦纳、肯尼亚、马拉维、莫桑比克、纳米比亚、南非、斯威士兰、坦桑尼亚、赞比亚和津巴布韦；白犀牛（*Ceratotherium simum*）分布于南非、纳米比亚、津巴布韦、肯尼亚、乌干达、乍得、苏丹、中非以及刚果。由于人工野化放归，在这些地方以外地区也能见到白犀牛，如莫桑比克[206]，但这些地区不是白犀牛的自然分布区。亚洲犀牛中，印度犀牛（*Rhinoceros unicornis*）的自然分布区覆盖整个恒河平原。由于过度狩猎和农业开垦，分布区收缩，变成点状分布，仅见于印度和尼泊尔11 个分布点[207]。爪哇犀牛（*R. sondaicus*）与印度犀牛同属，分布于爪哇岛、苏门答腊岛以及亚洲大陆东南沿海。由于过度猎杀，分布区已经极度萎缩。苏门答腊犀牛（*Dicerorhinus sumatrensis*）一度广布于印度、不丹、孟加拉国、缅甸、老挝、泰国、马来西亚、印度尼西亚（苏门答腊岛和婆罗洲）以及中国（在中国的分布区抵达四川）[208,209]，栖息于雨林、湿地和山地云雾林中。长期的过度猎杀已经导致分布区极度萎缩，马来半岛、婆罗洲以及中国的种群已经消失。

二、类奇蹄类的起源和分布变迁

类奇蹄类化石类群远比现生类群丰富，含 3 亚目（马形亚目、爪兽亚目 Ancylopoda 和犀形亚目）17 科[210-212]。丰富的类奇蹄类化石见于始新世初（55.8MaBP）欧亚大陆和北美；其后分布区扩展到南美和非洲及其大陆邻近岛屿，如东南亚岛屿（Fossilworks[6]，2018 年 8 月数据）。丰富的化石记录很好地反映了奇蹄目的演化历史。

早期类奇蹄类中，伪齿兽科（Phenacodontidae）是始新世适应辐射产生的类群之一。晚古新世玉萍兰氏兽（*Radinskya yupingae*，伪齿兽科；广东南雄，58.7～55.8MaBP）被认为是最早奇蹄类。该化石拥有伪齿兽部分特征的同时，牙齿出现了现代奇蹄目特征[213]，是朝奇蹄目方向演化进程中出现的旁支，仍然处于类奇蹄类演化阶段[214]。同时期的伪齿兽科中还有明镇兽属（*Minchenella*，广东）、粤冠兽属（*Yuelophus*，广东）、天山冠兽属（*Tienshanilophus*，新疆）以及赣冠兽属（*Ganolophus*，江西）[215]。这些类群年代均为古新世末—始新世初（58.7～55.8MaBP；Fossilworks[6]，2018 年 8 月数据）。始新世初（约 56MaBP），伪齿兽科化石广布于北美和欧洲。关于该科的归属，一些作者将其归入踝节目；但是，目前越来越多作者将其归入奇蹄目。看似冲突的观点本质上并不冲突：踝节目是有蹄类祖先，目下熊犬科是鲸偶蹄目的祖先，伪齿兽科与现代奇蹄目亲缘关系最近，可能是奇蹄目的祖先[212]。

始新世适应辐射产生的另一个类奇蹄类是炭丘齿兽科（Anthracobunidae），化石发现于始新世早期到中期（55.8～48.6MaBP）印度和巴基斯坦（Fossilworks[6]，2018 年 8 月数据）。该科一度被认为是长鼻类的姐妹群，甚至是始祖象科（Moeritheriidae）、索齿兽目（Desmostylia）以及海牛目（Sirenia）的祖先[216,217]。随着更多化石被发现，现在炭丘齿兽被认为属于类奇蹄类[212]。炭丘齿兽科栖息于湿地环境。分类上的争议反映该类群形态学特征与长鼻类、海牛类相似性，表明这些类群间可能存在生态适应导致的演化趋同。

同一时期第三个类群是豕齿兽科（Hyopsodontidae），过去被归入踝节目。现在多数作者将其归入奇蹄目，而且认为其与马类亲缘关系很近，被归入马形亚目；也有人将其归入非洲兽总目，置于与奇蹄目平行的位置[210,218]。这种不确定性反映类奇蹄类形态学特征的阶段性。该科类群趾端有蹄，体形大小类似现代松鼠和黄鼬；化石广布于古新世到始新世过渡期（56～55MaBP）的北美和欧亚大陆。

上述化石分布表明，类奇蹄类起源地可能在华南或者亚洲（图 5-12）。起源后，类奇蹄类向东北扩散，经白令陆桥进入北美；向西扩散进入欧洲，并通过岛链进一步扩散进入始新世非洲。

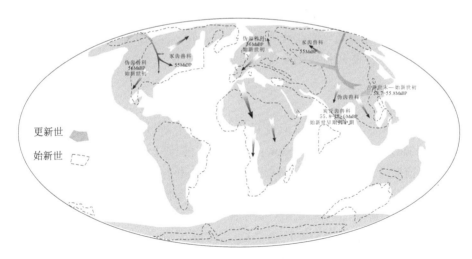

图 5-12　类奇蹄类的扩散路线示意图

三、现代奇蹄目的起源和分布变迁

已知最早奇蹄目化石是始新世初坎贝兽（*Cambaytherium*，坎贝兽科 Cambaytheriidae，印度坎贝，55.8～48.6MaBP）、卡里兽（*Kalitherium*，印度坎贝，55.8～48.6MaBP）、始祖马（*Sifrhippus*，马科；美国怀俄明州，55.8MaBP；美国科罗拉多和欧洲比利时，50.3MaBP）[219,220]以及雷兽科（Brontotheriidae，东亚，56～46MaBP；北美，46～33.9MaBP；Fossilworks[6]，2018 年 8 月数据）。其中，坎贝兽牙齿形态学特征与玉萍兰氏兽相似。坎贝兽科、马科、雷兽科化石分布区以亚洲为核心。因此，有观点认为奇蹄目可能起源于古新世印度次大陆[221,222]。然而，直到始新世初，印度板块尚未与其他大陆接触，板块运动前锋刚到达赤道。奇蹄类如何扩散进入印度板块是解释奇蹄目起源的关键。Rose 等[223]认为，在古新世非洲—阿拉伯板块与印度间存在岛屿桥（也见印度区系，P106），类奇蹄类以岛屿跳跃方式从非洲—阿拉伯板块扩散进入印度板块。在印度板块起源后，奇蹄目类群又沿着这个通道向外扩散，进入非洲和欧亚大陆。

在印度起源后，奇蹄目开始扩散，各地类群开始分化，各亚目出现。

1. 爪兽亚目

爪兽亚目属于奇蹄目早期类群，代表类群是早始新世始爪兽科（Eomoropidae，中国、巴基斯坦，55.8～48.6MaBP）。随后出现脊齿爪兽科（Lophiodontidae，中国到西欧、英国，48.6～33.9MaBP）和等外脊貘科（Isectolophidae，哈萨克斯坦、巴基斯坦、美国加利福尼亚和怀俄明，46.2～40.4MaBP）。本亚目中，爪兽科（Chalicotheriidae）存在时间最长，年代从始新世前期到更新世中期（48.6～1.8MaBP）。始新世化石分布于蒙古国、中国、北美三国，渐新世化石见于东亚、中亚、欧洲（法国）和非洲（安哥拉）。中新世化石丰富，广布于亚洲、欧洲、非洲和北美各地（Fossilworks[6]，2018 年 8 月数据）。据此推测：爪兽亚目起源地可能在亚洲；从这里开始，向西扩散到欧洲和非洲，向东北经白令陆桥进入北美。更新世中期全部灭绝。

2. 马形亚目

与爪兽亚目同时出现的是马形亚目。该亚目始新世类群有雷兽科、厚齿兽科（Pachynolophidae）、印度齿兽科（Indolophidae）、古兽马科（Palaeotheriidae）和马科[211]。其中，雷兽科前肢 4 趾，后肢 3 趾；体形似犀牛。该科共有 41 属[224,225]，生活于整个始新世；早期化石主要分布于东亚（尤其是中国），后期扩散到北美（从加拿大到美国南部）。雷兽科开启了新生代巨型动物区系的演化序幕。始新世中后期，生活于北美的巨角犀（*Megacerops*，雷兽科）肩高已达 2.5m，体重 3000kg。可能由于其他演化上更成功的食草类竞争，该科在始新世末衰落[211,226]。始新世早期（56～50MaBP），马科类群体形小如家猫，体重仅 3.9～5.4kg，分布于北美，随后逐步出现在亚欧大陆（Fossilworks[6]，2019 年 3 月数据）。

厚齿兽科有 4 属，生活于始新世中后期到末期（40.4～33.9MaBP）欧洲大陆和英国。印度齿兽科生活年代较短（始新世后期 40.4～37.2MaBP），分布于缅甸。古兽马科亲缘关系比较接近貘类和犀类，存在时间从早始新世（50.3MaBP）延续到中中新世（15.97MaBP），大约34Ma。其中，始新世化石见于中国北部、蒙古国、欧洲广大地区以及北美（美国新墨西哥和得克萨斯），渐新世和中新世见于欧洲（Fossilworks[6]，2018年8月数据）。

马科是奇蹄目中存在时间最长的类群：自始祖马（55.8MaBP）开始生存至今。在过去55.8Ma中，马科共有43属；其中，灭绝类群42属，仅马属是现生类群。始新世早期（56～50MaBP），马科分布于北美，随后扩散至欧亚大陆。中新世，马科分布区覆盖整个欧亚大陆；西半球分布区从北美向南扩展至巴拿马。上新世，马科成员进入非洲，并于更新世广泛扩散到非洲各地。更新世，马科跨越巴拿马地峡进入南美；同时，欧亚分布区扩展到大陆周边岛屿，如不列颠群岛和台湾岛（Fossilworks[6]，2018年8月数据）。分布区扩张的同时，趾端形态不断变化。始新世，趾端外形与更早类群（如雷兽科）相似：前肢4趾，后肢3趾。渐新世进入三趾马阶段：前肢有1趾退化，因而前后肢均为3趾[227]。中新世开始，各肢两侧趾逐步变小。上新世，三趾马演化阶段结束，侧趾消失，只保留中趾，单趾马（马属）形成[228]。

据此推测，奇蹄目起源于印度后，目下早期类群可能沿着同样路线，反向跨越非洲—阿拉伯板块与印度间的岛屿桥进入非洲；通过岛链扩散，进入欧亚大陆，然后经过白令陆桥扩散到北美，并在此时分化出马形亚目（图5-13）。马形亚目下类群多批次经白令陆桥在亚洲和北美间反复扩散，马科也在此时从北美扩展到欧亚大陆。大部分类群滞留于东亚，只有部分（包括马科）继续向西扩散至欧洲。中新世，随着特提斯海消失，这些类群于20MaBP进入非洲。北美部分种类向南扩散，并在更新世进入南美[229]。至此，马形亚目分布区涵盖全球除澳洲和南极洲以外的所有地区。

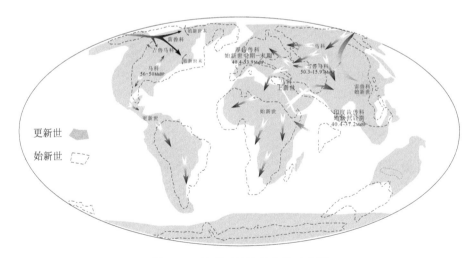

图5-13　马形亚目扩散路线示意图

马属演化历史中共出现过56种。在对环境不断适应过程中，新形态学特征类型不断取代旧特征类型，导致大部分物种"灭绝"，仅剩下7种延续至今，间断分布于非洲和亚洲。

马属的演化历史可以追溯到恐马属（*Dinohippus*）。恐马生活于晚中新世到中上新世（10.3～3.6MaBP）北美，体重最大者已达 567～568kg[142,230]，三趾，但侧趾开始退化，与马属亲缘关系紧密（Florida Museum of Natural History[231]，2018 年 8 月数据）。马属最早成员是上新马（*Equus simplicidens*），也叫美洲斑马，体形似斑马，但头形似驴，分布于美国爱达荷上新世和更新世地层[232]，表明该属的起源地在北美。上新世晚期，马属通过白令陆桥扩散到亚洲，很快就到达华北泥河湾，同时演化出新种，如三门马 *E. sanmeniensis*。上新世末—早更新世，马属先后进入欧洲（如列文佐夫马 *E. livenzovensis*，俄罗斯南部）、南亚（西瓦立克马 *E. sivalensis*，印度，2.6MaBP）[228]以及非洲（酷比马 *E. koobiforensis*，肯尼亚，2MaBP）。北美类群向南扩散，于更新世初抵达南美（如 *E. insulates*，玻利维亚，2.588MaBP）。更新世，马属分布区覆盖澳洲和南极洲以外的所有大陆（Fossilworks[6]，2019 年 3 月数据；图 5-13）。

更新世环境急剧变化，各地种类发生快速演化，以适应新环境。新种形成后，分布区开始扩展，并返回原起源地。驴类（含驴和斑马）可能最早与马类在亚欧大陆分化[233,234]。马类不断演化，对欧亚干草原有很好的适应，如现生蒙古野马。蒙古野马是家马的祖先。由于人工饲养，已经被人为引入到除南极洲以外全球各地；部分人工种群返回野外，过着野生生活，成为假野马。这种分布不属于蒙古野马的天然分布。驴类分布区扩展到非洲后演化出斑马[235]，适应非洲温暖气候，并进一步分化出新种和亚种，以适应环境的进一步分异（如山地、平原；亚热带、热带）。在亚洲，驴类分化为两支，一支适应中亚干旱环境（如现生蒙古野驴）；另一支向青藏高原扩散，并适应高寒环境（如现生藏野驴）。

更新世，马形亚目许多种类在西半球和欧洲消失，可能与冰期气候有关。但是，冰川作用只能解释北美和欧洲的灭绝。更新世冰川没有抵达北美南部、中美以及南美，不太可能是马属在这些地区的灭绝原因。在探究灭绝原因时，人类的作用无法忽略[211]。人类驱使普氏野马野生种群于 1966 年在野外灭绝。

3. 犀形亚目

犀形亚目最早类群出现于始新世初（55.8～50.3MaBP）北美和欧亚大陆（Fossil-works[6]，2018 年 8 月数据），如 *Thuliadanta* 属（加拿大）、*Cymbalophus* 属（比利时、法国、英国）以及 *Karagalax* 属（巴基斯坦）。由于缺乏更早的化石记录，目前无法确定犀形亚目的起源地。

真貘类（貘总科）已知最早代表是伊尔丁脊貘属（*Irdinolophus*，戴氏貘科 Deperetellidae；中国、蒙古国，48.6MaBP）。同一时期的脊齿貘科（Lophialetidae）分布于始新世亚洲，包括中国、蒙古国、哈萨克斯坦、吉尔吉斯斯坦和巴基斯坦；渐新世到中新世，化石分布区扩展到朝鲜半岛北部和日本。几乎在同一时期，貘科全脊貘属

（*Teleolophus*，48.2MaBP）广布于中国、蒙古国、哈萨克斯坦、吉尔吉斯斯坦以及巴基斯坦[236]，双冠齿貘属（*Dilophodon*，46.2MaBP）见于北美（加拿大和美国）。随后地层中，更新世之前的貘科化石分布于北美和亚洲大陆，更新世南美洲开始有分布（Fossilworks[6]，2018年8月数据）。至此，貘类的分布范围达到鼎盛期。由此推测，真貘类起源于亚洲中纬度地区。在随后的演化历程中，向南扩散至东南亚，向北经过白令陆桥进入北美。北美类群向南扩散到中美，上新世结束后进入南美。更新世以后，貘类从北美和亚欧大陆完全消失，分布区退缩到中美、南美和东南亚；类群仅剩貘科貘属，形成今天的间断分布格局。

犀总科化石类群非常丰富，有3科84属[184,237]。其中，早期类犀类中，跑犀科（Hyracodontidae）伊里安齿犀（*Ilianodon*，中国云南）、*Pataecops*（中国、哈萨克斯坦、吉尔吉斯斯坦）、红山兽（*Rhodopagus*，中国、蒙古国、哈萨克斯坦）以及沂蒙兽（*Yimengia*，中国山东）化石见于始新世早期（48.6MaBP）地层。始新世中、后期，化石扩散到北美三国。这种分布格局一直持续到该科在渐新世灭绝（Fossilworks[6]，2019年3月数据）。渐新世副巨犀属（*Paraceratherium*，从中国到巴尔干半岛，34～23MaBP）参与了由雷兽类开始于始新世的新生代巨型动物区系：副巨犀体形最大者肩高4.8m，体长7.4m，体重15000～20000kg；有适合抓握的上唇，生活方式类似现生象和犀[238,239]。

两栖犀科（Amynodontidae）是类犀类中另一早期类群，与跑犀科同时出现；如沙氏两栖犀（*Sharamynodon*，中国、哈萨克斯坦、吉尔吉斯斯坦）和长吻两栖犀（*Rostriamynodon*，中国内蒙古），分布于始新世（48.6MaBP）亚洲中部和东部，随后化石向北扩散到北美三国，向东进入日本列岛，向南抵达缅甸，向西到达东欧（匈牙利）；渐新世抵达西欧。这种分布格局一直持续到更新世后期该科灭绝时[184,237]。

犀科（真犀类）出现稍晚，最早类群有温塔犀（*Uintaceras*，美国犹他和怀俄明，始新世，46.2MaBP）和始无角犀属（*Teletaceras*，俄勒冈州，始新世，40.4MaBP）。随后，犀亚科（Rhinocerotinae）种类见于东亚（蒙古国和越南）。渐新世开始，化石分布区扩展到中亚和欧洲；中新世抵达非洲，上新世抵达印度次大陆，更新世扩散进入欧亚大陆周边岛屿（如东南亚岛屿、斯里兰卡、台湾岛以及不列颠群岛；Fossilworks[6]，2018年8月数据）。披毛犀（*Coelodonta antiquitatis*）是冰期动物群成员，适应寒冷环境，分布于更新世北方大陆北部；参与构成更新世巨型动物区系，体长达3.8m，体重2000kg，肩高2m[240]；全新世（大约8kaBP）灭绝。化石DNA研究发现，披毛犀与现生苏门答腊犀亲缘关系最近[241]。

犀类化石自始至终未见于南美。

以上化石分布时空变化过程表明：①与貘类一样，犀类起源于始新世亚洲，随后全方位向外扩散，并经过白令陆桥进入北美。②抵达北美后，类犀类分化出真犀类。真犀类向南扩散抵达墨西哥，向北经白令陆桥进入亚洲，并进一步向旧大陆扩散。更新世海退期，真犀类进入大陆周边岛屿。至此，犀类分布区涵盖除南美洲、澳洲和南极洲以外所有地区。

③更新世北半球冰川南侵,对中、高纬度分布的犀类造成大规模毁灭,导致犀类分布区向南收缩。人类活动促使犀类残余分布区进一步萎缩和片段化,形成现今分布格局。

第六节 食 肉 目

一、关于食肉目(Carnivore)

食肉目属劳亚兽总目类群,起源于劳亚大陆,最显著的外在特征是锋利的爪和发达的犬齿。由于其以其他动物为食,极力撕咬促使其咬肌极度发达,从而改变牙齿以及咬肌所附着的颅骨和颌骨的形态学特征。食肉目肢端一般有 5 趾,一些种类有 4 趾(1 趾退化)。个别物种(小熊猫 *Ailurus fulgens*、大熊猫)出现假拇指,从而表现出 6 趾特征。现生兽类中,食肉目是体形多样性最高的类群:体形最小者如伶鼬(*Mustela nivalis*),体重 25g,体长 11cm,以体形更小的啮齿类为食;体形最大者如南方象海豹(*Mirounga leonina*),成年雄性体长可达 6.7m,体重 5000kg[242,243]。

食肉目是分布范围最广的现生类群:见于全球各大陆,从海岛到高山、从赤道到两极、从热带雨林到荒漠戈壁均有分布;海洋类群见于全球各大洋。该目也是物种多样性最丰富的现生类群之一,超过 280 种,划归 2 亚目,即猫形亚目(Feliformia)和犬形亚目(Caniformia)。猫形亚目倾向于专性食肉,犬形亚目倾向于杂食或者机会性食肉。现生类群 16 科,化石类群 7 科[244];表明食肉目在近代地质历史中成种活跃。

1. 猫形亚目

猫形亚目(Feliformia)包括所有猫类、鬣狗、獴和麝猫,总计 7 科 12 亚科 56 属 114 种,分布区涵盖全球除澳洲和南极洲以外所有大陆。其中,非洲棕榈果子狸科(Nandiniidae)是单型科,仅含 1 属 1 种,即非洲棕榈果子狸(*Nandinia binotata*),分布于撒哈拉以南:北起南苏丹到几内亚一线,南抵安哥拉南部到津巴布韦东部。生境类型包括热带稀树草原、落叶林、低地雨林以及河岸森林走廊[245]。体形小,成年个体体重为 1.7~2.1 kg。夜行,以啮齿类、鸟类(及其卵)、昆虫以及食果蝠为食。

林狸科(Prionodontidae)也是单型科,含 1 属(即亚洲林狸 *Prionodon*)2 种,包括条纹林狸(*P. linsang*)和斑林狸(*P. pardicolor*),分布于东南亚[246]。

鬣狗科(Hyaenidae)有 3 属 4 种,以非洲为分布核心,向东经阿拉伯半岛延伸至整个喜马拉雅以南地区。其中,鬣狗(*Hyaena*)分布最广,涵盖撒哈拉及其以北非洲、阿拉伯半岛以及西亚到南亚,对干旱环境有很好的适应性。斑鬣狗(*Crocuta*)和土狼(*Proteles*)局限于撒哈拉以南[244]。

食蚁狸科(Eupleridae),又叫马达加斯加獴,有 6 属 10 种,全部分布于马达加斯加岛。

猫科(Felidae)可能是猫形亚目中演化最成功的类群,现生种类有约 15 属 41 种,分布于全球除南极洲、格陵兰、北冰洋周边以及澳洲以外所有地区的各种生境中。家猫在澳洲的分布是现代人引入的结果,澳洲不属于猫科自然分布区。猫科是严格的食肉动物,绝大多数物种拥有 Tas1r2 基因,导致甜味受体无法合成,食物中的糖对猫科动物中枢神经起不到任何提示和兴奋作用[247],从而导致它们不尝食甜味。

猫科豹属(Panthera)是许多生态系统的顶级捕食者,对维持生态系统的稳定具有决定性作用。该属含 5 现生种:虎、狮(P. leo)、豹(P. pardus)、雪豹(P. uncia)以及美洲豹(P. onca)。虎是最大的猫科动物,分布于南亚、东南亚、东北亚(西伯利亚),以及中国东北、云南、西藏东南部;栖息于密林,生境重要因子包括大树树干空心形成的树洞、山洞以及茂密植被[248]。狮的分布核心在非洲东部和南部,印度有少量分布;海拔最高记录可达 3600m(非洲肯尼亚山)[249]。栖息于草原、热带稀树草原以及灌丛草地,回避茂密森林和热带雨林。狮属于社会性动物。捕猎时,其根据个体的体能和运动特点进行分工合作(个体分为中锋和边锋;中锋进行长距离追击,边锋实行迂回伏击),能最有效捕获猎物。豹是分布最广的猫科动物:从非洲,经阿拉伯和里海东岸,到南亚、东南亚、中国(华南、西北、华北和东北)以及日本海沿岸都有分布。这种广泛分布可能得益于它们对环境的良好适应能力。在撒哈拉以南许多大型猫科动物消失了的边缘生境中,豹的种群得到发展。雪豹分布于喜马拉雅山区、帕米尔高原、天山山脉、阿尔泰山山脉、萨彦岭以及杭爱山脉,涵盖俄罗斯(贝加尔湖、西伯利亚)、哈萨克斯坦、吉尔吉斯斯坦、乌兹别克斯坦、阿富汗、巴基斯坦、印度、尼泊尔、不丹、蒙古国以及中国(青藏高原及其周边地区)。雪豹适应高寒环境,分布于高原戈壁、高山流石滩以及山地苔原。在四川卧龙,雪豹分布于海拔 4000m 以上的苔原和流石滩生境中,以岩羊为食[250]。美洲豹是分布于美洲唯一的豹属现生种类,是新大陆最大、世界第三大猫科动物;分布范围包括美国西南部、墨西哥、中美、南美巴拉圭和阿根廷北部。美洲豹栖息于森林和开阔地带,但特别偏爱热带、亚热带湿润阔叶林和湿地。美洲豹善于游泳,采用潜近—伏击策略进行捕食。不同于其他种类,美洲豹通过发达的犬齿直接咬入猎物头颅,在极短时间内有效杀死猎物[251]。食物多达 87 种动物,捕食除美洲鳄以外几乎所有能够遇见的脊椎动物[252]。

灵猫科(Viverridae)和獴科(Herpestidae)的演化成功程度仅次于猫科。其中,灵猫科有 15 属 34~38 种,分布于非洲全境、南欧以及南亚和东南亚;在东南亚的分布跨越了华莱士线,抵达苏拉威西岛及其邻近岛屿。分布格局表明,灵猫科可能是古老的旧大陆热带类群[246,253]。该科类群的共同特征是一条长尾,可能是祖征[254]。獴科有 14 属34 种,以小型动物为食,如蝎子。獴科许多种类是著名的捕蛇能手,如猫鼬(Suricata suricatta)和多种獴。獴科分布区与灵猫科类似,包括撒哈拉以南非洲大陆(未登上马达加斯加岛)、阿拉伯半岛沿海地区、南欧以及亚洲南部(西亚、喜马拉雅山以南、亚洲大陆东南部以及东南亚岛屿),但以非洲为分布核心[255]。在斐济、波多黎各、加勒比以及夏威夷群岛分布的獴是人工引入的结果,这些岛屿不属于獴科的自然分布区域。

2. 犬形亚目（Caniformia）

该亚目包括所有犬类、狐狸、熊类、鼬类、臭鼬类、獾类、狼类、郊狼类、小熊猫、浣熊类，以及海洋中的海狮、海豹、海象，总计9科71属166种。9科中，8科归于熊型下目（Arctoidea），在支序分类上与犬科（Canidae）并列。陆生类群的自然分布区涵盖除南极洲以外所有大陆，海洋类群分布区覆盖全球所有大洋、北极浮冰以及南极洲海岸线。

1）犬科

犬科著名种类有家犬、狼、郊狼、狐、豺以及澳洲野狗，共12属38种，是犬形亚目中物种多样性仅次于鼬科的类群。犬科分布区极广，除南极洲外，各大陆均有分布。科中大部分种类为社会性动物，个体间合作捕猎。

基于分子生物学研究[256]，犬科分为四大类群：①似狼犬类，包括犬（*Canis*）、豺（*Cuon*）以及非洲野狗（*Lycaon*）。②似狐犬类，仅有狐（*Vulpes*）。③南美犬类，包括丛林犬（*Speothos*）、伪狐（*Lycalopex*）、食蟹狐（*Cerdocyon*）以及鬃狼（*Chrysocyon*）。④单型单元，包括大耳狐（*Otocyon*）、灰狐（*Urocyon*）以及浣熊犬（*Nyctereutes*）。浣熊犬分布于东亚，从北到南包括西伯利亚、日本列岛、朝鲜半岛、中国东部季风区以及中南半岛北部；杂食性，善于爬树。灰狐分布于西半球，从加拿大南部延伸到南美北部（委内瑞拉和哥伦比亚）。与浣熊犬一样，灰狐善于爬树，并在树上筑巢；杂食，夜行。蝠耳狐分布于非洲东部（索马里、埃塞俄比亚、肯尼亚、坦桑尼亚、乌干达）和南部（南非、纳米比亚、博茨瓦纳、津巴布韦南部、莫桑比克西南部以及安哥拉西南部），栖息于矮草地和干旱萨瓦纳中，食虫。

南美犬类全部分布于南美洲。其中，鬃狼属仅一种，即鬃狼（*Chrysocyon brachyurus*），是南美最大犬科动物，分布于巴西、巴拉圭、玻利维亚以及阿根廷北部的开阔和半开阔稀树草原中。杂食性，动物性食物包括啮齿类、兔形类、鸟类以及鱼类；通常在日落到午夜进行捕食。食蟹狐属也仅一种（食蟹狐 *Cerdocyon thous*），分布于南美洲中部，包括委内瑞拉、圭亚那、法属圭亚那、苏里南、巴西、玻利维亚、乌拉圭、巴拉圭、阿根廷、哥伦比亚；生境类型有萨瓦纳、稀疏林地、亚热带森林以及多刺灌丛。雨季通常在冲积平原的泥沼中寻找蟹类及其他甲壳动物为食，旱季多以昆虫、爬行类、啮齿类、鸟类、龟卵甚至植物的果为食，表现出杂食性和机会性肉食习性[257]。伪狐属有6个现生种，分布于南美各地，但以安第斯山脉为主。栖息于湿地、农耕区、开阔草地、萨瓦纳、干旱灌木丛以及沙漠等生境中。生活于干热区域中的种类为夜行性，其他区域的种类为昼行性。不同物种偏爱的生境类型不同，但食性相似；所有物种均为杂食性，以啮齿类、兔形类、蜥蜴、两栖类、鸟类、动物腐肉、昆虫及其他无脊椎动物以及植物的果为食[258]。丛林犬属仅有1个现生种（即丛林犬 *Speothos venaticus*），分布于南美洲北部，包括巴西、巴拉圭、玻利维亚、秘鲁、圭亚那、法属圭亚那、苏里南、委内瑞拉、哥伦比亚以及厄瓜多尔，中美见于哥斯达黎加；从低地森林到海拔1900m均有分布。生境类型包括湿润萨瓦纳、流域森林以及开阔牧场。肉食性，通常以大型啮齿类为食，如无尾刺豚鼠（*Cuniculus*）、水豚（*Hydrochoerus capybara*）；偶尔围猎大型动物（如貘）[259]。在围猎无尾刺豚鼠时，群内个体分工合作：部分个体潜伏于水中等待，其他个体在岸上将猎物驱赶到水中，水中等待的同伴窜出将猎物捕获。

狐属是真狐类，多达 12 种；分布区覆盖旧大陆和北美。其中，①北极狐（*V. lagopus*）环绕北极分布，区域包括俄罗斯、斯瓦尔巴群岛、冰岛、斯堪的纳维亚、格陵兰、加拿大以及阿拉斯加，是冰岛唯一的土著陆生兽类。北极狐对寒冷环境有极强适应力，生活于苔原带和冰原中，冬夏改变毛色，没有冬眠习性；肉食性，以啮齿类、兔形类、鱼类、鸟类、鸟卵以及腐肉为食。②赤狐（*V. vulpes*）分布区北缘与北极狐分布区南缘重叠。赤狐是熟知的种类，俗称狐狸，是狐类中体型最大者。虽然名为赤狐，实际上有 3 种主要色型：红色、银色以及黑色。赤狐是狐属中分布区最广的种类，覆盖北方大陆大部分地区以及南方大陆局部地区。在北美，分布区北起阿拉斯加、加拿大中北部一线，向南延伸到佛罗里达；在旧大陆，从北极狐分布区南部向南延伸到华南、印度中部、阿拉伯、以及北非。栖息于多种生境中。总体上杂食性，但不同地区种群食性有很大差异。在俄罗斯，赤狐捕食 300 余种动物，进食几十种植物；主要食物是小型啮齿类，其次是各种水禽、爬行类、豪猪、负鼠、浣熊、兔、水生动物、昆虫及其他无脊椎动物，偶尔袭击小型或年幼的大型有蹄类，甚至在人类居住区附近觅食垃圾[260,261]。③敏狐（*V. macrotis*）分布于北美西南部，包括美国俄勒冈、科罗拉多、内华达、犹他、加利福尼亚、新墨西哥和得克萨斯，以及墨西哥北部和西部的下加利福尼亚半岛。对干旱环境有很强适应力，栖息于沙漠灌丛、密生灌木丛以及草地生境中，夜行性。肉食性是其主要特征，捕食小型动物，如更格卢鼠、棉尾兔、黑尾兔、草原田鼠、草原土拨鼠、昆虫、蜥蜴、蛇类、地栖性鸟类以及腐肉。食物短缺时，也食西红柿、仙人掌果和其他植物的果。④草原狐（*V. velox*）分布于北美西部草原地区，与敏狐出现地理替代；分布区覆盖美国蒙大拿、怀俄明、新墨西哥、科罗拉多、堪萨斯、俄克拉何马、得克萨斯以及加拿大局部地区。栖息于矮草原野和北美西部草地，是当地土著种。杂食性，食物包括草本植物、植物的果、昆虫、小型动物以及腐肉。⑤沙狐（*V. corsac*）分布于亚洲中部和北部干草原地区，包括哈萨克斯坦、乌兹别克斯坦、土库曼斯坦、蒙古国大部、伊朗、塔吉克斯坦、吉尔吉斯斯坦、阿富汗、中国北方以及俄罗斯；以昆虫、啮齿类、兔形类、腐肉甚至人类抛弃的食物为食。在现生狐类中，与沙狐亲缘关系最近的是西藏沙狐（*V. ferrilata*）[262]。⑥西藏沙狐分布于青藏高原及其周边地区，包括中国西藏、青海、甘肃、新疆、四川、云南以及喜马拉雅山南坡尼泊尔、不丹、锡金；对高寒荒漠有极强适应力，分布区海拔3500～5300m。肉食性，在半干旱-干旱高原草地中捕食高原鼠兔及其他兔类、土拨鼠及其他啮齿类以及蜥蜴，还觅食藏羚羊、麝、岩羊甚至家畜尸体。西藏沙狐与沙狐形成地理替代：沙狐分布于北部中亚干旱荒漠，西藏沙狐分布于南部高寒荒漠。⑦孟加拉狐（*V. bengalensis*，也叫印度狐）分布于青藏高原南面，西边以印度河为界，北边以喜马拉雅山脉为界，几乎覆盖整个印巴次大陆，包括尼泊尔、印度、巴基斯坦东部和孟加拉国。孟加拉狐适应多种生境，但特别偏爱半干旱矮草草地，并且回避陡峭地形和高草草地；晨昏性，以小型鸟类、啮齿类、爬行类、蟹类、白蚁及其他昆虫为食，也吃植物的果[263-265]。⑧阿富汗狐（*V. cana*）分布于青藏高原西面，包括巴基斯坦西部、阿富汗、土库曼斯坦、伊朗、土耳其、以色列、埃及以及阿拉伯半岛沿岸的山地半干旱干草原。杂食性，比其他狐类更偏向于果实性，喜食无籽葡萄和成熟瓜类，在农耕区甚至取食俄罗斯韭菜。有很强的岩石攀爬能力以及垂直腾跳能力，腾跳高度可达 3m[266]。⑨吕佩尔狐（*V. rueppellii*）与阿富汗狐分布区重叠。但是，吕佩尔狐分布区更广，覆盖了巴基斯坦西部、阿富汗南部、伊朗、整个阿拉伯半岛以及北非亚特拉斯山脉以南撒哈拉地区；偏爱沙质和岩石荒漠，在半干旱干草原和稀疏灌丛地带也有分布。杂食性，食物包括甲虫、蝗虫、小型兽类、蜥蜴、鸟类以及草本植物、沙漠多汁植物、沙枣及其他植物的果，也觅食人类垃圾[267-269]。⑩耳廓狐（*V. zerda*）是全球最小的犬科动物，体重仅 0.7～1.6kg，肩高约 20cm。名字源于其夸张的耳廓：体长 24～41cm，但耳长 10～15cm。耳廓狐分布于北非撒哈拉地区及西奈半岛西北角，几乎与吕佩尔狐分布区非洲部分完全重叠。适应干旱环境，在沙丘下掘洞，营洞栖生活。杂食性，主要食物资源有啮齿类、兔子、昆虫、鸟类以及鸟卵。⑪苍狐（*V. pallida*）分布区位于耳廓狐分布区的南边，东西向平行分布。耳廓狐以撒哈拉沙漠为主，苍狐则以萨赫勒地区①为主。苍狐与耳廓狐有相似习性：耐旱，洞栖，杂食，食物资源包括植物、各种浆果、啮齿类、爬行类以及昆虫。但是，苍狐更多出现在石质荒漠中。⑫南非狐（*V. chama*）分布于非洲南端，包括南非、博茨瓦纳和纳米比亚。栖息于开阔草地、干旱-半干旱荒漠灌丛；杂食性，以植物和小型动物（各种无脊椎动物、啮齿类、鸟类以及小兔子）为食。

似狼犬类中，非洲野狗属仅有 1 个现生种，即非洲野狗（*L. pictus*），分布于撒哈拉以南的广阔地区，北部有少量分布，如阿尔及利亚东南角。整个分布区呈马蹄状，包围着刚果河流域热带雨林：从雨林北部向东延伸，并从东部继续向南延伸到雨林以南的广阔地区；雨林中缺失非洲野狗。由于生境高度片断化，分布区被分割成大量的点状斑块，种群呈孤岛状；其中，最大种群及生境斑块残存于南部博茨瓦纳和纳米比亚东部。它们主要栖息于萨瓦纳和其他干旱地带，回避森林。这种分布格局与其捕食习性有关：非洲野狗成群围捕猎物，穿越灌丛、稀疏林地和山区，密闭森林遮挡视线，不利于捕猎[270,271]。高度肉食性，各地种群的食物种类不同：在东非，主要是汤姆逊瞪羚；在中非和南非，是高角羚、非洲小羚羊、水羚羊、驴羚及其他大型兽类，也有形似兔子的小型动物[270,272]；塞伦盖蒂草原的种群发生特化，专门捕食斑马[273]。个别地方种群可能已经开始分化，适应森林生活。已经发现有一群非洲野狗生活在乞力马扎罗山上的森林中[270]，它们的捕猎技能可能已经发生改变。

豺属仅有 1 现生种，即豺（*Cuon alpinus*），又名亚洲野狗、印度野狗、吹哨狗、赤犬、山狼。豺分布于亚洲，西起克什米尔，东至太平洋沿岸；北起喜马拉雅山脉、中亚、

---

① 萨赫勒地区是非洲撒哈拉沙漠到刚果河流域热带雨林之间的过渡地带。

蒙古国，南至印度尼西亚爪哇岛。主要生境类型包括高山针叶林和高山草甸，以各种中、大型有蹄类以及兔形类、啮齿类、灵长类（长尾叶猴）为食；还觅食多种植物。

犬属包括狼、郊狼、胡狼、澳洲野狗以及狗，分布于旧大陆和北美，范围与狐属相仿。其中，狼（*C. lupus*，又称灰狼、森林狼）有 37 个亚种[273]，分布于欧亚大陆和北美荒原及边远地区，适应多种生境，包括冰原、苔原、泰加林、温带草原、高寒草原、落叶林、常绿林以及沙漠。食物主要有大/中型有蹄类、家畜以及腐肉。由于人类猎杀，灰狼分布区已经大规模萎缩，尤其在北美、欧洲、南亚以及中国（华北和东北）。郊狼（*C. latrans*）是灰狼的近亲，体形略小，分布于北美大陆、阿拉斯加以及中美北半部。哈得孙湾、北冰洋岛屿以及格陵兰岛没有分布。草地是郊狼的主要生境；动物性食物占食谱的 90%，包括北美野牛、鹿、羊、兔、啮齿类、鸟类、鱼类，有时还捕食黑熊小崽和海豹[274-277]。

胡狼有 4 个现生种，包括黑背胡狼（*C. mesomelas*）、侧纹胡狼（*C. adustus*）、金背胡狼（*C. anthus*）以及亚洲胡狼（*C. aureus*）。其中，①黑背胡狼分布于非洲东部，包括埃塞俄比亚、索马里、肯尼亚、乌干达和坦桑尼亚；从沙漠到降水量 2000mm 的区域均有分布。生境类型包括农场、萨瓦纳以及高山区域；捕食各类无脊椎动物（如昆虫、蝎子、马陆）、啮齿类、兔、幼年羚羊、各种爬行类，也吃植物的果[270,278,279]。②侧纹胡狼环绕刚果河雨林区分布，包括撒哈拉沙漠南沿（从西非塞内加尔到东非埃塞俄比亚）、东非（肯尼亚南部、乌干达、刚果东部边境部分）以及南部非洲的北部（从加蓬南部、刚果南部、坦桑尼亚向南到安哥拉、赞比亚、莫桑比克和津巴布韦）；栖息于疏林地和灌丛生境中。杂食性，雨季以无脊椎动物为主要食物，旱季捕食小型兽类。在一些区域，植物在食物中的比例高达 30%（IUCN SSC Canid Specialist Group[280]，2019 年 2 月数据）。③金背胡狼分布区南起侧纹胡狼分布区北缘，北抵地中海沿岸，覆盖整个非洲北部。金背胡狼原先被认为是亚洲胡狼的一个亚种。基于基因组测序结果，它与亚洲胡狼可能属于不同种[281]。金背胡狼栖息于多种生境中，对沙漠有极好的适应力。生境类型包括地中海滨海丘陵（阿尔及利亚）、热带半干旱的萨赫勒萨瓦纳（塞内加尔）、干旱的萨赫勒山丘（马里）、农耕区、人类荒废的区域、悬崖、沙漠边缘（埃及）以及湖滨生境（埃及和苏丹），甚至还出现在号称世界最热、最干旱的厄立特里亚达纳吉尔凹地（Danakil depression）；分布海拔最高可达 1800m[282-285]。杂食性，各地种群食性不同。在西部，食物主要由兔、体形较大的啮齿类、蜥蜴、蛇、地栖性鸟类以及各种昆虫构成；在东部，食物中的 60% 由啮齿类、兔、蜥蜴、蛇类、鸟类、汤姆逊瞪羚组成，还觅食植物的果和各种无脊椎动物，腐肉在一些季节中也占较大比例[271,272,286]。④亚洲胡狼拥有较广阔的分布区，覆盖东南欧、西南亚、南亚和东南亚；栖息于多种不同生境中，如湿润的河流附近和三角洲地区，以及干旱的中亚沙漠边缘和绿洲[287]。杂食性，食性因区域不同有很大差异。在印度，婆罗多布尔种群的食物有 60% 由啮齿类、鸟类和果组成；坎哈种群有 80% 由啮齿类、爬行类和果组成[286]。

2）熊型下目

熊型下目有熊超科（Ursoidea）、鼬超科（Musteloidea）和鳍脚超科（Pinnipedia）。熊超科现生类群仅有熊科（Ursidae），属于大型食肉类动物，含5属8种。虽然种类不多，但分布范围广，包括北美、南美以及欧亚大陆。熊类总体上表现为杂食性，仅北极熊为肉食性，眼镜熊（*Tremarctos ornatus*）和大猫熊为植食性。这种食性变化是熊类在演化历史中对地理环境变迁的适应。北极熊分布于北极圈内，是熊类中体形最大者，适应寒冷冰原环境。这里的大宗食物是上百万海豹以及水中鱼类，缺乏植物。相应地，北极熊的食谱中没有植物，主要以环斑海豹（*Pusa hispida*）和髯海豹（*Erignathus barbatus*）为食（也捕食其他海豹），鱼类也是常见食物[288]。与食性演化相伴随的是极好的游泳捕食能力，还有极为聪明的"捕鱼"行为。

棕熊（*U. arctos*）体形仅次于北极熊，分布于欧亚大陆和北美北部苔原带，纬度稍低于北极熊分布区。棕熊是典型的杂食者，食物资源丰富，几乎吃遍所有能遇到的动植物。

亚洲黑熊（*U. thibetanus*）体形中等，广布于亚洲，包括喜马拉雅山区、印度次大陆北部、朝鲜半岛、中国北方和台湾岛、俄罗斯远东地区以及日本的本州岛和四国岛。树栖，攀爬能力强。以无脊椎动物和各种植物的花、果、叶为食，甚至吃人类垃圾。分布区内拥有多样性极高的生境类型以及食物资源。

另一中等体形的熊类是美洲黑熊（*U. americanus*），广布于北美大陆。杂食性，食物因地、因季节变化；植物占食谱的85%，动物性食物包括动物腐尸和有蹄类新生儿[289]。

马来熊（*Helarctos malayanus*）分布于东南亚热带雨林，杂食性。植物性食物中，桑科（Moraceae）、橄榄科（Burseraceae）、桃金娘科（Myrtaceae）占果食量的50%，尤其是桑科榕属（*Ficus*）（俗称无花果）。此外，偶尔也吃榴莲（*Durio graveolens*）果和棕榈嫩芽。果食性特征与太平洋厄尔尼诺导致的植物果实物候波动紧密相关[290]。动物性食物主要是各种无脊椎动物，如昆虫（包括白蚁、蚂蚁、甲虫和蜂的幼虫，尤其喜食蜂蜜）和蚯蚓；食物中的脊椎动物有鸟、鸟卵、蛇类、龟类、鹿类以及其他小型脊椎动物[290-292]。这些食物资源在东南亚热带雨林中很常见。

懒熊（*Melursus ursinus*）因行动迟缓而得名，但仍然会袭击人，属于危险动物，分布于印度次大陆。杂食，但极其偏爱白蚁，对蜂蜜也情有独钟。由于对捕食白蚁的适应，下唇在演化过程中变得厚长，用于吸食白蚁。吸食白蚁时发出的声音，人耳可以在180m外能听到。嗅觉非常发达，能探测到地下1m深处的白蚁。懒熊很少捕食其他兽类。植物性食物包括芒果、甘蔗、木菠萝（*Artocarpus heterophyllus*）以及一些木本植物的嫩枝[289,293]。

大猫熊俗称大熊猫，传统分类学将其置于独立的大猫熊科（Ailuropodidae）。进行生物学特征比较后发现，大熊猫具有熊类所有的基本特征[294]。据分子生物学研究结果，研究者认为大熊猫是真正的熊类，应该划归熊科[295,296]。大熊猫分布于横断山区和秦岭，包括四川、陕西、甘肃三省。眼镜熊分布于南美北安第斯山区。虽然分布区相距遥远，眼镜熊与大熊猫在食性上有高度相似性：植物占眼镜熊食谱的 93%～95%，肉类仅占 5%～7%；植物占大熊猫食谱的 99%，偶尔捕食鸟类、鸟卵以及小型啮齿类，或进食动物腐尸[185,297-299]。不同的是，眼镜熊食谱较宽，植物性食物包括仙人掌科（Cactaceae）、凤梨科（Bromeliaceae）、棕榈科（Arecaceae）、竹类、菊科（Asteraceae）以及兰科（Orchidaceae）；而大熊猫基本吃竹子。

鼬超科现生类群有熊猫科（Ailuridae）、臭鼬科（Mephitidae）、鼬科（Mustelidae）以及浣熊科（Procyonidae）。熊猫科是单型科，含 1 属 1 种，即小熊猫。由于与浣熊科密切的亲缘关系，小熊猫原先被划归浣熊科；但支序分析发现，这个物种应自成一科[300]。小熊猫主要分布于横断山区，喜马拉雅山南坡也有分布[301]。与大熊猫相似，小熊猫主要进食竹子，但食谱中动物性食物更多，包括鸟卵、鸟类以及昆虫[302]。

浣熊科有 6 属 14 种，包括浣熊（Procyon）、南美浣熊（Nasua）、长鼻浣熊（Nasuella）、蜜熊（Potos）、犬浣熊（Bassaricyon）以及蓬尾浣熊（Bassariscus），分布于从北美到南美的多种生境中[303,304]。臭鼬科含 4 属 12 种；其中 3 属 10 种分布于美洲，仅臭獾属（Mydaus）2 种分布于东南亚苏门答腊、爪哇、婆罗洲以及巴拉望岛。该科属于喜温类群：除了条纹臭鼬（Mephitis mephitis，分布于加拿大中南部、美国、墨西哥北部）、西斑臭鼬（Spilogale gracilis，分布于加拿大西南部、美国西部、墨西哥北部）以及东斑臭鼬（S. putorius，分布于美国东部）能抵御北美中部冬季严寒外，其余物种分布区均集中在热带地区（中美和东南亚）。臭鼬科种类的显著共同点是在肛周区有肛腺，遇到天敌时释放浓重气味，以阻遏捕食者。这种化学防御能力也存在于鼬科中。

鼬科是食肉目中种类最丰富的类群，含22属59种，包括各种鼬、獾、獭、貂以及貂熊，分布于南极洲和澳洲以外所有大陆各种生境类型中。体形最小者（如伶鼬）体长仅 11cm，最大者（如巨獭 Pteronura brasiliensis）170cm。该科多数种类为陆生类群，其他为半水生（如水貂）、河流水生（如水獭）以及高度海洋水生（如海獭）类群。除海獭外的所有种类都拥有肛腺，释放浓重气味以阻遏天敌、标记领域以及求偶。科中的黄鼬（Mustela sibirica）俗称黄鼠狼，以放臭气著名。民间通常认为黄鼠狼偷食鸡，是害兽。事实上，黄鼬是猎鼠高手，是农田鼠害生物防控中的重要益兽。

鳍脚超科现生类群有海象科（Odobenidae）、海狮科（Otariidae）和海豹科（Phocidae），均为海洋种类，主要猎食海洋鱼类，对海洋生境有极好的适应性。例如，北冰洋冠海豹（Cystophora cristata）母兽每年在生殖季节跃上流动浮冰，并几乎立即产仔。新生儿皮下有一厚层脂肪。母兽持续伴随新生儿，并哺乳；乳汁中脂肪含量高达 60%。新生儿高强度高频率吸乳，生长迅猛。断乳后，母兽离开新生儿回到海中，并立即交配；留下新生儿在浮冰上自己应对天敌。从跃上浮冰到交配结束通常仅 4d。研究发现，跃上静止海冰或陆地的母兽很容易被北极熊袭击；浮冰随海流流动，并且经常开裂，不是北极熊偏好的生境。乳汁中高脂肪以及新生儿高强度吸乳确保在母亲离开时，新生儿在严寒环境下体形增长到足够大，以抵御天敌和自己返回海水中[305]。海狮主要依靠前肢划水，而海象和海豹依靠后肢。

海象科仅1属1种，即海象（*Odobenus rosmarus*），分布于环北极海区，包括北冰洋以及太平洋和大西洋北部。海狮科有7属15种，分布于整个太平洋以及印度洋和大西洋南部温带水域。海豹科有13属18种，分布最广，见于所有大洋，多数物种局限于极地、亚极地以及温带水域，僧海豹类（包括僧海豹属 *Monachus* 和新僧海豹属 *Neomonachus*）还见于热带海域。海豹科还有淡水种类，如分布于西伯利亚贝加尔湖的贝加尔海豹（*Pusa sibirica*）。

二、食肉目的起源和分布变迁

1. 类食肉类

古新世早期类食肉类有两个类群：古灵猫科（Viverravidae）和细齿兽科（Miacidae），分布于劳亚大陆，化石见于北美和中国。传统观点认为，食肉目起源于北美60MaBP古灵猫科。但是，支序分析结果发现，细齿兽科可能才是食肉目祖先[306,307]。细齿兽科化石见于古新世初中国安徽（66.0~61.7MaBP）和广东（58.7MaBP）以及晚古新世美国北达科他和怀俄明（61.7~56.8MaBP；Fossilworks[6]，2018年9月数据）。因此，食肉类的起源地可能在中国或者东亚，而不是北美。亚洲和北美化石分布点均靠近白令陆桥。因此，早期类食肉类在东亚起源后，可能通过白令陆桥进入北美。

从细齿兽科向食肉目的过渡是个缓慢的过程。在此过程中，东亚细齿兽类群向西扩散到欧洲。与此同时，欧亚大陆和北美各地细齿兽类群形态学特征都朝着食肉目方向发展。从古新世到始新世，一些细齿兽类表现出局域性分布，如始新世前期新余兽（*Xinyuictis*，55.8~48.6MaBP，中国江西）、乖犬（*Zodiocyon*，55.8~48.6MaBP，中国山东）、拟狐兽（*Vulpavus*，50.3~48.6MaBP，加拿大和美国）。另一些类群表现出向外扩张性，如格雷氏犬（*Gracilocyon*，55.8~50.3MaBP）和瓦萨氏犬（*Vassacyon*，55.8~48.6MaBP）分布于始新世欧洲（法国、罗马尼亚）和北美（美国密西西比和怀俄明州），温塔犬（*Uintacyon*，55.8~40.4MaBP）分布于北美（美国怀俄明、科罗拉多、密西西比、新墨西哥和犹他，以及墨西哥）和欧洲（法国）及邻近岛屿（不列颠群岛）（Fossilworks[6]，2018年9月数据）。格雷氏犬、瓦萨氏犬以及温塔犬的扩散通道可能是始新世尚存的欧洲与北美间在格陵兰地区的陆桥。

较早观点认为，食肉目大约形成于中始新世42MaBP[308]。然而，与新余兽、乖犬同时期的多玛尔犬（*Dormaalocyon*，55.8~48.6MaBP，比利时、法国和葡萄牙）似乎推翻了这一观点：化石形态特征表明，多玛尔犬是猫类和犬类的共同祖先[309]。因此，食肉目应该起源于早始新世欧洲。多玛尔犬体重约1kg。功能形态学特征表明，这个类群营树栖生活。多玛尔犬生活的时期是古新世—始新世极热事件中气温最高的时期，两极无冰，高纬度地区有亚热带湿润森林分布。因此，食肉目的起源环境应该是温暖湿润的亚热带森林。起源后，食肉目可能与格雷氏犬、瓦萨氏犬以及温塔犬一道经格陵兰陆桥扩散进入北美。

2. 现代食肉类

食肉目出现后，猫型亚目和犬型亚目开始分化。这个历程持续了至少 6.6Ma，大约于 43～42MaBP 完成[307,308]。其中，猫型亚目出现较早。与犬型亚目相比，猫形亚目可能承载更多早期食肉目特征。化石记录表明，最早猫形亚目类群是灵猫科，化石见于早始新世（55.8～48.6MaBP）英格兰地层。渐新世，灵猫科分布区扩展到瑞士，中新世广布于欧洲（法国、德国、西班牙、希腊、匈牙利、塞尔维亚和黑山、斯洛伐克），并抵达亚洲（土耳其、中国、印度）和东南亚（泰国）、阿拉伯半岛（沙特）和非洲（埃及、摩洛哥、肯尼亚、纳米比亚、乌干达），上新世抵达非洲最南端。更新世，在亚洲，灵猫科跨越东南亚一系列岛屿后抵达苏拉威西及邻近岛屿；在非洲，该科跨越莫桑比克海峡登上马达加斯加岛，实现该科分布区历史最大范围。稍晚出现的科下类群见于北美，更新世以后在南美有分布（Fossilworks[6]，2018 年 9 月数据）。猫型亚目的其他类群可能更早进入非洲。据基因组研究结果，非洲棕榈果子狸科于始新世中后期（44.5MaBP）在非洲率先从猫形亚目中分化出来[310]，并生存至今。

在后续演化中，猫形亚目先后分化出 11 科，含 4 个化石科和 7 个现生科。化石科中，古香鼬科（Stenoplesictidae，23.03～15.97MaBP）起源于渐新世欧亚大陆，中新世向南扩散至非洲（埃及、肯尼亚、纳米比亚）；中新世中期灭绝。中鬣狗科（Percrocutidae）分布于中新世到上新世（15.97～2.588MaBP）旧大陆。猎猫科（Nimravidae）生活于始新世到中新世（37.2～7.246MaBP），始新世便已广布于北美（加拿大、美国）和欧亚大陆（中国、蒙古国、泰国、法国）。现有化石资料年代重叠，无法确定猎猫科的起源地及后续扩散路线。猎猫科多样性在渐新世中期（28MaBP）达到顶峰，然后开始衰落，晚期（26MaBP）在北美灭绝，中新世晚期在亚欧大陆灭绝。巴博剑齿虎科（Barbourofelidae）生活于中新世：早期化石见于非洲，中期见于欧亚大陆（从法国到中国）[311]，晚期见于北美。北美化石发现地包括美国加利福尼亚、内布拉斯加、内华达、南达科他、堪萨斯、俄克拉何马以及佛罗里达，分布区总体偏向北美西部，靠近白令海峡区域（Fossilworks[6]，2018 年 9 月数据）。中新世非洲与欧亚大陆存在陆桥。因此，巴博剑齿虎可能在非洲起源后，经过陆桥进入欧亚大陆。由于此时北大西洋已经非常宽阔，格陵兰陆桥已经消失，陆生动物难以跨越。因此，巴博剑齿虎进入北美的路径应该是白令陆桥；化石分布格局与这个推测相吻合。

犬形亚目化石出现较晚，最早种类分布于北美，如中始新世原拟指犬（Procynodictis，46.2～40.4MaBP，美国加利福尼亚、得克萨斯、犹他以及怀俄明）和晚始新世曙光犬（Lycophocyon，40.4～37.2MaBP，美国加利福尼亚）。较新化石出现在北美及其他地区（Fossilworks[6]，2018 年 9 月数据），如犬熊科（Amphicyonidae）。因此，犬形亚目可能起源于 46.2MaBP 北美，经白令陆桥扩散到东亚，随后进入欧洲，并进一步向南扩散到非洲。

在后续演化中，犬形亚目分化出 12 科，含 3 化石科：犬熊科、半狗科（Hemicyonidae）和海熊兽科（Enaliarctidae）。半狗科（40.4～4.9MaBP）形态特征似熊似狗，但更像狗；始新世分布于北美（加拿大、美国）和亚洲（中国、蒙古国），渐新世扩展到巴基斯坦和欧洲（捷克、格鲁吉亚、法国、德国、瑞士），中新世进一步扩展到非洲。始新世北美化石（加拿大萨斯喀彻温和美国科罗拉多，40.4MaBP）年代早于东亚（广西犬 *Guangxicyon* 和蒙古熊犬，37.2MaBP；Fossilworks[6]，2018 年 10 月数据）。由此推断半狗科起源于北美。化石分布区位置表明，两大区系交流的最短路径是白令陆桥。因此，半狗科可能从北美经白令陆桥进入亚洲，然后向西扩散，于渐新世抵达欧洲，中新世进一步抵达非洲，上新世灭绝。

犬熊科（28.4～5.3MaBP）形态似狗似熊，但具有更多熊类特征。为此，在一些分类系统中，犬熊科被归入熊科[312]。犬熊科化石见于渐新世欧洲（如阿道夫熊 *Adelpharctos* 和犬熊 *Cyonarctos*，法国；毛半熊 *Phoberocyon* 和查氏犬 *Zaragocyon*，西班牙），早中新世东亚（如毛半熊，中国），以及中中新世北美（如毛半熊）（Fossilworks[6]，2018 年 10 月数据）。因此，该科起源于渐新世欧洲，中新世进入东亚，并跨越白令陆桥进入北美，上新世灭绝。

海熊兽科。在演化历程中，食肉类从陆地返回海洋是一个重要事件。关于鳍脚类的起源，有两种不同观点。第一种观点认为，鳍脚类是双系（diphyletic）起源，亦即鳍脚超科有两个祖先支系，一支是海象科和海狮科，它们与熊科拥有共同祖先；另一支是海豹科，与鼬超科拥有共同祖先[313-315]。第二种观点认为鳍脚类是单系（monophyletic）起源，亦即鳍脚类各科与鼬超科拥有共同祖先[316-318]。鳍脚类与其他食肉类分化于始新世 50MaBP[319]。其中，海熊兽（*Enaliarctos*）分布于渐新世末—中新世北美（加利福尼亚和俄勒冈，23.03～15.97MaBP；Fossilworks[6]，2018 年 10 月数据），体形与现生鳍脚类最接近：牙齿特征适应撕咬肉类，有适应游泳的灵活脊柱和鳍状四肢；前后肢均用于划水，但前肢使用较多[320]。因此，海熊兽被认为是现生鳍脚类各科的共同祖先[321,322]。

陆生食肉类向海熊兽的演化过程中，从趾到鳍状蹼的形态学过渡是演化的关键环节，需要有化石证据支持。达尔文海幼兽［*Puijila darwini*，食肉目半貂科 Semantoridae；加拿大北极圈中努纳武特（Nunavut）地区，早中新世］化石的形态学特征类似鼬科，具备了对水生生活的适应性：尾长肢短，有趾，趾间有瓣膜形成的鸭蹼①，但尚未出现鳍状蹼[323]。这种特征属于从趾到鳍状蹼的过渡特征。半貂科种类在法国和哈萨克斯坦中新世地层中也有发现，化石发掘地是淡水湖相沉积[223,324]。这表明，①现在冰天雪地

---

① 蹼是动物适应水中游泳生活的一种特征。在演化历程中，动物通过指/趾间皮肤或皮膜向外延伸形成瓣膜，称为瓣蹼，增大与水的接触面，提高游泳效率。瓣蹼在涉禽中较常见。瓣蹼进一步演化，皮膜完全连接各指/趾时，便形成鸭蹼。鸭蹼在游禽鸟类中很常见。在现生兽类中见于河狸（啮齿目）。在兽类中，鸭蹼进一步演化，不但皮肤连接指/趾间，结缔组织、肌肉组织及其他组织也参与到指/趾间联结，便形成鳍状附肢，使划水效率达到最高水平。鳍状附肢常见于海洋兽类和海龟。

的努纳武特以及干旱的哈萨克斯坦在中新世及更早时期是温暖的湿地环境。②早期陆生食肉类在向海熊兽的演化历程中经历过淡水过渡期。③在从趾状附肢向鳍状附肢演化的过程中，形态学变化经历了趾间蹼的过渡阶段。

3. 现生食肉类

1）猫形亚目

猫形亚目现生类群中，非洲棕榈果子狸科最早从猫形亚目中分化出来。分子生物学数据显示，该科至少在 44.5MaBP 可能就已存在[310]。但是，目前尚缺乏化石资料佐证。林狸科也缺乏化石记录。

鬣狗科现生 3 属 4 种，但化石类群多达 17 属。其中，獴鬣狗（*Herpestides*）和上新鬣灵猫（*Plioviverrops*）是最早类群，早中新世便已广布旧大陆各地。由于缺乏更早化石，无法推测该科起源地。中新世和上新世，化石记录局限于旧大陆；更新世早中期（1.8MaBP），鬣狗科分布区扩展到北美（美国宾夕法尼亚和佛罗里达），晚期（800kaBP）到达欧亚大陆边沿岛屿——不列颠群岛以及台湾岛（Fossilworks[6]，2018 年 10 月数据）。更新世冰期，鬣狗科在欧洲、伊朗高原、喜马拉雅以北地区、东南亚以及北美灭绝，分布区收缩到旧大陆地中海—伊朗高原—喜马拉雅山一线以南、印巴次大陆东海岸以西区域。

食蚁狸科仅 1 化石种，即巨马岛狸（*Cryptoprocta spelea*）。由于缺乏化石记录，无法重构其起源地及分布区的演变历程。分子生物学数据显示，该科种类与獴科亲缘关系最近[316]，起源于非洲大陆的单一祖先（可能是獴科某个物种）。Yoder 等认为该祖先可能在海退期扩散到马达加斯加岛[325]。

猫科有 36 个化石属，比现生类群（15 属）丰富。最早化石见于渐新世哈萨克斯坦（28.4～23.0MaBP）和美国（南达科他，30.8MaBP；Fossilworks[6]，2018 年 10 月数据）。从化石地层年代推测，猫科起源地似乎在北美。然而，分子生物学数据显示，猫科与东南亚的林狸科亲缘关系密切[310]，因此可能起源于亚洲，很可能是东亚[326]。考虑到化石的地质年代比较接近，分子生物学的结论可能更可靠。猫科起源后，跨越渐新世白令陆桥进入北美。格陵兰陆桥在渐新世早期后即已消失，不太可能成为猫科的扩散通道。猫科抵达北美时，犬科在北美可能已经存在了 10Ma，熊科和猎猫科已经存在了 20Ma[327]。中新世，猫科化石广布于旧大陆和北美，北美分布区已经延伸到墨西哥。这种分布格局一直延续到上新世。更新世，猫科化石进入南美，并迅速向南美各地扩散，如委内瑞拉、巴西、玻利维亚、乌拉圭以及阿根廷[328]。在欧亚大陆，猫科在更新世海退期扩散到周边岛屿，包括日本列岛、印度尼西亚以及不列颠群岛。至此，除了南极洲、澳洲、格陵兰以及北冰洋周边冰原区域外，全球各地均有猫科动物分布。

猫科豹属有 12 个化石种。其中，最早种类是布氏豹（*Panthera blytheae*），被发现于上新世早中期（5.95～4.10MaBP）西藏札达盆地[329]。由此推测，该属起源地是喜马拉雅地区或者青藏高原周边。上新世中后期化石见于南亚（印度）、西亚（土耳其）、东欧（保加利亚、希腊、匈牙利）以及非洲（埃塞俄比亚、肯尼亚、摩洛哥、坦桑尼亚、南非）。更新世化石广布于旧大陆，并进一步扩散到南北美洲各地和欧亚大陆邻近岛屿，包括日本列岛、台湾岛、爪哇岛、帝汶岛、不列颠群岛，范围达到该属演化史上的顶峰：除澳洲和南极洲以外，各大洲均有分布（Fossilworks[6]，2018 年 10 月数据）。

全新世，随着人类发展，动物自然分布区急剧萎缩。例如，在更新世末次冰期结束时，虎一度广泛分布于从中亚（安纳托利亚东部地区以及美索不达米亚）到东西伯利亚，向南抵达南亚和东南亚（爪哇、巴厘、苏门答腊）的广阔地区[330,331]。然而，在过去 100 年里，虎的自然分布区面积丧失了 93%，它们在西亚、中亚、爪哇岛、巴厘岛相继灭绝[332]。再如，公元前 480 年前希腊，狮是常见动物，于公元 100 年时灭绝[333]；公元 10 世纪时在高加索地区消失[334]。之后，狮在各地灭绝的速度越来越快：中世纪消失于巴勒斯坦，18 世纪在亚洲大部分地区消失，19 世纪晚期在印度北部和土耳其消失，19～20 世纪在东南亚消失[335]。1942 年，人们在伊朗最后一次看到野生狮[336]；20 世纪 60 年代，狮在北非消失[337]。目前，狮在亚洲仅存于印度西部古吉拉特邦极度干旱的热带稀树林和落叶灌木丛中[338]，遥望着远在非洲的同类。

灵猫科化石记录中，最早类群是中新林狸属（*Mioprionodon*）以及 *Ketketictis*、*Leptoplesictis* 以及 *Africanictis* 等属，分布于渐新世末—中新世初（23.03～15.97MaBP）非洲，如埃及、纳米比亚、肯尼亚；稍后出现的类群见于非洲其他地方、欧洲、土耳其以及亚洲（印度、中国、泰国）。这表明，灵猫科的起源地可能是非洲。中新世末，分布区已经广泛覆盖整个旧大陆，并延续至上新世。更新世，一些类群进入大陆邻近岛屿，包括不列颠群岛、马达加斯加岛以及东南亚岛屿。灵猫科在东北亚没有跨越白令陆桥进入北美，在东南亚没有进入新几内亚岛和澳洲大陆（Fossilworks[6]，2018 年 10 月数据）。全新世以来，部分物种在局域性灭绝中消失，但科的分布区似乎没有显著变化。

獴科最早化石是中新世东非肯尼亚和乌干达的乌干达指兽（*Ugandictis*）以及 *Kichechia* 属（20.43～15.97MaBP）。其次是獴属（*Herpestes*），见于中新世欧洲法国（16.9～16.0MaBP）、瑞士（12.8～11.1MaBP）、巴尔干半岛（12.7～11.6MaBP），以及中国陕西蓝田（11.6～8.7MaBP）。科中其他类群见于旧大陆较晚地层，包括上新世和更新世。更新世晚期，獴科扩散到中国南部，如广东（Fossilworks[6]，2018 年 10 月数据）。这种分布格局显示，獴科可能于中新世前期起源于东非，随后经阿拉伯半岛向欧亚大陆扩散，但未跨越白令陆桥进入美洲；更新世冰期，分布区向南收缩，并在海退期扩散进入东南亚。

2）犬形亚目

犬科。化石记录显示，犬科最早成员是分布于晚始新世（39MaBP）北美的黄昏犬亚科（Hesperocyoninae）[339]。此时，草原生态系统开始在北半球发展。在与草原猎物进行军备竞赛的演化历程中，这些早期犬科动物在北美西南部开始出现适应辐射[340]，产生大量物种，如始祖犬（*Archaeocyon*）和纤犬（*Leptocyon*）；广布美国各地。始祖犬和纤犬后来分别演化出恐犬亚科（Borophaginae）和犬亚科（Caninae）。

中新世晚期（10～9MaBP），犬属、灰狐属以及狐属开始从北美西南部向外扩张[341]，并于 8MaBP 通过白令陆桥扩散进入亚洲。从北美向南，于上新世末跨越巴拿马地峡向南美多波次扩散，并在南美出现适应辐射，形成众多土著种类。例如，食蟹狐属的祖先类群分布于中新世北美，上新世末进入南美，并分化出食蟹狐属。该属很快出现适应辐射，形成许多物种；其中多数已经灭绝，仅食蟹狐存活至今（Fossilworks[6]，2019 年 1月数据）。北美犬属在更新世晚期也扩散进入南美，加入到南美食肉类区系中[342]。伪狐属最早成员出现于智利中北部上新世晚期地层[343]，随后扩散到南美各地。

进入亚洲后，犬科向西进入欧洲。据"走出西藏"假说[344]，北极狐的祖先是早上新世生活于西藏札达盆地的邱氏狐（V. qiuzhudingi，5.08～3.6MaBP）。邱氏狐沿着更新世青藏高原苔原带扩散进入亚洲大陆北极地区，并演化出北极狐。北极狐沿北冰洋周边扩散，末次冰川盛期、海面封冻时，从周边大陆进入格陵兰。赤狐化石最早发现于欧洲（匈牙利）上新世末地层，更新世见于北美（Fossilworks[6]，2019 年 2 月数据）；它们进入北美的时间不早于 400kaBP[345,346]。沙狐的直接祖先可能是更新世早期生活于中欧的原沙狐（V. praecorsac）[347]。更新世中期，沙狐一度向西分布到瑞士，向南到克里米亚[348,349]。更新世晚期（300kaBP），灰狼（Canis lupus）跨越白令陆桥进入亚洲后，在欧亚大陆广泛扩散，并演化出若干亚种[350,351]。

线粒体基因组与核基因组研究发现，在上新世和更新世干旱-湿润气候的反复振荡中，欧亚犬科类群向非洲扩散至少 5 波次[281]。非洲野狗属于上新世—更新世过渡期已经出现在非洲南部（即瑟氏非洲野狗 L. sekowei）。该属与豺属的共同祖先是犬属陌狼亚属（Xenocyon），分布于更新世早期和中期欧亚大陆及非洲，捕食羚羊、鹿、幼年大象、原牛（Bos primigenius）、狒狒、野马甚至人类[352-354]。更新世，豺的分布区遍及北方大陆。更新世晚期（117kaBP），分布区开始在欧洲萎缩，全新世在欧洲完全灭绝[355,356]。尚无证据表明豺退出北美的时间。

更新世中后期，犬科陆续进入大陆周边岛屿，包括日本列岛、加勒比（古巴）以及不列颠群岛。全新世，随着人类的迁移和携带，犬科动物分布于全球除南极洲外的所有地区（Fossilworks[6]，2019 年 1 月数据）。犬科物种是最早的家养物种，与人类形成的伙伴关系已经久远，可能开始于狩猎-采集社会时期的欧洲[357-362]。据考古学证据，这种关系的最早记录可能是 36kaBP，但尚存争议[361]；没有争议的最早记录是更新世末期14.7kaBP[363]。关于家犬的起源，主流观点认为，家犬（Canis lupus familiaris）实际上是灰狼的一个亚种。由于人工选择，性状变异非常快，因此也有人将其视为灰狼的姐妹种 Canis familiaris[364]。由于狼的集群性、社会行为上的忠诚性、团队合作性、行动敏捷性以及探测灵敏性，狼对狩猎-采集社会人类的贡献使得人类离不开狼；同时，在与狼的合作中，人类使用武器，有效制服大型猎物并与狼分享食物，使狼难以离开人。这种互利关系使狼与人类出现了协同演化。人工选择导致形态学特征急剧变化，最终形成今天的家犬[365]。在与人类共同扩散的过程中，部分家犬脱离人类返归自然，再度野化，形成犬类的野外分布区，如澳洲野狗（*Canis lupus dingo* 或 *Canis familiaris dingo*）。澳洲野狗属于灰狼，跟随人类于 5kaBP 进入澳洲大陆，并进一步扩散到周边太平洋岛屿上[366,367]。化石形态学研究发现，澳洲野狗在过去几千年里没有发生形态学特征变化。这表明，它们没有受到人工选择，完全在与其他犬科种类隔绝的松弛环境中经历自然选择，最终形成犬科中独特的一个支系[368,369]。

熊猫科现生 1 属 1 种，但化石类群非常丰富，有 3 亚科 8 属 27 种[184,370]。熊猫科与熊科拥有共同祖先[371]。据线粒体 DNA 研究结果，它们大约在 40MaBP 开始分化[372]。但是，最早化石发现于巴基斯坦渐新世中期 28.4MaBP 地层中，距离分子生物学给出的分化时间晚 11.6Ma。因此，熊猫科的起源地尚无法确定。到渐新世末（23.03MaBP），该科化石见于法国；中新世广布于欧亚大陆（法国、西班牙、匈牙利、摩尔多瓦、波兰、斯洛伐克、中国），并出现在北美（加利福尼亚州、内华达州、爱达荷州以及俄勒冈州）。少数广布类群在中新世晚期进入非洲，如短吻犬（*Simocyon*，北美、欧亚、非洲肯尼亚[373]）；亚洲种群可能是现生小熊猫属 *Ailurus* 的祖先[374,375]。此时，熊猫科的分布区达到鼎盛，但主要位于欧亚大陆，北美和非洲是外延区域。化石记录表明，小熊猫属最近的近亲是上新世傍熊猫（*Parailurus*）。傍熊猫体形比现生小熊猫大 50%，食竹[376]，分布于欧洲、亚洲（日本）和北美[377]。更新世冰期的广泛灭绝中，只有小熊猫在喜马拉雅地区找到避难所，从而得以存活至今[378]。第四纪，欧洲类群进一步扩散进入不列颠群岛（Fossilworks[6]，2019 年 1 月数据）。因此，依据现有化石格局推测，熊猫科可能起源于欧亚大陆（甚至是喜马拉雅地区），并在欧亚大陆内扩散。中新世经过白令陆桥进入北美，经阿拉伯进入东非，但欧亚大陆是主要分布区；第四纪海退期进入欧亚大陆周边岛屿。中新世末，熊猫科开始漫长的灭绝历程：中新世末于欧洲灭绝，上新世于北美和亚洲大部灭绝。经历第四纪更新世灭绝事件后，仅剩余小熊猫一种或两种[379]，残存于喜马拉雅地区。

浣熊科（Procyonidae）最古老化石发现于渐新世末法国 23.03MaBP 地层。但是，在年代几乎相同的美国中部内布拉斯加州及中西部爱达荷州的地层中也有该科化石。中新世，化石广泛分布于北美，包括加拿大萨斯喀彻温和美国各地；同时，分布区向南扩展到了中美巴拿马和南美阿根廷（中新世晚期 9.0～6.8MaBP）。在旧大陆，此时化石见于欧洲法国和德国。中新世到上新世，化石分布区扩展到南非。第四纪化石广泛分布于美洲各地，其余大陆缺乏化石记录（Fossilworks[6]，2019 年 1 月数据）。这种格局表明，浣熊科可能起源于渐新世早期大西洋北部沿岸，并借助此时的格陵兰陆桥覆盖北大西洋两岸。据系统发生学研究结果，浣熊科与熊猫科亲缘关系较近[371,380,381]。由于熊猫科和浣熊科最早在法国出现的地质年代相同（渐新世末期 23.03MaBP），北大西洋欧洲沿岸可能是这两个科的分化地以及浣熊科的起源地。中新世，浣熊分布区在各地扩展，进入非洲、北美南部以及中美，并于中新世晚期以岛屿跳跃方式或者摆渡方式跨越岛链进入南美。在旧大陆向东扩散过程中，可能由于具有相似的形态学和生态学特征，浣熊与熊猫科相遇后发生激烈竞争，导致浣熊类无法进入亚洲。上新世末或更新世，浣熊在非洲和欧洲灭绝；同时在中美出现物种多样化，产生大量新类群，并向南北美两个方向扩散[303]，形成现今分布格局。

鼬科。最古老化石类群是拟鼬亚科（Mustelavinae），分布于美国蒙大拿始新世末（37.2～33.9MaBP）地层中。渐新世，鼬科类群见于南达科他（拟鼬亚科）、欧洲法国（刃鼬属 *Mustelictis*）、中亚哈萨克斯坦（法兰克刃鼬属 *Franconictis*）以及东亚蒙古国（*Pyctis* 属），个别类群见于更南地区（如印度 *Matanomictis* 属，渐新世后期 28.4～23.03MaBP）。中新世开始出现于更多低纬度地区，如中国云南禄丰（獾亚科 Melinae）、墨西哥（獾亚科）、希腊（水獭 *Lutra*）和非洲多地。上新世出现于欧亚大陆边缘岛屿（如水獭，不列颠群岛），更新世出现在南美（Fossilworks[6]，2019 年 1 月数据）。

为此，鼬科可能起源于始新世北美北部，然后朝各个方向扩散。其中，向东扩散的类群于渐新世早期跨越格陵兰陆桥进入欧洲，向西类群跨越白令陆桥进入东亚。进入欧亚大陆后，两支相向扩展，形成以 45°N 线为中心、覆盖北方大陆的环形分布区。在此基础上，各地方类群进一步扩散，中新世后期抵达北方各大陆南部，上新世进入大陆边缘岛屿。随着巴拿马地峡形成，其于更新世大规模进入南美，最终形成现代分布格局。更新世晚期以来，随着人类发展，鼬科出现局部灭绝，但总体分布格局似乎没有显著性变化。在分布区扩展过程中，鼬科似乎对环境有极强适应力，不断形成新物种，以适应不同气候和生境类型。这种繁荣状况一直持续到现代。

臭鼬科化石资料非常缺乏。目前已知最古老类群是原臭鼬属（*Promephitis*），中新世广泛分布于欧亚大陆，从中国江苏、内蒙古、陕西、甘肃经中国新疆到西亚（土耳其）均有化石分布。甘肃和政臭鼬科化石在质量、数量以及物种多样性上居各化石发掘地之首。依据颅骨和牙齿形态学特征，王晓明和邱占祥[382]认为，和政小原臭鼬（*Promephitis parvus*）是最原始的类型。另外，霍氏原臭鼬（*P. hootoni*）在土耳其的分布应该是和政霍氏原臭鼬向西扩散的结果。上新世，臭鼬化石已经扩散至北美，并在第四纪广泛分布于北美（Fossilworks[6]，2019 年 1 月数据）。从上新世到更新世的化石分布格局看，早期化石多分布于北美西部，晚期分布于东部及南部。这表明，臭鼬类可能起源于中新世中国，随后向外扩展。其中，一支向东扩散，于上新世经白令陆桥进入北美，并出现适应辐射，物种繁荣；上新世末经巴拿马地峡进入南美。第二支向南扩展，于海退期进入东南亚岛屿，但未能进入新几内亚和澳洲。第三支向西扩展，远达西亚，但未能进入非洲和欧洲。更新世冰期气候可能导致它们在欧亚大陆中高纬度地区灭绝，分布区收缩到温暖的东南亚岛屿。在北美中高纬度地区，更新世冰期使大部分物种灭绝，仅留下少量种类。最终形成以温暖区域为主的间断分布格局。

熊科最早化石是晚始新世帕氏熊（*Parictis*，半犬齿兽亚科 Amphicynodontinae；加拿大萨斯喀彻温和美国科罗拉多、蒙大拿、内布拉斯加、南达科他以及怀俄明，38MaBP）

和早渐新世同亚科的獭犬熊属（*Allocyon*，美国俄勒冈，30.8MaBP）。这两个属分布于北美西部，接近白令陆桥。帕氏熊中新世见于欧亚大陆[20]。与獭犬熊形态学特征相似的类群见于渐新世初期欧亚大陆，如半鼬属（*Amphicticeps*；蒙古国，33.9～28.4MaBP）和半犬齿兽属（*Amphicynodon*；中国、蒙古国、法国，33.9～28.4MaBP）。鼬熊属（*Cephalogale*）渐新世早期分布于欧亚大陆（中国、格鲁吉亚、捷克、德国、瑞士、法国）[383]，后来扩散到北美（Fossilworks[6]，2019 年 2 月数据）。鼬熊属于 28～30MaBP 演化出祖熊属（*Ursavus*）。祖熊被认为是所有现生熊类的远祖，起源于亚洲，并与半犬齿兽和鼬熊于早中新世 21～18MaBP 同时扩散进入北美[384]。由此可见，熊科可能起源于北美，并于始新世末、渐新世初跨越白令陆桥和格陵兰陆桥进入欧亚大陆。在欧亚大陆演化出来的后裔又经渐新世早期格陵兰陆桥扩散进入北美。

现生熊类于中新世前中期 20～15MaBP 从祖熊各相关种演化出来[385,386]。其中，最早出现的可能是大熊猫亚科（Ailuropodinae）[387]。该亚科已知类群包括中新小熊属（*Miomaci*）、印度熊属（*Indarctos*）、西班牙猫熊属（*Kretzoiarctos*）、郊猫熊属（*Agriarctos*）、始熊猫属（*Ailurarctos*）以及大熊猫属（*Ailuropoda*）等类群。其中，中新小熊属、西班牙猫熊属以及郊猫熊属化石分布于中新世中后期欧洲（匈牙利、西班牙）。印度熊属有广阔分布：中新世中后期分布于北美（亚利桑那、得克萨斯、佛罗里达、俄勒冈）和欧亚大陆（中国云南、印度、旁遮普、土耳其、西班牙）。始熊猫属仅见于中国中新世晚期 8MaBP 云南禄丰和元谋[388]。除大熊猫属外，所有类群后来均灭绝。大熊猫属起源于始熊猫属，最早化石大熊猫小种（*Ailuropoda microta*）见于上新世晚期广西柳城。牙齿形态学特征表明，它们已经以竹子为食。据此推测，大熊猫属的独立演化时间大约已有 3Ma[389]。该属其他种包括大熊猫武陵山种（*A. wulingshanensis*，晚上新世—早更新世）、大熊猫矮种（*A. minor*，更新世）、大熊猫巴氏种（*A. baconi*，更新世）以及大熊猫现生种（*A. melanoleuca*；Fossilworks[6]，2019 年 2 月数据）。目前仅有现生种。大熊猫属曾经有广泛分布：更新世中期，分布区从秦岭以南（最北见于北京周口店）至广西和越南一带，从缅甸向东抵达长江中下游地区。此后，分布区逐步向中国西南退缩。现生种在 15～19 世纪在四川盆地东部还有分布，20 世纪以来分布区局限于盆地西部和北部，并与陕西大熊猫处于种群隔离状态[390]。

熊亚科（Ursinae）最早化石出现在早中新世北美（俄勒冈）20MaBP 地层；欧洲最早化石年代为 16～10MaBP，北非（阿尔及利亚）为 11.6MaBP，亚洲（哈萨克斯坦、中国）为 8MaBP（Fossilworks[6]，2019 年 2 月数据）。这表明，熊亚科可能起源于北美，之后扩展进入欧洲，并进一步进入非洲和亚洲。但是，如果这个推测是正确的，那么在中新世早期应该在欧洲与北美间存在目前未知的区系交流通道；或者，熊亚科出现的实际时间应该更早。

中新世中期 13MaBP，眼镜熊亚科（Tremarctinae）从北美熊亚科中分化出来[387]，最早代表是上新短面熊（*Plionarctos*，晚中新世俄勒冈）[391]，第四纪才扩展到南美[392]

和欧洲（法国）（Fossilworks[6]，2019 年 2 月数据）。它可能是熊齿兽（*Arctodus*；1.8MaBP～11kaBP，广布于美国各地，加利福尼亚化石最丰富）、南美短面熊（*Arctotherium*；2.588MaBP～12kaBP，阿根廷、玻利维亚、巴西、圣萨尔瓦多、智利、委内瑞拉）以及眼镜熊（*Tremarctos*）等属的直接祖先[391]。眼镜熊属中，除了现生眼镜熊外，仅有 1 个化石种佛罗里达眼镜熊（*T. floridanus*；1.8MaBP～11kaBP），生活在更新世冰川没有触及的墨西哥湾沿岸（Fossilworks[6]，2019 年 2 月数据）。这表明，今天仅见于南美洲的眼镜熊属源自北美，而且曾经跨越南北美两大洲分布。

上新世初 5.3～4.5MaBP，伴随着环境的急剧变化，熊亚科在欧亚大陆经历一次适应辐射，产生许多新类群[384,387,393]。其中一支是懒熊（*Melursus*）。关于懒熊的早期演化历史，相关研究很少。一些作者认为，发现于上新世西瓦立克的希氏懒熊（*M. theobaldi*）是本属最早种类；因此，本属起源地可能在印巴次大陆[394]。懒熊现生种的形态学特征大约开始于更新世早期；从那时到现在，它们的形态特征几乎没有变化。因此推测，懒熊的食蚁习性在更新世早期便已形成。

适应辐射中出现的另一支是熊属（*Ursus*），最早化石见于意大利上新世初 5.3MaBP 地层。该属种类稍后见于欧洲其他地方，4.9MaBP 见于北美（加拿大北部）和中国，第四纪广泛分布于北方各大陆、印巴次大陆及大陆周边岛屿（不列颠群岛、格陵兰岛、日本列岛、台湾岛、东南亚岛屿），并进入非洲北部（摩洛哥）。该属共有 4 个现生种以及 10 余个化石种[384,395]。其中，奥弗涅熊（*U. minimus*）上新世广布于欧洲，化石见于格鲁吉亚、匈牙利、摩尔多瓦、罗马尼亚、乌克兰、俄罗斯、意大利以及法国；更新世初灭绝，但留下后裔种类，包括黑熊类（含马来熊属 *Helarctos*、亚洲黑熊和美洲黑熊）和棕熊类（含棕熊和北极熊）。亚洲黑熊最早化石见于上新世欧洲（法国、摩尔多瓦，5.3MaBP），第四纪化石遍及欧亚大陆（Fossilworks[6]，2019 年 2 月数据）。目前分布区仅限于亚洲，表明亚洲黑熊已经从其起源地——欧洲消失。关于灭绝过程，尚无相关研究。亚洲黑熊与美洲黑熊分化时间大约在 4.08MaBP[387,396]。美洲黑熊最早化石见于美国加利福尼亚 1.8MaBP 地层，后期化石广布于美国和加拿大；北美以外尚未发现有分布（Fossilworks[6]，2019 年 2 月数据）。

伊特鲁尼亚古熊（*U. etruscus*）是奥弗涅熊的后裔种，上新世和更新世广布于欧、亚、北美。亚洲种群可能于 800kaBP 演化出棕熊。在亚洲形成后，棕熊向欧洲并通过白令陆桥向北美扩散[312,397,398]。北极熊最早化石见于挪威卡尔王子岛 130kaBP 沉积中；但据线粒体 DNA 研究结果，棕熊与北极熊的分化时间大约在 150kaBP[399]。可能由于更新世冰川作用，棕熊在西伯利亚东部勘察加半岛的种群与其余种群隔离，并不断适应寒冷冰原生境，最终演变成北极熊[400,401]。北极熊随后从这里向欧洲和北美扩散，沿着环北极冰原分布。

4. 食肉目分布区的变迁过程

以上表明，食肉类可能于古新世早期起源于中国东部的细齿兽类。在随后的扩散过程中，向北通过中古新世白令陆桥进入北美；向西进入欧洲。这些早期类食肉类在始新世初便已广布于北方各大陆。各地类群在朝着食肉目方向发展的同时，演化出各种新类群。新类群通过格陵兰陆桥以及白令陆桥在北美与欧亚间反复相互渗透，区系成分反复融合。

始新世初，欧洲温暖湿润的亚热带森林中出现了多玛尔犬，标志着食肉目诞生。随后，它们通过格陵兰陆桥进入北美；同时，向东扩散到亚洲，实现了食肉目在北方各大陆的分布。食肉目起源后 6Ma，猫型亚目开始在西欧或者不列颠群岛分化，并经过格陵兰陆桥进入北美。食肉目北美类群于始新世后期演化出犬型亚目；该亚目经过白令陆桥扩散到东亚，并进一步向西扩散进入欧洲和非洲（图 5-14）。

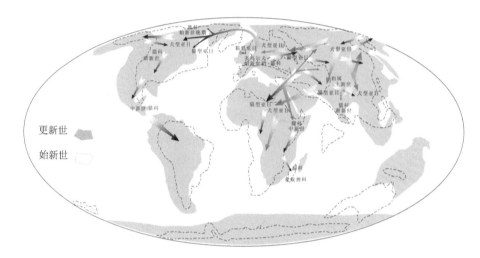

图 5-14   食肉类的扩散路线示意图

猫型亚目和犬型亚目下的类群在随后的地质年代里在北美和欧亚大陆间反复相互渗透。各类群扩散进入新的地理区域后，出现适应辐射，产生新类群。猫型亚目中，獴科诞生于中新世东非。随后，向非洲各地扩散的同时，向北进入欧亚大陆；海退期，非洲类群扩散到马达加斯加岛。在岛上，由于缺乏竞争者，出现适应辐射，产生新类群，形成食蚁狸科。猫科可能起源于渐新世东亚，向西扩散进入中亚和欧洲，向北跨越白令陆桥进入北美。中新世，该科类群广泛分布于旧大陆和北美。巴拿马地峡出现后，猫科进入南美，并迅速扩散到南美各地。此时，猫科分布区覆盖了除南极洲和澳洲以外所有地区。上新世早期，豹属开始出现在喜马拉雅—青藏高原地区；随后，向南亚、西亚和欧洲/非洲扩散，并于更新世进入美洲及欧亚大陆周边岛屿。全新世，一些种类（如狮、虎）的分布区出现撕裂、片断化，并且处于持续萎缩进程中。

犬型亚目中，北美类群于始新世晚期演化出犬科种类。得益于草原生态系统发展，犬科很快出现适应辐射，产生大量新物种，并迅速扩展分布区。这些类群跨越晚中新世白令陆桥进入亚洲；上新世末，跨越巴拿马地峡进入南美，在南美出现适应辐射，形成众多土著种类。上新世晚期到更新世，亚洲出现连接青藏高原和北极圈的苔原生境走廊，生活于青藏高原的食肉类沿着该走廊扩散进入欧亚大陆北部，参与构成冰期动物群。由于特有的生物学特征，灰狼于更新世末期与人类结成伙伴关系，并通过人类携带进入除南极洲以外的所有地区（图5-14）。

　　始新世晚期，北美犬型亚目分化出熊科，经白令陆桥扩散进入亚洲。亚洲熊类中的祖熊可能演化出所有现生熊类。最早类群是大熊猫亚科，广泛分布于中新世欧亚大陆和北美。大熊猫属可能起源于上新世晚期华南（广西柳城），随后迅速扩散。更新世分布区向北抵达秦岭—北京周口店一线，向南直抵越南，向西到达缅甸，向东直抵长江中下游地区。在随后历程中，该属逐步向西南部退缩。熊亚科出现于中新世早期北美后，可能通过目前未知的通道扩散进入欧洲，并进一步向非洲和亚洲扩展。熊亚科于中中新世北美演化出眼镜熊亚科，并于第四纪扩展到南美和欧洲；随后在各地灭绝，仅留下南美安第斯山区的眼镜熊。熊亚科于上新世早期欧亚大陆出现适应辐射，产生许多新类群，并于4MaBP呈多波次向北美扩散。适应辐射中出现的熊属最早见于上新世初意大利，随后向欧洲各地、亚洲（中国）和北美扩散，第四纪广布于北方各大陆及周边岛屿。上新世起源于欧洲的亚洲黑熊于第四纪广布于欧亚大陆，但随后在欧洲灭绝，仅亚洲种群存活。更新世晚期，伊特鲁尼亚古熊亚洲种群演化出棕熊。随后，棕熊沿着高纬度分别向欧洲和北美扩散。由于对寒冷冰原生境的适应，堪察加半岛或者西伯利亚东部棕熊种群于150～130kaBP与其他种群出现隔离和分化，最终演化出北极熊，并沿着环北极冰原分布。

　　在上述变迁历史中，食肉目各类群在欧亚大陆、非洲、北美间反复扩散，相互渗透。伴随着灭绝事件和人类携带，最终形成了现代分布格局。

第七节　长　鼻　目

一、关于长鼻目（Proboscidea）

　　现生长鼻目类群是现生动物区系中最大的陆生动物，显著外在特征是象牙以及长且肉质的、被称为第五肢的象鼻。但是在演化早期，它们体形小，象牙和象鼻小甚至完全缺失。在演化进程中，第二门齿变形并不断延伸形成象牙。现生象类的象牙生长速度大约17cm/a，象牙最长纪录达3m，最重39kg[402]。非洲象不论雌雄均有象牙；亚洲象雄性象牙大，雌性象牙小，甚至完全缺失。人类的捕猎已经导致野生象群的象牙逐渐变小[403]。

　　长鼻类动物上唇与鼻部在演化过程中逐步融合，形成口鼻部。口鼻部不断延长，形成象鼻。象鼻中无骨无脂肪，充满肌肉；肌纤维结构复杂，导致象鼻有力且灵活，是现生长鼻类的重要器官。随着演化进程，象鼻不断延长，导致颜面部骨骼特征发生改变。这些特征的变化保留在化石记录中，成为长鼻类演化研究的重要特征。象牙与象鼻的不同延伸程度，标志着动物从近蹄类（Paenungulata，包括长鼻类、海牛类和蹄兔类）向现代长鼻目演化的不同历史阶段。

现生长鼻目分布于非洲和东南亚,仅有象科(Elephantidae),含非洲象属(Loxodonta,又称棱齿象属)和亚洲象属(Elephas)。其中,非洲象属有非洲森林象(Loxodonta cyclotis)及非洲象(L. africana),亚洲象属仅有亚洲象(Elephas maximus)1 种[404]。非洲象体型最大,成年雄性站立时肩高可达 4m,体重 6000kg[405];分布于非洲撒哈拉以南地区,包括肯尼亚、坦桑尼亚、博茨瓦纳、津巴布韦、纳米比亚以及安哥拉,主要栖息于平原和草地中,但在稀疏林地、茂密森林、山坡、海边沙滩以及半干旱沙漠地区也有分布(Encyclopedia of Life[406],2018 年 8 月数据)。相比之下,非洲森林象体形最小,分布区也非常小,仅限于西非刚果河流域;主要种群分布在加蓬。亚洲象分布于东南亚地区,北起印度和尼泊尔,南至婆罗洲;栖息于草地、热带常绿林、半常绿林、湿润落叶林、干旱落叶林、干旱多刺森林、次生林、灌木林以及农地,从海平面到海拔 3000m 均有分布[407]。在中国,亚洲象分布于云南南部西双版纳、普洱、临沧。

二、长鼻目的起源和分布变迁

1. 早期类长鼻类

长鼻类属于非洲兽总目,起源于非洲大陆;化石类群丰富,拥有 10 科 55 属[408-410]。非洲象有 3 个化石种,亚洲象有 7~10 个化石种[411](Fossilworks[6],2018 年 8 月数据)。最早类长鼻类是晚古新世老兽属(Eritherium,北非摩洛哥,58.7MaBP)[412],肩高 20cm,体重 5~6kg[413];口鼻部和象牙尚未出现,牙齿结构特征总体上与近蹄类相似,但细节上出现了向长鼻类特化的特征。后续类长鼻类是中始新世—中渐新世始祖象(Moeritherium,阿尔及利亚、利比亚和埃及,40.4~28.4MaBP;Fossilworks[6],2018 年 9 月数据),肩高约 70cm,体重已达 235kg;口鼻部明显伸长,形态类似现生貘[145,413]。

长鼻目大约在始新世到渐新世开始分化为近象形亚目(Plesielephantiformes)和象形亚目(Elephantiformes),分布区开始扩展 [图 5-15(a)]。其中,近象形亚目最早出现于始新世早期约 55.8MaBP,如努米底亚兽科(Numidotheriidae)的类群,分布于非洲摩洛哥、西撒哈拉、阿尔及利亚、利比亚和马里。该科成员磷灰兽(Phosphatherium)的化石发现地与老兽属相同,但地层年代稍晚(古新世末—始新世初,55.8MaBP)[414]。磷灰兽已经出现口鼻部[415],体形比老兽属大:体长约 60cm,肩高大约 30cm,体重 17kg[413]。磷灰兽既是近象形亚目的最早代表,也是长鼻目的最早代表。近象形亚目的其他成员还有钝兽科(Barytheriidae)和恐象科(Deinotheriidae)。钝兽科生活于始新世后期到渐新世中期(37.2~28.4MaBP)北非和阿拉伯半岛,化石发现地包括利比亚、埃及和阿曼。恐象科出现时间稍晚(28.4MaBP),渐新世化石分布于东非埃塞俄比亚和肯尼亚,中新世扩展到非洲其他地区,并进入欧亚大陆,已经远达东南亚泰国,更新世后期灭绝(Fossilworks[6],2018 年 9 月数据)。钝兽科体形已经显著增大,肩高已达 1.8~2m,体重 2000kg。恐象科参与构建新生代巨型动物区系,恐象(Deinotherium)肩高达

4m，体重 13000kg[413]。

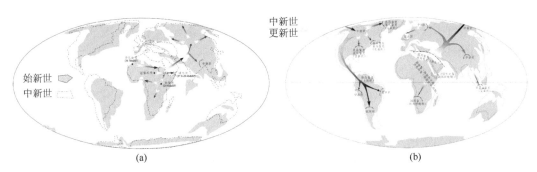

图 5-15　长鼻类的扩散路线示意图
(a) 古新世—中新世早期类长鼻类；(b) 渐新世—更新世现代长鼻类

2. 现代长鼻类

象形亚目最早成员可能是渐新象（*Phiomia*），又名菲欧米象或始乳齿象。该类群生活于渐新世北非和阿拉伯半岛，包括利比亚、埃及、埃塞俄比亚、肯尼亚和阿曼，渐新世晚期还见于非洲南部安哥拉（Fossilworks[6]，2018 年 9 月数据）。渐新象口鼻部略微长于下唇，肩高约 2.5m[47,416]。古乳齿象（*Palaeomastodon*）出现于渐新世中期到末期（28.4～23.03MaBP）北非和阿拉伯半岛，化石发现地包括埃及、埃塞俄比亚、利比亚以及沙特阿拉伯（Fossilworks[6]，2018 年 9 月数据）；已具备外露的象牙和短的象鼻，肩高约 2.2m，体重约 2500kg[413]。这些类群始终没有离开非洲 [图 5-15 (b)]。

厄立特里亚象（*Eritreum*）被视为象形亚目早期成员与现代类群的过渡类型，是现代象形类的近祖，分布于非洲东北部晚渐新世（27MaBP）地层中[417]。牙齿形态学上具备了现代象特征，肩高 1.3m，体重约 484kg。

现代象形类分为两支：一支是乳齿象类，另一支是象类。乳齿象类含 1 科，即乳齿象科（Mammutidae），最早成员见于渐新世安哥拉、肯尼亚、沙特阿拉伯。中新世，化石遍布整个旧大陆，并扩展到北美（加拿大和美国）。更新世，化石分布区扩展到各大洲周边岛屿（不列颠群岛和印度尼西亚群岛），但没有进入南美洲。乳齿象科的类群也是新生代巨型动物区系的重要成员。例如，轭齿象属（*Zygolophodon*，中新世到中更新世非洲、亚欧大陆以及北美），肩高 3.9～4.1m，体重 1400～1600kg[413,418,419]。乳齿象属（*Mammut*）更新世广布于以北美大陆（加拿大和美国）为核心的中高纬度地区，对寒冷环境有极好的适应性。随着更新世结束后气温回升，这些巨型动物迅速走向灭亡。该科在非洲及其他温暖地区的灭绝原因有待进一步研究。

象类含豕脊齿象科（Choerolophodontidae）、铲齿象科（Amebelodontidae）、嵌齿象科（Gomphotheriidae）以及象超科（Elephantoidea）[420]。豕脊齿象科仅 2 属，分布于中新世北非、欧洲、西亚，存在时间约 9Ma（16.9～7.246MaBP；Fossilworks[6]，

2018 年 9 月数据）。铲齿象科分布于中新世非洲（埃及、肯尼亚）、欧洲[421]、亚洲（中国和巴基斯坦）和北美（美国）（The Paleobiology Database[422]，2018 年 9 月数据）。嵌齿象科最早化石见于埃塞俄比亚、沙特阿拉伯以及亚洲（中国、蒙古国）渐新世末（23.03MaBP）地层；中新世，化石分布区扩展到非洲其余地区、欧洲各地、北美和中美（萨尔瓦多、洪都拉斯）；上新世末进入南美（阿根廷、智利），并于更新世扩散到南美各地（Fossilworks[6]，2018 年 9 月数据）。由于缺乏更早化石记录，无法确定嵌齿象科的起源地。

象超科含互棱齿象科（Anancidae）、剑齿象科（Stegodontidae）以及象科。互棱齿象科最早见于中中新世（13.6MaBP）旧大陆各地以及北美，但似乎以欧洲和非洲为分布核心。由于化石记录缺失，无法确定该科起源地。最后成员灭绝于晚更新世约 120kaBP。剑齿象科最早见于中新世早中期（15.97MaBP）亚洲，年代比互棱齿象稍早，化石发现地包括巴基斯坦、泰国以及日本。因此，该科起源地可能是亚洲。中新世末到上新世，化石见于南非。此后，化石分布区基本局限于亚非两大洲。中上新世（约 3.6MaBP）灭绝（Fossilworks[6]，2018 年 9 月数据）。

3. 现生长鼻类

象科分为棱齿象亚科（Stegotetrabelodontinae）和象亚科（Elephantinae）。棱齿象亚科生活于晚中新世到早上新世（11.1～3.6MaBP）非洲、欧洲和阿拉伯半岛。象亚科类群被称为真象类，曙象属（Primelephas）是最早代表，生活于中新世末—中上新世（7.246～3.6MaBP）非洲，包括乍得、肯尼亚、坦桑尼亚、埃塞俄比亚以及乌干达。因此，真象类可能起源于非洲。曙象之后有古棱齿象（Palaeoloxodon）、猛犸象（Mammuthus）、非洲象以及亚洲象，最早化石年代为上新世初（5.332MaBP）。其中，古棱齿象分布于上新世旧大陆各地，并进入台湾岛；更新世进入大陆周边其他岛屿，如印度尼西亚和菲律宾；更新世末（12kaBP）灭绝。猛犸象化石于中新世末上新世初见于意大利；为此，猛犸象起源地可能在欧洲。上新世，化石分布区扩展至整个旧大陆，并进入北美；上新世末进入中美（尼加拉瓜）。更新世，猛犸象进入大陆周边岛屿（日本列岛、台湾岛、不列颠群岛），同时退出非洲；在旧大陆西部的分布区北移到东欧。更新世结束后，随着气温上行，猛犸象迅速灭绝（Fossilworks[6]，2018 年 9 月数据）。

非洲象物种多样性不高，但在非洲的分布占有优势。更新世一度进入欧洲（希腊），但没有得到发展。化石记录表明，最早成员是曙非洲象（Loxodonta adaurora）和喜悦非洲象（L. exoptata），分布于上新世非洲；其次是大西洋象（L. atlantica，晚上新世阿曼）。据遗传学研究结果，曙非洲象可能是两种现代非洲象（即非洲象和非洲森林象）的共同祖先[423]；但据颅骨和牙齿形态学研究结果，非洲象的祖先可能是大西洋象[424]。这 3 个史前种灭绝于更新世不同时期；幸存者继续演化，并出现分化，以适应非洲各地不同环境。现生非洲森林象体形变小，适应密林生境；现生非洲象耳廓增大，提高散热效率，适应炎热高温环境。

亚洲象属最早成员是艾科象（*Elephas ekorensis*），化石见于中新世末东非肯尼亚[178]。上新世，该属化石分布区扩展到非洲其他地区，如埃塞俄比亚、摩洛哥、坦桑尼亚。这表明，亚洲象起源于非洲。在非洲，非洲象类占据长鼻类区系优势，亚洲象分布区狭小。在竞争过程中，亚洲象分布区开始向外扩展，于上新世进入东欧（乌克兰）和亚洲（中国、印度）；更新世一度广布于旧大陆，并进入亚洲周边岛屿（中国台湾、印度尼西亚、菲律宾；Fossilworks[6]，2018 年 9 月数据）。

在后续演化过程中，亚洲象属分化出 10 余种，归属两个支系，一个是非洲—欧亚支系（Afro-Eurasian lineage），另一个是亚洲支系（Asian lineage）。非洲—欧亚支系分布于非洲和欧亚大陆，是演化盲支：更新世冰期中，由于气候变化以及可能来自非洲象的竞争，该支系在非洲、欧洲和亚洲相继灭绝。亚洲支系向现代亚洲象演化，经过第四纪大灭绝后，仅保留 1 种，整个分布区收缩到亚洲南部和东南亚。

4. 长鼻目分布区的变迁过程

以上陈述表明，长鼻目起源于非洲。从古新世开始，非洲孤立于海外，与其他大陆没有交流。在古新世末—始新世初，非洲与欧亚大陆存在岛链联系，但早期长鼻类（类长鼻类和近象形亚目的种类）似乎没有利用这些岛链向欧亚大陆扩散，分布区一直局限于非洲。渐新世，随着阿拉伯区域出露海面，原始长鼻类（如钝兽科）向阿拉伯扩散。渐新世以后，非洲—阿拉伯与欧亚大陆出现完整的陆地连接，长鼻类向欧亚大陆大举扩散。

在长鼻目的演化历史中，只有乳齿象、嵌齿象和猛犸象通过白令陆桥进入美洲。现代象类（象形亚目的种类）于渐新世晚期起源于非洲东北部后进一步分化，形成许多类群。其中，非洲—阿拉伯地区出现的乳齿象和嵌齿象于中新世在旧大陆扩散，并经过白令陆桥进入北美。分化稍晚的猛犸象于上新世从欧洲开始向外扩散到整个旧大陆，并经白令陆桥进入北美。上新世末，分布于中美的长鼻目有猛犸象和嵌齿象。随着巴拿马地峡出现，嵌齿象进入南美，并很快在更新世早期扩散到南美各地；至此，长鼻目的分布区达到有史以来的最大范围。猛犸象滞留于中美，并在更新世中期灭绝。

现代非洲象和亚洲象起源于非洲后，非洲象未能成功走出非洲；但在非洲大陆有较强竞争优势。亚洲象则逐步离开非洲进入欧亚大陆，同时出现适应辐射，产生许多种。这些种类中，亚洲支系成功存活至今。更新世大灭绝事件后，长鼻目在美洲、欧洲以及亚洲中纬度地区相继灭绝，仅在非洲和亚洲东南部及其邻近岛屿间断分布；分布区大大缩小，几乎处于长鼻目演化历史中的最小分布范围。由于人类猎杀和农耕活动，分布区进一步片断化和岛屿化，整个目面临严重的生存危机。

参 考 文 献

[1] Adatte T, Khozyem H, Spangenberg J E, et al. Response of terrestrial environment to the Paleocene-Eocene Thermal Maximum (PETM), new insights from India and NE Spain. Rendiconti della Società Geologica Italiana, 2014, 31: 5-6.

[2] Gingerich P D. Mammalian responses to climate change at the Paleocene-Eocene boundary: Polecat Bench record in the northern Bighorn Basin, Wyoming//Wing S L. Causes and Consequences of Globally Warm Climates in the Early Paleogene. 369. Boulder: Geological Society of America, 2003.

[3] Chu Z, He H, Ramezani J, et al. High-precision U-Pb geochronology of the Jurassic Yanliao Biota from Jianchang (western Liaoning Province, China): Age constraints on the rise of feathered dinosaurs and eutherian mammals. Geochemistry, Geophysics, Geosystems, 2016, 17 (10): 3983-3992.

[4] Luo Z X, Yuan C X, Meng Q J, et al. A Jurassic eutherian mammal and divergence of marsupials and placentals. Nature, 2011, 476 (7361): 442-445.

[5] Cifelli R L. Tribosphenic mammal from the North American Early Cretaceous. Nature, 1999, 401 (6751): 363-366.

[6] Fossilworks. http: //fossilworks. org/.

[7] Wible J R, Rougier G W, Novacek M J, et al. Cretaceous eutherians and Laurasian origin for placental mammals near the K/T boundary. Nature, 2007, 447 (7147): 1003-1006.

[8] Wible J R, Rougier G W, Novacek M J, et al. The Eutherian Mammal Maelestes gobiensis from the Late Cretaceous of Mongolia and the phylogeny of cretaceous eutheria. Bulletin of the American Museum of Natural History, 2009, 327: 1-123.

[9] Foley N M, Springer M S, Teeling E C. Mammal madness: Is the mammal tree of life not yet resolved? Phil. Trans. R. Soc. B, 2016, 371 (1699): 20150140.

[10] Tarver J E, Reis M Dos, Mirarab S, et al. The interrelationships of placental mammals and the limits of phylogenetic inference. Genome Biology and Evolution, 2016, 8 (2): 330-344.

[11] Esselstyn J A, Oliveros C H, Swanson M T, et al. Investigating difficult nodes in the placental mammal tree with expanded taxon sampling and thousands of ultraconserved elements. Genome Biology and Evolution, 2017, 9 (9): 2308-2321.

[12] Springer M S, Murphy W J, Eizirik E, et al. Placental mammal diversification and the Cretaceous-Tertiary boundary. Proceedings of the National Academy of Sciences, 2003, 100 (3): 1056-1061.

[13] O'Leary M A, Bloch J I, Flynn J J, et al. The Placental Mammal Ancestor and the Post-K-Pg Radiation of Placentals. Science, 2013, 339(6120): 662-667.

[14] Blanchette M, Green E D, Miller W, et al. Reconstructing large regions of an ancestral mammalian genome in silico. Genome Research, 2004, 14 (12): 2412-2423.

[15] Archibald J D, Averianov A O. Mammalian faunal succession in the Cretaceous of the Kyzylkum Desert. Journal of Mammalian Evolution, 2005, 12(1-2): 9-22.

[16] Wilson D E, Reeder D A M. Mammal Species of the World. A Taxonomic and Geographic Reference. 3rd ed. Baltimore: Johns Hopkins University Press, 2005.

[17] Cox C B, Moore P D, Ladle R J. Biogeography: An Ecological and Evolutionary Approach. Ninth Edition. New Jersey Wiley: Willey Blackwell, 2016.

[18] Bi S, Zheng X, Wang X, et al. An Early Cretaceous eutherian and the placental–marsupial dichotomy. Nature, 2018, 558: 390-395.

[19] Tyndale-Biscoe H. Life of Marsupials. Collingwood, Australia: CSIRO, 2004.

[20] Kemp T S. The Origin and Evolution of Mammals. Oxford: Oxford University Press, 2005.

[21] Boschman L M, Van Hinsbergen D J J, Torsvik T H, et al. Kinematic reconstruction of the Caribbean

region since the Early Jurassic. Earth-Science Reviews, 2014, 138: 102-136.

[22] Cifelli R L, Davis B M. Tribosphenic mammals from the Lower Cretaceous Cloverly Formation of Montana and Wyoming. Journal of Vertebrate Paleontology, 2015, 35(3): 1-18.

[23] Clemens W A. Early Paleocene (Puercan) peradectid marsupials from northeastern Montana, North American Western Interior. Palaeontographica Abteilung A, 2006, 277: 19-31.

[24] Sánchez-Villagra M. Why are there fewer marsupials than placentals? On the relevance of geography and physiology to evolutionary patterns of mammalian diversity and disparity. Journal of Mammalian Evolution, 2012, 20 (4): 279-290.

[25] Nilsson M A, Churakov G, Sommer M, et al. Tracking marsupial evolution using archaic genomic retroposon insertions. PLoS Biology, 2010, 8 (7): e1000436.

[26] Hand S J, Long J, Archer M, et al. Prehistoric Mammals of Australia and New Guinea: One Hundred Million Years of Evolution. Baltimore: Johns Hopkins University Press, 2002.

[27] Dawkins R. The Ancestor's Tale: A Pilgrimage to the Dawn of Life. London: Weidenfeld & Nicolson, 2004.

[28] Hershkovitz P. Dromiciops gliroides Thomas, 1894, last of the Microbiotheria (Marsupialia), with a review of the family Microbiotheriidae. Fieldiana Zool, 1999, 93: 1-60.

[29] Groves C P, Wilson D E, Reeder D M. Mammal Species of the World: A Taxonomic and Geographic Reference. 3rd ed. Baltimore: Johns Hopkins University Press, 2005.

[30] Cartmill M, Smith F H, Brown K B. The Human Lineage. New Jersey Wiley: Wiley-Blackwell, 2009.

[31] Mittermeier R, Ganzhorn J, Konstant W, et al. Lemur diversity in Madagascar. International Journal of Primatology, 2008, 29 (6): 1607-1656.

[32] Rylands A B, Mittermeier R A. The diversity of the New World primates (Platyrrhini)// Garber P A, Estrada A, Bicca-Marques J C, et al. South American Primates: Comparative Perspectives in the Study of Behavior, Ecology, and Conservation. Berlin Heidelberg: Springer, 2009.

[33] Gingerich P D. Cranial anatomy and evolution of early Tertiary Plesiadapidae (Mammalia, Primates). University of Michigan Papers on Paleontology, 1976, 15: 1-141.

[34] Fleagle J G. Primate Adaptation and Evolution. Second Edition. San Diego: Academic Press, 1999.

[35] Szalay F S, Delson E. Evolutionary History of the Primates. Academic Press, 1979.

[36] Gingerich P D. New North American Plesiadapidae (mammalia, primates) and a biostratigraphic zonation of the Middle and Upper Paleocene. Ann Arbor: University of Michigan Museum of Paleontology, 1975.

[37] Ni X, Gebo D L, Dagosto M, et al. The oldest known primate skeleton and early haplorhine evolution. Nature, 2013, 498 (7452): 60-64.

[38] 傅静芳, 王景文, 童永生. 山东五图早始新世更猴科(Plesiadapidae, Mammalia)化石. 古脊椎动物学报, 2002, 40(3): 219-227.

[39] Karanth K P. Out-of-India Gondwanan origin of some tropical Asian biota. Current Science, 2006, 90(6): 789-792.

[40] Groves C P. Simiiformes//Wilson D E, Reeder D M. Mammal Species of the World: A Taxonomic and Geographic Reference. 3rd ed. Baltimore: Johns Hopkins University Press, 2005.

[41] Beard K C, Qi T, Dawson M R, et al. A diverse new primate fauna from middle Eocene fissure-fillings in southeastern China. Nature, 1994, 368: 604-609.

[42] Beard K C, Tong Y, Dawson M R, et al. Earliest complete dentition of an anthropoid primate from the Late Middle Eocene of Shanxi Province, China. Science, 1996, 272: 82-85.

[43] Beard K C. Basal anthropoids//Hartwig Walter. The Primate Fossil Record. Cambridge: Cambridge University Press, 2002.

[44] Fleagle J G, Gilbert C. 2017. Primate Evolution//Rowe N, Myers M. All the World's Primates. https: //

www.alltheworldsprimates. org/john_fleagle_public. aspx[2018-2-14].

[45] Seiffert E R. Revised age estimates for the later Paleogene mammal faunas of Egypt and Oman. Proceedings of the National Academy of Sciences of the United States of America, 2006, 103 (13): 5000-5005.

[46] Friderun A S, Fleagle J G, Chatrath P S. Femoral anatomy of Aegyptopithecus zeuxis, an Early Oligocene anthropoid. American Journal of Physical Anthropology, 1998, 106 (4): 413-424.

[47] Palmer D. The Marshall Illustrated Encyclopedia of Dinosaurs and Prehistoric Animals. London: Marshall Editions, 1999.

[48] Leakey M G, Ungar P S, Walker A. A new genus of large primate from the late Oligocene of Lothidok, Turkana District, Kenya. Journal of Human Evolution, 1995, 28: 519-531.

[49] Leakey L. East African Hominoidea and the classification within this super-family// Washburn Sherwood Larned. Classification and Human Evolution. New York: Wenner-Gren, 1963.

[50] Balter M. Fossils may pinpoint critical split between apes and monkeys. Science News, 2013.

[51] Heintz E, Brunet M, Battail B. A cercopithecid primate from the late miocene of Molayan, Afghanistan, with remarks on Mesopithecus. International Journal of Primatology, 1981, 2(3): 273-284.

[52] Pan R, Groves C, Oxnard C. Relationships between the fossil colobine Mesopithecus pentelicus and extant Cercopithecoids, based on dental metrics. American Journal of Primatology, 2004, 62 (4): 287-299.

[53] 彭燕章, 叶智彰. 第十三章: 金丝猴与其他灵长类的比较及其起源初探//叶智彰, 彭燕章, 张跃平, 等. 金丝猴解剖. 昆明: 云南科技出版社, 1987.

[54] 李兆元, 郑学军. 第二章: 中国叶猴生态学和行为学研究//叶智彰. 叶猴生物学. 昆明: 云南科技出版社, 1993.

[55] Hou R, Chapman C A, Jay O, et al. Cold and hungry: Combined effects of low temperature and resource scarcity on an edge-of-range temperate primate, the golden snub-nose monkey. Ecography, 2020, 43: 1-11.

[56] Liu R, Amato K, Hou R, et al. Specialised digestive adaptations within the hindgut of a colobine monkey. The Innovation, 2022, doi: https://doi.org/10.1016/j.xinn.2022.100207.

[57] Carbone L, Harris R A, Gnerre S, et al. Gibbon genome and the fast karyotype evolution of small apes. Nature, 2014, 513(7517): 195-201.

[58] Chaimanee Y, Suteethorn V, Jintasakul P, et al. A new orang-utan relative from the Late Miocene of Thailand. Nature, 2004, 427 (6973): 439-441.

[59] Finarelli J A, Clyde W C. Reassessing hominoid phylogeny: Evaluating congruence in the morphological and temporal data. Paleobiology, 2004, 30 (4): 614.

[60] Chaimanee Y, Jolly D, Benammi M, et al. A Middle Miocene hominoid from Thailand and orangutan origins. Nature, 2003, 422: 61-65.

[61] Kordos L, Begun D R. Primates from Rudabánya: Allocation of specimens to individuals, sex and age categories. Journal of Human Evolution, 2001, 40 (1): 17-39.

[62] Suwa G, Kono R T, Katoh S, et al. A new species of great ape from the late Miocene epoch in Ethiopia. Nature, 2007, 448 (7156): 921-924.

[63] Merceron G, Blondel C, De Bonis L, et al. A new method of dental microwear analysis: Application to extant primates and Ouranopithecus macedoniensis (Late Miocene of Greece). PALAIOS, 2005, 20 (6): 551-561.

[64] Güleç E S, Sevim A, Pehlevan C, et al. A new great ape from the late Miocene of Turkey. Anthropological Science, 2007, 115 (2): 153-158.

[65] Alba D M, Fortuny J, Moya-Sola S. Enamel thickness in the middle Miocene great apes Anoiapithecus, Picrolapithecus and Dryopithecus. Proceedings of the Royal Society B: Biological Sciences, 2010, 277:

188

2237-2245.

[66] Begun D R. Relations among great apes and humans: New interpretations based on the fossil great ape Dryopithecus. American Journal of Physical Anthropology, 2005, 37: 11-63.

[67] De Bonis L, Bouvrain G, Geraads D, et al. New hominoid skull material from the late Miocene of Macedonia in Northern Greece. Nature, 1990, 345 (6277): 712-714.

[68] De Bonis L, Koufos G D. Ouranopithecus and dating the splitting of extant hominoids. Comptes Rendus Palevol, 2004, 3: 257-264.

[69] Kunimatsu Y, Nakatsukasa M, Sawada Y, et al. A new Late Miocene great ape from Kenya and its implications for the origins of African great apes and humans. Proceedings of the National Academy of Sciences, 2007, 104 (49): 19220-19225.

[70] McBrearty S, Jablonski N G. First fossil chimpanzee. Nature, 2005, 437 (7055): 105-108.

[71] Wakeley J. Complex speciation of humans and chimpanzees. Nature, 2008, 452 (7184): E3-4.

[72] Bower B. Hybrid-driven evolution: Genomes show complexity of human-chimp split. Science News, 2006, 169 (20): 308-309.

[73] Leakey M G, Spoor F, Brown F H, et al. New hominin genus from eastern Africa shows diverse middle Pliocene lineages. Nature, 2001, 410(6827): 433-440.

[74] White T D, Asfaw B, Beyene Y, et al. Ardipithecus ramidus and the paleobiology of early hominids. Science, 2009, 326 (5949): 75-86.

[75] Johanson D C. Lucy (Australopithecus afarensis)//Ruse M, Travis J. Evolution: The First Four Billion Years. Cambridge, Massachusetts: The Belknap Press of Harvard University Press, 2009.

[76] Strait D, Grine F, Fleagle J. Analyzing Hominin Hominin Phylogeny: Cladistic Approach//Henke W, Tattersall L. Handbook of paleoanthropology, second edition, 2015, doi:10.1007/978-3-642-39979-4.

[77] Villmoare B, Kimbel W H, Seyoum C, et al. Early Homo at 2. 8 Ma from Ledi-Geraru, Afar, Ethiopia. Science, 2015, 347(6228): 1352-1355.

[78] Vekua A, Lordkipanidze D, Rightmire G P, et al. A new skull of early Homo from Dmanisi, Georgia. Science, 2002, 297: 85-89.

[79] Li P, Chien F, Ma H H, et al. Preliminary study on the age of Yuanmou man by palaeomagnetic technique. Scientia Sinica, 1977, 20 (5): 645-664.

[80] Qian F, Li Q, Wu P, et al. Lower Pleistocene, Yuanmou Formation: Quaternary Geology and Paleoanthropology of Yuanmou, Yunnan, China. Beijing: Science Press, 1991: 17-50.

[81] Shen G, Gao X, Gao B, et al. Age of Zhoukoudian Homo erectus determined with 26Al/10Be burial dating. Nature, 2009, 458: 198-200.

[82] Haviland W A, Walrath D, Prins H E L, et al. Evolution and Prehistory: The Human Challenge. 8th ed. Belmont, CA: Thomson Wadsworth, 2007.

[83] Potts R, Teague R. Behavioral and environmental background to 'out-of-Africa I' and the arrival of Homo erectus in East Asia//Fleagle J G, Shea J J, Grine F E, et al. Out of Africa I: The First Hominin Colonization of Eurasia. Vertebrate Paleobiology and Paleoanthropology. Berlin Heidelberg: Springer Science-Business Media B. V, 2010: 67-85.

[84] Zhu R, An Z, Pott R, et al. Magnetostratigraphic dating of early humans in China. Earth Science Reviews, 2003, 61 (3-4): 191-361.

[85] Hopkin M. Fossil find is oldest European yet. Nature News, 2008.

[86] Humphrey L, Stringer C. Our Human Story. London: Natural History Museum, 2019.

[87] Adler D S, Bar O G, Belfer C A, et al. Ahead of the game: Middle and Upper Palaeolithic hunting behaviors in the Southern Caucasus. Current Anthropology, 2006, 47 (1): 89-118.

[88] Prüfer K, De Filippo C, Grote S, et al. A high-coverage Neandertal genome from Vindija Cave in Croatia. Science, 2017, 358: 655-658.

[89] Green R E, Krause J, Briggs A W, et al. A draft sequence of the Neandertal genome. Science, 2010,

328 (5979): 710-722.

[90] Lohse K, Frantz L A F. Neandertal admixture in Eurasia confirmed by Maximum-Likelihood Analysis of three genomes. Genetics, 2014, 196 (4): 1241-1251.

[91] Shao Q, Ge J, Ji Q, et al. Geochemical provenancing and direct dating of the Harbin archaic human cranium. The Innovation, 2021, 2(3): 100131.

[92] Ji Q, Wu W, Ji Y, et al. Late Middle Pleistocene Harbin cranium represents a new Homo species. The Innovation, 2021, 2(3): 100132.

[93] Richter D, Grün R, Joannes-Boyau R, et al. The age of the hominin fossils from Jebel Irhoud, Morocco, and the origins of the Middle Stone Age. Nature, 2017, 546: 293-296.

[94] McDougall I, Brown H, Fleagle J G. Stratigraphic placement and age of modern humans from Kibish, Ethiopia. Nature, 2005, 433 (7027): 733-736.

[95] Schlebusch C M, Malmström H, Günther T, et al. Southern African ancient genomes estimate modern human divergence to 350, 000 to 260, 000 years ago. Science, 2017, 358 (6363): 652-655.

[96] Quintana-Murci L, Quach H, Harmant C, et al. Maternal traces of deep common ancestry and asymmetric gene flow between Pygmy hunter-gatherers and Bantu-speaking farmers. Proceedings of the National Academy of Sciences of the United States of America, 2008, 105(5): 1596-1601.

[97] Patin E, Laval G, Barreiro L B, et al. Inferring the demographic history of African farmers and pygmy hunter–gatherers using a multilocus resequencing data set. PLoS Genetics, 2009, 5(4): e1000448.

[98] Tishkoff S A, Reed F A, Friedlaender F R, et al. The genetic structure and history of Africans and African Americans. Science, 2009, 324 (5930): 1035-1044.

[99] López H D, Bauchet M, Tang K, et al. Genetic variation and recent positive selection in worldwide human populations: Evidence from nearly 1 million SNPs. PLoS ONE, 2009, 4(11): e7888.

[100] Jarvis J P, Scheinfeldt L B, Soi S, et al. Patterns of ancestry, signatures of natural selection, and genetic association with stature in Western African Pygmies. PLoS Genet, 2012, 8(4): e1002641.

[101] Hershkovitz I, Weber G W, Quam R, et al. The earliest modern humans outside Africa. Science, 2018, 359 (6374): 456-459.

[102] Holen S R, Deméré T A, Fisher D C, et al. A 130,000-year-old archaeological site in southern California, USA. Nature, 2017, 544: 479-483.

[103] López S, Van Dorp L, Hellenthal G. Human dispersal out of Africa: A lasting debate. Evolutionary Bioinformatics, 2015, 11(2): 57-68.

[104] Rito T, Richards M B, Fernandes V, et al. The first modern human dispersals across Africa. PLoS One, 2013, 8(11): e80031.

[105] Lawler A. Did modern humans travel out of Africa via Arabia? Science, 2011, 331 (6016): 387.

[106] Rose J I, Usik V I, Marks A E, et al. The Nubian Complex of Dhofar, Oman: An African Middle Stone Age industry in Southern Arabia. PLoS ONE, 2011, 6(11): e28239.

[107] Liu W, Jin C Z, Zhang Y Q, et al. Human remains from Zhirendong, South China, and modern human emergence in East Asia. PNAS, 2010, 107 (45): 19201-19206.

[108] Clarkson C, Smith M, Marwick B, et al. The archaeology, chronology and stratigraphy of Madjedbebe (Malakunanja II): A site in northern Australia with early occupation. Journal of Human Evolution, 2015, 83: 46-64.

[109] Bowler J M, Johnston H, Olley J M, et al. New ages for human occupation and climatic change at Lake Mungo, Australia. Nature, 2003, 421 (6925): 837-840.

[110] Hu Y, Shang H, Tong H, et al. Stable isotope dietary analysis of the Tianyuan 1 early modern human. PNAS, 2009, 106 (27): 10971-10974.

[111] Fu Q, Meyer M, Gao X, et al. DNA analysis of an early modern human from Tianyuan Cave, China. PNAS, 2013, 110 (6): 2223-2227.

[112] Ding Q, Hu Y, Xu S, et al. Neanderthal introgression at Chromosome 3p21. 31 was under positive

natural selection in East Asians. Molecular Biology and Evolution, 2014, 31 (3): 683-695.

[113] Jeong C, Nakagome S, Di Rienzo A. Deep history of East Asian populations revealed through genetic analysis of the Ainu. Genetics, 2016, 202 (1): 261-272.

[114] Kamberov Y G, Wang S, Tan J, et al. Modeling recent human evolution in mice by expression of a selected EDAR Variant. Cell, 2013, 152 (4): 691-702.

[115] Bonatto S L, Salzano F M. A single and early migration for the peopling of greater America supported by mitochondrial DNA sequence data. Proceedings of the National Academy of Sciences, 1997, 94 (5): 1866-1871.

[116] Bourgeois S, Yotova V, Wang S, et al. X-chromosome lineages and the settlement of the Americas. American Journal of Physical Anthropology, 2009, 140 (3): 417-428.

[117] Hoffecker J F. 2002. Desolate Landscapes: Ice-Age settlement in Eastern Europe. New Brunswick: Rutgers University Press, 2002.

[118] Hoffecker J F. A Prehistory of the North: Human Settlements of the Higher Latitudes. New Jersey: Rutgers University Press, 2006.

[119] Callaway E. 'Ghost population' hints at long-lost migration to the Americas: Present-day Amazonians share an unexpected genetic link with Asian islanders, hinting at an ancient trek. Nature News, 2015.

[120] Benazzi S, Douka K, Fornai C, et al. Early dispersal of modern humans in Europe and implications for Neanderthal behaviour. Nature, 2011, 479 (7374): 525-528.

[121] Higham T, Compton T, Stringer C, et al. The earliest evidence for anatomically modern humans in northwestern Europe. Nature, 2011, 479 (7374): 521-524.

[122] Pavlov P, Svendsen J I, Indrelid S. Human presence in the European Arctic nearly 40,000 years ago. Nature, 2001, 413 (6851): 64-67.

[123] Maca-Meyer N, González A M, Larruga J M, et al. Major genomic mitochondrial lineages delineate early human expansions. BMC Genet, 2001, 2 (1): 13.

[124] Currat M, Excoffier L. Modern humans did not admix with Neanderthals during their range expansion into Europe. PLoS Biol, 2004, 2 (12): e421.

[125] Behar D M, Villems R, Soodyall H, et al. The dawn of human matrilineal diversity. The American Journal of Human Genetics, 2008, 82: 1130-1140.

[126] Montgelard C, Catzeflis F M, Douzery E. Phylogenetic relationships of artiodactyls and cetaceans as deduced from the comparison of cytochrome b and 12S rRNA mitochondrial sequences. Molecular Biology and Evolution, 1997, 14 (5): 550-559.

[127] Spaulding M, O'Leary M A, Gatesy J. Relationships of Cetacea (Artiodactyla) among mammals: Increased taxon sampling alters interpretations of key fossils and character evolution. PLoS ONE, 2009, 4 (9): e7062.

[128] Groves C P, Grubb P. Ungulate Taxonomy. Baltimore, Maryland: Johns Hopkins University Press, 2011.

[129] Feldhamer G A, Drickamer L C, Vessey S H, et al. Mammalogy: Adaptation, Diversity, Ecology. Baltimore: Johns Hopkins University Press, 2007.

[130] Kerley G I H, Pressey R L, Cowling R M, et al. Options for the conservation of large and medium-sized mammals in the Cape Floristic Region hotspot, South Africa. Biological Conservation, 2003, 112 (1-2): 169-190.

[131] Zeder M A. Documenting Domestication: New Genetic and Archaeological Paradigms. Berkeley, California: University of California Press, 2006.

[132] Rose K D. Archaic Ungulates. The Beginning of the Age of Mammals. Baltimore: Johns Hopkins University Press, 2006.

[133] Archibald J D, Zhang Y, Harper T, et al. Protungulatum, confirmed Cretaceous occurrence of an otherwise Paleocene eutherian (placental?) mammal. Journal of Mammalian Evolution, 2011, 18:

153-161.

[134] Allaby M. A Dictionary of Zoology. 2nd ed. Oxford: Oxford University Press, 2003.

[135] De Bast E, Smith T. Reassessment of the small 'Arctocyonid' Prolatidens waudruae from the Early Paleocene of Belgium, and its phylogenetic relationships with ungulate-like mammals. Journal of Vertebrate Paleontology, 2013, 33(4): 964-976.

[136] Jehle M. Condylarths: Archaic hoofed mammals. http: //www. paleocene-mammals. de/condylarths. htm[2018-7-21].

[137] Halliday T J D, Upchurch P, Goswami A. Resolving the relationships of Paleocene placental mammals. Biological Reviews, 2017, 521-555.

[138] Missiaen P. 亚洲早古近纪哺乳动物生物年代学与生物地理学的新认识. 古脊椎动物学报, 2011, 49(1): 29-52.

[139] Janis C M, Effinger J A, Harrison J A, et al. Artiodactyla// Janis C M, Scott K M, Jacobs L L. Evolution of Tertiary Mammals of North America. 1st ed. Cambridge: Cambridge University Press, 1998.

[140] Theodor J M, Erfurt J, Métais G. The earliest artiodactyls: Diacodexeidae, Dichobunidae, Homacodontidae, Leptochoeridae and Raoellidae// Donald R, Prothero, Scott E, et al. Evolution of Artiodactyls. Baltimore: Johns Hopkins University, 2007.

[141] Beck N R, Bininda-Emonds O R P, Cardillo M, et al. A higher-level MRP supertree of placental mammals. BMC Evol Biol, 2006, 6: 93-107.

[142] Mendoza M, Janis C M, Palmqvist P. Estimating the body mass of extinct ungulates: A study on the use of multiple regression. Journal of Zoology, 2006, 270(1): 90-101.

[143] Van der Made J, Morales J, Sen S, et al. The first camel from the Upper Miocene of Turkey and the dispersal of the camels into the Old World. Comptes Rendus Palevol, 2002, 1 (2): 117-122.

[144] Vislobokova I A. The oldest representative of Entelodontoidea (Artiodactyla, Suiformes) from the Middle Eocene of Khaichin Ula II, Mongolia, and some evolutionary features of this superfamily. Paleontological Journal, 2008, 42(6): 643-654.

[145] Savage R J G, Long M R. Mammal Evolution: An Illustrated Guide. New York: Facts on File, 1986.

[146] Boisserie R, Lihoreau F, Orliac M, et al. Morphology and phylogenetic relationships of the earliest known hippopotamids (Cetartiodactyla, Hippopotamidae, Kenyapotaminae). Zoological Journal of the Linnaean Society, 2010, 158: 325-266.

[147] Ducrocq S. An Eocene peccary from Thailand and the biogeographical origins of the Artiodactyl family Tayassuidae. Palaeontology, 1994, 37: 765-779.

[148] Orliac M, Guy F, Chaimanee Y, et al. New remains of Egatochoerus jaegeri (Mammalia, Suoidea) from the Late Eocene of Peninsular Thailand. Palaeontology, 2011, 54 (6): 1323-1335.

[149] Liu L P. Eocene suoids (Artiodactyla, Mammalia) from Bose and Yongle basins, China, and the classification and evolution of the Paleogene suoids. Vertebrata PalAsiatica, 2001, 39(2): 115-128.

[150] Tong Y, Zhao Z. Odoichoerus, A new suoid (Artiodactyla, Mammalia) from the Early Tertiary of Guangxi. Vertebrata PalAsiatica, 1986, 24(2): 129-138.

[151] Thewissen J G M, Cooper L N, Clementz M T, et al. Whales originated from aquatic artiodactyls in the Eocene epoch of India. Nature, 2007, 450 (7173): 1190-1194.

[152] Ursing B M, Arnason U. Analyses of mitochondrial genomes strongly support a hippopotamus-whale clade. Proceedings of the Royal Society B, 1998, 265 (1412): 2251-2255.

[153] Gingerich P D, Wells N A, Russell D E, et al. Origin of whales in epicontinental remnant seas: New evidence from the Early Eocene of Pakistan. Science, 1983, 220 (4595): 403-406.

[154] Rao A R. New mammals from Murree (Kalakot Zone) of the Himalayan foot hills near Kalakot, Jammu and Kashmir state, India. Journal of the Geological Society of India, 1971, 12 (2): 124-134.

[155] Roach J. Oldest Antarctic whale found shows fast evolution: Ancient jawbone suggests whales evolved more rapidly than thought. National Geographic News, 2011.

[156] Thewissen J G M. Archaeocetes, Archaic// Perrin W R, Wiirsig B, Thewissen J G M. Encyclopedia of Marine Mammals. Academic Press, 2002.

[157] Fordyce E. Cetacean evolution//Perrin W R, Wiirsig B, Thewissen J G M. Encyclopedia of Marine Mammals. Academic Press, 2002.

[158] Geisler J H, Sanders A E, Luo Z X. A new protocetid whale (Cetacea, Archaeoceti) from the late middle Eocene of South Carolina. American Museum Novitates, 2005, 3480: 1-68.

[159] Ducrocq S, Lihoreau F. The occurrence of bothriodontines (Artiodactyla, Mammalia) in the Paleogene of Asia with special reference to Elomeryx: Paleobiogeographical implications. Journal of Asian Earth Sciences, 2006, 27 (6): 885-891.

[160] Métais G. New basal selenodont artiodactyls from the Pondaung Formation (Late Middle Eocene, Myanmar) and the phylogenetic relationships of early ruminants. Annals of Carnegie Museum, 2009, 75: 51-67.

[161] Métais G, Chaimanee Y, Jaeger J J, et al. New remains of primitive ruminants from Thailand: Evidence of the early evolution of the Ruminantia in Asia. Zoologica Scripta, 2001, 30 (4): 231.

[162] Farooq U, Khan M A, Akhtar M, et al. Lower dentition of Dorcatherium majus (Tragulidae, Mammalia) in the Lower and Middle Siwaliks (Miocene) of Pakistan. Turk J Zool, 2008, 32: 91-98.

[163] Sánchez I M, Quiralte V, Morales J, et al. A new genus of tragulid ruminant from the early Miocene of Kenya. Acta Palaeontologica Polonica, 2010, 55 (2): 177-187.

[164] Thenius E. Über die Sichtung und Bearbeitung der jungtertiären Säugetierreste aus dem Hausruck und Kobernaußerwald (O. Ö.) in Verh. Geol. B. -A, 1957, 56.

[165] Vaughan T A, Ryan J M, Czaplewski N J. Mammalogy. 5th ed. Burlington: Jones & Bartlett Learning, 2011.

[166] Ursing B M, Slack K, Arnason U. Subordinal artiodactyl relationships in the light of phylogenetic analysis of 12 mitochondrial protein-coding genes. Zoologica Scripta, 2000, 29: 83-88.

[167] DeMiguel D, Azanza B, Morales J. Key innovations in ruminant evolution: A paleontological perspective. Integrative Zoology, 2014, 9: 412-433.

[168] Prothero D R. Family Moschidae// Prothero D R, Foss S. The Evolution of Artiodactyls. Baltimore: Johns Hopkins University Press, 2007.

[169] Vislobokova I A, Daxner-Höck G. Oligocene–early Miocene ruminants from the Valley of Lakes (central Mongolia). Annalen des Naturhistorischen Museums in Wien. A, 2001, 103: 213-235.

[170] Gentry A W, Rössner G. 1994. The Miocene differentiation of Old World Pecora (Mammalia). Historical Biology, 1994, 7 (2): 115-158.

[171] Dong W, Pan Y, Liu J. The earliest Muntiacus (Artiodactyla, Mammalia) from the Late Miocene of Yuanmou, southwestern China. Comptes Rendus Palevol, 2004, 3 (5): 379-386.

[172] 董为, 吉学平, Jablonski, 等. 华南昭通古猿产地的晚中新世鹿属新材料. 古脊椎动物学报, 2014, 52 (3): 316-327.

[173] Di Stefano G, Petronio C. Systematics and evolution of the Eurasian Plio-Pleistocene tribe Cervini (Artiodactyla, Mammalia). Geologica Romana, 2002, 36: 311-334.

[174] Geist V. Deer of the World: Their Evolution, Behaviour and Ecology. 1st ed. Mechanicsburg, USA: Stackpole Books, 1998.

[175] Ludt C J, Schroeder W, Rottmann O, et al. Mitochondrial DNA phylogeography of red deer (Cervus elaphus). Molecular Phylogenetics and Evolution, 2004, 31 (3): 1064-1083.

[176] Gilbert C, Ropiquet A, Hassanin A. Mitochondrial and nuclear phylogenies of Cervidae (Mammalia, Ruminantia): Systematics, morphology, and biogeography. Molecular Phylogenetics and Evolution,

2006, 40 (1): 101-117.

[177] Webb S D. Evolutionary history of New World Cervidae//Vrba E S, Schaller G B. Antelopes, Deer, and Relatives: Fossil Record, Behavioral Ecology, Systematics, and Conservation. New Haven, USA: Yale University Press, 2000.

[178] Prothero D R, Schoch R M. Horns, Tusks, and Flippers: the Evolution of Hoofed Mammals. Baltimore: Johns Hopkins University Press, 2002.

[179] Gilbert W H, Asfaw B. Homo erectus: Pleistocene Evidence from the Middle Awash, Ethiopia. Berkeley, California: University of California Press, 2008.

[180] Vrba E S, Burckle L H, Partridge T C, et al. Paleoclimate and Evolution, with Emphasis on Human Origins. New Haven: Yale University Press, 1995.

[181] Hassanin D, Douzery E J. The tribal radiation of the family Bovidae (Artiodactyla) and the evolution of the mitochondrial cytochrome b gene. Molecular Phylogenetics and Evolution, 1999, 13 (2): 227-243.

[182] Gatesy J, Amato G, Vrba E, et al. A cladistic analysis of mitochondrial ribosomal DNA from the Bovidae. Molecular Phylogenetics and Evolution, 1997, 7 (3): 303-319.

[183] Bibi F. 2013. A multi-calibrated mitochondrial phylogeny of extant Bovidae (Artiodactyla, Ruminantia) and the importance of the fossil record to systematics. BMC Evolutionary Biology, 2013, 13: 166.

[184] McKenna M C, Bell S K. Classification of Mammals—Above the Species Level. Warren, Oregon: Columbia University Press, 1997.

[185] Nowak R M. Walker's Mammals of the World. 2nd ed. Baltimore and London: The Johns Hopkins University Press, 1991.

[186] Geraads D, El Boughabi S, Zouhri S. A new caprin bovid (Mammalia) from the late Miocene of Morocco. Palaeontologica Africana, 2012, (47): 19-24.

[187] Bibi F. Origin, paleoecology, and paleobiogeography of early Bovini. Palaeogeography, Palaeoclimatology, Palaeoecology, 2007, 248 (1): 60-72.

[188] Bibi F. The fossil record and evolution of Bovidae. Palaeontologia Electronica, 2009, 12 (3): 1-11.

[189] Haile-Selassie Y, Vrba E S, Bibi F. Bovidae// Haile-Selassie Y, Wolde-Gabriel G. Ardipithecus kadabba: Late Miocene Evidence from the Middle Awash, Ethiopia. Berkeley, California: University of California Press, 2009.

[190] Martínez-Navarro B, Pérez-Claros J A, Palombo M R, et al. The Olduvai buffalo Pelorovis and the origin of Bos. Quaternary Research, 2007, 68 (2): 220-226.

[191] Hassanin A. Systematic and evolution of Bovini//Melletti D R, Burton J. Ecology, Evolution and Behaviour of Wild Cattle: Implications for Conservation. Cambridge University Press, 2014.

[192] Froesea D, Stiller M, Heintzman P D, et al. Fossil and genomic evidence constrains the timing of bison arrival in North America. Proceedings of the National Academy of Sciences, 2017, 114(13): 3457-3462.

[193] Kingdon J. The Kingdon Field Guide to African Mammals. Princeton: Princeton University Press, 2015.

[194] Kostopoulos D S, Koufos G D. Pheraios chryssomallos, gen. et sp. nov. (Mammalia, Bovidae, Tragelaphini), from the Late Miocene of Thessaly (Greece): Implications for tragelaphin biogeography. Journal of Vertebrate Paleontology, 2006, 26 (2): 436-445.

[195] Bibi F. Tragelaphus nakuae: Evolutionary change, biochronology, and turnover in the African Plio-Pleistocene. Zoological Journal of the Linnean Society, 2011, (162): 699-711.

[196] Agust J, Antón M. Mammoths, Sabertooths, and Hominids: 65 Million Years of Mammalian Evolution in Europe. Warren, Oregon: Columbia University Press, 2005.

[197] Fernández M H, Vrba E S. A complete estimate of the phylogenetic relationships in Ruminantia: A

dated species-level supertree of the extant ruminants. Biological Reviews, 2005, 80 (2): 269-302.

[198] Nersting L G, Arctander P. Phylogeography and conservation of impala and greater kudu. Molecular Ecology, 2001, 10 (3): 711-719.

[199] Geraads D, Bobe R, Reed K. Pliocene Bovidae (Mammalia) from the Hadar Formation of Hadar and Ledi-Geraru, Lower Awash, Ethiopia. Journal of Vertebrate Paleontology, 2012, 32 (1): 180-197.

[200] Geist V. The Encyclopedia of Mammals (Macdonald D, ed.). New York: Facts on File, 1984.

[201] Tree of Life Web Project. 2006. Fossil Caprinae. Version 23 February 2006 (temporary). http: //tolweb. org/Fossil_Caprinae/52476/2006. 02. 23 in The Tree of Life Web Project, http: //tolweb. org/ [2020-5-12].

[202] Cozzuol M A, Clozato C L, Holanda E C, et al. A new species of tapir from the Amazon. Journal of Mammalogy, 2013, 94: 1331-1345.

[203] Steiner C C, Ryder O A. Molecular phylogeny and evolution of the Perissodactyla. Zoological Journal of the Linnean Society, 2011, 163: 1289-1303.

[204] Tougard C, Delefosse T, Hänni C, et al. Phylogenetic relationships of the five extant Rhinoceros species (Rhinocerotidae, Perissodactyla) based on mitochondrial cytochrome b and 12S rRNA gene. Molecular Phylogenetics and Evolution, 2001, 19: 34-44.

[205] Grubb P. Order Perissodactyla//Wilson D E, Reeder D M. Mammal Species of the World: A Taxonomic and Geographic Reference. 3rd ed. Baltimore: Johns Hopkins University Press, 2005.

[206] Emslie R, Brooks M. African Rhino. Status Survey and Conservation Action Plan. IUCN/SSC African Rhino Specialist Group. Switzerland and Cambridge: IUCN, 1999.

[207] Foose T, Van Strien N. Asian Rhinos – Status Survey and Conservation Action Plan. Switzerland and Cambridge: IUCN, 1997.

[208] Chapman J. The Art of Rhinoceros Horn Carving in China. London: Christie's Books, 1999.

[209] Schafer E H. 1963. The Golden Peaches of Samarkand: A study of T'ang Exotics. Berkeley, California: University of California Press, 1963.

[210] Ravel A, Orliac M. The inner ear morphology of the 'condylarthran' Hyopsodus lepidus. Historical Biology, 2014, 27: 8.

[211] Donald R. Evolutionary transitions in the fossil record of terrestrial hoofed mammals. Evolution, Education and Outreach, 2009, 2: 289-302.

[212] Cooper L N, Seiffert E R, Clementz M, et al. Anthracobunids from the Middle Eocene of India and Pakistan Are Stem Perissodactyls. PLoS ONE, 2014, 9 (10): e109232.

[213] McKenna M C, Chow M, Ting S, et al. Radinskya yupingae, a perissodactyl-like mammal from the Late Palaeocene of China. The Evolution of Perissodactyls. Oxford: Oxford University Press, 1989.

[214] Prothero D R, Manning E M, Fischer M. The phylogeny of the ungulates//Benton M J. The Phylogeny and Classification of the Tetrapods, Volume 2. Mammals. The Systematics Association Special Volume Series. 35. Oxford: Clarendon Press, 1988.

[215] Lucas S G. Chinese Fossil Vertebrates. Warren, Oregon: Columbia University Press, 2001.

[216] Gheerbrant E, Donming D, Tassy P. Paenungulata (Sirenia, Proboscidea, Hyracoidea, and Relatives)// K D, Rose J D, Archibald, et al. The Rise of Placental Mammals: Origins and Relationships of the Major Extant Clades. Baltimore: Johns Hopkins University Press, 2005.

[217] Wells N A, Gingerich P D. Review of Eocene Anthracobunidae (Mammalia, Proboscidea) with a new genus and species, Jozaria palustris, from the Kuldana Formation of Kohat (Pakistan). Contrib. Mus. Pal. Univ. Michigan, 1983, 26 (7): 117-139.

[218] Tabuce R, Marivaux L, Adaci M, et al. Early Tertiary mammals from North Africa reinforce the molecular Afrotheria clade. Proc. R. Soc. B, 2007, 274 (1614).

[219] Gingerich P D. New earliest Wasatchian mammalian fauna from the Eocene of northwestern Wyoming: composition and diversity in a rarely sampled high-floodplain assemblage. University of Michigan

Papers on Paleontology, 1989, 28: 1-97.

[220] Froehlich D J. Quo vadis eohippus? The systematics and taxonomy of the early Eocene equids (Perissodactyla). Zoological Journal of the Linnean Society, 2002, 134 (2): 141-256.

[221] Bajpai S, Kapur V, Das D P, et al. Early Eocene land mammals from Vastan Lignite Mine, District Surat (Gujarat), western India. Journal of the Palaeontological Society of India, 2005, 101-113.

[222] Bajpai S, Kapur V, Thewissen J G M, et al. New Early Eocene cambaythere (Perissodactyla, Mammalia) from the Vastan Lignite Mine (Gujarat, India) and on evaluation of cambaythere relationships. Journal of the Palaeontological Society of India, 2006, 101-110.

[223] Rose K D, Holbrook L T, Rana R S, et al. Early Eocene fossils suggest that the mammalian order Perissodactyla originated in India. Nature Communications, 2014, 5: 5570.

[224] Mihlbachler M C, Lucas S G, Emry R J. The holotype specimen of Menodus giganteus, and the 'insoluble' problem of Chadronian brontothere taxonomy// Lucas S G, Zeigler K, Kondrashov P E. Paleogene Mammals. Bulletin 26. New Mexico Museum of Natural History and Science, 2004.

[225] Mihlbachler M C, Lucas S G, Emry R J, et al. A new brontothere (Brontotheriidae, Perissodactyla, Mammalia) from the Eocene of the Ily Basin of Kazakhstan and a phylogeny of Asian "horned" brontotheres. American Museum Novitates, 2004, 3439: 1-43.

[226] Janis C. 2008. An evolutionary history of browsing and grazing ungulates// Gordon I J, Prins H H T. The Ecology of Browsing and Grazing. Berlin Heidelberg: Springer, 2008.

[227] MacFadden B J. Fossil horses—Evidence for evolution. Science, 2005, 307 (5716): 1728-1730.

[228] Azzaroli A. Ascent and decline of monodactyl equids: A case for prehistoric overkill. Ann. Zool. Finnici, 1992, 28: 151-163.

[229] Orlando L, Metcalf J L, Alberdi M T, et al. Revising the recent evolutionary history of equids using ancient DNA. Proceedings of the National Academy of Sciences USA, 2009, 106: 21754-21759.

[230] Alberdi M T, Prado J L, Ortiz-Jaureguizar E. Patterns of body size changes in fossil and living Equini (Perissodactyla). Biological Journal of the Linnean Society, 1995, 54 (4): 349-370.

[231] Florida Museum of Natural History. Dinohippus. https: //www. floridamuseum. ufl. edu/fhc/dinohippus1. htm [2018-8-12].

[232] Gazin C L. Study of the fossil horse remains from the Upper Pliocene of Idaho. Proceedings from the United States National Museum, 1936, 83(2985): 281-320.

[233] Forstén A. Mitochondrial-DNA timetable and the evolution of Equus: of molecular and paleontological evidence. Annales Zoologici Fennici, 1992, 28: 301-309.

[234] Rubenstein D I. Horse, zebras and asses// MacDonald D W. The Encyclopedia of Mammals. 2nd ed. Oxford: Oxford University Press, 2001.

[235] Vilstrup J T, Seguin-Orlando A, Stiller M, et al. Mitochondrial phylogenomics of modern and ancient equids. PLoS ONE, 2013, 8 (2): e55950.

[236] Tsubamoto T, Egi N, Takai M, et al. Middle Eocene ungulate mammals from Myanmar: A review with description of new specimens. Acta Palaeontologica Polonica, 2005, 50 (1): 117-138.

[237] Geraads D. Chapter 34: Rhinocerotidae//Werdelin L, Sanders W J. Cenozoic Mammals of Africa. Berkeley, California: University of California Press, 2010.

[238] Fortelius M, Kappelmann J. The Largest land mammal ever imagined. Zoological Journal of the Linnean Society, 1993, 108: 85-101.

[239] Benton M J. Vertebrate Palaeontology. London: Chapman & Hall, 1997.

[240] Boeskorov G G. Some specific morphological and ecological features of the fossil woolly rhinoceros (Coelodonta antiquitatis Blumenbach 1799). Biology Bulletin, 2012, 39 (8): 692-707.

[241] Orlando L, Leonard J A, Thenot A L, et al. Ancient DNA analysis reveals woolly rhino evolutionary relationships. Molecular Phylogenetics and Evolution, 2003, 28 (3): 485-499.

[242] Carwardine M. Animal Records. New York: Sterling, 2008.

[243] Heptner V G, Sludskii A A. Mammals of the Soviet Union. Vol. II, part 1b, Carnivores (Mustelidae and Procyonidae). Washington, DC: Smithsonian Institution Libraries and National Science Foundation, 2002.

[244] Wilson D E, Mittermeier R A. Handbook of the Mammals of the World, Volume 1: Carnivora. Barcelona: Lynx Edicions, 2009.

[245] Van Rompaey H, Gaubert P, Hoffmann M. Nandinia binotata. IUCN Red List of Threatened Species. Version 2008. Gland: International Union for Conservation of Nature, 2008.

[246] Pocock R I. Genus Prionodon Horsfield. The Fauna of British India, including Ceylon and Burma. Mammalia. – Volume 1. London: Taylor and Francis, 1939.

[247] Li X, Li W, Wang H, et al. Pseudogenization of a sweet-receptor gene accounts for cats' indifference toward sugar. Public Library of Science, 2005, 1 (1): 27-35.

[248] Nowak R M, Walker E P. Panthera tigris (tiger). Walker's Mammals of the World. 6th ed. Baltimore: Johns Hopkins University Press, 1999.

[249] Guggisberg C A W. Lion Panthera leo (Linnaeus, 1758). Wild Cats of the World. New York: Taplinger Publishing, 1975.

[250] 李君. 卧龙自然保护区雪豹及其同域地栖动物的空间关联性研究. 昆明: 西南林业大学, 2020.

[251] Rosa C L, Nocke C C. Jaguar (*Panthera onca*). A Guide to the Carnivores of Central America: Natural History, Ecology, and Conservation. Austin: University of Texas Press, 2000.

[252] Nowell K, Jackson P. *Panthera onca*. Wild Cats. Status Survey and Conservation Action Plan. Gland, Switzerland: IUCN/SSC Cat Specialist Group. Switzerland and Cambridge: IUCN, 1996.

[253] Wozencraft W C. Order Carnivora//Wilson D E, Reeder D M. Mammal Species of the World: A Taxonomic and Geographic Reference. 3rd ed. Baltimore: Johns Hopkins University Press, 2005.

[254] Gaubert P, Veron G. Exhaustive sample set among Viverridae reveals the sister-group of felids: The linsangs as a case of extreme morphological convergence within Feliformia. Proceedings of the Royal Society B, 2003, 270 (1532): 2523-2530.

[255] Vaughan T A, Ryan J M, Czaplewski N J. Mammalogy. Burlington: Jones & Bartlett Learning, 2010.

[256] Wayne R K. Molecular evolution of the dog family. Trends in Genetics, 1993, 9 (6): 218-224.

[257] Berta A. Cerdocyon thous. Mammalian Species, 1982, 186: 1-4.

[258] Lucherini M, Vidal E M L. Lycalopex gymnocercus (Carnivora: Canidae). Mammalian Species, 2008, 820: 1-9.

[259] De Mello Beiseigel B, Zuercher G L. Speotheos venaticus. Mammalian Species, 2005, 783: 1-6.

[260] Feldhamer G A, Thompson B, Chapman J. Wild Mammals of North America: Biology, Management, and Conservation. Second ed. Baltimore: Johns Hopkins University Press, 2003.

[261] Heptner V G. Mammals of the Soviet Union. Leiden UA: Brill, 1998.

[262] Bininda-Emonds O R P, Gittleman J L, Purvis A. Building large trees by combining phylogenetic information: a complete phylogeny of the extant Carnivora (Mammalia). Biological Reviews, 1999, 74 (2): 143-175.

[263] Gompper M E, Vanak A T. Vulpes bengalensis. Mammalian Species, 2006, 795: 1-5.

[264] Vanak A T, Gompper M E. Dietary niche separation between sympatric free-ranging dogs and Indian foxes in central India. J. Mammal, 2009, 90 (5): 1058-1065.

[265] Vanak A T, Gompper M E. Multiscale resource selection and spatial ecology of the Indian fox in a human-dominated dry grassland ecosystem. Journal of Zoology, 2010, 281 (2): 140-148.

[266] IUCN/SSC Canid Specialist Group. Canids: Foxes, Wolves, Jackals, and Dogs–2004 Status Survey and Conservation Action Plan, 2004: 197.

[267] Larivière S, Seddon P J. Vulpes rueppelli. Mammalian Species, 2001, 678: 1-5.

[268] Lindsay I M, Macdonald D W. Behaviour and ecology of the Rüppell's fox Vulpes rueppelli, in Oman. Mammalia, 1986, 50 (4): 461-474.

[269] Cuzin F, Lenain D M, Jdeidi T, et al. Vulpes rueppelli. IUCN Red List of Threatened Species. Version 2008. Gland: International Union for Conservation of Nature, 2008.

[270] Estes R. The Behavior Guide to African Mammals: Including Hoofed Mammals, Carnivores, Primates. Berkeley, California: University of California Press, 1992.

[271] Rosevear D R. The Carnivores of West Africa. London: Trustees of the British Museum (Natural History), 1974.

[272] Kingdon J. East African Mammals: An Atlas of Evolution in Africa. Chicago: University of Chicago Press, 1988.

[273] Malcolm J R, Van Lawick H. Notes on wild dogs (Lycaon pictus) hunting zebras. Mammalia, 1975, 39 (2): 231-240.

[274] Way J G, Horton J. Coyote kills harp seal. Canid News (IUCN/SSC Canid Specialist Group), 2004, 7 (1): 1-4.

[275] Gier H T. Ecology and behavior of the coyote (Canis latrans)// Fox M W. The Wild Canids: Their Systematics, Behavioral Ecology, and Evolution. New York: Van Nostrand Reinhold, 1974.

[276] Brundige G C. Predation Ecology of the Eastern Coyote Canis latrans "var. ", in the Central Adirondacks, New York. Syracuse: State University of New York, College of Environmental Science and Forestry, 1993.

[277] Boyer R H. Mountain coyotes kill yearling black bear in Sequoia National Park. Journal of Mammalogy, 1949, 30: 75.

[278] Kingdon J, Hoffman M. Mammals of Africa (Volume V). Bloomsbury: London, 2013.

[279] Walton L R, Joly D O. Canis mesomelas. Mammalian Species, 2003, 715: 1-9.

[280] IUCN SSC Canid Specialist Group. "Side-Striped Jackal". Wildlife Conservation Research Unit. https: //www. canids. org/species/view/PREKMO428071[2019-2-13].

[281] Koepfli K P, Pollinger J, Godinho R, et al. Genome-wide evidence reveals that African and Eurasian golden jackals are distinct species. Current Biology, 2015, 25(16): 2158-2165.

[282] Hoath R. A Field Guide to the Mammals of Egypt. American Univ in Cairo Press, 2009.

[283] Gaubert P, Bloch C, Benyacoub S, et al. Reviving the African wolf Canis lupus lupaster in North and West Africa: A mitochondrial lineage ranging more than 6,000 km wide. PLoS ONE, 2012, 7 (8): e42740.

[284] Moliner V U, Ramírez C, Gallardo M, et al. Detectan el lobo en Marruecos gracias al uso del foto-trampeo. Quercus, 2012, 319: 14-15.

[285] Tiwari J, Sillero-Zubiri C. Unidentified canid in the Danakil desert of Eritrea, Horn of Africa-Field report. Canid News 7. 5   URL: http: //www. canids. org/canidnews/7/Unidentified_canid_in_horn_of_Africa. pdf. [2002-8-10].

[286] Jhala Y V, Moehlman P D. Golden Jackal//Sillero-Zubiri C, Hoffmann M, Macdonald D W. Canids: Foxes, Wolves, Jackals, and Dogs: Status Survey and Conservation Action Plan. Gland: IUCN-The World Conservation Union, 2004.

[287] Heptner V G, Naumov N P. Mammals of the Soviet Union, Vol. II Part 1a, Sirenia and Carnivora (Sea cows; Wolves and Bears). Valencia: Science Publishers, Inc. USA, 1998.

[288] Dyck M G, Romberg S. Observations of a wild polar bear (Ursus maritimus) successfully fishing Arctic charr (Salvelinus alpinus) and Fourhorn sculpin (Myoxocephalus quadricornis). Polar Biology, 2007, 30 (12): 1625-1628.

[289] Brown G. The Great Bear Almanac. Lyons & Burford, 1993.

[290] Fredriksson G M, Wich S A, Trisno. Frugivory in sun bears (Helarctos malayanus) is linked to El Niño-related fluctuations in fruiting phenology, East Kalimantan, Indonesia. Biological Journal of the

Linnean Society, 2006, 89 (3): 489-508.

[291] Servheen C. The Sun Bear// Stirling I, Kirshner D, Knight F. Bears, Majestic Creatures of the Wild. Emmaus, Pennsylvania: Rodale Press, 1993.

[292] Wong S T, Servheen C, Ambu L. Food habits of Malayan Sun Bears in lowland tropical forests of Borneo. Ursus, 2002, 13: 127-136.

[293] Finn F. Sterndale's Mammalia of India. A New and Abridged Edition, thoroughly Revised and with an Appendix on the Reptilia. Calcutta and Simla: Thacker, Spink & Co, 1929.

[294] 潘文石, 王昊, 吕植, 等. 继续生存的机会. 北京: 北京大学出版社, 2001.

[295] Lindburg D G, Baragona K. Giant Pandas: Biology and Conservation. Berkeley, California: University of California Press, 2004.

[296] O'Brien S J, Nash W G, Wildt D E, et al. A molecular solution to the riddle of the giant panda's phylogeny. Nature, 1985, 317: 140-144.

[297] Lumpkin S, Seidensticker J. Giant Pandas. London: Collins, 2007.

[298] Goldstein I. Spectacled bear distribution and diet in the Venezuelan Andes// Rosenthal M. Proc. First Int. Symp. Spectacled Bear. Lincoln Park Zoological Gardens. Chicago, Illinois: Chicago Park District Press, 1989.

[299] Peyton B. Ecology, distribution, and food habits of spectacled bears, Tremarctos ornatus, in Peru. Journal of Mammalogy, 1980, 61 (4): 639-652.

[300] Flynn J J, Nedbal M A, Dragoo J W, et al. Whence the Red Panda? Molecular Phylogenetics and Evolution, 2000, 17 (2): 190-199.

[301] Glatston A, Wei F, Than Z, et al. Ailurus fulgens. The IUCN Red List of Threatened Species. Switzerland and Cambridge: IUCN, 2015.

[302] Glatston A R. Red Panda: Biology and Conservation of the First Panda. William Andrew, 2010.

[303] Helgen K M, Pinto M, Kays R, et al. Taxonomic revision of the olingos (Bassaricyon), with description of a new species, the Olinguito. ZooKeys, 2013, 324: 1-83.

[304] Koepfli K P, Gompper M E, Eizirik E, et al. Phylogeny of the Procyonidae (Mammalia: Carvnivora): Molecules, morphology and the Great American Interchange. Molecular Phylogenetics and Evolution, 2007, 43 (3): 1076-1095.

[305] Manning A, Dawkins M S. An Introduction to Animal Behaviour. Cambridge: Cambridge University Press, 2012.

[306] Polly D, Wesley-Hunt G D, Heinrich R E, et al. Earliest known carnivoran auditory bulla and support for a recent origin of crown-clade Carnivora (Eutheria, Mammalia). Palaeontology, 2006, 49 (5): 1019-1027.

[307] Wesley-Hunt G D, Flynn J J. Phylogeny of the Carnivora: Basal relationships among the carnivoramorphans, and assessment of the position of Miacoidea relative to Carnivora. Journal of Systematic Palaeontology, 2005, 3: 1-28.

[308] Heinrich R E, Strait S G, Houde P. Earliest Eocene Miacidae (Mammalia: Carnivora) from northwestern Wyoming. Journal of Paleontology, 2008, 82 (1): 154-162.

[309] Solé F, Smith R, Coillot T, et al. Dental and tarsal anatomy of Miacis latouri and a phylogenetic analysis of the earliest carnivoraforms (Mammalia, Carnivoramorpha). Journal of Vertebrate Paleontology, 2014, 34(1): 1-21.

[310] Eizirik E, Murphy W J, Koepfli K P, et al. Pattern and timing of diversification of the mammalian order Carnivora inferred from multiple nuclear gene sequences. Molecular Phylogenetics and Evolution, 2010, 56 (1): 49-63.

[311] Morlo M. New remains of Barbourofelidae from the Miocene of Southern Germany: Implications for the history of barbourid migrations. Beiträge zur Paläontologie, Wien, 2006, 30: 339-346.

[312] McLellan B. A review of bear evolution. Int. Conf. Bear Res. and Manage, 1994, 9(1): 85-96.

[313] Lento G M, Hickso R E, Chambers G K, et al. Use of spectral analysis to test hypotheses on the origin of pinnipeds. Molecular Biology and Evolution, 1995, 12 (1): 28-52.

[314] Hunt R M, Barnes Jr L G. Basicranial evidence for ursid affinity of the oldest pinnipeds. Proceedings of the San Diego Society of Natural History, 1994, 29: 57-67.

[315] Higdon J W, Bininda-Emonds O R, Beck R M, et al. Phylogeny and divergence of the pinnipeds (Carnivora: Mammalia) assessed using a multigene dataset. BMC Evolutionary Biology, 2007, 7: 216.

[316] Flynn J J, Finarelli J A, Zehr S, et al. Molecular phylogeny of the Carnivora (Mammalia): Assessing the impact of increased sampling on resolving enigmatic relationships. Systematic Biology, 2005, 54 (2): 317-337.

[317] Arnason U, Gullberg A, Janke A, et al. Pinniped phylogeny and a new hypothesis for their origin and dispersal. Molecular Phylogenetics and Evolution, 2006, 41 (2): 345-354.

[318] Sato J J, Wolsan M, Suzuki H, et al. Evidence from nuclear DNA sequences sheds light on the phylogenetic relationships of Pinnipedia: Single origin with affinity to Musteloidea. Zoological Science, 2006, 23 (2): 125-146.

[319] Hammond J A, Hauton C, Bennett K A, et al. Phocid seal leptin: Tertiary structure and hydrophobic receptor binding site preservation during distinct leptin gene evolution. PLoS One, 2012, 7 (4): e35395.

[320] Berta A. Pinniped evolution//Perrin W F, Würsig B, Thewissen J G M. Encyclopedia of Marine Mammals. 2nd ed. Academic Press, 2009.

[321] Berta A, Ray C E, Wyss A R. Skeleton of the oldest known pinniped, Enaliarctos mealsi. Science, 1989, 244: 60-62.

[322] Mitchell E, Tedford R H. The Enaliarctinae: A new group of extinct aquatic Carnivora and a consideration of the origin of the Otariidae. Bulletin of the American Museum of Natural History, 1973, 151(3): 203-284.

[323] Berta A, Morgan C, Boessenecker R W. The origin and evolutionary biology of pinnipeds: Seals, sea lions, and walruses. Annual Review of Earth and Planetary Sciences, 2018, 46: 203-228.

[324] Rybczynski N, Dawson M R, Tedford R H. A semi-aquatic Arctic mammalian carnivore from the Miocene epoch and origin of Pinnipedia. Nature, 2009, 458 (7241): 1021-1024.

[325] Yoder A D, Burns M M, Zehr S, et al. Single origin of Malagasy Carnivora from an African ancestor. Nature, 2003, 421 (6924): 734-737.

[326] Johnson W E, Eizirik E, Pecon-Slattery J, et al. The late miocene radiation of modern Felidae: A genetic assessment. Science, 2006, 311 (5757): 73-77.

[327] Silvestro D, Antonelli A, Salamin N, et al. The role of clade competition in the diversification of North American canids. Proceedings of the National Academy of Sciences, 2015, 112 (28): 8684-8689.

[328] Perini F A, Russo C A M, Schrago C G. The evolution of South American endemic canids: a history of rapid diversification and morphological parallelism. Journal of Evolutionary Biology, 2010, 23 (2): 311-322.

[329] Tseng Z J, Wang X, Slater G J, et al. Himalayan fossils of the oldest known pantherine establish ancient origin of big cats. Proceedings of the Royal Society B, 2013, 281: (1774): 20132686.

[330] Sunquist M. What is a tiger? Ecology and behaviour//Tilson R, Nyhus P J. Tigers of the World: The Science, Politics and Conservation of Panthera tigris. Academic Press, 2010.

[331] Kitchener A, Yamaguchi N. What is a tiger? Biogeography, morphology, and taxonomy//Tilson R, Nyhus P J. Tigers of the World: The Science, Politics and Conservation of Panthera tigris. Academic Press, 2009.

[332] Goodrich J, Lynam A, Miquelle D, et al. Panthera Tigris. The IUCN Red List of Threatened Species. Switzerland and Cambridge: IUCN, 2015.

[333] Schaller G B. The Serengeti Lion: A Study of Predator–Prey Relations. Chicago: University of Chicago

Press, 1972.

[334] Heptner V G, Sludskii A A. Lion. Mlekopitajuščie Sovetskogo Soiuza. Moskva: Vysšaia Škola [Mammals of the Soviet Union, Volume II, Part 2]. Washington, DC: Smithsonian Institution and the National Science Foundation, 1992.

[335] Kinnear N B. The past and present distribution of the lion in south eastern Asia. Journal of the Bombay Natural History Society, 1920, 27: 34-39.

[336] Firouz E. The Complete Fauna of Iran. I. B. Tauris, 2005: 5-67.

[337] Black S A, Fellous A, Yamaguchi N, et al. Examining the extinction of the Barbary lion and its implications for felid conservation. PLoS One, 2013, 8 (4): e60174.

[338] Breitenmoser U, Mallon D P, Ahmad Khan J, et al. Panthera leo ssp. persica. IUCN Red List of Threatened Species. Version 2017-2. Gland: International Union for Conservation of Nature, 2008.

[339] Wang X. Phylogenetic systematics of the Hesperocyoninae (Carnivora: Canidae). Bulletin of the American Museum of Natural History, 1994, 221: 1-207.

[340] Martin L D. Fossil history of the terrestrial carnivore// Gittleman J L. Carnivore Behavior, Ecology, and Evolution. Vol. 1. Comstock Publishing Associates: Ithaca, 1989.

[341] Tedford R H, Wang X, Taylor B E. Phylogenetic systematics of the North American fossil Caninae (Carnivora, Canidae). Bulletin of the American Museum of Natural History, 2009, 325.

[342] Prevosti F J. Phylogeny of the large extinct South American Canids (Mammalia, Carnivora, Canidae) using a "total evidence" approach. Cladistics, 2010, 26 (5): 456-481.

[343] Moreno P I, Villagran C, Marquet P A, et al. Quaternary paleobiogeography of northern and central Chile. Revista Chilena de Historia Natural, 1994, 61: 159-161.

[344] Wang X, Wang Y, Li Q, et al. Cenozoic vertebrate evolution and paleoenvironment in Tibetan Plateau: Progress and prospects. Gondwana Research, 2015, 27 (4): 1335-1354.

[345] Statham M J, Murdoch J, Janecka J, et al. Range-wide multilocus phylogeography of the red fox reveals ancient continental divergence, minimal genomic exchange and distinct demographic histories. Molecular Ecology, 2014, 23 (19): 4813-4830.

[346] Aubry K B, Statham M J, Sacks B N, et al. Phylogeography of the North American red fox: Vicariance in Pleistocene forest refugia. Molecular Ecology, 2009, 18 (12): 2668-2686.

[347] Poyarkov A, Ovsyanikov N. Canids: Foxes, Wolves, Jackals and Dogs. Status Survey and Conservation Action Plan // Sillero-Zubiri C, Hoffmann M, Macdonald D W. International Union for Conservation of Nature and Natural Resources/Species Survival Commission Canid Specialist Group, 2014.

[348] Sommer R, Benecke N. Late-Pleistocene and early Holocene history of the canid fauna of Europe (Canidae). Mammalian Biology, 2005, 70 (4): 227-241.

[349] Clark Jr H O, Murdoch J D, Newman D P, et al. Vulpes corsac (Carnivora: Canidae). Mammalian Species, 2009, 832: 1-8.

[350] Nowak R. Wolves: The great travelers of evolution. International Wolf, 1992, 2 (4): 3-7.

[351] Chambers S M, Fain S R, Fazio B, et al. An account of the taxonomy of North American wolves from morphological and genetic analyses. North American Fauna, 2012, 77: 1-67.

[352] Lyras G A, Van Der Geer A E, Dermitzakis M, et al. Cynotherium sardous, an insular canid (Mammalia: Carnivora) from the Pleistocene of Sardinia (Italy), and its origin. Journal of Vertebrate Paleontology, 2006, 26 (3): 735-745.

[353] Martínez-Navarro B, Rook L. Gradual evolution in the African hunting dog lineage: Systematic implications. Comptes Rendus Palevol, 2003, 2(8): 695-702.

[354] Moulle P E, Echassoux A, Lacombat F. Taxonomie du grand canidé de la grotte du Vallonnet (Roquebrune-Cap-Martin, Alpes-Maritimes, France). L'Anthropologie, 2006, 110 (5): 832-836.

[355] Petrucci M, Romiti S, Sardella R. The Middle-Late Pleistocene Cuon Hodgson, 1838 (Carnivora,

Canidae) from Italy. Bollettino della Società Paleontologica Italiana, 2012, 51 (2): 146.

[356] Ripoll M P R, Morales Pérez J V, Sanchis Serra A, et al. Presence of the genus Cuon in upper Pleistocene and initial Holocene sites of the Iberian Peninsula: New remains identified in archaeological contexts of the Mediterranean region. Journal of Archaeological Science, 2010, 37 (3): 437-450.

[357] Thalmann O, Shapiro B, Cui P, et al. Complete mitochondrial genomes of ancient canids suggest a European origin of domestic dogs. Science, 2013, 342 (6160): 871-874.

[358] Perri A. A wolf in dog's clothing: Initial dog domestication and Pleistocene wolf variation. Journal of Archaeological Science, 2016, 68: 1-4.

[359] Larson G. Rethinking dog domestication by integrating genetics, archeology, and biogeography. PNAS, 2012, 109 (23): 8878-8883.

[360] Larson G, Bradley D G. How much is that in dog years? The advent of canine population genomics. PLoS Genetics, 2014, 10 (1): e1004093.

[361] Germonpre M. Fossil dogs and wolves from Palaeolithic sites in Belgium, the Ukraine and Russia: Osteometry, ancient DNA and stable isotopes. Journal of Archaeological Science, 2009, 36 (2): 473-490.

[362] Freedman A. Genome sequencing highlights the dynamic early history of dogs. PLoS Genetics, 2014, 10 (1): e1004016.

[363] Giemsch L, Feine S C, Alt K W, et al. Interdisciplinary Investigations of the Late Glacial Double Burial from Bonn-Oberkassel. Hugo Obermaier Society for Quaternary Research and Archaeology of the Stone Age: 57th Annual Meeting in Heidenheim, 2015.

[364] Wang X, Tedford R H. Dogs: Their Fossil Relatives and Evolutionary History. Warren, Oregon: Columbia University Press, 2008.

[365] Schleidt W M, Shalter M D. Co-evolution of humans and canids: An alternative view of dog domestication: Homo homini lupus? Evolution and Cognition, 2003, 9 (1): 57-72.

[366] Savolainen P, Leitner T, Wilton A N, et al. A detailed picture of the origin of the Australian dingo, obtained from the study of mitochondrial DNA. Proceedings of the National Academy of Sciences, 2004, 101 (33): 12387-12390.

[367] Cairns K M, Wilton A N. New insights on the history of canids in Oceania based on mitochondrial and nuclear data. Genetica, 2016, 144 (5): 553-565.

[368] Clutton-Brock J. Chapter 9. Naming the scale of nature// Behie A M, Oxenham M F. Taxonomic Tapestries: The Threads of Evolutionary, Behavioural and Conservation Research. Canberra, Australia: ANU Press, The Australian National University, 2015.

[369] Crowther M S, Fillios M, Colman N, et al. An updated description of the Australian dingo (Canis dingo Meyer, 1793). Journal of Zoology, 2014, 293 (3): 192-203.

[370] Smith K, Czaplewski N, Cifelli R. Middle Miocene carnivorans from the Monarch Mill Formation, Nevada. Acta Palaeontologica Polonica, 2016, 61 (1): 231-252.

[371] Mayr E. Uncertainty in Science: Is the Giant panda a bear or a raccoon. Nature, 1986, 323 (6091): 769-771.

[372] Su B, Fu Y, Wang Y, et al. Genetic diversity and population history of the red panda (Ailurus fulgens) as inferred from mitochondrial DNA sequence variations. Molecular Biology and Evolution, 2001, 18 (6): 1070-1076.

[373] Howell F C, Garcia N. Carnivora (Mammalia) from Lemudong'o (Late Miocene: Narok District, Kenya). Kirtlandia, 2007, 556: 121-139.

[374] Peigné S, Salesa M, Antón M, et al. Ailurid carnivoran mammal Simocyon from the late Miocene of Spain and the systematics of the genus. Acta Palaeontologica Polonica, 2005, 50: 219-238.

[375] Wang X. New cranial material of Simocyon from China, and its implications for phylogenetic

relationships to the red panda (Ailurus). Journal of Vertebrate Paleontology, 1997, 17: 184-198.

[376] Ogino S, Nakaya H, Takai M, et al. Mandible and lower dentition of Parailurus baikalicus (Ailuridae, Carnivora) from Transbaikal area, Russia. Paleontological Research, 2009, 13 (3): 259-264.

[377] Goswami A, Friscia A. Carnivoran Evolution: New Views on Phylogeny, Form and Function. Cambridge: Cambridge University Press, 2010.

[378] Roberts M S, Gittleman J L. Ailurus fulgens. Mammalian Species, 1984, 222 (222): 1-8.

[379] 魏辅文, 杨奇森, 吴毅, 等. 中国兽类名录(2021 版). 兽类学报, 2021, 41(5): 487-501.

[380] Slattery J P, O'Brien S J. Molecular phylogeny of the red panda (Ailurus fulgens). J. Hered., 1995, 86 (6): 413-422.

[381]Zhang Y P, Ryder O A. Mitochondrial DNA sequence evolution in the Arctoidea. PNAS, 1993, 90 (20): 9557-9561.

[382] Wang X, Qiu Z. Late Miocene Promephitis (Carnivora, Mephitidae) from China. Journal of Vertebrate Paleontology, 2004, 24(3): 721-731.

[383] Wang B, Qiu Z. Notes on early Oligocene ursids (Carnivora, Mammalia) from Saint Jacques, Nei Mongol, China. Bulletin of the American Museum of Natural History, 2005, 279 (279): 116-124.

[384] Qiu Z. Dispersals of Neogene carnivorans between Asia and North America. Bulletin of the American Museum of Natural History, 2003, (279): 18-31.

[385] Pagès M, Calvignac S, Klein C, et al. Combined analysis of fourteen nuclear genes refines the Ursidae phylogeny. Molecular Phylogenetics and Evolution, 2008, 47 (1): 73-83.

[386] Waits L P, Sullivan J, O'Brien S J, et al. Rapid radiation events in the family Ursidae indicated by likelihood phylogenetic estimation from multiple fragments of mtDNA. Molecular Phylogenetics and Evolution, 1999, 13 (1): 82-92.

[387] Krause J, Unger T, Noçon A, et al. Mitochondrial genomes reveal an explosive radiation of extinct and extant bears near the Miocene-Pliocene boundary. BMC Evolutionary Biology, 2008, 8 (220): 220.

[388] Abella J, Alba D M, Robles J M, et al. Kretzoiarctos gen. nov., the oldest member of the giant panda clade. PLOS One, 2012, 7 (11): e48985.

[389] Jin C, Ciochon R L, Dong W, et al. The first skull of the earliest giant panda. Proceedings of the National Academy of Sciences, 2007, 104 (26): 10932-10937.

[390] 张荣祖. 中国动物地理. 北京: 科学出版社, 1999.

[391] Tedford R H, Martin J. Plionarctos, a tremarctine bear (Ursidae: Carnivora) from western North America. Journal of Vertebrate Paleontology, 2001, 21 (2): 311-321.

[392] Soibelzon L H, Tonni E P, Bond M. The fossil record of South American short-faced bears (Ursidae, Tremarctinae). Journal of South American Earth Sciences, 2005, 20 (1-2): 105-113.

[393] Ward P, Kynaston S. Wild Bears of the World. Facts on File, Inc, 1995.

[394] Yoganand K, Rice C G, Johnsingh A J T. Sloth Bear Melursus ursinus// Johnsingh A J T, Manjrekar N. Mammals of South Asia. 1. India: Universities Press (India), 2013.

[395] Hunt R M. Ursidae//Jacobs L, Janis C M, Scott K L. Evolution of Tertiary Mammals of North America: Volume 1, Terrestrial Carnivores, Ungulates, and Ungulate like Mammals. Cambridge: Cambridge University Press, 1998.

[396] Macdonald D. The Encyclopedia of Mammals. London: Allen & Unwin, 1984.

[397] Kurten B. The Cave Bear Story. Warren, Oregon: Columbia University Press, 1976.

[398] Pérez-Hidalgo T. The European descendants of Ursus etruscus C. Cuvier (Mammalia, Carnivora, Ursidae). Boletín del Instituto Geológico y Minero de España, 1992, 103 (#4): 632-642.

[399] Lindqvist C, Schuster S C, Sun Y, et al. Complete mitochondrial genome of a Pleistocene jawbone unveils the origin of polar bear. Proceedings of the National Academy of Sciences, 2010, 107 (11): 5053-5057.

[400] Kurtén B. The evolution of the polar bear, Ursus maritimus Phipps. Acta Zoologica Fennica, 1964, 108: 1-30.

[401] DeMaster D P, Stirling I. Ursus maritimus. Mammalian Species, 1981, 145 (145): 1-7.

[402] Shoshani J. Elephants: Majestic Creatures of the Wild. New York: Checkmark Books, 2000.

[403] Chiyo P I, Obanda V, Korir D K. Illegal tusk harvest and the decline of tusk size in the African elephant. Ecology and Evolution, 2015, 5 (22): 5216-5229.

[404] Shoshani J. 2005. Order Proboscidea//Wilson D E, Reeder D M. Mammal Species of the World: A Taxonomic and Geographic Reference. 3rd ed. Baltimore: Johns Hopkins University Press, 2005.

[405] Laurson B, Bekoff M. Loxodonta africana. Mammalian Species, 1978, (92): 1-8.

[406] Encyclopedia of Life. African Bush Elephant-Loxodonta africana—Details. http: //www. eol. org/pages/289808/details[2018-8-20].

[407] Choudhury A U. Status and conservation of the Asian elephant Elephas maximus in north-eastern India. Mammal Review, 1999, 29 (3): 141-173.

[408] Mothé D, Ferretti M P, Avilla L S. The dance of tusks: Rediscovery of lower incisors in the Pan-American proboscidean Cuvieronius hyodon revises incisor evolution in Elephantimorpha. PLoS ONE, 2016, 11(1).

[409] Shoshani J, Tassy P. Advances in proboscidean taxonomy & classification, anatomy & physiology, and ecology & behavior. Quaternary International, 2005, 126-128: 5-20.

[410] Wang S Q, Deng T, Ye J, et al. Morphological and ecological diversity of Amebelodontidae (Proboscidea, Mammalia) revealed by a Miocene fossil accumulation of an upper-tuskless proboscidean. Journal of Systematic Palaeontology (Online edition), 2017, 15(8): 601-615.

[411] Maglio V J. Origin and evolution of the Elephantidae. Transactions of the American Philosophical Society Philadelphia. Volume 63. Philadelphia: American Philosophical Society, 1973.

[412] Gheerbrant E. Paleocene emergence of elephant relatives and the rapid radiation of African ungulates. Proceedings of the National Academy of Science, 2009, 106 (26): 10717-10721.

[413] Larramendi A. Shoulder height, body mass and shape of proboscideans. Acta Palaeontologica Polonica, 2016, 61(3): 537-574.

[414] Gheerbrant E, Sudre J, Cappetta H. A palaeocene proboscidean from Morocco. Nature, 1996, 383: 68-70.

[415] Gheerbrant E, Sudre J, Tassy P, et al. Nouvelles données sur Phosphatherium escuilliei (Mammalia, Proboscidea) de l'Eocene inférieur du Maroc, apports à la phylogeny de la Proboscidea et les ongulés lophodontes. Geodiversitas, 2005, 27 (2): 239-333.

[416] Strauss B. Prehistoric Elephant: Pictures and Profiles. https: //www. thoughtco. com/prehistoric-elephant-pictures-and-profiles-4043331[2018-9-20].

[417] Shoshani J, Walter R C, Abraha M, et al. A proboscidean from the late Oligocene of Eritrea, a "missing link" between early Elephantiformes and Elephantimorpha, and biogeographic implications. Proceedings of the National Academy of Sciences, 2006, 103(46): 17296-17301.

[418] Freeman L G. Views of the Past: Essays in Old World Prehistory and Paleanthropology. Berlin: Walter de Gruyter, 1978.

[419] Zhang Y, Long Y, Ji H, et al. The cenozoic deposits of the Yunnnan Region. Professional Papers on Stratigraphy and Paleontology No. 7. Peking: Geological Publishing House, 1999.

[420] Shoshani J, Ferretti M P, Lister A M, et al. Relationships within the Elephantinae using hyoid characters. Quaternary International, 2007, 169-170: 174.

[421] Konidaris G E, Roussiakis S J, Theodorou G E, et al. The Eurasian occurrence of the shovel-tusker Konobelodon (Mammalia, Proboscidea) as illuminated by its presence in the late Miocene of Pikermi (Greece). Journal of Vertebrate Paleontology, 2014, 34: 1437-1453.

[422] The Paleobiology Database: Revealing the history of life. https: //paleobiodb. org[2018-1-20].

[423] Kalb J E, Mebrate A. Fossil Elephantoids from the Hominid-Bearing Awash Group, Middle Awash Valley, Afar Depression, Ethiopia. Independence Square, Philadelphia: The American Philosophical Society, 1993.

[424] Todd N E. New phylogenetic analysis of the Family Elephantidae based on cranial-dental morphology. The Anatomical Record, 2010, 293: 74-90.

第六章

地质时期的动物区系 I：古生代和中生代

第一节 绪 论

一、隐生宙

动物区系是在与环境互动过程中形成的。地球诞生以来的 4.6Ga[①]历史可以划分为两个时期：前寒武纪（Precambrian）和显生宙（Phanerozoic）。其中，前寒武纪又称隐生宙，占据整个地球历史大约 88%的时间。在这段时间里，地球完成了行星分化和冷却、地表水积累、无机物变成有机物、原始细胞的形成和单细胞生物的演化、营光合作用生物的出现、地球氧气的积累、真核生物的出现以及多细胞集合体和多细胞生物的出现及演化等过程。这一时期，生命的演化历程非常缓慢，生命形态基本维持在单细胞水平和早期多细胞有机体，生活在原始海洋中。在格陵兰西部岩石中发现的碳可能表明有机物起源最早可以追溯到 3.8GaBP[②]，亦即地球诞生后的 800Ma。最早的生命形态出现在 3.5～2.7GaBP[1-3]。西澳大利亚发现的保存完好的细菌化石表明：原核生物至少在 3.46GaBP 已经存在了 [4]。拥有细胞核的生命形态——真核生物出现在 1.2GaBP[5]。在陕西蓝田震旦纪[③]地层中发现的化石被认为是最早的多细胞动物化石，其分类存在争议，有人认为是藻类，有人认为是多细胞动物[6]。如果后一种观点最终被证明是正确的话，多细胞动物至少出现在 580MaBP。

缓慢的演化历程一直持续到 575MaBP，当时发生了阿瓦隆生物大爆发（Avalon explosion），适应辐射产生大量新的物种，形成震旦纪生物区系（Ediacaran biota）[7]。这一区系包括多孔动物门、腔肠动物门和原生动物门的类群[8-10]，还有地衣类、藻类、真菌和细菌[11-14]。原生生物主导着这一区系[9]。它们集中分布于不同介质的界面间，如水—水底沉积物、岩石—周围泥土、水—空气以及泥土—空气界面间。在这些界面间，尤其是海床上，这些生物形成一厚层，被形象地称为"微生物毯（microbial mat）"。随着深度变化，微生物毯内部的化学成分发生变化。氧含量在微生物毯与海床岩石间几乎是零[15]。深层的噬硫细菌在代谢过程中释放大量 H_2S[16]。以这些微生物为食的动物（如海绵动物、腔肠动物）也生活在微生物毯上，在表面掠食或者垂直往下"啃食"。由于深层释放的 H_2S 对绝大多数物种有毒害作用，H_2S 阻止了动物向深层"啃食"，客观上对微生物毯起到了保护屏障的作用。腔肠动物门是最早真正意义上的多细胞动物，这时尚无刺细胞，因此生活方式与寒武纪以后的腔肠动物不同：可能不是营捕食生活方式（寒武纪以后的腔肠动物营捕食生活方式），而是营共生生活方式，与行光合作用或者化

---

① Ga：billion years，10 亿年。

② GaBP：billion years ago，10 亿年前。

③ 震旦纪（Sinian），又称埃迪卡拉纪（Ediacaran）、艾迪卡拉纪，因为发现于澳大利亚南部埃迪卡拉山而得名，是隐生宙最后一段时期。一般指 6.35 亿～5.41 亿年前。学者曾用这个名字指称不同阶段，直到 2004 年 5 月 13 日，国际地质科学联合会（International Union of Geological Sciences，IUGS）明确定义其年代。"震旦"是中国的古称；古印度人称中国为 Cinisthana，佛经中翻译为震旦。中国教科书上经常称埃迪卡拉纪为震旦纪。

学自养的生物共生在一起[17]。地衣是藻类与真菌的共生体，生活在岩石海岸上；真菌分泌的酸腐蚀岩石，为藻类提供矿物营养的同时，促进土壤形成，是生态演替的先锋类群。这一时期的动物区系中尚未出现有脊椎的类群，甚至有脊索的类群也还没有出现。因此，震旦纪（或者说前寒武纪）的动物区系完全由无脊椎动物构成。

震旦纪生物区系进入寒武纪后，面对寒武纪生物大爆发（见第二节）中快速兴起的新物种，它们的竞争能力显得如此弱小，以至大部分物种因竞争失败而灭绝。

二、显生宙

显生宙开始于寒武纪初 541MaBP，可以分为古生代、中生代和新生代。这一时期的动物区系以脊椎动物的逐步加入为特征。其中，古生代主要是鱼类和两栖类，中生代是爬行类，新生代是鸟类和哺乳类。与之相伴的植物区系是：古生代是藻类、苔藓和蕨类，中生代是裸子植物，新生代是被子植物。然而，这只是粗略划分。实际上，在古生代晚期，爬行类已经出现。通常认为侏罗纪和白垩纪是恐龙时代，但事实上最后的恐龙灭绝于新生代早期。另外，每个时期有些特征性的区系成分，并因此将这些时期冠以这些区系成分之名（如侏罗纪是恐龙时代）。但是，这些特征性类群中的不同种类可以出现在其他时期。例如，上述的腔肠动物，在前寒武纪晚期就已出现，但腔肠动物门一直延续到今天。原因是形态上甚至生态习性上，今天的腔肠动物与前寒武纪的腔肠动物已经有很大不同，但作为这个门的共同特征（如双胚层）仍然存在。

由于无脊椎动物难以在地质时期形成化石，古生物学界对前寒武纪动物区系的了解很有限。大量的研究发现是关于古生代以来的动物区系。因此，本章主要讨论古生代和中生代各时期的动物区系。

第二节　古生代概述

古生代（Paleozoic）开始于 541MaBP，结束于 251.9MaBP，持续时间为 289.1Ma。经历了前寒武纪漫长而缓慢的演化历程后，海洋无脊椎动物在古生代出现大量分泌碳酸钙的物种，并持续成为古生代海洋动物区系的显著特征之一。这些物种中，一些用碳酸钙作为身体外骨骼，防御捕食者攻击（如三叶虫）。另一些分泌碳酸钙作为基座，营固着生活方式（如许多类似水螅的腔肠动物）。还有一些物种将碳酸钙既用作外骨骼，又用作固着生活的基座（如各种珊瑚虫）。这些类群在古生代发展到了巅峰。随着这些类群不断发展，海洋中形成大量礁石，因此这些物种被称为筑礁物种。筑礁动物区系中，腔肠动物和软体动物占主导地位。古生代末期发生生物大灭绝，筑礁物种大量消失，之后没有再恢复到原来的繁荣程度。

古生代共分为 6 个时期：寒武纪、奥陶纪、志留纪、泥盆纪、石炭纪和二叠纪。各个时期海陆相不同，环境差异大。从寒武纪到二叠纪，气温反复升降 [图 4-2（a）]：寒武纪持续维持相对高的气温，奥陶纪气温持续下降，志留纪和泥盆纪气温持续回升，石炭纪先下降后上升，二叠纪气温升至顶峰并维持高温至二叠纪末。环境变化导致物种大规模灭绝和新类群出现适应辐射，新种产生使得各时期动植物区系构成不断变化，物种间的生态学关系也随之发展。

第三节　寒　武　纪

寒武纪（Cambrian）是古生代第一个纪，始于 541MaBP，终于 485.4MaBP[18]，历经 55.6Ma（附表 1）。Cambrian 是英国威尔士（Wales）一词的拉丁名，与威尔士寒武纪岩石出露地点有关[19]。这里出露的岩石层表现特征最清晰。动物化石中，不但有硬组织（如外壳），还有软组织印痕保存。为此，它们最早提供丰富细致的寒武纪生物信息。

一、地理和环境

寒武纪地球海陆相始于潘诺西亚（Pannotia）超级大陆。寒武纪早期，潘诺西亚开始分裂，出现了冈瓦纳（Gondwana）、劳伦（Laurentia，今北美）、波罗地（Baltica，今欧洲）和西伯利亚[20,21]（Siberia，今亚洲北部）[图 6-1（a）]。这些大陆绝大部分集中分布于南半球，但正在向北漂移[22]。横贯南极的冈瓦纳古陆阻断极地洋流的循环，使极地和赤道海水热交换充分。这一时期缺乏海冰，海平面很高，导致大量浅海出现。温暖的浅海适合海洋生物生存。但有观点认为，这个时期南极陆地出现冰川，冰川反复进退导致海平面出现反复升降[23,24]。寒武纪早期比较寒冷。寒武纪末，气候变得暖和，冰川完全消失，海平面急剧上升（寒武纪初高出现代海平面 30m，寒武纪末高出 90m）[25]。寒武纪地表平均气温为 21℃，比现代高出约 7℃[26]。大气中，CO_2 含量达 4500ppm（1ppm=10^{-6}），是当代工业革命前的 16 倍；O_2 含量占大气体积的 12.5%，是现代水平的 63%[27]，因此寒武纪陆地整体上是相对厌氧的环境。

二、生物区系

寒武纪的生物区系植根于前寒武纪的生物演化历史以及所形成的震旦纪动物区系。寒武纪是生命演化历史中的一个大转折。经过前寒武纪的漫长演化历程，到了寒武纪，今天动物界各门已经悉数登场（包括脊椎动物的祖先——脊索动物）。寒武纪以后发生数次大规模的成种事件和灭绝事件，导致各门下类群消长，未出现整个门消失的现象。

寒武纪陆地干旱。由于缺乏植被（尚无陆地植物化石发现），大部分陆地是岩石环境。陆地生物区系基本上是土壤微生物和少量软体动物，分布在少量潮间带的平坦地带及附近湿润地区[28]。这些微生物形成的土地生态系统对于后来土壤的发育发挥了很大作用[29]。真正的陆生动物化石尚未发现。从行走后留下的印痕化石看，寒武纪可能有些动物开始探索陆地环境，包括一些节肢动物和软体动物[30-33]。

这一时期地球生物区系主要是海洋生物区系。震旦纪遗留下来的区系成分和寒武纪初演化出来的环节动物门[34]的种类没有外骨骼①，抵御环境挑战的能力很差，生存竞争能力很低。到了寒武纪，以三叶虫纲为代表的节肢动物门主导着海洋动物区系[35]。这一时期，演化历史上的重要事件是外骨骼（包括矿物化的外骨骼）的出现。坚硬的外骨骼有效保护着动物的内部器官，大大提高了动物抵御环境挑战的能力和生存竞争效率，加速了物种演化速度，导致了所谓的"寒武纪生物大爆发"[36]。传统观点认为寒武纪海洋生命以三叶虫占主导。这种观点已经被证明是假象。除了三叶虫，还有大量其他节肢动物同时生活于这一时期。三叶虫含碳酸钙的矿物化外骨骼比其他节肢动物含几丁质的外骨骼更容易形成化石，使三叶虫在地层中比其他节肢动物出现频率更高。

寒武纪生物大爆发是一种形象描述，是指寒武纪早期海洋无脊椎带壳动物适应辐射的通俗说法[37]。由于外骨骼的出现，这次适应辐射在很短时间内爆发式地产生大量新物种[38]，生物多样性最高时达到 600 个属。寒武纪生物爆发有三次，分别发生在 540MaBP（重要代表：云南梅树村化石动物群）、530MaBP（重要代表：云南澄江化石动物群）以及 520MaBP（重要代表：加拿大西部布尔吉斯页岩化石动物群）[36]，每次持续时间约10Ma。寒武纪前，当今动物门中有部分已经出现，如原生动物门、多孔动物门[39]。但是，所有动物门全部登上演化历史舞台是在寒武纪生物爆发后，各门的早期代表全部出现[39-41]，奠定了当今地球动物区系的总体轮廓。寒武纪各门动物发展不一，以节肢动物门占优势。例如，在澄江动物群中共发现 82 个属和 10 个分类未定属[36]。这 82 个属中，多孔动物门有 10 属，栉水母动物门 2 属，线虫动物门 3 属，鳃曳动物门 4 属，动吻动物门 4 属，叶足动物门 5 属，腕足动物门 4 属，软体动物门 4 属，节肢动物门 36 属，棘皮动物门 1 属。贵州凯里寒武纪化石动物群（约 500MaBP）多样性更高，其主要分布区剑河八郎就有动物 122 属，与加拿大布尔吉斯动物群的丰富度相仿；其中，115 属归入八大门，包括多孔动物门（9 属）、腔肠动物门（4 属）、鳃曳动物门（7 属）、叶足动物门（1 属）、腕足动物门（12 属）、软体动物门（7 属）、节肢动物门（68 属）和棘皮动物门（7 属）。藻类也有分布[42]。与澄江化石动物群的共同点是节肢动物比例最高。位于寒武纪冈瓦纳右臂华南板块上的剑河和澄江与位于劳伦板块上的布尔吉斯相距很远，但共同组成世界三大寒武纪动物群，动物区系在门水平上的构成高度相似，表明当时热带浅海海洋生态系统在漫长的演化过程中不断扩张的结果。

关于现在主导陆地动物区系的脊索动物门，一种观点认为寒武纪时期已经存在。例如，皮卡虫属（*Pikaia*）被认为是寒武纪出现的早期脊索动物。第二种观点怀疑脊索动物的存在。例如，昆明鱼（*Myllokunmingia*）和海口鱼（*Haikouichthys*）一度被认为是澄江动物群中的脊索动物，而且是最早的鱼类[43]。由于脊索在印痕化石中很容易与蠕虫类的黑色索状物混淆，这种观点受到质疑[36]。与脊索动物门关系密切的半索动物门已经出现。例如，在布尔吉斯动物群中发现的 *Margaretia dorus*，一度被认为是绿藻，但现

---

① 动物学中，将虾、蟹、昆虫等节肢动物体表坚韧的几丁质称为外骨骼，它有保护和支持内部结构，防止体内水分大量蒸发，自我修复的作用。有时也指软体动物的贝壳和棘皮动物体表石灰质的板和棘。

在发现它是半索动物的代表[44]。根据半索动物门与脊索动物门的演化关系（它们是拥有共同祖先的姐妹类群）[45]以及无颌鱼类（属于脊索动物门脊椎动物亚门）在奥陶纪的出现推断，脊索动物在寒武纪应该已经存在。

虽然寒武纪生物大爆发形成大量物种，但浮游生物很少。绝大多数寒武纪种类贴近海床，营底栖生活[46]，这可能与它们依赖微生物毯为生有关。

寒武纪海洋生态系统中已经出现了初步的食物链关系。例如，奇虾（*Anomalocaris*）是当时海洋捕食性节肢动物，体长达 1m，口前端捕食用的"臂"长达 18cm[47,48]，广泛分布于世界各海洋中，化石见于寒武纪中国、美国、加拿大、澳大利亚寒武纪地层[49-52]。奇虾是当时海洋中的巨无霸，可以捕食带硬壳的三叶虫[52]。奇虾的发现表明，寒武纪海洋生态系统中的能量流动已经从"生产者—初级消费者"延伸到次级消费者（捕食性动物）。

三、寒武纪生物灭绝事件

除了生物大爆发外，寒武纪还伴随着物种灭绝，发生在寒武纪中后期，约 515MaBP。经过这次灭绝事件，海洋动物属数从原先的 600 减少到 450，成种速度也降低到原先的 $1/5 \sim 1/3$[53]。这种趋势一直持续到大奥陶纪生物多样化事件。现在认为造成灭绝的原因有两种：一种是动物掘洞行为的演化，另一种是氧含量的下降。

寒武纪微生物毯上，部分动物克服了 H_2S 的屏障作用，垂直向下的"啃食"行为进一步演化出掘洞行为，直接穿透微生物毯，使富氧水渗透到微生物毯深层，彻底改变微生物赖以生存的厌氧环境，造成这些微生物以及依赖微生物生活的动物走向灭绝[54]。寒武纪末，掘洞行为为奥陶纪动物演化提供了大量新的富氧生态位。

据 Gill 等[55]，寒武纪晚期浅海经历了一次大规模氧含量下降。与此同时，H_2S 含量上升。这次事件又导致喜氧动物灭绝。寒武纪末，海洋动物区系已不如寒武纪生物大爆发后的繁荣程度。这种状态一直持续到大奥陶纪生物多样化事件。

第四节 奥 陶 纪

奥陶纪（Ordovician）是古生代第二个时期，开始于 485.4MaBP，结束于 443.8MaBP，持续了大约 41.6Ma（附表 1）。奥陶纪的西文名称 Ordovician 源于凯尔特人奥德维系族（Ordovices）的名称。为了解决亚当·塞吉威克（Adam Sedgwick）和罗德里克·默奇森（Roderick Murchison）的追随者之间的争议，查尔斯·莱布沃尔斯（Charles Lapworth）将英国威尔士北部寒武纪和志留纪之间的岩床定名为奥陶纪[56]，并于 1960 年被国际地质学大会正式接受。奥陶纪是油气沉积的主要时期。

一、地理和环境

奥陶纪早期，寒武纪分离出来的三块较小的大陆仍然相互独立，但已经开始相互聚拢，并与刚从冈瓦纳分离出来的小陆块阿瓦隆尼亚（Avalonia）大陆（波罗地大陆西南方）一起向北漂移 [图 6-1（b）]。与此同时，主大陆冈瓦纳向南漂移[20,21]。奥陶纪初出现一次世界性大海侵，大量浅海出现，为寒武纪浅海海洋生物区系在奥陶纪的进一步演化提供了广阔的空间。随着位置南移，冈瓦纳覆盖着大量大陆冰川（包括今天处于热带的南美和非洲），并导致海退。海洋反复进退引起海平面反复升降：奥陶纪海平面一度达到整个古生代海平面的最高水平[46]，高出现代海平面 220m，超过寒武纪；最低海平面高出现代 140m[25]。

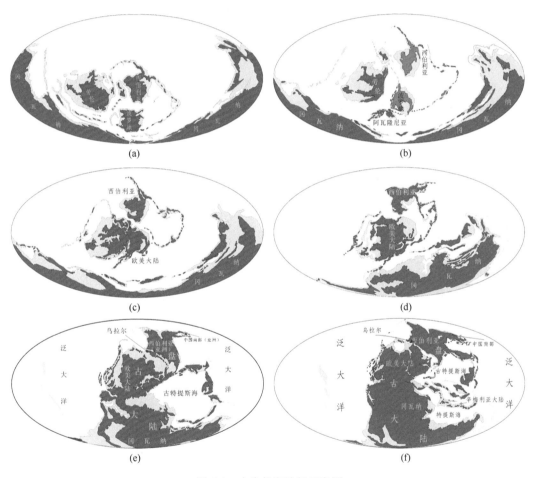

图 6-1　古生代海陆相示意图
（a）寒武纪；（b）奥陶纪；（c）志留纪；（d）泥盆纪；（e）石炭纪；（f）二叠纪
深灰色：陆地；浅灰色：浅海；白色：海洋

整个奥陶纪气温总体呈下降趋势：奥陶纪初气温与寒武纪相似，奥陶纪末进入寒冷期，是过去 600Ma 以来几个最冷的时期之一[26,27,57-59]。这可能与绿色植物登陆以及陆地植物发展有关[60]：绿色植物光合作用过程中大量吸收 CO_2，减小大气温室效应。奥陶纪地表平均气温约 16℃，比现代高出约 2℃[26]。大气中，CO_2 含量高达 4200ppm，是当代工业革命前含量的 15 倍；O_2 含量占大气体积的 13.5%，是现代水平的 68%[27]。因此，陆地整体上仍然是相对厌氧环境。由于 CO_2 含量高，奥陶纪海洋也一度成为整个古生代最热的时期，海水平均温度达 45℃。随着时间推移，到约 460MaBP，海水温度接近现代赤道水温。

奥陶纪中期，由于一颗行星破裂，陨石雨大量撞击地球（频率高于现代 100 倍），经常改变着地球的物理环境[61]，成为大奥陶纪生物多样化事件的促成因素之一[62]。活跃的地质抬升形成多种多样而且相互隔离的景观，促进了成种过程[46,63]。气温持续下行形成的全球凉化促进了适应辐射进程[64]。奥陶纪末大冰期导致奥陶纪—志留纪生物大灭绝[60]。

二、生物区系

奥陶纪的海洋生物区系是在寒武纪末浅海生态系统基础上发展而来的。随着寒武纪浅海海床微生物毯被改变，大量新的富氧生态位出现，为大奥陶纪生物多样化事件奠定了基础。在奥陶纪地理和环境条件下，经过大奥陶纪生物多样化事件，形成了奥陶纪生物区系。

大奥陶纪生物多样化事件（The Great Ordovician Biodiversification Event）是指寒武纪生物大爆发结束后，从奥陶纪的开始到结束、持续了 40Ma 的动物演化辐射，形成大量新物种的过程[46,63]。寒武纪生物大爆发比大奥陶纪生物多样化事件知名，但是后者对生物多样性的贡献毫不逊色于前者。寒武纪是现代动物门全部出现的时间，奥陶纪生物多样性的发展主要是填充各门下类群，包括大量已经灭绝了的以及现生的动物纲及以下阶元[65]。例如，奥陶纪海洋动物目数比寒武纪翻了一倍，科数是寒武纪时的三倍[66]，属数是四倍[67]。这一时期的物种多样性增长不是全球性的，也不是一次性的，而是在不同地区不同时间多次出现的[66]。有观点认为行星碎裂撞击地球促进了大奥陶纪生物多样化事件[62]。这一观点最近受到了挑战[68]。

奥陶纪，无脊椎动物仍然主宰着海洋动物区系，但已经有所变化：寒武纪是节肢动物门占主导，奥陶纪是软体动物门和节肢动物门共同主导。寒武纪盛行的三叶虫、无关节腕足类、原古杯科（Archaeocyathidae）种类和棘皮类的纲下类群，到奥陶纪被其他类群所超越，诸如有关节腕足类、头足类以及海百合类（海百合纲 Crinoidea 下类群）。尤其是，在大陆架浅海群落中，寒武纪三叶虫区系基本上被奥陶纪有关节腕足类区系取代[69]。这种变化是逐步发生的：奥陶纪早期，三叶虫主导的动物区系逐步加入了新类群，包括腔肠动物的床板珊瑚目（Tabulata）、有关节腕足类的纽月贝目（Strophomenida）、小嘴贝目（Rhynchonellida）和正形贝目（Orthida），以及苔藓动物、浮游生物中的笔石类（graptolites）、牙形石类（conodonts），还有软体动物和棘皮动物中的新类群（如棘皮类的蛇尾目 Ophiuroidea 以及最早的海星）；奥陶纪中叶，三叶虫在动物区系中进一步衰落，代之以腕足类、苔藓虫类、软体类、竹节石目（Tentaculitida）竹节石属（*Tentaculites*）以及棘皮动物和床板珊瑚目的种类。这时，三叶虫不再占优势，海洋动物区系构成复杂，多样性高。奥陶纪晚期发生奥陶纪—志留纪生物大灭绝，导致海洋生物多样性锐减。奥陶纪动物区系变化的总体特征是从节肢动物占主导渐变为软体动物占主导。

奥陶纪动物群以分泌碳酸钙的动物最为显眼，包括软体动物门的瓣鳃纲和腹足纲的种类[69]以及腔肠动物门的珊瑚纲[46]。摄食器官的显著变化是，寒武纪（节肢）动物直接吸食悬浮食物，而奥陶纪动物经过体内过滤器官（如鳃）将悬浮食物过滤后再吞食[65]。

奥陶纪的一个重要事件是脊椎动物加入了海洋动物区系中。脊椎动物是动物地理学关注的重要类群。最早的脊椎动物当属鱼类。中奥陶纪地层中已经出现了鱼类化石，包括甲胄鱼和类鲨鱼类（美国科罗拉多）[70,71]。因此，在脊椎动物演化历史中，如果说寒武纪是脊索出现的时代，那么奥陶纪就是脊椎出现的时代。

奥陶纪三叶虫形态学特征已经不同于寒武纪三叶虫。这种变化可能与捕食者的演化有关。奥陶纪海洋中的捕食者已知有鹦鹉螺亚纲（Nautiloidea）和板足鲎类（Eurypterida），其中鹦鹉螺是当时最大的捕食者。奥陶纪鹦鹉螺与现生鹦鹉螺特征不同，外壳尚未螺旋化，是直锥形。其中，内角石属（Endoceras）锥长可达 3.5m[72,73]，房角石属（Cameroceras）6～9m[74,75]。在强大的捕食压力下，三叶虫演化出一系列抵抗捕食的适应性特征，包括形状奇异、用于反捕食的棘、结节和头盔，用于逃逸的游泳器官、翻沙潜逃的铲状长鼻，以及将眼球托出体表、以便于更好地发现天敌的眼柄[76]。蛛形纲动物可能在奥陶纪末成功登陆[77]，生活在陆地上，以逃避海中捕食者。

强大的捕食压力和丰富的物种多样性导致奥陶纪海洋生态系统中物种间的生态关系复杂性又一次发生质的飞跃。在前寒武纪，能量和营养只从生产者向初级消费者跨越一个营养级；在寒武纪，能量和营养进一步跨越到次级消费者，跨越两个营养级。不同物种维持在原始的食物链关系中。奥陶纪，食物链关系进一步复杂化，食物网可能已经出现[46]，并一直持续到今天。

随着奥陶纪物种多样性增加及其生态关系复杂性增大，全球动物区系变得异常稳定。这种稳定性一直持续到二叠纪末生物大灭绝事件。与此同时，区域性动物区系开始出现。例如，珊瑚礁和深海各自出现了不同于其他生态系统的区系特征[46]。

寒武纪海洋植物区系中绿藻占主导。奥陶纪中期，清澈温暖的浅水促使藻类出现适应辐射和物种大爆发，导致浮游植物以及与之伴生的浮游动物和以这些浮游生物为食的动物物种大繁荣[63,65]。在追逐随海水漂移的浮游生物过程中，头足纲的一些种类开始扩散到开阔的远洋水域中，并建立了新的食物链关系[78]；远洋动物区系这时也随之出现[65]。

寒武纪陆地的荒凉景观在奥陶纪有所改变，奥陶纪，陆地首次出现绿色，最早的陆生真菌和苔藓类诞生，球囊霉目（Glomerales）真菌类的菌丝和孢子化石在美国威斯康星奥陶纪地层中已被发现。它们与植物的根营根-菌共生生活，帮助植物获得矿物营养，从而促进植物在陆地上发展[79]。苔藓类是绿色植物从水生（藻类）环境向陆地进军的先驱。奥陶纪苔藓植物形似现生的地钱，分布在陆地上水分较多的潮湿环境中。苔藓植物持续几千万年的演化历程中，其光合作用使大气 CO_2 持续下降，减少温室效应。这个过程与奥陶纪末大冰期可能存在紧密关系[60]。奥陶纪末，蛛形纲动物成功登陆，成为陆生动物区系的先驱[77]。

三、奥陶纪—志留纪生物大灭绝事件

奥陶纪末出现奥陶纪—志留纪生物大灭绝事件。这是寒武纪以来 5 次大灭绝中的第一次。这次事件可能与奥陶纪末大冰期气候有关。冰川出现的原因复杂多样，苔藓类导致大气 CO_2 下降以及与之相应的气温下降可能是重要原因之一[60]。冈瓦纳大陆向南极不断漂移可能是另一重要因素。另外，天文事件——伽马射线也可能扮演了重要角色[80]。陆地冰川发展，束缚大量水分，导致海平面下降，大量浅海环境消失。这些因素导致以浅海为生的海洋生物大量灭绝[80,81]。

这次生物大灭绝由一系列小灭绝事件组成，发生于 447～444MaBP 的 3Ma 间。经过这次大灭绝，49%的海洋动物属灭绝了[53]，包括三叶虫的褶颊虫目（Ptychopariida）和球接子目（Agnostida）以及软体动物内角石科。腕足动物、苔藓动物、棘皮动物和笔石类都失去了大量的科。剩下一半的属加入到志留纪动物区系行列中，继续它们的演化历程。

第五节 志 留 纪

志留纪（Silurian）是古生代第三个时期，开始于 443.8MaBP，结束于 419.2MaBP，持续了大约 24.6Ma（附表 1）。志留纪的西文名 Silurian 源于英国威尔士凯尔特人的一个部落——志留人，罗马征服时期居住在威尔士东南部。但是，名字与志留纪岩层出现位置没有关系。志留纪是生物演化历史上一个里程碑：志留纪的海洋生物区系中出现了有颌鱼类和硬骨鱼类，陆地生物区系中出现了类似苔藓的维管植物和陆生节肢动物。

一、地理和环境

奥陶纪阿瓦隆尼亚、波罗地和劳伦在志留纪联合在一起，形成位于赤道附近的第二块超级大陆——欧美大陆（Euramerica）[图 6-1（c）]。欧美大陆与西伯利亚大陆的距离也进一步拉近。原先的超级大陆——冈瓦纳位于赤道以及南半球，继续缓慢向南极漂移至更高纬度[46]。志留纪气温回升，冰盖融化，海平面在奥陶纪末基础上回升，最高海平面较现代高出 180m[25]；志留纪中期回落。整个志留纪最高和最低海平面相差约 140m。高海平面和相对平坦的陆地导致许多岛链、浅海以及丰富的自然环境形成[46]，为奥陶纪末生物大灭绝残留下来的生物区系进一步演化提供了丰富且广阔的空间。

相对于奥陶纪的极端变化和泥盆纪的极热气候，志留纪气候温暖而且稳定。这一时期的大气 CO_2 含量为 4500ppm，高于奥陶纪水平，是当代工业革命前水平的 16 倍；大气 O_2 含量占 14%，高于奥陶纪，是现代水平的 70%，陆地属于缺氧环境，但氧含量在稳步上升[27]。大气平均气温为 17℃，比现代高出 3℃[26]。志留纪早期，温度稳步上升，

冰川退缩到南极地区；中期，冰川几乎消失殆尽；晚期，气候开始变凉；末期，气候又变热。

二、生物区系

志留纪生物区系的一个重大变化是有颌硬骨鱼类、维管植物以及真正的陆生动物加入。这时候，水生区系仍然主导着地球的生物区系，但已经从海洋发展到内陆江河和湖泊。

志留纪鱼类区系包含来自奥陶纪无颌鱼类和志留纪才出现的有颌鱼类，但无颌鱼类占主导。这一时期的硬骨鱼区系主要是盾皮鱼类（placoderms）[82]。其中，刺鲛类（Acanthodians）是区系代表。最早的有颌鱼类被发现于志留纪晚期，约 420MaBP，牙齿兼有硬骨鱼和鲨类的特征[83]。颌的出现大大加强了摄食效率，脊椎（以及骨骼系统）大大加强了游泳运动能力。这些特征导致硬骨鱼在志留纪末开始发生适应辐射，并在随后的泥盆纪里繁荣。

板足鲎类是水生动物区系中的一个大类，体型最大者长达 2.5m，是当时可怕的捕食者。板足鲎的分布区已经从浅海扩展到大陆淡水湖泊中，如美国新墨西哥州[84]。珊瑚礁在海洋中呈现区域性繁盛[46]。其他类群包括奥陶纪延续下来的各类无脊椎动物，诸如腕足动物[85]、苔藓动物[86]、软体动物、假苔藓动物（Hederella）[87]、海百合以及三叶虫。水生动物区系中出现了新的生态关系：在珊瑚（corals）和层孔虫（Stromatoporoidea）体内常发现共生类群[88,89]。

最早的陆生动物已经出现，属于节肢动物门，包括志留纪中期的多足类（Myriapoda），如呼气虫属（Pneumodesmus；苏格兰）[90]和蛛形纲三尖蛛目（Trigonotarbida）[91]下的种类。三尖蛛是捕食性物种。这表明，当时的陆地动物生态系统中可能已经存在简单的食物网。

志留纪陆生植物区系在奥陶纪苔藓植物为主的基础上，加入了新成员——形似苔藓的维管植物。志留纪中期，出现了最早的维管植物——顶囊蕨属（Cooksonia；爱尔兰）[92,93]。顶囊蕨是已知最早的有根和维管系统的植物，但尚无枝干与叶的分化，枝顶着生孢子囊，形态学上表现出从原始无维管的苔藓植物向维管植物过渡的特征[94]。顶囊蕨分布于海岸以及江河和溪流岸边。志留纪晚期（约 420MaBP）出现的巴拉万石松属（Baragwanathia；英国英格兰、威尔士，澳大利亚维多利亚，加拿大安大略）已经有分叉的根和 10～20cm 长的针状叶。这两个属都广布全球 [95-98]。另一种被认为可能是更早的维管植物石楠叉轴蕨（Eohostimella heathana），被发现于早志留纪化石中[99,100]，尚无导管[101]，但化石的化学成分与维管植物相似，与藻类不同[99]。这些物种表明，绿色植物在志留纪发生根、茎、叶的分化，开始摆脱对水体的依赖，迈开了向陆地进军的演化步伐。

三、志留纪生物灭绝事件

志留纪有三次小的灭绝事件，分别发生于中期（433.4±2.3MaBP）、后期（427～425MaBP）和晚期（424～423MaBP）海洋中[102-104]。第一次事件导致生活在远洋和半远洋的三叶虫类 50%的物种和牙形石类 80%的物种灭绝[102]。牙形石类在第三次灭绝事件中受到进一步摧残[104]，笔石类在这次事件中也受影响。浅海区系也受灭绝事件影响[105]。不过，生物区系总体保持完整，并不断繁荣。

第六节　泥　盆　纪

泥盆纪（Devonian）是古生代第四个时期，开始于 419.2MaBP，结束于 358.9MaBP，持续了大约 60.3Ma（附表 1）。泥盆纪的西文名 Devonian 源于英国英格兰的德文（Devon），这里出露的泥盆纪岩石最早被科学家研究。泥盆纪是生命向干旱陆地扩散的时期；维管植物遍及各大陆，形成地球广泛的第一批森林，并且在泥盆纪末出现种子植物。各类陆生节肢动物出现；鱼类在水中的适应辐射使泥盆纪被冠名为"鱼类时代"，盾皮鱼类主导着水生动物区系。与此同时，四足脊椎动物（tetrapods，简称四足动物）也出现了。因此，泥盆纪也可称为脊椎动物开始主导地球动物区系的时代。

一、地理和环境

志留纪的欧美大陆在泥盆纪进一步整合 [图 6-1（d）]。随着欧美大陆与西伯利亚大陆距离进一步拉近，岛链出现，将这两个陆块连接。冈瓦纳向北漂移，与欧美大陆靠拢，也出现了岛链接触，盘古大陆概貌形成，开启了泛大陆（或称盘古大陆，Pangaea）的演变历程[106,107]。盘古大陆大部分分布在南半球。岛链为陆生生物在盘古大陆各地扩展提供了间歇性通道。海平面从泥盆纪初水平（高出现代海平面 189m）逐步回落到 69m（高出现代海平面 120m）[25]。由于海平面高，盘古大陆周边存在大量浅海。

泥盆纪气温相对温暖，大部分时间里可能没有冰川，直至泥盆纪末才出现冰川。从赤道到两极温差幅度不如现代，可能与盘古大陆的位置有关：盘古大陆南北走向，纵跨赤道，阻断赤道水平洋流，导致赤道与两极海水热量充分交流，使热量相对均匀分布。赤道气候最干旱，干旱程度向两极递减[108]。这一时期的大气 CO_2 含量为 2200ppm，低于志留纪水平，是现代工业革命前水平的 8 倍；大气 O_2 含量占 15%，高于志留纪水平，是现代水平的 75%，表明氧含量在持续稳步上升[27]。大气平均气温为 20℃，比现代水平高 6℃[26]；热带海面平均气温为 30℃[108]。泥盆纪中期气温开始下降，降幅约为 5℃，可能与陆地绿色植物大量吸收 CO_2、导致大气 CO_2 在整个泥盆纪的含量持续下降有关[108]。

二、生物区系

泥盆纪是生物区系"殖民"陆地的时期。志留纪遗留下来的苔藓植物、细菌以及藻类组成的植物区系到泥盆纪早期加入了原始有根植物。这些有根植物创造了最早的稳定土壤层，并聚集着螨类、蝎子、三尖蛛以及多足类等节肢动物[91,109]。昆虫纲最早的物种——莱尼虫（*Rhyniognatha hirsti*）于泥盆纪早期出现[110]，形态学特征显示它们已经适应空中飞行。泥盆纪晚期，节肢动物在陆地上完全站稳了脚跟，成为陆地动物区系的早期主要成员[111]。

1. 陆地植物区系

泥盆纪是地球陆地全面绿化的时期, 根的演化促使绿色植物不断拓展陆地空间, 使盘古大陆各地都"披上绿装"。泥盆纪早期, 陆生绿色植物区系中大部分类群尚未演化出真正的根和叶, 如石松门的镰木属 (*Drepanophycus*, 中国浙江), 这个类群的生殖过程通过营养繁殖和原始的孢子散播来实现[112]。志留纪出现的顶囊蕨此时仍没有叶子, 枝干二分, 枝顶是孢子囊, 高不过几厘米[113]。这些类群基本上都是匍匐地面的草本植物。此时另一个属原杉藻 (*Prototaxites*; 加拿大、德国), 高达 8m, 是当时最高的树状陆生植物或者真菌[114,115]或者苔藓类的地钱[116]。形态学特征的原始性和居间性导致其分类学上的不确定性[117]。泥盆纪中期, 陆生植物区系中拥有真正的根和叶的类群开始占主导地位, 包括石松类 (lycophytes)、马尾草类、蕨类以及前裸子植物 (progymnosperms)。这些植物要么是匍匐地面的草本, 要么是低矮灌丛。前裸子植物是灭绝类群, 木本, 以孢子形式进行繁殖。其后裔是裸子植物[118]。泥盆纪晚期, 古羊齿属 (*Archaeopteris*, 灭绝, 有形似针叶树的木质树干和形似蕨类的树冠) 和枝蕨纲 (Cladoxylopsida) 的种类加入到陆生植物区系中。它们是地球第一批森林中已知的最古老乔木[119]。泥盆纪末, 陆地植物区系进一步加入新成员——最早的种子植物。这时, 陆地植物最高可达 30m, 表明植物的维管系统和根系已经相当发达, 允许枝干大量分叉[120]。如此众多的植物类群以及生长类型快速出现的现象被称为泥盆纪生物大爆发 (Devonian Explosion)。

根系的发展大大改变了岩石的腐蚀模式, 促进土壤颗粒沉积, 加速了土壤圈发展。种子的出现使植物能够扩散到原先无法生存的、没有水淹的内陆和高地[120]。种子和土壤圈的发展共同促进植物区系分布的快速扩展, 并最终延伸到盘古大陆各个区域。众多类群和不同的生长类型形成多样化的陆地植被结构, 结合各地气候, 为陆生节肢动物的适应辐射提供多种多样的生态位。昆虫与植物的相互依赖是当今陆地生态系统的典型特征, 这种特征可以追溯到泥盆纪晚期。

2. 动物区系

泥盆纪海洋动物区系继续受苔藓动物、腕足动物、假苔藓动物以及微贝目 (Microconchida) 管蠕虫主导。还有形似百合花的海百合类也有很多。此时, 三叶虫还算常见, 但繁荣程度已不如从前。珊瑚类也很常见。软体动物中的菊石类 (ammonites, 灭绝类群) 和其他新类群也出现于海洋动物区系中。泥盆纪海洋动物区系最重要的事件是各种鱼类加入。志留纪, 海洋鱼类中无颌鱼类占主导。志留纪末出现的盾皮鱼类在泥盆纪主导着所有已知水域 (包括淡水和海水水域) 的鱼类区系。盾皮鱼类存活了整个泥盆纪, 直到晚泥盆纪生物大灭绝事件才消失。泥盆纪早期出现了棘角鲨类、辐鳍鱼类 (actinopterygians, 也称鳍刺鱼类 ray-finned fishes) 和肉鳍鱼类 (sarcopterygians, 也称叶鳍鱼类 lobe-finned fishes）。棘角鲨一直生活到石炭纪末，辐鳍鱼、肉鳍鱼以及泥盆纪中期出现的软骨鱼类（chondrichthyans）一直存活到今天。可见，泥盆纪是整个地球演化历史中鱼类区系成分最完整的时期[121]。因此，泥盆纪被称为鱼类时代。在这个时代，软骨鱼和硬骨鱼主导鱼类区系。

化石记录显示，最早鲨类是裂口鲨属（*Cladoselache*），体长达 1.8m，流线型外表，游泳能力极强。从俄亥俄州克利夫兰页岩沉积化石中发现，裂口鲨胃中有大量食物残渣，包括鱼鳞、鳍刺，而且有鱼尾先入的情况，表明裂口鲨游泳非常敏捷快速，能从后面追赶捕食鱼群[122-124]。

泥盆纪中期（约 390MaBP）海岸附近浅水区域出现另一个区系成分——最早的四足动物，印迹化石和骨骼化石发现于欧洲波兰[125,126]。它们起源于肉鳍鱼类，生活于近岸浅海水域中，对盐度变化有很好的适应[127]。肉鳍鱼类的胸鳍和臀鳍逐步演变为四肢，既能游泳，又能在陆地上短暂爬行[128]，是两栖类的祖先[129]。因此，泥盆纪是脊椎动物区系向陆地进军的前夜。

三、晚泥盆纪生物大灭绝事件

寒武纪以来第二次生物大灭绝事件是晚泥盆纪生物大灭绝（Late Devonian Extinction），出现在泥盆纪晚期，始于大约 372.2MaBP，持续了大约 25Ma[130]。关于导致这次大灭绝事件的原因，众说纷纭。一种观点认为是大的环境变化造成的。例如，这一时期广泛出现的海底水中缺氧以及大气 CO_2 含量的变化摧毁了海洋生物区系，尤其是热带礁石群落[120]；或者这一时期海平面快速反复升降，使环境改变过快，导致物种大量灭绝[131,132]。第二种观点认为是一些偶发事件触发了生物大灭绝，其中之一是天文事件。晚泥盆纪（约 372~356MaBP）撞击澳大利亚西部的兀里火流星和 367MaBP 撞击美国内华达东南部的阿拉莫火流星（或称白杨火流星）与这次大灭绝事件在时间上吻合。其中，阿拉莫直接扎入泥盆纪浅海中。McGhee[130]认为，这些事件触发了动物区系大灭绝。然而，一方面没有直接证据证明这些天文事件与这次大灭绝的直接关系，仅仅是时间上吻合。另一方面，即使确实存在影响，也可能是局部影响，而非全球性影响。

第二个偶发事件是陆地绿色植物出现。绿色植物带来的影响有两个方面：第一，植物根系迅速发展，加速了母岩的腐蚀，为植物和藻类提供大量营养。这些营养物在相对短的时间内大量富集于水体中，导致水体富营养化。富营养化水体在分解生物尸体碎片时超量消耗 O_2，并释放大量 CO_2，随之导致大量水生物种灭绝[120]。第二，绿色植物迅速发展，快速消耗掉大气 CO_2，减小温室效应，导致气温下降。这个过程导致泥盆纪晚期出现极地冰川（支持证据：当时靠近南极的巴西北部出现冰川沉积）。冰川气候导致长期在温暖环境下演化出来的喜温物种无法适应，从而走向灭绝[132]。

第三个偶发事件是地磁变化[133]。伴随地磁变化，出现火山喷发，向大气注入大量 CO_2 和 SO_2，破坏温室和生态系统的稳定，导致全球气温和海平面快速升降以及海洋缺氧，最后导致物种大灭绝[134]。

　　此外，还有其他假说解释这次大灭绝事件。所有这些解释都是作者从自己的研究角度出发，缺乏完整性，难以被大家接受。由于生物大灭绝通常不是单一因子造成的，因此需要等待更多发现来完善关于这次灭绝的理论。

　　大灭绝导致 19%～22%的科和 50%～57%的属退出地球生物区系[53,130,135-137]。受影响的主要是海洋和淡水动物区系。海洋中，浅层暖水区系受影响胜过冷水区系，尤其是礁石生态系统中的类群，包括层孔虫、四射珊瑚和床板珊瑚，其次是腕足动物、三叶虫、菊石类、牙形石类和疑源类（acritarchs）①。笔石类和棘皮动物中的海林檎纲（Cystoidea）完全灭绝。

　　脊椎动物在这次大灭绝中也受到很大冲击：44%的高级阶元灭绝，包括盾皮鱼类的全部物种以及肉鳍鱼类的大部分物种[121]。

　　大灭绝对物种的选择压力非常大。灭绝类群在生态适应上是狭适性类群（即生态位空间狭窄，适应的环境类型独特少见），留下广适性（即一个类群拥有多种环境类型）类群[130]。例如，三叶虫和牙形石，能够适应不同水温、海水氧分压、海水深度，或者占据着生态系统中多个营养级，使得这两类动物各自有部分物种躲过了灾难[138]。另外，灭绝种类基本上是体型大的区系成分，留下个体小的成分。大灭绝后，只有短于 1m 的鲨类继续存活，大部分继续存活的鱼类和四足动物体长短于 10cm。这个区系在随后的 40Ma 里重新向体形增大的方向演化[139]，并奠定了现代动物区系中主导类群（包括辐鳍鱼类、软骨鱼类以及四足动物）的轮廓。

第七节　石　炭　纪

　　石炭纪（Carboniferous）是古生代第五个时期，开始于 358.9MaBP，结束于 298.9MaBP，持续了大约 60Ma（附表 1）。石炭纪西文名 Carboniferous 源于拉丁语的 carbō-"煤"以及 ferō-"携带"，合起来意指"携带煤的地层"或者"带来煤的时期"。煤，古称石炭。例如，《随书·王劭传》："今温酒及炙肉，用石炭、柴火、竹火、草火、麻荄火，气味各不同。"宋欧阳修《归田录》卷二："香饼，石炭也。用以焚香，一饼之火，可终日不灭。"清徐以升《炙砚》诗："炙馀资石炭，化处受玄霜。"范文澜蔡美彪等《中国通史》绪言："东汉末曹操开始用石炭"。因此，Carboniferous 译为石炭纪。石炭纪的命名源于当今开采的大量的煤矿床形成于这个时期[140]。

一、地理和环境

　　泥盆纪形成的盘古大陆（Pangaea）概貌在石炭纪得到进一步充实［图 6-1（e）］。随着南边冈瓦纳与北边欧美以及欧美与西伯利亚的进一步接触和挤压，石炭纪出现活跃的造山运动[141]。在这个格局中，亚洲板块与欧洲板块沿着乌拉尔山脉进一步融合。但

---

　　① 疑源类（acritarchs）是亲缘关系尚不明确的化石类群，它们很可能是多源的，具有不同亲缘关系的集合体。

是，盘古大陆内部存在大量浅海。盘古大陆周边有两大海洋：泛大洋（Panthalassa）和古特提斯海（Paleo-Tethys）。古特提斯海为陆地所包裹。与泥盆纪相比，石炭纪的盘古大陆各陆块间联系更紧密，为陆生动植物区系扩散提供更广阔的通道。

泥盆纪末全球性海退趋势到早石炭纪开始扭转，海平面又回升，形成广泛分布的内陆海[141]：最高海平面比现代水平高120m；之后，海平面反复升降，最低海平面与现代水平相似，石炭纪末海平面高出现代水平约80m[25]。

石炭纪气温相对寒冷，整个石炭纪平均只有14℃[26]，与现代气温相仿，冈瓦纳整个石炭纪有冰川覆盖[141]。石炭纪前半期气温维持在泥盆纪末期水平，平均约20℃；石炭纪中期，气温开始急剧下降；石炭纪末，气温下降到最低点，平均约12℃。石炭纪地球自转快（整个石炭纪平均每年385d，每天23h），风力大[142]，因此气候又冷又干。这种气候类型可能导致石炭纪雨林崩溃，从而触发四足动物在欧美大陆（美国宾夕法尼亚）出现物种多样化[143]。大气CO_2含量为800ppm，远低于泥盆纪水平，是现代工业革命前水平的3倍；大气O_2含量占32.5%，是现代水平的163%[27]。高含氧量可能促进石炭纪动植物区系大体形特征的演化。

二、生物区系

石炭纪是陆生生物区系站稳脚跟的时代[144]。脊椎动物亚门两栖纲（Amphibia）出现，并主导着陆生脊椎动物区系；节肢动物主导着陆生无脊椎动物区系。与此同时，原始爬行类出现。广泛成片的森林覆盖在陆地上，最终被填埋在地层中，形成大量煤床，成为今天看到的石炭纪地层的显著特征。石炭纪生物区系的一个显著特点是体形大。石炭纪中期出现的生物灭绝事件又一次改变了地球海洋和陆地生物区系[143]。

1. 陆地植物区系

石炭纪早期陆地植物与泥盆纪晚期基本相似。这一时期，维管植物经历了适应辐射，产生大量新的蕨类和其他类群。这时期植物区系的主要成分有马尾草目（Euisetales）、楔叶目（Sphenophyllales）、水龙骨目（Polypodiales）、髓木目（Medullosales）、石松纲（Lycopodiopsida）、鳞木目（Lepidodendrales）以及科达树目（Cordaitales）[145,146]。石炭纪后期，出现苏铁门（Cycadophyta）、俊美种子目（Callistophytales）、伏脂杉目（Voltziales）。伏脂杉目种类与中生代的针叶树演化关系密切。髓木目和俊美种子目都属于种子蕨类，是蕨类植物向种子植物演化历程中最早出现的种子植物。这些植物中，许多为低矮草本或灌木，聚生在低洼多水处，为两栖类适应辐射提供丰富的生境类型。

石炭纪中后期，植物区系中有大量的高大木本植物，如鳞木目植株高达30m，树干直径为1.5m（鳞木目现代种类是匍匐地面的细小植物）；马尾草目高达20m，直径30～60cm；科达树目高度在6～30m。泥盆纪出现的枝蕨纲在石炭纪变得高大挺拔[119]。这些高大树木成为后来煤床形成的主要原材料。它们在石炭纪为陆生动物区系（尤其是节肢动物）的演化提供丰富的垂直生境类型。

随着植物在体形上不断增大和种类不断增多（如鳞木类），海洋真菌类继续占据着海洋，陆生真菌类进一步演化出新类群。石炭纪晚期，真菌类所有现代纲全部出现[147]。

2. 陆地动物区系

石炭纪陆地动物区系真正的主导者是节肢动物。经过长时间演化，到石炭纪晚期，节肢动物已经分化出昆虫纲、多足纲和蛛形纲[144,148,149]。丰富的节肢动物与石炭纪森林中丰富的微生境类型导致森林生态系统中的种间生态学关系更为复杂化。与植物区系类似，陆地动物区系的特点也是大体形。例如，生活于晚石炭纪的侧板虫（*Arthropleura*，多足纲）体长可达 2.6m，体宽 50cm，是地球上已知生活过的最大的陆生无脊椎动物，当时没有天敌。科克顿古蝎（*Pulmonoscorpius kirktonensis*，蛛形纲）体长 70cm，捕食陆地昆虫和小型四足动物[150]。昆虫区系中也有许多巨无霸，如原蜻蜓目（Protodonata）中的巨脉蜻蜓（*Meganeura*）翅展可达 75cm，空中捕食者，是地球上出现过的最大的飞行昆虫。其他大体形的类群有古网翅总目（Palaeodictyopteroidea）、原直翅目（Protorthoptera）和网翅目（Dictyoptera，蜚蠊的祖先）[148]。古翅属（*Archaeoptitus*）昆虫翅展达 35cm。

关于大体形的演化，有不同假说。Beerling[151]认为，大体形与石炭纪大气高氧分压有关。这种观点最早是 Harlé 和 Harlé（引自 Beerling[151]）于 1911 年在解释巨脉蜻蜓时提出来的，认为石炭纪时大气氧分压（35%）比现代水平（21%）高，因此昆虫长得大。这种观点后来在研究巨人症和氧含量的关系时得到支持[152]。在研究当代昆虫和鸟类的飞行能量学中，Dudley[153]发现氧分压水平和空气密度对昆虫和鸟类的体形大小有限制作用；氧分压与氧对生物体的渗透速率正相关，空气密度与物体在空中的浮力也是正相关。因此，氧分压高和空气密度大可以促进飞行生物体形增大。

第二种假说[154]刚好相反。这种观点认为，这些昆虫的幼虫在氧分压低的水中发育，是对低氧环境的适应。成虫在氧分压高的陆地上生活，过量氧对其有伤害作用。为此，成体通过增大体形来有效降低体表面积与体积的比例，使抵达体内组织的氧含量下降，从而保护机体免受陆地高氧伤害。

第三种假说认为，石炭纪和随后的二叠纪，差翅亚目（Meganisoptera，巨脉蜻蜓所属的亚目）捕食古网翅目（Palaeodictyoptera）种类。由于陆生动物区系中缺乏空中飞行的捕食性脊椎动物，捕食者和猎物间在体形大小上出现捕食-反捕食军备竞赛：为了有效捕食，差翅亚目增大体形；为了反捕食，古网翅目增大体形；为了反反捕食，以提高捕食效率，差翅亚目又增大体形；为了反反反捕食，以提高生存率，古网翅目又增大体形……不断循环中，体形越来越大，导致巨大体形的产生[155]。

3. 水生动物区系

石炭纪是海洋生物区系全面向陆地淡水和潟湖①区域挺进的时期。石炭纪地层中，双壳类（即蚌类）已经进入淡水区域，如石炭蚌属（*Carbonicola*）；还有甲壳类，如甲壳纲介形亚纲（Ostracoda）中的萤光介虫属（*Candona*）、石炭介属（*Carbonita*）、蚌虾属（*Lioestheria*）。板足鲎的一些类群，诸如 *Anthraconectes* 属、蛛鲎属（*Megarachne*）以及巨型的希伯特鲎属（*Hibbertopterus*，营两栖生活，能短暂滞留在陆地上）也进入到这些水域[156]。

石炭纪淡水脊椎动物区系中，鱼类已经非常丰富，包括栉鳍属（*Ctenodus*）、棘刺鲉属（*Acanthodes*）和圆棘鱼属（*Gyracanthus*）。大部分鲨类为海洋区系成分，但异刺鲨属（*Xenacanthus*）进入了淡水水域，最大者体长达 1m[157]，是淡水生态系统中的捕食者，以甲壳纲和鱼类为食[124]。古鳕目（Palaeonisciformes）生活于近岸海域，并溯流而上进入陆地河流中。肉鳍鱼类（包括肺鱼类）在近岸海域占主导地位，分布范围也延伸到内陆河流湖泊中。其中，根齿鱼目（Rhizodontida）是已知最大的淡水鱼类，一些种类体长可达 7m，泥盆纪生活于冈瓦纳（化石见于澳大利亚各地）[158-163]，石炭纪进入欧美大陆（加拿大新斯哥夏 Nova Scotia）热带江河和淡水湖泊中[164]。形态学特征显示，根齿鱼是当时淡水生态系统中另一捕食者，以大型鲨类、肺鱼、其他肉鳍鱼类以及四足类为食。

石炭纪早期海洋动物区系中，盾皮鱼类灭绝了。其后，整个石炭纪的鱼类区系由无颌类、软骨类、棘角鲨类、辐鳍鱼类和肉鳍鱼类组成。棘角鲨类一直生活到石炭纪末[121]。软骨鱼类（包括鲨类及其近亲类群）占区系主导地位，而且是海洋生态系统中的捕食者，以腕足类、甲壳类及其他海洋生物为食。鲨类（Elasmobranchii），尤其是胸脊鲨类（Stethacanthids），在石炭纪经历了第一次适应辐射（第二次发生在中生代侏罗纪）[121]，产生大量新类群，包括全头亚纲（Holocephali）、尤金齿鲨目（Eugeneodontiformes）、同形鲨目（Symorida）、异刺鲨目（Xenacanthiformes）、栉棘鲨目（Ctenacanthiformes）、弓鲛目（Hybodontiformes）、新鲨类总目（Neoselachii）等大类。新类群形态奇异，如胸脊鲨属（*Stethacanthus*），背鳍扁刷状，端部有一排小齿。因此，石炭纪是鲨类黄金时期。鲨类大发展进一步使海洋生态系统复杂化。鲨类的适应辐射被归因于盾皮鱼类的灭绝：盾皮鱼类灭绝，空出许多生态位，为鲨类演化提供了空间[121]。

石炭纪最重要的海洋无脊椎动物区系成分包括有孔虫目（Foraminifera）、珊瑚虫、苔藓动物、介形类、腕足类和菊石类。这些类群中出现了大量新物种。双壳类的数目及其在区系中的重要性正在持续增大。三叶虫已经少见，处在走向灭绝的进程中。棘皮动物中，海百合种类最多，包括大量新种类。环节动物局部常见。鹦鹉螺的螺壳开始旋转，

① 在海的边缘地区，海水受不完全隔绝或周期性隔绝，从而引起水介质的咸化或淡化，形成不同性质（包括沉积物成分和生物特征）的水体，称为潟湖。导致隔离作用的地表物有障壁岛、沙坝、沙滩、沙丘、鲕滩等。潟湖最大特点是盐度不正常：在潮湿地区，河水大量注入导致淡化；在干旱半干旱地区，强烈蒸发导致咸化。

螺旋壳开始常见，直线螺壳和弯曲螺壳在逐步减少。

4. 两栖类区系以及羊膜动物

石炭纪脊椎动物区系中加入了一个重要成员两栖类。泥盆纪出现的四足脊椎动物经过长期演化，到石炭纪出现了两栖纲（Amphibia）壳椎亚纲（Lepospondyli）的种类，生活于盘古大陆欧美区域，即今天的欧洲和北美[165]。同期生活的还有其后裔类群——滑体亚纲（Lissamphibia，全部现生两栖类属于本亚纲）的类群。石炭纪中期，两栖类部分成员为水生类群，包括斜眼螈属（Loxomma）、始螈属（Eogyrinus）以及原水蜥螈属（Proterogyrinus）；其他为半水生类群（包括蛇螈 Ophiderpeton、两栖螈 Amphibamus和 Hyloplesion 属）和陆生类群（包括树甸螈 Dendrerpeton、突螈属 Tuditanus 和石炭龙属 Anthracosaurus）。部分类群体长可达 6m。成体完全陆生的类群有类似爬行类的鳞片皮肤[141]。两栖类开始主导陆地脊椎动物区系。

石炭纪中后期（312MaBP），最早的羊膜动物（也是最早爬行类）加入到四足动物区系中[166]。由于羊膜出现，爬行动物在生殖上开始摆脱对水体的依赖，向更干旱的环境进军，为脊椎动物区系从水生到陆生环境的后续拓展提供了演化基础。此时的羊膜动物包括两大支：一支是合弓类（Synapsids，兽类的爬行类远祖），另一支是蜥形类（Sauropsids，其他爬行类的祖先和鸟类的远祖）。

整体来看，各大类生物相在石炭纪已经形成，包括海洋生物相、淡水生物相、湿地生物相和森林生物相。随着捕食者类群增多，尤其是空中捕食者出现，生态系统的复杂性进一步增大。

三、石炭纪雨林崩溃事件

石炭纪中期出现一次生物灭绝事件，导致大量热带雨林崩溃，被称为石炭纪雨林崩溃（Carboniferous Rainforest Collapse）[143]。这次灭绝事件相比之前的"晚泥盆纪大灭绝"和之后的"二叠纪生物大灭绝"是小规模事件，受影响的主要是陆地植物区系。这次事件被认为是气候变化导致的。石炭纪中期，地球气温开始急剧下降，冈瓦纳冰川迅速扩张，海平面下降，环境从炎热湿润变成寒冷干旱。在炎热湿润环境下演化出来的物种不适应这种变化，出现大量灭绝[167]。大片雨林消失，残留者呈孤岛状，为季节性干旱生境所包围。高耸的石松杂木林被种类比较单一的树蕨类占主导的区系所取代。

这次灭绝事件导致主导脊椎动物区系的两栖类放慢了演化步伐。然而，冷凉干旱环境使得拥有羊膜的类群从两栖类中脱颖而出，演变为爬行类，并在这次事件中发生适应辐射：羊膜卵以及鳞片状皮肤使得羊膜动物能够探索远离水源的环境。在新环境中，由于缺乏竞争者，它们迅速占领各种生态位，演化出许多新类群[143]。石炭纪末，爬行类区系成分已经有几大类群，包括原古蜥类（Protorothyridids）、大鼻龙类（Captorhinids）、纤肢龙类（Araeoscelids）以及盘龙类（Pelycosaurs）中几个科。这些类群与灭绝事件中幸免于难的其他动植物类群组成新的生物区系，共同进入二叠纪。

第八节 二 叠 纪

二叠纪（Permian）是古生代第六个时期，也是最后一纪；开始于 298.9MaBP，结束于 251.9MaBP，持续了大约 47Ma（附表 1）。二叠纪西文名 Permian 源于俄罗斯彼尔姆边疆区（Perm Krai）的彼尔姆城（Perm），位于乌拉尔山脉欧洲部分的卡玛河畔。伦敦地质学会主席、地质学家罗德里克·默奇森（Roderick Murchison）到俄罗斯进行广泛考察后发现这里有最典型的地层出露，于 1841 年用彼尔姆城的名字命名这个时期的地层[168,169]。二叠纪中文名是我国科学家按形象翻译过来的。最早根据默奇森的命名翻译成彼尔姆纪。然而，在德国发现这个时期的地层明显分为上下两层，上层为白云质灰岩，下层是红色岩层。因此，将其改译为二叠纪。

一、地理和环境

二叠纪，盘古大陆基本完成了各陆块整合，只是在大陆主体和西伯利亚之间还有一海峡分割 [图 6-1（f）]。这个海峡到二叠纪中期才消失。中国南部已连成一体。陆生生物区系的扩散变得更自由。整块大陆南北走向，北半球大部分处于中低纬度，比较温暖；南半球有大面积位于高纬度地区，二叠纪初被冰川覆盖。单一大陆导致大陆性气候和季风条件出现，沙漠在盘古大陆上（除西伯利亚陆块外）可能已经广泛分布[143]。一块新大陆——辛梅利亚大陆（Cimmeria）以岛链状从冈瓦纳分裂出来并向北漂移，古特提斯海开始收缩，（新）特提斯海在辛梅利亚南侧出现。二叠纪初，海平面相对较低，而且平稳维持在比现代水平高出 60m 的水平上；中期开始下降；晚期，最低海平面低于现代水平约 20m[25]。由于各陆块进一步整合，近岸浅海大量减少，导致海洋动物区系在二叠纪末大量灭绝。

二叠纪基本上属于地球寒冷时期（冰期），但气温处于振荡上行中，冷热交替，晚期进入温暖期。二叠纪初，广布冈瓦纳的冰川随着气温上行在逐步收缩，并最终在二叠纪末完全消失。气温上升和冰川消融带来冈瓦纳内陆干旱化和季风气候，旱季和雨季交替出现；石炭纪后期大批森林消失，导致沙漠形成[143]。整个二叠纪平均气温 16℃，高出现代水平 2℃[26]。大气 CO_2 含量为 900ppm，略高于石炭纪，大约是现代工业革命前水平的 3 倍；大气 O_2 含量占 23%，大大低于石炭纪，是现代水平的 115%[27]。氧含量急剧下降可能是二叠纪末生物大灭绝的成因之一。

二、生物区系

二叠纪见证了早期羊膜动物的适应辐射和物种多样化过程。由于能够更好地适应干旱环境，羊膜类异军突起，取代其祖先两栖类，成为区系主导类群。二叠纪末经历了寒武纪以来的第三次生物大灭绝，导致 90% 的海洋物种和 70% 的陆生物种灭绝[170-173]。

1. 陆地植物区系

二叠纪陆地植物区系开始于石炭纪残留下来的成分。二叠纪初，这些成分继续繁荣。随着气温不断上行，气候变得越来越温暖。中期，裸子植物经历了第一次适应辐射，产生许多重要类群，包括许多现代科的祖先类群。石炭纪晚期出现的松柏类（Pinophytes）、银杏类（Ginkgophytes）和苏铁类（Cycadophytes），到二叠纪中期演变得更像现代类群[174]。盘古大陆内陆地区喜欢沼泽的石松类乔木（如各种鳞木、封印木 *Sigillaria*）逐步被更新的种子蕨和针叶树取代。二叠纪末，石炭纪形成的、由石松类和木贼纲（Equisetopsida）种类占主导的沼泽区系残留于古特提斯海的赤道岛屿上（三叠纪中期，这一地区变成中国南部的一部分）[175]。二叠纪，舌羊齿属（*Glossopteris*）种子蕨组成的区系在南半球形成广泛的森林。

2. 陆地动物区系

1）昆虫

从石炭纪末到早二叠纪，演化最成功的昆虫是蟑螂类的原始近亲。在夏威夷，此时期大约 90% 的昆虫种类是原蜚蠊目（Blattoptera，蟑螂、螳螂以及白蚁的祖先）的种类[176]。蜻蜓目（Odonata）出现在二叠纪[177,178]，是主要的空中捕食者，以陆生昆虫为食。同期的差翅亚目中的二叠拟巨脉蜻蜓（*Meganeuropsis permiana*）翅展 71cm，体长 43cm，略小于石炭纪巨脉蜻蜓[179]，以小型脊椎动物为食。二叠纪陆地昆虫区系新成员还有鞘翅目（Coleoptera）和半翅目（Hemiptera）种类。

2）爬行类

二叠纪，两栖类和合弓亚纲（Synapsida）爬行类繁荣，主导着脊椎动物区系。二叠纪早期，合弓亚纲中的盘龙类和阔齿龙（*Diadectes*）占主导。中期，兽孔目（Therapsida，兽类的爬行类远祖）分化出恐头兽亚目（Dinocephalia）和兽头亚目（Therocephalia，如狼鳄兽 *Lycosuchus*），恐头兽占区系主导地位。晚期出现丽齿兽亚目（Gorgonopsia）和二齿兽下目（Dicynodontia），并主导区系[180]。二叠纪末出现最早的初龙类（Archosaurs，镶嵌踝类主龙 Crurotarsans 和恐龙的祖先）和犬齿龙类（Cynodonts，化石见于南非；兽类祖先）[181,182]。合弓亚纲有些大型类群，如异齿龙（*Dimetrodon*），最大体长可达 5.5m，是二叠纪早期最大的捕食者[183,184]。

双孔亚纲（Diapsida）多样性开始丰富，无孔亚纲（Anapsida）发展到高潮。其中，无孔亚纲主要是锯齿龙科（Pareiasauridae）的种类，体长 0.6~3m，体重最大者可达 600kg，属于大型植食性爬行类[185,186]。虽然属于爬行类，四肢可将身体托脱地面行走[185]。骨骼微解剖学显示，它们生活于水中，有类似两栖类的生活方式[186]。但也有部分种类（如缓龙 *Bradysaurus*）分布区成功延伸到沙漠地区（如非洲尼日尔）。干旱气候似乎已将它们与其他爬行类隔离开来[187]，从而成功逃避捕食压力。

3）两栖类

二叠纪两栖类区系由离片椎目（Temnospondyli）、壳椎亚纲和蛙蜥类（Batrachosaurs）组成。虽然属于两栖类，离片椎目部分种类体表有鳞片、肢端有爪、头部有甲胄状骨片，能在陆地上生活，只在繁殖时回到水中。部分种类体型奇大，体长可达 9m[188]。

二叠纪尚未出现空中飞行的脊椎动物。

3. 海洋动物区系

二叠纪海洋动物区系继承了石炭纪的动物区系，最常见的无脊椎动物有软体动物、棘皮动物和腕足动物。这些类群演化出许多新种类。各种鱼类主导着此时的海洋动物区系。三叶虫已不常见。

三、二叠纪—三叠纪生物大灭绝

1. 大灭绝事件

二叠纪末、三叠纪初发生了一次大的生物灭绝事件，是寒武纪以来第三次生物大灭绝，也是地球历史上最大的灭绝事件，被称为二叠纪—三叠纪生物大灭绝事件（Permian-Triassic Extinction Event），也被称为大死亡（Great Dying）、二叠纪末灭绝（End Permian Extinction）或者二叠纪大灭绝（Great Permian Extinction）。这次事件持续时间短，为 12～108ka[189]，但对生物区系的影响超过之前所有的灭绝事件：96%的海洋物种和70%的陆生脊椎动物物种在这次事件中消失[170-172]。在中国南部 329 个海洋无脊椎动物属中，有 286 属永远退出了地球动物区系[190]。这次事件也是唯一一次已知的昆虫大灭绝事件：昆虫纲57%的科和83%的属从动物区系中消失[191,192]。

海洋动物区系中，灭绝的类群有板足鲎类和三叶虫类全部属、介形类（Ostracods）59%的属、腕足类96%的属、苔藓动物79%的属、脊索动物中的刺鲛类全部属、腔肠动物中的珊瑚虫类（Anthozoans）96%的属、棘皮动物中的海蕾类（Blastoids）全部属、海百合类 98%的属、软体动物中的菊石类 97%的属、双壳类 59%的属、腹足类（Gastropods）98%的属、有孔虫类 97%的属以及放射虫类（Radiolarians）99%的属。鱼类受到的影响也很大，仅有少数科存活到三叠纪。灭绝的无脊椎类群大部分是分泌碳酸钙作为外骨骼、营固着生活的底栖类群[193]，留下对钙依赖不多、营自由生活、生理上对体液循环有更积极控制机能、吸氧能力更强、在原来区系中属于少数类群的种类[194-196]。经过这次灭绝事件，存活类群的生态位已经变窄，形态学特征的多样性大大下降[197]。

大灭绝事件极大地改变了海洋生态系统。海洋动物区系中，大灭绝前，约2/3 的类群营固着生活；大灭绝后，仅有约一半的类群营固着生活，另一半营自由生活，如螺类、海胆类、蟹类[198]。双壳类大灭绝前很少见，大灭绝后成了主要的筑礁类群[199]。大灭绝前，简单的和复杂的海洋生态系统都常见；大灭绝后，由于捕食压力增大，复杂生态系统超过简单生态系统约 3 倍[198]。

陆生无脊椎动物区系中，昆虫纲中 9 个目灭绝，另有 10 个目多样性急剧减少[191,200]。除舌鞘目（Glosselytrodea）、小翅目（Miomoptera）和原直翅目外，所有古生代昆虫类群都消失了，包括华脉目（Caloneurodea）、单尾目（Monura）、古网翅总目、原鞘翅目（Protelytroptera）和原蜻蜓目[191]。

陆生脊椎动物区系中，迷齿型两栖类（labyrinthodont amphibians）和石炭纪出现的蜥形类和兽孔类（therapsids）爬行动物全部灭绝。二叠纪无孔亚纲爬行动物中，仅前棱蜥科（Procolophonidae）存活，其余全部灭绝；盘龙类也从区系中消失[201,202]。大型植食性爬行动物种类受到的冲击最大。

大灭绝对陆生植物的影响在科水平上不明显，主要影响发生在低级分类单元（属、种），约 50%的种灭绝[203]。裸子植物中的科达树（Cordaites）和种子蕨中的舌羊齿种类锐减[204]。灭绝的物种基本上是木本植物，草本植物幸免于难。在二叠纪位于低纬度的格陵兰岛，高大木本植物被低矮草本植物（包括石松门下水韭目 Isoetales 和卷柏目 Selaginellales）取代[203,205]。这种变化导致植物区系重新安排：灭绝事件前，裸子植物占区系优势；灭绝事件后，石松类占优势[206]。物种多度和分布的深刻变化导致森林最终全部消失[203]，极少古生代的森林逃过了这次大劫难[207]。

2. 大灭绝的原因

导致大灭绝的原因有多种解释，包括天文事件、大规模火山、温室效应和缺氧等[170,190,208,209]。

天文事件：大灭绝时期，地外星体碎片撞击了地球，已发现的地点包括现今澳大利亚西北部海岸贝德奥高地（Bedout）、南极洲东部威尔克斯地陨石坑（Wilkes Land Crater）和巴西阿拉瓜伊尼亚陨石坑（Araguainhna Crater）[210-213]。这些地外星体对生物区系的直接影响及其精确性受到质疑[214-217]。因此，有观点认为，天文事件的影响是间接的，通过激发其他事件导致生物大灭绝[218]。例如，阿拉瓜伊尼亚陨石坑发生的年代与大灭绝时间重叠。陨石坑所在地区是大量的油页岩。陨石撞击本身不能释放出足够能量导致生物大灭绝，但是撞击导致大量油气喷发燃烧会引发突然的全球暖化，从而导致全球性大灭绝[219]。

火山活动：二叠纪末期有两个溢流玄武岩（flood basalt）事件，一个是较小的峨眉山台地（当时位于赤道附近），另一个是大规模的西伯利亚台地。峨眉山台地喷发与二叠纪中期一次小灭绝事件有关[220,221]。西伯利亚台地形成过程中，伴随着已知地球历史上最大的火山喷发活动，熔岩覆盖 200 万 km²[222,223]。研究发现，西伯利亚台地喷发与这次大灭绝在时间上非常吻合[189,224]。火山喷发可能引起酸性气溶胶释放进入大气，阻断植物光合作用，导致生态系统中食物链断裂。喷发还可能导致酸雨，促使陆地植物、有碳酸钙外壳的软体动物以及浮游生物死亡。另外，喷发中释放大量 CO_2，造成全球暖化。这种效应对生物区系的破坏作用在气溶胶从大气中消失后仍然不减，会持续很长时间[218]。

其他因素：海水中的甲烷细菌排放甲烷。在一定的温度和压力下，甲烷被水分子捕捉，并储藏在水中和岩石沉积中。同位素研究发现[200]，大灭绝时期有一次大规模甲烷排放。这次排放被认为是西伯利亚台地形成时熔岩的影响所导致的[225]。甲烷是很强的温室气体，除了导致温室效应，还引起环境缺氧。大灭绝时期，特提斯海和泛大洋出现广泛缺氧和高含量的硫化氢[226,227]。在局部地区，由于温室效应，海水温度可达 40℃，绝大多数物种无法在这种环境下生存[228]。甲烷和硫化氢的毒素作用、温室效应改变的环境、缺氧对石炭纪高氧环境下演化出来的物种的直接伤害导致大灭绝。

如同对其他灭绝事件的解释，上述解释在导致二叠纪末灭绝事件的机制细节上存在不吻合的地方。另外，全球规模的大灭绝通常不可能是单一因子导致的。如何将这些因素合理整合在一起，从而形成一个可信的理论，还有待进一步研究。

二叠纪末生物大灭绝事件宣告古生代终结，生物区系的演化历程开始进入中生代。经过这次事件，海洋生物区系在后来的演化历程中虽然有新类群加入（如鱼类新类群，陆地爬行类及其他更新类群返回海洋），但其繁荣程度再也不如从前。无论是类群多样性还是形态特征多样性，都比从前单调；生态系统的结构也没有进一步显著发展。大灭绝事件后，地球生物区系的演化舞台从海洋转到陆地：陆生种子植物和陆地脊椎动物在后续历程中不断繁荣，生态系统结构进一步复杂化。

第九节　中生代概述

中生代（Mesozoic）开始于 251.9MaBP，结束于 66MaBP，持续了 185.9Ma（附表1）。中生代分为三叠纪、侏罗纪和白垩纪。不同时期气候不同，初期和后期炎热，中期气候温和。由于盘古大陆完成了整合过程，大陆性气候出现，表现为干旱和季风特征。

古生代后期出现的爬行类区系，由于成功摆脱了对水体的依赖，表现出对干旱环境极强的适应性，从而出现爬行类的适应辐射，产生大量新类群，占据着几乎所有生态位。因此，中生代被称为爬行动物时代。也有人将中生代称为恐龙时代。恐龙是中生代爬行类中初龙类的一个支系，出现于三叠纪，繁盛于侏罗纪，并主导着侏罗纪地球动物区系，灭绝于新生代后期（中新世）。因此，准确地说，恐龙时代是侏罗纪，而不是整个中生代。

伴随着动物区系的演化历程，植物区系也在发生变化。古生代后期出现的裸子植物，由于维管系统的发展，也成功摆脱了对水体的依赖，对中生代干旱环境有极强的适应性，从而出现裸子植物的适应辐射，产生大量新类群，多样性远高于现代裸子植物区系。因此，中生代也被称为裸子植物时代。

中生代是地球陆地动植物区系快速演化的时代。除了裸子植物（又称隐花植物）和爬行类占主导外，早期的被子植物和原始的鸟类和兽类也在中生代区系中出现。因此，新生代生物类群植根于中生代生物区系。

第十节　三　叠　纪

三叠纪（Triassic）是中生代第一个时期，开始于二叠纪结束时的 251.9MaBP，结束于 201.3MaBP，持续了大约 50.6Ma（附表 1）。三叠纪西文名 Triassic 中，Tri-意为"三"，-assic 乃"结合、叠加"，源于德国地质学家弗里德里克·冯·阿尔伯特（Friedrick von Alberti）对广泛分布于德国和欧洲西北部的三个独特岩层的观察和判断：下层为红色岩石，中间为海洋石灰岩，上层是一系列陆地泥土和砂岩。阿尔伯特将这三层合并为一个时期，并于 1834 年命名为 Triassic，译为中文即"三叠纪"。三叠纪的开始与结束各以一次生物大灭绝为标志[170]。

一、地理和环境

三叠纪，盘古大陆各陆块的整合过程全部完成，全球陆地是一个南北走向的完整陆块 [图 6-2（a）]。盘古大陆周围是泛大洋。古特提斯海进一步缩小，并被隔离成一内海；特提斯海进一步扩大。海洋板块出现俯冲沉降，导致三叠纪深洋沉积消失，使科学界对这一时期的远洋生物区系知之其少。泛大陆海岸线浅海环境较少，导致全球性海洋生物

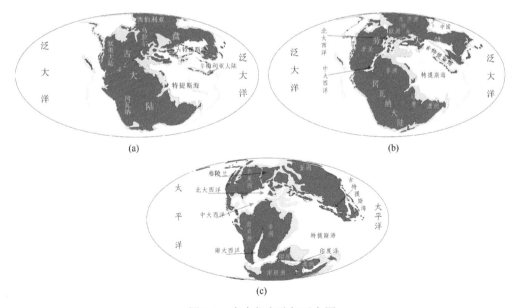

图 6-2　中生代海陆相示意图

（a）三叠纪；（b）侏罗纪；（c）白垩纪

沉积很少。没有海洋障碍阻挡，陆生生物区系扩散更自由。赤道两侧和低纬度地区总体干旱，中、高纬度湿润，极地湿润温和，整个三叠纪无极地冰川；内陆干旱炎热，大面积沙漠。干旱程度北半球甚于南半球。大陆冬冷夏热，有季风气候[141,229,230]。三叠纪晚期，盘古大陆在赤道附近开始出现裂纹，裂纹两侧气候变得湿润。

在二叠纪气温持续上升到最高点时，地球进入三叠纪。三叠纪初，温度略微下降，然后维持整个三叠纪的高温炎热气候。整个三叠纪平均气温为 17℃，比现代水平高 3℃[26]。大气 CO_2 含量为 1750ppm，显著高于二叠纪，大约是现代工业革命前水平的 6 倍；大气 O_2 含量为 16%，大大低于二叠纪，是现代水平的 80%，属于比较缺氧的时期[27]。

二、生物区系

二叠纪末开始的生物大灭绝事件一直持续到三叠纪初。经过这次大灭绝，海洋生物区系变得非常单调。存活下来的类群包括有关节腕足类、齿菊石（Ceratitida）以及海百合类[194,231,232]。鱼类各类群体形非常相似，形态学奇异的类群已经消失，形态特征多样性很低，反映鱼类区系仅有少数科在二叠纪末大灭绝中存活下来。陆生生物区系受这次灭绝事件打击最大，大约花了 30Ma 的时间才恢复过来[170]。大灭绝后，木本植物大量消失，草本植物主导植物区系。然而，植物区系恢复的基础尚存，因为灭绝的类群是低级分类阶元（属、种），原有的科及更高阶元还存在。陆地动物区系中，大型爬行动物灭绝，中小型种类幸免于难。这个时期在南非发现的类群有犬齿兽亚目（Cynodontia）中的肉食性兽孔类、兽头亚目的四犬齿兽属（Tetracynodon）、麝喙兽属（Moschorhinus）、似鼬鳄兽属（Ictidosuchoides）以及初龙亚纲（Archosauria）的种类[233-236]。兽孔类的水龙兽属（Lystrosaurus），植食性，体形大小如猪，主导三叠纪早期陆地脊椎动物区系，种类数占 95%[237]。两栖类中，全椎亚目（Stereospondyli）的虾蟆螈属（Mastodonsaurus）和窝倪类（trematosauia）是水生和半水生区系中的捕食者，以四足动物和鱼类为食[238]。其中，巨虾蟆螈（M. giganteus）体长达 6m，是地球历史中已知最大的两栖类。这些类群构成的生物区系成为三叠纪生物区系形成的基础。

从三叠纪化石记录中，可以划分出三类区系：陆地植物区系、海洋动物区系以及陆地和淡水动物区系。

1. 陆地植物区系

在二叠纪末大灭绝中幸存的陆地维管植物包括石松类、苏铁类、银杏类、蕨类、马尾草类和种子蕨。其中，苏铁类最多。三叠纪，种子植物开始主导陆生植物区系：北半球是针叶林、蕨类和本内苏铁目（Bennettitales）繁荣，南半球仍然是舌羊齿属种子蕨主导着植物区系[239]。

2. 海洋动物区系

在大灭绝基础上，三叠纪早期海洋动物区系中出现了腔肠动物门中的现代珊瑚礁类型，呈小规模片状分布。三叠纪中期出现了龙介虫科（Serpulidae）；微贝目软体动物也很丰富[240,241]。菊石类经历了二叠纪末大灭绝后，只剩下一支，并出现适应辐射，产生许多新种类。鱼类区系体形均匀相似，形态特征的多样性很低，表明在二叠纪末灭绝中只有少数科存活下来，而且尚未出现适应辐射。爬行类有个别类群在二叠纪从陆地返回水生环境，在演化历史上属于次生性水生习性，是逆向演化的结果。爬行类逆向演化导致三叠纪海洋中加入了大量爬行类，并成为海洋生态系统中的重要成员。海洋爬行类主要是鳍龙总目（Sauropterygia）下的类群，典型代表有肿肋龙亚目（Pachypleurosauria）和幻龙目（Nothosauroidea）的种类，很常见，尤其在特提斯海区域。另外，还有楯齿龙目（Placodontia，肉食性，捕食双壳类软体动物、腕足动物以及其他无脊椎动物；广泛分布于北半球，包括现代中欧、北非、中东和中国）和蛇颈龙目（Plesiosauria，体长1～15m，海洋顶级捕食者，广布全球海洋）[124,242-244]。除了鳍龙总目，还有海龙目（Thallattosauria，体长超过4m，化石分布从北美阿拉斯加到中国西南部贵州）和鱼龙目（Ichthyosauria，体长 1～16m，化石见于加拿大、中国、日本和挪威）的类群，属于海洋生态系统中的捕食者。它们在三叠纪早期出现，并很快发生适应辐射，演化出大量新类群。三叠纪晚期出现许多体形巨大的类群[245-248]。所有这些类群中，四肢都或多或少演化成鳍状，适应于水中游泳。

3. 陆地和淡水动物区系

在三叠纪出现或者在三叠纪达到演化成功新水平的陆地动物包括：两栖类中的离片椎目以及爬行类中的喙头龙目（Rhynchosauria）、植龙目（Phytosauria）、恩兔龙目（Aetosauria）、劳氏鳄目（Rauisuchia）、蜥臀目（Saurischia）、兽脚亚目（Theropoda）以及兽孔目犬齿兽亚目的原始兽类[249]。

1）两栖类

离片椎目是早期两栖类中最大的类群之一，起源于石炭纪，一度繁荣于水生和陆生环境，但陆生种类后来基本上被爬行类取代了。三叠纪幸存的类群是水生和半水生种类，有些类群在三叠纪存活时间不长（如三叠纪早期的窝倪类），其他类群则全纪都有。全椎亚目一直生活到白垩纪。其中，个体最大者数巨虾蟆螈属（化石见于德国图林根），是地球历史上最大的两栖类[250]。三叠纪还有两个目：并椎目（Embolomeri）和迟滞鳄目（Chroniosuchia），属于爬行形类，拥有部分爬行类特征，水生。前者生活于三叠纪早期，后者生活于全纪。滑体亚纲的类群在三叠纪早期出现，但直到侏罗纪才繁荣。

2）爬行类

三叠纪初龙亚纲（Archosauria）逐步取代二叠纪占主导地位的合弓亚纲。亚纲下的喙头龙目的种类生存时间不长，大约灭绝于 220MaBP。但是在灭绝前，喙头龙目是三叠纪爬行类中物种多样性格外丰富的类群，而且是许多生态系统中的主要大型植食者，体长可达 2m。植龙目兴盛于晚三叠纪，广布全球[251]。体形大小及生活方式都类似于现生鳄：长吻，体被厚甲，半水生，在水边捕食鱼类和小型爬行类。恩兔龙目是另一类体被厚甲的初龙类，常见于三叠纪后 30Ma，大部分为植食性。劳氏鳄目至少有 25 种，包括巨型四足行走的捕食者（体长 4～6m），是三叠纪绝大多数陆地生态系统中的关键物种，占据着大型捕食者生态位。早期恐龙类在三叠纪即已出现，属于兽脚亚目，中小型，体长 1～2m，捕食小型猎物。此时的恐龙在动物区系中扮演无足轻重的角色，它们在侏罗纪才出现适应辐射，并主导侏罗纪动物区系。

犬齿兽亚目是兽孔目中种类最多的类群，初现于二叠纪，但其中许多类群繁荣于三叠纪，广布于盘古大陆南半球（化石见于南美、非洲、印度以及南极洲）。多数种类体形小，但有几个类群占据着大型植食性和大型肉食性生态位。例如，犬颌兽（Cynognathus），体长 1.2m，头宽 30cm，在三叠纪早期为南半球顶级捕食者。又如，肯氏兽（Kannemeyeria），体长 3m，体型如牛，三叠纪早中期大型食草爬行类[124]。

三叠纪中期出现鸟颈类主龙（Ornithodira，鸟类祖先），晚期出现了最早龟类（220MaBP，中国西南部）[252]。

3）原始兽类

原始兽类也在三叠纪出现，属于犬齿兽亚目。此时的兽类具备了典型的兽类外形特征，包括毛发、大脑颅以及托离地面的体态；体形小，代谢率高，已具备温血动物的代谢特征。但是，部分种类生殖方式采用卵生，与现生单孔类（如针鼹、鸭嘴兽）相似；其他采用胎生，但胚胎发育不完全，幼崽在体外继续胚胎发育，类似现生有袋类。生态学上为夜行性，食虫。夜行性可能是毛发和较高代谢率的演化动力[253]。

三叠纪，空中飞行的脊椎动物仍然未出现。此时，空中飞行的动物区系仍然由昆虫纲种类组成。

三、三叠纪—侏罗纪生物大灭绝事件

三叠纪以三叠纪—侏罗纪生物大灭绝事件（Triassic-Jurassic Extinction Event）为标志宣告结束。这次事件发生于大约 201.4～201.3MaBP、盘古大陆南（冈瓦纳古陆）北（劳亚大陆）开始分裂时[254,255]，是寒武纪以来第四次生物大灭绝。与二叠纪末大灭绝事件一样，这次灭绝事件持续时间很短[256]，但影响很深远。已知生活于三叠纪的物种中，有约一半在事件中灭绝。海洋动物区系受摧残的程度尤其大：牙形石纲（Conodonta）全部种类以及 34%的其他海洋属灭绝[257]，腕足动物、软体动物（尤其是腹足纲）也受到严重影响。陆地动物区系中，伪鳄亚目（Pseudosuchia）的全部种类、残存的兽孔目部分种类以及大量的大型两栖类也从动物区系中消失[173]。幸存的植物包括现代针叶树和本内苏铁目类群。这些类群继续演化，并主导着中生代中后期的植物区系。动物的大量灭绝为侏罗纪恐龙的适应辐射和物种繁荣腾出了生态位。

关于大灭绝的原因，目前尚未确定。一种观点认为与火山喷发有关。在三叠纪晚期约 202～191MaBP，盘古大陆开始分裂[258]，形成中大西洋岩浆省（Central Atlantic Magmatic Province）[259]。伴随这一过程的是地球最大规模的火山喷发过程。火山喷发释放大量 CO_2 或者 SO_2 以及气溶胶；CO_2 导致极度全球暖化，SO_2 导致极度全球凉化。这些过程反复进行，全面改变地球表面环境，尤其是海洋环境，导致物种大量灭绝[260,261]。

第二种观点认为与行星撞击地球有关[262]，但反驳意见认为当时没有规模足够大的行星撞击事件出现[263]。

第三种观点认为是三叠纪晚期逐步发生的气候变化、海平面升降或者海洋酸度触及了临界点，导致大灭绝[264]。由于这些变化的缓慢性，这种观点无法解释海洋动物区系灭绝的突发性[265]。以上观点在解释大灭绝的细节上都还存在问题，因此有待更多研究数据来加以完善。

一个常见的误解认为：中生代是恐龙和针叶林的时代。实际上，恐龙和针叶林主导地球生物区系的时代只是中生代的侏罗纪和白垩纪。三叠纪的动植物区系经过三叠纪末的生物大灭绝后，幸存成分进入侏罗纪。

第十一节　侏　罗　纪

中生代第二个时期是侏罗纪（Jurassic），开始于 201.3MaBP，结束于 145MaBP，持续了大约 56.3Ma（附表 1）。关于侏罗纪结束的时间，也有观点认为是 140MaBP[266]。这里采纳国际地层委员会 2016 年的划分方案。侏罗纪西文名 Jurassic 源于欧洲阿尔卑斯山脉的侏罗山（Jura Mountains），这里的石灰岩地层最早得到鉴定。侏罗纪是中生代中期，开始于"三叠纪—侏罗纪生物灭绝事件"。侏罗纪发生了两次灭绝事件，一次在早期，一次在末期。这两次灭绝事件在程度和影响上无法与五次大灭绝事件相比。

一、地理和环境

盘古大陆在三叠纪晚期赤道附近出现的裂纹到侏罗纪开始变成大裂谷，将盘古大陆分为北边的劳亚大陆和南边的冈瓦纳大陆 [图 6-2（b）]。与此同时，墨西哥湾在此大裂谷中形成，中大西洋出现，主要是大量浅海。北美—格陵兰与欧洲—亚洲分开，北大西洋开始出现，但此时北大西洋还非常狭窄。陆块运动过程中，海洋板块俯冲触发的造山运动使北美山系形成，包括落基山和内华达山脉。在南边的冈瓦纳大陆，非洲与西侧的南美间以及与东侧的印度间出现裂痕，澳大利亚与南极洲间也开始出现裂纹。

古特提斯海进一步缩小，特提斯海继续扩大。南北大陆间的大裂谷创造了更多海岸线，使两侧原本湿润的气候进一步湿润化，许多三叠纪沙漠到侏罗纪被茂盛的热带雨林取代。劳亚北美南部和古特提斯海东南海岸、冈瓦纳非洲北部以及冈瓦纳中纬度地区气候干旱，劳亚和冈瓦纳高纬度地区湿润。与三叠纪海陆相一样，侏罗纪南北两极均无陆地。气候总体温暖，整纪无冰川[267]。

　　侏罗纪开始时，气温与三叠纪相当。这种高温维持了大约 2/3 的侏罗纪时间。到后期，气温开始下降，并在侏罗纪纪末降至最低点。整个侏罗纪平均气温为 16.5℃，比现代水平高 3℃[26]。大气 CO_2 含量为 1950ppm，略高于三叠纪，大约是现代工业革命前水平的 7 倍；大气 O_2 含量占 26%，又是一个高氧分压时期，是现代水平的 130%[27]。

二、生物区系

　　侏罗纪生物区系基础是三叠纪—侏罗纪生物大灭绝事件中残存的区系成分。大灭绝创造大量空白生态位，为类群出现适应辐射及新类群产生提供空间。陆地上，曾经以恐龙型（dinosauromorph）、鳄型（crocodylomorph）初龙类占主导的三叠纪动物区系演变成了以恐龙类占主导的侏罗纪动物区系。最早的鸟类在侏罗纪从恐龙类演化而来。新出现的重要成分包括最早的蜥蜴类以及真兽亚纲的种类（原始胎盘类）。鳄类生活方式开始从陆地转向水生。海洋中，鱼龙类和蛇颈龙类占主导。空中，翼龙目（Pterosauria）的种类占主导。

1. 陆地植物区系

　　随着气候从（三叠纪）干旱变成（侏罗纪）湿润，尤其在高纬度地区，茂盛的丛林覆盖着侏罗纪大片陆地[268]。裸子植物种类相当丰富。其中，针叶林主导着高大乔木森林。繁荣于侏罗纪的现代针叶科有南洋杉科（Araucariaceae）、三尖杉科（又名粗榧科，Cephalotaxaceae）、松科（Pinaceae）、罗汉松科（Podocarpaceae）、红豆杉科（Taxaceae）以及杉科（Taxodiaceae）。掌鳞杉科（Cheirolepidiaceae，已灭绝）与灌木状的本内苏铁目的种类一起主导低纬度植被。林中常见类群还有苏铁、银杏和蚌壳蕨（Dicksoniaceae，树蕨类）。小型蕨类以及开通科（Caytoniaceae）种子蕨是林下植被中的主导成分。银杏常见于北半球中、高纬度，罗汉松繁盛于南半球[267,269]。

2. 陆地动物区系

　　侏罗纪陆地动物区系仍然是各种初龙类占主导地位，尤其是其中的恐龙。恐龙经过侏罗纪适应辐射，演化出大量新类群，占据着几乎所有生态位。侏罗纪号称大型植食性恐龙——蜥脚类（sauropods）恐龙的黄金时期，体形最大者是梁龙（*Diplodocus hallorum*），体长 33～52m，体重达 113000kg，可能是地球历史上生存过的最大陆生动物[270,271]。这些大型植食性动物以蕨类、苏铁、本内苏铁甚至针叶树为食。食肉恐龙有兽脚亚目中的角鼻龙（*Ceratosaurus*）、斑龙（*Megalosaurus*）、蛮龙（*Torvosaurus*）以及异特龙（*Allosaurus*），以体形较小的植食性鸟臀目恐龙（ornithischian）为食[268]。侏罗纪晚期，最早的鸟类始祖鸟（*Archaeopteryx*）从体形较小的恐龙虚骨龙（coelurosaurian）中脱颖而出。始祖鸟和翼龙类（pterosaurs，属于鸟颈类主龙，不属于恐龙）共享此时的天空，是地球历史上第一次飞翔于天空的脊椎动物；但翼龙类占主导，拥有大量的生态位（这些生态位后来被新生代鸟类取代）[272]。翼龙类已经具备很好的空中飞行特征，如中空的长骨和皮下气囊[273]，但尚无羽毛，依靠皮翼飞行。始祖鸟已经具备羽毛。与现代鸟类相比，最显著的差异是始祖鸟前肢端部仍然有爪。始祖鸟体形与现生乌鸦类似，最大者体长 0.5m[274]，营昼行性生活[275]，有树栖和地栖种类，食性上有植食性和肉食性[276-278]。

侏罗纪林下是各种早期兽类、三瘤齿兽类（tritylodonts，兽孔目犬齿兽亚目）以及喙头目（Sphenodontia）下的爬行类和两栖类中滑体亚纲的早期类群，包括蚓螈类和蚓螈类[165]。蚓螈类四肢退化，甚至完全消失；大者形如蛇，小者如蚯蚓，营地下洞栖生活。这一支的出现表明，两栖类在强大的捕食压力下开始逃避捕食者的演化历程。

早期兽类在三叠纪的基础上沿着演化进程进一步向前推进（详见第五章）。三叠纪，兽类区系由原兽类和后兽类组成。侏罗纪中期，最早的真兽类与后兽类分道扬镳[279]；它们体形小，夜行性，树栖，食虫[280]。

3. 淡水和海洋动物区系

侏罗纪海洋脊椎动物区系主要是鱼类和海洋爬行类。这一时期，海洋爬行类包括鱼龙（ichthyosaurs）、蛇颈龙（plesiosaurs）、上龙（pliosaurs）。其中，鱼龙类的物种多样性达到了巅峰。鳄类成功返回海洋，演化出真蜥鳄科（Teleosauridae）和地蜥鳄科（Metriorhynchidae）[281]。各种龟类也见于江河湖泊中（如新疆吐鲁番）[282]。

侏罗纪早期和末期各发生了一次规模不大的生物灭绝事件，对当时动物区系没有造成整体性影响。灭绝事件主要发生在水生环境中，受到明显影响的是菊石类软体动物[283]。

第十二节　白　垩　纪

中生代的最后一个时期是白垩纪（Cretaceous），开始于 145MaBP，结束于 66MaBP，持续了大约 79Ma（附表 1）。白垩纪西文名源于拉丁文 creta，意为白垩土（传统用于制作粉笔）。比利时地质学家 Jean d'Omalius d'Halloy 对巴黎河谷出露的地层进行研究，发现这里的地层有广泛的白垩土床，因此将该时期命名为白垩纪[141]。白垩纪在西文文献中常被缩写成 K，来自德文 Kreide，意指白垩土。白垩纪仍然是恐龙主导陆地动物区系的时期。白垩纪末出现的生物大灭绝事件标志着中生代结束和新生代开始。

一、地理和环境

侏罗纪盘古大陆大裂谷到白垩纪已经进一步扩大成中大西洋，现代各大陆块出现

[图 6-2（c）]。在劳亚大陆，北大西洋浅海进一步加大，北美造山运动持续；继侏罗纪内华达造山运动后，塞维尔造山运动（Sevier orogeny）和拉拉米造山运动（Laramide orogeny）于白垩纪开始。在中国，白垩纪燕山运动导致燕山山脉、太行山脉、贺兰山、雪峰山、横断山、唐古拉山以及喀喇昆仑山隆起，形成许多山间断陷盆地以及盆地内堆积巨厚的砂页岩层。在冈瓦纳大陆，非洲已经脱离南极洲，印度—马达加斯加与非洲、南极洲—澳大利亚分离；随后，印度与马达加斯加、南美洲与非洲相继分离。南大西洋在冈瓦纳南部逐步形成，印度洋开始其演化行程[284]。

大陆裂解导致大量浅海（包括内陆浅海）出现，海平面出现全球性上升。海侵高潮时，现代陆地的三分之一沉浸在白垩纪海中[67]。

白垩纪水分分布进一步变化。劳亚大陆西部（今北美西部落基山脉）出现一条狭长的南北走向干旱带。在冈瓦纳，赤道两侧湿润带进一步扩大，干旱区向南移到中纬度地区。陆地环境总体表现出进一步湿润化[267]。

白垩纪初，高纬度地区经常降雪，并有高山冰川[267,285,286]。随后，气温迅速上升，并进入地球温暖期。温暖气候占据白垩纪绝大部分时间。晚期，气温突然短暂飙升，然后又开始下降，进入新生代。据 Bornemann 等[287]，白垩纪晚期土伦阶（Turonian，93.9～89.8MaBP），南极有海上冰川。整个白垩纪平均气温为 18℃，高出现代水平 4℃[26]。从赤道到两极，温度递减缓慢，温差小，风力弱[141]。热带海面温度平均为 37℃，可能一度短暂高达 42℃，比现代水平高 17℃；深海温度比现代高 15～20℃[288]。大气 CO_2 含量为 1700ppm，略低于侏罗纪，是现代工业革命前水平约 6 倍；大气 O_2 含量占 30%，延续了侏罗纪的高氧分压，并进一步上升，是现代水平的 150%[27]。

二、生物区系

白垩纪生物区系基础是侏罗纪末的生物区系。动物区系由海洋爬行类、菊石类、厚壳蛤占主导的海洋动物区系以及恐龙类占主导的陆生动物区系组成。白垩纪陆生生物区系中，兽类和鸟类中的新类群以及显花植物（被子植物）出现了。白垩纪末生物大灭绝事件中，非鸟类的恐龙支系、翼龙类以及大型海洋爬行类全部灭亡。

1. 陆地植物区系

白垩纪陆地植物区系继续由裸子植物主导，中生代早期出现的类群继续繁荣，南洋杉类和其他针叶树广泛分布。蕨类植物中，一些现代类群（如里白目 Gleicheniales）也出现了，并且广泛分布[119]。与此同时，一些裸子植物类群开始灭绝。本内苏铁于白垩纪结束前在大部分地方消失，只有极少数地区（如澳大利亚东部和塔斯马尼亚岛）尚有留存，并延续到新生代渐新世[289,290]。白垩纪植物区系中的重要新成员是显花植物，亦即被子植物（angiosperms）；最早代表是桑科（Moraceae）榕类、悬铃木科（Platanaceae）以及木兰科（Magnoliaceae）。得益于蜂类出现以及与植物在授粉中的协同演化，这些植物类群在白垩纪逐步扩大分布区，并在白垩纪末占据植物区系优势[291]。被子植物中的单子叶草本类在白垩纪早期出现，如棕榈科（Palmaceae），并且成为植食性恐龙的食物[292,293]。

2. 陆地动物区系

各种恐龙类在白垩纪陆地动物区系中仍然占主导地位，但在局部地区受到兽类挑战：多瘤齿兽目（Multituberculates）的种类在数量上超过了恐龙[294]。

白垩纪的兽类大多体形小，体重为 0.4～2.0kg[295]。主要兽类支系有原兽亚纲中的单孔类、多瘤齿兽类、后兽类（metatherians）、真兽类（eutherians，又称胎盘类 placentals）、德氏兽类（dryolestoideans）以及冈瓦纳兽类（gondwanatheres）。早期，各种原始兽类（如真三尖齿兽目 Eutriconodonta）为区系常见成分[296]。非有袋后兽类和无胎盘真兽类在白垩纪出现适应辐射，演化出肉食类（如德尔塔兽目 Deltatheroida，现代有袋类远亲，可能捕食原鸟形龙 Archaeornithoides）[297]、水中觅食类（如鼠齿科 Stagodontidae，加拿大；牙齿特征反映这些类群以淡水软体动物为食）[298]以及植食类（如带齿兽目 Cimolesta）[294,299]。昼行性类型也出现了。晚期，北方兽类区系受多瘤齿兽目和真兽类主导，南美区系受德氏兽超目（Dryolestoidea）主导。白垩纪末，真正的有袋类和胎盘类才出现[299]。这些区系成分表明，从侏罗纪到白垩纪，兽类生态特征的多样性发生了很大变化：侏罗纪兽类只有食虫、夜行、树栖，而白垩纪区系增添了植食和肉食、昼行、地栖和水生。这种变化为新生代兽类适应辐射奠定了生态适应基础。

白垩纪的顶级捕食者是初龙类爬行动物，尤其是其中的恐龙。恐龙此时多样性达到最高水平，长羽毛的类群也已经出现，如速龙（Velociraptor）。白垩纪晚期三角龙（Triceratops）在地层中遗留的化石最多，形似现生犀牛，植食性，被科学界了解程度最高。传统观点认为，三角龙的角用于防卫，新观点认为用于个体识别、求偶以及显示社会地位[300,301]。翼龙类常见于白垩纪中期，随后减少，到白垩纪末只剩下两个高度特化的科。翼龙类的衰落一度被认为是早期鸟类的竞争结果，但更新的观点认为鸟类的适应辐射与翼龙类的衰落没有逻辑关系[302]。

辽宁义县出土大量的小型恐龙类、鸟类和兽类化石，地质年龄距今 110Ma，属于白垩纪早期。其中，虚骨龙代表着手盗龙目（Maniraptora，鸟类的祖先）的出现，是恐龙到鸟类演化的过渡类型，已经具备毛发状羽毛。这里还有早期的水生兽类辽尖齿兽（Liaoconodon），表明白垩纪兽类已经开始从陆地向水生环境辐射了。分布于白垩纪末北美的霸王龙（Tyrannosaurus rex）被认为是目前已知最大的陆生捕食性动物，体长达 12.3m，臀高 3.66m，体重 18500kg[303,304]。

昆虫纲在白垩纪也出现适应辐射，产生许多新类群。此时的昆虫区系有蚁类、白蚁类、鳞翅目（Lepidoptera，现生著名类群有蝴蝶和蛾类）的一些种类。另外，还有蚜虫类、蝗类和瘿蜂。蜂类开始采食显花植物的花蜜花粉，同时为植物传播花粉，开启了昆虫—植物在授粉中协同演化的序幕。

3. 海洋动物区系

白垩纪海洋动物区系中，鳐类、现代鲨类和硬骨鱼类是常见的鱼类区系成分[305,306]。爬行类中，鱼龙类存在于白垩纪前半期，到中期灭绝。蛇颈龙在整个白垩纪存在。沧龙类（mosasaurs）则出现于晚期。沧龙对水生环境高度适应，其程度超过了现代海龟：海龟需要回到岸上产卵；而沧龙不必回到岸上，可以直接在海中生产活的幼体[307]。这个类群有很好的流线形体形，游泳能力很强；体长在 1～17m，是温暖内陆浅海中的捕食者。从于俄罗斯奔萨州发现的化石来看，沧龙虽然有卓越的游泳技能，但更多采用的不是追逐型，而是潜伏—突袭型捕食策略[308,309]。海洋脊椎动物的另一个新成员是水生鸟类——黄昏鸟目（Hesperornithiformes）[310-313]。黄昏鸟是现代鸟类（亦即狭义鸟类）祖先的近亲，生活于北半球海洋和淡水生态系统中，对水生生活高度特化，也是中生代唯一能生活于海洋中的鸟类。体长可达 1.8m，有强劲的游泳和潜水能力，犹如现生鹏鹕，捕食鱼类[314]。黄昏鸟是鸟类向水生习性逆向演化历程中的最早记录。

白垩纪海洋无脊椎动物区系中，杆菊石（*Baculites*）与厚壳蛤类在礁石海域中一起繁荣。同期繁荣的还有有孔虫类和棘皮类。海洋藻类区系中，硅藻（diatoms）化石最早发现于侏罗纪地层，但硅藻第一次适应辐射发生在白垩纪。淡水硅藻则在新生代中新世才出现[315,316]。

三、白垩纪末生物大灭绝

1. 大灭绝事件

白垩纪末生物大灭绝事件（End-Cretaceous Extinction Event）又称为白垩纪—古近纪生物灭绝事件（Cretaceous-Paleogene or K-Pg or K-T Extinction Event），发生于白垩纪末、新生代开始时，约 66MaBP[317]。这是寒武纪以来第五次生物大灭绝事件。大灭绝持续的时间众说纷纭：有些认为几年，有些认为几千年。通过对白垩纪—古近纪黏土沉积速度和厚度的研究，Mukhopadhyay 等[318]认为这次大灭绝事件持续时间不到 10ka。

这次大灭绝事件中，地球上大约 3/4 的动植物物种在这短暂的地质时期中消失[317,319]。除了少量变温动物（如棱皮龟和鳄类）外，所有体重大于 25kg 的四足类物种全部灭绝[320]。大灭绝中最著名的牺牲品是非鸟类恐龙①。另外，还有一大批其他陆生类群也受到破坏，包括一些兽类、翼龙类、鸟类、蜥蜴类、昆虫类以及植物[321-325]。海洋中，大灭绝事件彻底铲除了蛇颈龙和沧龙，蹂躏了硬骨鱼类、鲨类、软体类（其中，菊石类全部灭绝）以及许多浮游生物[326-330]。

---

① 恐龙中，有一支系演化出鸟类，称为鸟类恐龙；其他支系没有留下后裔类群，已经全部灭绝，称为非鸟类恐龙。

两栖类灭绝的证据非常有限。据已有研究,两栖类在这次大灭绝中受影响不大,只有少数种类灭绝[331-333],可能反映当时的淡水环境稳定,动物区系灭绝率低[334]。

爬行类受到大灭绝事件的冲击最大。初龙类只有两支幸存:一支是鳄类,另一支是鸟类恐龙。非初龙爬行类中,只有龟鳖类(Testudines)、有鳞超目(Lepidosauria,包括各类蜥蜴)以及离龙类(Choristoderes,水生主龙形下纲 Archosauromorpha 中的一个目)逃过一劫。其中,离龙类到新生代中新世早期才被灭绝[335]。龟类六个科全部延续到新生代[336]。

广义鸟类中的反鸟类(Enantiornithes)和黄昏鸟类消失于大灭绝中,只有狭义鸟类(Aves)躲过一劫[322,337]。反鸟类是已知中生代多样性最高的鸟类类群,有齿,肢端有爪[338-340]。狭义鸟类之所以能逃过一劫,可能与它们当时能够游泳、潜水、掘洞或者在水体和沼泽中寻找避难所的能力有关[341]。

兽类各主要支系内都有物种消失于大灭绝中。但是,所有这些支系(包括南极洲的冈瓦纳兽和南美洲的德氏兽)都挺过了大灭绝的劫难,加入新生代兽类区系[342,343]。大灭绝中,后兽类大部分从北美消失,现代有袋类的祖先——德尔塔兽类在亚洲灭绝[344]。多瘤齿兽类在北美有一半物种灭绝,而在亚洲被铲除殆尽[345,346]。总体而言,兽类区系受到的影响远不如爬行类区系大,这得益于其小体形(易于躲避)。另外,半水生习性和掘洞行为可能也帮助了兽类躲过大灭绝[341]。

2. 大灭绝成因

关于白垩纪末生物大灭绝的原因有不同解释。最为熟知的是天文撞击事件学说。由物理学家路易斯·阿尔瓦利兹(Luis Alvarez)、地质学家沃尔特·阿尔瓦利兹(Walter Alvarez)以及化学家弗兰克·阿萨罗(Frank Asaro)和海伦·米歇尔(Helen Michel)组成的研究组,对全球 3 个重要的白垩纪—古近纪交界面地层剖面进行地球化学研究,发现交界面的铱元素浓度分别高出正常值 20 倍、30 倍以及 160 倍。铱是亲铁元素。在行星分化时期,大部分铱都随着铁沉降到地核中,留在地壳中的铱非常少。与此同时,大多数小行星和彗星中铱含量很丰富。据此,该研究组提出,在白垩纪—古近纪交替期有行星撞击地球,并导致生物大灭绝[347]。这一假说很快得到天文学和地球物理学新发现的支持,如岩石微结构的研究[348-350]。其中,最直接的证据是发现于墨西哥尤卡坦半岛(Yucatán)的希克苏鲁伯陨石坑(Chicxulub crater)[351]。这个陨石坑的平均直径为180km,形成于白垩纪末 66MaBP[317]。

2010 年,一个由 41 名科学家组成的国际科学家委员会对之前 20 年的研究文献进行评估,认可了行星撞击学说,并排除其他学说,诸如大规模火山导致大灭绝的理论[352]。按照行星撞击学说,希克苏鲁伯陨石坑是由一枚直径 10~15km 的陨石撞击尤卡坦半岛希克苏鲁伯形成的。撞击时释放出的能量为 100 万亿 t TNT 当量,超过长崎和广岛核弹爆炸能量的 10 亿倍。撞击导致短暂(仅几个小时)但强烈的红外辐射,直接杀死受辐射的生物[341],并导致植物燃烧。撞击还带来长期的后续影响:烟尘遮挡阳光,阳光减少量高达 50%，时间长达 1 年[353]，形成所谓的核冬天效应（nuclear winter effect）[354]。核冬天气候中，气温下降，局部海域水面温度下降达 7℃，低温持续几十年[355]。低温和光合作用大幅下降，导致植物、食草动物和食肉动物灭亡，幸存者大多是腐食动物[353,356]。另外，撞击发生在富硫岩石区，形成硫磺酸气溶胶，导致海水酸化以及浮游生物和筑礁物种灭绝[353,357]。

目前，大多数学者赞成有小行星在白垩纪末撞击地球，但希克苏鲁伯撞击事件是否是大灭绝的唯一原因尚有争论[358,359]。反对者认为，一次撞击事件不可能导致全球性生物大灭绝。他们认为，导致大灭绝的天文事件还有乌克兰波泰士陨石坑事件（Boltysh crater，65.17MaBP，直径 24km）、北海银坑陨石坑事件（Silverpit crater，59.5MaBP，直径 20km）以及印度湿婆陨石坑事件（Shiva crater，66MaBP，直径 600km）。

德国波茨坦气候影响研究所的一个团队提出气候变化学说，认为白垩纪生物大灭绝的主要原因是大气中高浓度硫磺酸导致的全球气温急剧下降。这种天气持续了至少三年[360]。急剧降温（这是中生代结束后的地球环境特征）导致适应中生代温暖气候的物种（尤其是大型物种）灭绝，有掘洞能力的中小型物种通过洞栖幸免于难。

其他学说认为，大灭绝与印度德干高原的玄武岩熔岩流事件（Deccan Traps flood basalts，白垩纪最后 2Ma）[361]或者马斯特里赫特海退事件（Maastrichtian sea-level regression，白垩纪最后6Ma）[362]相关。当然，这些观点可能多少有点盲人摸象。例如，马斯特里赫特海退影响的主要是海洋动物区系，而白垩纪末大灭绝还有陆生动物区系。因此，一些学者提出多因素学说，认为火山、海退以及地外星体撞击的综合作用导致这次大灭绝[345,363]。

大灭绝事件宣告白垩纪结束，也是中生代结束。幸存物种进入新生代的演化历史。同时，大灭绝使得大量在中生代被爬行类（尤其是恐龙）占据的生态位出现空白，为新生代鸟类和兽类演化和适应辐射提供广阔空间，为现代动物区系的演化奠定了基础。

参 考 文 献

[1] Archer C, Vance D. Coupled Fe and S isotope evidence for Archean microbial Fe (III) and sulfate reduction. Geology, 2006, 34 (3): 153-156.

[2] Schopf J W, Packer B M. Early Archean (3. 3-billion to 3. 5-billion-year-old) microfossils from Warrawoona group, Australia. Science, 1987, 237 (4810): 70-73.

[3] Hofmann H J, Grey K, Hickman A H, et al. Origin of 3. 45 Ga coniform stromatolites in Warrawoona group, western Australia. Bulletin of the Geological Society of America, 1999, 111 (8): 1256-1262.

[4] Brun Y V, Shimkets L J. Prokaryotic Development. Washington, DC: ASM Press, 2000.

[5] Butterfield N J. Bangiomorpha pubescens n. gen., n. sp.: Implications for the evolution of sex, multicellularity, and the Mesoproterozoic/Neoproterozoic radiation of eukaryotes. Paleobiology, 2000, 26 (3): 386-404.

[6] Wan B, Yuan X, Chen Z, et al. Systematic description of putative animal fossils from the early Ediacaran Lantian Formation of South China. Palaeontology, 2016, 59 (4): 515-532.

[7] Shen B, Dong L, Xiao S, et al. The Avalon explosion: Evolution of Ediacara morphospace. Science,

2008, 319 (5859): 81-84.

[8] Donovan S K, Lewis D N. Fossils explained 35. The Ediacaran biota. Geology Today, 2001, 17 (3): 115-120.

[9] Seilacher A, Grazhdankin D, Legouta A. Ediacaran biota: The dawn of animal life in the shadow of giant protists. Paleontological research, 2003, 7 (1): 43-54.

[10] Müller W E G, Li J, Schröder H C, et al. The unique skeleton of siliceous sponges (Porifera, Hexactinellida and Demospongiae) that evolved first from the Urmetazoa during the Proterozoic: A review. Biogeosciences, 2007, 4 (2): 219-232.

[11] Waggoner B M. Ediacaran Lichens: A Critique. Paleobiology, 1995, 21 (3): 393-397.

[12] Ford T D. Pre-Cambrian fossils from Charnwood Forest. Proceedings of the Yorkshire Geological Society, 1958, 31 (6): 211-217.

[13] Peterson K J, Waggoner B, Hagadorn J W. A fungal analog for Newfoundland Ediacaran fossils? Integrative and Comparative Biology, 2003, 43 (1): 127-136.

[14] Grazhdankin D. Microbial origin of some of the Ediacaran fossils. GSA Annual Meeting, 2011.

[15] Krumbein W E, Brehm U, Gerdes G, et al. Biofilm, biodictyon, biomat microbialites, oolites, stromatolites, geophysiology, global mechanism, parahistology//Krumbein W E, Paterson D M, Zavarzin G A. Fossil and Recent Biofilms: A Natural History of Life on Earth. Netherlands: Kluwer Academic, 2003.

[16] Bailey J V, Corsetti F A, Bottjer D J, et al. Microbially-mediated environmental influences on metazoan colonization of matground ecosystems: Evidence from the lower Cambrian harkless formation. PALAIOS, 2006, 21 (3): 215.

[17] Buss L W, Seilacher A. The Phylum Vendobionta: A sister group of the Eumetazoa? Paleobiology, 1994, 20 (1): 1-4.

[18] International Commission on Stratigraphy. International Chronostratigraphic Chart 2012. www. stratigraphy. org[2020-5-14].

[19] Sedgwick A. On the classification and nomenclature of the Lower Paleozoic rocks of England and Wales. Q. J. Geol. Soc. Lond, 1852, 8: 136-138.

[20] Powell C M, Dalziel I W D, Li Z X, et al. Did Pannotia, the latest Neoproterozoic southern supercontinent, really exist. Eos, Transactions, American Geophysical Union, 1995, 76: 46-72.

[21] Scotese C R. A tale of two supercontinents: The assembly of Rodinia, its break-up, and the formation of Pannotia during the Pan-African event. Journal of African Earth Sciences, 1998, 27 (1A): 171.

[22] Mckerrow W S, Scotese C R, Brasier M D. Early Cambrian continental reconstructions. Journal of the Geological Society, 1992, 149 (4): 593-599.

[23] Smith A G. Neoproterozoic timescales and stratigraphy. Geological Society of London Special Publications, 2009, 326: 27-54.

[24] Brett C E, Allison P A, Desantis M K, et al. Sequence stratigraphy, cyclic facies, and lagerstätten in the Middle Cambrian Wheeler and Marjum Formations, Great Basin, Utah. Palaeogeography Palaeoclimatology Palaeoecology, 2009, 277: 9-33.

[25] Haq B U, Schutter S R. A chronology of Paleozoic sea-level changes. Science, 2008, 322 (5898): 64-68.

[26] Veizer J, Ala D, Azmy K, et al. 87Sr/86Sr, d^{13}C and d^{18}O evolution of Phanerozoic seawater. Chemical Geology, 1999, 161: 59-88.

[27] Royer D L, Berner R A, Montañez I P, et al. CO_2 as a primary driver of Phanerozoic climate. GSA Today, 2004, 14(3): 4-10.

[28] Seilacher A, Hagadorn J W. Early molluscan evolution: evidence from the trace fossil record. PALAIOS, 2010, 25 (9): 565-575.

[29] Retallack G J. Cambrian palaeosols and landscapes of South Australia. Alcheringa, 2008, 55 (8):

1083-1106.

[30] Collette J H, Hagadorn J W. Three-dimensionally preserved arthropods from Cambrian Lagerstatten of Quebec and Wisconsin. Journal of Paleontology, 2010, 84 (4): 646-667.

[31] Collette J H, Gass K C, Hagadorn J W. Protichnites eremita unshelled? Experimental model-based neoichnology and new evidence for a euthycarcinoid affinity for this ichnospecies. Journal of Paleontology, 2012, 86 (3): 442-454.

[32] Getty P R, Hagadorn J W. Reinterpretation of Climactichnites Logan 1860 to include subsurface burrows, and erection of Musculopodus for resting traces of the trailmaker. Journal of Paleontology, 2008, 82 (6): 1161-1172.

[33] Yochelson E L, Fedonkin M A. Paleobiology of climactichnites, and enigmatic late Cambrian fossil. Smithsonian Contributions to Paleobiology, 1993, 74 (74): 1-74.

[34] Dzik J. Anatomy and relationships of the Early Cambrian worm Myoscolex. Zoologica Scripta, 2004, 33 (1): 57-69.

[35] Ward P D. 3 Evolving respiratory systems as a cause of the Cambrian explosion. From: Out of Thin Air: Dinosaurs, Birds, and Earth's Ancient Atmosphere. Pittsburgh: The National Academies Press, 2006.

[36] 蒋志文. "寒武纪爆发"与澄江动物群. 云南地质, 2000, 19(2): 111-120.

[37] 张文堂. 寒武纪生命扩张及澄江动物群的意义. 地学前缘, 1997, 4(3): 117-121.

[38] 陈均远, 周桂琴, 朱茂炎, 等. 澄江动物群——寒武纪大爆发的见证. 台北: 台湾自然科学博物馆出版社, 1996.

[39] 侯先光, 冯向红. 澄江生物化石群. 生物学通报, 1999, 43(12): 6-8.

[40] 韩健, 张兴亮. 前寒武纪海绵记录与云南澄江海绵化石群研究概况. 西北地质, 1999, 32(2): 1-5.

[41] Butterfield N J. Macroevolution and macroecology through deep time. Palaeontology, 2007, 50 (1): 41-55.

[42] 杨凯迪, 赵元龙, 杨兴莲, 等. 寒武纪凯里生物群在贵州镇远竹坪地区的发现. 古生物学报, 2011, 50(2): 176-186.

[43] Shu D G, Conway Morris S, Han J, et al. Head and backbone of the early Cambrian vertebrate Haikouichthys. Nature, 2003, 421 (6922): 526-529.

[44] Nanglu K, Caron J B, Morris S C, et al. Cambrian suspension-feeding tubicolous hemichordates. BMC Biology, 2016, 14(1): 56.

[45] Tassia M G, Cannon J T, Konikoff C E, et al. The global diversity of Hemichordata. PLoS ONE, 2016, 11 (10): e0162564.

[46] Munnecke A, Calner M, Harper D A T, et al. Ordovician and Silurian sea-water chemistry, sea level, and climate: A synopsis. Palaeogeography, Palaeoclimatology, Palaeoecology, 2010, 296 (3-4): 389-413.

[47] Conway Morris S. The Crucible of Creation: The Burgess Shale and the Rise of Animals. Oxford: Oxford University Press, 1998.

[48] Gould S J. Wonderful Life: The Burgess Shale and the Nature of History. New York: W. W. Norton, 1989.

[49] Briggs D E G. Giant predators from the Cambrian of China. Science, 1994, 264 (5163): 1283-1284.

[50] Briggs D E G, Robison R A. Exceptionally preserved nontrilobite arthropods and Anomalocaris from the middle Cambrian of Utah. University of Kansas Paleontological Contributions, 1984, (111).

[51] Briggs D E G, Mount J D. The occurrence of the giant arthropod Anomalocaris in the lower Cambrian of southern California, and the overall distribution of the genus. Journal of Paleontology, 1982, 56 (5): 1112-1118.

[52] Nedin C. Anomalocaris predation on nonmineralized and mineralized trilobites. Geology, 1999, 27 (11): 987-990.

[53] Rohde R A, Muller R A. Cycles in fossil diversity. Nature, 2005, 434 (7030): 208-210.

[54] Seilacher A, Buatoisb L A, Gabriela Mángano M. Trace fossils in the Ediacaran-Cambrian transition: Behavioral diversification, ecological turnover and environmental shift. Palaeogeography Palaeoclimatology Palaeoecology, 2005, 227 (4): 323-356.

[55] Gill B C, Lyons T W, Young S A, et al. Geochemical evidence for widespread euxinia in the later Cambrian ocean. Nature, 2011, 469: 80-83.

[56] Lapworth C. On the tripartite classification of the lower Palaeozoic rocks. Geological Magazine, New Series, 1879, 6: 1-15.

[57] Frakes L A, Francis J E, Syktus J I. Climate Modes of the Phanerozoic. Cambridge: Cambridge Univ. Press, 1992.

[58] Shaviv N, Veizer J. Celestial driver of Phanerozoic climate?. GSA, 2003, 4-10.

[59] Veizer J, Godderis Y, Francois L M. Evidence for decoupling of atmospheric CO_2 and global climate during the Phanerozoic eon. Nature, 2000, 408: 698-701.

[60] Lenton T M, Crouch M, Johnson M, et al. First plants cooled the Ordovician. Nature Geoscience, 2012, 5: 86-89.

[61] Korochantseva E, Trieloff M, Lorenz C, et al. L-chondrite asteroid breakup tied to Ordovician meteorite shower by multiple isochron 40 Ar-39 Ar dating. Meteoritics & Planetary Science, 2007, 42 (1): 113-130.

[62] Schmitz B, Harper D A T, Peucker-Ehrenbrink B, et al. Asteroid breakup linked to the Great Ordovician Biodiversification Event. Nature Geoscience, 2008, 1: 49-53.

[63] Servais T, LehnertO, Li J, et al. The Ordovician biodiversification: Revolution in the oceanic trophic chain. Lethaia, 2008, 41 (2): 99-109.

[64] Trotter J A, Williams I S, Barnes C R, et al. Did cooling oceans trigger Ordovician biodiversification?. Evidence from conodont thermometry. Science, 2008, 321 (5888): 550-554.

[65] Servais T, Owen A W, Harper D A T, et al. The Great Ordovician Biodiversification Event (GOBE): The palaeoecological dimension. Palaeogeography, Palaeoclimatology, Palaeoecology, 2010, 294 (3-4): 99-119.

[66] Droser M L, Finnegan S. The Ordovician radiation: A follow-up to the Cambrian explosion?. Integrative and Comparative Biology, 2003, 43: 178-184.

[67] Dixon D, Jenkins I, Moody R T. Atlas of Life on Earth. New York: Barnes & Noble Books, 2001.

[68] Lindskog A, Costa M M, Rasmussen C M Ø, et al. Refined Ordovician timescale reveals no link between asteroid breakup and biodiversification. Nature Communications, 2017, 8: 14066.

[69] Cooper J D, Miller R H, Patterson J. A Trip Through Time: Principles of Historical Geology. Columbus: Merrill Publishing Company, 1986.

[70] Sansom I J, Smith M M, Smith M P. Scales of thelodont and shark-like fishes from the Ordovician of Colorado. Nature, 1996, 379: 628-630.

[71] Bockelie T, Fortey R A. An early Ordovician vertebrate. Nature, 1976, 260: 36-38.

[72] Flower R H. Status of endoceroid classification. J. Paleon, 1955, 29(3): 327-370.

[73] Teichert C. Endoceratoidea: Treatise on Invertebrate Paleontology. Part K; Geol Soc of America and University of Kansas Press, 1964.

[74] Teichert C, Kummel B. Size of endocerid cephalopods. Breviora Mus. Comp. Zool, 1960, 128: 1-7.

[75] Frey R C. Middle and Upper Ordovician Nautiloid Cephalopods of the Cincinnati Arch Region of Kentucky, Indiana, and Ohio. Commonwealth of Virginia: U. S. Geological Survey, 1995.

[76] A Guide to the Orders of Trilobites. www. trilobites. info[2020-5-14].

[77] Garwood R J, Sharma P P, Dunlop J A, et al. A paleozoic stem group to mite harvestmen revealed through integration of phylogenetics and development. Current Biology, 2014, 24 (9): 1017-1023.

[78] Kröger B, Servais T, Zhang Y. The origin and initial rise of pelagic cephalopods in the Ordovician.

Plos One, 2009, 4 (9): e7262.

[79] Redecker D, Kodner R, Graham L E. Glomalean fungi from the Ordovician. Science, 2000, 289 (5486): 1920-1921.

[80] Melott A L, Lieberman B, Laird C, et al. Did a gamma-ray burst initiate the late Ordovician mass extinction? International Journal of Astrobiology, 2004, 3 (2): 55-61.

[81] Emiliani C. Planet Earth: Cosmology, Geology, & the Evolution of Life & the Environment. Cambridge: Cambridge University Press, 1992.

[82] Zhu M, Yu X, Ahlberg P E, et al. A Silurian placoderm with osteichthyan-like marginal jaw bones. Nature, 2013, 502: 188-193.

[83] Roach J. Jaws, Teeth of Earliest Bony Fish Discovered. National Geographic News, 2007.

[84] Hannibal J T, Lucas S G, Lerner A J, et al. The Permian of Central New Mexico//Lucas S G, Zeigler K E, Spielmann J A. New Mexico Museum of Natural History and Science Bulletin, 2005.

[85] Gould S J, Calloway C B. Clams and brachiopods—ships that pass in the night. Paleobiology, 1980, 6 (4): 383-396.

[86] McKinney F K, Jackson J B C. Bryozoan Evolution. Chicago: University of Chicago Press, 1991.

[87] Wilson M A, Taylor P D. "Pseudobryozoans" and the problem of encruster diversity in the Paleozoic. PaleoBios, 2001, 21 (supplement to no. 2): 134-135.

[88] Vinn O, Mõtus M A. The earliest endosymbiotic mineralized tubeworms from the Silurian of Podolia, Ukraine. Journal of Paleontology, 2008, 82: 409-414.

[89] Vinn O, Wilson M A, Mõtus M A. Symbiotic endobiont biofacies in the Silurian of Baltica. Palaeogeography, Palaeoclimatology, Palaeoecology, 2014, 404: 24-29.

[90] Selden P, Read H. The oldest land animals: Silurian millipedes from Scotland. Bulletin of the British Myriapod & Isopod Group, 2008, 23: 36-37.

[91] Garwood R J, Dunlop J A. Fossils explained: Trigonotarbids. Geology Today, 2010, 26 (1): 34-37.

[92] Edwards D, Feehan J. Records of Cooksonia-type sporangia from late Wenlock strata in Ireland. Nature, 1980, 287 (5777): 41-42.

[93] Rittner D. Encyclopedia of Biology. Infobase Publishing, 2009.

[94] Herron J C, Freeman S. Evolutionary Analysis. 3rd ed. Upper Saddle River, NJ: Pearson Education, 2004.

[95] Lang W H. On the plant-remains from the Downtonian of England and Wales. Philosophical Transactions of the Royal Society B, 1937, 227 (544): 245-291.

[96] Lang W H, Cookson I C. On a flora, including vascular land plants, associated with Monograptus, in rocks of Silurian age, from Victoria, Australia. Philosophical Transactions of the Royal Society of London B, 1935, 224 (517): 421-449.

[97] Hueber F M. A new species of Baragwanathia from the Sextant Formation (Emsian) Northern Ontario, Canada. Botanical Journal of the Linnean Society, 1983, 86 (1-2): 57-79.

[98] Bora L. Principles of Paleobotany. Mittal Publications, 2010.

[99] Niklas K J. Chemical Examinations of Some Non-Vascular Paleozoic Plants. Brittonia, 1976, 28 (1): 113.

[100] Edwards D, Wellman C. 2001. Embryophytes on land: The Ordovician to Lochkovian (Lower Devonian) record// Gensel P, Edwards D. Plants Invade the Land: Evolutionary and Environmental Perspectives. Warren, Oregon: Columbia University Press, 2001.

[101] Niklas K J. An assessment of chemical features for the classification of plant fossils. Taxon, 1979, 28 (5/6): 505.

[102] Munnecke A, Samtleben C, Bickert T. The Ireviken Event in the lower Silurian of Gotland, Sweden-relation to similar Palaeozoic and Proterozoic events. Palaeogeography, Palaeoclimatology,

Palaeoecology, 2003, 195 (1): 99-124.

[103] Jeppsson L, Calner M. The Silurian Mulde Event and a scenario for secundo—secundo events. Earth and Environmental Science Transactions of the Royal Society of Edinburgh, 2007, 93 (2): 135-154.

[104] Urbanek A. Biotic crises in the history of Upper Silurian graptoloids: A palaeobiological model. Historical Biology, 1993, 7: 29-50.

[105] Samtleben C, Munnecke A, Bickert T. Development of facies and C/O-isotopes in transects through the Ludlow of Gotland: Evidence for global and local influences on a shallow-marine environment. Facies, 2000, 43: 1.

[106] Lovett R A. Supercontinent Pangaea Pushed, not Sucked, into Place. National Geographic News, 2008.

[107] Rogers J J W, Santosh M. Continents and Supercontinents. Oxford: Oxford University Press, 2004.

[108] Joachimski M M, Breisig S, Buggisch W F, et al. Devonian climate and reef evolution: Insights from oxygen isotopes in apatite. Earth and Planetary Science Letters, 2009, 284 (3-4): 596-599.

[109] Garwood R J, Dunlop J A. The walking dead: Blender as a tool for paleontologists with a case study on extinct arachnids. Journal of Paleontology, 2014, 88 (4): 735-746.

[110] Engel M S, Grimaldi D A. New light shed on the oldest insect. Nature, 2004, 427: 627-630.

[111] Gess R W. The earliest record of terrestrial animals in Gondwana: A scorpion from the Famennian (Late Devonian) Witpoort Formation of South Africa. African Invertebrates, 2013, 54 (2): 373-379.

[112] Zhang Y Y, Xue J Z, Liu L, et al. Periodicity of reproductive growth in lycopsids: An example from the Upper Devonian of Zhejiang Province, China. Paleoworld, 2016, 25 (1): 12-20.

[113] Gonez P, Gerrienne P. A new definition and a lectotypification of the genus Cooksonia Lang 1937. International Journal of Plant Sciences, 2010, 171 (2): 199-215.

[114] Hueber F M. Rotted wood-alga fungus: The history and life of Prototaxites Dawson 1859. Review of Palaeobotany and Palynology, 2001, 116: 123-159.

[115] Boyce K C, Hotton C L, Fogel M L, et al. Devonian landscape heterogeneity recorded by a giant fungus. Geology, 2007, 35 (5): 399-402.

[116] Graham L E, Cook M E, Hanson D T, et al. Rolled liverwort mats explain major Prototaxites features: Response to commentaries. American Journal of Botany, 2010, 97 (7): 1079-1086.

[117] Taylor T N, Taylor E L, Decombeix A L, et al. The enigmatic Devonian fossil Prototaxites is not a rolled-up liverwort mat: Comment on the paper by Graham et al. (AJB 97: 268-275). American Journal of Botany, 2010, 97 (7): 1074-1078.

[118] Stewart W N, Rothwell G W. Paleobiology and the Evolution of Plants. Cambridge: Cambridge University Press, 1993.

[119] Hogan C M. Fern// Basu S, Cleveland C. Encyclopedia of Earth. Washington DC: National Council for Science and the Environment, 2010.

[120] Algeo T J, Scheckler S E. Terrestrial-marine teleconnections in the Devonian: Links between the evolution of land plants, weathering processes, and marine anoxic events. Philosophical Transactions of the Royal Society B: Biological Sciences, 1998, 353 (1365): 113-130.

[121] Benton M J. Vertebrate Palaeontology. 3rd edition. New York: John Wiley & Sons, Inc, 2005.

[122] Ferrari A, Ferrari A. Sharks. Buffalo: Firefly Books, 2002.

[123] Maisey J G. Voracious Evolution. Natural History, 1998, 107 (5): 38-41.

[124] Palmer D. The Marshall Illustrated Encyclopedia of Dinosaurs and Prehistoric Animals. London: Marshall Editions, 1999.

[125] Narkiewicz K, Narkiewicz M. The age of the oldest tetrapod tracks from Zachełmie, Poland. Lethaia, 2015, 48 (1): 10-12.

[126] Callier V, Clack J A, Ahlberg P E. Contrasting developmental trajectories in the earliest known tetrapod forelimbs. Science, 2009, 324 (5925): 364-367.

[127] Clack J A. Gaining Ground: The Origin and Evolution of Tetrapods. 2nd ed. Bloomington, Indiana,

USA: Indiana University Press, 2012.

[128] Laurin M. How Vertebrates Left the Water. Berkeley, California: University of California Press, 2010.

[129] Niedźwiedzki G, Szrek P, Narkiewicz K, et al. Tetrapod trackways from the early Middle Devonian period of Poland. Nature, 2010, 463 (7277): 43-48.

[130] McGhee Jr G R. 1996. The Late Devonian Mass Extinction: the Frasnian/Famennian Crisis. Warren, Oregon: Columbia University Press, 1996.

[131] Bond D P G, Wignall P B. The role of sea-level change and marine anoxia in the Frasnian-Famennian (Late Devonian) mass extinction. Palaeogeography Palaeoclimatology Palaeoecology, 2008, 263 (3-4): 107-118.

[132] Brezinski D K, Cecil C B, Skema V W, et al. Evidence for long-term climate change in Upper Devonian strata of the central Appalachians. Palaeogeography, Palaeoclimatology, Palaeoecology, 2009, 284 (3-4): 315-325.

[133] Kravchinsky V A, Konstantinov K M, Courtillot V, et al. Palaeomagnetism of East Siberian traps and kimberlites: two new poles and palaeogeographic reconstructions at about 360 and 250 Ma. Geophysical Journal International, 2002, 148: 1-33.

[134] Bond D P G, Wignall P B. Large igneous provinces and mass extinctions: An update. GSA Special Papers, 2014, 505: 29-55.

[135] Raup D, Sepkoski J. Mass extinctions in the marine fossil record. Science, 1982, 215: 1501-1503.

[136] Sepkoski J. A compendium of fossil marine animal genera// Jablonski D, Foote M. Bull. Am. Paleontol. No. 363. Ithaca, NY: Paleontological Research Institution, 2002.

[137] Signor P, Lipps J. Sampling bias, gradual extinction patterns and catastrophes in the fossil record// Silver I, Silver P. Geologic Implications of Impacts of Large Asteroids and Comets on the Earth. Geol. Soc. Amer. Special Paper 190. Boulder Colo, 1982.

[138] Balter V, Renaud S, Girard C, et al. Record of climate-driven morphological changes in 376 Ma Devonian fossils. Geology, 2008, 36 (11): 907.

[139] Sallan L, Galimberti A K. Body-size reduction in vertebrates following the end-Devonian mass extinction. Science, 2015, 350 (6262): 812-815.

[140] Cossey P J, Adams A E. Introduction to British Lower Carboniferous stratigraphy. Geological Conservation Review Series, 2004, 29: 1-12.

[141] Stanley S M. Earth System History. New York: Freeman and Company, 1999.

[142] Hadhazy A. Factor or fiction: The days (and nights) are getting longer. Scientific American, 2010.

[143] Sahney S, Benton M J, Falcon-Lang H J. Rainforest collapse triggered Pennsylvanian tetrapod diversification in Euramerica. Geology, 2010, 38 (12): 1079-1082.

[144] Garwood R, Edgecombe G. Early terrestrial animals, evolution and uncertainty. Evolution, Education, and Outreach, 2011, 4 (3): 489-501.

[145] Smith A R, Pryer K M, Schuettpelz E, et al. A classification for extant ferns. Taxon, 2006, 55 (3): 705-731.

[146] Parker S B. Grolier Concise Encyclopedia of Science and Technology. Volume V. Danbury, Connecticut: Grolier International, 1986.

[147] Blackwell M, Vilgalys R, James T Y, et al. Fungi. Eumycota: Mushrooms, sac fungi, yeast, molds, rusts, smuts, etc. Version 21 February 2008. The Tree of Life Web Project, 2008.

[148] Garwood R J, Sutton M D. X-ray micro-tomography of Carboniferous stem-Dictyoptera: New insights into early insects. Biology Letters, 2010, 6: 699-702.

[149] Garwood R J, Dunlop J A, Sutton M D. High-fidelity X-ray micro-tomography reconstruction of siderite-hosted Carboniferous arachnids. Biology Letters, 2009, 5 (6): 841-844.

[150] Clack J A. East Kirkton and the roots of the modern family tree. Gaining Ground: The Origin and Evolution of Tetrapods. Life of the past. Bloomington: Indiana University Press, 2002.

[151] Beerling D. The Emerald Planet: How Plants Changed Earth's History. Oxford: Oxford University press, 2007.

[152] Chapelle G, Peck L S. Polar gigantism dictated by oxygen availability. Nature, 1999, 399 (6732): 114-115.

[153] Dudley R. Atmospheric oxygen, giant Paleozoic insects and the evolution of aerial locomotion performance. The Journal of Experimental Biology, 1998, 201 (Part 8): 1043-1050.

[154] Than K. Why giant bugs once roamed the earth. National Geographic News, 2011.

[155] Bechly G. Evolution and systematics// Hutchins M, Evans A V, Garrison R W, et al. Grzimek's Animal Life Encyclopedia. 2nd Edition. Volume 3. Insects. Farmington Hills, MI: Gale Group, 2006.

[156] Retrum J B, Kaesler R L. Early Permian Carbonitidae (Ostracoda): Ontogeny, affinity, environment and systematics. Journal of Micropalaeontology, 2005, 24: 179-190.

[157] Gaines R M. Coelophysis. ABDO Publishing Company, 2001.

[158] Johanson Z, Ahlberg P E. Devonian rhizodontids and tristichopterids (Sarcopterygii; Tetrapodomorpha) from East Gondwana. Trans. R. Soc. Earth Sci, 2001, 92: 43-74.

[159] Johanson Z, Ahlberg P E. A complete primitive rhizodont from Australia. Nature, 1998, 394: 569-573.

[160] Jeffery J E. The Carboniferous fish genera Strepsodus and Archichthys (Sarcopterygii: Rhizodontida): clarifying 150 years of confusion. Palaeontology, 2006, 49 (1): 113-132.

[161] Long J A. A new rhizodontiform fish from the Early Carboniferous of Victoria, Australia, with remarks on the phylogenetic position of the group. Journal of Vertebrate Paleontology, 1989, 9 (1): 1-17.

[162] Parker K, Warren A A, Johanson Z. Strepsodus (Rhizodontida, Sarcopterygii) pectoral elements from the Lower Carboniferous Ducabrook Formation, Queensland, Australia. Journal of Vertebrate Paleontology, 2015, 25 (1): 46-62.

[163] Garvey J M, Johanson Z, Warren A A. Redescription of the pectoral fin and vertebral column of the rhizodontid fish Barameda decipiens from the Lower Carboniferous of Australia. Journal of Vertebrate Paleontology, 2005, 25 (1): 8-18.

[164] Brazeau M D. A new genus of Rhizodontid (Sarcopterygii, Tetrapodomorpha) from the Lower Carboniferous Horton Bluff Formation of Nova Scotia, and the evolution of the lower jaws in this group. Canadian Journal of Earth Sciences, 2005, 42 (8): 1481-1499.

[165] Carroll R L. Vertebrate Paleontology and Evolution. New York: WH Freeman & Co, 1988.

[166] Benton M J, Donoghue P C J. Palaeontological evidence to date the tree of life. Molecular biology and evolution, 2006, 24(1): 26-53.

[167] Heckel P H. Pennsylvanian cyclothems in Midcontinent North America as far-field effects of waxing and waning of Gondwana ice sheets. Resolving the Late Paleozoic Ice Age in Time and Space: Geological Society of America Special Paper, 2008, 441: 275-289.

[168] Murchison R I. First sketch of some of the principal results of a second geological survey of Russia. Philosophical Magazine and Journal of Science, series 3, 1841, 19: 417-422.

[169] Benton M J, Sennikov A G, Newell A J. Murchison's first sighting of the Permian, at Vyazniki in 1841. Proceedings of the Giologists' Association, 2010, 121: 313-318.

[170] Sahney S, Benton M J. Recovery from the most profound mass extinction of all time. Proceedings of the Royal Society: Biological, 2008, 275 (1636): 759-765.

[171] Bergstrom C T, Dugatkin L A. Evolution. Norton, 2012.

[172] Benton M J. When Life Nearly Died: The Greatest Mass Extinction of All Time. London: Thames & Hudson, 2005.

[173] Tiwari S K. Fundamentals of World Zoogeography. New Delhi: Sarup & Sons, 2006.

[174] Henry R J. Plant Diversity and Evolution. London: CABI, 2004.

[175] 徐仁, 王秀琴. 地质时期中国各主要地区植物景观. 北京: 科学出版社, 1982.

[176] Zimmerman E C. Insects of Hawaii (Vol. II). Hawaii: Univ. Hawaii Press, 1948.

[177] Riek E F, Kukalova-Peck J. A new interpretation of dragonfly wing venation based on early Upper Carboniferous fossils from Argentina (Insecta: Odonatoida and basic character states in Pterygote wings). Can. J. Zool, 1984, 62: 1150-1160.

[178] Grzimek H C. Grzimek's Animal Life Encyclopedia: Vol 22 Insects. New York: Van Nostrand Reinhold Co, 1975.

[179] Mitchell F L, Lasswell J. A Dazzle of Dragonflies. College Station: Texas A&M University Press, 2005.

[180] Huttenlocker A K, Rega E. The paleobiology and bone microstructure of pelycosaurian-grade synapsids// Chinsamy A. Forerunners of Mammals: Radiation, Histology, Biology. Indiana: Indiana University Press, 2012.

[181] Huttenlocker A K. An investigation into the cladistic relationships and monophyly of therocephalian therapsids (Amniota: Synapsida). Zoological Journal of the Linnean Society, 2009, 157: 865-891.

[182] Huttenlocker A K, Sidor C A, Smith R M H. A new specimen of Promoschorhynchus (Therapsida: Therocephalia: Akidnognathidae) from the lowermost Triassic of South Africa and its implications for therocephalian survival across the Permo-Triassic boundary. Journal of Vertebrate Paleontology, 2011, 31: 405-421.

[183] Olson E C. Parallelism in the evolution of the Permian reptilian faunas of the Old and New Worlds. Fieldiana, 1955, 37 (13): 385-401.

[184] Olson E C, Beerbower J R. The San Angelo Formation, Permian of Texas, and its vertebrates. The Journal of Geology, 1953, 61 (5): 389-423.

[185] Turner M L, Tsuji L A, Ide O, et al. The vertebrate fauna of the upper Permian of Niger-IX. The appendicular skeleton of Bunostegos akokanensis (Parareptilia: Pareiasauria). Journal of Vertebrate Paleontology, 2015, 35 (6): DOI: 10.1080/02724634.2014.994746.

[186] Kriloff A, Germain D, Canoville A, et al. Evolution of bone microanatomy of the tetrapod tibia and its use in palaeobiological inference. Journal of Evolutionary Biology, 2008, 21 (3): 807-826.

[187] Tabor N J, Smith R M H, Steyer J S B, et al. The Permian Moradi Formation of northern Niger: Paleosol morphology, petrography and mineralogy. Palaeogeography, Palaeoclimatology, Palaeoecology, 2011, 299: 200-213.

[188] Levy D L, Heald R. Biological scaling problems and solutions in amphibians. Cold Spring Harbor Perspectives in Biology, 2015, 8 (1): a019166.

[189] Burgess S D. High-precision timeline for Earth's most severe extinction. Nature, 2014, 111 (9): 3316-3321.

[190] Jin Y G, Wang Y, Wang W, et al. Pattern of marine mass extinction near the Permian-Triassic boundary in South China. Science, 2000, 289 (5478): 432-436.

[191] Labandeira C C, Sepkoski J J. Insect diversity in the fossil record. Science, 1993, 261 (5119): 310-315.

[192] Sole R V, Newman M. Extinctions and biodiversity in the fossil record// Canadell J G, Mooney H A. Encyclopedia of Global Environmental Change, The Earth System—Biological and Ecological Dimensions of Global Environmental Change. Volume 2, eds. New York: Wiley, 2003.

[193] Knoll A H. Biomineralization and evolutionary history. Reviews in Mineralogy and Geochemistry, 2003, 54 (1): 329-356.

[194] Leighton L R, Schneider C L. Taxon characteristics that promote survivorship through the Permian-Triassic interval: Transition from the Paleozoic to the Mesozoic brachiopod fauna. Paleobiology, 2008, 34 (1): 65-79.

[195] Knoll A H, Bambach R K, Canfield D E, et al. 1996. Comparative earth history and late Permian mass extinction. Science, 273 (5274): 452-457.

[196] Payne J L, Lehrmann D J, Wei J, et al. Large perturbations of the carbon cycle during recovery from the End-Permian extinction. Science, 2004, 305 (5683): 506-509.

[197] Saunders W B, Greenfest-Allen E, Work D M, et al. Morphologic and taxonomic history of Paleozoic ammonoids in time and morphospace. Paleobiology, 2008, 34 (1): 128-154.

[198] Wagner P J, Kosnik M A, Lidgard S. Abundance distributions imply elevated complexity of post-Paleozoic marine ecosystems. Science, 2006, 314 (5803): 1289-1292.

[199] Clapham M E, Bottjer D J, Shen S. Decoupled diversity and ecology during the end-Guadalupian extinction (late Permian). Geological Society of America Abstracts with Programs, 2006, 38 (7): 117.

[200] Erwin D H. The Great Paleozoic Crisis; Life and Death in the Permian. Warren, Oregon: Columbia University Press, 1993.

[201] Maxwell W D. Permian and early Triassic extinction of non-marine tetrapods. Palaeontology, 1992, 35: 571-583.

[202] Erwin D H. The End-Permian mass extinction. Annual Review of Ecology and Systematics, 1990, 21: 69-91.

[203] McElwain J C, Punyasena S W. Mass extinction events and the plant fossil record. Trends in Ecology & Evolution, 2007, 22 (10): 548-557.

[204] Retallack G J. Permian-Triassic life crisis on land. Science, 1995, 267 (5194): 77-80.

[205] Looy C V, Twitchett R J, Dilcher D L, et al. Life in the end-Permian dead zone. Proceedings of the National Academy of Sciences, 2005, 98 (4): 7879-7883.

[206] Looy C V, Brugman W A, Dilcher D L, et al. The delayed resurgence of equatorial forests after the Permian-Triassic ecologic crisis. Proceedings of the National Academy of Sciences of the United States of America, 1999, 96 (24): 13857-13862.

[207] Cascales-Miñana B, Cleal C J. Plant fossil record and survival analyses. Lethaia, 2011, 45 (1): 71-82.

[208] Yin H F, Sweets W C, Yang Z Y, et al. Permo-Triassic events in the eastern Tethys-an overview// Sweet W C. Permo-Triassic Events in the Eastern Tethys: Stratigraphy, Classification, and Relations with the Western Tethys. Cambridge: Cambridge University Press, 1992.

[209] Yin H, Zhang K, Tong J, et al. The global stratotype section and point (GSSP) of the Permian-Triassic boundary. China Basic Science, 2001, 24 (2): 102-114.

[210] Retallack G J, Seyedolali A, Krull E S, et al. Search for evidence of impact at the Permian-Triassic boundary in Antarctica and Australia. Geology, 1998, 26 (11): 979-982.

[211] Becker L, Poreda R J, Basu A R, et al. Bedout: A possible end-Permian impact crater offshore of northwestern Australia. Science, 2004, 304 (5676): 1469-1476.

[212] Becker L, Poreda R J, Hunt A G, et al. Impact event at the Permian-Triassic boundary: Evidence from extraterrestrial noble gases in fullerenes. Science, 2001, 291 (5508): 1530-1533.

[213] Basu A R, Petaev M I, Poreda R J, et al. Chondritic meteorite fragments associated with the Permian-Triassic boundary in Antarctica. Science, 2003, 302 (5649): 1388-1392.

[214] Farley K A, Mukhopadhyay S, Isozaki Y, et al. An extraterrestrial impact at the Permian-Triassic boundary? Science, 2001, 293 (5539): 2343a.

[215] Isbell J L, Askin R A, Retallack G R. Search for evidence of impact at the Permian-Triassic boundary in Antarctica and Australia, discussion and reply. Geology, 1999, 27 (9): 859-860.

[216] Koeberl K, Farley K A, Peucker-Ehrenbrink B, et al. Geochemistry of the end-Permian extinction event in Austria and Italy: No evidence for an extraterrestrial component. Geology, 2004, 32 (12): 1053-1056.

[217] Koeberl C, Gilmour I, Reimold W U, et al. End-Permian catastrophe by bolide impact: Evidence of a gigantic release of sulfur from the mantle: Comment and reply. Geology, 2002, 30 (9): 855-856.

[218] White R V. Earth's biggest 'whodunnit': Unravelling the clues in the case of the end-Permian mass extinction. Phil. Trans. Royal Society of London, 2002, 360 (1801): 2963-2985.

[219] Tohver E, Lana C, Cawood P A, et al. Geochronological constraints on the age of a Permo-Triassic impact event: U-Pb and 40Ar/39Ar results for the 40 km Araguainha structure of central Brazil. Geochimica et Cosmochimica Acta, 2012, 86: 214-227.

[220] Zhou M F, Malpas J, Song X Y, et al. A temporal link between the Emeishan large igneous province (SW China) and the end-Guadalupian mass extinction. Earth and Planetary Science Letters, 2002, 196 (3-4): 113-122.

[221] Wignall P B, Sun Y, Bond D P G, et al. Volcanism, mass extinction, and carbon isotope fluctuations in the middle Permian of China. Science, 2009, 324 (5931): 1179-1182.

[222] Saunders A, Reichow M. The Siberian Traps and the end-Permian mass extinction: A critical review. Chinese Science Bulletin (Springer), 2009, 54 (1): 20-37.

[223] Reichow M K, Pringle M S, Al'Mukhamedov A I, et al. The timing and extent of the eruption of the Siberian Traps large igneous province: Implications for the end-Permian environmental crisis. Earth and Planetary Science Letters, 2009, 277: 9-20.

[224] Kamo S L. Rapid eruption of Siberian flood-volcanic rocks and evidence for coincidence with the Permian-Triassic boundary and mass extinction at 251 Ma. Earth and Planetary Science Letters, 2003, 214: 75-91.

[225] Reichow M K, Saunders A D, White R V, et al. ^{40}Ar/^{39}Ar Dates from the West Siberian Basin: Siberian flood basalt province doubled. Science, 2002, 296 (5574): 1846-1849.

[226] Holser W T, Schoenlaub H P, Attrep Jr M, et al. A unique geochemical record at the Permian/Triassic boundary. Nature, 1989, 337 (6202): 39-44.

[227] Wignall P B, Twitchett R J. Extent, duration, and nature of the Permian-Triassic superanoxic event. Geological Society of America Special Papers, 2002, 356: 395-413.

[228] Sun Y, Joachimski M M, Wignall P B, et al. 2012. Lethally hot temperatures during the early Triassic greenhouse. Science, 2012, 338 (6105): 366-370.

[229] Dell'Amore C. "Lethally hot" earth was devoid of life-Could it happen again? National Geographic News, 2012.

[230] Preto N, Kustatscher E, Wignall P B. Triassic climates—State of the art and perspectives. Palaeogeography, Palaeoclimatology, Palaeoecology, 2010, 290: 1-10.

[231] Foote M. Morphological diversity in the evolutionary radiation of Paleozoic and post-Paleozoic crinoids. Paleobiology, 1999, 25 (sp1): 1-116.

[232] Shen S, Shi G R. Paleobiogeographical extinction patterns of Permian brachiopods in the Asian-western Pacific region. Paleobiology, 2002, 28 (4): 449-463.

[233] Botha J, Smith R M H. Lystrosaurus species composition across the Permo-Triassic boundary in the Karoo Basin of South Africa. Lethaia, 2007, 40 (2): 125-137.

[234] Gower D J, Sennikov A G. Early archosaurs from Russia// Benton M J, Shishkin M A, Unwin D M, et al. The Age of Dinosaurs in Russia and Mongolia. Cambridge: Cambridge University Press, 2003.

[235] Smith R M H, Botha J. The recovery of terrestrial vertebrate diversity in the South African Karoo Basin after the End-Permian extinction and it disappeared completely soon after. Comptes Rendus Palevol, 2005, 4: 555-568.

[236] Ward P D, Botha J, Buick R, et al. Abrupt and gradual extinction among Late Permian land vertebrates in the Karoo Basin, South Africa. Science, 2005, 307: 709-714.

[237] Damiani R J, Neveling J, Modesto S P, et al. Barendskraal, a diverse amniote locality from the Lystrosaurus assemblage zone, Early Triassic of South Africa. Palaeontologia Africana, 2004, 39: 53-62.

[238] Yates A M, Warren A A. The phylogeny of the 'higher' temnospondyls (Vertebrata: Choanata) and its implications for the monophyly and origins of the Stereospondyli. Zoological Journal of the Linnean Society, 2000, 128 (1): 77-121.

[239] Moisan P, Voigt S. Lycopsids from the Madygen Lagerstätte (Middle to Late Triassic, Kyrgyzstan, Central Asia). Review of Palaeobotany and Palynology, 2013, 192: 42-64.

[240] Vinn O, Mutvei H. Calcareous tubeworms of the Phanerozoic. Estonian Journal of Earth Sciences, 2009, 58 (4): 286-296.

[241] Zaton M, Vinn O. Microconchids and the rise of modern encrusting communities. Lethaia, 2011, 44: 5-7.

[242] Rieppel O. Feeding mechanisms in Triassic stem-group sauropterygians: The anatomy of a successful invasion of Mesozoic seas. Zoological Journal of the Linnean Society, 2002, 135: 33-63.

[243] Naish D. Fossils explained 48. Placodonts. Geology Today, 2004, 20 (4): 153-158.

[244] Li C, Rieppel O, Long C, et al. The earliest herbivorous marine reptile and its remarkable jaw apparatus. Science Advances, 2016, 2 (5): e1501659.

[245] Maisch M W. Phylogeny, systematics, and origin of the Ichthyosauria-the state of the art. Palaeodiversity, 2010, 3: 151-214.

[246] Merriam J C. The Thalattosauria: A group of marine reptiles from the Triassic of California. Memoirs of the California Academy of Sciences, 1905, 5 (1): 1-52.

[247] Nicholls E L, Manabe M. A new genus of ichthyosaur from the Late Triassic Pardonet Formation of British Columbia: Bridging the Triassic-Jurassic gap. Canadian Journal of Earth Sciences, 2001, 38 (6): 983-1002.

[248] Rieppel O, Liu J, Bucher B. The first record of a thalattosaur reptile from the Late Triassic of Southern China (Guizhou Province P R China). Journal of Vertebrate Paleontology, 2000, 20 (3): 507-514.

[249] Palmer D, Barrett P. Evolution: The Story of Life. London, Britain: The Natural History Museum, 2009.

[250] Schoch R R. Comparative osteology of Mastodonsaurus giganteus (Jaeger, 1828) from the Middle Triassic (Lettenkeuper: Longobardian) of Germany (Baden-Württemberg, Bayern, Thüringen). Stuttgarter Beiträge zur Naturkunde Serie B, 1999, 278: 1-175.

[251] Mateus O, Clemmensen L, Klein N, et al. The Late Triassic of Jameson Land revisited: New vertebrate findings and the first phytosaur from Greenland. Journal of Vertebrate Paleontology. Program and Abstracts, 2014.

[252] Li C, Wu X C, Rieppel O, et al. An ancestral turtle from the Late Triassic of southwestern China. Nature, 2008, 456 (7221): 497-501.

[253] Ruben J A, Jones T D. Selective factors associated with the origin of fur and feathers. American Zoologist, 2000, 40 (4): 585-596.

[254] Deenen M H L, Ruhl M, Bonis N R, et al. A new chronology for the end-Triassic mass extinction. EPSL, 2010, 291 (1-4): 113-125.

[255] Whiteside J H, Olsen P E, Eglinton T, et al. Compound-specific carbon isotopes from Earth's largest flood basalt eruptions directly linked to the end-Triassic mass extinction. PNAS, 2010, 107 (15): 6721-6725.

[256] Baier J. Der Geologische Lehrpfad am Kirnberg (Keuper, SW-Deutschland). - Jber. Mitt. Oberrhein. Jahresberichte und Mitteilungen des Oberrheinischen Geologischen Vereins, 2011, 93: 9-26.

[257] Ryder G, Fastovsky D E, Gartner S. The Cretaceous-Tertiary Event and Other Catastrophes in Earth History. Boulder: Geological Society of America, 1996.

[258] Nomade S, Knight K B, Beutel E, et al. Chronology of the Central Atlantic Magmatic Province: Implications for the central Atlantic rifting processes and the Triassic-Jurassic biotic crisis. Palaeogeography, Palaeoclimatology, Palaeoecology, 2007, 244 (1-4): 326-344.

[259] Marzoli A, Renne P R, Piccirillo E M, et al. Extensive 200-million-year-old continental flood basalts of the Central Atlantic Magmatic Province. Science, 1999, 284: 618-620.

[260] Tanner L H, Hubert J F, Coffey B P, et al. Stability of atmospheric CO_2 levels across the

Triassic/Jurassic boundary. Nature, 2001, 411 (6838): 675-677.

[261] Blackburn T J, Olsen P E, Bowring S A, et al. Zircon U-Pb geochronology links the End-Triassic Extinction with the Central Atlantic Magmatic Province. Science, 2013, 340 (6135): 941-945.

[262] Schmieder M, Buchner E, Schwarz W H, et al. A Rhaetian ^{40}Ar/^{39}Ar age for the Rochechouart impact structure (France) and implications for the latest Triassic sedimentary record. Meteoritics & Planetary Science, 2010, 45 (8): 1225-1242.

[263] Smith R. Dark days of the Triassic: Lost world. Nature, 2011, 479 (7373): 287-289.

[264] Quan T M, Van de Schootbrugge B, Field M P, et al. Nitrogen isotope and trace metal analyses from the Mingolsheim core (Germany): Evidence for redox variations across the Triassic-Jurassic boundary. Global Biogeochemical Cycles, 2008, 22(2): DOI:10.1029/2007GB002981.

[265] Hautmann M, Benton M J, Toma A. Catastrophic ocean acidification at the Triassic-Jurassic boundary. Neues Jahrbuch für Geologie und Paläontologie, 2008, 249: 119-127.

[266] Vennari V V, Lescano M, Naipauer M, et al. New constraints on the Jurassic-Cretaceous boundary in the High Andes using high-precision U-Pb data. Gondwana Research, 2014, 26: 374-385.

[267] Kazlev M A. Palaeos - Life Through Deep Time. www. Palaeos. com[2017-5-12].

[268] Haines T. Walking with Dinosaurs: A Natural History. New York: Dorling Kindersley Publishing, Inc, 2000.

[269] Behrensmeyer D J D, DiMichele W A, Potts R, et al. Terrestrial Ecosystems through Time: The Evolutionary Paleoecology of Terrestrial Plants and Animals. Chicago: University of Chicago Press, 1992.

[270] Gillette D D. Seismosaurus: The Earth Shaker. Warren, Oregon: Columbia University Press, 1994.

[271] Carpenter K. Biggest of the big: A critical re-evaluation of the mega-sauropod Amphicoelias fragillimus// Foster J R, Lucas S G. Paleontology and Geology of the Upper Jurassic Morrison Formation. New Mexico Museum of Natural History and Science Bulletin, 2006.

[272] Feduccia A. The Origin and Evolution of Birds. New Haven: Yale University Press, 1996.

[273] Witmer L M, Chatterjee S, Franzosa J, et al. Neuroanatomy of flying reptiles and implications for flight, posture and behaviour. Nature, 2003, 425 (6961): 950-953.

[274] Erickson G M, Rauhut O W M, Zhou Z, et al. Was dinosaurian physiology inherited by birds? Reconciling slow growth in Archaeopteryx. PLoS ONE, 2009, 4 (10): e7390.

[275] Schmitz L, Motani R. Nocturnality in dinosaurs inferred from scleral ring and orbit morphology. Science, 2011, 332 (6030): 705-708.

[276] Ostrom J H. Archaeopteryx and the origin of birds. Biological Journal of the Linnean Society, 1976, 8 (2): 91-182.

[277] Gregory P S. Dinosaurs of the Air: The Evolution and Loss of Flight in Dinosaurs and Birds. Baltimore: Johns Hopkins University Press, 2002.

[278] Feduccia A. Evidence from claw geometry indicating arboreal habits of Archaeopteryx. Science, 1993, 259 (5096): 790-793.

[279] Luo Z X, Yuan C X, Meng Q J, et al. A Jurassic eutherian mammal and divergence of marsupials and placentals. Nature, 2011, 476 (7361): 442-445.

[280] Ji Q, Luo Z X, Yuan C X, et al. The earliest known eutherian mammal. Nature, 2002, 416 (6883): 816-822.

[281] Motani R. Rulers of the Jurassic Seas. Scientific American, 2000, 283 (6): 52.

[282] Wings O, Rabi M, Schneider J W, et al. An enormous Jurassic turtle bone bed from the Turpan Basin of Xinjiang, China. Naturwissenschaften: The Science of Nature, 2012, 114: 925-935.

[283] Wignall P B, Anthony H. Mass Extinctions and Their Aftermath. Oxford: Oxford University Press, 1997.

[284] Zharkov M A, Murdmaa I O, Filatova N I. Paleogeography of the Berriasian-Barremian Ages of the

early Cretaceous. Strat. Geol. Corr, 1998, 6: 47-69.

[285] Alley N F, Frakes L A. First known Cretaceous glaciation: Livingston Tillite Member of the Cadnaowie Formation, South Australia. Australian Journal of Earth Sciences, 2003, 50 (2): 139.

[286] Frakes L A, Francis J E. A guide to Phanerozoic cold polar climates from high-latitude ice-rafting in the Cretaceous. Nature, 1988, 333 (6173): 547.

[287] Bornemann N R D, Friedrich O, Beckmann B, et al. Isotopic evidence for glaciation during the Cretaceous supergreenhouse. Science, 2008, 319 (5860): 189-192.

[288] Skinner B J, Porter S C. The Dynamic Earth: An Introduction to Physical Geology. 3rd ed. New York: John Wiley & Sons, Inc, 1995.

[289] McLoughlin S, Carpenter R J, Pott C. Ptilophyllum muelleri (Ettingsh.) comb. nov. from the Oligocene of Australia: Last of the Bennettitales? International Journal of Plant Sciences, 2011, 172: 574-585.

[290] Speer B R. Introduction to the Bennettitales. http: //www. ucmp. berkeley. edu/seedplants/bennettitales. html[2020-2-13].

[291] Sadava D, Heller H C, Orians G H, et al. Life: The Science of Biology. London: Macmillan, 2006.

[292] Poinar Jr G. Fossil palm flowers in Dominican and Baltic amber. Bot. J. Linn. Soc, 2002, 139 (4): 361-367.

[293] Piperno D R, Hans-Dieter S. Dinosaurs dined on grass. Science, 2005, 310 (5751): 1126-1128.

[294] Kielan-Jaworowska Z, Cifelli R L, Luo Z X. 2004. Mammals from the Age of Dinosaurs: Origins, Evolution, and Structure. Warren, Oregon: Columbia University Press, 2004.

[295] Gordon C L. A first look at estimating body size in dentally conservative marsupials. Journal of Mammalian Evolution, 2003, 10: 1-21.

[296] Fox R C. Studies of Late Cretaceous vertebrates. III. A triconodont mammal from Alberta. Canadian Journal of Zoology, 2011, 47 (6): 1253-1256.

[297] Elżanowski A, Wellnhofer P. Skull of Archaeornithoides from the Upper Cretaceous of Mongolia. American Journal of Science, 1993, 293: 235-252.

[298] Lofgren D L. Upper premolar configuration of Didelphodon vorax (Mammalia, Marsupialia, Stagodontidae). Journal of Paleontology, 1992, 66: 162-164.

[299] Halliday T J D, Upchurch P, Goswami A. Eutherians experienced elevated evolutionary rates in the immediate aftermath of the Cretaceous-Palaeogene mass extinction. Proceedings of The Royal Society B: Biological Sciences, 2016, 183(1833).

[300] Dodson P. The Horned Dinosaurs. Princeton, New Jersey: Princeton University Press, 1996.

[301] Scannella J, Horner J R. Torosaurus Marsh, 1891, is Triceratops Marsh, 1889 (Ceratopsidae): Chasmosaurinae): synonymy through ontogeny. Journal of Vertebrate Paleontology, 2010, 30 (4): 1157-1168.

[302] Wilton M P. Pterosaurs: Natural History, Evolution, Anatomy. Princeton: Princeton University Press, 2013.

[303] Therrien F, Henderson D M. My theropod is bigger than yours... or not: Estimating body size from skull length in theropods. Journal of Vertebrate Paleontology, 2007, 27 (1): 108-115.

[304] Hutchinson J R, Bates K T, Molnar J, et al. A computational analysis of limb and body dimensions in Tyrannosaurus rex with implications for locomotion, ontogeny, and growth. PLoS ONE, 2011, 6 (10): e26037.

[305] Aidan M R. Biology of Sharks and Rays. http: //www. elasmo-research. org/education/evolution/ origin_modern. htm[2020-2-13].

[306] Helfman G, Collette B B, Facey D E, et al. The Diversity of Fishes: Biology, Evolution, and Ecology. 2nd ed. New Jersey Wiley: Wiley-Blackwell, 2009.

[307] Field D J, LeBlanc A, Gaul A, et al. Pelagic neonatal fossils support viviparity and precocial life

history of Cretaceous mosasaurs. Palaeontology, 2015, 58: 401-407.

[308] Grigoriev D W. Giant Mosasaurus hoffmanni (Squamata, Mosasauridae) from the Late Cretaceous (Maastrichtian) of Penza, Russia. Proceedings of the Zoological Institute RAS, Russia, 2014, 318 (2): 148-167.

[309] Lindgren J, Kaddumi H F, Polcyn M J. Soft tissue preservation in a fossil marine lizard with a bilobed tail fin. Nature Communications, 2013, 4: 2423.

[310] Martin L D, Kurochkin E N, Tokaryk T T. A new evolutionary lineage of diving birds from the Late Cretaceous of North America and Asia. Palaeoworld, 2012, 21(1): 59-63.

[311] Gregory J T. The jaws of the Cretaceous toothed birds, Ichthyornis and Hesperornis. Condor, 1952, 54 (2): 73-88.

[312] Gingerich P D. Skull of Hesperornis and the early evolution of birds. Nature, 1973, 243 (5402): 70-73.

[313] Bell A, Chiappe L M. A species-level phylogeny of the Cretaceous Hesperornithiformes (Aves: Ornithuromorpha): Implications for body size evolution amongst the earliest diving birds. Journal of Systematic Palaeontology, 2016, 14(3): 239-251.

[314] Chinsamy A, Martin L D, Dobson P. Bone microstructure of the diving Hesperornis and the volant Ichthyornis from the Niobrara Chalk of western Kansas. Cretaceous Research, 1998, 19 (2): 225-235.

[315] Harwood D M, Nikolaev V A, Winter D M. Cretaceous record of diatom evolution, radiation, and expansion. Paleontological Society Papers, 2007, 13: 33-59.

[316] Kooistra W H C F, Medlin L K. Evolution of the diatoms (Bacillariophyta). Molecular Phylogenetics and Evolution, 1996, 6 (3): 391-407.

[317] Renne P R, Deino A L, Hilgen F J, et al. Time scales of critical events around the Cretaceous-Paleogene boundary. Science, 2013, 339 (6120): 684-687.

[318] Mukhopadhyay S, Farley K A, Montanari A. A short duration of the Cretaceous-Tertiary boundary event: Evidence from extraterrestrial Helium-3. Science, 2001, 291 (5510): 1952-1955.

[319] Fortey R A. Life: A Natural History of the First Four Billion Years of Life on Earth. Vintage, 1998: 238-260.

[320] Muench D, Muench M, Gilders M A. Primal Forces. Portland: Graphic Arts Center Publishing, 2000.

[321] Nichols D J, Johnson K R. Plants and the K-T Boundary. Cambridge: Cambridge University Press, 2008.

[322] Longrich N R, Tokaryk T, Field D J. Mass extinction of birds at the Cretaceous-Paleogene (K-Pg) boundary. Proceedings of the National Academy of Sciences, 2011, 108 (37): 15253-15257.

[323] Longrich N R, Bhullar B A S, Gauthier J A. Mass extinction of lizards and snakes at the Cretaceous-Paleogene boundary. Proc. Natl. Acad. Sci. U. S. A, 2012, 109 (52): 21396-21401.

[324] Labandeira C C, Johnson K R, Lang P. Preliminary assessment of insect herbivory across the Cretaceous-Tertiary boundary: Major extinction and minimum rebound// Hartman J H, Johnson K R, Nichols D J. The Hell Creek Formation and the Cretaceous-Tertiary Boundary in the Northern Great Plains: An Integrated Continental Record of the End of the Cretaceous. Boulder: Geological Society of America, 2002.

[325] Rehan S M, Leys R, Schwarz M P. First evidence for a massive extinction event affecting bees close to the K-T boundary. PLoS ONE, 2013, 8 (10): e76683.

[326] O'Keefe F R. A cladistic analysis and taxonomic revision of the Plesiosauria (Reptilia: Sauropterygia). Acta Zoologica Fennica, 2001, 213: 1-63.

[327] Jablonski D, Chaloner W G. Extinctions in the fossil record (and discussion). Philosophical Transactions of the Royal Society of London, Series B, 1994, 344 (1307): 11-17.

[328] Friedman M. Ecomorphological selectivity among marine teleost fishes during the end-Cretaceous extinction. PNAS, 2009, 106 (13): 5218-5223.

[329] Chatterjee S, Small B J. New plesiosaurs from the Upper Cretaceous of Antarctica. Geological Society,

London, Special Publications, 1989, 47 (1): 197-215.

[330] Bakker R T. Plesiosaur extinction cycles — Events that mark the beginning, middle and end of the Cretaceous// Caldwell W G E, Kauffman E G. Evolution of the Western Interior Basin. Ottawa: Geological Association of Canada, 1993.

[331] Archibald J D, Bryant L J. Differential Cretaceous-Tertiary extinction of nonmarine vertebrates, evidence from northeastern Montana// Sharpton V L, Ward P D. Global Catastrophes in Earth History: An Interdisciplinary Conference on Impacts, Volcanism, and Mass Mortality. Boulder: Geological Society of America, 1990, 247: 549-562.

[332] Estes R. Fossil vertebrates from the Late Cretaceous Lance Formation, Eastern Wyoming. University of California Publications, Department of Geological Sciences, 1964, 49: 1-180.

[333] Gardner J D. Albanerpetontid amphibians from the Upper Cretaceous (Campanian and Maastrichtian) of North America. Geodiversitas, 2000, 22 (3): 349-388.

[334] Sheehan P M, Fastovsky D E. Major extinctions of land-dwelling vertebrates at the Cretaceous-Tertiary boundary, Eastern Montana. Geology, 1992, 20 (6): 556-560.

[335] MacLeod N, Rawson P F, Forey P L, et al. The Cretaceous-Tertiary biotic transition. Journal of the Geological Society, 1997, 154 (2): 265-292.

[336] Novacek M J. 100 million years of land vertebrate evolution: The Cretaceous-Early Tertiary transition. Annals of the Missouri Botanical Garden, 1999, 86 (2): 230-258.

[337] Hou L, Martin M, Zhou Z, et al. Early adaptive radiation of birds: Evidence from fossils from Northeastern China. Science, 1996, 274 (5290): 1164-1167.

[338] Chiappe L M. Glorified Dinosaurs: The Origin and Early Evolution of Birds. New York: John Wiley& Sons, Inc, 2007.

[339] Chiappe L M, Walker C A. Skeletal morphology and systematics of the Cretaceous Euenantiornithes (Ornithothoraces: Enantiornithes)// Chiappe L M, Witmer L M. Mesozoic Birds: Above the Heads of Dinosaurs. Berkeley, California: University of California Press, 2002.

[340] O'Connor J K, Chiappe L M, Gao C, et al. Anatomy of the Early Cretaceous enantiornithine bird Rapaxavis pani. Acta Palaeontologica Polonica, 2011, 56 (3): 463-475.

[341] Robertson D S, McKenna M C, Toon O B, et al. Survival in the first hours of the Cenozoic. GSA Bulletin, 2004, 116 (5-6): 760-768.

[342] Goin F J, Reguero M A, Pascual R, et al. First gondwanatherian mammal from Antarctica. Geological Society, London, Special Publications, 2006, 258: 135-144.

[343] Gelfo J N, Pascual R. Peligrotherium tropicalis (Mammalia, Dryolestida) from the early Paleocene of Patagonia, a survival from a Mesozoic Gondwanan radiation. Geodiversitas, 2001, 23: 369-379.

[344] McKenna M C, Bell S K. Classification of Mammals: Above the Species Level. Warren, Oregon: Columbia University Press, 1997.

[345] Archibald D, Fastovsky D. Dinosaur extinction// Weishampel D B, Dodson P, Osmólska H. The Dinosauria. 2nd ed. Berkeley, California: University of California Press, 2004.

[346] Wood D J. The Extinction of the Multituberculates outside North America: A Global Approach to Testing the Competition Model. Columbus: The Ohio State University, 2010.

[347] Alvarez L W, Alvarez W, Asaro F, et al. Extraterrestrial cause for the Cretaceous-Tertiary extinction. Science, 1980, 208 (4448): 1095-1108.

[348] Bohor B F, Foord E E, Modreski P J, et al. Mineralogic evidence for an impact event at the Cretaceous-Tertiary boundary. Science, 1984, 224 (4651): 869.

[349] Bohor B F, Modreski P J, Foord E E. Shocked quartz in the Cretaceous-Tertiary boundary clays: Evidence for a global distribution. Science, 1987, 236 (4802): 705-709.

[350] Smit J, Klaver J. Sanidine spherules at the Cretaceous-Tertiary boundary indicate a large impact event. Nature, 1981, 292 (5818): 47-49.

[351] Hildebrand A R, Penfield G T, Kring D A, et al. Chicxulub crater: A possible Cretaceous/Tertiary boundary impact crater on the Yucatán peninsula, Mexico. Geology, 1991, 19 (9): 867-871.

[352] Schulte P, Alegret L, Arenillas I, et al. The Chicxulub asteroid impact and mass extinction at the Cretaceous-Paleogene boundary. Science, 2010, 327 (5970): 1214-1218.

[353] Pope K O, D'Hondt S L, Marshall C R. Meteorite impact and the mass extinction of species at the Cretaceous/Tertiary boundary. PNAS, 1998, 95 (19): 11028-11029.

[354] Robertson D S, Lewis W M, Sheehan P M, et al. K/Pg extinction: Re-evaluation of the heat/fire hypothesis. Journal of Geophysical Research: Biogeosciences, 2013, 118 (1): 329-336.

[355] Vellekoop J, Sluijs A, Smit J, et al. Rapid short-term cooling following the Chicxulub impact at the Cretaceous-Paleogene boundary. Proceedings of the National Academy of Sciences, 2013, 111: 7537-7541.

[356] Ocampo A, Vajda V, Buffetaut E. Unravelling the Cretaceous-Paleogene (K-T) turnover, evidence from flora, fauna and geology in biological processes associated with impact events//Cockell C, Gilmour I, Koeberl C. Biological Processes Associated with Impact Events. Berlin Heidelberg: SpringerLink, 2006.

[357] Ohno S, Kadono T, Kurosawa K, et al. Production of sulphate-rich vapour during the Chicxulub impact and implications for ocean acidification. Nature Geoscience, 2014, 7: 279-282.

[358] Keller G, Adatte T, Stinnesbeck W, et al. Chicxulub impact predates the K-T boundary mass extinction. PNAS, 2004, 101 (11): 3753-3758.

[359] Morgan J, Lana C, Kersley A, et al. Analyses of shocked quartz at the global K-P boundary indicate an origin from a single, high-angle, oblique impact at Chicxulub. Earth and Planetary Science Letters, 2006, 251 (3-4): 264-279.

[360] Brugger J, Feulner G, Petri S. Baby, it's cold outside: Climate model simulations of the effects of the asteroid impact at the end of the Cretaceous. Geophysical Research Letters, 2017, 44(1): 419-427.

[361] Keller G, Adatte T, Gardin S, et al. Main Deccan volcanism phase ends near the K-T boundary: Evidence from the Krishna-Godavari Basin, SE India. Earth and Planetary Science Letters, 2008, 268 (3-4): 293-311.

[362] Marshall C R, Ward P D. Sudden and gradual molluscan extinctions in the Latest Cretaceous of Western European Tethys. Science, 1996, 274 (5291): 1360-1363.

[363] Petersen S V, Dutton A, Lohmann K C. End-Cretaceous extinction in Antarctica linked to both Deccan volcanism and meteorite impact via climate change. Nature Communications, 2016, 7: 12079.

第七章

地质时期的动物区系 II：新生代

第一节　新生代概述

新生代（Cenozoic）开始于 66MaBP，是地球气温总体下行、气候变冷时期。在欧亚大陆，新阿尔卑斯—喜马拉雅造山运动始于白垩纪末—古新世初，导致喜马拉雅—阿尔卑斯褶皱带（西起小亚细亚半岛，经高加索、伊朗、中国西藏、中南半岛西部、安达曼群岛和尼科巴群岛，东抵苏门答腊、爪哇岛）、东亚岛弧带（北起科里亚克山脉，经堪察加半岛、千岛群岛、萨哈林岛、日本列岛、琉球群岛、台湾岛，直至菲律宾群岛）、青藏高原（世界海拔最高、最年轻的高原）、柴达木盆地（大型山间盆地）、白令海、鄂霍次克海、日本海、红海以及贝加尔湖和死海相继出现，并不断发展。北美拉拉米造山运动在继续，落基山脉继续抬升。大量新景观、新环境形成。气候变冷，使被子植物和温血动物（鸟类和哺乳类）充分展示其适应力，从而出现适应辐射，产生大量新类群。中生代晚期开始的泛大陆裂解、其后的大陆漂移和再整合以及海平面反复升降，导致不同地区动植物区系间反复交流和中断，最终形成现代区系分布格局。

一、新生代各时期划分

意大利地质学家吉奥瓦尼·阿登纳（Giovanni Arduino）于 1759 年提出最早的分期方案，将地球历史分为四个时期：第一纪（Primitive）、第二纪（Secondary）、第三纪（Tertiary）和第四纪（Quaternary）[1]。在对阿尔卑斯山南部岩石的研究中，他将山脉核心中的片岩（schists）划为第一纪，山脉侧翼坚硬的沉积岩划为第二纪，山脚较软的沉积岩划为第三纪（现更名为古近纪—新近纪，余同），波河河谷（Po River Valley）冲积层划为第四纪。其中，第三纪地层对应《圣经》中记录的大洪水事件[2]。在随后的研究中，地质学界放弃使用第一纪和第二纪的划分，代之以古生代和中生代以及代下 9 个纪划分；但第三纪和第四纪被长期沿用。其中，第三纪进一步划分为古新世（Paleocene）、始新世（Eocene）、渐新世（Oligocene）、中新世（Miocene）和上新世（Pliocene），第四纪划分为更新世（Pleistocene）和全新世（Holocene）。最近，国际地学界提出了新的划分方案，放弃了第三纪。然而，这个名词仍然被广泛使用，尤其是在古生物学界。按照目前的方案，第三纪被拆分为古近纪（Paleogene）和新近纪（Neogene）；古近纪包括古新世、始新世和渐新世，新近纪包括中新世和上新世。同时，继续沿用第四纪，包括更新世和全新世（附表 1）。

本章按照这一方案进行陈述。考虑到新生代古生物化石记录丰富，古生物区系的演变与现代区系分布格局的形成有直接关系，本章将按纪陈述古环境，按世陈述动物区系构成。

二、新生代气候变化

新生代气候可以大致分为三个时期［图 4-3（b）］。①高温期：从白垩纪末到晚始新世，是新生代最温暖时期（尤其是古新世末到始新世早期的"古新世—始新世极热事件"），地球上没有冰川。②适中期：从晚始新世到中中新世；其中，前期南极有冰川覆盖，后期南极冰川解冻。③寒冷期：从中中新世至今，气温下行，极地冰川重新发育。更新世出现全球性冰川，冰川反复快速进退，蹂躏着北方大陆的生物区系，致使生物区系目前仍处于冰川后的恢复进程中。

三、古近纪

古近纪始于 66MaBP，止于 23.03MaBP，持续了 42.97Ma（附表 1）。这一时期，在冈瓦纳区域，澳洲脱离南极洲，并向北漂移；非洲和印度最终与欧亚大陆接触，并导致阿尔卑斯山和喜马拉雅山隆升；南极洲向南漂移，导致南极地区（即 90°S 位置及其附近区域）出现陆地。与此同时，环南极洋流出现，现代洋流格局形成，海洋水温下降。大西洋在持续扩大，南、北美洲持续西移，并与太平洋板块挤压，导致落基山—安第斯山持续隆升。特提斯海缩小，地中海处于形成中，印度洋在扩大；北美内陆海在退缩，大部分时间里与欧洲保持陆桥联系。

伴随气温振荡下行，气候越来越干旱。整个古近纪平均气温为 18℃，比当今水平高出 4℃[3]；大气 O_2 含量占 26%，是当今水平的 130%，属于富氧时期；大气 CO_2 含量为 500ppm，是现代工业革命前的 2 倍[4]。

古近纪是中生代地球陆生物种区系的崩溃期。随着环境与气候的变化，中生代占优势的爬行类、原始兽类（如多瘤齿兽类）和鸟类（如始祖鸟）以及裸子植物相继灭绝；适应寒冷环境的恒温动物（现代鸟类和兽类）和被子植物发生适应辐射，大量早期类群（鸟兽各现代目和被子植物各现代科）相继出现，现代海洋动物区系轮廓形成。

四、新近纪

新近纪（Neogene）始于 23.03MaBP，止于 2.58MaBP，持续了 20.45Ma（附表 1）。这一时期，各大陆块向现代位置漂移。巴拿马地峡形成，南北美洲发生联系，阻断了太平洋和大西洋的赤道暖流联系。从此，墨西哥湾暖流将热量带往北冰洋，大西洋水温开始下降，海洋环境发生重大改变。地中海一度与大西洋隔绝，导致海水盐度危机以及地中海周边极度干旱。随着气温不断下行，冰川开始快速发育，不断扩大增厚；海平面下降，非洲与欧亚大陆间出现陆桥，欧亚大陆与北美间通过白令陆桥联系。新近纪末，最早的现代冰川出现。

新近纪是陆生动植物区系演化历史的转折期，是陆生动物区系面貌从原始向现代转变的时期。爬行类中的离龙目（Choristodera，蜥形纲 Sauropsida）和两栖类中的异螈目（Allocaudata，滑体亚纲）于新近纪晚期灭绝。鸟兽在区系中的比例增大，进一步主导动物区系。大多数鸟兽现代科和被子植物现代属出现。欧亚与非洲、欧亚与北美以及北美与南美间出现陆桥，促进各大洲间的区系交流，现代区系面貌显现。海洋动植物区系中增添了更多现代种类，区系面貌进一步现代化。

随着气温下行和季节性气候出现，中高纬度地区热带植物种类让位于落叶种类。草本植物碳代谢发生突变，C4固碳途径出现，对干旱和寒冷环境耐受性增强，草地逐步取代热带雨林。草地中，高牙冠有蹄类动物以及以有蹄类为食的食肉类大发展，形成遍布欧亚非的三趾马动物区系。新近纪末，人族（Hominini）出现，正式开启了人类演化进程。

五、第四纪

第四纪始于更新世2.58MaBP，并延续至今（附表1）。这个时期，各大陆块距离现代位置很近。在欧洲，黑海和马尔马拉海之间的博斯普鲁斯海峡（Bosphorus）、日德兰半岛、挪威南端与瑞典西南端之间的斯卡格拉克海峡（Skagerrak Strait）的出现，分别导致黑海和波罗的海一度从海水变成淡水，并在随后的海进期又变成海水。第四纪总体气候寒冷，冰期与间冰期反复交替，海平面反复升降，海进海退频繁。英吉利海峡和白令海峡周期性出现陆桥，分别将不列颠岛和欧洲大陆以及亚洲和北美的动物区系反复隔离和连接。冰期结束后，随着冰川退却，在北美和欧亚大陆留下许多湖泊和湿地。

第四纪是现代陆生动植物区系的形成期，大多数鸟兽的现代属和被子植物现代种出现。由于对寒冷环境的适应，兽类中出现许多大型动物，如猛犸象、披毛犀、恐鸟。第四纪也是人类（即人族中各属种）兴旺以及除智人外其他人类灭绝的时期。

第四纪末最后一次冰期结束时，超过75%的物种走向灭绝，被称为第六次物种大灭绝。其中，最先灭绝的是大型动物，如乳齿象、猛犸象、剑齿猫、雕齿兽。灭绝的原因有多种，但作用最大的是气候变化和人类影响（包括直接猎杀和改变环境）。大灭绝导致生物区系发生重大变化；从更新世末到现代的1万多年时间里，物种的分布格局已经与更新世末很不同（详见第五章）。随着气候的进一步变化，尤其是人类对自然界的持续影响，第六次大灭绝还在持续中，动植物区系格局正在快速变化中。

第二节 古 新 世

新生代古近纪第一个时期是古新世，始于66MaBP，止于56MaBP，持续了大约10Ma（附表1[5]）。古新世西文名Paleocene源于古希腊文*Paleo*，意为"较旧的"；以及-*cene*，意为"新"。整词含义为"较古老的新生命时期"，中文译为"古新世"。古新世开始的地层标志是白垩纪末大灭绝，结束的标志是"古新世—始新世极热事件"。

一、地理和环境

古新世地理继续白垩纪的演变历程［图7-1（a）］，各大陆继续分裂，并朝着现代位置缓慢漂移。在劳亚大陆，北美和亚洲通过白令陆桥相连，格陵兰与北美和欧洲开始分离，海退期出现陆桥。这些陆桥为古新世兽类（如类灵长类、兔猴目、中爪兽目）的扩散提供通道。北美拉拉米造山运动在持续，落基山脉继续抬升。在冈瓦纳，南、北美洲被热带海分隔，但存在岛链（斯科舍地峡）联系[6]；白垩纪中期脱离南极洲的非洲板块开始以岛链形式接触欧洲板块，阿尔卑斯山开始缓慢抬升，开启新阿尔卑斯—喜马拉雅造山运动的序幕。马达加斯加岛脱离印度，守候在非洲东南部。印度继续向亚洲漂移，特提斯海在收缩，印度洋扩大。据最新研究[7]，印度板块于古新世中后期（约 60MaBP）与亚洲板块碰撞，但没有直接形成陆地接触，在印度和亚洲之间存在北印度海。北印度海在始新世才消失。南大西洋完全形成且面积正在扩大。北美和欧洲的内陆浅海正在退出，但南美内陆浅海在发展[8]。

与白垩纪相比，古新世早期气候凉爽干旱。随后，气温迅速上升。晚期，全球气候总体温暖潮湿。两极地区（北美、欧洲、澳大利亚以及南非南部）凉爽温和；赤道属于热带气候，南北两侧 30°纬度线以内炎热干旱，与现代沙漠并无二致。格陵兰岛和巴塔哥尼亚高原分布着亚热带植被，格陵兰海边游弋着海洋鳄类，美国怀俄明有热带棕榈，林中孕育着早期灵长类[9,10]。

二、生物区系

1. 陆地植物区系

在古新世温暖气候中，茂密的热带、亚热带常绿林和落叶林覆盖全球大部分地区，现代雨林首次出现[11]。极地无冰，覆盖着针叶和落叶林[8]。由于缺乏大型恐龙采食，古新世森林可能比白垩纪森林更茂密[11,12]。古新世陆地植物区系的重要特征是现代植物类群的出现。这一时期蕨类植物现代类群快速分化，地层有大量现代蕨类植物。显花植物中，除了白垩纪就已经出现的种类外，仙人掌科（Cactaceae）和棕榈科（Palmaceae）也开始出现。昆虫一边享受着显花植物提供的花蜜花粉，一边为植物授粉，昆虫—显花植物间持续着协同演化关系[13-15]。

2. 陆地动物区系

古新世陆地动物区系中，除了古老的、以昆虫纲为代表的节肢动物和爬行类外，新添了兽类和鸟类等脊椎动物。兽类体型逐步变大，中型和大型类群开始出现；不过，此时脑和身体的比例还很小[16]，某种程度上反映出爬行类的影响。兽类在不断探索新生态位，尤其是没有被中生代大型动物占据过的生态位，如富含昆虫的林下灌丛和林冠上层。伴随着这个过程，兽类经历了适应辐射，产生许多新类群，尤其是胎盘类。在生态习性上，除了原始的食虫习性外，腐食性（寻觅林中动物尸体为食）、植食性（食用植物各部位）以及肉食性（以其他兽类、鸟类和爬行类为食）兽类开始出现。

古新世兽类区系包括原兽中的单孔类（Monotremes）、多瘤齿兽类（Multituberculates）、后兽中的有袋类（Marsupials）以及胎盘类（Placentals）。此时，单孔类只有一个属，即里弗斯利鸭嘴兽属（Riversleigh platypus, *Obdurodon*），含 4 种，分布于澳大利亚里弗斯利地区[17]。多瘤齿兽是地球上存活时间最长的哺乳类，总共存活了 100Ma，到渐新世才灭绝。该目也是白垩纪末大灭绝中唯一受到巨大冲击的兽类，古新世时多瘤齿兽目只有羽齿兽属（*Ptilodus*），形似现生松鼠，最早分布于北美[18]。羽齿兽属成功逃脱了白垩纪末大灭绝后，在古新世多样性又发展到顶峰，分布区扩展到欧洲以及亚洲，是当地重要的区系成分[19]。

古新世有袋类在南、北美洲均有分布，但最早的真正有袋类化石发现于美国蒙大拿早古新世地层（约 66～63MaBP）[20]。有袋类分布区的演化历史应该远早于这个时期（见第五章第二节）。当时，南、北美洲尚未完全脱离，有袋类向南扩散，进入南美和冈瓦纳大陆其他地区，包括澳大利亚。有袋类最终在劳亚大陆灭绝。传统观点认为，是胎盘类的强烈有效竞争导致有袋类在劳亚大陆灭绝。新观点认为，这不是灭绝的主要原因[21]。进入冈瓦纳后，有袋类及非有袋后兽类在面对骇鸟的强大捕食压力下继续演化，并产生许多新类群，如鼩负鼠（shrew opossums）。在南美，有袋类占动物区系成分超过 50%，而且出现了食肉性有袋类；这种繁荣景象一直延续至上新世大美洲交流期才发生改变[19]。

胎盘类是兽类中演化最成功的一支，也是古新世多样性最高的一支。古新世新出现的胎盘类有类灵长类（如更猴型亚目 Plesiadapiformes）、类长鼻类、类啮齿类以及类有蹄类。分子钟的研究结果认为，原始灵长类的起源应该在白垩纪—古近纪交替期，约 79～63MaBP [22-25]，甚至更早（约 85MaBP）[26,27]；但化石证据表明，最古老的灵长类是生活于古新世 58.8～58MaBP 的德氏猴属（*Teilhardina*）和更猴属（*Plesiadapis*）[20,28]，分布于亚洲、北美洲和欧洲[29-31]。其他作者有不同观点（见第五章第三节）。现代灵长类分为原猴亚目和类人猿亚目。其中，灵长类学界大多认为原猴亚目（Strepsirrhini）在古新世早期 63MaBP 从原始灵长类中分化出来[32]。

兔猴类与灵长目亲缘关系很近，广泛分布于北美、欧洲和亚洲；始新世灭绝[30,33,34]。

长鼻类可能是陆地上曾经生活过的体型最大的兽类，如亚洲直牙象（又称纳玛象 *Palaeoloxodon namadicus*），但这不是古新世物种，而是更新世物种。古新世长鼻类属于类长鼻类，体形还相当小，无长鼻，亦无长象牙。非洲西北部摩洛哥出土的老兽（*Eritherium*）是迄今发现的最古老的长鼻类，生活于古新世中期 60MaBP，肩高仅 20cm，体重 5～6kg[35,36]。此地另一个较新的属——磷灰兽（*Phosphatherium*，古新世晚期），肩高 30cm，体重约 17kg，体形大小如现生狐狸[35,37]。从化石资料来看，长鼻类属于冈瓦纳区系成分，起源于非洲，后期才扩散到北方大陆，如亚洲。

有蹄类此时有中爪兽目（Mesonychia），最早出现于古新世早期[38]，无蹄，掌行；始新世中爪兽趾端开始出现蹄的雏形，趾行，体形从小到大均有，是北方各大陆生态系统中重要的捕食者，可能主导着亚洲大型捕食者生态位[39,40]。始新世末中爪兽种类急剧减少，渐新世完全灭绝。

啮齿类起源于亚洲。随着多瘤齿兽区系在白垩纪末大灭绝中不断衰落，啮齿类不断扩大其分布范围。然而，尚无证据证明啮齿类对多瘤齿类有排斥和地理替代作用，因为这两大类群至少共存了 15Ma[41]。古生物地理学研究发现，鼠总科（Muroidea）分布范围向非洲扩展的历史有 7 个波次，向北美有 5 个波次，向东南亚有 4 个波次，向南美有 2 个波次，在欧亚大陆有 10 个波次[42]。

鸟类起源于白垩纪，这一观点没有争议。然而，鸟类适应辐射及其导致现代鸟类出现的最早时间存在争议。分子钟研究结果认为，鸟类的适应辐射发生在白垩纪晚期；但化石证据显示，这一事件发生在古新世[43,44]。基于分子钟和化石证据的综合研究，现代鸟类的适应辐射可能出现在白垩纪末生物大灭绝前后[45]。基于基因组研究，Suh 等[46]认为，现代鸟类物种多样化过程包括三次适应辐射，一次在白垩纪生物大灭绝事件前，两次在该事件后。古新世鸟类区系中已经出现大型地栖无飞行能力的鸟类，如雁形目（Anseriformes）冠恐鸟属（Gastornis）以及叫鹤目（Cariamiformes）骇鸟科（又称恐鹤科 Phorusrhacidae）[47,48]。冠恐鸟分布于古新世和始新世西欧—中欧（包括英格兰、比利时、法国、德国）、中国和北美（美国怀俄明），始新世后灭绝。化石记录有 5 种，体形最大者如巨冠恐鸟（G. gigantean），站高可达 2m，喙及颅骨硕大，植食性。其他物种杂食性[49]。骇鸟生活于古新世到更新世中期，约 62～1.8MaBP[48,50]。也有研究认为，骇鸟灭绝于 17MaBP[51]。该科含 5 亚科约 14 属 18 种[52]，分布于南美，于中新世中期 15～10MaBP 利用当时抬升起来的巴拿马陆桥扩散到北美（美国得克萨斯和佛罗里达）[53,54]。骇鸟站高 1～3m，食肉，是新生代南美最大的顶级捕食者[48]。古新世晚期，鸮形目（Strigiformes）的早期种类也出现了，化石见于美国和法国[55,56]。雁形目和鸮形目都是现代常见目。

得益于古新世气候条件，爬行类分布区比现代广阔。爬行类成分有鳄龙类（champsosaurs，离龙目；水生，形似现生印度鳄）[57]、鳄类、软壳龟类、巨蜥科和蛇类。虽然蛇类起源于白垩纪，但许多现代种类起源于古新世，并在中新世繁荣[58,59]。古新世晚期（60～58MaBP）南美（哥伦比亚）泰坦巨蟒（Titanoboa）是地球历史上已知的最大蛇类[60]，体长达 14m。

三、古新世—始新世极热事件

古新世末期，地球出现一次全球性气候暖化，气温飙升，全球地表平均气温比现代水平高 8℃。这一事件被称为古新世—始新世极热事件［Paleocene—Eocene Thermal Maximum，PETM；图 4-3（b）］。文献中也有人称之为始新世第一次极热事件（Eocene Thermal Maximum 1，ETM1）、始新世初极热事件（Initial Eocene Thermal Maximum）或晚古新世极热事件（Late Paleocene Thermal Maximum）。事件发生在古新世和始新世交替期，大约 55.5MaBP[61,62]。关于这次事件形成的原因有不同解释，涉及火山活动、大规模金伯利岩场喷发（eruption of large kimberlite field）、彗星撞击、泥炭燃烧、地球轨道变化、甲烷释放以及海洋环流的影响。碳循环研究发现，这一时期有两次碳向大气的大规模注入，总持续时间不到 20ka，而第一次持续时间不到 2ka。整个温暖期持续约 200ka，气温飙升 5～8℃[63]。

这次事件造成的影响是多方面的。第一，高温带来蒸发率以及空气湿度的上升，尤其在热带。与此同时，有更多水分向两极漂移，并把更多热量带到极地地区[64]。第二，在海洋中，由于北半球降雨量的增加以及全球暖化条件下的雷暴路径迁移，北冰洋中的淡水增加，盐度下降[64]；底层水缺氧以及常规碳循环规律被打破导致海水快速酸化[65]。第三，缺乏冰川，海平面上升[66]。第四，海洋环流转向（时间长达 40ka），将表层高温水带到深海底部，进一步促进气候暖化[67]。

海洋中，海水酸度急剧上升，导致深海钙化有孔虫类（calcifying foraminifera）大量灭绝。高温、缺氧以及海洋环流转向导致北大西洋出现局域性生物灭绝[68]。在浅海区，海水 pH 值下降对珊瑚类以及钙化浮游生物有害[69,70]。不过，有趣的是，有些类群因为海水酸化而繁盛起来，如重度钙化藻类（heavily calcified algae）和轻度钙化有孔虫类（weakly calcified forams）[71,72]。同样面对海水酸化，深海区有孔虫与浅海区有孔虫的命运完全不同。这是因为酸化导致环境中的营养被封存在浅海区，深海中有孔虫因缺乏营养而大量灭绝。

陆地上，尚无证据表明这个时期的物种灭绝率有增大。相反地，高气温和高湿度导致气候带向高纬度漂移，促使亚洲兽类分布区向北扩展[73]。另外，CO_2 的上升可能促进了动物矮化，从而进一步促进成种过程，导致体形矮的物种增加[74,75]。

事件开始后的 13~22ka 里，亦即始新世初，兽类的许多重要目（包括鲸偶蹄目 Cetartiodactyla、马类以及灵长目）出现了，分布区迅速扩展到全球[74-76]，构成始新世兽类区系的基础。

第三节 始 新 世

古近纪第二个时期是始新世（Eocene），始于 56MaBP，止于 33.9MaBP，持续大约 22.1Ma（附表 1）。始新世西文名 Eocene 源于古希腊文 *Eo-*，意为"黎明的"；整词含义为"新生命开始的时期"，中文译为"始新世"。始新世开始的地层标志是超常低浓度的同位素 ^{13}C，结束的标志是始新世—渐新世生物灭绝事件。从始新世开始，原始兽类多样性及其在地球动物区系中的重要性下降，逐步被新类群所取代。始新世陆地动物区系化石的重要挖掘地分布于北美西部、欧洲、巴塔哥尼亚高原、埃及以及东南亚。海洋动物区系化石主要发现于南亚和美国东南部。

一、地理和环境

在古新世地理格局基础上，各大陆于始新世继续朝着现代位置缓慢漂移 [图 7-1(b)]。在劳亚大陆，北美和亚洲通过白令陆桥相连，格陵兰、北美、欧洲继续分离。始新世欧洲与北美动物区系成分非常相似，因此推测这一时期在欧洲和北美间仍有陆桥联系，至少是在海退期。

始新世中期（约 45MaBP），澳大利亚与南极洲分离。分离前，低温的环南极洋流被澳洲板块导引向赤道，与赤道向南的暖流交汇，使热量分布均匀化，南极地区气温较暖和。分离后，寒冷的南极环流开始环绕南极流动，形成相对封闭的环南极冷水区，导致南极地区气温开始下降，开启了南极冰川的演化历程。

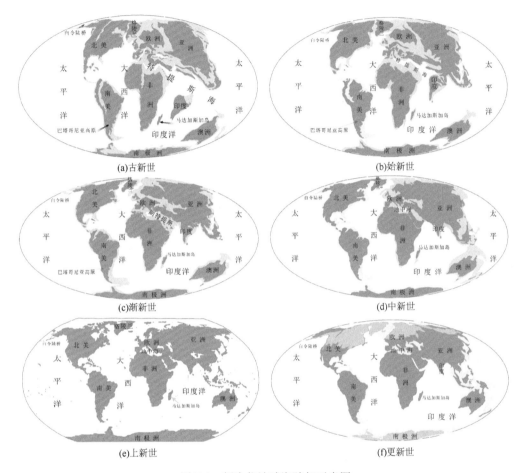

图 7-1　新生代地球海陆相示意图

（a）～（e）中浅灰色块表示浅海，深灰色块表示陆地；（f）中浅灰色块为冰川，最浅灰色块为浅海，深灰色块为陆地

　　印度与亚洲之间的北印度海于始新世中期（约 48MaBP）消失，与亚洲的陆地联系出现[7]。这一时期北美西部的造山运动导致许多高海拔盆地中出现大型湖泊[77]。

　　始新世气候属于古新世—始新世极热事件中的组成部分，而且占据整个事件约 2/3 的时间 [图 4-3（b）]。始新世气候变化非常大，既有新生代最热的气候，又有冰室气候（icehouse climate）。从始新世开始到前中期（约 49MaBP），气温持续上升，并达到顶峰，被称为始新世优化期（Eocene Optimum）[78]，气候相当温暖，全球无冰。从赤道到两极，温差很小。从前中期到末期，气温震荡下行，导致始新世末期冰室气候出现，冰川开始在两极重新形成。始新世到渐新世的过渡期是南极冰川快速扩张期。

始新世从温室气候（Greenhouse Climate）到冰室气候的变化与大气中温室气体的变化有关。首先，在古新世—始新世极热事件基础上，随着印度板块向亚洲板块俯冲、北大西洋洋底裂谷广泛出现，以及澳大利亚和南极洲间海面不断增大，火山活动频繁，并向大气注入大量 CO_2；喜马拉雅山抬升过程中出现的变质脱碳反应也导致大气 CO_2 含量上升[78-80]。其次，始新世早期广泛分布的湿地、沼泽和森林向大气注入大量的甲烷[81]。始新世早期，大气 CO_2 含量最低 700～900ppm[80]，最高 2000ppm[82]；甲烷含量大约是 5.37ppm[81]。两种成分分别是现代水平的 1.75～5 倍和 3 倍。此时，热带海面水温大约 35℃，海底水温也比现代高 10℃[83]。始新世优化期末（约 41.5MaBP），大气 CO_2 含量高达 4000ppm[79]。温室气体含量增加促使温度进一步上升。

始新世前期的温暖气候和高含量 CO_2 导致一次重要的生物学事件——满江红事件（Azolla Event）发生[84,85]。约 49MaBP，在封闭静止的北冰洋水体中，满江红出现大爆发，持续时间约 800ka。满江红是水生蕨类植物，最佳生活条件是适度温暖和日照 20h。在这种条件下，满江红生长得非常快，每年每公顷能吸收 14820kg 碳（或每年约 1.5kg/m^2），2～3d 便可使其生物量翻倍[85,86]。事件中，碳被满江红大量吸收，并随着满江红死亡后沉降，封存在北冰洋海底。大气 CO_2 在事件前为 3500ppm，事件后为 650ppm[80]。CO_2 含量下降导致气温下降。始新世优化期结束后，气温持续下行；始新世末—渐新世初，地球开始进入冰室气候，冰川再次在极地蔓延开来。

二、生物区系

1. 陆地植物区系

始新世开始时的高温为地球营造了一个温和湿润的环境。全球范围内，除了最干旱的沙漠外，从南极到北极都覆盖着森林。现代加拿大埃尔斯米尔岛（Ellesmere Island）处于北冰洋中，83°N，属于冰原气候（冬季气温低至-45℃，夏季通常在 7℃以下），苔原植被。但在始新世前半期，这里分布着高大乔木型的落羽杉和水杉。始新世格陵兰和阿拉斯加覆盖着亚热带和热带乔木植被，北美和欧洲分布有热带雨林，阿拉斯加到北欧有棕榈科分布。始新世初，南极洲分布着暖温带到亚热带雨林。

始新世后半期，随着气候逐渐变冷，棕榈科及其他热带物种逐步从北半球高纬度地区向南退缩。与此同时，空气逐步干燥；干冷环境下演化出来的禾本科（Poaceae）草类开始出现在河流和湖泊边缘。热带常绿树种被适应季节性气温变化的落叶树种取代。始新世末，落叶林覆盖北半球大部分地区，包括北美、欧亚大陆以及北冰洋地区；雨林退缩到南美、非洲、印度和澳大利亚的热带区域。在南极洲，喜温植被消失，代之以落叶林和苔原。

2. 陆地动物区系

陆地动物区系中，绝大多数兽类现代目在始新世早期出现。始新世，以古新世出现的中爪兽为主体的食肉有蹄类在欧洲和北美出现一次大的适应辐射，形成大量新种，扩散到北方大陆各地。例如，中爪兽属（*Mesonyx*，趾端有小蹄，捕食植食性有蹄类）种类繁多，广布于始新世中国和美国。适应辐射的重要结果之一是现代奇蹄目和鲸偶蹄目出现。其中，鲸偶蹄目化石几乎同时出现在约 53MaBP 亚洲、欧洲和北美，因此难以判断其起源地[76,87]。根据化石记录，奇蹄目可能起源于 54.5MaBP 印巴次大陆[88-90]。随着印度板块向北漂移，它们通过非洲—阿拉伯板块与印度板块之间的陆桥扩散进入欧亚大陆[90]。

灵长类在古新世已经广泛分布于北方各大陆，但在形态学特征上仍然有部分原始兽类特征。到始新世，直鼻亚目（Haplorhini）出现。2003 年在湖北荆州发现的类跗猴—阿喀琉斯基猴（*Archicebus*）化石是迄今为止最完整、最古老的直鼻类化石，年龄约 55Ma[91]。这一发现支持了先前被质疑的灵长目亚洲起源学说[92]。另外，始新世也是真正的灵长类出现的时期，这个时期的灵长类已经拥有灵长目所有特征。

长鼻目在始新世发生适应辐射和物种多样化，演化出几个科，包括小钝兽科（即努米底亚兽科 Numidotheriidae）、钝兽科（Barytheriidae）和莫湖兽科（即始祖象科 Moeritheriidae）。与古新世相比，始新世长鼻目的体形已经向前发展了。例如，1901 年发现的里昂莫湖兽（*Moeritherium lyonsi*，埃及法雍），肩高 70cm，体重 235kg。钝兽科的一些种类肩高 1.8～2m，体重 2000kg[35]。另外，象鼻也比古新世类群长，向外突出的象牙数因类群而异。钝兽属（*Barytherium*）有 8 枚象牙[93]。

虽然长鼻目体形增大了，但始新世兽类总体上体形变小了，只有古新世的 60%。不但如此，始新世兽类体形也小于渐新世及其后的区系。这种现象可能与始新世的炎热气候有关：小体形在炎热气候下更容易散热，因此自然选择偏爱小体形（见第三章第二节"伯格曼法则"）。

啮齿类在始新世也发生了适应辐射以及物种多样化事件。这一时期，河狸起源于北美，并扩散到欧亚大陆[94]。豪猪下目（Hystricognathi）起源于亚洲，然后扩散至非洲（突尼斯）[95]；再从非洲出发，通过岛屿跳跃和摆渡形式（见第二章第三节），随着漂浮物和大西洋洋流，摆渡至南美[96]。到达南美后，分布区迅速扩展到南美各地，并于渐新世早期到达加勒比大安的列斯群岛（Greater Antilles）[97]。

始新世早期（大约 50MaBP），南美有袋类经过南极洲扩散进入澳大利亚。胎盘类在澳大利亚大陆逗留时间不长，于始新世早期灭绝。已发现的最晚的化石为 55MaBP 的踝节类（condylarths）。灭绝原因尚未清楚。踝节类灭绝后，再无胎盘类进入澳洲板块区域。澳洲板块于 45MaBP 脱离南极洲，长期孤立于海外，没有胎盘类竞争，为有袋类主导澳洲区系创造了良好条件[98]。有袋类出现适应辐射和物种多样化事件，形成现代以有袋类为主体的澳洲界动物区系。

始新世兽类区系中出现一个新类群——翼手目（Chiroptera）。关于翼手类的起源尚存争议。基于形态学特征，传统观点认为翼手目起源于灵长类：除了飞行特征和回声定位，翼手类的形态学特征与早期灵长类非常相似[99,100]。新观点认为，翼手目来自一个更古老的、能够飞行的兽类类群[101]。遗传学研究和化石证据都表明，翼手目在始新世早期出现[101,102]，化石见于美国怀俄明[101]，中期和晚期见于欧洲（法国）和非洲（埃及、突尼斯）[103-105]。因此，翼手目应该起源于始新世北美，随后向东和东南扩散，到达欧洲和非洲。

许多鸟类现代目在始新世也出现了。在欧洲波罗的海南岸、巴黎盆地、丹麦以及英格兰威特岛（Isle of Wight）出土的琥珀中包埋的昆虫属于现代属。这些属的分布区不同于现代分布区。例如，襀毛蚊属（*Plecia*）现代分布区位于热带，但始新世分布区位于现代温带。

3. 海洋动物区系

海洋动物区系新添了真鲨目（Carcharhiniformes）以及最早的海洋兽类龙王鲸（*Basilosaurus*）和海牛类（sirenians）。龙王鲸和海牛类是兽类从陆地生活方式转向海洋生活方式的逆向演化的开始。化石记录显示，龙王鲸是鲸下目最早类群，是中爪兽的后代。

综上所述，始新世以来的历史，是哺乳纲现代目及目内类群、昆虫纲现代属出现，以及属内分化和物种多样化的演化历史。

三、始新世—渐新世生物灭绝事件

在始新世—渐新世过渡期出现一次生物灭绝事件，称为"始新世—渐新世灭绝事件"（Eocene-Oligocene Extinction Event）。事件持续到渐新世早期（约33.5MaBP）[106]。与地球演化历史中前几次大灭绝事件相比，这次灭绝事件属于小事件，但在新生代生物演化历史中意义重大。这次灭绝事件主要影响海洋和淡水动物区系，是新生代海洋无脊椎动物最大的灭绝事件[107]。灭绝事件导致美国湾区海岸软体动物90%的物种发生了变化。受影响的还有古鲸亚目（Archaeoceti）的种类。

大灭绝对陆地动物区系的影响反映在大断裂事件中。瑞士古生物学家汉斯·乔治·斯特林（Hans Georg Stehlin）用"大断裂事件"（Grande Coupure，或者Great Break）来描述这一时期欧洲陆栖动物区系演化连续性受到的破坏。与之相对应的是亚洲的"蒙古重塑事件"（Mongolian Remodeling），指这一时期亚洲动物区系演化连续性受到的破坏。在欧洲，始新世形成的动物区系在始新世末出现广泛的灭绝现象，同时又出现丰富的地方成种现象，形成大量的欧洲土著动物类群。随后，亚洲动物大举入侵，形成了欧洲动物区系的混合特征。土著动物区系和混合动物区系间在地层中形成鲜明的界线，造成区系特征连续性的断裂，这便是"大断裂"。据胡克及其研究组[108]，大断裂造成欧洲陆生哺乳类区系发生如下变化：

大断裂前：欧洲动物区系由奇蹄类古兽马科（Palaeotheriidae，马类远祖）、偶蹄类六个科（包括无防兽科 Anoplotheriidae、剑齿兽科 Xiphodontidae、河猪科

Choeropotamidae、长尾猪科 Cebochoeridae、双锥齿兽科 Dichobunidae 和疑匀驼科 Amphimerycidae）、啮齿类伪松鼠科（Pseudosciuridae）、灵长类始镜猴科（Omomyidae）和兔猴科（Adapidae），以及统兽类（archontans）夜行兽科（Nyctitheriidae）主导。

灭绝事件中，只有有袋类疱负鼠科（Herpetotheriidae）、偶蹄类新兽科（Cainotheriidae）以及啮齿类兽鼠科（Theridomyidae）和睡鼠科（Gliridae）未受到削弱。

大断裂后：古兽科、无防兽科、剑齿兽科、疑匀驼科以及灵长目完全消失。这时的动物区系包括奇蹄目犀科（Rhinocerotidae），鲸偶蹄目中与现代猪、河马、反刍类紧密相关的三个科（完齿兽科 Enteloodontidae、石炭兽科 Anthracotheriidae 和吉洛鹿科 Gelocidae）、啮齿目始鼠科（Eomyidae），仓鼠科（Cricetidae），河狸科（Castoridae）以及猬形目（Erinaceomorpha）猬科（Erinaceidae）。这些成分构成渐新世欧洲动物区系演化的基础。

导致这次灭绝事件的原因有多种，包括天文撞击事件、火山和熔岩活动以及气候变化。目前引领学界的理论认为，这次灭绝可能是始新世晚期全球气候凉化（global cooling）导致的。在始新世—渐新世过渡期，冬天气温比之前低 4℃[107]，南极冰盖开始形成。在始新世前中期温暖环境下演化出来的物种对寒冷环境不适应，从而走向灭绝。另外，随着南极冰盖的形成和发展，海平面下降，近海环境发生变化，导致海洋物种灭绝。伴随气温下降的是空气湿度下降，喜湿陆生物种走向灭绝，尤其在亚洲低纬度地区[109]。在欧洲，欧洲土著区系灭绝的原因可能还包括亚洲区系入侵后发生的竞争[108]。经过这次灭绝事件，剩下的物种更适应寒冷以及冷暖交替的地球环境，现代动物区系的雏形初现，动物区系的演化步伐开始走向现代区系格局。

第四节　渐　新　世

渐新世（Oligocene）是古近纪第三个时期，也是古近纪最后一个时期，开始于 33.9MaBP，结束于 23.03MaBP，持续了大约 10.87Ma（附表 1）。渐新世西文名 Oligocene 源自古希腊文 *Oligos-*，意为"些许"；整词含义为"有些许新生命的时期"，中文译为"渐新世"。渐新世开始的地层标志是"始新世—渐新世生物灭绝事件"化石层，结束标志不明显，各地根据古气候在地层中的表现来判定：渐新世气候温暖，中新世较凉。

渐新世区系特征是水体环境中软体动物稀少。陆地上，这一时期是动物区系从古老的始新世热带动物区系向更为现代的中新世草地动物区系的过渡时期。在这个时期，草地生态系统在全球发展，热带阔叶林向赤道地区退缩。

一、地理和环境

在始新世地理格局基础上，各大陆继续朝着现代位置缓慢漂移［图 7-1（c）］。北美造山运动在持续。随着非洲板块持续挤压欧亚板块，阿尔卑斯山脉（Alps）开始隆起。喀尔巴阡山脉（Carpathians，中欧）、迪纳里德山脉（Dinarides，沿着亚得里亚海岸，从意大利西北部，经斯洛文尼亚、克罗地亚、波斯尼亚、黑山、塞尔维亚，到阿尔巴尼亚）、托罗斯山脉（Taurus，土耳其南部）、厄尔布鲁士山脉（Elbrus，伊朗北部）出现，并将特提斯海分隔成不同区域。这些海区合称为副特提斯海（Paratethys Sea）。阿拉伯板块从非洲分裂出来，并向北挤压，导致伊朗高原抬升，并促进西亚干旱化。在北美与欧洲间，渐新世早期存在陆桥。南美与南极洲也在渐新世分离，环南极洋流完全形成，现代洋流格局出现；南极洲气温进一步下降，南极冰川进一步发育[110]。

渐新世是古近纪气温最低的时期。从渐新世开始，低温持续 7Ma，平稳振荡，气温比始新世最高气温低 8.2℃；晚期，随着卡尔迪拉火山喷发（La Garita Caldera，美国科罗拉多），平稳振荡期结束，气温回升［图 4-3（b）］。降温导致全球性冰川扩张，海平面下降 55m[111]。卡尔迪拉火山喷发是新生代第二大火山喷发事件[112]，喷发总量达 5000km³，可能对全球气候造成影响，导致气温上升。

二、生物区系

1. 陆地植物区系

随着热带和亚热带森林在渐新世逐步被温带落叶林取代，被子植物的分布区继续扩张。C4 固碳途径出现[113]，草本植物开始从湿地环境向外扩张，开阔草地和沙漠开始增多。在欧亚大陆，三趾马动物区系（亦称地中海动物区系）在此基础上迈出演化步伐。在北美，漆树科（Anacardiaceae）和无患子科（Sapindaceae）主导着亚热带植物区系，蔷薇科（Rosaceae）、壳斗科（亦即山毛榉科 Fagaceae）、松科（Pinaceae）成为常见类群。北美和东亚的共有常见类群有壳斗科和桦木科（Betulaceae）。豆科植物蔓延，莎草科（Cyperaceae）、菖蒲类（香蒲科 Typhaceae）、蕨类发展。

2. 各大洲动物区系

渐新世旧大陆，一些古老哺乳类相继灭绝，如起源于侏罗纪、经历了白垩纪和古近纪的多瘤齿兽以及马科的近亲雷兽科[114]。食肉目的近亲肉齿兽目（Creodonta）在北美和欧洲相继灭绝，分布区收缩到非洲和中东，并于中新世晚期灭绝[115]。随着开阔草地植被的发展，三趾马动物区系开始演化。这一时期的类群有广布于北美、欧亚、非洲的马科（Equidae）早期成员、完齿兽科、犀科、岳齿兽超科（Merycoidodontoidea，骆驼类近亲）以及骆驼科（Camelidae）等类群[93,116-118]，适应开阔原野奔跑。巨犀亚科（Indricotheriinae）分布于当时尚处于海岸边的哈萨克斯坦、巴基斯坦以及中国西南部的雨林中[18]。它们可能是陆地上生活过的最大兽类。例如，副巨犀属（Paraceratherium）广泛分布于渐新世巴尔干到中国，体重达 20000kg，肩高 4.8m，体长 7.4m，头长 1.3m[119,120]。始新世马，后肢有三趾、前肢有四趾、体型如狐狸大小；到渐新世初（40～30MaBP），前肢只有三趾（即三趾马），站立时主要使用中趾[18]。渐新世马科已有 3 属 32 种，体重已达 60kg，肩高 60cm[33,121,122]。渐新世晚期，猫科于亚洲起源（原猫属

Proailurus），随后向西扩散至欧洲；中新世，向东经过白令陆桥扩散至北美[123]（也见第五章第六节）。

1）北美

渐新世兽类已有 7 目，包括食肉目、鲸偶蹄目、奇蹄目、啮齿目、灵长目、肉齿目和兔形目，共 16 科 32 属（附表 2）。其中，食肉目和有蹄类多样性最高（附表 2）。部分种类是广布类群，如奇蹄目犀科并角犀（*Diceratherium*），广泛分布于北美和欧亚大陆[124]。但是，多数类群仅分布于北美。区系成分中，体形小者 0.7kg，大者可达 600kg。

2）亚洲

后兽类分布稀少。渐新世亚洲后兽类仅 1 属，即肉食负鼠科（Peradectidae）准噶尔肉食负鼠（*Junggaroperadectes*，新疆）[125]。与北美相比，这个时期亚洲真兽类区系有 8 个目，包括食肉目、鲸偶蹄目、奇蹄目、啮齿目、灵长目、劳亚食虫目、安格勒兽目和中爪兽目（附表 2），共 15 科 19 属。与北美相比，虽然目数略多，但多样性总体上低。与北美区系的相似性是食肉目和有蹄类多样性高于其他目。亚洲这个时期出现的灵长目撒旦猴科，生活于沙特阿拉伯，是旧大陆猴类与猿类共同祖先的近亲。

3）欧洲

真兽类有 6 目，包括食肉目、鲸偶蹄目、奇蹄目、啮齿目、劳亚食虫目和重脚目（附表 2），共 13 科 19 属；多样性低于亚洲和北美。然而，食肉目有 5 个科，多样性高于亚洲，与北美相似（但类群有差异）。在 13 科、19 属中，欧亚共有 5 科 7 属，欧洲、北美共有 3 科 1 属 1 种。这种相似性反映从古新世到渐新世欧亚大陆与北美间的格陵兰和白令陆桥的陆桥联系。

分布于欧亚大陆的啮齿目始鼠科始鼠属（*Eomys*）是最早有滑翔能力的啮齿类[142]，生活习性类似现代鼯鼠。

4）非洲

渐新世陆生动物区系有 9 目 17 科 19 属（附表 2）。从区系构成来看，非洲动物非常不同于欧亚和北美。在目级水平上，非洲完全缺乏食肉目种类（也见第五章第六节），有蹄类也不多。在科级及以下水平，非洲灵长类非常丰富，含 5 科 6 属，显著多于亚洲和北美。非洲灵长类在演化上更新，亚洲和北美更古老。与欧亚仅共有 2 科，即刺猬科和石炭兽科；共有 1 属，即劳亚食虫目刺猬科葛氏毛猬属（*Galerix*）。长鼻目（含 3 科）全部分布在非洲。此时的钝兽科种类肩高已达 1.8～2.0m，体重 2000kg；古乳齿象科分别达 2.2m 和 2500kg[35]。

5）南美

随着南美洲在早渐新世与南极洲脱离并在海上漂移，南美动物区系开始独立演化，区系特征变得越来越有别于其他大陆。这一时期的兽类有 9 目 14 科 19 属。其中，真兽类有焦兽目（Pyrotheria）、闪兽目（Astrapotheria）、滑距骨目（Litopterna）、南方有蹄目（Notoungulata）、灵长目（Primates）、贫齿目（Xenarthra）、啮齿目（Rodentia）、披毛目（Pilosa），后兽类有肉食性的袋犬目（Sparassodonta，2 科）[18,160-171]。这一时期，南方有蹄目（4 科）、披毛目（3 科）种类多样性高。灵长目和啮齿目刚抵达南美洲，多样性较低，各仅 1 科。爬行类区系的重要类群有西贝鳄亚目（Sebecosuchia），鸟类区系的重要类群有恐鸟[48,172-176]。闪兽目和滑距骨目的类群在南极洲也有分布，反映南美洲与南极洲在始新世时期的陆地联系[175-177]。

6）澳洲

从始新世中期（约 45MaBP）脱离南极洲在海上漂移开始，澳洲区系经历了独立演化。到了渐新世，有袋类演化出丰富多样的类群。化石记录发现有 3 目 8 科 13 个属[178-185]。这些类群体重 0.9～18kg，食性包括植食性、肉食性和杂食性[180,186]。

以上显示，南美、澳洲以及非洲的动物区系独特性很高，北美、欧洲和亚洲相似性较高。这种特征与大陆隔离有关。

3. 海洋动物区系

随着南美与南极洲完全脱离，渐新世成为现代海洋洋流格局开始的时期。海水的冷却过程始于始新世/渐新世交替时期，并在渐新世一直持续[187]。在海水冷却进程中，缺乏回声定位能力的古鲸类多样性下降，具备回声定位能力的须鲸类和齿鲸类开始出现。渐新世海洋哺乳动物中，鲸类（Cetacea）有 5 科，包括齿鲸类的鲨齿海豚科（Squalodontidae，1 属 7 种）、始鲨齿海豚科（Eosqualodontidae，1 属 2 种），以及须鲸类的始须鲸科（Eomysticetidae，2 属 4 种）、艾什欧鲸科（Aetiocetidae，3 属 6 种）和肯氏海豚科（Kentriodontidae，1 属 7 种）；另有 1 个属在科级单元上归属未定，含 1 种[124,188-193]。鲨齿海豚科仅 1 属，即鲨齿海豚属，但有 7 种，从大西洋到太平洋均有分布，是分布最广的属，中新世中期灭绝[191]。其余类群分布相对局域化。

古鲸类衰落的可能原因有 3 个：①气候的变化；②来自生存能力更强的齿鲸类和须鲸类的竞争排斥；③真鲨类的捕食。

渐新世海洋兽类区系中出现两个新成员，一个是索齿兽目（Desmostylia），从渐新世早期一直存活到中新世晚期[194]。另一个是食肉目中的鳍脚类[195]。这两个新成员与始新世出现的海牛目以及上述鲸类一同组成渐新世海洋兽类区系。

无脊椎动物新添了一个类群，即环节动物门中分泌碳酸钙的多毛纲类群丝鳃虫科（Cirratulidae）[196]。这个类群与始新世—渐新世灭绝事件中留存下来的类群一同组成渐新世海洋无脊椎动物区系。

至此，现代海洋动物区系的轮廓已经形成。

第五节 中 新 世

中新世（Miocene）是新近纪的开始，始于 23.03MaBP，止于 5.333MaBP，持续大约 17.697Ma（附表 1）。中新世西文名 Miocene 源于古希腊文 *Mios-*，意为"较少"；整词含义为"有较少新生命的时期"，中文译为"中新世"。

中新世受地质学家和古气候学家特别关注，是喜马拉雅造山运动的重要时期，也是亚洲季风气候格局受到重要影响的时期[197]。动植物区系属于现代类型。现代鸟类和哺乳类在区系中开始占据主导地位。草地生态系统在渐新世基础上继续扩展，森林生态系统萎缩。海洋中，鲸类、鳍脚类分布区开始扩展，海带等大型藻类出现并迅速扩散，成为地球上最具有生产力的生态系统之一。

中新世是人类演化历史的重要时期。猿类出现并多样化，广布整个旧大陆。晚期，人类祖先与黑猩猩祖先分道扬镳，各自开始自己的演化进程。

一、地理和环境

在渐新世地理格局基础上，中新世各大陆继续朝着现代位置缓慢漂移 [图 7-1（d）]。随着非洲板块逆时针旋转，于 19～12MaBP 在土耳其—阿拉伯区域向欧亚板块俯冲，副特提斯海消失，地中海形成。随后，地中海西部山地抬升，阻断地中海与大西洋联系，导致中新世末地中海完全干涸，造成"墨西拿盐度危机（Messinian salinity crisis）"和全球海平面上升（上升高度约 12m）；同时，为非洲动物区系向欧洲扩散提供了通道。中新世晚期，东非抬升，热带雨林开始从这一地区向西非刚果河流域附近退缩。原西藏高原古峡谷消失，加剧中亚干旱。

中新世大部分时间里，南美和北美处于隔离状态。晚期，南美、北美间形成一些岛屿，两大洲动物区系通过岛屿跳跃方式实现有限交流。澳大利亚处于完全孤立状态。格陵兰与欧洲间距离进一步加大，北大西洋扩大，欧洲与北美间的区系交流中断。

气温继续下行。但是，中新世前半期，气候维持相对平稳温和 [图 4-3（b）]，大气 CO_2 达 600ppm，是当代工业革命前的 2 倍。后半期，气温出现短暂上升后，进入急剧下降时期，此时大气 CO_2 降至 300ppm，略高于工业革命前水平。从前期到晚期，全球地表平均气温下降 3.5℃[198]。始于始新世晚期（约 36MaBP）的南极冰盖在中新世早期到中期（约 23～15MaBP）扩展到南极洲东部。中新世中期（大约 17～15MaBP），地球出现短暂的暖湿期，称为"中中新世气候适宜期"（mid-Miocene Climatic Optimum）。然后，气温开始下降，主要下降阶段在 14.8～14.1MaBP。这时，南极地区夏季气温至少下降了 8℃，苔原开始消失[199]。中新世晚期（约 8MaBP），随着气温迅速下降，南极冰盖几乎达到现代厚度，以格陵兰为代表的北半球冰盖也开始出现。

二、生物区系

中新世生物主要有两大区系，一个是海洋中的"海带森林"，另一个是陆地上的草地。海洋中，褐藻类大发展，形成所谓的"海带森林"。鲸类达到多样性巅峰，共有 20 余属（而现代鲸类仅 6 属）[200]。陆地上，草地支撑着三趾马动物区系发展到顶峰，马、犀、河马大量出现。中新世末，大量新类群出现：现代植物区系中 95%的类群于中新世末出现，表明中新世植物区系与现代非常相似。苏铁类起源于古生代，经历了漫长的衰落后，于中新世晚期（11.5～5MaBP）由于气候变化又出现一次繁荣，多样性增加，使其没能列在"活化石"物种名录中[201]。

草地的迅速扩张是中新世的重要景观特征。草地土壤深，富含营养，保持碳水能力强，水分蒸发蒸腾损失总量低，植被表面反光率高。这些因素促进了凉爽气候发展[202]。中新世晚期（7～6MaBP），C4 植物迅速繁盛，分布区快速扩张[113]。与原始的 C3 途径相比，C4 途径每固定一个 CO_2 分子损失的水分子数更少。因此，拥有 C4 途径的草本植物能更有效吸收 CO_2。同时，叶面富含硅，有效减少水分蒸腾，对干旱环境有更好的适应。这些特征导致草地在越来越干旱的气候条件下能够进一步扩张[203]。这种扩张以及相伴出现的陆生食草动物的适应辐射与中新世 CO_2 水平及气温波动紧密相关[198]。草地大规模取代沙漠和林地，雨林向赤道地区退缩。

随着草地扩展，蛇类在中新世北美发生爆炸性适应辐射。早期，蛇类在陆栖动物区系中处于不起眼的位置。到了中新世，蛇类的种数和分布范围得到大发展，最早的蟒蛇、眼镜蛇以及游蛇科（Colubridae）的种类出现[59]。鳄类在中新世也呈现出物种多样化迹象：南美普鲁斯鳄（Purussaurus，短吻鳄科 Alligatoridae）体长至少 10.3m，头长 1.453m，体重 5160kg，日进食量 40.6kg[124,204,205]；印巴次大陆喙嘴鳄（Rhamphosuchus，长吻鳄科 Gavialidae）体长 8～11m[206]。

鸟类中，雁形目鸭科（Anatidae）、鸻形目（Charadriiformes）鸻科（Charadriidae）、鸮形目鸱鸮科（Strigidae）、鹦形目（Psittaciformes）凤头鹦鹉科（Cacatuidae）以及雀形目（Passeriformes）鸦科（Corvidae）出现于中新世[124]。中新世末期，现代鸟类绝大部分类群都已经出现。

中新世南美阿根廷水体中出现巨型锯脂鲤（Megapiranha，锯脂鲤科 Serrasalmidae），肉食性鱼类，体长 78～128cm[124,207]。牙齿形态学特征显示，这个类群是现代锯脂鲤（Piranha，俗称食人鱼）从祖先到现代类群的过渡类型[207]。

渐新世广布各大陆的疱负鼠科（无袋后兽类）到中新世仅有少量类群残存于北方大陆[124]，如两栖小袋兽（Amphiperatherium，欧洲）和疱负鼠（Herpetotherium，北美）。它们在北方大陆兽类区系中已经不占优势，真兽类成了区系主体。化石记录表明，从渐新世到中新世，陆生真兽类及海洋真兽类的多样性总体上得到了大发展，并且出现动物类群在时间上的交替：渐新世的部分古老类群在中新世消失，中新世又出现了许多新类群：中新世早期，猎猫科、古猪科、三趾马类以及肉齿类种类丰富；晚期，现代类群很丰富，包括犬科、熊科、浣熊科、马科、河狸科、鹿科、骆驼科、水生的鲸类，以及已经灭绝的恐犬科、嵌齿象科、三趾马类以及半水生的无角犀类[124]。富含硅、营 C4 固碳的草本植物的发展，导致无高冠齿的食草物种出现全球性灭绝[208]。中新世是灵长目动物和猿类演化历程中的重要阶段。在原始灵长类向高等灵长类演化的过程中，猿类先于旧大陆猴出现适应辐射和物种多样化。中新世是猿类多样化发展的顶峰时期，猿类种数多达约 100 种，人类祖先与黑猩猩也在中新世末（7.5～5.6MaBP）分道扬镳[153]。

1. 中新世北美

北美陆生真兽类化石有 10 目 29 科 90 属（附表 3）。这个时期的动物体形在渐新世基础上进一步增大。例如，轭齿象（*Zygolophodon*，长鼻目乳齿象科）肩高 4.1m，体重达 16000kg[35]。与渐新世相比，区系最大的变化是肉齿目消失了，而新添了食肉形目、贫齿目、劳亚食虫目和长鼻目。长鼻目进入北美后出现多样化，区系得到大发展，演化出 4 科 8 属。区系多样性沿袭渐新世特征：食肉目和有蹄类多样性最高。中新世食肉目多样性得到大发展，奇蹄目马科种类仍然有三趾。广布类群比渐新世更多，如劳亚食虫目在中新世是广布目，北美仅有的双猬属（*Amphechinus*）也广泛见于非洲、欧洲和亚洲[124]，熊科全部属（包括郊熊 *Agriotherium*、印度熊 *Indarctos* 以及祖熊 *Ursavus*）、半狗科全部属（包括半熊属 *Hemicyon* 和菲氏熊属 *Plithocyon*）、猫科全部属（包括管猫 *Adelphailurus*、双短剑剑齿虎 *Amphimachairodus*、猎猫属 *Nimravides* 以及假猫 *Pseudaelurus*）的种类广泛分布于北美、欧洲、亚洲，甚至非洲[124,209-214]。披毛目起源于南美，但有 2 个科在北美出现，可能是海退时，祖先类群借助大陆间岛屿，通过岛屿跳跃方式从南美扩散到北美。

北美附近的海洋及淡水哺乳动物区系中，鲸类多样性在渐新世基础上发展到 11 科。除了渐新世就存在的鲨齿海豚科（仅鲨齿海豚属 *Squalodon*）和肯氏海豚科（中新世有肯氏海豚属 *Kentriodon* 和冠海豚属 *Lophocetus*）外，还有须鲸科（Balaenopteridae，含 3 属，即须鲸属 *Balaenoptera*、始须鲸属 *Eobalaenoptera* 和更新鲸属 *Plesiocetus*）、亚河豚科（Iniidae，含棱河豚属 *Goniodelphis* 和古亚河豚属 *Isthminia*）、安格罗鲸科（Aglaocetidae，安格罗鲸属 *Aglaocetus*）、独角鲸科（Monodontidae，狮子座鲸属 *Denebola*）、小抹香鲸科（Kogiidae，似小抹香鲸属 *Kogiopsis* 和舟小抹香鲸属 *Scaphokogia*）、佩罗鲸科（Pelocetidae，含 3 属，即佩罗鲸属 *Pelocetus*、隔板须鲸属 *Parietobalaena* 和蒂奥鲸属 *Diorocetus*）、剑吻海豚科（Eurhinodelphinidae，巨海豚属 *Macrodelphinus*）、特伦娜托鲸科（Tranatocetidae，混须鲸属 *Mixocetus*）以及新须鲸科（Cetotheriidae，含纳须鲸属 *Nannocetus* 和皮斯科须鲸属 *Piscobalaena*）[124,200,215-224]。另有两个属在科级水平上归属未定，分别为迅捷鲸属（*Albicetus*）和管状鲸属（*Aulophyseter*）[124,225]。此外，新添了海牛目（Sirenia，含儒艮科 Dugongidae 两个属：中海牛属 *Metaxytherium* 和纳海牛属 *Nanosiren*）、索齿兽目（含古索齿兽科 Paleoparadoxiidae 新索齿兽属 *Neoparadoxia*）以及食肉目海狮科（Otariidae，洋海狮属 *Thalassoleon*）和皮海豹科（Desmatophocidae，皮海豹属 *Desmatophoca*）[18,124,226,227]。其中，中海牛属已经广布于美洲、欧亚和非洲周边海域。

2. 中新世亚洲

暹罗肉食负鼠（*Siamoperadectes*，肉食负鼠科）分布于中新世泰国北部[228]，是后兽类在欧亚大陆的最后记录。中新世亚洲真兽类有 10 目 39 科 79 属（附表 3），比渐新世明显丰富。亚洲与北美共有 8 目 19 科，共有科占总科数的 51%。渐新世安格勒兽目和中爪兽目在中新世消失了。中新世新类群有肉齿目、长鼻目和兔形目。食肉目、鲸偶蹄目、奇蹄目和长鼻目出现大量新科。在中新世喜马拉雅地区，出现豹属（*Panthera*）最早成员布氏豹（*P. blythaea*，中新世末—上新世初）[229]。最早的大熊猫——始猫熊属（*Ailurarctos*）也出现了[230]。长鼻目以及鲸偶蹄目猪科和长颈鹿科在中新世亚洲大繁荣。长鼻目种类是中新世陆生哺乳类区系中的庞然大物，如四棱齿象（*Tetralophodon*，中国甘肃，互棱齿象科 Anancidae）肩高 3.45m，象牙长 2m，体重 10000kg；广布于亚、非、欧的恐象（*Deinotherium*，恐象科 Deinotheriidae）和剑棱齿象（*Stegotetrabelodon*，象科 Elephantidae）肩高 4m，体重 13000kg[35]。亚洲猿类（猩猩亚科 Ponginae）有 4 属：安卡拉古猿（*Anakarapithecus*）、科拉特古猿（*Khoratpithecus*）、禄丰古猿（*Lufengpithecus*）和西瓦立克猿（*Sivapithecus*）[153,231,232]。猕猴属（*Macaca*，猴科 Cercopithecidae）以及最早的家鼠（鼠属 *Mus*，鼠科 Muridae）这时已经抵达亚洲（中国）。

西太平洋海域和东太平洋海域中，兽类区系在高级分类单元上相同，有鲸类、海牛目、鳍脚类和海狮科；但低级分类单元上有差异。两大海域共有安格罗鲸属、肯氏海豚属、蒂奥鲸属、隔板须鲸属以及斯卡尔鲸属（*Scaldicetus*，抹香鲸科 Physeteridae）。清水上毛鲸属（*Joumocetus*，新须鲸科）以及长野鲸属（*Brygmophyseter*，科归属未定）分布于亚洲海域和西太平洋，管状鲸属（科归属未定）分布于北美海域[233-235]。亚洲附近海域海牛目和食肉目各有一属，即儒艮科海牛属和海狮科洋海狮属。亚洲水生兽类区系多样性总体上低于北美。

3. 中新世欧洲

陆生真兽类有 10 目 32 科 68 属（附表 3）。其中，食肉目、有蹄类和长鼻目多样性最高。这 10 目中，9 目为欧亚共有，8 目与北美共有。32 科中，有 25 科与亚洲共有（占总科数 78%），而与北美共有仅 18 科（56%）。68 属中，欧亚共有 27 属，比例高达 40%。这种特征反映地理连接性对动物区系的影响。

中新世欧洲，虽然灵长目种类不多，但出现了人类演化史上重要的类群：人科中的西班牙猿（*Hispanopithecus*，11.1～9.5MaBP）[299]和欧兰猿（*Ouranopithecus*，9.6～7.4MaBP）[300,332]。其中，西班牙猿属于猩猩亚科（演化上更接近猩猩类）还是人亚科（Homininae，演化上更接近大猩猩、黑猩猩以及人类）尚无定论，表明该属兼有两个亚科的特征，可能是两个亚科的共同祖先[333]；欧兰猿更像是人类（如南方古猿属 *Australopithecus* 和人属 *Homo*）和大猿类（如黑猩猩、大猩猩）的最后一个共同祖先[334,335]。

欧洲长鼻目在属级水平上全部与亚洲共有,而且体型庞大,如恐象。鲸偶蹄目长颈鹿科的古长颈鹿(*Palaeotragus*),站高达 3m。奇蹄目爪兽科的种类蹄形似爪,体重达 600kg;爪用于扳压树枝以便采食,也用于防卫捕食者。其中,爪脚兽(*Ancylotherium*)肩高 2m。劳亚食虫目刺猬科恐毛猬(*Deinogalerix*)体长 60cm,不但捕食昆虫,还捕食小型兽类。

欧洲附近大西洋,中新世海洋兽类区系有鲸类、海牛目以及食肉目海熊兽科(Enaliarctidae;如河川兽 *Potamotherium*,鳍脚超科 Pinnipedia)[124]。鲸类多达 9 科 16 属附 1 个分类未定属(即颧突抹香鲸 *Zygophyseter*)。其中,安格罗鲸科(1 属)、佩罗鲸科(1 属)、特伦娜托鲸科(2 属)、须鲸科(1 属)、新须鲸科(6 属)、抹香鲸科(1 属)、鲨齿海豚科(2 属)以及肯氏海豚科(1 属)为广布类群,与北美和亚洲共有;角齿海豚科(Squalodelphinidae,1 属)与南美海域共有[124,336]。特有属有布兰特鲸(*Brandtocetus*,鲨齿海豚科;克里米亚)[337]。海牛目有两个属:中海牛和莱提海牛(*Rytiodus*)[18,338]。其中,中海牛属是广布类群,也见于其他海域。

4. 中新世非洲

陆生真兽类有 10 目 38 科和总科 71 属(附表 3)。从区系构成来看,食肉目、鲸偶蹄目、灵长目和长鼻目种类多样性高,但缺乏兔形目种类。在科属水平上,非洲灵长目非常丰富,含 7 科 13 属,显著多于亚、欧、北美三大洲。一些新兴目富含广布类群,如长鼻目 8 个属中有 6 属广布于亚、欧、非,甚至北美;食肉目 17 个属中有 9 属(其中,熊科 2 属全部是广布类群),鲸偶蹄目 13 个属中有 4 属。劳亚食虫目是古老类群,2 个属全部是广布属,反映新生代初期泛大陆地理联系对动物区系的影响。灵长目虽然是新兴类群,但所含的 7 科 15 属中,仅狝猴属跨洲分布到亚洲(中国),其余全部是局域类群。灵长目 15 个属中,有 9 属属于猿类,包括人猿总科 1 属、人科 6 属以及原康修尔猿科 2 属。人科中的肯尼亚古猿(*Kenyapithecus*)形态学上具有指节行走特征,因此可能是所有大猿类(包括各种猩猩和人类)的共同祖先[339]。萨赫勒人(*Sahelanthropus*,7MaBP,乍得)、原初人(*Orrorin*,6.1~5.7MaBP,乍得)以及地猿(*Ardipithecus*,5.6MaBP,埃塞俄比亚)是人科中最早二足行走的类群。灵长目其余 6 属均为猴类,表明非洲灵长类区系在猿类鼎盛背景下,已经开始孕育猴类。与其他大洲一样,中新世非洲长鼻目区系中也充斥着巨型动物,如广布亚、欧、非的剑棱齿象肩高达 4m,郊熊(食肉目熊科)体长 2.7m,体重约 900kg[35]。狐(*Vulpes*)是犬科在非洲分布的最早记录。中新世晚期,家鼠(*Mus musculus*)出现于非洲(南非)[124]。

中新世非洲海洋兽类区系发现不多,仅有海牛目儒艮科 2 个属:中海牛属和莱提海牛属,均为广布类群,在亚、欧、非、北美均有化石发现[124]。

5. 中新世南美洲

该大陆在整个中新世孤立漂浮于海外,区系成分与其他大陆交流极少,区系处于独立演化中。在渐新世基础上，中新世南美洲兽类区系得到大发展，类群多达 115 属（附表 4），居各大陆之首。兽类区系有以下特点。

（1）区系成分复杂。中新世南美洲兽类区系是原兽类、后兽类和真兽类的融合体，但真兽类是区系主体。原兽类有 2 个高级分类类群，分别是冈瓦纳兽亚目（Gondwanatheria）和磔齿兽超目（即德氏兽超目 Dryolestoidea），各有 1 科 1 属[124]。其中，冈瓦纳兽亚目的苏大美兽科（Sudamericidae）化石从白垩纪晚期到中新世均有发现，发现地包括白垩纪晚期马达加斯加、坦桑尼亚、印度和阿根廷，古新世阿根廷，始新世南极洲、阿根廷和秘鲁，以及中新世南美洲[124,340]。磔齿兽超目于侏罗纪到白垩纪早期广布于北美、欧亚大陆和北非，白垩纪晚期到中新世分布于南美[341]。在分布区变化过程中，该类群多样性也在下降；到了中新世，仅有 1 科 1 属，分布于阿根廷[124]。

中新世南美后兽类有 4 目，包括袋犬目、駒负鼠目、负鼠目（Didelphimorphia）以及微兽目（Microbiotheria），共 14 科 36 属（附表 4）。袋犬目是优势类群，共发现有 6 科 1 超科 14 属另 1 属（科未定），食肉。体形最大者袋剑虎（Thylacosmilus）体重达 80～120kg。微兽目微兽科（Microbiotheriidae）属于澳洲有袋总目下类群。微兽科从白垩纪到渐新世有许多类群分布于南美，但中新世仅有始微兽（Eomicrobiotherium）1 属[124]，表明该科正在走向灭绝。

真兽类有 9 目 76 属。其中，南方有蹄目和披毛目占优势，分别含 7 科 14 属和 5 科 1 超科 18 属。灵长目也兴旺，中新世有 5 亚科 16 属+1 亚科未定属[124,153,342-347]。

（2）单型高级分类单元多。所发现的原兽类、后兽类和真兽类共 114 属，隶属于 45 个科级单元（包括科、亚科和总科）。其中，单型科级单元（即仅含 1 属的单元）有 19 个，占总数的 42%。

（3）已发现的科分布区基本上局限于南美洲。跨洲分布的科极少，如南北美洲均有分布的类群仅有鲸偶蹄目始鼷鹿科（Palaeomerycidae）和披毛目磨齿兽科（Mylodontidae）。这与中新世南美洲与其他大陆隔绝有关，仅有极少数类群通过南北美洲间的岛屿，以岛屿跳跃方式进行扩散。

与其他大陆一样，中新世南美洲也出现许多大型动物。例如，后弓兽（Macrauchenia，滑距骨目后弓兽科 Macraucheniidae）体长 3m，体重 1043kg[18]；贺夫斯塔特兽（Hoffstetterius，南方有蹄目箭齿兽科 Toxodontidae）体长达 5.27m[350]，箭齿兽（Toxodon，同科）体长 2.7m，体重 1415kg[351]；大闪电兽（Granastrapotherium，闪兽目闪兽科 Astrapotheriidae）体重在 2500～3500kg[343]。最引人注意的是南美硕鼠（Telicomys，啮齿目长尾豚鼠科 Dinomyidae），体长超过 2m，是地球上曾经出现过的最大啮齿类[18]。这些大型动物中，至少部分类群一直存活到更新世末期。有证据证明它们的灭绝可能与人类狩猎有关。例如，生活于中新世—更新世乌拉圭的贫齿目磨齿兽科的莱斯特大地懒（Lestodon），草食性，体长 4.6m，体重达 2590kg[351]。更新世化石骨骼（30kaBP）上的印迹表明该动物死于人类使用的石器攻击[352]。

中新世南美海域（包括太平洋和大西洋）的兽类区系有鲸类、鳍脚类和海牛目的种类。海牛目有 1 科（海牛科 Trichechidae）2 属，鳍脚类有 1 科（海豹科 Phocidae）1 属。鲸类多样性最高，已记录有 9 科 13 属，另 4 个未定科的属[124,353]。这 9 科是：安格罗鲸科、小抹香鲸科、亚河豚科、原鲨齿海豚科（Prosqualodontidae）、鲨齿海豚科、角齿海豚科、新须鲸科、须鲸科以及海牛鲸科（Odobenocetopsidae）；其中 6 个是单型科，占总科数的 67%。这种单型性与中新世南美陆生兽类区系特征一致。在 20 个属中，只有安格罗鲸、原鲨齿海豚（Prosqualodon）、鲨齿海豚、南鲸（Notocetus，角齿海豚科）、皮斯科须鲸（新须鲸科）以及更新鲸（灰鲸科）分布区超出南美范围，其余 14 属均为南美局域属（占总属数的 70%）。这种局域性与中新世南美陆生兽类区系的局域性类似。

6. 中新世澳洲

中新世澳洲陆生兽类区系与同期南美洲区系类似，由原兽类、后兽类和真兽类组成。不同的是，澳洲区系主体是后兽类，包括 6 目 18 科 62 属，外加 1 个分类未定的属，即格拉底兽（Galadi）。原兽类只有 1 目（单孔目）2 科（针鼹科和鸭嘴兽科），真兽类只有翼手目短尾蝠科（Mystacinidae）[17,124,354-356]。原兽及真兽的 3 个科均为单型科。在 6 个后兽目中（附表 5），双门齿目（Diprotodontia）为优势类群，有 11 科；其中，鼠袋鼠科和双门齿科占优势，分别含 7 属和 9 属。双门齿科的 Kolopsis 属，体长已达 1.5m，尾长 80cm，广布于澳大利亚本岛和新几内亚岛。树袋熊科的力拓考拉属（Litokoala）是现代考拉的近亲。袋狸目和袋鼬目均为肉食性种类。

中新世澳洲海洋兽类区系贫乏，仅发现鲸类化石 2 科（佩罗鲸科和原鲨齿海豚科），各有 1 属（原鲨齿海豚属和隔板须鲸属）。这两个类群均为广布类群，见于同期欧亚以及南北美洲[124]。

7. 中新世新西兰

现代新西兰生物区系非常贫乏，处于区系逐步发展中。但是，中新世新西兰动物区系非常丰富。当时，新西兰湿地众多，气候温和，属于暖温带—亚热带气候类型。化石记录显示，中新世新西兰南岛植物有木麻黄（Casuarina，木麻黄科 Casuarinaceae）、南洋杉（Araucaria，南洋杉科 Araucariaceae）、罗汉松科（Podocarpaceae）、桉树类、棕榈类、假山毛榉（即南青冈属 Nothofagus，山毛榉目 Fagales 南青冈科 Nothofagaceae）以及众多其他木本植物，还有泥炭沼泽中的草本类群。动物区系中，鸟类占主导[359]，包括早期新西兰恐鸟（6 属 9 种，恐鸟目 Dinornithiformes）、鹤形目 Aptornithidae 科种类、原几维（Proapteryx，无翼鸟目 Apterygiformes 几维科 Apterygidae）、企鹅类以及其他水禽种类。除了新西兰大蜥蜴（Tuatara）以及鳄类，还有其他爬行类化石，如卷角龟科（Meiolaniidae）和龟鳖目（Testudoformes）侧颈亚目（Pleurodira）的种类。两栖类化石也有发现。从鸟类区系的构成和两栖类的出现来看，这里的动物区系总体上由湿地动物构成。

中新世大多数种类具有较强的扩散能力，如鸟类和翼手类。缺乏飞行能力的新西兰恐鸟和现代几维是后续演化的结果，抵达新西兰的祖先类群拥有飞行能力[360]。

中新世新西兰南岛兽类区系是原始类群和进化类群的复合体。这里有陆生的圣·巴森兽（Saint Bathans mammal）和翼手类，海洋中有鲸类。圣·巴森兽既不是胎盘类，也不是有袋类，而是一种更为原始的陆生兽类，发现于新西兰圣·巴森（Saint Bathans）地区，至今未被科学定名[360-362]。

以上区系特征反映新西兰区系的演化历史影响。在白垩纪早期（130MaBP），新西兰开始脱离冈瓦纳；白垩纪晚期（80MaBP），与澳大利亚分离。因此，在整个新生代，新西兰在地理上与其他大陆隔绝。相应地，动物区系由冈瓦纳时期留下的古老类群和善于飞行、从外面扩散进来的新类群组成。

中新世之后，随着气温进一步下行，南极冰川气候开始产生影响，新西兰生物区系开始衰落，直至更新世末。

8. 三趾马动物区系

周明镇于 1964 年提出"三趾马动物区系"的概念，认为在中新世末，中国哺乳动物科和部分现代属都已先后出现，南北方动物群同属于一个区系，即三趾马动物区系。这个区系范围包括亚洲大陆、欧洲以及非洲地中海沿岸大部分地区，因此也被称为地中海动物区系[363]。以上叙述显示，北美、亚洲、欧洲和非洲在长鼻目、奇蹄目、鲸偶蹄目和食肉目的区系构成上有极高相似性。这种相似性源于草地生态系统在中新世的大发展：C4 固碳途径出现，草本植物根系发达，耐火耐旱，同时富含纤维，并适应沙质基底，长势旺盛。在动植物协同演化中，有蹄类动物腿变长，并演化出高冠齿，克服了植物长势高、纤维含量高形成的摄食障碍。结群生活的有蹄类和长鼻类在开阔草地上得到大发展。相应地，食肉动物因此获得广阔的适应辐射和物种多样化空间，迅速演化出各种类群。这种生态系统不仅广布于中新世欧亚大陆和非洲，还有当时地理上仍然有联系的北美大陆（详见第九章）。

第六节　上　新　世

上新世（Pliocene）是新近纪第二个时期，始于 5.333MaBP，止于 2.58MaBP，持续了大约 2.753Ma（附表 1）。上新世西文名 Pliocene 源于古希腊文 *Plios-*，意为"更多"，整词含义为"有更多新生命的时期"（因为这个时期有更多现代海洋软体类）或者"新近生命的延续"（continuation of the recent）。中文译为"上新世"。

一、地理和环境

上新世全球各大陆继续朝着现代位置缓慢漂移 [图 7-1（e）]。上新世初，各大陆距离现代位置平均 250km；上新世末，平均距离为 70km。因此，整个上新世各大陆平均漂移了 180km。在生物演化历史上，上新世最重要的地质事件是巴拿马地峡的出现，南北美洲连接。关于巴拿马地峡形成的时间，曾经被认为是 3MaBP 甚至更早。基于地质学、古生物学以及分子记录的综合分析，O'Dea 等[364]认为巴拿马地峡形成于 2.8MaBP。地峡阻断了古新世以来延续几千万年的赤道暖洋流，太平洋和大西洋的交流中断，大西洋冷循环开始；来自北极和南极的冷洋流导致封闭的大西洋水温下降，并进而影响全球气候。中新世末，地中海干涸和"墨西拿盐度危机（Messinian salinity crisis）"成为上新世的开始。墨西拿盐度危机后，全球气温下降，导致海平面下降，阿拉斯加与亚洲间的白令陆桥暴露，印度以及中国的海洋岩石也大面积出露海面。

上新世气温处于新生代全球气温下降的总体态势中，全球气温在中新世的基础上进一步下降 [图 4-3（b）]。上新世后期（3.3~3.0MaBP）气温比现代高 2~3℃[365]，海平面高出现代水平 25m[366]。巴拿马地峡形成后，大西洋表面水温下降 2~3℃。上新世前半期，北半球冰盖时有时无。从后期（3MaBP）开始，格陵兰冰盖开始大规模发育。到上新世末，格陵兰的森林开始逐步消退，中纬度山地冰川开始出现[367]。

二、生物区系

上新世全球气温不断下降，促进了植被的变化：落叶林、针叶林和苔原在北方不断扩展，热带雨林不断向赤道退缩；草地在全球各大陆（南极洲除外）发展。随着气温下降，空气湿度逐步下降，干旱稀树草原和现代沙漠开始在亚洲和非洲出现，现代陆地景观形成。

随着气温下降，鳄类和短吻鳄类于上新世在欧洲灭绝。伴随着啮齿类和鸟类的发展，各种毒蛇开始繁荣，包括眼镜蛇科（Elapidae）、蝰蛇科（Viperidae）、穴蝰科（Atractaspididae）的种类及游蛇科中有毒的种类[124]。其中，眼镜蛇科最早化石见于始新世英国，渐新世坦桑尼亚，中新世欧、非、北美和澳洲各地，以及上新世欧、亚、非各地。由于在澳大利亚有分布，该科可能是泛大陆时期演化出来的类群。蝰蛇科最早化石见于渐新世德国，中新世欧、亚、非、北美各地，以及上新世欧、非和北美各地，表明该科可能是新生代早期北方大陆起源的类群。早期，这些类群数量不多，在动物区系中起着无足轻重的作用。到了上新世，面对数量众多、体型小、运动灵活的啮齿类和鸟类，营绞杀捕食方式的蛇类（如蟒）捕食效率低，无法有效利用这些类群形成的食物生态位，生态位出现空缺。蛇毒可以有效制服猎物，有毒蛇类得以在空缺生态位中出现适应辐射和物种多样化。例如，响尾蛇有 2 属，包括响尾蛇属（Crotalus）和侏儒响尾蛇属（Sistrurus），最早出现于中新世美国内布拉斯加和佛罗里达，上新世开始扩散到北美各地[124]。其中，响尾蛇属经过上新世和更新世的演化，目前有 29 种另 57 亚种[368,369]。这一时期的其他蛇类还有巨蛇科（Madtsoiidae）。其他著名爬行类有鳄、短吻鳄（欧洲除外）和各种西龟（*Hesperotestudo*）。两栖类中的异螈目是原始两栖类，形似蝾螈，但体表有细鳞；中生代广泛分布于各大洲，上新世末灭绝[124]。

南美肉食性鸟类在上新世已经变得稀少，多样性在下降。代表类群是泰坦鸟（*Titanis*，叫鹤目恐鹤科）。泰坦鸟站高 2.5m，体重 150kg，生活于 4.9～1.8MaBP；从南美扩展到北美，并且取代兽类成为北美的顶级捕食者[52,124]。这一时期演化出的其他鸟类，部分已经灭绝，部分一直延续到现在，成为现代鸟类区系中的成员。

更新世的重要兽类成员猛犸象（*Mammuthus*，长鼻目象科）在上新世已经广泛分布于北美、欧亚大陆和非洲。

南北美洲在上新世的联合不仅改变了全球气候格局，还导致"南北美洲生物大迁徙（Great American Interchange）"。巴拿马地峡形成，为南北美洲动物区系交流提供了通道。两大区系相互向对方扩散，大大改变了原有动物区系的构成。由于鸟类的飞翔能力较强，地峡形成前海洋对鸟类区系扩散的阻碍作用有限，南北美洲鸟类区系早有交流。因此，地峡的形成对鸟类区系影响不大。影响主要反映在兽类区系的变化上。两栖类、爬行类以及飞行能力差的鸟类也在地峡形成后参与到动物区系的扩散与交流中。

在"大迁徙"过程中，一些北方种类扩散进入南美，如骆驼科和貘科。依据化石记录[124]，骆驼科最早于始新世中期 45MaBP 出现于北美；随后，分布区在北美迅速扩展。向北发展的一支大约于 3MaBP 通过白令陆桥进入亚洲，向南发展的一支在地峡形成后进入南美。上新世结束时，骆驼科在南美的分布区局限于南美北部；更新世以后继续向南发展。貘科有类似历史，但后续的灭绝事件发生在不同地区，从而形成今天不同的分布格局。一些南方类群也在"大迁徙"中进入北美，如雕齿兽（Glyptodontinae，有甲目 Cingulata）和混箭齿兽（*Mixotoxodon*，南方有蹄目箭齿兽科）[124,370]。两大区系相遇后，北方类群显示出更强的竞争力，导致南方区系出现大量灭绝[371]。结果，北方区系中许多类群在南美建立了自己的分布区，并进一步出现适应辐射和物种多样化；南方区系在北美生存一段时间后，于更新世早、中期纷纷灭绝。

相比于前面各时期，上新世是全球化石记录发现最少的时期。例如，上新世完全不见南美灵长目化石[124,153]，澳洲兽类仅发现有袋类。虽然原兽类（如鸭嘴兽和针鼹）今天还存在，但在上新世不见有化石存在[124,372]。

1. 上新世北美

上新世北美兽类中，啮齿类、大型乳齿象类、嵌齿象类以及负鼠类（南美起源）持续繁荣，食肉目鼬科鼬属（*Mustela*）出现多样化；但有蹄类衰落，鹿、马、骆驼变得越来越稀少，犀、三趾马、岳齿兽、原角鹿、爪兽类以及食肉形目的恐犬类和郊熊类灭绝了。起源于南美的有袋类、地懒、巨雕齿兽和犰狳（有甲目）在大迁徙后加入北美兽类区系，一些类群至今仍有分布，如负鼠目负鼠科的浅灰鼠负鼠（*Tlacuatzin canescens*）

在墨西哥太平洋沿岸及尤卡坦半岛至今仍有分布[373]。

上新世北美陆生真兽类化石已有 7 目 13 科 18 属（含 1 科未定属；附表 6）。犬属（*Canis*）开始出现。区系沿袭中新世大体形特征，如居维象（*Cuvieronius*，嵌齿象科 Gomphotheriidae）肩高 2.3m，体重达 3500kg[35]；拟驼（*Camelops*，骆驼科）肩高 2.2m，体重 800kg[374]。啮齿目也出现大体形类群，如大河狸（*Castoroides*，河狸科 Castoridae）体长 1.9～2.2m，体重 90～125kg[375]。

2. 上新世欧亚大陆

在欧亚大陆，随着热带雨林在上新世向赤道退缩，灵长类的分布区开始衰退。马类多样性下降，剑齿猫和鬣狗加入到欧亚食肉类区系中。猛犸象广布欧亚大陆、非洲和北美；嵌齿象、剑齿象、象、牛、羚羊在亚洲繁荣，北美起源的骆驼进入亚洲；蹄兔类从非洲向欧洲扩散。

上新世亚洲陆生真兽类化石共有 7 目 18 科 22 属（附表 6）。鲸偶蹄目鹿科（Cervidae）宽阔额角鹿属（*Libralces*）从欧洲分布到中亚，角展已超过 2m[124,376]。上新世广布亚洲和非洲的食肉目鼬科海獭齿兽属（*Enhydriodon*）体重达 200kg，是科中最大的类型[377]。犬科中的狐最早化石发现于上新世喜马拉雅山地区，被认为是北极狐的祖先类群[378]。奇蹄目犀科披毛犀（*Coelodonta*）最早见于上新世喜马拉雅地区（西藏），更新世广泛分布于欧亚大陆和英国[124,379]。灵长目猴科中的猕猴属和狒狒属（*Papio*）在上新世晚期出现，并广布于非洲和欧洲。其中，狒狒已经进入亚洲（塔吉克斯坦）。家鼠已经广布于亚、欧、非，但尚未与人类形成紧密的生态学关系。

上新世欧洲陆生真兽类化石有 9 目 17 科 19 属（附表 6）。区系的优势类群是体形大的类群，如偶蹄类、奇蹄目、长鼻目以及食肉目。

3. 上新世非洲

上新世非洲区系由有蹄类主导。其中，牛类和羚羊类物种多样化在持续进行，种类数量上超越了猪类。起源于北美的骆驼（*Camelus*）经亚洲进入了非洲，马和现代犀类也到了非洲，犬、熊和鼬加入到非洲食肉类中。

上新世非洲陆生真兽类化石有 6 目 19 科 31 属（附表 6）。与这一时期的欧亚大陆一样，大体型是区系的重要特征，如与欧亚共有的海獭齿兽属和各类长鼻目种类。在这一时期，长鼻目中的现代类群非洲象属（*Loxodonta*）出现了。沃格氏宽颌三趾马（*Eurygnathohippus woldegabrieli*，奇蹄目马科）比早期类群更适应在开阔生境中奔跑[391]。灵长目猴科中有 5 属：巨狒狒属（*Dinopithecus*）、副疣猴属（*Paracolobus*）、狮尾狒属（*Theropithecus*）、狒狒属和猕猴属。巨狒狒和副疣猴是灭绝属，狮尾狒一直存活到现在。人科中有 3 属：南方古猿属、肯尼亚人属（*Kenyanthropus*）以及人属。肯尼亚平脸人（*K. platyops*）面部扁平，更像现代人特征。遗存证据表明，肯尼亚人很可能是最早使用工具的人科类群[392]。关于肯尼亚人的分类尚存争议，有一种意见将其归为南方古猿属。这种争议的根源在于肯尼亚人与南方古猿拥有共同特征，但又不同于南方古猿。南方古猿在中新世已经出现，上新世共发现 6 种[124]，分别为 *A. afarensis*、*A. africanus*、*A. anamensis*、*A. bahrelghazali*、*A. deyiremeda* 和 *A. garhi*。上新世末，人属出现，仅能人（*H. habilis*）1 种。南方古猿属和人属同属于人科人亚科人族[393]。因此，上新世可以视为人类诞生的前夜。

4. 上新世南美

南美大陆上新世大部分时间孤立于其他各大陆，漂移于海外，直至上新世晚期巴拿马地峡形成后，才与北美有区系交流。因此，上新世南美区系既有独立演化中形成的新类群，又有来自北美的成分。这一时期，原兽类化石已经不见，后兽类（全为有袋类）有 4 目（附表 7）：鼩负鼠目（Paucituberculata）、袋犬目、负鼠目以及美洲古袋鼠目（Polydolopimorphia）。袋犬目仅 1 科 1 属，即袋剑虎（*Thylacosmilus*）。美洲古袋鼠目有 2 科 3 属。负鼠目占优势，有 1 科 9 属。其中，短尾负鼠（*Monodelphis*）为南美与澳大利亚共有。陆生真兽化石有 9 目 17 科 24 属，多样性仍居各大陆之首。

由于巴拿马地峡为陆生动物扩散提供了通道，上新世南北美洲共有的、起源于北美的类群较中新世更多，如平头猪属（*Platygonus*，鲸偶蹄目西猯科）、水豚属（*Hydrochoerus*，啮齿目豚鼠科 Caviidae）以及居维象属（长鼻目嵌齿象科），均从北美经巴拿马地峡扩散至南美。由于巴拿马地峡出现，南北美洲生物大迁徙导致南美物种在上新世末和更新世初发生大型物种灭绝。因此，上新世末之前南美仍然有大型动物，如居维象（肩高 2.3m，体重 3500kg）[35]、后弓兽（滑距骨目后弓兽科，中新世延续到上新世的类群；体长 3m，体重 1043kg）[18]、大地懒（*Megatherium*，披毛目大地懒科 Megatheriidae；体长 6m，体重 4000kg）[395]。另外，南方有蹄目中也有大体形类群。最值得关注的是啮齿目长尾豚鼠科，中新世巨型种类是南美硕鼠，上新世是约氏长尾豚鼠（*Josephoartigasia*，体形如牛，体重 1000kg）[396]。

5. 上新世澳洲

这一时期，澳洲的陆生动物区系仍然由原兽类、后兽类和真兽类组成。原兽类的单孔目仍然存在，包含中新世就已存在的针鼹科和鸭嘴兽科。真兽类仍然只有翼手目（附表 5）。后兽类是上新世澳洲陆生动物区系主体，有 4 目 16 科 68 属。其中，双门齿目仍然是优势类群，有 11 科 57 属，占全部科数的 69%、属数的 84%。但是，与中新世相比，目下优势类群已发生变化：中新世优势类群是双门齿科，上新世是袋鼠科（Macropodidae）。袋鼠科有 23 属，占全部属数的 34%。负鼠目短尾负鼠（负鼠科）可能是美洲有袋总目在澳洲的最后代表[124]。

6. 海洋生物区系

上新世海洋兽类区系存在两个特征。首先,类群多样性在中新世基础上呈下降趋势。各大洋兽类包括鲸类、海牛目和食肉目,共 8 科。其次,许多中新世的科消失,同时出现一些新的科,包括海象科(食肉目)、鼠海豚科(Phocoenidae,鲸类)、露脊鲸科(Balaenidae)以及灰鲸科(Eschrichtiidae)。海牛目儒艮科无齿海牛亚科(Hydrodamalinae)也在这一时期出现[124,216,223,397-400]。

从上新世末开始,海洋生物区系构成基本上维持到现代,区系成分在第四纪只有小变动。但是,陆生动物类群在更新世经历进一步演化,区系发生分化,最终形成现代动物地理区系格局。

7. 三趾马动物区系的分化

广布于欧、非、亚的"三趾马动物区系"或"地中海动物区系"于上新世后期开始分化[363]。中新世末(5.6MaBP),地中海干涸,为陆生动物在欧非间的扩散提供了通道。早上新世(5.33MaBP),现代直布罗陀地区出现了通道,大西洋水体向地中海盆地大量倾泻,形成地质学上的赞克勒期大洪水(Zanclean Flood),洪水流量达每秒 1 亿 m³,是现代亚马孙河流量的上千倍。仅用 2 年时间,地中海盆地灌满了水,并延续到现在[401]。地中海盆地重新注水,阻断了欧非间陆栖动物的扩散通道。随着气温不断下行,气候越来越干燥,地中海之南的撒哈拉沙漠对非洲与欧洲区系的交流形成第二重阻碍。在欧亚大陆东边,喜马拉雅山的持续抬升和青藏高原的存在,促使亚洲大陆自然环境进一步分异。气温下行导致欧亚大陆北部动物区系中南方类型开始减少,耐寒冷的冰期动物在青藏高原形成后扩散到欧亚大陆北部[379],增大了耐寒冷类群在区系中的比例。覆盖欧、亚、非的三趾马动物区系开始出现初步分化(见第九章)。

第七节 更 新 世

更新世(Pleistocene,俗称冰期)是新生代第四纪第一个时期,也是当代地球陆生动物区系分布格局形成的主要时期。更新世始于 2.58MaBP,止于 11.7kaBP,持续了大约 2.568Ma(附表 1)。查尔斯·李尔于 1839 年根据意大利西西里岛的软体动物贝壳化石沉积提出 Pleistocene,以区别于先前的上新世以及后面的全新世。李尔原先认为上新世地层是最年轻的地层;后来发现,西西里岛上有一个地层,其中的软体类有 70%类群一直生存到当代。很显然,这个地层比上新世的物种更接近现代类群,因此提出 Pleistocene。Pleistocene 是古希腊文拉丁化的词汇。其中,*pleisto*-意指"最(most)";整词含义为"最新的生命时期"。中文译为"更新世"。

关于更新世开始的时间,学术界曾经认为是 1.806MaBP。然而,国际地质科学联盟(International Union of Geological Sciences)于 2009 年最终确定是 2.58MaBP。更新世也是考古学上的旧石器时代，止于10kaBP[402]。这一时期的石器称为旧石器，或者打制石器。古人类简单地将石头砸碎，利用自然形成的尖锐形状和锋利边缘进行刺穿和切割，不对工具进行任何打磨加工。至少在该时期的早期，制作和使用这些石器工具者是能人。科学认为，人类文化开始于这一时期，并自始至终参与了现代地球动物区系的塑造和演化进程。

一、地理和环境

更新世初，各大陆距离现代位置平均为70km［图7-1（f）］。到更新世末，所有大陆基本在今天的位置上，海陆相与现代相同。

更新世有以下四大事件全面影响陆生动物区系的演化，并最终塑造了当今地球陆生动物区系格局。

1. 喜马拉雅造山运动

喜马拉雅山在更新世急剧抬升，加剧了中国西北部和中亚地区的干旱。印度洋的暖湿气流聚留在喜马拉雅山南坡，导致热带气候界线从青藏高原南坡向喜马拉雅山南坡南移。

在高原北侧，随着气候进一步干旱，三趾马动物区系中的一些成分开始分化，如马属（*Equus*）。中新世，马属成员是横亘亚、欧、非的三趾马动物区系中的重要成员，种类很多。从上新世末到更新世，该属成员保持着三趾马区系成分共有的对开阔生境的适应性及草食性的同时，分化为3个生态类群：第一个是继续留在非洲、对干热环境适应的生态类群，如现代斑马（有3种，*Equus zebra*、*E. quagga*和*E. grevyi*）[403]；第二个是对温带冷-热交替干旱环境适应的生态类群，如现代野马*E. ferus*和蒙古野驴*E. hemionus*[404]；第三个是对高寒环境适应的生态类群，如现代藏野驴*Equus kiang*。其中，藏野驴又分化出三个亚种[404,405]：西部亚种*E. k. kiang*（指名亚种），分布于中国西藏、拉达克地区（Ladakh）以及新疆西南部；东部亚种*E. k. holdereri*，分布于中国青海和新疆东南部；以及南部亚种*E. k. polyodon*，分布于中国西藏南部以及西藏与尼泊尔交界地区。这些亚种的分化是早期各地方种群对不同程度的环境高寒化和干旱化的回应。

在高原南面，横亘东西的喜马拉雅山对印度洋暖湿气流的阻挡，导致山脉两侧气候环境截然不同，有效阻止南北区系的成分交流，成为现代陆生脊椎动物区系中古北界和印度马来界的明确分界线（见第八、九章）。

2. 更新世冰川

更新世最显著的气候特征是冰川的出现。更新世沿袭了新生代以来气温下行进程。气温在更新世降至最低，并在谷底上反复震荡［图4-3（b）］，导致冰川反复出现。冰川扩展的时期称为冰期，气候寒冷。各冰期之间为间冰期，气候相对温和。由于气候、地形以及纬度不同，各地经历的冰川历史也不同。首先，不同地区的冰川次数不一样：北美至少有 11 次大冰期[406]，南极洲过去 800ka 以来有 9 次［图 4-3（c）］，而欧亚大陆和青藏高原各有 3 次[363]。因此，各地对冰川事件有不同命名。其次，不同地区受冰川影响程度不同。欧洲、北美受极地冰川影响较大，极地冰川向南延伸到 40°N；东亚受极地冰川影响较小，主要受山地冰川影响。这种差异导致各地出现不同程度的物种灭绝，并形成不同的现代区系特征。由于东亚受影响最小，因此在北方各大陆中，亚洲保留古近纪—新近纪动植物古老物种最多，区系特有性和原始性最高；北美古老物种最少。

冰川的分布是全球性的，从北极到南极，有海洋冰川、陆地冰川；有高山冰川、极地冰川。海洋冰川主要分布于北极地区。陆地冰川主要有南极冰盖、亚洲北部西伯利亚冰原、北美西北部科迪勒拉冰原（Cordilleran Ice Sheet）、北美东部劳伦泰冰原（Laurentide Ice Sheet）以及北欧芬诺斯堪迪亚大冰原（Fennoscandian Ice Sheet）。著名的高山冰川有南美安第斯山脉巴塔哥尼亚冰盖（Patagonian Ice Cap）、欧洲地中海阿尔卑斯冰原（Alpine Ice Sheet）。另外，非洲北部亚特拉斯山脉（Atlas Mountains）、中部肯尼亚山（Mount Kenya）、东部乞力马扎罗山（Mount Kilimanjaro）、乌干达和刚果交界的鲁文佐里山脉（Rwenzori Mountains）、亚洲喜马拉雅山脉和祁连山以及新西兰、塔斯马尼亚岛、非洲埃塞俄比亚境内的高山也有规模不等的冰川。干旱地区中的高山冰川（如祁连山）为附近地区持续提供水源，维系着这些地区生物区系的生存和演化。

冰川的影响首先是导致海平面下降以及陆连出现，为陆生动物扩散提供通道。在更新世，冰川每一次挺进，会捕捉大量水分，形成 1500～3000m 厚的冰原，并导致海平面下降约 100m。这种变化幅度超过大多数海峡、岛屿间以及岛屿与附近大陆间的当代海水深度，使得这些地区在冰期出现陆桥和陆连。更新世出现陆桥、陆连的地区有英吉利海峡（不列颠群岛与欧洲大陆）、东南亚岛屿与亚洲大陆、斯里兰卡与印巴次大陆、日本列岛与亚洲大陆以及中国大陆南部与台湾、海南。白令海峡现代水深为 30～50m，最深处 90m；更新世冰期海退时，海底出露水面，形成白令陆桥，为北美和亚洲陆生动物交流提供通道。陆桥两端动物区系多次向对方区域扩散，使北美区系有许多亚洲成分的同时，东亚也有许多北美成分，如狼类、熊类。早更新世前期，海平面下降使亚洲大陆与日本列岛发生广泛陆连，日本海成为封闭的内陆湖[363]，一些东亚动物在这个时期扩散至日本。在其后间冰期的海进中，日本与亚洲大陆隔离，进入日本的种群独立演化，形成新种。在欧亚大陆西边，普氏猕猴（Macaca prisca，化石种）在中更新世冰期海退时从欧洲大陆扩散进入不列颠群岛，但后来灭绝了[153]。

在欧亚大陆大的冰川活动背景下，中国共有 3 次大冰期[363]，分别发生在更新世早、中、晚期。在早更新世冰期中，中国台湾、海南、南洋群岛与中国大陆南部发生广泛陆连，猕猴属中的一支扩散至台湾；在随后的间冰期中，陆连消失，扩散至台湾的猕猴独立演化成新种台湾猴（Macaca cyclopis）[407]。中更新世是已知中国最大冰期，该地区又一次发生大规模陆连，岛屿和大陆的动物区系再一次融合，猕猴（M. mulatta）覆盖东亚大陆及海南岛。后续海进将大陆与海南岛隔离，海南岛种群独立演化，形成新亚种猕猴海南亚种（*M. mulatta brevicaudus*）[407]。类似情况还有许多，如跨越白令海峡、分布于亚洲东北部和北美西北部的东方田鼠（*Microtus fortis*，啮齿目鼠科）和大仓鼠（*Cricetulus triton*，啮齿目仓鼠科）以及跨越亚洲大陆东南部和东南亚岛屿分布的赤麂（*Muntiacus muntjak*，鲸偶蹄目鹿科）、云豹（*Neofelis nebulosa*，食肉目猫科）、大灵猫（*Viverra zibetha*）、金猫（*Felis temminckii*）和鬣羚（*Capriornis summatraensis*，鲸偶蹄目牛科），在更新世海退时扩散，形成现代间断分布格局[363]。

其次，冰川气候促进黄土形成。在早更新世后期，中国北方气候变干，黄河中游开始堆积黄土，秦岭成了黄土分布的南界[363]。新基质出现为新植被类型起源和演化以及相应的动物类群分布提供了基础。

再次，冰川活动常常促成大型湖泊形成。在北美，末次冰期结束后，随着劳伦泰冰原退却，融化的雪水聚集形成阿阁塞滋湖（Lake Agassiz）；其史前湖泊面积达 440000km^2，覆盖现代加拿大曼尼托巴省（Manitoba）、安大略省（Ontario）西北部、萨斯喀彻温省（Saskatchewan）、美国明尼苏达州（Minnesota）北部以及北达科他州（North Dakota）东部[408]。另一个北美史前湖泊是博尼维尔湖（Lake Bonneville），覆盖现代美国犹他州、爱达荷州和内华达州的部分地区。由于蒸发和重新注水，该湖在过去 800ka 里形状改变了至少 28 次[409]。类似的湖泊在欧亚大陆和非洲也有分布。冰川湖的形成塑造了间冰期水资源在陆地上的分布格局，进而决定了陆生动植物区系（包括淡水鱼类）的分布格局。

最后，冰期气候导致物种演替。在欧亚大陆和北美，极地冰川的冰缘地区年平均气温为–6℃。从冰缘向南几百千米是永冻层，土壤终年结冰，年平均气温为 0℃。冰原上没有植被，只有极少数食肉动物（如北极熊）能生存。在永冻层上，仅有少数植物（如苔类、藓类、蕨类、地衣类、石楠及其他耐寒草本和多年生小灌木）能够生长，形成苔原。分布于苔原带上的动物种类很少，如驯鹿、驼鹿、麋鹿等有蹄类以及以这些有蹄类为食的食肉类。冰川来临时，原先在相对温暖环境下演化出来的喜温类群无法适应寒冷环境而灭绝，导致分布区向南退缩，物种生存空间受压缩；适应寒冷环境的耐寒种类出现适应辐射，新类群开始增多，分布区扩大，形成新的区系。中国陆生脊椎动物区系中的东北区就是在冰期冰缘环境下形成的新区系（见第九章）。进入间冰期后，随着冰川退却，在冰缘环境下演化出来的耐寒物种难以适应新环境而灭绝，分布区向北退缩；南方种类开始向北扩散。冰川的反复进退，气候带反复南北移动，导致更新世出现大规模物种灭绝。其中，北美区系灭绝程度最严重，中新世和上新世的马和骆驼全部消失；南极冰川从上新世开始破坏新西兰区系，并在更新世持续进行。非洲、澳洲和南美洲受到的冰川影响很小，从而保留了大量古老种类。冰川导致的大灭绝是现代陆生脊椎动物区系中古北界和新北界物种多样性从南到北贫乏化的根源。

3. 厄尔尼诺气候

太平洋冷暖洋流的相互作用，导致大气环流发生改变，致使暴雨洪水在一地发生的同时，干旱出现在另一地。这种发生于赤道中、东太平洋的海水温度异常和天气异常的现象被称为厄尔尼诺现象。虽然起因于太平洋，但是厄尔尼诺的影响是全球性的。在 1986～1987 年的厄尔尼诺事件中，赤道中、东太平洋海水表面温度比常年平均温度偏高 2℃左右；此时，热带地区的大气环流出现异常，热带及其他地区天气出现异常变化：秘鲁北部和中部地区暴雨成灾，哥伦比亚境内亚马孙河水猛涨，造成河堤多次决口；巴西东北部少雨干旱，西部地区炎热；澳大利亚东部及沿海地区雨水明显减少，中国北方地区、南亚至非洲北部大范围少雨干旱。厄尔尼诺现象表现出周期性，在全球暖化前大约每 7 年发生一次。理论上，厄尔尼诺中出现的干旱会导致一地动物死亡。如果影响面积足够大，则导致广布物种地方种群灭绝以及狭布物种完全灭绝，改变相关物种的分布格局。厄尔尼诺中出现的洪水为不同水体中的水生动物区系提供扩散机会，从而改变这些类群的分布格局。然而，厄尔尼诺对更新世陆生脊椎动物区系的形成过程产生的影响程度尚无科学评估。

4. 人类文明演化及其影响

二足直立行走的灵长类动物开始于晚上新世早期（约 3MaBP），即分布于东非的南方古猿。露西是这个时期保留下来最完整的化石。上新世末，人科人族出现了傍人（*Paranthropus*），可能是南方古猿的后裔，保留着二足直立行走特征[410]。上新世晚期，人属出现，并相继演化出 8 种[411]（注：种类及种数因作者不同而异），分别为匠人（*H. ergaster*）、直立人（*H. erectus*）、能人、鲁道夫人（*H. rudolfensis*）、先驱人（*H. antecessor*）、海德堡人（*H. heidelbergensis*）、尼安德特人（*H. neanderthalensis*）和智人（*H. sapiens*）。这些种在不同时期不同地点被发现（见第五章第三节）。智人是最后出现的物种，年代为 315kaBP[412]。更新世末，只有智人留下，其余均已灭绝，或者因血统融入了现代智人而失去独立存在（如尼安德特人）。二足行走使手从行走和负重中解放出来，从事更为复杂的活动，如工具的使用和制造。

制造工具是人类行为特征之一，也是研究早期人类文化的依据。工具制造能力在小脑量时期便已经具备。例如，黑猩猩在钓白蚁时，首先选取带气味、能够吸引白蚁的树种，摘下树枝，去除枝上细枝及叶子，然后将剩下的小棍插入白蚁穴孔中，并轻轻抖动。待棍子上爬满白蚁时，将棍子抽出，并送入口中。处理树枝的过程，本质上是制造工具的过程。遗存证据表明，上新世肯尼亚平脸人很可能已经会使用工具[392]。更新世早期，傍人属的脑量小于人属；化石形态学研究结果表明，其手已经可以使用和制造工具[413]。工具的制造开启了人类文明的演化历史。

奥杜韦（见第五章第三节）文化是东非旧石器时代文化，最早遗存年代约 3.3MaBP，以简单的石制砍砸器、刮削器为特征[392]。尚无法确定这种文化是由哪个物种发展而来的，可能是肯尼亚人[392]，也可能是南方古猿惊奇种（*Australopithecus garhi*）[414]。奥杜韦文化的繁荣与早期人属成员（包括匠人和能人；更新世早期，约 2.1MaBP）发生联系[402,415]。直立人继承了奥杜韦文化，并于 1.7MaBP 在欧洲进一步发展成阿舍利（Acheulean）文化[416]。阿舍利文化也属于旧石器文化，但石器制作精致，被学术界认为是先进的石器文化。

在大水体阻挡种群扩散的地方，人类制造木筏渡水。最早的木筏遗存发现于 300kaBP 地中海沿岸尼安德特人和智人居住区[417]。尚无证据显示木筏的制造工艺是单一起源的，更大的可能性是多起源的，亦即不同地区的人遇到相同渡水问题时独立发明出来的。

可控火的使用大大加速了体质人类和文化人类的演化进程。据考古证据，可控火的使用至少在 1.5MaBP 南非的非洲直立人时已经开始，而且火温已经达到 200～400°C[418,419]；确切用于加工食物的灶膛的最早记录发现于欧洲阿舍利文化（300kaBP）中[419-421]。

迄今为止，智人的最早化石证据发现地是摩洛哥，化石与人造（石器）工具同存于一个发掘地[412]，表明智人"与生俱来"就会制造工具。

以上表明，人类文化的演化不是智人一个物种的文化演化历史，而是灵长目人科人族中各物种文化的融合和演进的历史；是在生存竞争中，人族中前后物种的文化传承、同时代物种的互动学习以及各物种在应对环境挑战过程中创造的地方文化融合的结果。人类文化的不断演进，提高了人类应对自然挑战的效率。

在整个更新世（尤其是晚更新世），陆栖脊椎动物区系的演化自始至终伴随着人类的演化历程。在漫长的演化过程中，人类与其他动物形成相互依赖的生态学关系。作为群落中的物种，人类狩猎、采摘其他物种作为食物，并导致一些物种灭绝。例如，更新世马达加斯加象鸟（*Aepyornis*，隆鸟目 Aepyornithiformes 象鸟科 Aepyornithidae）的灭绝，极可能与人类对鸟卵的过度利用有关[422]。同时，更新世人类也没有摆脱被食肉类捕食的命运。刀耕火种，制造森林天窗，增加林中的生境多样性，使原本需要在天窗下生活的物种获得更多适宜生境，实现种群增长，甚至出现适应辐射，产生更多新种。这些物种跟随人类而分布。人类的定居，招引其他物种与之相伴，如家鼠，与人类如影随形。因此，在大自然的生态关系网络中，人类只是网络中的一个结点。人类演化历史与其他生态学过程共同塑造了更新世动物区系格局。因此，生物多样性保护的理论和实践不宜将人简单地看作负面因素而排斥。

二、生物区系

更新世动物区系中，除了现已灭绝的类群（如真兽类猛犸象、乳齿象、剑齿虎、欧洲野牛、短面熊、地懒、巨猿以及有袋类双门齿兽）外，大多数是更新世演化出来、一直存活到今天的类群，如现生人属和狒狒属。更新世，一些大型鸟类和爬行类在隔离岛屿上演化而来，如上述的马达加斯加象鸟（成体站高 3m，体重 400kg；卵长 34cm，卵周长 1m，内容量是现代鸡蛋的 160 倍）[423-425]、新西兰恐鸟（*Dinornis*，恐鸟目恐鸟科 Dinornithidae，雌性站高可达 3.6m，体重 240～278kg）[426-428]、澳洲金卡纳鳄（*Quinkana*，鳄目 Crocodilia 鳄科 Crocodylidae，体长 6m）[429]以及澳洲东部新喀里多尼亚岛的卷角龟属（*Meiolania*，卷角龟科，体长 2.5m，头宽 64cm）[18]。另外，人属在更新世出现，并出现适应辐射，产生许多种。其中，只有智人实现了全球自然扩散，并延续到今天。

许多类群得益于巴拿马地峡以及其他地方在冰期出现的陆连，从而从一个地区扩散到另一个地区。因此，更新世陆生哺乳动物区系的特点是区系间共有大量类群。更新世广布类群可以分为三个层次：①广泛分布于欧亚大陆、南北美洲以及非洲，有 8 属，包括食肉目犬属、豹属、似剑齿虎属（*Homotherium*，猫科）、啮齿目鼠属（*Mus*，鼠科）、奇蹄目马属、鲸偶蹄目牛属（*Bos*）、翼手目长翼蝠属（*Miniopterus*，长翼蝠科 Miniopteridae）以及灵长目人属；人属、鼠属和长翼蝠属进入了澳洲和新西兰。②广泛分布于北方各大陆（包括北美和欧亚大陆），有 5 属，包括食肉目熊属（*Ursus*，熊科 Ursidae）、豺属（*Cuon*，犬科）、兔形目兔属（*Hypolagus*，兔科 Leporidae）、奇蹄目貘属（*Tapirus*，貘科 Tapiridae）以及鲸偶蹄目美洲野牛属（*Bison*，牛科）；其中，熊属分布区还延伸到北非，貘属进一步扩散进入南美，美洲野牛属进入中美地区。③广泛分布于旧大陆（包括欧亚大陆和非洲），有 6 属，包括长鼻目象属（*Elephas*，象科）、古棱齿象属（*Palaeoloxodon*，象科）、恐象属（恐象科）、鲸偶蹄目瞪羚属（*Gazella*，牛科）、河马属（*Hippopotamus*，河马科 Hippopotamidae）以及奇蹄目基什贝尔格犀属（*Stephanorhinus*，犀科）；其中，许多是三趾马动物区系的残余类群[124]。

1. 更新世北美

巴拿马地峡为更新世南北美洲区系的交流提供了通道。更新世北美区系融入了更多南美成分，如披毛目和南方有蹄目的类群。同时，冰期白令陆桥和格陵兰冰盖也为北美与欧亚间区系交流提供了通道，导致欧亚区系成分也渗透到北美。北美化石有有袋类 1 目（即负鼠目）1 科（即负鼠科）2 属（鼠负鼠属 *Marmosa* 和负鼠属 *Didelphis*），为南美北扩类群，与南美共有。陆生真兽类化石有 12 目 63 属；其中，62 属归属于 31 科，1 属归属未定（附表 8）。63 属中，第一和第二层次广布属有 13 个，占总属数的 21%；26 属在南北美洲均有分布（占总属数的 41%），21 属为北美特有（占 33%）。这表明：①北美区系特有性低；②北美区系与其他区系交流广泛，尤其是与南美。在南北共有类群中，北方向南扩散的类群占多数，如刃齿虎属（*Smilodon*）以及美洲野牛属和半驼属（*Hemiauchenia*）；少数是南方向北扩散的类群，如南方有蹄目箭齿兽科混箭齿兽属。北美通过白令陆桥与亚洲以及通过格陵兰冰盖与欧洲的区系联系反映在 10 个广布属（即犬属、熊属、豹属、似剑齿虎属、兔属、鼠属、马属、貘属、野牛属和美洲野牛属）以及 4 个北美与欧洲的共有属（松鼠科 Sciuridae 金花鼠属 *Tamias*、河狸科河狸属 *Castor*、互棱齿象科互棱齿象属 *Anancus* 以及鹿科罕角驼鹿属 *Cervalces*）的分布上。

美洲猎豹属（*Puma*，猫科）虽然起源于亚洲，但似乎对新大陆有特别的适应能力；更新世分布区包括北美、中美和南美全部地区，生境类型包括森林、热带灌丛、草地以及干旱的沙漠地区。河狸科大河狸属体长在 1.9～2.2m，体重 90～125kg，是更新世北美最大啮齿类，也是已知最大河狸类[375]。智人是这个时期北美唯一的灵长类。

2. 更新世欧亚大陆

在欧亚大陆，由于格陵兰冰盖和白令陆桥的通道作用，欧亚区系中融入了北美成分。这些通道气候寒冷，能够跨越的类群是在冰缘环境下演化出来的冰期动物。因此，低温成了欧亚与北美间区系交流的主要障碍。在欧洲与非洲间，地中海、撒哈拉以及西亚的干旱气候是区系交流的主要障碍。虽然澳大利亚在不断靠近亚洲，但澳洲成分进入亚洲的不多（鸟类除外）。在亚洲与澳洲间存在一系列岛屿。陆连时期，物种通过岛屿跳跃或者摆渡方式逐步相向扩散，形成广泛的过渡区——华莱士区（见第八章）。

更新世欧洲有陆生哺乳动物化石 9 目 23 科 50 属，亚洲有 9 目 23 科 56 属（附表 8）。其中，分布区局限于欧洲的类群仅 13 属，亚洲 25 属，分别占总属数的 26% 和 45%。其余类群中，旧大陆共有（即上述第三层次的广布类群）6 属；欧洲与亚洲共有 8 属，与非洲共有 5 属；亚洲与非洲共有 3 属。因此，在旧大陆内，欧洲与其余部分共有 19 属，占欧洲总属数的 38%；亚洲与其余部分共有 17 属，占亚洲总属数的 30%。第一层次和第二层次广布类群共 13 属，分别占欧洲总属数的 26% 和亚洲总属数的 23%。欧亚的区系关系通过三个层次的广布类群（共 19 属）和欧亚共有类群（共 9 属）实现；这些类群共有 28 属，占欧洲总属数的 56%，亚洲总属数的 50%。这表明：①欧洲和亚洲区系特有性都很低（尽管亚洲区系特有性略高）。②更新世欧亚区系交流非常频繁，区系相似度很高。③欧亚与北美的区系交流主要通过第一和第二层次的广布类群实现；其余类群不多，如金花鼠、河狸、互棱齿象以及罕角驼鹿。

更新世欧亚区系中，许多类群是新近纪三趾马动物区系时遗留的成分，并在更新世环境变化中区域性灭绝。例如，长颈鹿（Giraffa）一度广布于欧亚非三大洲，在中国甘肃和政都有分布；更新世灭绝后，目前已经退缩到非洲。又如，非洲象属分布于欧洲和非洲，更新世在欧洲灭绝后，分布区退缩到非洲；亚洲象属分布于欧、亚、非，更新世灭绝后，分布区收缩到亚洲。更新世最重要的生物多样性事件是人属的出现。人属起源于非洲，并很快出现适应辐射，先后产生许多种类，种数因作者分类系统不同而不同。据 Strait 等[411]，更新世人属共有 8 种。其中，直立人存活时间最长，并走出非洲，广布于欧亚大陆。智人走出非洲后，经欧洲和亚洲，通过格陵兰、白令陆桥以及巴拿马地峡进入北美和南美；通过摆渡方式以及冰期陆连跨越东南亚岛链，进入澳大利亚和新西兰，并于更新世晚期实现智人在全球的自然分布：在 50～40kaBP，人类进入澳洲和欧洲 61°N 地区，30kaBP 到达日本，27kaBP 到达西伯利亚北极圈以内，并通过白令陆桥到达北美，随后进入南美[430,431]。猕猴属广布于更新世欧亚，更新世末在欧洲灭绝，仅剩下蛮猴（Macaca sylvanus，北非摩洛哥直布罗陀地区）；主要分布区退缩到亚洲，并在亚洲繁荣。更新世亚洲出现灵长类的另一个重要类群——巨猿（Gigantopithecus），分布于中国南部和中南半岛；站高 3m，体重达 600kg[432]，体形超过现生大猩猩（Gorilla gorilla）。

3. 更新世非洲

更新世非洲基本上未受到冰川袭击，区系以新近纪遗留下来的三趾马动物区系成分为主，并在更新世加入少量来自欧亚的新类群。更新世，地中海和直布罗陀海峡有效阻止欧洲与非洲间的区系交流。旧大陆各地区系的交流节点是非洲东北角、阿拉伯半岛以及地中海东岸。撒哈拉以及西亚地区非常干旱，有效阻止区系扩散，只有耐旱种类能够跨越。因此，水分短缺成了欧、亚、非区系交流的障碍。撒哈拉水泵期为欧亚与非洲区系提供了短暂交流机会。更新世非洲陆生兽类化石有 8 目 18 科 37 属（附表 8）。其中，上述第一层次的广布类群有 8 属，第三层次有 6 属，共 14 属，占非洲总属数的 38%。非洲与欧洲共有 5 属，与亚洲共有 3 属，分别占非洲总属数的 14% 和 8%。非洲独有 14 属，占非洲总属数的 38%。更新世非洲灵长目兴旺，尤其是猴类。同期兴旺的还有食肉目、奇蹄目和鲸偶蹄目[124]，这是三趾马动物区系的特征。更新世冰期，马达加斯加岛、非洲大陆、南亚发生陆连，向西扩散的印度类群和向东扩散的非洲类群相遇于该岛，使岛上区系特征显著不同于非洲[443]。

4. 更新世南美

由于冰川南进，北美成分向南美大规模扩散，扩散类群涉及几乎所有兽类目。其结果，一方面增加了南美区系中的北方成分，另一方面导致南美原有类群的大量灭绝。由于南极冰川影响，南美南部在更新世出现物种灭绝，动物区系向北退缩。南美有袋类从中新世开始衰落。到更新世，鼩负鼠目、袋犬目、美洲古袋鼠目种类已经很难找到，仅负鼠目还在兴旺中，化石有 1 科 13 属。未发现南美与澳洲有袋类共有属。陆生真兽类化石有 11 目 88 属（附表 9）。其中，86 属归属 30 科，2 属归属未定。南美物种多样性仍居各大陆之首。

由于隔离，南美区系长期独立演化。巴拿马地峡形成前，通过中美地区的岛链与北美发生有限的区系交流。地峡形成后，各大陆中，南美仅与北美发生区系交流。这种交流反映在与南美相关的全球广布类群（即上述第一层次的广布类群）以及南北美洲共有类群上。更新世南美陆生兽类共 101 属（包括负鼠目 13 属）。其中，第一层次广布类群有 8 属，占南美总属数的 8%。南北美洲共有类群 28 属，占南美总属数的 28%。因此，南美有 36% 的属与其他区系共有，64% 为南美特有，可见其区系独特性。这种独特性源自南美从古近纪带来的古老的冈瓦纳成分以及新近纪独立演化出来的成分。这些成分组成南美区系的主体。

5. 更新世澳洲

澳洲始终没有与亚洲大陆发生直接接触，仅有岛链联系。更新世澳洲的陆生动物区系与上新世一样，由原兽类、后兽类和真兽类组成。原兽类的单孔目仍然存在，包括针鼹科和鸭嘴兽科，分布于新几内亚岛和塔斯马尼亚岛。真兽类包括翼手目、啮齿目和灵长目（人）。其中，翼手目类群已经变化：中新世是短尾蝠科，更新世是长翼蝠科（即长翼蝠）[124]。鼠属于更新世抵达澳洲区系范围，包括澳洲（西澳及新南威尔士）和新西兰[124,450,451]。灵长目智人于更新世晚期通过摆渡进入澳洲。人类进入前，真兽类的进入没有使澳洲动物区系产生显著改变。人类进入后，导致部分大型种类灭绝。后兽类仍然是更新世澳洲陆生动物区系的主体。在上新世基础上，一些属在更新世灭绝了，同时新属演化出来。更新世化石有袋类承袭上新世的4个目：袋鼬目、袋鼹目、袋狸目和双门齿目，共21科88属。其中，袋鼬目（3科23属）和双门齿目（14科59属）占区系优势：两目共有17科82属，占全部科数的81%，全部属数的93%。在科水平上，双门齿目袋鼠科和袋鼬目袋鼬科（Dasyuridae）各有21属（各占全部属数的24%），共享区系优势。这两个科也是现代澳洲有袋类的主体。

从上新世开始，新西兰持续受南极冰川影响，物种多样性在下降。更新世，生物区系受到毁灭性破坏，只有冰缘环境下演化出来的少数物种，多样性极低。

6. 欧亚动物区系的进一步分化

一度广布于欧、非、亚的三趾马动物区系，继上新世后期出现初步分化后，于更新世进一步分化。在欧洲，冰川南进导致三趾马动物区系中的喜温物种几乎灭绝，仅耐寒物种以及冰缘环境下新近演化出来的种类得以生存，并构成欧洲区系的主体。地中海水体、撒哈拉及阿拉伯半岛的干旱气候以及伊朗高原气候有效阻止物种扩散，使非洲与欧洲间仅有少量物种能够跨越这些自然屏障进行分布区扩张和区系间的物种交流，促进非洲与欧洲区系分化：在非洲，区系主要由新近纪遗留下来的古老物种以及更新世非洲温暖环境下演化出来的喜温物种构成；在欧洲，区系主要由少数新近纪北方耐寒物种和更新世冰缘环境下演化出来的冰期物种构成。

在亚洲，三趾马动物区系在上新世初步分化的基础上，随着喜马拉雅山的急剧抬升以及冰期气候作用，喜温的三趾马区系成分在北方进一步灭绝，分布区向南退缩；少数耐寒成分以及冰期物种构成北方区系的主体。相应地，动物区系在更新世早、中期进一步分化为具有耐寒特色的泥河湾动物区系以及具有喜温特色的巨猿动物区系，古北界亚洲部分与印度马来界的区系开始形成。更新世中期，北方泥河湾动物区系进一步演化为中国猿人动物区系。经过"丁村"阶段，于更新世晚期，进一步演化为沙拉乌苏动物区系，随后分化为山顶洞动物群、猛犸象—披毛犀动物区系以及现代东北亚界动物区系。这些动物类群成为现代中国动物地理区划中古北界各区划分的基础。南方巨猿动物区系到更新世晚期演化为大熊猫—剑齿象动物区系，并进一步演化为现代中印亚界动物区系，成为现代中国动物地理区划中印度马来界各区划分的基础（详见第九章）。在此进程中，一些类群灭绝了，另一些类群分布区发生了改变。例如，更新世晚期分布于中国境内的猩猩属（Pongo）、鬣狗属（Hyaena）、貘属、犀属（Rhinoceros）现已完全灭绝，象属、长臂猿属、猫熊属（Ailuropoda）分布区已经大大缩小。

第八节 全 新 世

全新世（Holocene）是第四纪第二个时期，也是目前我们所处的时期，始于大约 11.7kaBP（附表 1）。Holocene 源自古希腊文 *holo-*，意指"完全（entire）或全部（whole）"，整词含义为"全新的生命时期"。中文译为"全新世"。

全新世开始的时间是末次冰期结束时，大约是 11.7kaBP。沃尔克等[452]依据格陵兰冰核研究得出的数据认为，全新世始于 11.65kaBP。然而，由于时间很晚近，太精确的时间会使得不同年份的出版物给出不同时间，容易迷惑读者；同时，给出精确时间的出版物在出版后被阅读时，往往实际时间与读者所看到的时间不一致。因此，将全新世开始的时间定在大约 11.7kaBP 足矣！

全新世开始的客观标准是末次冰期的结束时间。此后至今，地球进入相对温暖的间冰期。为此，一些学者认为没有全新世，现在只是更新世冰期气候中的间冰期，因此现在应该是更新世[453]。这个观点表明，全新世的划分多少有点人为主观的成分。本书依据国际地层委员会观点，将 11.7kaBP 至今的时期独立成"全新世"。

全新世有两个主要因素影响着全球陆栖动物区系：间冰期气候和人类发展。

一、地理和环境

全新世至今不到 12ka。在这个时间尺度下，地球各陆块的位置变化微乎其微，对动物区系没有影响。在海拔上，造山运动（如阿尔卑斯山和喜马拉雅山）在持续，高原隆升（如青藏高原和巴塔哥尼亚高原）也在持续，但海拔变化对动物区系影响很小。例如，喜马拉雅山的抬升，如果以 5mm/a 计算，全新世开始至今，即使不考虑夷平作用，海拔上升也不到 60m。

全新世环境最大的变化是气候。更新世结束时，全球气候迅速回升，并持续震荡（图 7-2）。

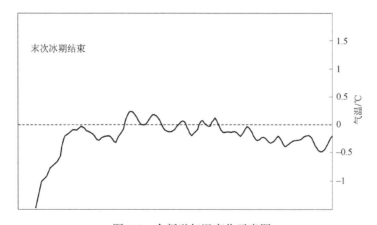

图 7-2 全新世气温变化示意图

0℃虚线为全新世平均温度，曲线为实际温度，围绕平均温度上下波动

正如在更新世间冰期一样，气温回升导致冰期形成的动物区系大量灭绝，尤其是大型动物，使更新世物种灭绝过程在全新世得以延续，构成第四纪生物大灭绝。同时，气温回升和冰川退缩，导致喜温动物在全新世逐步向高纬度和高海拔扩散。间冰期海进阻断大陆与邻近岛屿的陆地联系，岛屿动物区系开始独立演化；白令陆桥以及格陵兰冰上通道消失，欧亚大陆与北美动物区系交流被阻断。

二、人类扩张

人属各物种中，智人以外的最后成员是尼安德特人，消失于 41kaBP[454]。因此，全新世人属只有智人一种。

智人继承了其他人种的文明，在更新世完成了旧石器发展阶段。到全新世，人类文明进一步发展，相继进入新石器、铜器和铁器时代，并最后进入机器和信息化时代。伴随着每一次文明进步，人类应对自然挑战的能力得到一次大飞跃，促进了人类的生存和发展能力，人口得以增长。智人，从匍匐于狭小地域、与大自然艰难抗争的状态，发展到了"可上九天揽月、可下五洋捉鳖"的状态，称霸整个地球。在这个历程中，智人逐步远离其所依赖的自然生态系统，生活于人类社会系统中。科学认为，人类社会系统依赖自然生态系统而存在。然而，这两个系统正处于激烈的矛盾中，人类社会系统正在大规模改变自然，并有消灭自然生态系统的趋势。

1. 人口增长

与其他物种一样，人类种群（即人口）是从少到多的过程。世界人口在 1 万年前很少，估计不到 500 万。当时，人类放弃了狩猎-采集生活方式，进入到原始农牧生活方式。8000 年前的农业社会初期，人口接近 500 万人；1000 年前，世界人口达到 2 亿～3 亿人[455]。在中国，1368 年（明朝）人口为 6000 万人，1644 年（清军入关）人口为 1.5 亿人。1500 年，南北美洲总人口为 0.5 亿～1 亿人[456-458]。据联合国人口署数据，2018 年 4 月 4 日，全球人口达 70 亿。当种群数量增长到环境容纳量时，其他物种的种群数量会维持在一定水平，不再增长。但是，在过去一万多年里，世界人口持续增长，并在进入工业化后快速上升（图 7-3）。1950 年以后，人口曲线急剧攀升，1964 年人口增长率高达 2.1%[459]。尽管全球人口数量已经超过地球承载量，但增长势头尚未出现停滞迹象。

2. 文明进步

以上人口增长的特点源于人类文明的进步。首先，早期的技术进步导致人类获取食物的能力提升、抵抗天敌的能力提高，从而降低死亡率。例如，控火技术的掌握，不仅为人类提供熟食，还扩大了人类的食谱（火能将生物体内部分成分降解，使之变成可食用之物），丰富了人类的食物资源。其次，随着医学和营养学的发展，人类延长了寿命。最后，科学与技术的联合，进一步促进技术进步，从而大大拓展人类生存的空间，使得

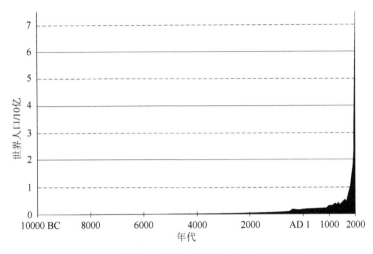

图 7-3　过去一万多年以来世界人口增长过程

人口以看似无止境的趋势增长。例如，高楼大厦的修建，使人类摆脱了庇护所水平分布带来的空间约束，向空中发展，在有限的面积里容纳更多个体。对可控火的使用使人口分布区得以扩展到原本不适宜人类居住的高纬度和高海拔寒冷地区。农业技术的发展使单位面积粮食产量能够养活更多的人。

3. 生活空间扩大

任何物种的生存必须以个体拥有生存空间为基础。个体从生存空间中获取各种资源。有两股力量推动人类生活空间的扩大，一是对个体的生存所需要的基本生存空间的满足。随着人口增加，耕地面积必须增加，以满足粮食需求；居住空间必须增加，以满足住房需求。二是对个体生活质量提高的满足。相应地，人的生活空间可以分为两种，一种是看得见的物理空间，即每天个体所处的空间位置。另一种是看不见的生态空间。例如，北京街道上驾驶汽车的市民，人在北京，但汽油来自中东石油。因此，他们的生态空间事实上已经扩展到了中东。又如，在上海的超市里购买车厘子的市民，人在上海，但车厘子来自南美。因此，他们的生态空间已经扩展到了南美。这种看不见的生态空间的大小可以用生态足迹（ecological footprint）来衡量。两股力量的共同作用导致其他物种的生存空间越来越狭小，生境质量不断下降，一些物种走向灭绝，另一些"举家搬迁"。

生活空间急剧扩张带来一系列全球性问题。首先是自然生境缩小。耕地的扩展以丧失自然生境为代价。其次是环境污染。使用农药和化肥，污染水体和土壤，降低生境质量。再次是全球气候变化。燃烧大量化石燃料，排放大量 CO_2，引起温室效应。过多热量滞留在地球表面，改变了地表水热资源的时空分布格局，使原有的气候格局发生重大改变。最后，在边远地区，过量人口已经超越环境承载力，原有的生产生活方式（如刀耕火种）已经变得不再是环境友好型的方式，人们对丛林资源的需求导致物种灭绝和资源枯竭。动物区系格局因此发生重大改变。

三、第四纪生物大灭绝

1. 物种灭绝

第四纪生物大灭绝事件是新生代最大的物种大灭绝事件，也是地球生命史上寒武纪以来第六次大灭绝事件。与之前的大灭绝事件一样，超过 75% 的物种走向灭绝[460,461]。

进入更新世以来，伴随着地质、地理以及气候变化，物种的自然灭绝（相对于人类导致的灭绝而言）一直存在。例如，更新世初期，由于北美成分入侵，南美袋犬目消失了。早、中更新世，许多类群在非洲和亚洲消失，包括长颈鹿在亚洲的种类[462]、巨猿、南方古猿、人属中的部分种类、鳄属中的部分种类以及许多其他类群[124]。但是，大规模（即超过 75% 的物种）灭绝始于更新世向全新世的过渡期，约 13～8kaBP，并持续到今天。由于时间跨越更新世和全新世，这次灭绝事件也被称为晚更新世物种灭绝事件（Late Pleistocene Extinction Event）或全新世物种大灭绝事件（Holocene Extinction Event）。另外，由于全新世是人类扩张、称霸地球的时代，部分文献将之称为"人类世物种大灭绝事件（Anthropocene Extinction Event；见第十章）"。大规模物种灭绝发生在非洲以外各大陆。

大灭绝对动物区系影响巨大。首先是大量物种消失。据化石研究结果，从更新世末到公元 1500 年的大约 1 万年中，灭绝的鸟类至少有 159 属 325 种，涉及 28 目 56 科[463-470]。在过去 500 多年中，有 23 目超过 190 种和亚种鸟类灭绝，灭绝率大增。其中，夏威夷有 30%、关岛有 60% 的种类在过去 30 年中消失[471-475]。据 IUCN 红色名录，全球大约有 80 种兽类在过去 500 年灭绝，涉及 13 目[476]。此外，灭绝种类还有爬行类、两栖类和鱼类。目前所记录的灭绝物种都是容易识别的物种；对于难以识别的物种，如昆虫，灭绝的物种数可能更多。总体上，每年灭绝的物种数可能高达 14 万种[477,478]，许多物种在被科学界定名前就消失了。

其次，物种灭绝会导致群落停止演替。大灭绝中，一旦群落中的关键物种消失，而且没有物种代替其行使相应的生态学功能时，物种间的生态关系就会被破坏，并出现多米诺骨牌效应，有更多物种相继走向灭绝，导致区域性生态系统消失以及动物区系分布格局发生重大改变。因此，现在的动物地理分布格局已经与更新世末非常不同。例如，原先在中国分布的猩猩、鬣狗、貘以及犀，现在均已消失；象、长臂猿、大熊猫、猕猴、麝的分布区已经大大缩小[363]。分布于河北兴隆的猕猴，最后一只消失于 20 世纪 90 年代。自那时起，猕猴属在中国的分布北限退缩到河南太行山区。

2. 灭绝原因

灭绝原因有多种不同解释，包括人类过度捕杀、气候变化、超级疾病以及彗星撞击事件。其中，人类过度捕杀和超级疾病属于人类引起的原因，气候变化和彗星撞击事件属于自然原因。彗星撞击解释认为，12.9kaBP 发生了一次大规模彗星撞击地球事件，引发北美大火，进而导致北美大型动物火绝。这种解释在理论上还缺乏逻辑完整性，因此尚未被大多数研究者接受。

1）人类过度捕杀

这种解释认为，人类的过度捕杀导致大型食草动物灭绝，并使食肉动物和腐食动物因饥饿而灭绝[479-481]。人类导致的物种灭绝案例不少。在西半球，贫齿目地懒亚目（Phyllophaga）中，90%的属（包括大陆种类和岛屿种类）在第四纪晚期灭绝。灭绝事件在时间上与间冰期气候无关，而与人类首次抵达的时间吻合，表明灭绝事件可能是人类引起的[482]。北美、南美以及马达加斯加岛都有大型动物灭绝事件。这些区域不存在共同的气候特征，唯一共同点就是人类抵达时间与灭绝时间相吻合，因此人类应该对大灭绝负责[483,484]。人类在 2.5～2.0kaBP 踏上马达加斯加岛。在其后 500 年里，所有大型动物（体重>10kg 的物种）全部灭绝。其中，最早灭绝的是体重>150kg 的物种[485,486]。灭绝种类中至少有 8 种象鸟和 17 种狐猴（狐猴超科 Lemuroidea），而且在狐猴化石发掘地还发现有人类屠宰多种动物的工具和化石证据[424,487]。

人为灭绝的重要特点是灭绝速率显著高于自然灭绝速率。进入全新世后，物种灭绝速率在不断加快。目前的灭绝速率是地质时期自然灭绝速率的 100～1000 倍[477,478]。因此，科学界普遍认为，全新世的物种灭绝是人为造成的。在撒哈拉以南的 50 个大型兽类属中，有 8 个属灭绝，占总属数的 16%；在亚洲，大型兽类有 46 属，灭绝了 24 属，占 52%；在欧洲，有 39 属，灭绝了 23 属，占 59%；在澳大拉西亚（包括澳大利亚、新西兰、新几内亚岛以及附近岛屿），数据分别为 27 属和 19 属，占 70%；北美为 61 属和 45 属，占 74%；南美为 71 属和 58 属，占 82%。这些数据显示，距离非洲（人类诞生地）越远，大型兽类灭绝率越高。这种现象可能与各地动物和人类的协同演化历史有关：在晚更新世，现代人（Homo sapiens sapiens）出现于非洲[488]，并于 120kaBP 开始走出非洲，向欧亚大陆扩散。100kaBP 抵达亚洲，80kaBP 抵达中国，63kaBP 抵达澳大拉西亚，22kaBP 经白令陆桥扩散到北美和南美[489-494]，并在这些区域建立了连续永久的人类种群。在现代人抵达前，南北美洲和澳大拉西亚从未有人科物种分布，动物区系没有与人类互动的演化历史，对人类出现的适应力差，因此灭绝率高。在非洲和欧亚大陆，在与人类长期的互动过程中，动物演化出对人类回避的习性，增加了人类捕获猎物的难度，从而降低物种灭绝风险。

关于这种解释，反对意见认为：从捕食者-猎物模型来看，捕食者要以猎物为食，不可能将猎物赶尽杀绝。尤其是人类，食谱很广，当一种食物因为捕食变得稀少时，很容易转向捕食其他物种，不至于将一个物种完全消灭[495]。另外，据考古研究观点，许多灭绝物种当时没有与人类共同生活在同一地区，它们的灭绝似乎与人类至少没有直接关系[496]。

2）气候变化

更新世以来，冰期与间冰期反复交替出现。基于这一特点，科学界认为气候变化是第四纪大灭绝的根源。在寒冷冰期演化形成的体被厚毛的大型动物（如披毛犀）在间冰期因难以有效散热而死亡（大型动物"体表面积/体积"比例无法在短时间内改变）。支持这种解释的重要佐证是，在第四纪物种大灭绝中，率先消失的是大型动物（如叙利亚骆驼 *Camelus moreli*，肩高 3m，体长 4m，比现代骆驼体形大一倍）[497]，时间在更新世末地球气温迅速回暖的时期[498,499]。另外，从冰期到间冰期，气温上升还导致湿度及总体环境发生变化，进而改变植被类型，使动物灭绝。据 Rabanus-Wallace 等[500]，在末次冰期向间冰期的过渡期（25～10kaBP）中，欧洲、西伯利亚和南北美洲的空气湿度随着冰雪融化而增大；紧接着，大面积湿地开始形成，以草地为生境的大型食草动物随之减少或灭绝。这项研究结论还可用于解释第四纪大灭绝为什么没有在非洲发生：非洲在这个时期没有出现湿度的显著变化，草地分布恒定，大型食草动物持续拥有生境。在东南亚，晚更新世大型动物的灭绝与气候变化有紧密联系[501]。

气候变化的解释也受到质疑。位于俄罗斯北冰洋区域的弗兰格尔岛（Wrangel Island）和圣•保罗岛（St. Paul Island）在末次冰期向间冰期的过渡期中，没有人类分布。这里的气候变化没有导致猛犸象和其他物种在这个时期灭绝。至少在 4.74kaBP，猛犸象仍然生活于这些岛上。这表明，是人类而不是气候变化导致物种灭绝[502]。另外，马达加斯加岛没有经历过从冰期到间冰期的气候变化，岛上的象鸟灭绝于公元 1000～1200 年，亦即人类登岛后 500 年里。合理的解释是人类导致象鸟走向灭绝[423,425,503,504]。

3）超级疾病

这种解释认为，更新世晚期的人类及其家禽家畜在向外扩展其分布区时，将毒性极大的疾病携带进入新区域。在新的地理空间中，土著物种由于缺乏免疫力，在染病后迅速死亡，并最终导致物种灭绝[505]。这种灭绝主要在大体型物种中出现；小型物种的怀孕期短、种群数量大，受感染后种群的恢复力强，因此不容易出现物种灭绝。

超级疾病说基于以下条件 [505]。第一，病原体要有稳定潜伏期，即使没有新宿主供其感染，在环境中的潜伏状态也不变。第二，病原体有高感染力，无论所遇到的宿主个体是什么年龄什么性别都可以感染。第三，病原体致死率必须极高，要达到 50%～75%。第四，病原体能够感染多个宿主物种，但对人类没有威胁。这四个条件事实上很难同时满足。首先，流行病学中有一个自然规律，当一种恶性病原体出现时，随着时间推移，宿主死亡率开始会迅速升高；达到顶峰后，就开始下降，并最终维持在很低的水平。在这种变化过程中，病原体与宿主间出现军备竞赛，相互影响着对方的演化。对于某一特定病原体，高毒性株系导致宿主大量死亡，病原体找不到新宿主，会导致自身失去生存机会；低毒性株系由于没有将宿主杀死，自身得以持续在宿主体内生存。其结果，不同株系在病原体群落中出现的频率发生改变：起初，高毒性株系占据主导。随着宿主大量死亡后，低毒性株系占据主导，病原体从高毒性演化为低毒性。因此，在大陆环境下，由于空间广阔，一个物种通常由多个种群构成，疾病的传播需要较长时间才能抵达该物种分布区的各个区域。在传播过程中，由于上述机制，高毒性病原体极可能演变成低毒性病原体，难以自始至终保持致死率在50%～75%的高水平上，因此很难将宿主全部消灭。另外，亲缘关系相近的物种对病原体的抵抗力以及免疫机制相似。当一种病原体突破某一物种的免疫屏障并成功攻击该宿主时，与宿主亲缘关系相近的其他物种也会受到感染。只感染其他兽类不感染人类的病原体很少见[506]。因此，"超级疾病"难以成为第四纪大灭绝的主要因素，最多只能在空间有限的岛屿上发挥作用。

因此，与前五次大灭绝一样，促成第四纪大灭绝事件的因子应该是多方面的。其中，人类因素和气候因素可能扮演主要角色。它们交织在一起，共同促成这次物种大灭绝[507]。

大灭绝还在进行中。如何避免大灭绝导致全球生态系统崩溃，是摆在当今人类面前的一大课题。解决这个课题，除了保护生物学的研究，还需要从经济、政治、哲学以及社会管理各个层面进行探讨，需要国际合作以解决跨境保护问题。保护生物地理学在研究大时空中的保护问题有不可替代的作用（第十章）。

参 考 文 献

[1] Marston B. The Nature of Natural History. New York: Charles Scribner's Sons, 1950.

[2] Rudwick M J S. Scenes from Deep Time: Early Pictorial Representations of the Prehistoric World. Chicago: University of Chicago Press, 1992.

[3] Veizer J, Ala D, Azmy K, et al. 87Sr/86Sr, d^{13}C and d^{18}O evolution of Phanerozoic seawater. Chemical Geology, 1999, 161: 59-88.

[4] Royer D L, Berner R A, Montañez I P, et al. CO_2 as a primary driver of Phanerozoic climate. GSA Today, 2004, 14(3): 4-10.

[5] International Commission on Stratigraphy. International Chronostratigraphic Chart 2016. www. stratigraphy.org[2020-2-13].

[6] 沈炎彬. 晚白垩世-早第三纪连接南美南部与南极半岛的一条古地峡. 中国科学(D辑), 1998, 28(2): 4.

[7] Yuan J, Yang Z, Deng C, et al. Rapid drift of the Tethyan Himalaya terrane before two-stage India-Asia collision. National Science Review, 2020: DOI: 10.1093/nsr/nwaa173.

[8] Hooker J J. Vol. 5: Tertiary to Present: Paleocene// Selley R C, McCocks L R, Plimer I R, et al. Encyclopedia of Geology. Oxford: Elsevier Limited, 2005.

[9] Nadin E. Global Fever. Science Notes 2003. http://sciencenotes.ucsc.edu/0301/ warm/index. html[2017-5-20].

[10] Scotese C R. Climate History: Paleocene Climate. Paleomap Project, Scientific American. http://www. scotese.com/climate.htm[2017-5-20].

[11] Carvalho M R, Jaramillo C, De la Parra F, et al. Extinction at the end-Cretaceous and the origin of modern Neotropical rainforests. Science, 2021, 372(6537): 63-68.

[12] Gould S J. The Book of Life. New York: W.W. Norton & Company, 1993.

[13] Gibson A C, Nobel P S. The Cactus Primer. Cambridge, MA: Harvard Univ Press, 1986.

[14] Axelrod D I. Age and origin of Sonoran Desert vegetation. Occ Pap Cal Acad Sci, 1979, 132: 1-74.

[15] Poinar Jr G. Fossil palm flowers in Dominican and Baltic amber. Bot. J. Linn. Soc, 2002, 139(4):

361-367.

[16] Kazlev M A. 2002. Palaeos – Life Through Deep Time. www.Palaeos.com [2020-3-3].

[17] Musser A M. Review of the monotreme fossil record and comparison of palaeontological and molecular data. Comparative Biochemistry and Physiology A, 2003, 136: 927-942.

[18] Palmer D. The Marshall Illustrated Encyclopedia of Dinosaurs and Prehistoric Animals. London: Marshall Editions, 1999.

[19] Jehle M. 2018. Paleocene Mammals of the World. http://paleocene-mammals.de[2018-1-20].

[20] O'Leary M A, Bloch J I, Flynn J J, et al. The placental mammal ancestor and the post–K-Pg radiation of placentals. Science, 2013, 339(6120): 662-667.

[21] Sánchez-Villagra M. Why are there fewer marsupials than placentals? On the relevance of geography and physiology to evolutionary patterns of mammalian diversity and disparity. Journal of Mammalian Evolution, 2012, 20(4): 279-290.

[22] Stanyon R, Finstermeier K, Zinner D, et al. A mitogenomic phylogeny of living primates. PLoS ONE, 2013, 8(7): e69504.

[23] Stanyon R, Springer M S, Meredith R W, et al. Macroevolutionary dynamics and historical biogeography of primate diversification inferred from a species supermatrix. PLoS ONE, 2012, 7(11): e49521.

[24] Pozzi L, Hodgson J A, Burrell A S, et al. Primate phylogenetic relationships and divergence dates inferred from complete mitochondrial genomes. Molecular Phylogenetics and Evolution, 2014, 75: 165-183.

[25] Jameson N M, Hou Z C, Sterner K N, et al. Genomic data reject the hypothesis of a prosimian primate clade. Journal of Human Evolution, 2011, 61(3): 295-305.

[26] Lee M. Molecular clock calibrations and metazoan divergence dates. Journal of Molecular Evolution, 1999, 49(3): 385-391.

[27] Tavaré S, Marshall C R, Will O, et al. Using the fossil record to estimate the age of the last common ancestor of extant primates. Nature, 2002, 416(6882): 726-729.

[28] Chatterjee H J, Ho S Y W, Barnes I, et al. Estimating the phylogeny and divergence times of primates using a supermatrix approach. BMC Evolutionary Biology, 2009, 9(1): 259.

[29] Beard K C. The oldest North American primate and mammalian biogeography during the Paleocene-Eocene Thermal Maximum. Proceedings of the National Academy of Sciences, 2008, 105(10): 3815-3818.

[30] Gingerich P D. Cranial anatomy and evolution of early Tertiary Plesiadapidae (Mammalia, Primates). University of Michigan Papers on Paleontology, 1976, 15: 1-141.

[31] Smith T, Rose K D, Gingerich P D. Rapid Asia-Europe-North America geographic dispersal of earliest Eocene primate Teilhardina during the Paleocene-Eocene Thermal Maximum. Proceedings of the National Academy of Sciences, 2006, 103(30): 11223-11227.

[32] Klonisch T, Froehlich C, Tetens F, et al. Molecular remodeling of members of the relaxin family during primate evolution. Molecular Biology and Evolution, 2001, 18(3): 393-403.

[33] McKenna M C, Bell S K. Classification of Mammals: Above the Species Level. Warren, Oregon: Columbia University Press, 1997.

[34] Thewissen J G M, Williams E M, Hussain S T. Eocene mammal faunas from northern Indo-Pakistan. Journal of Vertebrate Paleontology, 2001, 21(2): 347-366.

[35] Larramendi A. Shoulder height, body mass and shape of proboscideans. Acta Palaeontologica Polonica, 2016, 61(3): 537-574.

[36] Gheerbrant E. Paleocene emergence of elephant relatives and the rapid radiation of African ungulates. Proceedings of the National Academy of Sciences of the United States of America, 2009, 106(26): 10717-10721.

[37] Gheerbrant E, Sudre J, Cappetta H. A Palaeocene proboscidean from Morocco. Nature, 1996, 383(6595): 68-71.

[38] Missiaen P. 亚洲早古近纪哺乳动物生物年代学与生物地理学的新认识. 古脊椎动物学报, 2011, 49(1): 29-52.

[39] Jehle M. 2006. Carnivores, creodonts and carnivorous ungulates: Mammals become predators. Paleocene Mammals of the World(online). http://www.paleocene-mammals.de/predators.htm [2020-5-10].

[40] O'Leary M A, Lucas S G, Williamson T E. A new specimen of Ankalagon(Mammalia, Mesonychia) and evidence of sexual dimorphism in mesonychians. Journal of Vertebrate Paleontology, 2000, 20(2): 387-393.

[41] Wood D J. The Extinction of the Multituberculates outside North America: A Global Approach to Testing the Competition Model (M.S.). Columbus: The Ohio State University, 2010.

[42] Schenk J J, Rowe K C, Steppan S J. Ecological opportunity and incumbency in the diversification of repeated continental colonizations by muroid rodents. Systematic Biology, 2013, 62(6): 837-864.

[43] Prum R O, Berv J S, Dornburg A, et al. A comprehensive phylogeny of birds (Aves) using targeted next-generation DNA sequencing. Nature, 2015, 526: 569-573.

[44] Ericson P G P, Anderson C L, Britton T, et al. Diversification of Neoaves: Integration of molecular sequence data and fossils. Biology Letters, 2006, 2(4): 543-547.

[45] Claramunt S, Cracraft J. A new time tree reveals Earth history's imprint on the evolution of modern birds. Sci Adv, 2015, 1(11): e1501005.

[46] Suh A, Smeds L, Ellegren H. The dynamics of incomplete sorting across the ancient adaptive radiation of Neoavian birds. PLoS Biology, 2015, 13(8): e1002224.

[47] Martin L D. The status of the Late Paleocene birds Gastornis and Remiornis. Papers in Avian Paleontology honoring Pierce Brodkorb, Natural History Museum of Los Angeles County, Science Series, 1992, 36: 97-108.

[48] Blanco R E, Jones W W. Terror birds on the run: A mechanical model to estimate its maximum running spead. Proceedings of the Royal Society B, 2005, 272(1574): 1769-1773.

[49] Witmer L, Rose K. Biomechanics of the jaw apparatus of the gigantic Eocene bird Diatryma: Implications for diet and mode of life. Paleobiology, 1991, 17(2): 95-120.

[50] MacFadden B J, Labs-Hochstein J, Hulbert R C, et al. Revised age of the late Neogene terror bird (Titanis) in North America during the Great American Interchange. Geology, 2007, 35(2): 123-126.

[51] Herculano A, Washington J, Andrés R. The youngest record of phorusrhacid birds (Aves, Phorusrhacidae) from the late Pleistocene of Uruguay. Neues Jahrbuch für Geologie and Paläont. Abh, 2010, 256: 229-234.

[52] Alvarenga H M F, Höfling E. Systematic revision of the Phorusrhacidae (Aves: Ralliformes). Papéis Avulsos de Zoologia, 2003, 43(4): 55-91.

[53] Baskin J A. The giant flightless bird Titanis walleri (Aves: Phorusrhacidae) from the Pleistocene coastal plain of South Texas. Journal of Vertebrate Paleontology, 1995, 15(4): 842-844.

[54] Oskin B. Land bridge linking Americas rose earlier than thought. Live Science, 2015, [2015-4-10].

[55] Mourer-Chauvire C. A large owl from the Paleocene of France. Palaeontology, 1994, 37(2): 339-348.

[56] Vickers R P, Bohaska D J.The Ogygoptyngidae, a new family of owls from the Paleocene of North America. Alcheringa, 1981, 5: 95-102.

[57] Erickson B R. The Lepidosaurian reptile champsosaurus in North America. Science Museum of Minnesota, Volume 1: Paleontology, Monograph, 1972.

[58] Durand J F. The origin of snakes. Geoscience Africa 2004. Abstract Volume, Johannesburg, South Africa: University of the Witwatersrand, 2004.

[59] Holman J A. Fossil Snakes of North America (First ed.). Bloomington: Indiana University Press, 2000.

[60] Head J I, Bloch J I, Hastings A K, et al. Giant boid snake from the Palaeocene neotropics reveals hotter past equatorial temperatures. Nature, 2009, 457(7230): 715-717.

[61] Bowen G J, Maibauer B J, Kraus M J, et al. Two massive, rapid releases of carbon during the onset of the Palaeocene-Eocene thermal maximum. Nature Geoscience, 2015, 8: 44-47.

[62] Westerhold T, Röhl U, Raffi I, et al. Astronomical calibration of the Paleocene time. Palaeogeography, Paleoclimatology, Palaeoecology, 2008, 257(4): 377-403.

[63] McInherney F A, Wing S. A perturbation of carbon cycle, climate, and biosphere with implications for the future. Annual Review of Earth and Planetary Sciences, 2011, 39: 489-516.

[64] Pagani M, Pedentchouk N, Huber M, et al. Arctic hydrology during global warming at the Palaeocene/Eocene thermal maximum. Nature, 2006, 442(7103): 671-675.

[65] Zachos J C, Röhl U, Schellenberg S A, et al. Rapid acidification of the Ocean during the Paleocene-Eocene Thermal Maximum. Science, 2005, 308(5728): 1611-1615.

[66] Sluijs A, Schouten S, Pagani M, et al. Subtropical Arctic Ocean temperatures during the Palaeocene/Eocene thermal maximum. Nature, 2006, 441(7093): 610-613.

[67] Nunes F, Norris R D. Abrupt reversal in ocean overturning during the Palaeocene/Eocene warm period. Nature, 2006, 439(7072): 60-63.

[68] Panchuk K, Ridgwell A, Kump L R.Sedimentary response to Paleocene-Eocene Thermal Maximum carbon release: A model-data comparison. Geology, 2008, 36(4): 315-318.

[69] Riebesell U, Zondervan I, Rost B, et al. Reduced calcification of marine plankton in response to increased atmospheric CO_2. Nature, 2000, 407(6802): 364-367.

[70] Langdon C, Takahashi T, Sweeney C, et al. Effect of calcium carbonate saturation state on the calcification rate of an experimental coral reef. Global Biogeochemical Cycles, 2000, 14(2): 639-654.

[71] Kelly D C, Bralower T J, Zachos J C. Evolutionary consequences of the latest Paleocene thermal maximum for tropical planktonic foraminifera. Palaeogeography, Palaeoclimatology, Palaeoecology, 1998, 141(1): 139-161.

[72] Bralower T J. Evidence of surface water oligotrophy during the Paleocene-Eocene thermal maximum: Nannofossil assemblage data from Ocean Drilling Program Site 690, Maud Rise, Weddell Sea. Paleoceanography, 2002, 17(2): DOI: 10.1029/2001PA000662.

[73] Adatte T, Khozyem H, Spangenberg J E, et al. Response of terrestrial environment to the Paleocene-Eocene Thermal Maximum (PETM), new insights from India and NE Spain. Rendiconti della Società Geologica Italiana, 2014, 31: 5-6.

[74] Gingerich P D. Mammalian responses to climate change at the Paleocene-Eocene boundary: Polecat Bench record in the northern Bighorn Basin, Wyoming//Wing S L. Causes and Consequences of Globally Warm Climates in the Early Paleogene. 369. Geological Society of America, 2003.

[75] Secord R, Bloch J I, Chester S G B, et al. Evolution of the earliest horses driven by climate change in the Paleocene-Eocene Thermal Maximum. Science, 2012, 335(6071): 959-962.

[76] Theodor J M, Erfurt J, Métais G. The earliest artiodactyls: Diacodexeidae, Dichobunidae, Homacodontidae, Leptochoeridae and Raoellidae//Prothero D R, Foss S E. Evolution of Artiodactyls. Baltimore: Johns Hopkins University, 2007.

[77] Bradley W H. The varves and climate of the Green River epoch: U.S. Geol. Survey Prof, 1929, 158: 87-110.

[78] Bohaty S M, Zachos J C. Significant Southern Ocean warming event in the late middle Eocene. Geology, 2003, 31: 1017-1020.

[79] Pearson P N. Increased atmospheric CO_2 during the middle Eocene. Science, 2010, 330: 763-764.

[80] Pearson P N, Palmer M R. Atmospheric carbon dioxide concentrations over the past 60 million years. Nature, 2000, 406: 695-699.

[81] Sloan L C, Walker C G, Moore Jr T C, et al. Possible methane-induced polar warming in the early Eocene. Nature, 1992, 357: 1129-1131.

[82] Royer D L, Wing S L, Beerling D J, et al. Paleobotanical evidence for near present-day levels of atmospheric CO_2 during part of the Tertiary. Science, 2001, 292(5525): 2310-2313.

[83] Huber M, Caballero R. The early Eocene equable climate problem revisited. Clim. Past Discuss, 2011, 6: 241-304.

[84] Speelman E N, Van Kempen M M L, Barke J, et al. The Eocene Arctic Azolla bloom: Environmental conditions, productivity, and carbon drawdown. Geobiology, 2009, 7: 155-170.

[85] Brinkhuis H, Schouten S, Collinson M E, et al. Episodic fresh surface waters in the Eocene Arctic Ocean. Nature, 2006, 441(7093): 606-609.

[86] Belnap J. Nitrogen fixation in biological soil crusts from southeast Utah, USA. Biology and Fertility of Soils, 2002, 35(2): 128-135.

[87] Spaulding M, O'Leary M A, Gatesy J. Relationships of Cetacea (Artiodactyla) among mammals: Increased taxon sampling alters interpretations of key fossils and character evolution(Farke, Andrew Allen, ed.). PLoS ONE, 2009, 4(9): e7062.

[88] Bajpai S, Kapur V V, Das D P, et al. Early Eocene land mammals from Vastan Lignite Mine, District Surat (Gujarat), western India. Journal of the Palaeontological Society of India, 2005, 50(1): 101-113.

[89] Bajpai S, Kapur V V, Thewissen J G M, et al. New Early Eocene cambaythere (Perissodactyla, Mammalia) from the Vastan Lignite Mine (Gujarat, India) and on evaluation of cambaythere relationships. Journal of the Palaeontological Society of India, 2006, 51(1): 101-110.

[90] Rose K D, Holbrook L T, Rana R S, et al. 2014. Early Eocene fossils suggest that the mammalian order Perissodactyla originated in India. Nature Communications, 2014, 5: 5570.

[91] Ni X, Gebo D L, Dagosto M, et al. The oldest known primate skeleton and early haplorhine evolution. Nature, 2013, 498(7452): 60-64.

[92] Kay R F. Evidence for an Asian origin of stem anthropoids. Proceedings of the National Academy of Sciences, 2012, 109(26): 10132-10133.

[93] Savage R J G, Long M R. Mammal Evolution: An Illustrated Guide. New York: Facts on File, 1986.

[94] Samuels J X, Zancanella J. An early hemphillian occurrence of Castor (Castoridae) from the Rattlesnake Formation of Oregon. Journal of Paleontology, 2011, 85(5): 930-935.

[95] Marivaux L, Essid E l M, Marzougui W, et al. A new and primitive species of Protophiomys (Rodentia, Hystricognathi) from the late middle Eocene of Djebel el Kébar, Central Tunisia. Palaeovertebrata, 2014, 38(1): 1-17.

[96] Gheerbrant E, Rage J C. Paleobiogeography of Africa: How distinct from Gondwana and Laurasia? Palaeogeography, Palaeoclimatology, Palaeoecology, 2006, 241: 224-246.

[97] Vélez-Juarbe J, Martin T, Macphee R D E. The earliest Caribbean rodents: Oligocene caviomorphs from Puerto Rico. Journal of Vertebrate Paleontology, 2014, 34(1): 157-163.

[98] Dawkins R. The Ancestor's Tale: A Pilgrimage to the Dawn of Evolution. Boston: Mariner Books, 2005.

[99] Pettigrew J D. Flying primates? Megabats have the advanced pathway from eye to midbrain. Science, 1986, 231(4743): 1304-1346.

[100] Pettigrew J D, Maseko B C, Manger P R. Primate-like retinotectal decussation in an echolocating megabat, Rousettus aegyptiacus. Neuroscience, 2008, 153(1): 226-231.

[101] Simmons N B, Seymour K L, Habersetzer J, et al. Primitive Early Eocene bat from Wyoming and the evolution of flight and echolocation. Nature, 2008, 451(7180): 818-821.

[102] Tsagkogeorga G, Parker J, Stupka E, et al. Phylogenomic analyses elucidate the evolutionary relationships of bats (Chiroptera). Current Biology, 2013, 23(22): 2262-2267.

[103] Gunnell G F, Simons E L, Seiffert E R. New bats (Mammalia: Chiroptera) from the late Eocene and

early Oligocene, Fayum Depression, Egypt. Journal of Vertebrate Paleontology, 2008, 28(1): 1-11.

[104] Anthony R, Laurent M, Rodolphe T, et al. A new large philisid (Mammalia, Chiroptera, Vespertilionoidea) from the late Early Eocene of Chambi, Tunisia. Palaeontology, 2012, 55(5): 1035-1041.

[105] Anthony R, Mohammed A, Mustapha B, et al. Origine et radiation initiale des chauves-souris modernes: Nouvelles découvertes dans l'Éocène d'Afrique du Nord. Geodiversitas, 2016, 38(3): 355-434.

[106] Stehlen H G. Remarques sur les faunules de Mammifères des couches eocenes et oligocenes du Bassin de Paris. Bulletin de la Société Géologique de France, 1910, 4(9): 488-520.

[107] Ivany L C, Patterson W P, Lohmann K C. Cooler winters as a possible cause of mass extinctions at the Eocene/Oligocene boundary. Nature, 2000, 407: 887-890.

[108] Hooker J J, Collinson M E, Sille N P. Eocene-Oligocene mammalian faunal turnover in the Hampshire Basin, UK: Calibration to the global time scale and the major cooling event. Journal of the Geological Society, 2004, 161(2): 161.

[109] Li Y X, Jiao W J, Liu Z H, et al. Terrestrial responses of low-latitude Asia to the Eocene–Oligocene climate transition revealed by integrated chronostratigraphy. Clim. Past, 2016, 12(2): 255-272.

[110] Katz M, Cramer B, Toggweiler J, et al. Impact of Antarctic Circumpolar Current development on late Paleogene ocean structure. Science, 2011, 332(6033): 1076-1079.

[111] Miller K G, Browning J V, Aubry M P, et al. Eocene-Oligocene global climate and sea-level changes: St. Stephens Quarry, Alabama. GSA Bulletin, 2008, 120(1-2): 34-53.

[112] Best M G. The 36–18 Ma Indian Peak–Caliente ignimbrite field and calderas, southeastern Great Basin, USA: Multicyclic super-eruptions. Geosphere, 2013, 9(4): 864-950.

[113] Cerling T, Wang Y, Quade J. Expansion of C4 ecosystems as an indicator of global ecological change in the late Miocene. Nature, 1993, 361(6410): 344-345.

[114] Krause D W. Competitive exclusion and taxonomic displacement in the fossil record, the case of rodents and multituberculates in North America. Rocky Mountain Geology, 1986, 24(special issue 3): 95-117.

[115] Gunnell G F. Creodonta//Janis C M, Scott K M, Jacobs L L. Terrestrial Carnivores, Ungulates, and Ungulatelike Mammals. Evolution of Tertiary Mammals of North America. 1. Cambridge: Cambridge University Press, 1998.

[116] Lucas S G, Emry R J, Foss S E. Taxonomy and distribution of Daeodon, an Oligocene-Miocene entelodont (Mammalia: Artiodactyla) from North America. Proceedings of the Biological Society of Washington, 1998, 111(2): 425-435.

[117] MacFadden B J. Fossil horses-Evidence for evolution. Science, 2005, 307(5716): 1728-1730.

[118] Vislobokova I A. The oldest representative of Entelodontoidea (Artiodactyla, Suiformes) from the Middle Eocene of Khaichin Ula II, Mongolia, and some evolutionary features of this superfamily. Paleontological Journal, 2008, 42(6): 643-654.

[119] Prothero D. Rhinoceros Giants: The Palaeobiology of Indricotheres. Indiana: Indiana University Press, 2013.

[120] Li Y X, Zhang Y X, Li J, et al. New fossils of paraceratheres (Perissodactyla, Mammalia) from the Early Oligocene of the Lanzhou Basin, Gansu Province, China. Vertebrata PalAsiatica, 2017, 55(4): 367-381.

[121] MacFadden B J. Equidae//Janis C M, Scott K M, Jacobs L L, et al. Evolution of Tertiary Mammals of North America, 1998, 1: 537-559.

[122] O'Sullivan J A. A new species of Archaeohippus (Mammalia, Equidae) from the Arikareenan of Central Florida. Journal of Vertebrate Paleontology, 2003, 23(4): 877-885.

[123] Johnson W E, Eizirik E, Pecon-Slattery J, et al. The late Miocene radiation of modern Felidae: A genetic assessment. Science, 2006, 311(5757): 73-77.

[124] Fossilworks. www.fossilworks.org[2022-3-4].

[125] Ni X, Meng J, Wu W, et al. A new early Oligocene peradectine marsupial (Mammalia) from the Burqin region of Xinjiang, China. Naturwissenschaften, 2007, 94(3): 237-241.

[126] Spaulding M, Flynn J J, Stucky R K. 2010. A new basal Carnivoramorphan (Mammalia) from the 'Bridger B' (Black's Fork Member, Bridger Formation, Bridgerian NALMA, Middel Eocene) of Wyoming, USA. Paleontology, 2010, 53: 815-832.

[127] Agusti J, Anton M. Mammoths, Sabertooths, and Hominids 65 million years of Mammalian Evolution in Europe. Warren, Oregon: Columbia University Press, 2002.

[128] Barrett P Z. Taxonomic and systematic revisions to the North American Nimravidae (Mammalia, Carnivora). PeerJ, 2016, 4: e1658.

[129] Peigné S. A new species of Eofelis from the Phosphorites of Quercy, France. Comptes Rendus de l'Académie des Sciences Série IIA Sciences de la Terre et des Planètes, 2000, 330(9): 653-658.

[130] Lydekker R. Catalogue of the Fossil Mammalia in the British Museum (Natural History): Part5. Containing the group Tillodontia, the orders Sirenia, Cetacea, Edentata, Marsupialia, Monotremata, and Supplement. London: Adamant Media Corporation, 1887.

[131] Thorpe M R. Two new forms of Agriochoerus. American Journal of Science, 1921,(8): 111-126.

[132] Kindersley D. 2008. Camels. Encyclopedia of Dinosaurs and Prehistoric Life. Penguin, 2008, 266-267.

[133] Hugh C. 1911. Anthracotherium. Encyclopædia Britannica 2. 11th ed. Cambridge: Cambridge University Press, 1911: 106.

[134] Métais G, Welcomme J L, Ducrocq S. New Lophiomerycid ruminants from the Oligocene of the Bugti Hills (Balochistan, Pakistan). Journal of Vertebrate Paleontology, 2009, 29(1): 231-241.

[135] Prothero D. The Evolution of Artiodactyls. Baltimore, Maryland: The Johns Hopkins University Press, 2007.

[136] Lihoreau F, Ducrocq S P, Antoine P O, et al. First complete skulls of Elomeryx crispus (Gervais, 1849) and of Protaceratherium albigense (Roman, 1912) from a new Oligocene locality near Moissac (SW France). Journal of Vertebrate Paleontology, 2009, 29: 242.

[137] Prothero D. The phylogeny of the Rhinocerotoidea (Mammalia, Perissodactyla). Zoological Journal of the Linnean Society, 1986, 87: 341-366.

[138] Wang B Y, Qiu Z X. Discovery of early Oligocene mammalian fossils from Danghe area, Gansu, China. Vertebrata PalAsiatica, 2004, 42(2): 130-143.

[139] Coombs M C. The chalicothere Metaschizotherium bavaricum (Perissodactyla, Chalicotheriidae, Schizotheriinae) from the Miocene (MN5) Lagerstatte of Sandelzhausen (Germany): description, comparison, and paleoecological significance. Paläontologische Zeitschrift, 2009, 83(1): 85-129.

[140] Wu W, Meng J, Ye J, et al. Propalaeocastor (Rodentia, Mammalia) from the early Oligocene of Burqin Basin, Xinjiang. American Museum Novitates, 2004, 3461: 1-16.

[141] Engesser B, Kälin D. Eomys helveticus n. sp. and Eomys schluneggeri n. sp., two new small eomyids of the Chattian (MP 25/MP 26) subalpine Lower Freshwater Molasse of Switzerland. Fossil Imprint, 2017, 73(1-2): 213-224.

[142] Storch G, Engesser B, Wuttke M. Oldest fossil record of gliding in rodents. Nature, 1996, 379: 439-441.

[143] Wang B. On Tsaganomyidae (Rodentia, Mammalia) of Asia. American Museum Novitates, 2001, 3317: 1-50.

[144] Stevens N J, Holroyd P A, Roberts E M, et al. Kahawamys mbeyaensis (n. gen., n. sp.)(Rodentia: Thryonomyoidea) from the late Oligocene Rukwa Rift Basin, Tanzania. Journal of Vertebrate Paleontology, 2009, 29(2): 631-634.

[145] Simons E L, Wood A E. Early Cenozoic mammalian faunas, Fayum Province, Egypt. Part II, the African Oligocene Rodentia. Peabody Museum Bulletin, 1968, 28: 23-105.

[146] Samuels J X, Albright L B, Fremd T J. The last fossil primate in North America, new material of the enigmatic Ekgmowechashala from the Arikareean of Oregon. American Journal of Physical Anthropology, 2015, 158(1): 43-54.

[147] Gebo D L. Adapiformes: Phylogeny and adaptation// Hartwig W C, The Primate Fossil Record. Cambridge: Cambridge University Press, 2002.

[148] Zalmout I S, Sanders W J, MacLatchy L M, et al. New Oligocene primate from Saudi Arabia and the divergence of apes and Old World monkeys. Nature, 2010, 466(7304): 360-364.

[149] Simons E L, Bown T M. Afrotarsius chatrathi, first tarsiiform primate (Tarsiidae) from Africa. Nature, 1985, 313(6002): 475-477.

[150] Christopher K B. Basal anthropoids//Hartwig W. (2002. Reprinted 2004), The Primate Fossil Record. Cambridge :Cambridge University Press, 2004.

[151] Fleagle J, Kay R F. The phyletic position of the Parapithecidae. Journal of Human Evolution, 1987, 16: 483-532.

[152] Leakey M G, Ungar P S, Walker A. A new genus of large primate from the late Oligocene of Lothidok, Turkana District, Kenya. Journal of Human Evolution, 1995, 28: 519-531.

[153] Fleagle J G. Primate Adaptation and Evolution.Second Edition. Academic Press, 1999.

[154] Court N, Hartenberger J. A new species of the hyracoid mammal Titanohyrax from the Eocene of Tunisia. Palaeontology, 1992, 35(2): 309-317.

[155] Beadnell H G C. A Preliminary Note on Arsinoitherium Zitteli, Beadnell, from the Upper Eocene Strata of Egypt. Cairo: Public Works Ministry, National Printing Department, 1902.

[156] Bown T M, Simons E L. New Oligocene Ptolemaiidae (Mammalia: Pantolesta) from the Jebel Qatrani Formation, Fayum Depression, Egypt. Journal of Vertebrate Paleontology, 1987, 7(3): 311-324.

[157] Simons E L, Bown T M. Ptolemaiida, a new order of Mammalia—with description of the cranium of Ptolemaia grangeri. Proceedings of the National Academy of Sciences USA, 1995, 92(8): 3269-3273.

[158] Simons E L, Gingerich P D. New carnivorous mammals from the Oligocene of Egypt. Annals of the Geological Survey of Egypt, 1974, 4: 157-166.

[159] Jin X. Mesonychids from Lushi Basin, Henan Province, China. Vertebrata PalAsiatica, 2005, 43(2): 151-164.

[160] Billet G, Patterson B, De Muizon C. The latest Archaeohyracid representatives (Mammalia, Notoungulata) from the Deseadan of Bolivia and Argentina// Diaz-Martinez E, Rábano I. 4th European Meeting on Paleontology and Stratigraphy of Latin America. Cuadernos del Museo Geominero, 2007.

[161] Billet G, Hautier L, De Muizon C, et al. Oldest cingulate skulls provide congruence between morphological and molecular scenarios of armadillo evolution. Proceedings of the Royal Society B, 2011, 278(1719): 2791-2797.

[162] Boilini M, Ramón Á. Sistemática y Evolución de los Scelidotheriinae (Xenarthra, Mylodontidae) Cuaternarios de la Argentina-Importancia Bioestratigráfica, Paleobiogeográfica y Paleoambiental, 1-301. Universidad Nacional de La Plata, 2012.

[163] Ameghino F. Contribucion al Conocimiento de los Mamiferos Fosiles de la Republica Argentina. Actas de la Academia Nacional de Ciencias en Cordoba, 1889, 6: 1-1027.

[164] Ameghino F. Mamiferos Cretaceos de la Argentina. Segunda contribucion al conocimiento de la fauna mastologica de las capas con restos de Pyrotherium. Boletin Instituto Geografico Argentino, 1879, 18: 406-521.

[165] Cerdeño E, Vera B. Mendozahippus fierensis, gen. et sp. nov., new Notohippidae (Notoungulata) from the late Oligocene of Mendoza (Argentina). Journal of Vertebrate Paleontology, 2010, 30(6): 1805-1817.

[166] Engelmann G F. A new Deseadan sloth (Mammalia: Xenarthra) from Salla, Bolivia, and its implications from the primitive condition of the dentition in edentates. Journal of Vertebrate

Paleontology, 1987, 7(2): 217-223.

[167] Frailey C D, Campbell K E. Paleogene rodents from Amazonian Peru: The Santa Rosa local fauna. The Paleogene Mammalian Fauna of Santa Rosa, Amazonian Peru. Natural History Museum of Los Angeles County, Science Series, 2004, 40: 71-130.

[168] Kraglievich L. Sobre el supuesto Astrapotherium Christi Stehlin descubierto en Venezuela (Xenastrapotherium n. gen) y sus relaciones con Astrapotherium magnum y Uruguaytherium Beaulieui, 1928, 1-16.

[169] Kramarz A G, Bond M. A new Oligocene astrapothere (Mammalia, Meridiungulata) from Patagonia and a new appraisal of astrapothere phylogeny. Journal of Systematic Palaeontology, 2009, 7: 117-128.

[170] Simpson G G. The beginning of the age of mammals in South America. Part II. Bulletin of the American Museum of Natural History, 1967, 137: 1-260.

[171] Soria M F. Los Litopterna del Colhuehuapense (Oligoceno tardío) de la Argentina. Revista del Museo Argentino de Ciencias Naturales "Bernardino Rivadavia." Serie Paleontología, 1981, 3: 1-54.

[172] Salas R, Sánchez J, Chacaltana C. A new pre-Deseadan pyrothere (Mammalia) from northern Peru and the wear facets of molariform teeth of Pyrotheria. Journal of Vertebrate Paleontology, 2006, 26(3): 760-769.

[173] Shockey B J, Anaya F. Pyrotherium macfaddeni, sp. nov. (late Oligocene, Bolivia) and the pedal morphology of pyrotheres. Journal of Vertebrate Paleontology, 2004, 24(2): 481-488.

[174] Johnson S C, Madden R H. Uruguaytheriine astrapotheres of tropical South America// Kay R F, Madden R H, Cifelli R L, et al. Vertebrate Paleontology in the Neotropics: The Miocene Fauna of La Venta, Colombia. Washington, D C: Smithsonian Institution Press, 1997.

[175] Gelfo J N, Mörs T, Lorente M, et al. The oldest mammals from Antarctica, early Eocene of the La Meseta Formation, Seymour Island. Palaeontology, 2014, 58(1): 101-110.

[176] Bond M, Reguero M A, Vizcaíno S F, et al. A new 'South American ungulate' (Mammalia: Litopterna) from the Eocene of the Antarctic Peninsula// Francis J E, Pirrie D, Crame J A. Cretaceous-Tertiary High-Latitude Palaeoenvironments: James Ross Basin, Antarctica.London: The Geological Society of London, 2006.

[177] Bond M, Kramarz A, MacPhee R D E, et al. A new astrapothere (Mammalia, Meridiungulata) from La Meseta Formation, Seymour (Marambio) Island, and a reassessment of previous records of Antarctic astrapotheres. American Museum Novitates, 2011, 3718: 1-16.

[178] Gurovich Y, Travouillon K J, Beck R M D, et al. Biogeographical implications of a new mouse-sized fossil bandicoot (Marsupialia: Peramelemorphia) occupying a dasyurid-like ecological niche across Australia. Journal of Systematic Palaeontology, 2013, 12(3): 265-290.

[179] Kear B P, Cooke B N, Archer M, et al. Implications of a new species of the Oligo-Miocene kangaroo (Marsupialia: Macropodoidea) Nambaroo, from the Riversleigh World Heritage Area, Queensland, Australia. Journal of Paleontology, 2007, 81(6): 1147-1167.

[180] Long J A, Archer M, Flannery T, et al. Prehistoric Mammals of Australia and New Guinea. Baltimore: Johns Hopkins University Press, 2003.

[181] Muirhead J, Wroe S. A New genus and species, Badjcinus turnbulli (Thylacinidae: Marsupialia), from the Late Oligocene of Riversleigh, Northern Australia, and an investigation of Thylacinid phylogeny. Journal of Vertebrate Paleontology, 1998, 18(3): 612-626.

[182] Rich P V, Rich T HV. 1993. Wildlife of Gondwana. Reed Books, Chatswood.

[183] Roberts K K, Archer M, Hand S J, et al. New Australian Oligocene to Miocene ringtail possums (Pseudocheiridae) and revision of the Genusmarlu. Palaeontology, 2009, 52(2): 441-456.

[184] Travouillon K J, Gurovich Y, Archer M, et al. The genus Galadi: Three new bandicoots (Marsupialia, Peramelemorphia) from Riversleigh's Miocene deposits, northwestern Queensland, Australia. Journal of Vertebrate Paleontology, 2013, 33(1): 153-168.

[185] Archer M, Flannery T, Hand S, et al. Prehistoric Mammals of Australia and New Guinea: One Hundred Million Years of Evolution. New South Wales: UNSW Press, 2002.

[186] Travouillon K J, Gurovich Y, Beck R M D, et al. An exceptionally well-preserved short-snouted bandicoot (Marsupialia, Peramelemorphia) from Riversleigh's Oligo-Miocene deposits, northwestern Queensland, Australia. Journal of Vertebrate Paleontology, 2010, 30(5): 1528-1546.

[187] Lyle M, Barron J, Bralower T, et al. Pacific Ocean and Cenozoic evolution of climate. Reviews of Geophysics, 2008, 46(2): 1-47.

[188] Marples B J. Cetotheres (Cetacea) from the Oligocene of New Zealand. Proceedings of the Zoological Society of London, 1956, 126: 565-580.

[189] Tsai C H, Fordyce R E. Archaic baleen whale from the Kokoamu Greensand: Earbones distinguish a new late Oligocene mysticete (Cetacea: Mysticeti) from New Zealand. Journal of the Royal Society of New Zealand, 2016, 46(2): 117-138.

[190] Rothausen K. Die systematische Stellung der europäischen Squalodontidae (Odontoceti, Mamm.). Paläontologische Zeitschrift, 1968, 42(1-2): 83-104.

[191] Whitmore Jr F C, Sanders A E. Review of the Oligocene Cetacea. Systematic Zoology, 1977, 25(4): 304-320.

[192] Boessenecker R W, Fordyce R E. A new Eomysticetid (Mammalia: Cetacea) from the Late Oligocene of New Zealand and a re-evaluation of Mauicetus waitakiensis. Papers in Palaeontology, 2015, 1(2): 107-140.

[193] Barnes L G, Kimura M, Furusawa H, et al. Classification and distribution of Oligocene Aetiocetidae (Mammalia, Cetacea, Mysticeti) from western North America and Japan. The Island Arc, 1995, 3(4): 392-431.

[194] Domning D P, Ray C E, McKenna M C. Two new Oligocene desmostylians and a discussion of Tethytherian systematics. Smithsonian Contributions to Paleobiology, 1986, 59: 1-56.

[195] Berta A, Ray C E, Wyss A R. Skeleton of the oldest known pinniped, Enaliarctos mealsi. Science, 1989, 244(4900): 60-62.

[196] Vinn O. The ultrastructure of calcareous cirratulid (Polychaeta, Annelida) tubes. Estonian Journal of Earth Sciences, 2009, 58(2): 153-156.

[197] An Z, Kutzbach J E, Prell W L, et al. Evolution of Asian monsoons and phased uplift of the Himalaya–Tibetan plateau since Late Miocene times. Nature, 2001, 411(6833): 62-66.

[198] Kürschner W M, Kvacek Z, Dilcher D L. The impact of Miocene atmospheric carbon dioxide fluctuations on climate and the evolution of terrestrial ecosystems. Proceedings of the National Academy of Sciences, 2008, 105(2): 449-453.

[199] Lewis A R, Marchant D R, Ashworth A C, et al. Mid-Miocene cooling and the extinction of tundra in continental Antarctica. Proceedings of the National Academy of Sciences, 2008, 105(31): 10676-10680.

[200] Dooley A C, Fraser N C, Luo Z X. The earliest known member of the rorqual—gray whale clade (Mammalia, Cetacea). Journal of Vertebrate Paleontology, 2004, 24(2): 453-463.

[201] Renner S S.. Living fossil younger than thought. Science, 2011, 334(6057): 766-767.

[202] Retallack G. Cenozoic expansion of grasslands and climatic cooling. The Journal of Geology, 2001, 109(4): 407-426.

[203] Osborne C P, Beerling D J. Nature's green revolution: The remarkable evolutionary rise of C4 plants. Philosophical Transactions of the Royal Society B: Biological Sciences, 2006, 361(1465): 173-194.

[204] Aureliano T, Ghilardi A M, Guilherme E, et al. Morphometry, bite-force, and paleobiology of the Late Miocene caiman Purussaurus brasiliensis. PLoS ONE, 2015, 10(3): e0124188.

[205] Moreno-Bernal J. Size and palaeoecology of giant Miocene South American crocodiles (Archosauria: Crocodylia). Journal of Vertebrate Paleontology, 2007, 27(3 [suppl.]): A120.

[206] Head J J. Systematics and body size of the gigantic, enigmatic crocodyloid Rhamphosuchus crassidens, and the faunal history of Siwalik Group (Miocene) crocodylians. Journal of Vertebrate Paleontology, 2001, 21 (Supplement to No. 3): 59A.

[207] Grubich J R, Huskey S, Crofts S, et al. Mega-Bites: Extreme jaw forces of living and extinct piranhas (Serrasalmidae). Scientific Reports, 2012, 2:1009.

[208] Stanley S M. Earth System History. New York: Freeman, 1999.

[209] Crusafont M, Kurten B. Bears and bear-dogs from the Vallesian of the Valles-Penedes basin, Spain. Acta Zool. Fenn, 1976, 144: 1-29.

[210] Ginsburg L, Morales J. Les Hemicyoninae (Ursidae, Carnivora, Mammalia) et les formes apparentées du Miocène inférieur et moyen d'Europe occidentale. Ann. Paléontol, 1998, 84(1): 71-123.

[211] Hunt R M. Ursidae//Jacobs L, Janis C M, Scott K L. Evolution of Tertiary Mammals of North America: Volume 1, Terrestrial Carnivores, Ungulates, and Ungulate like Mammals. Cambridge: Cambridge University Press, 1998.

[212] Ogino S, Naoko E, Masanaru T. New species of Agriotherium (Mammalia, Carnivora) from the late Miocene to early Pliocene of central Myanmar. Journal of Asian Earth Sciences, 2011, 42(3): 408-414.

[213] Tedford R H, Galusha T, Skinner M F, et al. Faunal succession and biochronology of the Arikareean through Hemphillian interval (late Oligocene through earliest Pliocene epochs) in North America// Woodburne M O. Cenozoic Mammals of North America: Geochronology and Biostratigraphy. Berkeley, California: University of California Press, 1987.

[214] Werdelin L, O'Brien S J, Johnson W E, et al. Phylogeny and evolution of cats (Felidae) //Macdonald D W, Loveridge A J. Biology and Conservation of Wild Felids. Oxford: Oxford University Press, 2010.

[215] Uhen M D, Fordyce R E, Barnes L G. Mysticeti. Evolution of Tertiary Mammals of North America II, 2008: 607-628.

[216] The Paleobiology Database: Revealing the history of life. https://paleobiodb.org [2018-1-30].

[217] Steeman M E. Cladistic analysis and a revised classification of fossil and recent mysticetes. Zoological Journal of the Linnean Society, 2007, 150(4): 875.

[218] Kellogg R. Kentriodon pernix, a Miocene porpoise from Maryland. Proceedings of the United States National Museum, 1927, 69(19): 1-14.

[219] Kellogg R. A new cetothere from the Modelo Formation at Los Angeles, California. Carnegie Institution of Washington, 1934, 447: 83-104.

[220] Kellogg R. Three Miocene porpoises from the Calvert Cliffs, Maryland. Proceedings of the United States National Museum, 1955, 105(3354): 101-154.

[221] Fordyce R E, De Muizon C. Evolutionary history of the cetaceans: A review// Mazin J M , De Buffrénil V. Secondary Adaptations of Tetrapods to Life in the Water. Poitiers: Proceedings of the International Meeting, 1996.

[222] Dooley A C. A review of the eastern North American Squalodontidae (Mammalia: Cetacea). Jeffersoniana, 2003, 11: 1-26.

[223] Demere T A, Berta A, McGowen M R. The taxonomic and evolutionary history of modern balaenopteroid mysticetes. Journal of Mammalian Evolution, 2005, 12(1/2): 99-143.

[224] Barnes L G. Fossil odontocetes (Mammalia: Cetacea) from the Almejas Formation, Isla Cedros, Mexico. PaleoBios, 1984, 42: 13-17.

[225] Boersma A T, Pyenson N D. Albicetus oxymycterus, a new generic name and redescription of a basal physeteroid (Mammalia, Cetacea) from the Miocene of California, and the evolution of body size in sperm whales. PLoS ONE, 2015, 10(12): e0135551.

[226] Barnes L G. A new genus and species of late Miocene Paleoparadoxiid (Mammalia, Desmostylia) from California. Natural History Museum of Los Angeles County Contributions in Science, 2013,(521): 51-114.

[227] Domning D P, Aguilera O A. Fossil Sirenia of the West Atlantic and Caribbean Region. VIII. Nanosiren garciae, gen. et sp. nov. and Nanosiren sanchezi, sp. nov. Journal of Vertebrate Paleontology, 2008, 28(2): 479-500.

[228] Ducrocq S, Buffetaut E, Buffetaut-Tong H, et al. First fossil marsupial from South Asia. Journal of Vertebrate Paleontology, 1992, 12(3): 395-399.

[229] Tseng Z J, Wang X, Slater G J, et al. 2014. Himalayan fossils of the oldest known pantherine establish ancient origin of big cats. Proc. R. Soc. B, 2014, 281(1774): 20132686.

[230] 邱占祥, 祁国琴. 云南陆丰晚中新世的大熊猫祖先化石. 古脊椎动物学报, 1989, 27(3): 153-169.

[231] Begun D R, Güleç E. Restoration of the type and palate of Ankarapithecus meteai: Taxonomic and phylogenetic implications. American Journal of Physical Anthropology, 1998, 105: 279-314.

[232] Chaimanee Y, Suteethorn V, Jintasakul P, et al. 2004. A new orang-utan relative from the Late Miocene of Thailand. Nature, 2004, 427(6973): 439-441.

[233] Hirota K, Barnes L G. A new species of Middle Miocene sperm whale of the genus Scaldicetus (Cetacea, Physeteridae) from Shiga mura, Japan. The Island Arc, 1994, 3(4): 453-472.

[234] Kimura T, Hasegawa Y. A new baleen whale (Mysticeti: Cetotheriidae) from the earliest Late Miocene of Japan and a reconsideration of the phylogeny of Cetotheres. Journal of Vertebrate Paleontology, 2010, 30(2): 577-591.

[235] Kimura T, Hasegawa Y, Barnese L G. Fossil sperm whales (Cetacea, Physeteridae) from Gunma and Ibaraki prefectures, Japan, with observations on the Miocene fossil sperm whale Scaldicetus shigensis Hirota and Barnes, 1995. Bulletin of the Gunma Museum of Natural History, 2006, 103: 1-23.

[236] Hunt Jr R M. Small Oligocene amphicyonids from North America (Paradaphoenus, Mammalia, Carnivora). American Museum Novitates, 2001, 331: 1-20.

[237] Wang X, Qiu Z, Wang B. Hyaenodonts and carnivorans from the early Oligocene to early Miocene of the Xianshuihe Formation, Lanzhou Basin, Gansu Province, China. Paleontologica Electronica, 2005, 8(1): 1-14.

[238] Carroll R L. Vertebrate Paleontology and Evolution. New York: WH Freeman and Company, 1988.

[239] Viranta S. European Miocene Amphicyonidae-taxonomy, systematics and ecology. Acta Zoologica Fennica, 1996, 204: 1-61.

[240] Peigné S, Salesa M J, Antón M, et al. A new amphicyonine (Carnivora: Amphicyonidae) from the upper Miocene of Batallones-1, Madrid, Spain. Palaeontology, 2008, 51(4): 943-965.

[241] Hunt R M. Intercontinental migration of Neogene amphicyonids (Mammalia, Carnivora): Appearance of the Eurasian beardog Ysengrinia in North America. American Museum Novitates, 2002, 3384(1): 1-53.

[242] De Bonis L, Peigné S, Likius A, et al. The oldest African fox (Vulpes riffautae n. sp., Canidae, Carnivora) recovered in late Miocene deposits of the Djurab desert, Chad. Naturwissenschaften, 2007, 94(7): 575-580.

[243] 邱占祥, 理·戴福德. 山西保德印度熊一新种. 古脊椎动物学报, 2003, 41(4): 278-288.

[244] Abella J, Valenciano A, Pérez-Ramos A, et al. On the socio-sexual behaviour of the extinct ursid Indarctos arctoides: An approach based on its baculum size and morphology. PLoS ONE, 2013, 8(9): e73711.

[245] Shintaro O, Egi N, Takai M. New species of Agriotherium (Mammalia, Carnivora) from the late Miocene to early Pliocene of central Myanmar. Journal of Asian Earth Sciences, 2011, 42(3): 408-414.

[246] Legendre S, Roth C. Correlation of carnassial tooth size and body weight in recent carnivores (Mammalia). Historical Biology, 1988, 1(1): 85-98.

[247] Freeman L G. Views of the Past: Essays in Old World Prehistory and Paleanthropology. Walter de Gruyter, 1978.

[248] Antón M, Salesa M J, Siliceo G. Machairodont adaptations and affinities of the Holarctic late Miocene homotherin Machairodus (Mammalia, Carnivora, Felidae): The case of Machairodus catocopis Cope, 1887. Journal of Vertebrate Paleontology, 2013, 33(5): 1202-1213.

[249] Salesa M J, Siliceo G, Antón M, et al. Functional and systematic implications of the postcranial anatomy of a Late Miocene Feline (Carnivora, Felidae) from Batallones-1 (Madrid, Spain). Journal of Mammalian Evolution, 2019, 26: 101-131.

[250] Antón M. Sabertooth. Bloomington, Indiana: University of Indiana Press, 2013.

[251] Spassov N. A new felid from the Late Miocene of the Balkans and the contents of the Genus Metailurus Zdansky, 1924 (Carnivora, Felidae). Journal of Mammalian Evolution, 2014, 22: 45-56.

[252] Sardella R, Werdelin L. Amphimachairodus (Felidae, Mammalia) from Sahabi (Latest Miocene-earliest Pliocene, Libya), with a review of African Miocene Machairodontinae. Revista Italiana di Paleontologia e Stratigrafia, 2007, 113(1): 67-77.

[253] Tseng Z J, O'Connor J K, Wang X, et al. The first Old World occurrence of the North American mustelid Sthenictis (Mammalia, Carnivora). Geodiversitas, 2009, 31(4): 743-751.

[254] Owen P R. Description of a new Late Miocene American badger (Taxidiinae) utilizing high-resolution x-ray computed tomography. Paleontology, 2006, 49(5): 999-1011.

[255] Salesa M J, Antón M, Siliceo G, et al. A non-aquatic otter from the Late Miocene. Zoological Journal of the Linnean Society, 2014, 169(2): 448-482.

[256] Werdelin L, Solounias N. Studies of fossil hyaenids: The genus Adcrocuta Kretzoi and the interrelationships of some hyaenid taxa. Zoological Journal of the Linnean Society, 1990, 98(4): 363-386.

[257] Koufos G D, Konidaris G E. Late Miocene carnivores of the Greco-Iranian Province: Composition, guild structure and palaeoecology. Palaeogeography, Palaeoclimatology, Palaeoecology, 2011, 305: 215-226.

[258] Rincon A F, Bloch J I, Suarez C, et al. New floridatragulines (Mammalia, Camelidae) from the early Miocene Las Cascadas Formation, Panama. Journal of Vertebrate Paleontology, 2012, 32(2): 456-475.

[259] Lihoreau F, Boisserie J R, Viriot L, et al. Anthracothere dental anatomy reveals a late Miocene Chado-Libyan bioprovince. Proc. Natl. Acad. Sci. U.S.A, 2006, 103(23): 8763-8767.

[260] Semprebon G, Janis C, Solounias N. The diets of the Dromomerycidae (Mammalia: Artiodactyla) and their response to Miocene vegetational change. Journal of Vertebrate Paleontology, 2004, 24(2): 427-444.

[261] Dong W. The fossil records of deer in China//Ohtaishi N, Sheng H. Deer of China. Amsterdam: Elsevier Science Publishers BV, 1993.

[262] Rössner G. Systematics and palaeoecology of Ruminantia (Artiodactyla, Mammalia) from the Miocene of Sandelzhausen (southern Germany, Northern Alpine Foreland Basin). Paläontologische Zeitschrift, 2010, 84(1): 123-162.

[263] Sánchez I M, Cantalapiedra J L, Ríos M, et al. Systematics and evolution of the Miocene three-horned palaeomerycid ruminants (Mammalia, Cetartiodactyla). PLoS ONE, 2015, 10(12): e0143034.

[264] Sánchez I M, Quiralte V, Morales J, et al. A new genus of tragulid ruminant from the early Miocene of Kenya. Acta Palaeontologica Polonica, 2010, 55(2): 177-187.

[265] Matthew W D. A complete skeleton of Merycodus. Bulletin of the American Museum of Natural History, 1904, 20: 101-129.

[266] Prothero D, Pollen A. New late Miocene peccaries from California and Nebraska. Kirtlandia, 2013, 58:1-12.

[267] Boisserie J R. The phylogeny and taxonomy of Hippopotamidae (Mammalia: Artiodactyla): A review based on morphology and cladistic analysis. Zoological Journal of the Linnean Society, 2005, 143: 1-26.

[268] Weston E M. A new species of hippopotamus Hexaprotodon lothagamensis (Mammalia: Hippopotamidae) from the Late Miocene of Kenya. Journal of Vertebrate Paleontology, 2000, 20(1): 177-185.

[269] Shi Q Q. New species of Tsaidamotherium (Bovidae, Artiodactyla) from China sheds new light on the skull morphology and systematics of the genus. Science China Earth Sciences, 2014, 57(2): 258-266.

[270] Vislobokova I A.The first record of Chleuastochoerus (Suidae, Artiodactyla) in Russia. Paleontological Journal, 2009, 43(6): 686-698.

[271] Liu L, Fortelius M, Pickford M. New fossil Suidae from Shanwang, Shandong, China. Journal of Vertebrate Paleontology, 2002, 22(1): 152-163.

[272] Orliac M J, Antoine P O, Duranthon F. The Suoidea (Mammalia, Artiodactyla), exclusive of Listriodontinae, from the early Miocene of Béon 1 (Montréal-du-Gers, SW France, MN4). Geodiversitas, 2006, 28(4): 685-718.

[273] Orliac M J. Eurolistriodon tenarezensis, sp. nov., from Montreal-du-Gers (France): Implications for the systematics of the European Listriodontinae (Suidae, Mammalia). Journal of Vertebrate Paleontology, 2006, 26(4): 967-980.

[274] Geraads D, Erksin G. A Bramatherium skull (Giraffidae, Mammalia) from the late Miocene of Kavakdere (Central Turkey): Biogeographic and phylogenetic implications. Mineral Res. Expl. Bul, 1999, 121: 51-56.

[275] Falconer H. Description of some fossil remains of Deinotherium, Giraffe, and other mammalia, from Perim Island, Gulf of Cambay, Western Coast of India. J. Geol. Soc, 1845, 1: 356-372.

[276] Aftab K, Ahmad Z, Khan M A, et al. New remains of Giraffa priscilla from Parrhewala Chinji Formation, Northern Pakistan. Biologia (Pakistan), 2013, 59(2): 233-238.

[277] Bhatti Z H, Khan M A, Khan A M, et al. Giraffokeryx (Artiodactyla: Mammalia) remains from the lower Siwaliks of Pakistan. Pakistan Journal of Zoology, 2012, 44(6): 1623-1631.

[278] Ataabadi M M, Fortelius M. Introduction to the special issue "The late Miocene Maragheh mammal fauna, results of recent multidisciplinary research". Palaeobio Palaeoenv, 2016, 96: 339-347.

[279] Danowitz M, Domalski R, Solounias N. The cervical anatomy of Samotherium, an intermediate-necked giraffid. Royal Society Open Science, 2015, 2: 150521.

[280] Prothero D. The Evolution of North American Rhinoceroses. Cambridge: Cambridge University Press, 2005.

[281] Antoine P O, Saraç G. Rhinocerotidae from the late Miocene of Akkasdagi, Turkey. Geodiversitas, 2005, 27(4): 601-632.

[282] Deng T. New discovery of Iranotherium morgani (Perissodactyla, Rhinocerotidae) from the late Miocene of the Linxia Basin in Gansu, China, and its sexual dimorphism. Journal of vertebrate Paleontology, 2005, 25(2): 442-450.

[283] Antoine P O, Downing K F, Crochet J Y, et al. A revision of Aceratherium blanfordi Lydekker, 1884 (Mammalia: Rhinocerotidae) from the Early Miocene of Pakistan: Postcranials as a key. Zoological Journal of the Linnean Society, 2010, 160: 139-194.

[284] Antoine P O, Bulot C, Ginsburg L O. Les rhinocérotidés (Mammalia, Perissodactyla) de l'Orléanien des bassins de la Garonne et de la Loire (France): Intérêt biostratigraphique. Comptes Rendus de l'Académie des Sciences - Series IIA - Earth and Planetary Science, 2000, 330(8): 571-576.

[285] Geraads D. Chapter 34: Rhinocerotidae//Werdelin L, Sanders W J. Cenozoic Mammals of Africa. Berkeley, California: University of California Press, 2010.

[286] Geraads D, McCrossin M, Benefit B. A new rhinoceros, Victoriaceros kenyensis gen. et sp. nov., and other Perissodactyla from the Middle Miocene of Maboko, Kenya. Journal of Mammalian Evolution, 2012, 19(1): 57-75.

[287] Kelly T S. New Miocene horses from the Caliente Formation, Cuyama Valley Badlands, California.

Contributions in Science, Natural History Museum of Los Angeles County, 1995, 455: 1-33.

[288] MacFadden B J. Three-toed browsing horse Anchitherium clarencei from the early Miocene (Hemingfordian) Thomas Farm, Florida. Bulletin of the Florida Museum of Natural History, 2001, 43(3): 79-109.

[289] Ye J, Wu W Y, Meng J. Anchitherium (Perissodactyla, Mammalia) from the Halamagai Formation of Northern Junggar Basin, Xinjiang. Vertebrata Palasiatica, 2005, 43(2): 100-109.

[290] Sánchez I M, Salesa M J, Morales J. Revisión sistemática del género Anchitherium Meyer, 1834 (Equidae, Perissodactyla) en España. Estudios Geológicos, 1998, 55(1-2): 1-37.

[291] Qiu Z, Qiu Z. Chronological sequence and subdivision of Chinese Neogene mammalian faunas. Palaeogeography, Palaeoclimatology, Palaeoecology, 1995, 116(1-2): 41-70.

[292] Stokes W L. Essentials of Earth History. 4th Edition. New Jersey: Prentice-Hall, Inc, 1982.

[293] Hugueney M, Escuillié F. K-strategy and adaptative specialization in Steneofiber from Montaigu-le-Blin (dept. Allier, France, Lower Miocene, MN 2a, ±23 Ma): First evidence of fossil life-history strategies in castorid rodents. Palaeogeography, Palaeoclimatology, Palaeoecology, 1995, 113(2-4): 217-225.

[294] Lavocat R. Les rongeurs du Miocène d'Afrique Orientale. Memoires et travaux Ecole Pratique des Hautes Etudes, Institut Montpellier, 1973, 1: 1-284.

[295] Qiu Z D. Cricetid rodents from the Early Miocene Xiacaowan Formation, Sihong, Jiangsu. Vertebrata PalAsiatica, 2010, 48(1): 27-47.

[296] Mors T, Kalthoff D C. A new species of Karydomys (Rodentia, Mammalia) and a systematic re-evaluation of this rare Eurasian Miocene hamster. Palaeontology, 2004, 47(6): 1387-1405.

[297] Flynn L J, Morgan M E. An unusual diatomyid rodent from an infrequently sampled Late Miocene interval in the Siwaliks of Pakistan. Palaeontologia Electronica, 2005, 8(1): 17A:10p.

[298] Kimura Y. New material of dipodid rodents (Dipodidae, Rodentia) from the early Miocene of Gashunyinadege, Nei Mongol, China. Journal of Vertebrate Paleontology, 2010, 30(6): 1860-1873.

[299] Casanovas-Vilar I, Alba D M, Garces M, et al. Updated chronology for the Miocene hominoid radiation in Western Eurasia. Proceedings of the National Academy of Sciences USA, 2011, 108(14): 5554-5559.

[300] Gulec E S, Sevim A, Pehlevan C, et al. A new great ape from the lower Miocene of Turkey. Anthropological Science, 2007, 115: 153-158.

[301] Leakey L S B. A new Lower Pliocene fossil primate from Kenya. The Annals & Magazine of Natural History, 1961, 4(Series 13): 689-696.

[302] Kunimatsu Y, Nakatsukasa M, Sawada Y, et al. A new Late Miocene great ape from Kenya and its implications for the origins of African great apes and humans. Proceedings of the National Academy of Sciences, 2007, 104(49): 19220-19225.

[303] Ishida H, Pickford M. A new Late Miocene hominoid from Kenya: Samburupithecus kiptalami gen. et sp. nov. Comptes Rendus de l'Académie des Sciences — Series IIA — Earth and Planetary Science, 1997, 325(10): 823-829.

[304] Chaimanee Y, Yamee C, Tian P, et al. First middle Miocene sivaladapid primate from Thailand. Journal of Human Evolution, 2008, 54(3): 434-443.

[305] Harrison T. Chapter 20: Later Tertiary Lorisiformes (Strepsirrhini, Primates)//Werdelin L, Sanders W J. Cenozoic Mammals of Africa. Berkeley, California: University of California Press, 2010.

[306] Miller E R, Benefit B R, McCrossin M L, et al. Systematics of early and middle Miocene Old World monkeys. J of Human Evol, 2009, 57: 195-211.

[307] Barry J C. Dissopsalis, a middle and late Miocene proviverrine creodont (Mammalia) from Pakistan and Kenya. Journal of Vertebrate Paleontology, 1988, 48(1): 25-45.

[308] Solé F, Amson E, Borths M, et al. A new large Hyainailourine from the Bartonian of Europe and its

bearings on the evolution and ecology of massive Hyaenodonts (Mammalia). PLoS ONE, 2015, 10(9): e0135698.

[309] Korth W W, De Blieux D D. Rodents and lagomorphs (Mammalia) from the Hemphillian (Late Miocene) of Utah. Journal of Vertebrate Paleontology, 2010, 30(1): 226-235.

[310] Quintana J, Bover P, Alcover J A, et al.Presence of Hypolagus Dice, 1917 (Mammalia, Lagomorpha) in the Neogene of the Balearic Islands (Western Mediterranean): Description of Hypolagus balearicus nov. sp. Geobios, 2010, 43(5): 555-567.

[311] Villiera B, Van Den Hoek Ostendeb L W, De Vosb J, et al. New discoveries on the giant hedgehog Deinogalerix from the Miocene of Gargano (Apulia, Italy). Geobios, 2013, 46(1-2): 63-75.

[312] Van Dam J A. The systematic position of Anourosoricini (Soricidae, Mammalia): Paleontological and molecular evidence. Journal of Vertebrate Paleontology, 2010, 30(4): 1221-1228.

[313] Sanders W J. Chapter 10, Proboscidea//Fortelius M. Geology and Paleontology of the Miocene Sinap Formation, Turkey. Warren, Oregon: Columbia University Press, 2003.

[314] Athanassiou A. On a Deinotherium (Proboscidea) finding in the Neogene of Crete. Carnets de Géologie/Notebooks on Geology, Letter, 2004, 2333-9721.

[315] Mothé D, Avilla L S, Zhao D, et al. A new Mammutidae (Proboscidea, Mammalia) from the Late Miocene of Gansu Province, China. Anais da Academia Brasileira de Ciências, 2016, 88(1): 65-74.

[316] Lambert W D. Rediagnosis of the genus Amebelodon (Mammalia, Proboscidea, Gomphotheriidae) with a new subgenus and species, Amebelodon (Konobelodon) britti. Journal of Paleontology, 1990, 64(6): 1032-1041.

[317] Osborn H F. Serbelodon burnhami, a new shovel-tusker from California. American Museum Novitates, 1933, (639): 1-5.

[318] Semprebon G, Deng T, Hasjanova J, et al. An examination of the dietary habits of Platybelodon grangeri from the Linxia Basin of China: Evidence from dental microwear of molar teeth and tusks. Palaeogreography, Palaeoclimatology, Palaeoecology, 2016, 457: 109-116.

[319] Wang S Q, Deng T, Ye J, et al. Morphological and ecological diversity of Amebelodontidae (Proboscidea, Mammalia) revealed by a Miocene fossil accumulation of an upper-tuskless proboscidean. Journal of Systematic Palaeontology, 2016, 15(8): 601-615.

[320] Barbour E H, Sternberg G. Gnathabelodon thorpei, gen. et sp. nov. A new mud-grubbing mastodon. Bulletin of the Nebraska State Museum, 1935, 42: 395-404.

[321] Wang S Q, Shi Q, He W, et al. A new species of the tetralophodont amebelodontine Konobelodon Lambert, 1990 (Proboscidea, Mammalia) from the Late Miocene of China. Geodiversitas, 2016, 38(1): 65-97.

[322] Konidaris G E, Roussiakis S J, Theodorou G E, et al. The Eurasian occurrence of the shovel-tusker Konobelodon (Mammalia, Proboscidea) as illuminated by its presence in the late Miocene of Pikermi (Greece). Journal of Vertebrate Paleontology, 2014, 34: 1437-1453.

[323] Lambert W D. New tetralophodont gomphothere material from Nebraska and its implications for the status of North American Tetralophodon. Journal of Vertebrate Paleontology, 2007, 27(3): 676-682.

[324] Wang S Q, Saegusa H, Duangkrayom J, et al. A new species of Tetralophodon from the Linxia Basin and the biostratigraphic significance of tetralophodont gomphotheres from the Upper Miocene of northern China. Palaeoworld, 2007, 26(4): 703-717.

[325] Hautier L, Mackaye H T, Lihoreau F, et al. New material of Anancus kenyensis (Proboscidea, Mammalia) from Toros-Menalla (Late Miocene, Chad): Contribution to the systematics of African anancines. Journal of African Earth Sciences, 2009, 53(4-5): 171-176.

[326] Tassy P. Le statut systématique de l'espèce Hemimastodon crepusculi (Pilgrim): L'éternal problème de l'homologie et de la convergence. Annales de Paléontologie, 1988, 74: 115-127.

[327] Whybrow P J. Faqārīyāt Al-ufūrīyah Fī Al-Jazīrah Al-Arabīyah. New Haven: Yale University Press,

1999.

[328] Morales J, Pickford M. New hyaenodonts (Ferae, Mammalia) from the Early Miocene of Napak (Uganda), Koru (Kenya) and Grillental (Namibia). Fossil Imprint, 2017, 73(3-4): 332-359.

[329] Morlo M, Miller E R, El-Barkooky A N. Creodonta and Carnivora from Wadi Moghra, Egypt. Journal of Vertebrate Paleontology, 2007, 27: 145-159.

[330] Morales J, Pickford M, Soria D. A new creodont Metapterodon stromeri nov. sp. (Hyaenodontidae, Mammalia) from the Early Miocene of Langental (Sperrgebiet, Namibia). Comptes Rendus de l'Academie des Sciences, Serie II. Sciences de la Terre et des Planetes, 1998, 327(9): 633-638.

[331] Mein P, Ginsburg L. Sur l'age relatif des differents karstiques miocenes de La Grive-Saint-Alban (Isere). Cahiers Scientifiques, Museum d'Histoire naturelle, Lyon, 2002, 2: 7-47.

[332] De Bonis L, Melentis J. Les primates hominoides du Vallesien de Macedoine (Grece): Etude de la machoine inferieure. Geobios, 1977, 10: 849-855.

[333] Grehan J R, Schwartz J H. Evolution of the second orangutan: phylogeny and biogeography of hominid origins. Journal of Biogeography, 2009, 36(10): 1823-1844.

[334] De Bonis L, Koufos G D. Ouranopithecus and dating the splitting of extant hominoids. Comptes Rendus Palevol, 2004, 3: 257-264.

[335] De Bonis L, Bouvrain G, Geraads D, et al. New hominoid skull material from the late Miocene of Macedonia in Northern Greece. Nature, 1990, 345(6277): 712-714.

[336] Hampe O. Middle/late Miocene hoplocetine sperm whale remains (Odontoceti: Physeteridae) of North Germany with an emended classification of Hoplocetinae. Fossil Record, 2006, 9(1): 61-86.

[337] Gol'din P, Startsev D. Brandtocetus, a new genus of baleen whales (Cetacea, Cetotheriidae) from the late Miocene of Crimea, Ukraine. Journal of Vertebrate Paleontology, 2014, 34(2): 419-433.

[338] Domning D P, Pervesler P. The sirenian Metaxytherium (Mammalia: Dugongidae) in the Badenian (Middle Miocene) of Central Europe. Austrian Journal of Earth Sciences, 2012, 105(3): 125-160.

[339] McCrossin M L, Benefit B R, Gitau S N, et al. Fossil evidence for the origins of terrestriality among Old World higher primates. Primate Locomotion: Recent Advances. New York: Plenum Press, 1998.

[340] Chimento N R, Agnolin F L, Novas F E. The bizarre 'metatherians' Groeberia and Patagonia, late surviving members of gondwanatherian mammals. Historical Biology: An International Journal of Paleobiology, 2015, 27(5): 603-623.

[341] Kielan-Jaworowska Z, Cifelli R L, Luo Z X. Mammals from the Age of Dinosaurs: Origins, Evolution, and Structure. Warren, Oregon: Columbia University Press, 2004.

[342] Iuliis G D, Gaudin T J, Vicars M J. A new genus and species of nothrotheriid sloth (Xenarthra, Tardigrada, Nothrotheriidae) from the Late Miocene (Huayquerian) of Peru. Palaeontology, 2011, 54(1): 171-205.

[343] Kramarz A G, Bond M. Revision of Parastrapotherium (Mammalia, Astrapotheria) and other Deseadan astrapotheres of Patagonia. Ameghiniana, 2008, 45(3): 537-551.

[344] Kramarz A, Bond M. A new early Miocene astrapotheriid (Mammalia, Astrapotheria) from Northern Patagonia, Argentina. Neues Jahrbuch für Geologie und Paläontologie-Abhandlungen, 2011, 260(3): 277-287.

[345] Villafañe A L, Ortiz-Jaureguizar E, Bond M. Cambios en la riqueza taxonómica y en las tasas de primera y última aparición de los Proterotheriidae (Mammalia, Litopterna) durante el Cenozoico. Estudios Geológicos, 2006, 62(1): 155-166.

[346] Cattoi N. Un Nuevo (Xenarthra) del Terciario de Patagonia, Chubutherium ferelloii gen. et sp. nov. (Megalonychoidea, Mylodontidae). Revista del Museum Argentinoa Ciencias Nacional "Bernardino Rivadavia" Zoologia, 1962, 8(11): 123-133.

[347] De Bocchino Ringuelet A. Estudio del género Chasicotherium Cabreray Kraglievich 1931 (Notoungulata - Homaldotheriidae). Ameghiniana, 2013, 1(1-2): 7-14.

动物地理学

[348] Goin F J. New clues for understanding Neogene marsupial radiations// Kay R F, Cifelli R, Madden R H, et al. Vertebrate Paleontology in the Neotropics: The Miocene Fauna of La Venta, Colombia. Washington, DC: Smithsonian Institution Press, 1997.

[349] Argot C. Functional-adaptive analysis of the postcranial skeleton of a Laventan borhyaenoid, Lycopsis longirostris (Marsupialia, Mammalia). Journal of Vertebrate Paleontology, 2004, 24(3): 689-708.

[350] Saint-Andre P A. Hoffstetterius imperator ng, n. sp. du Miocène supérieur de l'Altiplano bolivien et le statut des Dinotoxodontinés (Mammalia, Notoungulata). Comptes rendus de l'Académie des sciences. Série 2, Mécanique, Physique, Chimie, Sciences de l'univers, Sciences de la Terre, 1993, 316(4): 539-545.

[351] Farina R A, Czerwonogora A, Di Giacomo M. Splendid oddness: Revisiting the curious trophic relationships of South American Pleistocene mammals and their abundance. Anais da Academia Brasileira de Ciências, 2014, 86(1): 311-331.

[352] Fariña R A, Tambusso P S, Varela L, et al. Arroyo del Vizcaíno, Uruguay: A fossil-rich 30-ka-old megafaunal locality with cut-marked bones. Proc. R. Soc. B, 2014, 281: 20132211.

[353] Marx F G, Lambert O, De Muizon C. A new Miocene baleen whale from Peru deciphers the dawn of cetotheriids. Royal Society Open Science, 2017, 4(9): 170560.

[354] Long J, Archer M, Flannery T, et al. Prehistoric Mammals of Australia and New Guinea: One Hundred Million Years of Evolution. Pantiprif: University of New South Wales Press, 2002.

[355] Brewer P, Archer M, Hand S. Additional specimens of the oldest wombat Rhizophascolonus crowcrofti (Vombatidae, Marsupialia) from the Wipajiri Formation, South Australia: An intermediate morphology? Journal of Vertebrate Paleontology, 2008, 28(4): 1144-1148.

[356] Hand S J, Murray P, Megirian D, et al. Mystacinid bats (Microchiroptera) from the Australian Tertiary. Journal of Paleontology, 1998, 72(3): 538-545.

[357] Campbell C R. The Thylacine Museum: A Natural History of the Tasmanian Tiger. Fifth Edition-Revised and Expanded. www. naturalworlds.org[2020-3-5].

[358] Gillespie A K, Archer M, Hand S J. A tiny new marsupial lion (Marsupialia, Thylacoleonidae) from the early Miocene of Australia. Palaeontologia Electronica, 2016, 19(2.26A): 1-26.

[359] Scofield R P, Worthy T H, Tennyson A J D. A heron (Aves: Ardeidae) from the Early Miocene St Bathans Fauna of southern New Zealand// Boles W E, Worthy T H. Proceedings of the VII International Meeting of the Society of Avian Paleontology and Evolution. Records of the Australian Museum, 2010, 62: 89-104.

[360] Worthy T H, Worthy J P, Tennyson A J D, et al. Miocene fossils show that kiwi (Apteryx, Apterygidae) are probably not phyletic dwarves. Paleornithological Research 2013, Proceedings of the 8th International Meeting of the Society of Avian Paleontology and Evolution, 2013, 63-80.

[361] Worthy T H, Tennyson A J D, Archer M, et al. Miocene Mammal Reveals a Mesozoic Ghost Lineage on Insular New Zealand, Southwest Pacific. Santa Barbara: University of California, 2006.

[362] Worthy T, Hand S J, Worthy T H, et al. Miocene mystacinids (Chiroptera, Noctilionoidea) indicate a long history for endemic bats in New Zealand. Journal of Vertebrate Paleontology, 2013, 33(6): 1442-1448.

[363] 张荣祖. 中国动物地理. 北京: 科学出版社, 1999.

[364] O'Dea A, Lessios H A, Coates A G, et al. Formation of the Isthmus of Panama. Science Advances, 2016, 2(8): e1600883 .

[365] Robinson M, Dowsett H J, Chandler M A. Pliocene role in assessing future climate impacts. Eos, Transactions, American Geophysical Union, 2008, 89: 501-502.

[366] Dwyer G S, Chandler M A. Mid-Pliocene sea level and continental ice volume based on coupled benthic Mg/Ca palaeotemperatures and oxygen isotopes. Phil. Trans. Royal Soc. A, 2009, 367:

157-168.

[367] Bartoli G, Sarnthein M, Weinelt M, et al. Final closure of Panama and the onset of northern hemisphere glaciation. Earth Planet. Sci. Lett, 2005, 237: 33-44.

[368] Integrated Taxonomic Information System. https://www.mendeley.com/catalogue/b8437eb9-aff9-3979-80c5-295a9363640f/[2020-3-4].

[369] McDiarmid R W, Campbell J A, Touré T. Snake Species of the World: A Taxonomic and Geographic Referenc. vol. 1. Herpetologists' League, 1999: 511.

[370] Delsuc F, Gibb G C, Kuch M, et al. The phylogenetic affinities of the extinct glyptodonts. Current Biology, 2016, 26(4): R155-R156.

[371] Webb S D. The Great American Biotic Interchange: Patterns and processes. Annals of the Missouri Botanical Garden, 2006, 93(2): 245-257.

[372] Gerdtz W, Archbold N. Glaucodon ballaratensis (Marsupialia, Dasyridae), a Late Pliocene 'Devil' from Batesford, Victoria. Proceedings of the Royal Society of Victoria, Royal Society of Victoria, Australia, 2003, 115(2): 35-44.

[373] Cuarón A D, Emmons L, Helgen K, et al. Tlacuatzin canescens. IUCN Red List of Threatened Species. Version 2011.1. International Union for Conservation of Nature, 2008.

[374] Webb D D, Randall K, Jefferson G. Extinct camels and llamas of Anza-Borrego//Jefferson G, Lindsay L. Fossil Treasures of the Anza-Borrego Desert: the Last Seven Million Years. San Diego, California: Sunbelt Publications, 2006.

[375] Swinehart A L, Richards R L. Paleoecology of Northeast Indiana wetland harboring remains of the Pleistocene giant beaver (Castoroides ohioensis). Proceedings of the Indiana Academy of Science, 2001, 110: 151-166.

[376] Kurtén B, Anderson E. Pleistocene Mammals of North America. Warren, Oregon: Columbia University Press, 1980.

[377] Geraads D, Alemseged Z, Bobe R, et al. Enhydriodon dikikae, sp. nov. (Carnivora: Mammalia), a gigantic otter from the Pliocene of Dikika, Lower Awash, Ethiopia. Journal of Vertebrate Paleontology, 2011, 31(2): 447-453.

[378] Wang X, Tseng Z J, Li Q, et al. From 'third pole' to north pole: a Himalayan origin for the arctic fox. Proceedings of the Royal Society B. Royal Society, 2014, 281(1787): 20140893.

[379] Deng T, Wang X, Fortelius M, et al. Out of Tibet: Pliocene woolly rhino suggests high-plateau origin of Ice Age megaherbivores. Science, 2011, 333: 1285-1288.

[380] Sotnikova M. A new canid Nurocyon chonokhariensis gen. et sp. nov. (Canini, Canidae, Mammalia) from the Pliocene of Mongolia. Courier Forschungsinstitut Senckenberg, 2006, 256: 11-21.

[381] Gentry A W. Chapter 38: Bovidae// Werdelin L, Sanders W J. Cenozoic Mammals of Africa. Berkeley, California: University of California Press, 2010.

[382] Van Sittert S J, Mitchell G. On reconstructing Giraffa sivalensis, an extinct giraffid from the Siwalik Hills, India. PeerJ, 2015, 3: e1135 .

[383] Wang X, Wang B. New material of Chalicotherium from the Tsaidam Basin in the northern Qinghai-Tibetan Plateau, China. Palaeontologische Zeitschrift, 2001, 75(2): 219-226.

[384] Korth W W. The Tertiary Record of Rodents in North America. Berlin Heidelberg: Springer, 1994.

[385] De Vos J. Een portret van Pleistocene zoogdieren: Op zoek naar de reuzenaap (Gigantopithecus) in Vietnam. Cranium, 1993, 10(2): 123-127.

[386] Leakey M G, Spoor F, Brown F H, et al. New hominin genus from eastern Africa shows diverse middle Pliocene lineages. Nature, 2001, 410(6827): 433-440.

[387] 郑绍华, 蔡保全, 李强. 泥河湾盆地洞沟剖面上新世/更新世小哺乳动物. 古脊椎动物学报, 2006, 44(4): 320-331.

[388] Zhang Y, Long Y, Ji H, et al. The Cenozoic Deposits of the Yunnnan Region. Professional Papers on Stratigraphy and Paleontology. Peking: Geological Publishing House, 1989, (7): 1-21.

[389] 陈冠芳. 中国北部上新世的互棱齿象 (Anancus Aymara, 1855). 古脊椎动物学报, 1999, 37(3): 175-189.

[390] De O. Porpino K, Fernicola J C, Bergqvist L P. A new cingulated (Mammalia: Xenarthra), Pachyarmatherium brasiliense sp. nov., from the Late Pleistocene of Northeastern Brazil. Journal of Vertebrate Paleontology, Society of Vertebrate Paleontology, 2009, 29(3): 881-893.

[391] Bernor R L, Gilbert H, Semprebon G M, et al. Eurygnathohippus woldegabrieli, sp. nov. (Perissodactyla, Mammalia), from the middle Pliocene of Aramis, Ethiopia. Journal of Vertebrate Paleontology, 2013, 33(6): 1472-1485.

[392] Harmand S, Lewis J E, Feibel C S, et al. 3.3-million-year-old stone tools from Lomekwi 3, West Turkana, Kenya. Nature, 2015, 521: 310-315.

[393] Mann A, Weiss M. Hominoid phylogeny and taxonomy: A consideration of the molecular and fossil evidence in an historical perspective. Molecular Phylogenetics and Evolution, 1996, 5(1): 169-181.

[394] Nasif N L, Musalem S A, Cerdeño E. A new toxodont from the Late Miocene of Catamarca, Argentina, and a phylogenetic analysis of the Toxodontidae. Journal of Vertebrate Paleontology, 2000, 20(3): 591-600.

[395] Bargo M S. The ground sloth Megatherium americanum: Skull shape, bite forces, and diet. Acta Palaeontologica Polonica, 2001, 46(2): 173-192.

[396] Rinderknecht A. Nueva especie de roedor fósil: Josephoartigasia monesi. Museo Nacional de Historia Natural y Antropología (in Spanish). Uruguay. Significado del nombre: Josephoartigasia en honor a José Artigas y monesi por el paleontólogo uruguayo Álvaro Mones, 2008.

[397] Vélez-Juarbe J, Domning D P. Fossil Sirenia of the West Atlantic and Caribbean region: Ix. Metaxytherium albifontanum, sp. nov. Journal of Vertebrate Paleontology, 2014, 34(2): 444-464.

[398] Van Beneden P J. Sur la découverte d'ossements fossiles faite à Saint-Nicolas. Bulletin de l'Academie Royale des Sciences, des Lettres et des Beaux-Arts de Belgique, Series 2, 1859, 8: 123-146.

[399] Racicot R A, Deméré T A, Beatty B L, et al. Unique feeding morphology in a new Prognathous extinct porpoise from the Pliocene of California. Current Biology, 2014, 24(7): 774-779.

[400] Furusawa H. A new species of hydrodamaline Sirenia from Hokkaido, Japan. Takikawa Museum of Art and Natural History, 1988, 1-73.

[401] Garcia-Castellanos D, Estrada F, Jiménez-Munt I, et al. Catastrophic flood of the Mediterranean after the Messinian salinity crisis. Nature, 2009, 462: 778-781.

[402] Toth N, Schick K. 21 Overview of Paleolithic Archeology// Henke H C W, Hardt T, Tatersall I. Handbook of Paleoanthropology, Volume 3. Berlin Heidelberg: Springer-Verlag, 2007.

[403] Mills G, Hes L. The Complete Book of Southern African Mammals. Cape Town: Struik Publishers, 1997.

[404] Grubb P. Order Perissodactyla//Wilson D E, Reeder D M. Mammal Species of the World: A Taxonomic and Geographic Reference. 3rd ed. Baltimore: Johns Hopkins University Press, 2005.

[405] St-Louis A, Côté S. Equus kiang (Perissodactyla: Equidae). Mammalian Species, 2009, 835: 1-11.

[406] Richmond G M, Fullerton D S. Summation of Quaternary glaciations in the United States of America. Quaternary Science Reviews, 1986, 5: 183-196.

[407] Li B, He G, Guo S, et al. Macaques in China: Evolutionary dispersion and subsequent development. Am J Primatol, 2020, 82(7): e23142.

[408] Ojakangas R W, Matsch C L. Minnesota's Geology. Minnesota: University of Minnesota Press, 1982.

[409] Eardley A J, Shuey R T, Gvosdetsky V, et al. Lake cycles in the Bonneville basin, Utah. Geological Society of America Bulletin, 1973, 84(1): 211-216.

[410] Wood B, Richmond B G. Human evolution: Taxonomy and paleobiology. Journal of Anatomy, 2000, 197(1): 19-60.

[411] Strait D, Grine F, Fleagle J. Analyzing hominin hominin phylogeny: Cladistic approach//Henke W, Tattersall I. Handbook of Paleoanthropology. second edition. Berlin Heidelberg: Springer-Verlag, 2015.

[412] Richter D, Grün R, Joannes-Boyau R, et al. The age of the hominin fossils from Jebel Irhoud, Morocco, and the origins of the Middle Stone Age. Nature, 2017, 546: 293-296.

[413] Susman R L. Hand of Paranthropus robustus from Member 1, Swartkrans: Fossil evidence for tool behavior. Science, 1988, 240(4853): 781-784.

[414] De Heinzelin J, Clark J D, White T, et al. Environment and behavior of 2.5-million-year-old Bouri hominids. Science, 1999, 284(5414): 625-629.

[415] Klein R. The Human Career. Chicago: University of Chicago Press, 1999.

[416] Richards M P. A brief review of the archaeological evidence for Palaeolithic and Neolithic subsistence. European Journal of Clinical Nutrition, 2002, 56(12): 1270-1278.

[417] Miller B, Wood B, Balansky A, et al. Anthropology. Boston, Massachusetts: Allyn and Bacon, 2006.

[418] James S R. Hominid use of fire in the Lower and Middle Pleistocene: A review of the evidence. Current Anthropology, 1989, 30(1): 1-26.

[419] Berna F, Goldberga P, Horwitzc L K, et al. Microstratigraphic evidence of in situ fire in the Acheulean strata of Wonderwerk Cave, Northern Cape province, South Africa. Proceedings of the National Academy of Sciences, 2012, 109(20): E1215-E1220.

[420] Benditt J. Cold water on the fire: A recent survey casts doubt on evidence for early use of fire. Scientific American, 1989-5-1.

[421] Megarry T. Society in Prehistory: The Origins of Human Culture. New York: New York University Press, 1995.

[422] Pearson M P, Godden K. In Search of the Red Slave: Shipwreck and Captivity in Madagascar. Stroud, Gloucestershire: The History Press, 2002.

[423] Mlíkovsky J. Eggs of extinct aepyornithids (Aves: Aepyornithidae) of Madagascar: Size and taxonomic identity. Sylvia, 2003, 39: 133-138.

[424] Hawkins A F A, Goodman S M. The Natural History of Madagascar. Chicago: University of Chicago Press, 2003: 1026-1029.

[425] Davies S J J F. Elephant birds (Aepyornithidae)// Hutchins M. Grzimek's Animal Life Encyclopedia. 8 Birds I Tinamous and Ratites to Hoatzins. 2 ed. Farmington Hills, MI: Gale Group, 2003.

[426] Campbell Jr K E, Marcus L. The relationship of hindlimb bone dimensions to body weight in birds. Papers in Avian Paleontology Honoring Pierce Brodkorb. Science. Natural History Museum of Los Angeles County, 1992, (36): 395-412.

[427] Amadon D. An estimated weight of the largest known bird. Condor, 1947, 49: 159-164.

[428] Wood G. The Guinness Book of Animal Facts and Feats. 3rd ed. Sterling Publishing Company Inc, 1983.

[429] Molnar R E. Dragons in the Dust: The Paleobiology of the Giant Monitor Lizard Megalania. Bloomington: Indiana University Press, 2004.

[430] Weinstock J. Sami Prehistory Revisited: Transactions, admixture and assimilation in the phylogeographic picture of Scandinavia. http://www.laits.utexas.edu/sami/dieda/hist/SamiPrehistRevisitNew.htm[2018-4-20].

[431] Goebel T, Waters M R, O'Rourke D H. The Late Pleistocene dispersal of modern humans in the Americas. Science, 2008, 319(5869): 1497-1502.

[432] Coichon R. The ape that was – Asian fossils reveal humanity's giant cousin. Natural History, 1991, 100: 54-62.

[433] Tedford R H, Wang X, Taylor B E. Phylogenetic systematics of the North American fossil Caninae (Carnivora, Canidae). Bulletin of the American Museum of Natural History, 2009, 325.

[434] Von Koenigswald G H R. Fossil mammals of Java part 6 Machairodontinae from the lower Pleistocene of Java. Proceedings of the Koninklijke Nederlandse Akademie van Wetenschappen Series B Physical Sciences, 1974, 77(4): 267-273.

[435] Rozzi R.The enigmatic bovid Duboisia santeng (Dubois, 1891) from the Early–Middle Pleistocene of Java: A multiproxy approach to its paleoecology. Palaeogeography, Palaeoclimatology, Palaeoecology, 2013, 377: 73-85.

[436] O'Brien H D, Faith J T, Jenkins K E, et al. Unexpected convergent evolution of nasal domes between Pleistocene bovids and Cretaceous hadrosaur dinosaurs. Current Biology, 2016, 26(4): 503-508.

[437] Tong H, Wu X. Stephanorhinus kirchbergensis (Rhinocerotidae, Mammalia) from the Rhino Cave in Shennongjia, Hubei. China Science Bulletin, 2010, 55(12): 1157-1168.

[438] Billia E M E. Revision of the fossil material attributed to Stephanorhinus kirchbergensis (Jäger 1839) (Mammalia, Rhinocerotidae) preserved in the museum collections of the Russian Federation. Quaternary International, 2008, 179(1): 25-37.

[439] Schwartz J H, Long V T, Cuong N L, et al. A review of the Pleistocene hominoid fauna of the Socialist Republic of Vietnam (excluding Hylobatidae). Anthropological Papers of the American Museum of Natural History, 1995, (76): 1-24.

[440] Mootnick A, Groves C P. A new generic name for the hoolock gibbon (Hylobatidae). International Journal of Primatology, 2005, 26: 971-976.

[441] Nishimura T D, Takai M, Maschenko E N. The maxillary sinus of Paradolichopithecus sushkini (late Pliocene, southern Tajikistan) and its phyletic implications. J Hum Evol, 2007, 52(6): 637-646.

[442] Lundelius E L, Bryant V M, Mandel R, et al. The first occurrence of a toxodont (Mammalia, Notoungulata) in the United States. Journal of Vertebrate Paleontology, 2013, 33(1): 229-232.

[443] Darlington Jr P J. Zoogeography: The Geographical Distribution of Animals. New York: John Wiley & Sons, Inc, 1957.

[444] Pardiñas U F J. A new genus of oryzomyine rodent (Cricetidae: Sigmodontinae) from the Pleistocene of Argentina. Journal of Mammalogy, 2008, 89(5): 1270-1278.

[445] Steppan S J. A new species of Holochilus (Rodentia: Sigmodontinae) from the Middle Pleistocene of Bolivia and its phylogenetic significance. Journal of Vertebrate Paleontology, 1996, 16(3): 522-530.

[446] McDonald H G, Rincón A D, Gaudin T J. A new genus of megalonychid sloth (Mammalia, Xenarthra) from the late Pleistocene (Lujanian) of Sierra de Perija, Zulia State, Venezuela. Journal of Vertebrate Paleontology, 2013, 33(5): 1226-1238.

[447] Pujos F, De Iluiis G, Argot C, et al. A peculiar climbing Megalonychidae from the Pleistocene of Peru and its implication for sloth history. Zoological Journal of the Linnean Society, 2007, 149(2): 179-235.

[448] Trajano E, De Vivo M. Desmodus draculae Morgan, Linares, and Ray, 1988, reported for southeastern Brasil, with paleoecological comments (Phyllostomidae, Desmodontinae). Mammalia, 1991, 55(3): 456-459.

[449] Guérin C, Faure M. Un nouveau Toxodontidae (Mammalia, Notoungulata) du Pléistocène supérieur du Nordeste du Brésil. Geodiversitas, 2013, 35(1): 155-205.

[450] Morris D A, Augee M L, Gillieson D, et al. Analysis of a late Quaternary deposit and small mammal fauna from Nettle Cave, Jenolan, New South Wales. Proceedings of the Linnean Society of New South Wales, 1997, 117: 135-161.

[451] Lundelius E L. Vertebrate remains from the Nullarbor caves, Western Australia. Journal of the Royal Society of Western Australia, 1963, 46(3): 75-80.

[452] Walker M, Johnsen S, Rasmussen S O, et al. Formal definition and dating of the GSSP (Global Stratotype Section and Point) for the base of the Holocene using the Greenland NGRIP ice core, and

selected auxiliary records. Journal of Quaternary Science, 2009, 24(1): 3-17.

[453] Gibbard P L. History of the stratigraphical nomenclature of the glacial period. Subcommission on Quaternary Stratigraphy. International Commission on Stratigraphy. https://quaternary.stratigraphy. org/history/chronostratigraphy/[2018-3-20].

[454] Higham T, Douka K, Wood R, et al. The timing and spatiotemporal patterning of Neanderthal disappearance. Nature, 2014, 512(7514): 306-309.

[455] Worldometers. Population. http://www.worldometers.info/population/[2018-4-4].

[456] Hay J N. The burdens of disease: Epidemics and human response in western history. New Brunswick: Rutgers Univ Press, 1998.

[457] Microsoft Encarta Online Encyclopedia. 2009. Ming Dynasty. http://microsoft-encarta- encyclopedia. updatestar.com [2018-4-4].

[458] Asia for Educators, Columbia University. 2009. http://afe.easia.columbia.edu [2018-4-4].

[459] United Nations, Department of Economic and Social Affairs, Population Division. World Population Prospects: The 2010 Revision, 2011.

[460] Wilson E O. The Future of Life. New York: Vintage Books, 2003.

[461] Barnosky A D, Matzke N, Tomiya S, et al. Has the Earth's sixth mass extinction already arrived? Nature, 2011, 471(7336): 51-57.

[462] Horowitz A. The Quaternary of Israel. Academic Press, 2014.

[463] Del Hoyo J, Elliott A, Christie D. Handbook of the Birds of the World Volume 12 Picathartes to Tits and Chickadees. Lynx Edicions, 2007.

[464] James H F, Olson S L. Descriptions of thirty-two new species of birds from the Hawaiian Islands: Part II. Passeriformes. Ornithological Monographs, 1991, 46: 1-92.

[465] Goodman S M, Patterson B D. Natural Change and Human Impact in Madagascar. Washington, D C: Smithsonian Institution Press, 1997.

[466] Feduccia A. The Origin and Evolution of Birds. 2nd. Edit. New Haven: Yale University Press, 1999.

[467] Balouet J C, Olson S L. Fossil Birds from Late Quaternary Deposits in New Caledonia. Washington, D. C. Smithsonian contributions to zoology, Nr. 469. Washington, D C: Smithsonian Institution Press, 1989.

[468] Olson S L, James H F. Descriptions of thirty-two new species of birds from the Hawaiian Islands: Part I. Non-Passeriformes. Ornithological Monographs, 1991, 45: 1-91.

[469] Steadman D W. Extinction and Biogeography of Tropical Pacific Birds. Chicago: University of Chicago Press, 2006.

[470] Turvey S T. Holocene Extinctions. Oxford: Oxford University Press, 2009.

[471] Szabo J K, Khwaja N, Garnett S T, et al. Global patterns and drivers of avian extinctions at the species and subspecies level. PLoS One, 2012, 7(10): e47080.

[472] Spennemann D H R. Extinctions and extirpations in Marshall Islands avifauna since European contact – a review of historic evidence. Micronesica, 2006, 38(2): 253-266.

[473] Gutiérrez Expósito C, Copete J L, Crochet P A, et al. History, status and distribution of Andalusian Buttonquail in the WP. Dutch Birding, 2011, 33(2): 75-93.

[474] Fuller E. Extinct Birds. 2nd ed. Oxford: Oxford University Press, 2000.

[475] BirdLife International (BLI). Globally Threatened Forums–Sharpe's Rail (Gallirallus sharpei): no longer recognised taxonomically, 2008.

[476] Ceballos G, Ehrlich A H, Ehrlich P R. The Annihilation of Nature: Human Extinction of Birds and Mammals. Baltimore, Maryland: Johns Hopkins University Press, 2015.

[477] Lawton J H, May R M. 1995. Extinction rates. Journal of Evolutionary Biology Oxford, 1995, 9: 124-126.

[478] Pimm S L, Russell G J, Gittleman J L, et al. The future of biodiversity. Science, 1995, 269(5222):

347-350.

[479] Martin P S. The Last 10, 000 Years: A Fossil Pollen Record of the American Southwest. Tucson, AZ: University Ariz. Press, 1963.

[480] Martin P S. Prehistoric overkill// Martin P S, Wright H E. Pleistocene Extinctions: The Search for a Cause. New Haven: Yale University Press, 1967.

[481] Martin P S. Prehistoric overkill: A global model//Martin P S, Klein R G. Quaternary Extinctions: A Prehistoric Revolution. Tucson, AZ: University Arizona Press, 1989.

[482] Steadman D W, Martin P S, MacPhee R D E, et al. Asynchronous extinction of late Quaternary sloths on continents and islands. PNAS, 2005, 102(33): 11763-11768.

[483] Martin P S. Twilight of the Mammoths: Ice Age Extinctions and the Rewilding of America. Berkeley, California: University of California Press, 2005.

[484] Burney D A, Flannery T F. Fifty millennia of catastrophic extinctions after human contact. Trends in Ecology & Evolution, 2005, 20(7): 395-401.

[485] Burney D A, Burney L P, Godfrey L R, et al. A chronology for late prehistoric Madagascar. Journal of Human Evolution, 2004, 47(1-2): 25-63.

[486] Crowley B E. A refined chronology of prehistoric Madagascar and the demise of the megafauna. Quaternary Science Reviews. Special Theme: Case Studies of Neodymium Isotopes in Paleoceanography, 2010, 29(19-20): 2591-2603.

[487] Perez V R, Godfrey L R, Nowak-Kemp M, et al. Evidence of early butchery of giant lemurs in Madagascar. Journal of Human Evolution, 2005, 49(6): 722-742.

[488] Stringer C, Galway-Witham J. Palaeoanthropology: On the origin of our species. Nature, 2017, 546(7657): 212-214.

[489] Heintzman P D, Froese D, Ives J W, et al. Bison phylogeography constrains dispersal and viability of the Ice Free Corridor in western Canada. PNAS, 2016, 113(29): 8057-8063.

[490] Curry A. Ancient migration: Coming to America. Nature, 2012, 485(7396): 30-32.

[491] Clarkson C, Jacobs Z, Marwick B, et al. Human occupation of northern Australia by 65, 000 years ago. Nature, 2017, 547: 306-310.

[492] Callaway E. Teeth from China reveal early human trek out of Africa: "Stunning" find shows that Homo sapiens reached Asia around 100, 000 years ago. Nature News, 2015.

[493] Callaway E. Skeleton plundered from Mexican cave was one of the Americas' oldest. Nature, 2017, 549(7670): 14-15.

[494] Bourgeon L, Burke A, Higham T. Earliest human presence in North America dated to the Last Glacial Maximum: New radiocarbon dates from Bluefish Caves, Canada. PLoS ONE, 2017, 12(1): e0169486.

[495] May R M. Stability and Complexity in Model Ecosystems. Princeton: Princeton University Press, 2011.

[496] Surovell T A, Grund B S. The associational critique of Quaternary overkill. American Antiquity, 2012, 77(4): 673-688.

[497] Kolbert E. The Sixth Extinction: An Unnatural History. London: Bloomsbury Publishing, 2014.

[498] Graham R W, Mead J I. Environmental fluctuations and evolution of mammalian faunas during the last deglaciation in North America//Ruddiman W F, Wright J H E. North America and Adjacent Oceans during the Last Deglaciation. The Geology of North America. K–3. Geological Society of America, 1987.

[499] Zalasiewicz J, Williams M, Smith A, et al. Are we now living in the Anthropocene? GSA Today, 2008, 18(2): 4.

[500] Rabanus-Wallace M T, Wooller M J, Zazula G D, et al. Megafaunal isotopes reveal role of increased moisture on rangeland during late Pleistocene extinctions. Nature Ecology & Evolution, 2017, 1(5): 0125.

[501] Louys J, Curnoe D, Tong H. Characteristics of Pleistocene megafauna extinctions in Southeast Asia.

Palaeogeography, Palaeoclimatology, Palaeoecology, 2007, 243: 152-173.

[502] Vartanyan S L, Arslanov K A, Tertychnaya T V, et al. Radiocarbon dating evidence for mammoths on Wrangel Island, Arctic Ocean, until 2000 BC. Radiocarbon, 1995, 37: 1-6.

[503] Spotila J R, Weinheimer C J, Paganelli C V. Shell resistance and evaporative water loss from bird eggs: Effects of wind speed and egg size. Physiological Zoology, 1981, 195-202.

[504] Alexander R M. All-time giants: The largest animals and their problems. Palaeontology, 1998, 41(6): 1231-1245.

[505] MacPhee R D E, Marx P A. The 40, 000-year plague: Humans, hyperdisease, and first-contact extinctions//Goodman S, Patterson B D. Natural Change and Human Impact in Madagascar. Washington, DC: Smithsonian Institution Press, 1997.

[506] Goater T M, Goater C P, Esch G W. Parasitism: The Diversity and Ecology of Animal Parasites. Second edition. Chapter 16: Evolution of host-parasite interactions. Cambridge: Cambridge University Press, 2014.

[507] Koch P L, Barnosky A D. Late Quaternary Extinctions: State of the debate. Annual Review of Ecology, Evolution, and Systematics, 2006, 37(1): 215-250.

第八章

当代世界动物地理区划

第一节　动物地理区划方案

一、小达灵顿方案

1. 六区划分

从达尔文时代以来，动物地理学家们已经提出过多种不同的区划方案（详见第一章）。其中，对当代影响最大的是小达灵顿[1]提出的六区方案。按照这个方案，全球陆地划分为 6 个动物地理区［图 8-1（a）］，包括古北区（Palearctic Region）、新北区（Nearctic Region）、东洋区（Oriental Region）、埃塞俄比亚区（Ethiopian Region）、新热带区（Neotropical Region）以及澳大利亚区（Australian Region）。这个方案植根于赫胥黎方案，但区上归属不同，反映小达灵顿与赫胥黎的理解差异：赫胥黎简单地依据地理位置，将 6 区归为北方大陆和南方大陆两界；小达灵顿看到了环境的隔离作用，将 6 个区归为三大区：气候限制型区（受寒冷气候限制的动物地理区，包括古北区和新北区）、旧大陆热带主要区（以温暖气候为特征的动物地理区，包括埃塞俄比亚区和东洋区）以及障碍限制型区（海洋导致区系与外界隔离的动物地理区，包括新热带区和澳大利亚区）。

古北区的界线从喜马拉雅山脉南坡雪线出发，向东经过横断山后向南折、沿着北回归线延伸到中国东部海岸，向西经过伊朗高原南沿、阿拉伯半岛中部、非洲地中海沿岸，延伸到大西洋海岸。该线之北为古北区，是全球 6 大区中面积最大的动物地理区，以寒冷为特征；线之南为埃塞俄比亚区和东洋区，属于热带区。阿拉伯半岛东海岸以西，包括半岛西南部、马达加斯加岛以及非洲大部，为埃塞俄比亚区；以东，包括南亚、中国南部、中南半岛以及东南亚岛屿，为东洋区。北美南部墨西哥高原与低地之间的分界线以北为新北区，以南为新热带。古北区与新北区的分界有东西两线，东线为白令海峡，西线为格陵兰与冰岛之间的丹麦海峡。华莱士线①是东洋区和澳大利亚区之间的分界线。

古北区和新北区的动物区系比较新，由更新世冰期气候下演化出来的种类构成，共有类群较多，一些物种甚至跨越两大区环绕北极分布（全北型种类）。因此，两大区系亲缘关系较近。同时，由于冰期气候的灭杀作用，这两大区系物种多样性较低。全新世

---

① 在印度尼西亚和澳大利亚之间，动物地理学上存在三条分界线：1. 华莱士线（Wallace's line），起于巴厘岛和龙目岛之间的海峡，经过望加锡海峡，延伸到菲律宾棉兰老岛与三基岛（Sangi）和塔劳群岛（Talaud）之间的海峡。2. 韦伯线（Weber's line），起于帝汶岛（Timor）东南沿海，向东延伸至塔宁巴尔群岛（Tanimbar）西侧海岸，向西北折向布鲁岛（Buru）西侧外海，穿越苏拉岛（Sula）与布鲁岛、苏拉岛与奥比岛（Obi）以及北苏拉威西与北摩鹿加岛之间的海峡，延伸到塔劳群岛东南外海。3. 莱德克线（Lydekker's line），起于塔宁巴尔东部外海，穿越阿鲁群岛（Aru）与卡伊群岛（Kei）之间、塞兰岛（Ceram）与新几内亚岛之间的海峡，延伸到北摩鹿加岛与新几内亚岛之间的海运［图 8-6（a）］。华莱士线与莱德克线之间是区系过渡区；华莱士线以西没有澳大利亚区物种，莱德克线以东没有东洋区物种。韦伯线为区系成分递减线；东洋区物种在线之西占当地区系成分>50%，在线之东占当地区系成分<50%。由于区系的过渡性，不同作者将东洋区和澳大利亚区的分界线划在不同位置。小达灵顿认为华莱士线是这两大区的分界线[1]。

以来，随着气温回暖，两区区系正在发育中。物种多样性在局部地区丰富。

东洋区、埃塞俄比亚区以及新热带区以热带为分布核心，受冰期气候影响较小，物种多样性高。东洋区和埃塞俄比亚区北邻古北区，两区北部与古北区拥有共同类群。埃塞俄比亚区较东洋区拥有更多喜温的古老类群，多样性也较东洋区高。由于受古北区影响较大，东洋区特有性较埃塞俄比亚区低。新热带区长期处于孤立状态，区系独立演化，亲缘关系仅表现为与新北区拥有共同类群。新热带区有相当数量的有袋类，它们与古老的真兽类以及来自北美的较新的真兽类组成兽类区系。区系特有性和多样性均很高。

澳大利亚区基本上与外界保持隔离状态，区系交流仅表现在扩散能力较强的翼手类和鸟类。东洋区陆生真兽类中，只有啮齿类和翼手类出现在澳大利亚区。澳大利亚区的兽类区系以有袋类为主体。多样性较低，区系处于发育过程中；但特有性和古老性极高。

由于各大区内的环境分异，区下再分为亚区，如古北区下再分为东北亚区、中亚亚区、欧洲—西伯利亚亚区以及地中海亚区。各亚区中有不同地理景观、气候特征以及相应的动物群。

2. 区系间过渡

区系的界线或多或少带有主观性。事实上，在各区系的交界线两侧存在广泛的过渡区。在古北区和东洋区之间，西段的喜马拉雅山南坡雪线是比较明晰的分界线，东段从北回归线向北存在广泛的南北区系成分相互混杂的过渡区。据张荣祖[2]，从秦岭向东、沿着淮河到通扬运河一线，线之北以古北区成分为主导，占当地区系类>50%；线之南，古北区种类<50%，东洋区种类>50%。在广泛渗透的背景下，这是一条比较客观的分界线。渗透是相互的，但是南方区系向北方渗透的规模大于北方区系向南方渗透的规模，总体表现出自南向北的渗透方向。这种渗透格局反映的是全新世以来，随着气温回升，南方区系逐步向北扩展的结果。

古北区与埃塞俄比亚区之间的主要障碍是撒哈拉沙漠。极度干旱阻止了大多数物种扩散，仅有少数极其耐旱的物种不同程度深入沙漠腹地，向对方渗透。受阻于地中海，这个过渡区面积小，渗透规模也小，总体表现出以南方区系向北渗透为主的北向过渡方向。从非洲东北角、经阿拉伯半岛和伊朗高原到西亚，是埃塞俄比亚区与东洋区的过渡区。干旱导致极少数耐旱物种能够跨越这一广阔区域，实现向对方的渗透。该过渡区呈现出的特征为渗透规模小，东西向渗透规模与西东向规模相似，表现出双向的过渡方向。

由于白令陆桥长期存在，其成为古北区和新北区动物区系扩散的通道，白令海峡及其附近区域（阿拉斯加和堪察加半岛及其以北大陆）因而成为两大区的广泛过渡区。这里的动物群是更新世冰期气候下演化出来的冰期动物群，对寒冷环境有良好的适应性，陆桥出现时可以在东北亚和阿拉斯加之间自由来往。一些类群甚至跨白令海峡环绕北极分布，成为所谓的全北型类群。整个渗透规模大，而且表现出双向过渡特征。

墨西哥南部高原与低地分界处是新北区和新热带区的分界线。该界线向南，包括整个中美地区及其附近岛屿，是新北区和新热带区的过渡区。参与过渡的北美物种多数渗透到南美北部，南美物种到达北美南部。例如，南美的短头蛙科（Brevicipitidae）甚至到达美国爱荷华、印第安纳和马里兰。这个过渡区比较复杂。①爬行类体现新北型特征多于新热带型特征，表明北美爬行类向南扩张的趋势。②两大区鱼类和两栖类跨越分界线进入对方范围的规模、距离相似，没有表现出明显的过渡方向。③新热带型鸟类参与过渡的规模和程度大于新北型鸟类，显示南美向北美的过渡方向。④除翼手类外，新北区兽类成分多于新热带区成分，表现出北美向南美的过渡方向。可见，这个过渡区的过渡方向表现出多元性。

依据严格意义上的淡水鱼类①的分布，小达灵顿将华莱士线划定为东洋区与澳大利亚区的分界线。但是，其他类群在华莱士线与莱德克线之间存在两大区系广泛的相互渗透。例如，东洋区的鼯鼱、跗猴（Tarsius）、猕猴以及豪猪分布到苏拉威西岛和塞兰岛，澳大利亚区的袋貂科（Phalangeridae）分布到帝汶岛和苏拉威西岛。在这个广阔的海区中，相较于澳大利亚区，东洋区参与过渡的种类多，渗透距离远，表现为自西（东洋区）向东（澳大利亚区）的过渡方向。

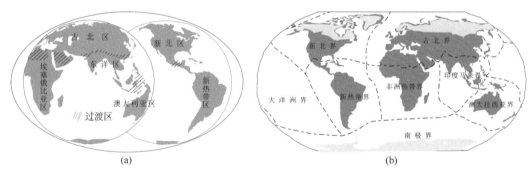

图 8-1　全球陆生动物区系区划示意图

（a）小达灵顿 6 区方案；（b）现代国际 8 界方案

二、当代国际方案

小达灵顿的区划方案存在两个问题。首先，受当时地质学理论限制，该方案考虑了冰期气候和海平面变化因素在动物区系塑造过程中的作用，但缺乏对地质活动（尤其是大陆漂移）影响的考虑。其次，受限于科学发展的阶段性，区系调查数据在小达灵顿时期还非常有限。因此，他的区划方案在细节上还存在许多不合理性。例如，他将古北区与东洋区在中国东部季风区的分界线划在北回归线上。早期中国学者接受这条界线[3]。后来，基于区系调查数据，张荣祖将该线划在秦岭—淮河—通扬运河一线，并且得到后续古生物学研究结果支持以及后续作者的采纳（详见第九章）[2]。

小达灵顿之后，一些作者继续探索全球陆生动物区划问题。例如，Holdridge[4]、Walter

---

① 严格意义上的淡水鱼类是指从出生到死都生活在淡水中，生活史中不具备海洋生活阶段的鱼类。

和 Box[5]、Schultz[6] 以及 Bailey[7] 依据降水、温度等大体生物物理学特征，联合国教育、科学、文化组织[8]、deLaubenfels[9] 以及 Schmidthüsen[10] 依据植被结构，Defries 等[11]、Loveland 和 Belward[12] 依据遥感地表物数据，建立起区域性或者全球性模型，将陆生动物区系划分为基本单元。其中，对当代区划有直接影响的是 Udvardy[13]。首先，这个方案恢复使用"界（realm）"的区划单元。其次，基于分类学组合，该区划方案或多或少对应了植物区（Floristic Kingdoms）和动物地理区（Zoogeographic Regions）。这个方案提出后，被 IUCN 接受，并在 20 世纪 80 年代初被引入中国。然而，这些探索在方法上忽略了不同区域中特有属、特有科（以及更高级分类单元）、独特物种组合以及地质历史的印记（如冰期以及更新世陆桥的强烈影响）对动植物分布的重要意义[14]。

在这种背景下，基于全球上千位生物地理学专家的工作结果，通过分析各陆地地理空间中特有物种及其自然组合，依据各地自然地理分界线，奥尔森等[14] 识别出 867 个生态区（ecoregions①）。这些生态区组合成 14 个生物相（biomes②），包括：①热带和亚热带湿润阔叶林（tropical and subtropical moist broadleaf forests）；②热带和亚热带干旱阔叶林（tropical and subtropical dry broadleaf forests）；③热带和亚热带针叶林（tropical and subtropical coniferous forests）；④温带阔叶混交林（temperate broadleaf and mixed forests）；⑤温带针叶林（temperate coniferous forests）；⑥北方针叶林/泰加林（boreal coniferous forests/taiga）；⑦热带和亚热带草地、萨瓦纳和灌丛（tropical and subtropical grasslands，savannas，and shrublands）；⑧温带草地、萨瓦纳和灌丛（temperate grasslands，savannas，and shrublands）；⑨洪涝草地和萨瓦纳（flooded grasslands and savannas）；⑩高山草地和灌丛（montane grasslands and shrublands）；⑪苔原（tundra）；⑫地中海森林、疏林和多刺灌丛（Mediterranean forests，woodlands，and scrubs）；⑬沙漠和夏旱生灌丛（deserts and xeric shrublands）；⑭红树林（mangroves）。在接受 Pielou[16] 和 Udvardy[13] 的八界方案基础上，他们将 14 个生物相置于全球版图中。依据这个方案，全球陆生动物区系分为古北界（Palearctic Realm）、新北界（Nearctic Realm）、印度马来界（Indomalayan Realm）、非洲热带界（Afrotropical Realm）、新热带界（Neotropical Realm）、澳大拉西亚界（Australasian Realm）、大洋洲界（Oceanian Realm）以及南极界［Antarctic Realm；图 8-1（b）］。这些界也叫生态带（Ecozones），是陆地生物地理学中的一级区划单元。与以往方案不同，这个方案的二级及以下区划不再是亚界（亚区）、省、县，而是生物区（bioregions）。各生物区由不同生物相（biomes）组成，各生物相由不同生态区构成。

---

① 生态区（ecoregion）是指一个相对比较大的土地单元，单元中包含有自然群落以及物种的特定组合，这种组合与其他单元中的组合截然不同。单元的边界大致与自然群落在土地利用方式出现重大变化前的分布边界相重叠（Ecoregions as relatively large units of land containing a distinct assemblage of natural communities and species，with boundaries that approximate the original extent of natural communities prior to major land-use change[14]）。

② 生物相（biome）是指分布在地球不同区域的大规模的生态系统，诸如沙漠或者苔原。这个生态系统以动植物相似的生活形式为特征（A large-scale ecosystem，such as desert or tundra，found in different parts of the world and characterized by a similar life forms of animals and plants[15]）。

相较于小达灵顿方案，奥尔森方案存在以下不同点：第一，在进行区划时，充分融入了现代科学（包括古地质、古地理、古气候）的理论和新发现，使区划更具有科学性。尤其是，这个方案考虑到物种的特殊组合，意味着它将动植物群落作为一个要素，在区划的科学性上更进了一步。第二，区划基于详细的区系资料进行，使区系边界更合理。这一点反映在界线细节上诸多与小达灵顿方案的不同之处。第三，一级区划上，在小达灵顿六区方案基础上加入了太平洋岛屿（大洋洲界）和南极洲（南极界），覆盖面更完整。第四，对生态区更精准的定义和描述，不但更好地反映了物种分布的规律，还提高了该方案在保护实践中的实用性。第五，对长期遗留的错误进行了更正。例如，"东洋区"的使用问题：这个名字从赫胥黎开始使用，并被 Blanford、莱德克、华莱士、小达灵顿以及其他作者一直沿用。然而，"东洋"英文为 Oriental[①]，词根是 Orient，原意是远东。广义上的远东是极大的地理空间，包括中国、朝鲜半岛、日本列岛、中南半岛以及马来半岛；狭义上的远东是指中国、朝鲜半岛、日本列岛。显然，这一指称与相应的动物区系所在地理空间不一致。尤其是，印度是这个区系的重要组成部分，但无论是广义还是狭义的"东洋"都不包含印度。为此，从 Udvardy 的八界方案开始去掉"东洋界"，代之以"印度马来界"，以准确指示该区系所在地理空间。这种更正为奥尔森方案所接受。

奥尔森方案与 Udvardy 方案大体相同，主要差异在于澳大拉西亚界、南极界、大洋洲界以及印度马来界之间的界线。奥尔森方案中，澳大拉西亚界包括澳大利亚、塔斯马尼亚、华莱士区（Wallacea）岛屿、新几内亚、东美拉尼西亚群岛、新喀里多尼亚以及新西兰；Udvardy 方案中，澳大利亚界则仅包括澳大利亚和塔斯马尼亚，华莱士区被置于印度马来界，新几内亚、新喀里多尼亚以及东美拉尼西亚被置于大洋洲界，新西兰被置于南极界[13,14,17]。

WWF 接受了奥尔森八界方案，并用于指导全球生物多样性保护工作。因此，本书详细介绍该方案。

第二节　古　北　界

一、古北界范围

古北界（Palearctic Realm）是世界陆生动物区系中最大的区域，位于旧大陆，面积5410 万 km^2。该界南线以喜马拉雅山脉南麓 2000～2500m 海拔线为起点，向西经伊朗高原南部、阿拉伯半岛南部海岸线，穿越萨赫勒，延伸到非洲大西洋海岸；向东经横断山区、四川盆地西北部、秦岭、淮河、通扬运河，延伸到东海和黄海交际线。北线位于欧亚大陆北冰洋沿岸、岛屿及冰原。东线从白令海峡向南延伸，经堪察加半岛，到日本

---

① Oriental：1. *adj.* of，relating to，characteristic of or coming from the Orient. 2. *n.* a native or inhabitant of the Orient，esp. of the Far East（p788）. Far East：the region of E. and S.E. Asia including China，Korea，and Japan，and sometimes the Malay Archipelago and Indochina（p376）. –*Longman Modern English Dictionary*（1968 edition）.

列岛和朝鲜半岛南部海域，与南线相交。西线起于北冰洋斯瓦尔巴群岛与格陵兰之间的海峡，穿越丹麦海峡，向南延伸到中大西洋，与南线相交［图 8-1（b）］。地域覆盖欧洲全部、亚洲大陆大部分及北非。其中，东线、西线和北线位置与小达灵顿六区方案相同。南线有两处不同。首先，六区方案以喜马拉雅山南坡雪线为界，而本方案分界线划在喜马拉雅山南麓 2000～2500m 海拔。在喜马拉雅山南坡，随着海拔上升，生物相从热带森林逐步过渡到高山苔原，动物从喜温的印度马来界种类逐步过渡到耐寒的古北界种类。因此，两个划界方案的差异主要表现在海拔上，纬度差异不大。其次，六区方案中，界线在东段经过横断山区中部后向南延伸，到达北回归线后向东延伸，经过广西中部，直抵台湾岛中部，并将台湾岛划分到古北（台湾岛北部）和东洋（台湾岛南部）两个区中。基于动物区系成分和中国气候带，张荣祖[2]方案中，界线在经过横断山区中部后向北延伸，沿着四川盆地西北部山区、秦岭、淮河，直抵日本列岛和琉球群岛之间，并将台湾岛划入东洋界。本方案接受张荣祖的划分。

二、古北界动物区系的形成基础

古北界动物区系有 3 个来源：①中生代泛大陆及劳亚大陆时期的原始类群，如两栖纲；②新生代古近纪起源于劳亚大陆的高级分类阶元，如灵长总目下的啮齿目、兔形目、灵长目以及劳亚兽总目下的劳亚食虫目、翼手目、奇蹄目、鲸偶蹄目、食肉目；③古近纪起源于冈瓦纳大陆并在随后地质年代中扩散到本界范围中的类群或其后裔，如蹄兔（*Procavia capensis*，蹄兔目 Hyracoidea，属于非洲兽总目，分布于非洲、阿拉伯半岛以及古北界的以色列、约旦、叙利亚和土耳其东部）。其中，第②种来源的类群主导着古北界动物区系。

以上类群在新近纪得到大发展，形成目下众多类群。尤其是，随着 C4 固碳途径出现，草原在新近纪大规模发展，与其相应的有蹄类、兔形目（以草本植物地上部分为食）、食肉目（主要捕食有蹄类）也得到大发展，形成从非洲、欧洲到亚洲广泛分布的草原生态系统（即三趾马动物区系）。新近纪动物区系大发展，促使分布区向南扩展进入非洲，向东经过白令陆桥进入北美。

喜马拉雅—青藏高原抬升导致古北界各地理空间环境进一步分异。在抬升面上，环境逐步高寒化；在高原北侧，环境干旱化（如柴达木盆地）；在高原南侧，来自印度洋的暖湿气流大量富集，出现局域性热带气候（如藏南地区），使气候带北移；在高原东侧（横断山区），南北走向的高山深谷和垂直气候带出现。这种变化促进耐高寒种类（如藏羚羊）和耐干旱种类（如普氏野马 *Equus ferus przewalskii*）演化，物种多样性局部富集（如藏南地区和横断山区），古北界和印度马来界类群相互渗透。高山峡谷形成的地理隔离促进了活跃的成种过程，使横断山区成为新物种的形成中心；喜马拉雅山成为冰期动物群的诞生地。这些演变为古北界不断增添新类群。

更新世冰期气候导致新近纪喜温动物大量灭绝。在欧洲，由于地形平坦，极地冰川大规模向南长驱直入，致使物种大规模灭绝，现生物种多样性低；在亚洲，众多巨大山系阻挡冰川前进，形成众多物种避难所，削弱极地冰川的影响，庇护了众多新近纪甚至古近纪动植物类群，使现生物种多样性高于欧洲。冰期低温促进了耐寒新种类的演化和扩散，如猛犸象、北极熊、北极狐、驼鹿、驯鹿等。海冰为一些耐寒物种的扩散提供了通道，如起源于勘察加半岛的北极熊利用浮冰向外扩散，最终形成环北极的分布格局，覆盖古北和新北两界北部；北极狐利用海冰扩散到冰岛。冰川南进致使古北界物种向南扩散，提高南方物种多样性。

更新世海平面反复升降，导致欧亚大陆与周边岛屿（西边不列颠群岛，东边日本列岛、琉球群岛、台湾岛以及南边的东南亚岛屿）间反复出现陆连，为物种扩散提供间歇性通道，促进了新物种演化。日本猕猴和台湾猕猴的祖先类群在海退期通过陆连从亚洲大陆扩散进入日本列岛和台湾岛，并在海进期形成地理隔离，岛屿种群独立演化形成新物种。在白令海峡，陆桥的反复出现使古北界和新北界区系交流频繁，促使一些类群跨两大界分布，成为全北型物种。全北型的典型代表有鸟类中的鹊鸭、角䴙䴘、雷鸟、小天鹅以及兽类中的红背䶄、雪兔、驯鹿、驼鹿、狼、狐、棕熊[2]。格陵兰陆桥在渐新世初开始逐步消失，欧洲和北美区系交流逐渐减少，现代区系相似性较低。

进入全新世，随着气温回升、冰川退却，来自非洲和南亚、东南亚的物种开始向北扩散。与此同时，气温回升以及人类大规模发展，耐寒物种以及适合人类捕食的大型物种相继灭绝。更新世晚期以来灭绝的典型代表有大角鹿（*Megaloceros giganteus*，分布区从爱尔兰岛到西伯利亚和中国，7.7kaBP 灭绝）[18]、原牛（*Bos primigenius*，家牛祖先，分布于欧亚大陆和北非，1627 年灭绝）[19]、披毛犀（*Coelodonta antiquitatis*，欧亚大陆，10～8kaBP 灭绝）[20]、猛犸象（*Mammuthus primigenius*，欧亚大陆及北美北部，5.6kaBP 灭绝）[21]、北非象（*Loxodonta africana pharaohensis*，撒哈拉沙漠以北非洲，古罗马时期灭绝）[22]以及洞熊（*Ursus spelaeus*，欧亚大陆，24kaBP 灭绝）[23]。

三、古北界动物区系

在气候反复震荡中形成的古北界动物区系特有性很低，类群大多与印度马来界、非洲热带界以及新北界共有。尤其是在目水平上，古北界基本缺乏鸟兽的特有类群。鸟类中，古北界特有科仅有岩鹨科（Prunellidae）；古北界特有潜鸟科（Gaviidae）、松鸡亚科（Tetraoninae）、海雀科（Alcidae）以及太平鸟科（Bombycillidae）。兽类中，古北界特有暮鼠科（Calomyscidae）和熊猫科（Ailuridae）；古北界特有性主要反映在种水平上，如食肉目猞猁（*Lynx lynx*）、棕熊（*Ursus arctos*）、北极熊（*U. maritimus*）。古北界特有科下兽类（如藏羚羊 *Pantholops hodgsonii*）反映古北界第四纪简短演化历史中局域成种的结果。

古北界由欧洲—西伯利亚生物区（Euro-Siberian Bioregion）、地中海盆地生物区（Mediterranean Basin Bioregion）、撒哈拉和阿拉伯沙漠生物区（Sahara and Arabian deserts Bioregion）、西亚—中亚生物区（Western and Central Asia Bioregion）以及东亚生物区（East Asia Bioregion）组成（图 8-2）。其中，欧洲—西伯利亚生物区是最大的二级生物地理区

域，位于欧亚大陆北部，由 4 个生物相构成，自北向南依次是冰原、苔原（俄罗斯和斯堪的纳维亚北部）、泰加林、温带针阔混交林。该生物区受第四纪冰川气候影响最大；区系在冰期条件下形成，属于新区系。在欧洲植物区系中，上新世木本植物属仅占 27%，其余为更新世以来形成的新类群。在亚洲，动植物区系通过白令陆桥与北美发生紧密联系，形成上述全北界类群。驼鹿、驯鹿、狍、北极熊、北极狐、东北虎、榛鸡、松鸡是这个生物区的常见种类。

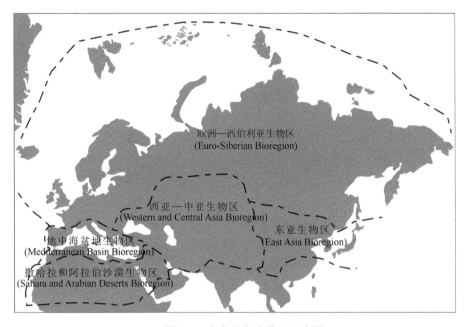

图 8-2　古北界各生物区示意图

地中海盆地生物区包括地中海周边的南欧、北非和西亚局部，仅含一个生物相，即地中海森林、疏林和多刺灌丛。这里是全球地中海气候区中面积最大的区域。冬季气候温和、多雨水，夏季干旱酷热。这种气候特征形成丰富的特有植物（13000 余种）。木本植物多毛和多刺种类多，草本植物球茎种类多。多数种类有"夏眠"习性。这些特征是对夏季干旱炎热气候的适应。由于拥有丰富的植物种类，该生物区是全球生物多样性热点地区之一。植被类型有地中海森林和多刺灌丛，不同类型交错分布。与此同时，这里也是世界最濒危的生态区，96%的原生植被已经被人类转变为农场、牧场和居住区，仅有 4%原生植被得以保留。动物物种多样性很低，只有少数耐干旱的北方种类扩散到该区域。该生物区缺乏特有动物。猕猴属（*Macaca*）从西向东退缩过程中，仅在本生物区直布罗陀—亚特拉斯山脉（Atlas Mountains）残留一种，即蛮猴（*M. sylvana*）。

撒哈拉和阿拉伯沙漠生物区包括北非以南撒哈拉沙漠和阿拉伯沙漠，属于沙漠和夏旱生灌丛生物相。这个地带以干旱著称，全年炎热；物种多样性极低，仅有极少数耐旱物种，集中分布于绿洲。这里是古北界和非洲热带界动物的过渡区，但古北界成分多于非洲热带界成分。小达灵顿及更早的区划方案将该生物区置于埃塞俄比亚区内，或者将两大区的界限自西向东划在该生物区的中间。

西亚—中亚生物区位于高加索山脉及其东西两端的黑海和里海沿岸、伊朗高原、中亚、青藏高原以及中国新疆。该生物区气候整体较干旱，但局部地区雨量充沛；冬天寒冷。高加索山区雨量充足，分布着丰富的针叶林（高海拔地区）、针阔混交林以及小面积星散分布的温带雨林（黑海和里海沿岸土耳其、格鲁吉亚以及伊朗北部）。中亚和伊朗高原相对干旱，有广阔的干草原、戈壁和沙漠盆地，盆地中分布着山地森林（如新疆天山）和草原，因此属于多个生物相。青藏高原相对干旱高寒，广泛分布着高寒荒漠，局部出现裸岩。狼、豺、狐、雪豹（*Panthera uncia*）、羚羊、鹿、马、骆驼、藏羚羊、藏野驴等是该生物区的熟知地面类群，地下类群是各种啮齿类。

东亚生物区包括中国大部、日本列岛以及朝鲜半岛。相较中亚以及西伯利亚，这里气候温暖湿润。历史上，该生物区受冰川影响小，超过90%的上新世木本植物属在冰期中幸免于难，从而保留了该生物区植物区系的原始性。这里拥有多个生物相，如温带针叶林、阔叶林以及针阔混交林，集中分布于山地。中国东北与欧洲—西伯利亚生物区接壤，动物区系在冰期冰缘环境下演化出来，表现出耐寒、多样性较低的特征，与西伯利亚区系相似度高（如两个生物区均拥有西伯利亚虎）。在西南山地，不但有丰富的植物种类，还有丰富的著名动物，如大熊猫、仰鼻猴（*Rhinopithecus*）、羚牛（*Budorcas taxicolor*）、雪豹。东亚生物区是灵长目分布的北限，如分布于太行山以及日本的猕猴（*Macaca*）、秦岭川金丝猴（*Rhinopithecus roxellanae*）和云南西北部的滇金丝猴（*R. bieti*）。这些灵长类代表着喜温类群对高山寒冷环境适应的演化趋势：它们的近亲类群体形较小，食果，营一夫多妻家庭群生活；它们则食叶甚至食树皮，体形变大，过着由家庭群组成的大集群生活。这可能反映更新世后期动物区系在寒冷环境下的演化结果。随着全新世气温回升，这些耐寒类群逐步向高山集结，形成现代分布格局。

第三节　新　北　界

一、新北界范围

新北界（Nearctic Realm）包括北美大部分地区和格陵兰，面积2290万 km^2。该界南线起于墨西哥南部高地和低地分界线，向东沿着海岸线直抵佛罗里达半岛中部，向西到达下加利福尼亚半岛中南部。北线位于格陵兰和伊丽莎白女王群岛的北冰洋沿岸。西线从白令海峡沿着北美太平洋海岸线向南延伸，直达下加利福尼亚半岛中南部和墨西哥南部，与南线相交，包括沿岸岛屿。东线是古北界西线 [图 8-1（b）]。其中，东线、西线和北线位置与小达灵顿方案相同，南线略有不同：小达灵顿将下加利福尼亚半岛和佛罗里达半岛全部划入新北界；本方案将这两个半岛的南部划入新热带界。

二、新北界动物区系的形成基础

新北界动物区系与古北界关系密切。劳亚大陆时期,北美大陆与欧亚大陆是一个整体,拥有大量连续分布的共同类群,尤其是两栖纲和爬行纲。北美与欧亚分离后,两大陆动物类群在古近纪通过格陵兰岛链频繁交流,新近纪和第四纪通过白令陆桥频繁交流。巴拿马陆桥在晚上新世出现后,南美与新北界发生区系交流,导致新热带界成分出现在新北界,尤其是鸟类。相应地,新北界动物区系有 3 个来源:①中生代泛大陆及劳亚大陆时期的原始类群(鱼纲、两栖纲、爬行纲);②新生代古近纪起源于劳亚大陆的类群(如啮齿目、兔形目、劳亚食虫目、翼手目、奇蹄目、鲸偶蹄目以及食肉目);③古近纪起源于冈瓦纳大陆的类群(如负鼠目 Didelphimorphia)。其中,第②种来源的类群主导新北界动物区系。

在塑造新北界现代动物区系的演化历史中,有三大因素发挥了极为重要的作用:白令陆桥通道、冰川以及人类猎杀。白令陆桥反复出现,使古北和新北两大界动植物借助陆桥的通道作用向对方扩散。进入新的地理空间后,这些类群开始进一步扩散,导致两大界动物区系高度相似。距离陆桥越近,相似度越高;新北界特有类群主要分布于远离陆桥的区域,如格陵兰岛。在新北界起源的兽类有犬科(Canidae)、骆驼科(Camelidae)、马科(Equidae)、叉角羚科(Atilocapridae)、熊科(Ursidae)、眼镜熊亚科(Tremarctinae)、鼬科(Mustelidae)以及猫科中的北美猎豹(Miracinonyx)。这些类群或者在北美已经灭绝(如北美猎豹),或者分布区已经覆盖古北界,成为两大界共有类群(如犬科)。另外,起源于东亚的猫科(Felidae)经过白令陆桥进入北美,加入到新北界动物区系中,成为两界共有类群。

与古北界相似,新北界也受到更新世冰川的严重影响,喜温的新近纪动物大量灭绝于第四纪冰期(如骆驼类和马类),导致新北界动物物种多样性很低。冰川反复进退中演化出的物种大多能适应多种环境,因此分布区较广,导致新北界物种特有性较低。冰期演化出的耐寒种类较多,新近纪喜温类群较少,显示演化历史较短、区系较新的特征。更新世演化出来的耐寒大型动物中,猛犸象类、乳齿象类、剑齿猫类、熊齿兽属(Arctodus)以及北美猎豹在更新世末灭绝。关于灭绝原因,传统观点认为是更新世结束后的气温回升。然而,灭绝事件与智人出现时间高度吻合。地懒类起源于南美,中新世通过岛链跳跃进入北美,并在更新世末北美灭绝[24]。地懒化石发现地(美国新墨西哥)有明显的人类猎杀地懒的证据。因此,地懒的灭绝应该是智人猎杀的结果[25]。诸多迹象表明,新北界全新世物种灭绝不太可能是单因子导致的,更可能是气候变化与人类猎杀共同作用的结果。

三、新北界动物区系

与古北界类似,新北界动植物区系特有性低,类群大多与古北界以及新热带界共有。植物区系中,仅燧体木科(Crossosomataceae)[26]、希蒙得木科(Simmondsiaceae)[27]以及沼沫花科(Limnanthaceae)[28]为新北界特有。科中种类不多,属于小灌木或草本。

动物区系中，新北界特有类群不多，如鸟类中的鹪雀鹛（*Chamaea fasciata*，雀形目莺科 Sylviidae）[29]、秃鹰（又称白头鹰 *Haliaeetus leucocephalus*，鹰形目 Accipitriformes 鹰科 Accipitridae）[30]，昆虫中鞘翅目（Coleoptera）下的毛金龟科（Pleocomidae）[31] 和爬行金龟科（Diphyllostomatidae）[32]，以及兽类中的条纹臭鼬（*Mephitis mephitis*）[33]。最熟知的类群是全北型类群（见"古北界"）。

新北界包括加拿大地盾生物区（Canadian Shield Bioregion）、北美东部生物区（Eastern North America Bioregion）、北美西部生物区（Western North America Bioregion）以及北墨西哥—北美西南生物区（Northern Mexico and Southwestern North America Bioregion）（图 8-3）。其中，加拿大地盾生物区位于北美大陆北部，以加拿大地盾区为核心，自西向东从阿留申群岛和阿拉斯加半岛到纽芬兰，向北直抵格陵兰岛和伊丽莎白女王群岛。这里气候严寒，拥有两个生物相：北极苔原和北方森林。全北型动物类群（如北美驯鹿 *Rangifer tarandus*）主导着当地的动物区系。由于远离白令海峡，该生物区拥有新北界特有兽类，如北极兔（*Lepus arcticus*，格陵兰）。

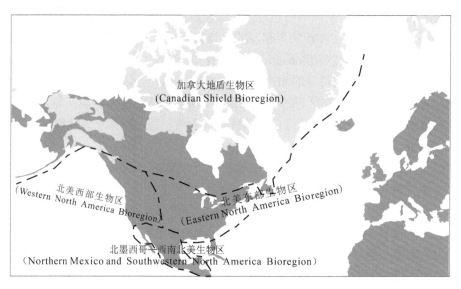

图 8-3　新北界各生物区

北美东部生物区位于加拿大东南部和中南部以及美国东部、中部和中南部（包括佛罗里达中部）。其中，①加拿大东南部和美国东部气候较加拿大地盾生物区温和，拥有一个生物相：温带阔叶混交林。②加拿大中南部和美国中部气候较温和，是北美大草原。由于远离海洋，这里比第①个区域干旱。③美国东南部拥有一个生物相：温带针叶林。这里夏天温暖，冬天比较寒冷。整个区域由针叶林主导，但林型不同：北部是乔木，南部（如佛罗里达中部）是灌丛。

北美东部生物区动物类群基本上是常见的广布类群，如啄木鸟、鹑类、鹿类、鼠类、松鼠类、兔类、狐类以及熊类。弗吉尼亚负鼠（*Didelphis virginiana*）广泛分布于美国东部和南部，是有袋类中唯一分布区超越墨西哥以北的种类[34]。著名的密河鳄分布于本生物区密西西比河流域。

北美西部生物区位于北美西部，从阿拉斯加南部向南延伸，直至落基山脉南端。该生物区有活动的高山冰川，气候干旱，冬天寒冷；拥有两个生物相：温带针叶林以及沙漠和夏旱生灌丛（属于冷冬沙漠-沙漠灌木生态区）。常见动物有黑尾鹿（*Odocoileus hemionus*）、美洲野牛（*Bison*）、浣熊、条纹臭鼬、美洲黑熊、棕熊、灰熊、郊狼、美洲狮（*Puma concolor*）、各种蜥蜴、蛇（最著名的是小盾响尾蛇 *Crotalus scutulatus*）以及弗吉尼亚负鼠。

北墨西哥—北美西南生物区涵盖墨西哥高原及其以北至美国西南部，拥有温冬到冷冬沙漠-沙漠灌木生态区（属于沙漠和夏旱生灌丛生物相）、地中海森林、疏林和多刺灌丛生物相以及暖温带-亚热带松树林（属于热带和亚热带针叶林生物相）和松树-橡树混交林（温带阔叶混交林生物相）。温冬到冷冬沙漠-沙漠灌木生态区是仙人掌科（Cactaceae）植物的主要原生地之一。地中海气候区是北美夏天山火多发地区；区内有加利福尼亚海岸鼠尾草和查帕拉尔（chaparral，即浓密常绿阔叶灌丛）生态区（California coastal sage and chaparral ecoregion）、加利福尼亚查帕拉尔和丛林生态区（California chaparral and woodlands ecoregion）、加利福尼亚内陆查帕拉尔和丛林生态区（California interior chaparral and woodlands ecoregion）以及加利福尼亚山地查帕拉尔和丛林生态区（California montane chaparral and woodlands ecoregion）。这些生态区与古北界地中海盆地生物区气候相似，冬天温和湿润，夏天炎热干旱；植物有夏眠习性。沙漠大角羊（*Ovis canadensis nelsoni*）和美洲豹（*Panthera onca*）是该生物区中的重要兽类。

第四节　新热带界

一、新热带界范围

新热带界（Neotropical Realm）起于新北界南线，向南包括下加利福尼亚半岛南部、佛罗里达半岛南部、墨西哥南部太平洋和大西洋低地沿岸、尤卡坦半岛、中美和加勒比群岛以及南美洲及其附近岛屿；面积为 1900 万 km^2［图 8-1（b）］。

二、新热带界动物区系的形成基础

新热带界动物区系的最大特点是新老区系的融合。泛大陆时期分布于冈瓦纳南美洲区域的古老类群，尤其是兽类（如有袋类、异关节类），在长期与其他大陆隔绝的环境下独立演化，形成自己独特的区系成分。渐新世，非洲部分真兽类（包括灵长类、啮齿类）在大西洋海退期以岛屿跳跃方式扩散到本界。从中新世开始，南北美洲区系成分通过岛链扩散，导致有限交流。晚上新世，随着巴拿马地峡出现，南北区系大规模交流；北美真兽类大量涌入，导致许多南美类群灭绝。更新世，随着南极冰川扩展，南美动物分布区呈现向北收缩的趋势。相应地，新热带界动物区系有 4 个来源：①中生代泛大陆及冈瓦纳大陆时期的原始类群（如南美有袋类、南方有蹄类）；②渐新世来自非洲的类群（灵长类、啮齿类）；③古近纪和新近纪在南美独立演化出来的类群；④更新世来自新北界的类群（如各种食肉类）。

三、新热带界动物区系

由于长期的独立演化以及受第四纪冰川的微弱影响，新热带界保留了大量古老类群，物种多样性和特有性均极高。新热带界特有植物有 22 科及 3 亚科[35]。桫椤科（Cyatheaceae，树蕨的主要类群之一）和南洋杉科（Araucariaceae）中生代早期繁盛于泛大陆各地，后期退缩到冈瓦纳；目前在新热带界以外仅有少量种类分布，主要分布区位于新热带界。动物区系中，特有兽类有异关节类，包括有甲目（Cingulata，如犰狳）和披毛目（Pilosa，如南美食蚁兽）；还有新大陆猴类、啮齿目南美豪猪亚目（Caviomorpha）以及鼩负鼠目（Paucituberculata）。负鼠目共有 19 属 103 种，是新北界和新热带界共有的有袋类，但绝大部分种类分布于新热带界。特有鸟类 31 科（如巨嘴鸟科 Ramphastidae[36]）、爬行类凯门鳄亚科（Caimaninae[37]）、两栖类箭毒蛙科（Dendrobatidae[38]，含 13 属 170 余种；The American Museum of Natural History[39]，2019年 6 月数据）、鱼类 63 科（>5700 种）[40]以及大量昆虫[41]。

新热带界共有 8 个生物区，从北向南依次为中美洲生物区（Central America Bioregion）、加勒比生物区（Caribbean Bioregion）、奥里诺科生物区（Orinoco Bioregion）、亚马孙生物区（Amazonia Bioregion）、北安第斯生物区（Northern Andes Bioregion）、中安第斯生物区（Central Andes Bioregion）[①]、南美东部生物区（Eastern South America Bioregion）和南美南部生物区（Southern South America Bioregion）（图 8-4）。中美洲生物区位于新热带界最北部，从新北界—新热带界交界线向南延伸，直至巴拿马最东端，包括下加利福尼亚半岛南部、佛罗里达半岛南部、墨西哥南部低地沿海、伯利兹、危地马拉、洪都拉斯、圣萨尔瓦多、尼加拉瓜、哥斯达黎加以及巴拿马。这里水热资源较丰富，属于热带海洋性气候，拥有 4 个生物相：热带和亚热带湿润阔叶林、热带和亚热带干旱阔叶林、热带和亚热带针叶林以及山地森林、草地和灌丛。动植物区系表现出新北界类群与新热带界类群的相互渗透和过渡特征。起源于南美的植物主导着低地植物区系，起源于北美温带的橡树（Quercus）、松树（Pinus）以及桤木（Alnus）主导着山地植物区系。起源于南美的鱼类占本生物区鱼类区系的 95%，北美起源的种类仅有热带雀鳝（Atractosteus tropicus）、3 种真鲥（Dorosoma，鲱科 Clupeidae）、1 种牛胭脂鱼（Ictiobus，胭脂鱼科 Catostomidae）以及 1 种真鲴（Ictalurus，叉尾鮰科 Ictaluridae）[42]。北美起源的大型兽类有鲸偶蹄目下的白唇西猯（Tayassu pecari）、白尾鹿（Odocoileus virginianus）、中美红短脚小鹿（Mazama temama）、尤卡坦棕短脚小鹿（Mazama pandora）、奇蹄目中美貘（Tapirus bairdii）以及

---

① 从北安第斯生物区到中安第斯生物区，动物区系显示出连续过渡性，界线不明显，故本书将这两个生物区合并为北-中安第斯生物区。

食肉目美洲豹、美洲狮和虎猫（*Leopardus pardalis*）；南美起源的类群有披毛目下的大食蚁兽（*Myrmecophaga tridactyla*）和褐喉树懒（*Bradypus variegatus*）[36]。

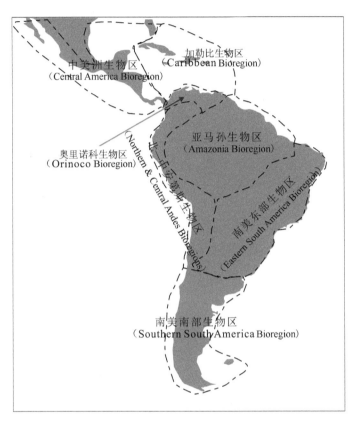

图 8-4　新热带界各生物区示意图

　　加勒比生物区包括加勒比海区所有岛屿：大安的列斯群岛（古巴、伊斯帕尼奥拉岛 Hispaniola、多米尼加、波多黎各、牙买加以及开曼群岛）、小安的列斯群岛、卢卡亚群岛以及委内瑞拉西北部海域的阿鲁巴岛（Aruba）、博奈尔岛（Bonaire）和库拉索岛（Curaçao）。这里地处热带，热量丰富，属于热带海洋气候。岛屿起源多样，有珊瑚礁岛屿、大陆岩石形成的山脉岛屿以及石灰岩岛屿。复杂地形导致水汽资源出现空间分异。该生物区有 6 种生物相：热带湿润森林、热带干旱森林、热带松树林、洪涝性草地和萨瓦纳、沙漠灌丛以及海岸红树林。在更新世海退期，动植物通过摆渡和岛屿跳跃方式从南、北美洲大陆扩散进入这些岛屿。许多岛屿远离大陆，区系在相对隔绝的环境中演化，形成大量特有类群[36,43]。其中，植物特有属多达 200 个[44]。兽类有 3 个特有科：①劳亚食虫目沟齿鼩科（Solenodontidae），仅 1 属（沟齿鼩属 *Solenodon*）2 种，分别分布于古巴岛和伊斯帕尼奥拉岛；②劳亚食虫目岛鼩科（Nesophontidae），仅 1 属，一度广布于古巴岛、伊斯帕尼奥拉岛、波多黎各、维尔京群岛以及开曼群岛，现在可能已经灭绝；

③啮齿目硬毛鼠科（Capromyidae），种类较多，主要分布于大安的列斯群岛。劳亚食虫目的两个科均为北美起源类群，属于新北界成分。硬毛鼠科隶属八齿鼠总科（Octodontoidea），该总科曾广布中新世南美大陆各地（Fossilworks[45]，2019 年 6 月数据）。因此，这个类群应该是渐新世从非洲扩散进入南美的啮齿目类群在南美演化出的后裔，属于新热带界成分。本生物区缺乏大型特有兽类[43,46]。

奥里诺科生物区位于南美洲最北端奥里诺科流域冲积平原，包括委内瑞拉大部分和哥伦比亚局部区域。该生物区地处赤道附近，分布着湿润阔叶林和湿地。与南美其他地区一样，这里的植物区系起源古老，许多种类为孑遗类群。虽然毗连亚马孙流域，这里的类群特有性很高：植物特有属接近 100 个；8000 种植物中，一半为特有种[47]。奥里诺科流域已经记录的鱼类有 1000 多种，15%为特有种[48]。脂鲤目（Characiformes）和鲶形目（Siluriformes）是两个最大目，目下种类占整个鱼类区系的 80%[49]。流域中还生活着巨獭（*Pteronura brasiliensis*，食肉目鼬科）和奥里诺科鳄（*Crocodylus intermedius*）。巨獭祖先来自北美。奥里诺科鳄所在属有 13 现生种，广布于本生物区、中美洲生物区、加勒比生物区、非洲大部、马达加斯加西部海岸、印度次大陆、中南半岛、东南亚岛屿以及澳洲北部。因此，奥里诺科鳄的祖先是冈瓦纳类群。

亚马孙生物区位于南美北部亚马孙流域，从西部安第斯东麓向东延伸到大西洋海岸，包括巴西北部、玻利维亚、秘鲁、厄瓜多尔、哥伦比亚、委内瑞拉东南部、圭亚那、苏里南以及法属圭亚那，是世界最大的热带雨林区。流域大部分是低地平原，尤其是河岸两侧。在巴西、圭亚那和委内瑞拉边境地区是圭亚那地盾高地。低海拔热带雨林面积最大（约为 $5.5 \times 10^6 \sim 6.2 \times 10^6$ km^2，占整个生物区面积>80%），其他生物相有河岸湿地森林（水生植物占主导）、季节性森林（本生物区东南边缘，有明显旱季）、草地、湿地、竹林、棕榈林以及萨瓦纳。圭亚那高原海拔 1000m 分布有亚高山森林，继续往上是高山森林，海拔 2000m 以上出现地衣和高山苔原。据估计，本生物区大约有植物 3 万～6 万种、鱼类 1400 种、两栖类 163 种、爬行类 387 种、兽类超过 500 种（包括 90 种灵长类）以及鸟类 1300 种[50-52]。长期的独立演化历史造就极高的特有性：一半植物种、87%两栖类、62%爬行类、20%鸟类、25%兽类（包括大部分新大陆猴）为本生物区特有[51]。最著名的类群是新大陆猴（吼猴 *Alouatta*、卷尾猴 *Cebus*、蜘蛛猴 *Ateles* 以及狨猴 Hapalidae）和箭毒蛙。

北-中安第斯生物区。安第斯山脉是世界上最长的山脉，从南美洲北部委内瑞拉和哥伦比亚沿大陆西沿一直延伸到南部智利最南端，全长约 7000km，宽 200～700km，最高海拔 6961m（阿空加瓜峰 Mount Aconcagua），平均海拔 4000m。安第斯山脉的起源最少可以追溯到隐生宙晚期。但是，形成现代安第斯山脉的造山运动开始于中生代三叠纪，经过侏罗纪，于白垩纪形成现今安第斯山脉形态。巨大的地理跨度使该山脉不同地区水热资源出现分异：山脉北部地处热带，水热资源丰富，分布有热带雨林和热带干旱林生物相；在西坡（太平洋沿岸），阿塔卡玛沙漠（Atacama Desert）从南（智利中部）向北

（秘鲁西南部）延伸 1000km；山谷生物相有落叶林、灌丛以及沙漠灌丛；南部则是湿润温凉的高原草地。雪线海拔各地不同：在北部热带地区的厄瓜多尔、哥伦比亚、委内瑞拉以及秘鲁北部，雪线海拔为 4500～4800m；在秘鲁南部和智利北部干旱山地（约 30°S），雪线上升到 4800～5200m。继续向南，雪线海拔开始下降：32°S 为 4500m（阿空加瓜山），40°S 为 2000m，50°S 为 500m，55°S 为 300m；一些大冰川直接延伸到海平面[53]。

　　安第斯山脉位居全球 25 个生物多样性热点之首，拥有大约 3 万种维管植物；是毛金鸡纳（*Cinchona pubescens*，提取物用于生产治疗疟疾的药物）、土豆、凤梨（俗称菠萝，凤梨科 Bromeliaceae）以及烟草的天然分布区。动物区系中，鱼类有约 400 种、两栖类约 1000 种、爬行类 600 多种、鸟类 1700 多种、兽类将近 600 种。区系特有性很高：约 1/2 维管植物、1/3 鱼类、2/3 两栖类、45%爬行类、1/3 鸟类以及 13%兽类为安第斯山特有[54]。鲸偶蹄目小羊驼（*Vicugna vicugna*）和大羊驼（*Lama guanicoe*）、啮齿目毛丝鼠（*Chinchilla*）、鹰形目安第斯神鹫（*Vultur gryphus*）为常见种类，鼩负鼠科（Caenolestidae，南美有袋类，共 8 种）和火烈鸟科（Phoenicopteridae）是重要类群，眼镜熊（*Tremarctos ornatus*）为安第斯山特有种。另外，主要分布于亚马孙生物区的灵长类也延伸到安第斯山区，如黄尾狨猴（*Oreonax flavicauda*，蜘蛛猴科 Atelidae；秘鲁）[55-57]。

　　安第斯山脉自北向南分为北安第斯、中安第斯以及南安第斯三段。北段起于南美洲北部，南抵厄瓜多尔南部和秘鲁北部。这个区域是南美洲热带区域，水热条件丰沛，森林分布广泛。因此，北段被称为热带安第斯，在动物地理学上属于北安第斯生物区，是三段中物种多样性最高的区域，拥有大量热带物种，如黄尾狨猴、安第斯神鹫、安第斯凤梨。中段起于厄瓜多尔南部和秘鲁北部，南抵智利 35°S 和阿根廷 40°S 纬度线，涵盖阿塔卡玛沙漠。由于大气环流作用，来自南极的干燥气流使得这个区域异常干旱，沙漠、沙漠灌丛以及落叶林是这个区域的典型生物相。因此，中段被称为干旱安第斯，在动物地理学上属于中安第斯生物区。中安第斯物种多样性局部富集，主要出现在云雾森林中。眼镜熊从热带安第斯一直延伸到本生物区。从北安第斯到中安第斯，动物区系显示出连续过渡性。因此，本书将这两个生物区合并为一。继续向南，直达南美最南端，属于南安第斯。南安第斯纬度高，气候温凉湿润，因此被称为湿润安第斯。湿润安第斯动物区系与东部巴塔哥尼亚高原关系很近，同属南美南部生物区。

　　南美南部生物区位于南美温带巴塔哥尼亚高原，包括湿润安第斯及其东部地区。巴塔哥尼亚高原由 13 层阶地构成，每层阶地海拔上升约 100m[58]。由于安第斯迎风面对水汽的捕捉，在海拔 1000m 以上出现温带雨林（属于温带阔叶混交林生物相），包括瓦尔迪维亚温带雨林（从智利 35°S、阿根廷 40°S 纬度线向南，至 47°S 线附近的布宜诺斯艾利斯湖）和麦哲伦亚极地森林（南美最南端）。这片森林是南美仅有的温带雨林。在为数不多的温带雨林中，南美温带雨林面积仅次于最大的温带雨林——北美太平洋温带雨林。

　　瓦尔迪维亚温带雨林、麦哲伦亚极地森林以及胡安·费尔南德斯群岛（Juan Fernández

Islands）和德斯温特德群岛（Desventuradas Islands）是南极洲植物区系的避难所，与新西兰、塔斯马尼亚、新喀里多尼亚、澳大利亚以及非洲最南端的植物区系拥有许多共同类群（如南青冈属 *Nothofagus*、罗汉松科 Podocarpaceae、智利柏属 *Fitzroya* 以及南洋杉属 *Araucaria*），反映冈瓦纳时期南极洲植物区系特征。丘斯夸竹属（*Chusquea*）在这里形成局部优势。在湿润安第斯，植物物种丰富度在 40°～43°S 区域最高[59]。南猊（*Dromiciops gliroides*，体形如小鼠，澳洲有袋总目在南美的唯一现生代表[60]）和南普度鹿（*Pudu pudu*，世界上最小的鹿科动物[61]）生活于湿润安第斯竹林中，南美林虎猫（*Leopardus guigna*，西半球最小的猫科动物[62]）生活于林下有竹子的混交林中。蜂鸟是常见类群。湿润安第斯兽类大多数向东延伸分布到高原东部半干旱地区[63]。

麦哲伦亚极地森林物种多样性较低。受更新世南极冰川影响，许多新近纪物种在冰期灭绝。经历灭绝事件后，随着气温回升，植被从 10kaBP 开始缓慢恢复。植被类型有常绿雨林、落叶林以及麦哲伦沼泽地（Magellanic moorland，巴塔哥尼亚半岛）。高原南端巴塔哥尼亚半岛年降水量达 5000mm，强风，低温，土壤薄，排水条件差，形成沼泽地。植物生长缓慢，旗形树（wind-sheared trees）、垫状植物、草本植物、薛类间杂生长，形成苔原生物相。遮蔽区及远离海洋的山地上生长着常绿林；林中树种不多，常见类群有桦状南水青冈（*Nothofagus betuloides*）、冬林仙（*Drimys winteri*，白樟目 Canellales 八角科 Winteraceae）、沼银松（*Lepidothamnus fonkii*，罗汉松科）以及皮尔格柏（*Pilgerodendron uviferum*，柏科 Cupressaceae）。高原东部年降水量 800～850mm 的区域分布着落叶林，主要成分是南水青冈属的种类。兽类有普度鹿、美洲狮、智利水獭（*Lontra provocax*，食肉目鼬科）以及几种土著啮齿类，鸟类有麦哲伦啄木鸟（*Campephilus magellanicus*，啄木鸟科 Picidae）、巴塔哥尼亚岭雀鹀（*Phrygilus patagonicus*，雀形目 Passeriformes 裸鼻雀科 Thraupidae）、巴塔哥尼亚嘲鸫（*Mimus patagonicus*，雀形目嘲鸫科 Mimidae）、安第斯神鹫、企鹅（Sphenisciformes）和其他海鸟。

巴塔哥尼亚高原东侧是巴塔哥尼亚沙漠（阿根廷南部）和南美大草原（阿根廷东部、乌拉圭以及巴西南部）。兽类中的大羊驼、南美草原鹿（*Ozotoceros bezoarticus*）、灰短角鹿（*Mazama gouazoubira*）、栉鼠（*Ctenomys*，啮齿目栉鼠科 Ctenomyidae）、长耳豚鼠（*Dolichotis*，豚鼠科 Caviidae）、巴西豚鼠（*Cavia aperea*）、南山小豚鼠（*Microcavia australis*）、河狸鼠（*Myocastor coypus*）、南美栗鼠（*Lagostomus maximus*，粟鼠科 Chinchillidae）、草原鼬（*Lyncodon patagonicus*）、小巢鼬（*Galictis cuja*）、莫氏猪鼻臭鼬（*Conepatus chinga*）、美洲狮、乔氏虎猫（*Leopardus geoffroyi*）、巴塔哥尼亚灰狐（*Lycalopex griseus*）、鬃狼（*Chrysocyon brachyurus*）、巴拉圭胡狼（*Lycalopex gymnocercus*）、白耳负鼠（*Didelphis albiventris*，负鼠目）以及有甲目的种类，爬行类中的沙漠长鬣蜥（*Dipsosaurus dorsalis*，有鳞目 Squamata）和西部束带蛇（*Thamnophis proximus*），以及鸟类中的穴鸮（*Athene cunicularia*）、美洲小鸵（*Rhea pennata*）、彭巴草地鹨（*Leistes defilippii*，雀形目拟黄鹂科 Icteridae）、棕头草雁（*Chloephaga rubidiceps*，雁形目

Anseriformes 鸭科 Anatidae)、冠叫鸭（*Chauna torquata*，雁形目叫鸭科 Anhimidae）以及多种鹰和隼是该区域的常见类群[64]。

南美东部生物区位于巴西高原及其附近沿海低地，从巴西东北部沿着大西洋沿岸向西部和南部延伸的东北—西南走向地带，南抵巴塔哥尼亚高原，西邻干旱安第斯，北接亚马孙生物区，东濒大西洋；最高海拔 2891m（班代拉峰 Pico da Bandeira）。总体气候特征是干旱。大西洋沿岸低地、巴拉圭以及阿根廷东北部分布着茂密的大西洋森林，有热带季节性湿润森林、干旱阔叶林、热带和亚热带草地、萨瓦纳、灌丛以及沿海红树林等生物相，是生物多样性和特有性极高的地区[65]。大西洋森林与亚马孙热带雨林之间分布着卡廷加（Caatinga）和塞拉多（Cerrado，即热带高草草原）。卡廷加亦即白色森林（西班牙语），分布于巴西东北部。所谓白色森林，实际上不是普通意义上的森林，而是矮小的沙漠灌丛，充满着多刺以及肉质茎植物（包括仙人掌科植物），对季节性干旱有很好的适应。在卡廷加区域，每年集中降雨 3 个月，其余时间无雨干旱。降雨期是植物活跃生长的季节。卡廷加西南是巴西高原核心区，广泛分布着塞拉多。

卡廷加分布有 50 种形态特异的特有鸟类，包括鹦形目（Psittaciformes）鹦鹉科（Psittacidae）青蓝金刚鹦鹉（*Anodorhynchus leari*）、小蓝金刚鹦鹉（*Cyanopsitta spixii*）、仙人掌鹦哥（*Eupsittula cactorum*），雀形目须䴕雀（*Xiphocolaptes falcirostris*，砍林鸟科 Dendrocolaptidae）、卡廷加蚁鹩（*Herpsilochmus sellowi*，蚁鸟科 Thamnophilidae）、巴西黑霸鹟（*Knipolegus franciscanus*，霸鹟科 Tyrannidae）以及棕巨灶鸫（*Pseudoseisura cristata*，灶鸟科 Furnariidae）。兽类特有性主要体现在小型兽类（啮齿目和翼手目）；灵长目有 1 种，即布氏棕色伶猴（*Callicebus barbarabrownae*，僧面猴科 Pitheciidae）。

塞拉多的物种多样性高于卡廷加。在塞拉多，已经记录的陆生脊椎动物有 150 种两栖类、120 种爬行类、837 种鸟类以及 161 种兽类[66]。其中，爬行类游蛇科（Colubridae）种类尤其丰富[67]。11 种兽类为塞拉多特有，主要分布于河岸森林中[68]。著名种类有南美貘（*Tapirus terrestris*）、南美草原鹿、巨獭、鬃狼、美洲狮、美洲豹、虎猫以及细腰猫（*Herpailurus yagouaroundi*）、黑纹卷尾猴（*Sapajus libidinosus*）、黑吼猴（*Alouatta caraya*）、黑耳狨猴（*Callithrix penicillata*）[69]。

大西洋森林拥有丰富的动植物多样性。据 WWF 划定的区域，大西洋森林面积 131.546 万 km^2，已记录植物 2 万种，每公顷物种数最高可达 450 种。物种特有性非常高，52%植物以及 60%脊椎动物为特有种[70]。调查工作在不断进行，新种不断被发现，1990～2006 年新发现有花植物多达 1 千种，新发现的重要动物包括曾经以为灭绝了的狮狨猴（*Leontopithecus caissara*）[71]、金毛卷尾猴（*Sapajus flavius*）[72]以及三趾树懒（*Bradypus torquatus*，披毛目树懒科 Bradypodidae）[73]。在过去 400 年里，这里的原生境丧失了 72%[74]，人类活动导致灭绝的两栖类、鸟类以及兽类多达将近 250 种。目前处于濒危状态的动植物物种多达 11000 种[75]。

第五节 南 极 界

一、南极界范围

南极界（Antarctic Realm）位于南极地区，包括南极洲以及位于南大西洋和南印度洋的几个群岛：南乔治亚岛和南桑威奇群岛（South Georgia and the South Sandwich Islands）、南奥克尼群岛（South Orkney Islands）、南设得兰群岛（South Shetland Islands）、布韦岛（Bouvet Island）、克罗泽群岛（Crozet Islands）、爱德华王子群岛（Prince Edward Islands）、赫德岛（Heard Island）、麦克唐纳群岛（McDonald Islands）以及凯尔盖朗群岛（Kerguelan Islands），面积 30 万 km^2 [图 8-1（b）]。由于地处极地，太阳辐射量少，本界总体非常寒冷。然而，相比于南极洲，岛屿气候相对温和。

二、南极界动物区系的形成基础

冈瓦纳时期，南极洲与澳洲、非洲以及南美洲属于冈瓦纳古陆，生物区系是一个整体。因此，这些陆块拥有共同生物类群，如罗汉松科、南水青冈属。随着陆块裂解和漂移，这些共同类群被携带到较低纬度，并得以保留在现代南美南部、非洲和澳洲最南端、新西兰以及南大西洋和南印度洋岛屿上。相应地，一些植物地理学家将南极洲、新西兰以及南美洲温带地区划为一个整体——南极洲植物区[47]。然而，南极洲及其邻近岛屿的动物区系与南美洲温带和新西兰差异很大，不能划在同一动物地理区系中。

随着澳洲和南美相继于中始新世（45MaBP）和晚始新世—早渐新世（35～30MaBP）与南极分离，环南极冷水圈出现，与赤道的热量交流大幅度减少，南极冰川开始发育。在气温下降过程中，南极洲原来茂密的亚热带和温带森林逐步演替为小面积苔原以及大面积永久冰川；动物完全灭绝，植物只剩极少数种类。在随后的演化历程中，低纬度水生动物（如鲸）逐步适应寒冷水域并借助海水扩散到本界。南极大陆及周边岛屿与其他大陆距离逐渐增大，阻止了耐寒陆生动物扩散，最终形成现代以海洋耐寒物种为主体的动物区系。

三、南极界动物区系

南极界物种多样性贫乏，高等植物种类极少，仅有南极发草（*Deschampsia antarctica*，禾本目 Poales 禾本科 Poaceae）和南极漆姑草（*Colobanthus quitensis*，石竹目 Caryophyllales 石竹科 Caryophyllaceae）。南极发草分布于南奥克尼群岛、南设得兰群岛以及南极半岛西部。进入全新世后，随着气温上升，这种植物的分布区正在扩大，数量已经增加了 25 倍[76]。南极漆姑草分布于南极半岛西海岸、南乔治亚岛以及南设得兰群岛。这两种植物均呈垫状，匍匐而生，对南极强风有良好的适应性。低等植物种类相对较多，包括 250 种地衣、100 种藓类、25～30 种苔类以及大约 700 种藻类，构成苔原景观。另外，在冰下 800m 处有微生物生活[77,78]。

由于严寒，本界陆地生态系统结构极其简单，初级生产力极低，无法为陆生异养者提供足够食物。因此，陆生动物（尤其是脊椎动物）几乎没有，已知类群全部是海洋种类，如鲸、海豹、海狗（Arctocephalinae）等兽类，南极鱼亚目（Notothenioidei，鲈形目 Perciformes）类群，企鹅、信天翁（Diomedeidae）和南极暴风鹱（Fulmarus glacialoides，鹱形目 Procellariiformes 鹱科 Procellariidae）等鸟类，以及枪乌贼（Decapodiformes）和磷虾（Euphausia superba）等无脊椎动物。这些物种或者永久性生活于海洋中，或者仅在繁殖季节登陆，或者栖居于陆地上，但在水中觅食。海洋生态系统充满了浮游生物，为磷虾提供丰富营养。磷虾是这个生态系统的关键种类，支撑着系统中其他动物的生存。

第六节　非洲热带界

一、非洲热带界范围

非洲热带界（Afrotropical Realm）北线位于古北界南线，南线位于南非外海，东线位于印度洋西部，西线位于新热带界东线。本界覆盖撒哈拉以南非洲大陆、阿拉伯半岛南部和东部、马达加斯加岛（简称马岛）、伊朗南部、巴基斯坦西南端、塞舌尔群岛、科摩罗群岛以及马斯克林群岛等印度洋西部岛屿，面积 2210 万 km^2 [图 8-1（b）]。该界北邻古北界西部，两大界动物区系交流受地中海、撒哈拉沙漠和阿拉伯沙漠阻挡。除了非洲大陆最南端，本界绝大部分地区处于热带气候中。

二、非洲热带界动物区系的形成基础

非洲动物区系的形成历史可以追溯到中生代中期冈瓦纳大陆开始分裂的时期[79]。古新世，非洲完全脱离冈瓦纳，带走部分冈瓦纳动物类群。从冈瓦纳时期的地理方位来看，南美处于非洲西侧，澳洲处于东侧，因此非洲应该有原始兽类分布。然而，非洲完全缺失原兽类、后兽类和傍兽类（Paratheria）化石记录，仅有晚白垩纪古兽次亚纲（Pantotheria）和三尖齿兽下纲（Tribotheria）类群（Fossilworks[45]，2019 年 7 月数据）。大部分原始兽类化石发现于劳亚大陆和南美板块，因此目前难以重构非洲古近纪兽类区系全貌。根据现有化石记录，古近纪非洲兽类区系主体是真兽中的大西洋兽类。这些类群在当时广布于非洲常绿林中，独立演化，形成非洲兽总目下各类群。古新世末，非洲板块与欧亚大陆发生联系后，南北区系开始相互扩散，北方兽类（即灵长总目和劳亚兽总目下各类群）开始进入非洲，并与非洲区系融合。始新世，马岛与非洲大陆发生联系，非洲区系进入马岛[80]。中新世中期，劳亚起源的啮齿目米古仓鼠亚科（Myocricetodontinae）、德氏古仓鼠亚科（Democricetodontinae）以及非洲攀鼠亚科（Dendromurinae）扩散到非洲[81]。鼠亚科（Murinae）于 6.1MaBP（墨西拿盐度危机发生前 400ka）从亚洲扩散进入非洲[81,82]。随着 C4 光合途径出现，草本植物在新近纪得到大发展，并形成从非洲、欧洲到亚洲广泛分布的干草原生态系统。在这个生态系统中，三趾马（Hipparion）、骆驼、长颈鹿（Giraffa）以及追逐这些动物的各种食肉类是常见代表。长鼻目（Proboscidea）的种类也是这个时期的常见类群。上新世，随着气候变冷，非洲常绿林分布区收缩。与此同时，亚洲干草原动物类群沿着亚、非间广阔的陆桥扩散到非洲[83]。早更新世（1.9MaBP；撒哈拉水泵，见第四章第二节）出现一个温暖湿润期，森林生态系统又一次发展，草原动物区系被分割隔离，干草地生态系统中部分动物类群开始适应森林生活。同时，非洲与亚洲间出现区系交流（见第五章第三节）。随着干旱再次来临，萨瓦纳生境大规模出现，另一部分类群逐步适应萨瓦纳[84,85]。经过更新世塑造，非洲大陆形成了森林、草原、萨瓦纳以及沙漠错落分布的环境格局。在环境的反复变化中，人类悄然出现。不同于其他大陆，在更新世生物大灭绝中，非洲没有出现显著的大型动物灭绝事件。这种现象可能是人类与非洲区系长期协同演化的结果：长期的协同演化使非洲动物更能有效回避人类猎杀[86]。在整个演化历史中，非洲大陆与其周边的冈瓦纳陆块（如马岛、南美洲甚至印度）出现时断时续的交流，规模很小。区系交流主要发生在非洲与欧亚大陆之间，规模大，双向，但以欧亚大陆向非洲大陆扩散为主。因此，本界的动物区系有3个来源：①来自冈瓦纳的古老类群；②非洲起源并于古近纪—新近纪演化形成的类群（如非洲兽总目）；③古近纪—新近纪和第四纪来自欧亚大陆的类群（如灵长总目）。

由于未受更新世冰川直接作用，现代非洲热带界的动物区系主体是古近纪—新近纪类群，成分比古北界和新北界原始。然而，由于缺乏原始兽类（如原兽类、后兽类），本界区系成分较新热带界和澳大拉西亚界更新。区系的古老性导致本界丰富的特有类群，如鸟类的鸵鸟科（Struthionidae，鸵形目 Struthioniformes）、珍珠鸡科（Numididae，鸡形目 Galliformes）、鼠鸟目（Coliiformes）以及雀形目岩鸫科（Chaetopidae）和岩鹛科（Picathartidae），兽类的管齿目（Tubulidentata）、非洲猬目（Afrosoricida）、蹄兔目、象鼩目（Macroscelidea），特有鱼类更多[87,88]。

三、非洲热带界动物区系

非洲生物多样性仅次于南美洲，鱼类（大约3000种）物种数居各大陆之首[89,90]。马岛两栖类特有种多达238种[91]。分布于非洲热带界的兽类多于1100种[92]，鸟类多于2600种（African Bird Club[93]，2019年7月数据）。爬行类以及无脊椎动物物种丰富度和特有性更高[94-96]。非洲是灵长类动物重要分布区之一，有64种，包括4种非人大猿类[97]。古北界候鸟中，98%飞往非洲越冬[98]。非洲热带界有许多类群与印度马来界存在地理替代；如灵长目猴科在本界繁盛，而疣猴科在印度马来界繁盛。

非洲热带界有8个生物区（图8-5），包括：①萨赫勒和苏丹（Sahel and Sudan）生物区；②阿拉伯南部疏林（Southern Arabian woodlands）生物区；③森林带（forest zone）生物区；④东非草地和萨瓦纳（Eastern African grasslands and savannas）生物区；⑤东非高地（Eastern African highlands）生物区；⑥南非疏林、萨瓦纳和草原（Southern African woodlands, savannas, and grasslands）生物区；⑦南非荒漠（deserts of Southern Africa）生物区；⑧马达加斯加和印度洋岛屿生物区（Madagascar and the Indian Ocean islands）。

萨赫勒和苏丹生物区位于撒哈拉沙漠以南、刚果河雨林区以北干旱—半干旱区域，西起大西洋海岸，东至埃塞俄比亚高原和阿拉伯半岛西南角；分布着矮草草原和金合欢萨瓦纳，河流附近有湿地（如内尼日尔三角洲）。这里是撒哈拉沙漠向刚果河热带雨林的过渡地带，优势植物是金合欢属（*Acacia*，蝶形花科 Fabaceae）下种类。常见越冬鸟类有白眉鸭（*Spatula querquedula*）、针尾鸭（*Anas acuta*）、流苏鹬（*Philomachus pugnax*，鸻形目 Charadriiformes 鹬科 Scolopacidae），繁殖鸟类有鸬鹚（Phalacrocoracidae，鹈形目 Pelecaniformes）和黑冠鹤（*Balearica pavonina*）。著名兽类有非洲象（*Loxodonta africana*）、非洲野狗（*Lycaon pictus*）、非洲猎豹（*Acinonyx jubatus*）、狮（*Panthera leo*）以及西部大羚羊（*Taurotragus derbianus*，鲸偶蹄目）。

图 8-5　非洲热带界各生物区示意图

阿拉伯南部疏林生物区位于阿拉伯半岛南部，覆盖也门大部、阿曼西部以及沙特阿拉伯西南部。永久性森林稀少；季节性森林散布各地，规模小，优势植物是金合欢属和刺柏属（*Juniperus*，柏科）下种类。动物丰富度很低。

森林带生物区包括 4 条森林带，即上几内亚森林（Upper Guinean forests，热带季节性森林，分布于从几内亚到多哥的西非海岸）、下几内亚森林（Lower Guinean forests，湿润森林，分布于西非几内亚湾海岸，包括贝宁、尼日利亚、喀麦隆、加蓬和刚果民主共和国）、刚果河雨林（Congolese rainforests，热带、亚热带湿润森林，分布于中非刚果河流域，包括喀麦隆东南部、刚果共和国北部和中部、刚果民主共和国北部和中部、中非共和国南部和西南部以及加蓬东部）以及印度洋海岸湿润阔叶森林（从索马里南部向南到南非共和国的印度洋沿岸）。森林带之间分布着面积不等的草地和萨瓦纳。其中，刚果河雨林面积最大，也是世界第二大雨林，面积仅次于亚马孙雨林。该生物区动植物丰富度极高：仅上几内亚森林就有维管植物超过 2000 种，并且是非洲灵长类的主要分布区。代表性动物有黑猩猩（*Pan troglodytes*）、豹（*Panthera pardus*）、倭河马（*Hexaprotodon liberiensis*）、鄂氏麂羚（*Cephalophus ogilbyi*）、宁巴水獭鼩（*Micropotamogale lamottei*）以及非洲金猫（*Profelis aurata*）（WWF-Guinean moist forests[99]，2019 年 7 月数据）。

东非草地和萨瓦纳生物区位于东非，重要水体包括维多利亚湖（Lake Victoria）、马拉维湖（Lake Malawi）以及坦葛尼喀湖（Lake Tanganyika）；生境分为草地和萨瓦纳两种，优势植物为金合欢属和没药属（*Commiphora*，橄榄科 Burseraceae）下种类。塞伦盖蒂（Serengeti）是该生物区陆地生态系统的典型代表，位于坦桑尼亚北部，面积 3 万 km^2，海拔 920～1850m，年平均气温 15～25℃，拥有全球最大狮子种群，大型兽类 70 余种，鸟类 500 余种。代表性物种有狮、豹、非洲猎豹、花斑鬣狗（*Crocuta crocuta*）、非洲水牛（*Syncerus caffer*）、疣猪（*Phacochoerus*，猪科 Suidae）、格兰特瞪羚（*Gazella granti*）、大羚羊（*Taurotragus oryx*）、水羚（*Kobus ellipsiprymnus*）、转角牛羚（*Damaliscus lunatus*）、角马（*Connochaetes*）、斑马以及长颈鹿。

东非高地生物区从埃塞俄比亚高地向南一直延伸到南非德拉肯斯堡山脉（Drakensberg Mountains），海拔 1500～4550m；东非大裂谷位于该生物区中，将埃塞俄比亚高地分隔成东西两部分。由于受印度洋季风影响，高海拔地区捕捉到大量降水。在北端，埃塞俄比亚高地地处赤道附近，海拔 1100m 以下分布着草地和萨瓦纳，海拔 1000m 以上至 1800m 是山地森林，海拔 1800m 以上至 3000m 是山地草原，更高处是高山沼泽。代表性兽类有瓦利亚野山羊（*Capra walie*）、山薮羚（*Tragelaphus buxtoni*）、普通麂羚（*Sylvicapra grimmia*）、大林猪（*Hylochoerus meinertzhageni*）、狮尾狒（*Theropithecus gelada*）、橄榄狒狒（*Papio anubis*）、黑白疣猴（*Colobus guereza*）、狮、豹、狞猫（*Caracal caracal*）、薮猫（*Leptailurus serval*）、花斑野狗、亚洲胡狼（*Canis aureus*），大多数为本界特有。代表性鸟类有卢氏蚁鹛（*Myrmecocichla melaena*）、蓝翅鹅（*Cyanochen cyanoptera*）以及白翅侏秧鸡（*Sarothrura ayresi*）。在南端，德拉肯斯堡山脉位于南非共和国（简称南非）东部以及莱索托，地处亚热带，海拔 2000～3482m，是南非、莱索托以及斯威士兰的主要水源地。区内的图盖拉瀑布（Tugela Falls）落差 947m，是世界第二高瀑布。已记录鸟类多达 299 种，占南非陆生鸟类的 37%；蛇类 24 种，其中 2 种剧毒[100]。高海拔地区气候湿凉，有当地著名的濒危猛禽南非兀鹫（*Gyps coprotheres*）和黄爪隼（*Falco naumanni*）。常见兽类有岩羚（*Oreotragus oreotragus*）、大羚羊、山苇羚（*Redunca fulvorufula*），部分两栖类为本地特有[101]。低海拔地区著名物种有白犀牛（*Ceratotherium simum*）、黑角马（*Connochaetes gnou*）、大羚羊、南苇羚（*Redunca arundinum*）、山苇羚、短角羚（*Pelea capreolus*）、豚尾狒狒（*Papio ursinus*）。中段山区是南北两端动物区系的过渡地带。

南非疏林、萨瓦纳和草原生物区包括 3 个生态区。第 1 个是东非旱生疏林（Miombo），含 1 个生物相，分布于非洲中南部的广阔地带，包括安哥拉、刚果民主共和国、津巴布韦、坦桑尼亚中部、莫桑比克南部、马拉维、赞比亚。其年降雨量 1000mm 左右，旱季漫长[102]。该地区分布着热带和亚热带草地，草地上点缀着木本植物；树种以云实亚科（Caesalpinioideae）和甘豆亚科（Detarioideae）种类为主，如短盖豆属（*Brachystegia*）、热非豆属（*Julbernardia*）以及准鞋木属（*Isoberlinia*）。代表性动物有非洲象、非洲野狗、黑马羚（即黑貂羚羊 *Hippotragus niger*）以及利氏麋羚（*Alcelaphus lichtensteinii*）[103]。第 2 个是南非洲灌丛草原（Bushveld）生态区，含 1 个生物相，即亚热带稀疏灌丛草原，分布于南非东北部、博茨瓦纳东部以及津巴布韦西部和南部。这个区域海拔 750～1400m，年降雨量 350～600mm，属于半干旱山地丘陵。常见动物有白犀牛、黑犀牛（*Diceros bicornis*）、长颈鹿、蓝角马（亦即黑斑牛羚 *Connochaetes taurinus*）、林羚（*Tragelaphus*）以及黑斑羚（*Aepyceros melampus*）。第 3 个生态区是赞比西蝶翅树-贝基豆阔叶疏林草原（Zambezian mopane and Baikiaea woodlands），位于德拉肯斯堡山脚周边区域，北抵卢安瓜河（Luangwa River），南达蓬戈拉河（Pongola River），属于河滨走廊生境，交错分布着草原和密林；海拔 200～600m，年降雨量 450～700mm。物种多样性很高，但缺乏特有种。维管植物多达 2000 种；常见动物通常是大型兽类，如象、黑犀牛、白犀牛、蓝角马、长颈鹿等（WWF[104]，2019 年 7 月数据）。这些常见物种在其他地区也有分布。

南非荒漠生物区是南部非洲干旱区，包括纳米布沙漠（Namib Desert）、卡拉哈里沙漠（Kalahari Desert）、卡鲁荒漠（Karoo）以及里希特费尔德荒漠（Richtersveld）。纳米布沙漠分布于非洲南部大西洋海岸，是从安哥拉西南部向南经过纳米比亚延伸到南非西部的一条狭长地带，全长约 2000km。虽然地处大西洋海岸，印度洋气流经过德拉肯斯堡山脉和南非洲大陆腹地后抵达纳米布时，大气水分已经所剩无几。另外，来自大西洋的气流受到东来之热气流压制，形成云和雾，无法形成降水。因此，纳米布沙漠降水极其稀少，年降雨量 2～200mm，是南部非洲真正的沙漠，还可能是世界上最古老的沙漠（始于 80～55MaBP[105]；见第四章第二节）。植物生长基本依赖从云雾中获取的水分。在极端干旱环境下，仅有极少数特有的、耐极端干旱的类群能够存活，如百岁兰（*Welwitschia mirabilis*，百岁兰科 Welwitschiaceae）。百岁兰被称为活化石，仅分布于纳米比亚和安哥拉，属于买麻藤纲下独立的百岁兰目（Welwitschiales），仅 1 科 1 属 1 种，分化时间很早，演化历史可能与纳米布沙漠同步。植株存活年龄在 1000～2000 岁[106]。雌雄异株；每棵植株仅有 2 片叶子，每片叶子可长达 4m，纤维含量极高。生长过程中，叶片从茎上长出，叶尖分裂，尖上再长出形态几乎一样的叶子（即叶尖叶）。株高最大者离地将近 1.5m，覆盖周长约 8m；主根木质，根系极度发达，在沙下形成海绵状[107]。这种生长形态显示百岁兰对干旱环境的极大适应力。动物区系非常简单，主要是节肢动物，大型动物很少，仅有一些羚羊（如大羚羊、跳羚 *Antidorcas marsupialis*）、沙漠象（非洲象的一个地方种群，适应沙漠干旱环境）以及鸵鸟。

卡拉哈里沙漠位于卡拉哈里盆地中央，演化历史始于新生代初期 60MaBP。该沙漠覆盖南非西北部、纳米比亚中东部以及博茨瓦纳大部分地区，面积 90 万 km²。海拔 600～1600m，但大部分地区海拔在 800～1200m；属于半干旱沙质沙漠，年降雨量 110～500mm。土著植物主要是金合欢树以及许多草本植物[108]。刺角瓜（*Cucumis metuliferus*，葫芦科 Cucurbitaceae）原生于此地，特有种。动物区系中缺乏特有种类，但有大量迁徙种类，包括大型食肉动物，如狮、非洲猎豹、豹、花斑野狗、棕鬣狗（*Hyaena brunnea*）、开普野狗（*Lycaon pictus pictus*）。猫鼬（*Suricata suricatta*）也见于该地区。其他兽类有角马、跳羚以及南非豪猪（*Hystrix africaeaustralis*，啮齿目）。猛禽类有蛇鹫（*Sagittarius serpentarius*，鹰形目）、猛鵰（*Polemaetus bellicosus*）、乳黄雕鸮（*Bubo lacteus*）、游隼（*Falco*）、多种苍鹰以及鸢（鹰科）。普通鸵鸟（*Struthio camelus*）也有分布[109]。

卡鲁荒漠位于南非南部，卡拉哈里沙漠之南，占南非国土大部分面积。卡鲁荒漠海拔 700～1500m，但地形起伏平缓，大部分地区海拔 1000～1500m，呈现丘陵平原地貌。整个区域呈现草地、萨瓦纳以及沙漠景观。平原年降雨量仅 50～250mm，但山区可达 500～750mm；降雨不规则地集中出现，导致雨期洪水泛滥[110]。高海拔地区冬天最低气温平均为 6.1℃，经常下雪[111]；但大部分地区非常炎热，夏季平均最高气温达 38.9℃，多大雾。因此，卡鲁荒漠成为高温、寒冷、干旱、洪水以及浓雾汇聚之地，令人类和大多数动植物望而却步，仅有少数类群能够存活。多汁肉质植物丰富：全球大约 1 万种肉质植物中，约 1/3 分布在这里；其中，40% 为特有种。地下芽植物有约 630 种。动物区系中，爬行类和无脊椎动物非常丰富，特有种类也很多；如这里的 50 种蝎子中，有 22 个特有种；115 种爬行类中，63 种为当地特有。猴甲虫（金龟子科 Scarabaeidae，鞘翅目）是南非洲特有昆虫科，是卡鲁多汁肉质植物的重要传粉昆虫。其他动物多分布于卡鲁荒漠边缘，种类不多。历史上记录的物种有象、白氏斑马（*Equus quagga*）、犀、角马、跳羚、狮、豹、非洲猎豹、野狗以及豺。这些物种在迁徙季节穿越卡鲁荒漠。多数物种目前可能已经灭绝，如白氏斑马（19 世纪后期灭绝）。现在常见的大型迁徙类群仅有跳羚[112]。在得到有效保护的局部地区，多样性略高。例如，塔格瓦·卡鲁国家公园（Tankwa Karoo National Park，32°14′27.9″S，20°5′44.5″E，面积 1436km²）中，记录的兽类有 8 目 15 科 29 种；其中，食肉目多样性最高，有 6 科 12 种，但缺乏大型食肉类。灵长目只有豚尾狒狒 1 种。4 个非洲特有兽目中，这里有管齿目、非洲猬目以及蹄兔目。鸟类多样性较高，记录有 124 种。

里希特费尔德荒漠位于南非北开普省西北角，面积 1624km²，是全球唯一的干旱生物多样性热点地区。海拔从海平面到 1377m，年降雨量为 5～200mm，但各地不同。历史最高气温为 53℃，但夜间凉爽有露。植物生长所需水分主要依赖清晨浓雾中的水分。已记录植物有 4849 种；其中，40% 为特有种，包括多种芦荟属（*Aloe*）及其他多汁肉质植物。有些特有种形态奇特，如半人树（*Pachypodium namaquanum*，龙胆目 Gentianales 夹竹桃科 Apocynaceae），形态似人[113]。常见兽类有短角羚、麀羚亚科（Cephalophinae）种类、小羚羊（*Raphicerus campestris*）、山羚（*Oreotragus oreotragus*）、哈特曼山斑马（*Equus zebra hartmannae*）、豚尾狒狒、青腹绿猴（*Chlorocebus pygerythrus*）、狞猫、豹，爬行类有鼓腹咝蝰（*Bitis arietans*）、横纹喷毒眼镜蛇（*Naja nigricincta*），鸟类有珍珠鸡和织布鸟。

马达加斯加和印度洋岛屿生物区包括莫桑比克外海的马岛以及西印度洋岛屿。马岛距离非洲大陆 400km，原属冈瓦纳，中中生代（165MaBP）与非洲分离，晚中生代（88MaBP）与印度分离[114]。西印度洋岛屿属于火山岛，地质年龄较轻。

马岛上的化石记录非常有限，以至难以推测岛上动物区系的起源。现生灵长类有 5 科（人除外）：鼠狐猴科（Cheirogaleidae）、狐猴科（Lemuridae）、鼬狐猴科（Lepilemuridae）、大狐猴科（Indriidae）以及指猴科（Daubentoniidae），是马岛特有类群。这些类群是灵长目演化早期阶段出现的类群，但在马岛上发现的化石年龄非常晚近，仅有几千年（Fossilworks[45]，2019 年 7 月数据）。灵长目中较晚出现的类群（如旧大陆猴和猿类）、其他大型动物类群（如长颈鹿、斑马、羚羊、犀牛、大象、狮、豹）以及非洲大陆土著剧毒蛇类没有登上马岛。这种状况表明，马岛在始新世一度与非洲接触后又长期隔离，动物区系长期独立演化。

由于漫长的独立演化历史，马岛动植物区系独特性极高。在 14883 种记录过的植物中，80%为本岛特有，包括 3 个特有科[115]。除了上述 5 科灵长类外，还有 2 个特有兽类科：马岛猬科（Tenrecidae，非洲猬目）和食蚁狸科（Eupleridae，食肉目）。在种水平上，啮齿目有 30 种、翼手目一半物种为马岛特有[116-118]。鸟类 280 余种中，>100 种为本岛特有；在科级水平上，拟鹑科（Mesitornithidae）、三宝鸟科（Brachypteraciidae）和裸眉鸫科（Philepittidae）为马岛特有，鹃鴗科（Leptosomidae）和钩嘴鵙科（Vangidae）分布区限于马岛和科摩罗群岛。象鸟（Aepyornithidae，隆鸟目 Aepyornithiformes）、马岛麦鸡（*Vanellus madagascariensis*，鸻科 Charadriidae）以及马岛翘鼻麻鸭（*Alopochen sirabensis*，雁形目鸭科）均为灭绝的特有鸟类[119-121]。抵达马岛的爬行类只有少数几个科，但它们在岛上出现适应辐射，已经演化出 260 多种，>90%的物种分布区局限于马岛。全球变色龙中，2/3 种类为本岛特有。岛上蛇类有 60 余种，均为无毒蛇[122]。已记录两栖类 290 余种，并且不断有新种报道，几乎全部是特有种类[123]；著名种类包括番茄蛙（*Dyscophus antongilii*，小蛙科 Microhylidae）和金色曼蛙（*Mantella aurantiaca*，曼蛙科 Mantellidae）。鱼类丰富度和特有性也非常高；已记录有土著淡水鱼类 135～150 种。其中，准海鲶科（Anchariidae）和马岛彩虹鱼亚科（Bedotiinae，虹银汉鱼科 Melanotaeniidae）为特有类群[124,125]。特有属和特有种更多。

以上表明，虽然紧靠非洲大陆，马岛动物区系与非洲大陆非常不同。支序分析和分子生物学研究发现[1,114]，虽然马岛部分区系成分与非洲区系亲缘关系近，但其他成分与南亚关系近。例如，现生灵长目中，婴猴科（Galagidae）分布于非洲大陆，与分布于亚洲南部的眼镜猴科（即蜂猴科 Lorisidae）亲缘近，与马岛狐猴超科（Lemuroidea）关系远。马岛彩虹鱼与新几内亚和澳洲彩虹鱼亲缘关系密切[125]，马岛青鳉（*Pachypanchax*，单唇鳉科）和副热鲷（*Paretroplus*，鲤科）的至亲类群分布在南亚[126]。小达灵顿[1]很早就注意到鱼类这种生物地理现象。他认为，在历史上的海退期，南亚和马岛之间曾经有陆连，南亚区系沿着这一陆地扩散分布，并在马岛与非洲区系相遇。然而，他的假说无法解释原猴亚目几个类群的分布格局。基于分子生物学数据，Karanth[114]认为有两个扩散机制导致上述现象：走出印度（Out of India）和走出非洲（Out of Africa）。按照走出印度机制，马（达加斯加）—印（度）板块大约于 160MaBP 与非洲分离，88MaBP 马（岛）印（度）分离。早期类群（如鲤科鱼类）来自冈瓦纳古陆，并随着马—印板块向北"摆渡"。在演化历史中，非洲类群最先分化，马岛和印度类群分化较晚，从而形成马岛与印度类群亲缘关系较近、与非洲类群较远的生物地理格局。按照走出非洲机制，印度与马岛 88MaBP 分离后，马岛滞留于非洲东南外海，印度继续向北漂移，并于 50MaBP 与亚洲连接。始新世，非洲类群一方面扩散进入马岛，另一方面经地中海东岸扩散进入南亚。后来的海进将马岛与非洲大陆长期隔离。由于距离较远，非洲类群在较晚时间进入南亚（原猴类大约于 39MaBP 抵达亚洲南部）。这个过程导致非洲与马岛原猴类分化较早，与南亚类群分化较晚；亚洲类群与非洲类群亲缘关系较近、与马岛较远的分布格局。

第七节　印度马来界

一、印度马来界范围

印度马来界（Indomalayan Realm）在小达灵顿方案中被称为东洋区（Oriental region），Udvardy 方案中称为东洋界（Oriental Realm），位于亚洲南部，西起阿富汗和巴基斯坦东部，东至华东沿海；北起古北界南线，南抵华莱士线（Wallace Line）；面积 750 万 km^2 [图 8-1（b）]。华莱士线南起印度尼西亚巴厘岛（Bali）和龙目岛（Lombok）之间的龙目海峡，向北经过婆罗洲和苏拉威西之间的望加锡海峡，延伸到菲律宾棉兰老岛南沿[图 8-6（a）]。线之西北侧是印度马来界成分，东南侧是印度马来界与澳大拉西亚界种类的混杂过渡区。英国博物学家华莱士最早注意到这种现象，并在其论文中划出这条线，将其作为东洋界（即本方案的印度马来界）与大洋洲界（即本方案的澳大拉西亚界）的分界线[127]。由于华莱士在东南亚生物地理学上做出的杰出贡献，英国生物学家赫胥黎将这条线称为华莱士线[128]。印度马来界包括整个印巴次大陆、中国南部、中南半岛以及东南亚岛屿，北邻古北界东部，在中国东部季风区有广泛区系过渡；东南部与澳大拉西亚界相连，在华莱士区（Wallacea，华莱士线与莱德克线之间的海域）有广泛区系交流；西部与非洲热带界相连。

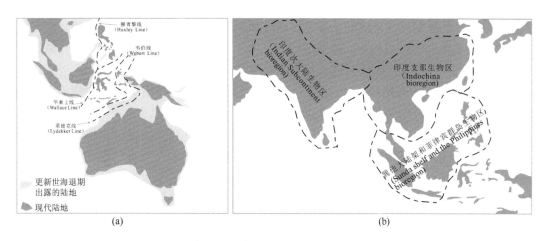

图 8-6　印度马来界及其生物区示意图

（a）印度马来界和澳大拉西亚界分界线和过渡区；（b）印度马来界各生物区地理位置

二、印度马来界动物区系的形成基础

印度马来界动物区系有两大演化基础，一个是欧亚大陆东部的类群，另一个是通过印度板块"摆渡"而来的冈瓦纳类群。马—印板块于 160MaBP 脱离冈瓦纳向北漂移，马、印于 90MaBP 分离。马达加斯加留守在非洲东南外海，印度继续北漂，并于 50MaBP 与亚洲大陆接触。在 40Ma 的漫长漂移过程中，来自冈瓦纳的印度区系处于与其他大陆的隔离状态，独立演化。45～30MaBP，印度板块为亚洲区系带来了冈瓦纳成员，如鲤科（Cichlidae）鱼类和隐翼木科（Crypteroniaceae）植物的早期类群；两大区系开始融合。随后澳大利亚板块与亚洲板块接触，华莱士区岛屿抬升，劳亚植物（如龙脑香科 Dipterocarpaceae）以岛屿跳跃方式跨越华莱士区向新几内亚扩散，冈瓦纳植物（如罗汉松科和南洋杉科南洋杉属）以同样方式向马来群岛和东南亚岛屿扩散。动物也有类似扩散。经过更新世喜马拉雅造山运动和冰期气候，最终形成现代区系。

新近纪，三趾马动物区系覆盖非洲、欧洲到亚洲，高草草原生物相广泛分布，亚洲南北动物区系分化不明显。更新世是喜马拉雅山的主要抬升期。随着抬升进程，环境分异，区系分化，南北间区系差异逐步加大。更新世冰期，极地冰川对亚洲北部区系影响较大，导致新近纪物种大量灭绝（如长颈鹿），三趾马动物区系向非洲和南亚退缩，中亚演变成干草原生态系统。与此同时，耐寒物种产生（如猛犸象、北极熊）。湿润的亚洲东北部在冰缘环境下演化出温带森林生态系统，动物区系以更新世出现的耐寒物种为主，如驼鹿。在西亚，随着气候干旱化，森林消失，新近纪连接亚非的森林走廊断裂，阻断了森林类群在亚非间交流，促进两地区系分化。在亚洲南部，喜马拉雅山阻挡印度洋暖湿气流，导致南坡热带化和喜温动物局部富集（如藏南地区和云南铜壁关）；极地冰川影响不大，但高山冰川导致局部寒冷气候出现，促进喜温物种向耐寒方向演化，如印度长尾叶猴（*Semnopithecus entellus*）、峨眉山藏酋猴（*Macaca thibetana*）。在东部季风区，冰期—间冰期反复出现以及季节性寒冷和炎热气候导致狭布性种类灭绝，广布性种类成为区系主体。在东南亚，冰期导致海平面下降，最低时比现代低 120m，岛屿与亚洲东南沿海出现陆连。陆连时进入岛屿的种类在海进时因隔离而独立演化，形成新种或新亚种（如海南长臂猿）。在高原面上，适应高寒环境的物种出现，如藏羚羊。更新世气温下降导致新近纪热带森林向南退缩，最终残留在亚洲南部及东南亚岛屿。因此，亚洲南部与北部区系差异显著，南部以森林喜湿喜温物种为区系主体，北部以草原荒漠耐旱耐寒物种为主体。印度马来界最终在亚洲南部形成。随着全新世气温回升，物种多样性开始向北扩散。但是，人类使这一进程复杂化，人类过度干扰遏制了一些物种向北扩散，分布区事实上在向南退缩，如貘（*Tapirus*）。近年来，随着保护力度加大，自然环境不断改善，一些物种开始回归自然扩散趋势。长臂猿于 20 世纪 50 年代从广西消失，分布区退缩到越南，但近年来又出现在广西（邦亮国家级自然保护区）。

从印度马来界的地理位置和演化历史来看，本界区系有以下演化来源：①冈瓦纳起源、跟随印度板块而来的成分，但类群较古老。②亚洲大陆古近纪—新近纪遗留成分，是本界的主要区系基础。③非洲起源、经过地中海东岸和西亚进入亚洲的成分。④第四纪古北界广布类群（如猫科）。⑤澳大拉西亚界扩散进入的类群，为数极少，分布于巴厘岛。从演化历史来看，本界区系以新近纪类群为主体，第四纪出现的类群不多。

三、印度马来界动物区系

印度马来界大部分区域位于热带，拥有世界三大热带雨林之一。丰富的水热资源使大量新近纪类群免遭冰川的灭顶之灾。因此，这里是世界八大动物地理区系中生物多样性最丰富的区域之一，仅次于非洲热带界。仅在孟加拉国，两栖类就多达 2 目（无尾目 Anura 和蚓螈目 Gymnophiona）7 科 28 属 52 种[129]。本界是灵长目动物的主要分布区之一，非人灵长类动物超过 100 种[130]，包括原猴类（如蜂猴属 *Nycticebus*）、旧大陆猴（各种猕猴、叶猴、仰鼻猴）、长臂猿以及猩猩（*Pogo*）。许多类群呈现与非洲热带界的地理替代现象。例如，灵长目眼镜猴超科（Lorisoidea）中，眼镜猴科（Lorisidae）分布于印度马来界，婴猴科分布于非洲热带界；旧大陆猴超科（Cercopithecoidea）中，猴科（Cercopithecidae）兴盛于非洲热带界，疣猴科（Colobidae）兴盛于本界。其他类群也有类似现象。

由于与周边区系存在广泛交流，本界区系特有性低。特有兽类仅有皮翼目（Dermoptera）和树鼩目（Scandentia）。其中，皮翼目现生仅有鼯猴科（Cynocephalidae）下 2 种，分布于菲律宾、印度尼西亚、泰国、马来西亚以及新加坡。该目最早出现于古新世，化石分布区以北美为主，目下类群较丰富（Fossilworks[45]，2019 年 8 月数据）。现存种类为该目的孑遗。树鼩目下有 2 科 5 属 20 种，分布区涵盖东南亚岛屿和亚洲大陆东南部。分子生物学研究认为，皮翼目与灵长目亲缘关系最近，是灵长总目的基干类群[131]；树鼩目则与灵长总目下兔形目（Lagomorpha）和啮齿目（Rodentia）亲缘关系最近[132]。在科级水平上，翼手目（Chiroptera）混合蝠科（Craseonycteridae）、啮齿目硅藻鼠科（Diatomyidae）和刺山鼠科（Platacanthomyidae）以及灵长目眼镜猴科（Tarsiidae）

和长臂猿科（Hylobatidae）为本界特有类群。反映本界区系特征的中大型兽类有豹、虎、水牛、亚洲象、印度犀（*Rhinoceros unicornis*）、爪哇犀（*R. sondaicus*）、马来貘（*Tapirus indicus*）、猩猩以及长臂猿。鸟类有 3 个特有科：和平鸟科（Irenidae）、拟啄木鸟科（Megalaimidae）、纹雀科（Rhabdornithidae）。代表性鸟类有雉亚科（Phasianinae）、八色鸫科（Pittidae）、啄花鸟科（Dicaeidae）和画眉科（Timaliidae）下种类。

印度马来界分为 3 个生物区：印度次大陆（Indian Subcontinent）生物区、印度支那（Indochina）生物区以及巽他大陆架和菲律宾群岛（Sunda shelf and the Philippines）生物区［图 8-6（b）］。

印度次大陆生物区位于兴都库什山脉（Hindu Kush）、喀喇昆仑山脉（Karakoram）、帕特凯山脉（Patkai）以及喜马拉雅山脉的南坡及以南地区，包括阿富汗、巴基斯坦东部、印度大部、不丹、尼泊尔、孟加拉国、斯里兰卡以及中国藏南地区。受印度洋季风影响，该生物区气候属于热带和山地亚热带。由于几大山脉的阻挡，印度洋暖湿气流大量汇聚，从而导致热带气候带局部北移。生物相类型丰富，有热带沙漠、稀树草原、灌丛、热带干树林、热带雨林以及山地针叶林。代表性动物有孟加拉虎（*Panthera tigris tigris*）、亚洲狮（*Panthera leo leo*）、云豹（*Neofelis nebulosa*）、长尾叶猴、猕猴（*Macaca mulatta*）、亚洲象、蓝孔雀（*Pavo cristatus*）等。该区北部山地是一些热带种类向耐寒方向演化的场所。例如，长尾叶猴分布区海拔高达 4000m（不丹）[133,134]；随着海拔上升，食性从食叶扩展到杂食，包括地衣、苔藓、昆虫甚至树皮[135,136]，以适应高海拔严冬食物短缺。分布于不丹的金叶猴（*Trachypithecus geei*）是世界上数量极其稀少的灵长类。

印度支那生物区位于印度次大陆生物区以东，横断山区、秦岭、淮河以南地区，包括缅甸、泰国、老挝、越南、柬埔寨以及华中、华南和西南地区。这一区域西部（如缅甸）受印度洋季风影响，东部（华中和华南）受太平洋季风影响，南部（如泰国）同时受两个季风影响。在横断山区，高山河谷南北走向；南方暖湿气流沿着河谷北上，青藏高原冷气流沿着山脊南下，导致南北气候带犬牙交错。古北界动物类群沿着高海拔南下，印度马来界类群沿着低海拔北上，两界区系成分呈现垂直分布和南北相互渗透。峡谷内，巨大山体常使物种无法跨越，从而形成东西向地理隔离，山体两侧种群发生分化，促进物种形成，如黑白仰鼻猴（*Rhinopithecus bieti*）和怒江仰鼻猴（*Rhinopithecus strykeri*）。活跃的成种过程进一步丰富本已丰富的动物区系，使横断山区成为全球生物多样性热点地区之一。

在东部季风区，由于缺乏巨大山脉阻隔，古北界成分不同程度扩散到该生物区，使该区域成为古北界和印度马来界的广泛过渡区（详见第九章）。

印度支那生物区代表动物有大熊猫（*Ailuropoda melanoleuca*）、仰鼻猴、乌叶猴（*Trachypithecus*）、长臂猿、亚洲象、华南虎（*Panthera tigris amoyensis*）、绿孔雀（*Pavo muticus*）、扬子鳄（*Alligator sinensis*）、鳄蜥（*Shinisaurus crocodilurus*）等。

巽他大陆架和菲律宾群岛生物区又称马来群岛（Malesia）生物区，位于东南亚海洋区，起于印度支那生物区南线，止于华莱士线，属于热带海洋岛屿气候。丰富的水热资源孕育着大面积热带雨林，属于世界第三大热带雨林区。该区特有动物主要是啮齿类，如云鼠（*Phloeomys pallidus*，鼠科）。灵长目许多物种也分布到这个区域，如食蟹猴（*Macaca fascicularis*）、苏拉威西冠猕猴（*M. nigra*）。

在华莱士线两侧，分布着大量共同的植物类群，但陆生动物类群存在明显差异。例如，华莱士线西侧的巽他群岛与亚洲大陆拥有共同的动物区系；而在线之东侧岛屿，除了亚洲成分外，还有起源于澳大利亚的成分，如有袋类和鹤鸵（又称食火鸡 *Casuarius casuarius*，鹤鸵目 Casuariiformes 鹤鸵科 Casuariidae）。

第八节　澳大拉西亚界

一、澳大拉西亚界范围

澳大拉西亚界（Australasia Realm）位于印度马来界和南极界之间，包括苏拉威西岛、马鲁古群岛（Maluku Islands）、新几内亚岛、龙目岛、松巴哇岛（Sumbawa）、松巴岛（Sumba）、佛罗勒斯岛（Flores）、帝汶岛（Timor）、澳洲、新西兰、塔斯马尼亚岛、新喀里多尼亚岛以及澳洲东部外海其他岛屿［图 8-1（b）］，总面积 760 万 km^2。从区系成分来看，华莱士线以西是印度马来界成分，莱德克线［图 8-6（a）］以东是澳大拉西亚界成分，两线之间是广泛的区系过渡区。在过渡区中，韦伯线是区系优势交替线：该线以西，印度马来成分占当地区系优势；该线以东，澳大拉西亚成分占当地区系优势。因此，一些作者以莱德克线或者韦伯线作为印度马来界和澳大拉西亚界的分界线。

在 Udvardy 1975 年方案[13]中，新几内亚、新喀里多尼亚、所罗门群岛以及新西兰被划入大洋洲界中。

二、澳大拉西亚界动物区系的形成基础

澳大拉西亚界所在陆块原属冈瓦纳古陆，承载着冈瓦纳区系成分，如原始兽类（包括原兽类和后兽类）、平胸总目（Ratitae）鸟类。在向北漂移过程中，逐步接受来自亚洲大陆扩散能力强的鸟类、翼手目兽类。更新世，少量啮齿目兽类通过"摆渡"方式扩散到本界。因此，本界北部表现出与印度马来界的有限亲缘性。

新西兰的地理变化历史不同于澳洲。新西兰于 80MaBP 与冈瓦纳分离，携带着中生代晚期的冈瓦纳成分。分离后，新西兰没有快速向北漂移，而是长期逗留在亚南极区域，与南极界长期存在区系联系。同时，气候特征与南极周边也相似，呈现冷湿和冷干的苔原环境特征，仅在北岛北部出现亚热带特征。澳洲则于 45MaBP 脱离冈瓦纳，携带着古近纪后期冈瓦纳成分。分离后，澳洲板块快速向北漂移，超越新西兰，前锋（新几内亚岛）进入热带地区。同时，塔斯马尼亚岛还停留在温带，充足的水分支撑着这里成片的温带雨林。巴斯海峡（Bass Strait）最宽处 240km，深度 50～70m，海退期出现陆地联

系，使澳洲与塔斯马尼亚之间区系得以交流。澳洲气候类型从热带到温带均有，环境多样性高，有沙漠、雨林、草原和山地等生物相。西南部存在小面积地中海气候区，分布着常绿硬叶林。塔斯曼海宽 2250km，最深处 5200m，是澳洲与新西兰陆生动物区系交流的重要障碍。环境特征和演化历史导致澳洲和新西兰区系存在很大差异。一些学者因此将新西兰划入大洋洲界，如 Udvardy 方案。

三、澳大拉西亚界动物区系

长期的独立演化历史形成澳大拉西亚以后兽类（各种有袋类）为主体的动物区系。现生 334 种有袋类中，70%分布于本界（其余分布在新热带界）。相较于其他区系，本界物种多样性不高，但特有性和原始性很高。著名物种有大袋鼠（*Macropus*）、袋熊（Phascolomidae）、鸭嘴兽（Ornithorhynchidae）、针鼹（Tachyglossidae）、鸸鹋（*Dromaius novaehollandiae*）、食火鸡（*Casuarius*），分布于塔斯马尼亚、澳洲以及新几内亚岛。新西兰特有种类有几维鸟（*Apteryx australis*）。除了翼手目，新西兰没有土著陆生兽类，这与新西兰的地理历史和寒冷的古环境相关。兽类区系由海洋类群构成，如鲸类。

澳洲和新几内亚岛是桉树的自然分布区。桉树属于桃金娘科（Myrtacae）桉族（Eucalypteae）类群，含 7 属，包括伞房桉属（*Corymbia*）、桉属（*Eucalyptus*）、杯果木属（*Angophora*）、四裂假桉属（*Stockwellia*）、轮叶假桉属（*Allosyncarpia*）、假桉属（*Eucalyptopsis*）、栎胶木属（*Arillastrum*）。其中，桉属超过 700 种，伞房桉属约 100 种，是该族的优势类群，主要分布于澳洲；其余各属种数很少。桉树特别适应野火多发地带。首先，种子包裹在隔热的果壳中，果壳在丛林大火过后才张开，释放出种子，并在充满灰烬的肥沃土壤中萌发。其次，叶子中富含油脂，助力火势，增加对不耐火物种的伤害，使桉树在演化中占据优势。丛林火催生树干和树枝厚皮下的休眠芽，使其在大火后萌发[137]。

第九节　大　洋　洲　界

大洋洲界位于印度马来界和澳大拉西亚界以东太平洋海面，包括密克罗尼西亚（Micronesia）、斐济群岛（the Fijian islands）、夏威夷群岛（the Hawaiian islands）以及新西兰以外的波利尼西亚（Polynesia），面积 100 万 km^2 [图 8-1（b）]。在 Udvardy 1975 年方案中，澳大拉西亚界的新几内亚、新喀里多尼亚、所罗门群岛以及新西兰被划入本界中。

在地质学上，大洋洲界是最年轻的生物地理区。其他各界均包含有古老陆块或者大陆碎片，而大洋洲界几乎全部由近期（主要是更新世）构造运动中出露海面的火山高地和珊瑚环礁形成的岛屿构成。在气候上，本界处于热带和亚热带湿润到季节性干旱区。湿润区域分布着热带和亚热带湿润阔叶林，干旱区域分布着热带和亚热带干旱阔叶林、热带和亚热带草地、萨瓦纳以及灌丛林地等生物相。本界岛屿基本上与大陆没有过陆地联系，动植物区系都是大陆成分跨海扩散抵达这些岛屿后建立起来的。陆生植物有几种扩散方式。①空气搬运。蕨类植物、苔藓类以及部分显花植物依赖风将细小的孢子或者羽毛状种子长距离搬运抵达遥远岛屿。例如，铁心木（*Metrosideros*，桃金娘科）借助这种方式从新西兰扩散到夏威夷群岛。②漂流。植物生产耐盐水浸泡的种子，借助洋流将种子从一地扩散到其他地方，如椰子树和红树林。③鸟类搬运。植物生产有绒毛的种子，黏附在鸟类的脚上或者羽毛上；或者生产能够抵抗鸟类消化液侵蚀的种子，鸟类进食果实后，种子随粪便排出。当鸟类从一岛飞往另一岛时，种子得以散播，从而扩展分布区。相比之下，对于绝大多数陆生动物而言，跨越大洋是很困难的。动物跨越重洋实现扩散主要依赖自身的飞行能力，如翼手目兽类和善于飞翔的鸟类。另外，部分种类（如蛤蚧、石龙子）跟随被冲刷到海中的植物漂流到远方岛屿上。地理隔离导致大洋洲界完全缺乏大型食肉动物和食草动物（人类引入除外）。

大洋洲界植物区系主要源自马来半岛、印度尼西亚、菲律宾以及新几内亚，少量类群来自澳大拉西亚和美洲。位于波利尼西亚最东端的复活节岛（Easter Island）的一些类群来自南美，如托托拉芦苇。在较大海岛上，由于生态位多样性高，动植物抵达后出现适应辐射和物种多样化事件，如夏威夷蜜旋木雀（管舌鸟科 Drepanididae）。在适应辐射中，巨人症（即体形变大）、侏儒症（即体形变小）以及鸟类失去飞行能力是常见的对岛屿环境的适应特征。由于缺乏捕食者物种，许多鸟类"变傻"，失去了逃离捕食者的天赋，并将卵产在地面上，导致它们在应对外来捕食性物种时的脆弱性。独立演化历史使大洋洲界出现许多特有种；尤其是在夏威夷，特有植物比例全球最高。与其他界相比，除了蝙蝠，大洋洲界几乎没有土著陆生兽类。鸟类是常见动物，包括许多海鸟以及一些祖先来自大陆的陆生鸟类。

人类扩散历史中，两次将动植物引入大洋洲界，并深刻改变这里的生态环境。第一次是马来亚-波利尼西亚人（Malayo-Polynesian）扩散到大洋洲岛屿上并定居时，携带来猪、狗、鸡以及波利尼西亚鼠。这些物种到公元 1200 年便已经扩散到大洋洲界所有岛屿。第二次是 17 世纪以后欧洲殖民者携带来猫、牛、马、绵羊、山羊、红颊獴（*Herpestes javanicus*）、褐家鼠（*Rattus norvegicus*）以及其他物种。这些外来物种的引入、过度捕猎以及森林砍伐深刻改变了许多岛屿上的生态环境，导致许多土著物种走向灭绝或接近灭绝或残存于无人居住的小岛上。

人类抵达大洋洲岛屿后，扰乱土著生态系统，引发物种灭绝潮。几百年前，人类造成复活节岛生态系统崩溃，使一度郁郁葱葱的森林变成现在大风侵扰的草地。生态灾难反过来引起岛上人口下降超过90%。20世纪40年代，人类引进褐树蛇（*Boiga irregularis*），导致关岛大量土著鸟类和蜥蜴灭绝。

参 考 文 献

[1]　Darlington Jr P J. Zoogeography: The Geographical Distribution of Animals. New York: John Wiley &

Sons, Inc, 1957.

[2]　张荣祖. 中国动物地理. 北京: 科学出版社, 1999.

[3]　中国科学院《中国自然地理》编辑委员会. 中国自然地理: 动物地理. 北京: 科学出版社, 1979.

[4]　Holdridge L R. Life Zone Ecology. San Jose (Costa Rica): Tropical Science Center, 1967.

[5]　Walter H, Box E. Global classification of natural terrestrial ecosystems. Vegetatio, 1976, 32: 75-81.

[6]　Schultz J. The Ecozones of the World: The Ecological Divisions of the Geosphere. Berlin Heidelberg: Springer-Verlag, 1995.

[7]　Bailey R G. Ecoregions: The Ecosystem Geography of Oceans and Continents. Berlin Heidelberg: Springer-Verlag, 1998.

[8]　IUCN Occasional Paper no. 18. UNESCO (United Nations Educational, Scientific and Cultural Organization). 1969. A Framework for a Classification of World Vegetation. Paris: UNESCO. UNESCO SC/WS/269.

[9]　DeLaubenfels D J. Mapping the World's Vegetation: Regionalization of Formations and Flora. Syracuse (NY): Syracuse University Press, 1975.

[10]　Schmidthüsen J. Atlas Zur Biogeographie. Mannheim (Germany): Bibliographisches Institut, 1976.

[11]　Defries R, Hansen M, Townshend J. Global discrimination of land cover types from metrics derived from AVHRR Pathfinder data. Remote Sensing of the Environment, 1995, 54: 209-222.

[12]　Loveland T R, Belward A S. The IGBP-DIS global 1 km land cover data set, DISCover first results. International Journal of Remote Sensing, 1997, 18: 3289-3295.

[13]　Udvardy M D F. A Classification of the Biogeographical Provinces of the World. Morges (Switzerland): International Union of Conservation of Nature and Natural Resources, 1975.

[14]　Olson D M, Dinerstein E, Wikramanayake E D, et al. Terrestrial ecoregions of the world: A new map of life on earth. BioScience, 2001, 51(11): 933-938.

[15]　Cox C B, Moore P D, Ladle R J. Biogeography: An Ecological and Evolutionary Approach. Ninth Edition. New Jersey: Wiley Blackwell, 2016.

[16]　Pielou E C. Biogeography. New York: John Wiley& Sons, Inc, 1979.

[17]　Morrone J J. Biogeographical regionalisation of the world: A reappraisal. Australian Systematic Botany, 2015, 28: 81-90.

[18]　Stuart A J, Kosintsev P A, Higham T F G, et al. Pleistocene to Holocene extinction dynamics in giant deer and woolly mammoth. Nature, 2004, 431(7009): 684-689.

[19]　Rokosz M. History of the Aurochs (Bos taurus primigenius) in Poland. Animal Genetics Resources Information (Food and Agriculture Organization), 1995, 16: 5-12.

[20]　International Rhino Foundation. 2015. Extinct Woolly Rhino. https://rhinos.org/species/extinct-woolly-rhino/[2019-4-20].

[21]　Graham R W, Belmecheri S, Choy K, et al. Timing and causes of mid-Holocene mammoth extinction on St. Paul Island, Alaska. Proceedings of the National Academy of Sciences, 2016, 113(33): 9310-9314.

[22]　Nowak R M. Walker's Mammals of the World. 6 ed. Baltimore: Johns Hopkins University Press, 1999.

[23]　Stiller M, Baryshnikov G, Bocherens H, et al. Withering away—25, 000 years of genetic decline preceded cave bear extinction. Molecular Biology and Evolution, 2010, 27(5): 975-978.

[24]　Martin P S. Chapter 4: Ground Sloths at Home, in Twilight of the Mammoths: Ice Age Extinctions and the Rewilding of America. Berkeley, California: University of California Press, 2005.

[25]　Steadman D W, Martin P S, MacPhee R D E, et al. Asynchronous extinction of late Quaternary sloths on continents and islands. Proc. Natl. Acad. Sci. USA (National Academy of Sciences), 2005, 102(33): 11763-11768.

[26]　Christenhusz M J M, Byng J W. The number of known plant species in the world and its annual

increase. Phytotaxa, 2016, 261(3): 201-217.

[27] Cronquist A. An Integrated System of Classification of Flowering Plants. Warren, Oregon: Columbia University Press, 1981.

[28] Angiosperm Phylogeny Group. An update of the Angiosperm Phylogeny Group classification for the orders and families of flowering plants: APG II. Botanical Journal of the Linnean Society, 2003, 141(4): 399-436.

[29] BirdLife International. Chamaea fasciata. IUCN Red List of Threatened Species. Version 2013.2. International Union for Conservation of Nature, 2012.

[30] Bull J, Farrand Jr J. Audubon Society Field Guide to North American Birds: Eastern Region. New York: Alfred A. Knopf, 1987.

[31] Hovore F T. Pleocomidae//Arnett Jr R H, Thomas M C, Skelley P E, et al. Volume 2: Polyphaga: Scarabaeoidea through Curculionoidea. American Beetles. Boca Raton: CRC Press, 2002.

[32] Jameson M L, Ratcliffe B C. Diphyllostomatidae//Arnett Jr R H, Thomas M C. American Beetles. vol. 2. Boca Raton: CRC Press, 2001.

[33] Reid F, Helgen K. Mephitis mephitis. IUCN Red List of Threatened Species. Version 2009.2. International Union for Conservation of Nature, 2008.

[34] Feldhamer G A, Thompson B C, Chapman J A. Wild Mammals of North America: Biology, Management, and Conservation. Baltimore, MA: JHU Press, 2003.

[35] Тахтаджян А Л. Флористические области Земли / Академия наук СССР. Ботанический институт им. В. Л. Комарова. — Л.: Наука, Ленинградское отделение. — 247 с. — 4000 экз. DjVu, 1978.

[36] Dinerstein E, Olson D, Graham D J. A Conservation Assessment of the Terrestrial Ecoregions of Latin America and the Caribbean. Washington DC: World Bank, 1995.

[37] Brochu C A. Phylogenetics, taxonomy, and historical biogeography of Alligatoroidea. Society of Vertebrate Paleontology Memoir, 1999, 6: 9-100.

[38] Pough F H, Andrews R M, Cadle J E, et al. Herpetology. Upper Saddle River, NJ: Pearson/Prentice Hall, 2004.

[39] The American Museum of Natural History. Amphibian Species of the World 6.0, an Oneline Reference. http://research.amnh.org/vz/herpetology/amphibia/[2020-3-14].

[40] Van der Sleen P, Albert J S. Field Guide to the Fishes of the Amazon, Orinoco, and Guianas. Princeton: Princeton University Press, 2017.

[41] Bequaert J C. An introductory study of Polistes in the United States and Canada with descriptions of some New North and South American forms (Hymenoptera, Vespidæ). Journal of the New York Entomological Society, 1940, 48(1): 1-31.

[42] Flannery T. The Eternal Frontier: An Ecological History of North America and its Peoples. New York: Grove Press, 2001.

[43] Iturralde-Vinent M A, MacPhee R D E. Paleogeography of the Caribbean region: Implications for Cenozoic biogeography. Bulletin of the American Museum of Natural History, 1999, 238: 1-95.

[44] World Wildlife Fund. Islands of the Lesser Antilles in the Caribbean. https://www.worldwildlife.org/ecoregions/nt0134[2020-2-20].

[45] Fossilworks. https://www.fossilworks.org.

[46] MacPhee R D E, Singer R, Diamond M. Late Cenozoic Land Mammals from Grenada, Lesser Antilles Island-Arc. American Museum Novitates Number 3302, American Museum of Natural History, 2000, 2000(3302): 1-20.

[47] 马丹炜, 张宏. 植物地理学. 北京: 科学出版社, 2008.

[48] Reis R E, Albert J S, Di Dario F, et al. Fish biodiversity and conservation in South America. Journal of Fish Biology, 2016, 89(1): 12-47.

[49] Hales J, Petry P. Orinoco Llanos. Orinoco Delta & Coastal Drainages. http://www.feow.org/ecoregions/details/307[2019-6-15].

[50] Dubey N K. Plants as a Source of Natural Antioxidants. CABI, 2014.

[51] Hilty J A. Climate and Conservation: Landscape and Seascape Science, Planning, and Action. Washington: Island Press, 2012.

[52] Biswas A K. Managing Transboundary Waters of Latin America. Routledge, 2013.

[53] Climate of the Andes. https://web.archive.org/[2019-6-14].

[54] Hotsports (Targeted investment in nature's most important places). https://www.conservation.org/How/Pages/Hotspots.aspx[2019-6-12].

[55] Fjeldsaå J, Krabbe N. Birds of the High Andes: A Manual to the Birds of the Temperate Zone of the Andes and Patagonia, South America. Apollo Booksellers, 1990.

[56] Eisenberg J F, Redford K H. Mammals of the Neotropics, Volume 3: The Central Neotropics: Ecuador, Peru, Bolivia, Brazil. Chicago: University of Chicago Press, 1999.

[57] Eisenberg J F, Redford K H. Mammals of the Neotropics, Volume 2: The Southern Cone: Chile, Argentina, Uruguay, Paraguay. Chicago: University of Chicago Press, 1992.

[58] McEwan C, Prieto L A. Patagonia: Natural History, Prehistory and Ethnography at the Uttermost End of the Earth. Princeton University Press with British Museum Press, 1997.

[59] Arroyo M K, Cavieres L, Peñaloza A, et al. Relaciones fitogeográficas y patrones regionales de riqueza de especies en la flora del bosque lluvioso templado de Sudamérica [Floristic structure and human impact on the Maulino forest of Chile]//Armesto J J, Villagrán C, Arroyo M K. Ecología de los bosques nativos de Chile (in Spanish). Santiago de Chile: Editorial Universitaria, 1995.

[60] Martin G M, Flores D, Teta P. Dromiciops gliroides. IUCN Red List of Threatened Species. Switzerland and Cambridge: IUCN, 2015.

[61] Grubb P. Mammal Species of the World: A Taxonomic and Geographic Reference// Wilson D E, Reeder D M. 3rd ed. Baltimore: Johns Hopkins University Press, 2005.

[62] Napolitano C, Gálvez N, Bennett M, et al. Leopardus guigna. The IUCN Red List of Threatened Species. Switzerland and Cambridge: IUCN, 2015.

[63] Murúa R. Comunidades de mamíferos del bosque templado de Chile [Mammalian communities of Chilean temperate forests]// Armesto J J, Villagrán C, Arroyo M K. Ecología de los bosques nativos de Chile (in Spanish). Santiago de Chile: Editorial Universitaria, 1995.

[64] WWF (World Wildlife Fund). Southern South America: Southern Argentina and southeastern Chile. https://www.worldwildlife.org/ecoregions/nt0805[2020-3-14].

[65] Dafonseca G. The vanishing Brazilian Atlantic forest. Biological Conservation, 1985, 34: 17-34.

[66] Myers N, Mittermeier R A, Mittermeier C G, et al. Biodiversity hotspots for conservation priorities. Nature, 2000, 403: 853-858.

[67] Franc F G R, Mesquita D O, Nogueira C C, et al. Phylogeny and ecology determine morphological structure in a snake assemblage in the central Brazilian Cerrado. Copeia, 2008, 1: 23-38.

[68] Redford K H. The role of gallery forests in the zoogeography of the Cerrado's non-volant mammalian fauna. Biotropica, 1986, 18: 126-135.

[69] Henriques R P B, Cavalcante R J. Survey of a gallery forest primate community in the cerrado of the Distrito Federal, central Brazil. Neotropical Primates, 2004, 12(2): 78-83.

[70] Tabarelli M, Aguiar A V, Ribeiro M C, et al. Prospects for biodiversity conservation in the Atlantic Forest: Lessons from aging human-modified landscapes. Biological Conservation, 2010, 143(10): 2328-2340.

[71] Reaka-Kudla M L, Wilson D E, Wilson E O. Biodiversity II: Understanding and Protecting Our Biological Resources. Washington DC: Joseph Henry Press, 1997.

[72] Pontes A, Malta A, Asfora P. A new species of capuchin monkey, genus Cebus erxleben (Cebidae,

Primates): Found at the very brink of extinction in the Pernambuco Endemism Centre. Zootaxa, 2006, 1-12.

[73] Cassano C, Kierulff M, Chiarello A. The cacao agroforests of the Brazilian Atlantic forest as habitat for the endangered maned sloth Bradypus torquatus. Mammalian Biology, 2011, 76: 243-250.

[74] Rezende C L, Scarano F R, Assad E D, et al. From hotspot to hopespot: An opportunity for the Brazilian Atlantic Forest. Perspectives in Ecology and Conservation, 2018, 16(4): 208-214.

[75] Galindo Leal C, De Gusmão Câmara I. The Atlantic Forest of South America: Biodiversity Status, Threats, and Outlook. Washington: Island Press, 2003.

[76] Rudolph E D. Antarctic lichens and vascular plants: their significance. BioScience, 1965, 15(4): 285-287.

[77] Mack E. Life Confirmed Under Antarctic Ice; Is Space Next? Forbes (August 20, 2014). https://www.forbes.com[2019-6-12].

[78] Fox D. Lakes under the ice: Antarctica's secret garden. Nature, 2014, 512(7514): 244-246.

[79] Westall F, De Ronde C E J, Southam G, et al. Implications of a 3.472-3.333Gyr-old subaerial microbial mat from the Barberton greenstone belt, South Africa for the UV environmental conditions on the early Earth. Philosophical Transactions of The Royal Society B, 2006, 361(1474).

[80] McCall R A. Implications of recent geological investigations of the Mozambique Channel for the mammalian colonization of Madagascar. Proceedings R.Soc.Lord. Biological sciences, 1997, 264(1382): 663-665.

[81] Winkler A J. Neogene paleobiogeography and East African paleoenvironments: contributions from the Tugen Hills rodents and lagomorphs. Journal of Human Evolution, 2002, 42(1-2): 237-256.

[82] Benammi M, Calvo M, Prévot M, et al. Magnetostratigraphy and paleontology of Aït Kandoula basin (High Atlas, Morocco) and the African-European late Miocene terrestrial fauna exchanges. Earth and Planetary Science Letters, 1996, 145(1-4): 15-29.

[83] Gheerbrant E, Rage J C. Paleobiogeography of Africa: How distinct from Gondwana and Laurasia? Palaeogeography, Palaeoclimatology, Palaeoecology, 2006, 241(2): 224-246.

[84] Fjeldsaå J, Lovett J C. Geographical patterns of old and young species in African forest biota: The significance of specific montane areas as evolutionary centres. Biodiversity and Conservation, 1997, 6(3): 325-346.

[85] Lönnberg E. The development and distribution of the African fauna in connection with and depending upon climatic changes. Arkiv for Zoologi, 1929, 21(4): 1-33.

[86] Owen-Smith N. Pleistocene extinctions, the pivotal role of megaherbivores. Paleobiology, 1987, 13(3): 351-362.

[87] Moritz T, Linsenmair K E. West African fish diversity – distribution patterns and possible conclusions for conservation strategies//Huber B A, Sinclair B J, Lampe K H. African Biodiversity: Molecules, Organisms, Ecosystems. Berlin Heidelberg: Springer, 2005.

[88] Farias I P, Ortí G, Meyer A. Total evidence: Molecules, morphology, and the phylogenetics of cichlid fishes. Journal of Experimental Zoology, 2000, 288: 76-92.

[89] Lévêque C, Oberdorff T, Paugy D, et al. Global diversity of fish (Pisces) in freshwater. Hydrobiologia, 2008, 595: 545-567.

[90] Myers N. The rich diversity of biodiversity issues//Reaka-Kudla M L, Wilson D E, Wilson E O. Biodiversity II. Understanding and Protecting our Biological Resources. National Academy Press, 1997.

[91] Andreone F, Carpenter A I, Cox N, et al. The challenge of conserving amphibian megadiversity in Madagascar. PLoS Biol, 2008, 6(5): e118.

[92] Anton A, Anton M. Evolving Eden: An Illustrated Guide to the Evolution of the African Large Mammal Fauna. Warren, Oregon: Columbia University Press, 2007.

[93] African Bird Club. https://www.africanbirdclub.org/resources/checklist/intro.[2017-5-12].

[94] Gans C, Kraklau D. Studies on amphisbaenians (Reptilia). 8, Two genera of small species from east Africa (Geocalamus and Loveridgea). Bulletin of the American Museum Novitates No. 1989: 2944.

[95] Miller S E, Rogo L M. Challenges and opportunities in understanding and utilisation of African insect diversity. Cimbebasia, 2001, 17: 197-218.

[96] Richmond M D. The marine biodiversity of the western Indian Ocean and its biogeography. How much do we know//Marine Science Development in Eastern Africa. Proc. of the 20th Anniversary Conference on Marine Science in Tanzania. Institute of Marine Sciences/WIOMSA, Zanzibar, 2001.

[97] Chapman C A, Lawes M J, Eeley H A C. What hope for African primate diversity? African Journal of Ecology, 2006, 44(2): 116-133.

[98] Begon M, Townsend C R, Harper J L. Ecology: From Individuals to Ecosystems. New Jersey: Wiley-Blackwell, 2006.

[99] WWF (World Wide Fund for Nature)- Guinean moist forests. https://www.worldwildlife.org/. [2020-2-20]

[100] Irwin P. A Field Guide to the Natal Drakensberg. The Natal Branch of the Wildlife Society of Southern Africa, 1983, 129.

[101] Du Preez, L, Carruthers V. A Complete Guide to the Frogs of Southern Africa. New York: Penguin Random House South Africa, 2015.

[102] Abdallah J M, Monela G G. Overview of miombo woodlands in Tanzania. Working Papers of Finnish Research Institute, 2007, 50: 9-23.

[103] Campbell B M. The Miombo Transition: Woodlands & Welfare in Africa. International Forestry Research, 1996.

[104] WWF-World Wide Fund for Nature. Southeastern Africa: South Africa, Mozambique, Botswana, Zambia, Zimbabwe, Swaziland, Namibia, and Malawi. https://www.worldwildlife.org/ecoregions/ at0725 [2019-7-13].

[105] Goudie A. Chapter 17: Namib Sand Sea: Large Dunes in an Ancient Desert//Migoń P. Geomorphological Landscapes of the World. Berlin Heidelberg: Springer, 2010.

[106] Bornman C. Welwitschia. Cape Town: Struik, 1978.

[107] Bornman C H, Elsworthy J A, Butler V, et al. Welwitschia mirabilis: Observations on general habit, seed, seedling, and leaf characteristics. Madoqua Series II, 1972, 1: 53-66.

[108] Leipold M. Plants of the Kalahari. http://kalahari.testkastl.de[2019-7-12].

[109] Hogan C. 2008. Makgadikgadi, Megalithic Portal, ed. A. Burnham. https://www.megalithic.co.uk/ article.php?sid=22373&mode=&order=0[2019-7-12].

[110] Potgieter D J, Du Plessis T C. Standard Encyclopaedia of Southern Africa. Vol. 6. Cape Town: Nasou, 1972, 306-307.

[111] Bulpin T V. Discovering Southern Africa. Muizenberg, 1992: 271-274, 301-314.

[112] Palmer E. The Plains of Camdeboo. London: Fontana/ Collins, 1966.

[113] Richtersveld National Park. https://www.richtersveldnationalpark.com/vegetation_succulent_karoo. html[2019-7-12].

[114] Karanth K P. Out-of-India Gondwanan origin of some tropical Asian biota. Current Science, 2006, 90(6): 789-792.

[115] Callmander M, Phillipson P B, Schatz G E, et al. The endemic and non-endemic vascular flora of Madagascar updated. Plant Ecology and Evolution, 2011, 144(2): 121-125.

[116] Garbutt N. Mammals of Madagascar: A Complete Guide. London: A & C Black, 2007.

[117] Mittermeier R, Ganzhorn J, Konstant W, et al. Lemur diversity in Madagascar. International Journal of Primatology, 2008, 29(6): 1607-1656.

[118] Thornback J, Harcourt C. Lemurs of Madagascar and the Comoros: The IUCN Red Data Book. World

Conservation Union, 1990.

[119] Morris P, Hawkins F. Birds of Madagascar: A Photographic Guide. Mountfield, UK: Pica Press, 1998.

[120] Hume J P, Walters M. Extinct Birds. Poyser Monographs. London: A & C Black, 2012.

[121] Goodman S M. Holocene bird subfossils from the sites of Ampasambazimba, Antsirabe and Ampoza, Madagascar: Changes in the avifauna of south central Madagascar over the past few millennia// Adams N J, Slotow R H. Proc. 22 Int. Ornithol. Congr, Durban, Johannesburg: BirdLife South Africa, 1999.

[122] Rhodin A G J, Van Dijk P P, Inverson J B, et al. Turtles of the World 2010 Update: Annotated Checklist of Taxonomy, Synonymy, Distribution and Conservation Status. Conservation Biology of Freshwater Turtles and Tortoises -Chelonian Research Monographs No, 2010, 5: 85-164.

[123] AmphibiaWeb. Buergeria japonica | Ryukyu Kajika Frog. https://amphibiaweb.org [2019-8-12].

[124] Ng H H, Sparks J S. Revision of the endemic Malagasy catfish family Anchariidae (Teleostei: Siluriformes), with descriptions of a new genus and three new species. Ichthyol. Explor. Freshwaters, 2005, 16(4): 303-323.

[125] Sparks J S, Smith W L. Phylogeny and biogeography of the Malagasy and Australasian rainbowfishes (Teleostei: Melanotaenioidei): Gondwanan vicariance and evolution in freshwater. Molecular Phylogenetics and Evolution, 2004, 33(3): 719-734.

[126] Sparks J S. Molecular phylogeny and biogeography of the Malagasy and South Asian cichlids (Teleostei: Perciformes: Cichlidae). Molecular Phylogenetics and Evolution, 2004, 30(3): 599-614.

[127] Wallace A R. On the Physical Geography of the Malay Archipelago. Royal Geographical Society, 1863, 7: 205-212.

[128] Huxley T H. On the classification and distribution of the Alectoromorphae and Heteromorphae. Proceedings of the Zoological Society of London, 1868, 294-319.

[129] Frost D R. Amphibian Species of the World 6.1, an Online Reference. American Museum of Natural History. http://research.amnh.org/vz/herpetology/amphibia/[2019-8-16].

[130] Ecology Asia. Primates of SE Asia. https://www.ecologyasia.com/verts/primates.htm [2019-8-1].

[131] Meredith R W, Janečka J E, Gatesy J, et al. Impacts of the Cretaceous terrestrial revolution and KPg extinction on mammal diversification. Science, 2011, 334(6055): 521-524.

[132] Zhou X, Sun F, Xu S, et al. The position of tree shrews in the mammalian tree: Comparing multi-gene analyses with phylogenomic results leaves monophyly of Euarchonta doubtful. Integrative Zoology, 2015, 10(2): 186-198.

[133] Groves C P, Molur S. Semnopithecus ajax. The IUCN Red List of Threatened Species. Switzerland and Cambridge: IUCN, 2008: e.T39833A10274370.

[134] Kumar A, Zhang Y, Molur S. Semnopithecus schistaceus. The IUCN Red List of Threatened Species. Switzerland and Cambridge: IUCN, 2008: e.T39840A10275563.

[135] Srivastava A. Insectivory and its significance to langur diets. Primates, 1991, 32(2): 237-241.

[136] Vogel C. Ecology and sociology of Presbytis entellus// Prasad M R N, Kumar A. Use of Non-human Primates in Biomedical Research. International Symposium held in New Delhi, India, November 1975. New Delhi: Indian National Science Academy, 1977.

[137] Ladiges P Y, Udovicic F, Nelson G. Australian biogeographical connections and the phylogeny of large genera in the plant family Myrtaceae. Journal of Biogeography, 2003, 30(7): 989-998.

第九章

中国动物区系区划

第一节　当代中国动物区系演化背景

当代中国动物区系包括北方古北界和南方印度马来界（亦即东洋界[1]），分界线位于喜马拉雅山南坡海拔 2000～2500m，向东经过横断山区、秦岭、淮河，到通扬运河；界线以北是古北界，以南是印度马来界。中国古北界属于全球古北界东亚生物区（亦即古北界东北亚界，包括中国东北区和华北区）和西亚—中亚生物区（亦即中亚亚界，包括中国青藏区和蒙新区，但阿尔泰山除外；后详），中国印度马来界属于全球印度马来界印度支那生物区（亦即东洋界中印亚界，包括中国华中区、华南区和西南区[1]）。

据周明镇[2]，中国现代动物区系的分化始于上新世。上新世三趾马动物区系分化出北方泥河湾和南方巨猿动物区系。泥河湾经历中国猿人、丁村、沙拉乌苏三个阶段后，分化出北京周口店山顶洞动物群、猛犸象动物区系以及现代东北亚界动物区系；猛犸象动物区系演化出现代阿尔泰山地动物群，现代东北亚界动物区系进一步分化形成现代东北区和华北区的区系。巨猿动物区系经历大熊猫-剑齿象动物区系后，演化成中印亚界动物区系，并进一步分化为现代华中区、华南区和西南区的区系。

在周明镇的区系演化图解（见张荣祖[1]图 5.3，中国科学院《中国自然地理》编辑委员会[3]图 1）中，三趾马动物区系与巨猿动物区系间用的是虚线箭头，可能表明当时数据资料尚缺乏，作者仅仅是在做推测。据李炎贤[4]，云南元谋动物群似乎可以分为两个不同层位：早期层位为晚上新世，以森林动物为主；晚期层位为早更新世，以森林—疏林草原动物为主，环境特征与三趾马动物区系有几分相似。然而，早期层位与北方泥河湾同期，但成分迥异，可能属于更早期的铲齿象动物区系的延续。另外，据 Linnemann 等[5]，在元谋吕合盆地，晚古近纪植物有 12 科 23 属，新近纪仅消失了 3 属（消失率仅13%），没有科的消失；到现代，另外 2 属消失，其中 1 属导致 1 科（胡桃科 Juglandaceae）消失。也就是说，从晚古近纪到现代，元谋的植物区系构成很稳定，92%的科和78%的属延续至今。因此，元谋动物群不太可能源于上新世三趾马动物区系。从环境适应来看，巨猿动物区系与泥河湾动物区系可能不同源：前者分布于暖湿森林环境，可能起源于上新世退缩到南方的铲齿象动物区系；后者分布于干旱寒冷的草原环境，与上新世北方干冷草原的三趾马动物区系存在适应性上的联系。另外，该图解对青藏区的起源没有解释。

一、西北动物区系

1. 早期演化

新生代早期，中国大陆处于热带和亚热带气候区，植被区域分化不明显。中新世，青藏高原以北开始出现干旱。随着干旱以及 C4 固碳途径出现，始于渐新世的草原生态系统—三趾马动物区系中，食草类以及以食草类为食的食肉类出现适应辐射和物种多样化，并于中新世发展到顶峰，上新世开始衰落。甘肃和政化石动物群能够很好地反映西北地区晚渐新世到早更新世动物区系演变过程（化石网[6]，2020 年 3 月数据）。和政地层从晚渐新世跨越到早更新世，出现四个不同时期的动物群：晚渐新世巨犀动物群、中中新世铲齿象动物群、晚中新世三趾马动物群以及早更新世真马动物群。

巨犀动物群以奇蹄类为主，包括河套裂爪兽（*Schizotherium ordosium*）、三趾原犀（*Triplopus*）、异角犀（*Allacerops*）、霍尔果斯准噶尔巨犀（*Dzungariotherium orgosense*）、副巨犀（*Aceratherium bugtiense*）、龙佐犀（*Ronzotherium*）和兰州巨獠犀（*Aprotodon lanzhouensis*）等。其他类群有阿尔泰查干鼠（*Tsaganomys altaicus*，啮齿类）、巨翼齿兽（*Megalopterodon*，肉齿类）和巨颌副猪（*Paraentelodon macrognathus*，偶蹄类）。这些类群在早渐新世兰州盆地、内蒙古[7,8]以及巴基斯坦 Bugti 地区也有分布[9]。内蒙古和兰州盆地还有其他啮齿类，如梳趾鼠（Ctenodactylidae，草原类型）[8]。巨犀动物群分为两大类群，一个是以巨犀为代表的湿润森林类群，另一个是以小型啮齿类占主导的干旱草原类群。现今分布于热带水体的攀鲈（Anabantidae）和鲃（Barbinae）等鱼类于渐新世分布到藏北，棕榈、菖蒲为当时青藏地区的常见类群[10]。这表明，可能由于古峡谷（见后文"二、青藏高原及周边动物区系"）的通道作用，青藏高原此时尚未对动物区系的扩散形成阻隔，巨犀类可以在青藏高原古峡谷中沿着森林生境走廊进行南北间扩散。藏北此时气候温暖湿润，森林密布，水体众多。动物区系属于亚洲巨犀动物区系的组成部分。渐新世全球干旱带南线穿过兰州盆地附近[8]，西北地区处于从南部湿润森林到北部干旱草原的过渡地带，并以暖湿森林环境为主，间杂开阔草原环境。

中中新世铲齿象动物群以长鼻类为主，如铲齿象（*Platybelodon*）、轭齿象（*Zygolophodon*）以及嵌齿象（*Gomphotherium*）。其他类群有库班猪（*Kubanochoerus*）、利齿猪（*Listriodon*）、西班牙犀（*Hispanotherium*）、奇角犀（*Alicornops*）、半犬（*Amphicyon*）、半熊（*Hemicyon*）、安琪马（*Anchitherium*）、巨鬣狗（*Petcrocuta*）等。巨鬣狗是这个时期重要的捕食者。这些类群的分布区向西延伸到欧洲和非洲[11-13]。其他地区的铲齿象动物群中还有兔形类以及灵长类（如上新猿 *Pliopithecus* 和湖猿 *Limnopithecus*）。铲齿象是水边食草动物，以水草为食。奇角犀和上新猿是森林动物，西班牙犀在开阔地上取食草本植物[14]。这个动物群表明，中中新世和政及其以西广阔的亚欧大陆和非洲气候仍然温暖湿润，水道交错，湿地、森林、草原交替分布。中国南北动物区系虽然已经开始分化，但差异尚不明显。例如，北方铲齿象动物群尚有喜温湿的灵长类存在。

晚中新世三趾马动物群广泛分布于北方各地，如甘肃和政、山东淄博，青藏高原也有分布。

三趾马起源于北美，晚渐新世跨越白令陆桥扩散到亚洲，然后迅速到达欧洲和非洲，并出现适应辐射。晚中新世，三趾马动物群多样性达到巅峰，分布区从东亚一直延伸至地中海沿岸。和政三趾马动物群种类繁多，有上百属，隶属于啮齿目（如鼢鼠 Myospalacinae、竹鼠 Rhizomyidae、豪猪 Hystricidae）、食肉目（如鬣狗 Hyaenidae、印度熊 *Indarctos*、剑齿虎 *Machairodus*）、奇蹄目（如三趾马 *Hipparion*、大唇犀 *Chilotherium*）、鲸偶蹄目（如长颈鹿 *Giraffa*、弱獠猪 *Microstonyx*）、长鼻目（如四棱齿象 *Tetralophodon*）以及其他3个目。除繁荣的三趾马外，犀类占有明显优势，爪兽和貘类趋于衰落。鲸偶蹄目中，牛羊类和长颈鹿蓬勃发展。

有趣的是，和政三趾马动物群中出现鸵鸟（即临夏鸵鸟 *Struthio linxiaensis*）。鸵鸟属于冈瓦纳鸟类，早期化石多见于非洲，南亚从未发现（Fossilworks[15]，2020年3月数据）。这表明，这种地栖鸟类可能是伴随非洲板块漂移进入欧亚大陆，然后自西向东扩散。因此，三趾马动物区系不是单向扩散的结果，而可能是东西双向扩散形成的。

三趾马动物群成分大多属于草原以及稀树草原种类，耐干旱。它们在和政的出现表明，晚中新世西北已经变得干旱，广泛分布着亚热带、温带森林和森林草原，草原动物非常丰富。

上新世，印度洋暖湿气流开始被阻断，从甘肃到新疆环境干旱化，广泛分布着草原和荒漠草原，森林仅存于山地；中新世时期由榉、栎、栗、漆、椴、芸香、大戟、雪松、罗汉松构成的暖温带-亚热带植被大多消失，代之以由耐寒的云杉、冷杉、藜、蒿、禾本科、十字花科、毛茛、菊科、莎草科、蝶形花科、白刺、麻黄等种类构成的典型草原-荒漠草原景观[16]。随着气温下降，适合三趾马动物群生存的生境越来越少，大量物种灭绝，动物多样性开始衰退。然而，区系的基本特征仍然存在，并且广泛分布于北方。

2. 现代区系形成

进入更新世，冰期气候出现，全球气温进一步震荡下行。喜马拉雅山进一步阻断西南季风进入中亚。天山和阿尔泰山隆升，帕米尔高原和天山对西风产生影响，致使西北地区进一步干旱，形成大面积干旱荒漠、干旱荒漠草原以及半干旱典型草原。喜湿类群在盆地中逐步灭绝，分布区收缩至海拔较高的山坡和河谷洼地。古近纪—新近纪残存于天山南麓、帕米尔高原、昆仑山以及喀喇昆仑山的榉木和枫香此时消失，亚高山草甸出现。晚更新世，西北地区气候一度回暖，稀疏森林得以发育，针叶林中既有云杉，也有冷杉；阔叶林中有桦、栎、椴、鹅耳枥、白蜡等树种[16,17]。

上新世青藏高原演化出的冰期动物群于早更新世向北扩散到西北和华北，参与构成同期出现的和政真马动物群以及泥河湾动物区系。和政真马动物群中，哺乳动物有狐、狼、鼬、鬣狗、剑齿虎、猎豹（*Acinonyx*）、猞猁、真马、披毛犀、鹿和丽牛（*Leptobos*）等。这些类群与泥河湾的区系特征相似，均有亚欧大陆北部的广布成分，如狼、狐、披毛犀等。它们的生态学特征是耐寒耐旱，适应寒冷草原环境。这种特征为现代蒙新区区系所继承。

二、青藏高原及周边动物区系

1. 喜马拉雅—青藏高原抬升

传统观点认为，喜马拉雅山和青藏高原同步抬升。喜马拉雅造山运动分两幕进行，

第一幕从渐新世到中新世，导致喜马拉雅山主体、冈底斯山、念青唐古拉山隆起。第二幕从上新世到更新世，导致青藏高原整体大幅度上升。第一幕是个缓慢过程，第二幕是剧烈抬升过程。上新世，青藏高原面平均海拔大约1000m，气候属于热带和亚热带。上新世末，青藏高原开始急剧隆升，在更新世早、中、晚期各抬升了1000m，海拔升至现代平均4700m。其中，青藏高原西北部抬升剧烈，导致西北高、东南低的现代青藏高原地形。因此，青藏高原是非常年轻的高原，当代生物区系演化的大部分历史都存在于上新世以来。青藏高原抬升还引发了亚洲季风的形成。

然而，近年来的研究给出另外一幅图景。Renner[18]回顾1998年以来关于青藏高原造山运动、同位素年代测定、化石、气候模拟以及分子生物学的文献后发现，在中始新世40MaBP，青藏高原中心拉萨平原海拔即已高达4000~5000m，大大早于先前认为的时间。Spicer[19]认为这个时间更早，即始新世初（56~50MaBP）。与传统观点不同，印度夏季风、东南亚夏季风以及中亚冬季风与青藏高原抬升没有关联，这些季风在高原出现前就已经存在，但青藏高原北部的季风形态在更新世的高原隆升中受到了影响[18,19]。苏涛及其团队给出更多青藏高原抬升的细节。基于棕榈及其他植物化石的研究结果，他们提出：①青藏高原东南部高原面海拔在晚始新世（34MaBP）就已经抬升到大约3000m，渐新世初升至3900m（亦即现代高度）[20]。在始新世到渐新世交替期，青藏高原东南部已经开始从亚热带/暖温带植被向寒温带植被过渡，叶子开始变小。因此，青藏高原植被从此时开始向现代植被演化，而且这种植被的现代化过程植根于古近纪的古老植被，而非新近纪较新的植被。这可能是现代青藏高原及其附近区域保存较多原始种类的原因之一（另一个原因是青藏高原的周边区域成为古老类群的冰期避难所）。②现代海拔4655m的青藏高原核心区在晚渐新世（约25.5MaBP）存在一条大体呈东西走向的古峡谷，谷底海拔不足2300m，南北分别是海拔超过4000m的冈底斯山和羌塘高地。在抬升运动（主要因素）和沉积过程的共同作用下，古峡谷逐步上升。中新世以后，古峡谷上升至与周边山系/高地相似的海拔，并逐步演变成现代地形[21]。这项研究否定了古西藏高原的平坦地形，并且认为现代平坦的高原面是青藏高原不同区域经历不同地质演化过程形成的结果。③青藏高原与喜马拉雅山抬升发生在不同时期，青藏高原先存在，印度板块与它挤压后形成喜马拉雅山。喜马拉雅山开始抬升时，青藏高原已经到达现代海拔。喜马拉雅山于15MaBP达到青藏高原的海拔后继续抬升，达到现代高度[19]。因此，青藏高原与喜马拉雅山的生物区系演化历史不同。遗憾的是，目前尚未见到对这两地的比较研究[22]。古峡谷可能为晚中新世及之前青藏高原北侧输送暖湿气流，维持古峡谷及青藏高原北侧的湿润环境。古峡谷消失后，喜马拉雅山进一步抬升加重这些区域的干旱。这种观点与和政动物群的变迁相吻合：晚中新世之前，暖湿气流通过古峡谷进入青藏高原北面，保持青藏高原北面的温湿环境，相继支撑着当地喜温湿的巨犀动物群和铲齿象动物群。晚中新世之后，随着古峡谷消失，进入西北地区的暖湿气流逐步消失，当地环境干旱化。更新世中期开始，喜马拉雅山急剧抬升进一步加剧西北干旱。其结果，西北的动物区系相继为耐旱的三趾马动物群和真马动物群所取代。

2. 古北界—印度马来界在喜马拉雅的区系分化

中新世晚期,青藏高原面上暖湿环境已经消失,高原内部出现草原-荒漠植被。喜马拉雅山脉两侧环境气候开始分异。山脉北缘出现落叶阔叶林和常绿革质灌丛,类群包括榆、杨、鹅耳枥、硬叶常绿栎、灌状杜鹃以及一些草本植物[16],C3 和 C4 植物均有分布[23];喜暖湿的森林动物灭绝,出现三趾马动物群,如吉隆盆地和札达盆地(当时海拔2900~3400m)的三趾马、小古长颈鹿(*Palaeotrasgus microdon*)、牛科以及鹿科动物[24-27]。喜马拉雅山南侧开始富集水热资源,分布着热带常绿阔叶林,森林动物丰富。中喜马拉雅和横断山区是亚热带常绿和落叶阔叶混交林,动物以热带和亚热带森林类群为主,草原种类较少[16]。这些差异表明,喜马拉雅山此时已经影响古北界和印度马来界的类群交流,区系出现明显分化。

由于古西藏高原以及亚洲季风早已存在,高原南面在喜马拉雅山出现前应该已经起到阻挡暖湿气流的作用,并导致生物多样性富集,促成区系分化。喜马拉雅山抬升后,迎风面以及区系分界线向南前移。因此,两大区系的分异时间应该早于中新世。这一点得到 Spicer[19]的证实,古生物化石放射性年代研究表明,南亚的高生物多样性起源于古近纪,而不是新近纪。

3. 青藏高原及周边现代区系形成

上新世,喜马拉雅山希夏邦马峰分布着亚热带针阔混交林,种类包括雪松、云杉、桦、栎。横断山区—喜马拉雅山—帕米尔高原一线南坡广泛分布着以常绿硬叶林和雪松为主的针阔混交林。高原北部振泉错、加布拉以及阿里和青海通天河、沱沱河等地植被以冷杉、云杉为优势类群,雪松比例下降;落叶种类包括榆、栎、桦、椴、桤,草本植物种类有所增加。昆仑山南坡、唐古拉山以北、长江源头以西为亚高山针叶林和针阔混交林。柴达木盆地出现旱生盐碱荒漠,但在谷地中还有云杉、冷杉、榆、桦[16]。札达盆地此时出现披毛犀、雪豹、北极狐和盘羊的祖先类型化石,是适应严寒环境的第四纪冰期动物群的最早代表。依据"走出西藏理论"[10,26],这些类群从这里沿着青藏高原与亚洲大陆北方之间的更新世苔原生境走廊向北扩散,进入欧亚各地,成为泥河湾动物区系的代表类群。部分类群经过白令陆桥进一步扩散到北美,成为环北极分布的全北型类群。

早更新世,昆仑山、唐古拉山、横断山区仍有亚高山针叶林生长。中更新世晚期最大冰期中,西北山地、川西以及青藏高原发育大规模山地冰川,间冰期有针阔混交林分布。晚更新世(130~10kaBP),青藏高原及周边山地地貌与现代已经很相似。喜马拉雅山有效阻断印度洋季风,青藏高原内部强烈变干,山地冰川规模缩小;森林消失,草原及其他旱生植被出现。喜马拉雅山南麓富集大量水热资源,冰川发育;雪线以下森林茂密,植被垂直带谱明显[16]。北半球北部经历连续的冰雪覆盖,导致大规模动物灭绝。据张荣祖[1]，青藏高原演化历史不同于北方：由于比较干旱，青藏高原内部在更新世冰期中并未形成连续冰盖，而是片断分布的冰川；动物区系从未发生过因为连续冰盖而出现的消失事件。羌塘高原地质隆升幅度最大，海拔升高导致喜暖湿的南方林栖类群向东南收缩，喜干凉的中亚种类从西北向羌塘高原扩展。冰期动物群的部分种类留在高原上（如雪豹），与来自西北的部分类群在高原冰缘环境中一同演化成耐高寒（低温、低氧环境）的高地型种类，如藏羚羊、藏野驴、野牦牛、雪鸡、雪鸽以及多种雪雀等，并成为现代青藏区代表类群。

晚更新世以来，西南地区夏季受西南暖湿季风、冬季受干燥温暖的西风南支气流影响，出现四季温暖、干湿分明的气候特征，削弱了冰期气候的影响。尤其是在低海拔区，温和环境成为冰期喜温物种避难所，如水杉（*Metasequoia*）[1,16]，使青藏高原周边区域保存较多原始种类。

青藏高原上喜暖湿的林栖类群继续向东扩展，进入横断山区。山地垂直气候以及南北走向的沟谷为南北类群相互渗透提供通道。耐寒种类沿高海拔向南延伸，喜温种类沿低海拔（河谷）向北延伸。随着山地抬升，喜温类群逐步适应高山环境，如川金丝猴、滇金丝猴、大熊猫，成为西南区代表类群。

三、东部季风区动物区系

1. 南北区系分化

在东部季风区，秦岭—淮河对古北界—印度马来界区系的分化作用出现较晚。早更新世（2.5MaBP）开始，北方气候变干，黄河中下游开始积累黄土，暖湿期广泛分布的森林被森林草原取代[16]，秦岭的南北分界作用开始显现。

判断区系分化的证据是区系的过渡特征。裴文中于1957年首先提出，东部季风区南北区系在淮河一线过渡[27]。位于秦岭山地的湖北郧西白龙洞中更新世动物群特征显示[28]，南北动物群当时在秦岭相遇和过渡。拥有区系过渡特征的其他化石发掘地还有早更新世安徽巢县银山下部堆积和田王岭及汉中盆地的勉县，中更新世安徽和县、巢县银山、河南南如、江苏南京汤山以及晚更新世河南新蔡、安徽五河戚咀、江苏武进[29]。这些地点恰好位于秦岭—淮河一线。这表明，与秦岭一样，淮河的分界作用也可以追溯到早更新世。

2. 现代北方区系形成

早更新世，随着北方越来越冷以及南北区系分化，上新世三趾马动物区系在加速灭绝，喜温物种继续向南退缩，起源于青藏高原的第四纪冰期动物群进入北方，与当时分布在北方的动物群一同演化，形成泥河湾动物区系。

1）泥河湾动物区系

化石发掘地位于河北阳原县。区系成分中，哺乳动物有长鼻目纳玛象（*Palaeoloxodon namadicus*）、草原猛犸象（*Mammuthus trogontherii*），奇蹄目中国犀（*Rhinoceros sinensis*）、泥河湾披毛犀（*Coelodonta nihowanensis*）、板齿犀（*Elasmotherium*）、中国长鼻三趾马（*Proboscidipparion sinense*）、三门马（*Equus samenensis*），鲸偶蹄目古中华野牛（*Bison palaeosinensis*）、李氏野猪（*Sus lydekkeri*）、巨副驼（*Paracamelus gigas*）、双叉四不像鹿（*Elaphusus bifurcatus*）、布氏真枝角鹿（*Eucladoceros boulei*）、鹅喉羚（*Gazella subgutturosa*）、印度羚（*Antilope*）、翁氏转角羚（*Spirocerus cf. S. wongi*），食肉目狐（*Vulpes*）、直隶犬（*Canis chihliensis*）、熊类（Ursidae）、桑氏硕鬣狗（*Pachycrocuta licenti*）、缟鬣狗（*Hyaena hyaena*）、桑氏水獭（*Lutra licenti*）、鼬（*Mustela*）、獾（*Meles*）、泥河湾巨剑齿虎（*Megantereon nihowanensis*）、似锯齿似剑齿虎（*Homotherium cf. crenatidens*）、猞猁，猬形目刺猬（*Erinaceus*），啮齿目五趾跳鼠属（*Allactaga*）、丁氏鼢鼠（*Myospalax tingi*）以及兔形目复齿拟鼠兔（*Ochotonoides complicidens*）等[30,31]。这个动物群大多属于北方草原种类，缺乏森林类群（如灵长类）。部分类群为冰期动物，表现出明显的耐寒特征，如草原猛犸象、泥河湾披毛犀、丁氏鼢鼠、复齿拟鼠兔，占据区系优势；还有一些表现出喜温特征，如中国犀。

2）中国猿人动物区系

中更新世（780～130kaBP），地球进入冰期—间冰期的反复交替阶段，环境变得很不稳定。在多变环境中，泥河湾动物区系向前演化，形成中国猿人动物区系。

中国猿人动物区系的著名代表有北京周口店动物群和陕西蓝田动物群。在这个区系中，泥河湾时期的部分古老物种灭绝了，如板齿犀、长鼻三趾马等。其他物种残留下来，如三门马、居氏大河狸（*Trogontherium cuvieri*）、缟鬣狗、纳玛象。同时，区系中出现了许多新成员，如直立人北京亚种（亦称北京猿人，*Homo erectus pekinensis*）、肿骨鹿（*Megaloceros pachyosteus*）、洞熊（*Ursus spelaeus*）。区系中的南方成分有大熊猫、剑齿象、猎豹、爪兽等。周口店动物群化石多达近百种；其中，有约37%存活到现代，如狼、狐、豺、猞猁、豹、棕熊和一些小型啮齿类，是当代古北界的常见种类。

3）丁村动物区系和沙拉乌苏动物区系

晚更新世（130～10kaBP），不稳定气候在延续。中国猿人动物区系经过丁村阶段演变成沙拉乌苏动物区系。

丁村动物区系的代表有山西襄汾县丁村动物群以及山西阳高许家窑动物群，两个动物群成分相似。丁村的著名化石是早期智人（*Homo sapiens*），伴生动物共6目将近30种，如啮齿目鼹鼠（Spalacinae）、河狸（*Castor*），食肉目狼、貉（*Nyctereutes procyonoides*）、狐、熊、獾，奇蹄目蒙古野驴（*Equus hemionus*）、野马（*Equus ferus*）、披毛犀、梅氏犀（*Dicerorhi nusmerckii*），鲸偶蹄目野猪、赤鹿（*Cervus elaphus*）、葛氏斑鹿［*Cerus cf. C.（sika）grayi*］、中国大角鹿（*Sinomegaceros*）、羚羊（Antilopinae *gen indet*）、转角羚羊（*Damaliscus lunatus*）、水牛（*Bubalus*）、原牛（*Bos primigenius*），长鼻目德永古菱齿象（*Palaeoloxodon tokunagai*）、诺氏古菱齿象（*P. naumanni*）、纳玛象、印度象（*Elephas maximus indicus*），兔形目鼠兔（*Ochtona*），爬行纲龟鳖类以及平胸目鸵鸟[31]。这个动物群中，既有喜冷的类群（如披毛犀、野驴、原牛），又有喜温湿的类群（如德永古菱齿象、诺氏古菱齿象、印度象）；有森林种类（如梅氏犀），也有草原种类（如野驴）。

沙拉乌苏动物区系以内蒙古鄂尔多斯乌审旗萨拉乌苏河流域的沙拉乌苏动物群为代表，西面为阿拉善，东临太行山。主要兽类化石有长鼻目纳玛象、六盘山猛犸象（*Mammuthus primigenius liupanshanensis*），食肉目最后斑鬣狗（*Crocuta ultima*）、北方狼（*Canis vulpes*）、虎（*Panthera tigris*）、貉，奇蹄目披毛犀（*Coelodonta antiquitatis*）、普氏野马（*Equus ferus przewalskii*），鲸偶蹄目双峰驼（*Camelus knoblochi*）、赤鹿、斑鹿（*Pseudaxis* sp.）、河套大角鹿、恰克图转角羚（*Spirocerus kiakhtensis*）、王氏水牛（*Bubalus wansjock*）、原牛以及啮齿目布氏田鼠（*Microtus brandetoides*）等。鸟类有鸵鸟（*Struthio*）、兀鹰（*Buteo*）、山鹑（*Coturnix*）、沙鸡（*Syrrhaptes*）、鸭（*Anas*）等[33]。其中，古老类群有诺氏古菱齿象、许家窑扭角羊、最后斑鬣狗，典型类群有鄂尔多斯大角鹿、披毛犀、王氏水牛、诺氏古菱齿象、最后斑鬣狗、许家窑扭角羊。许多种类一直存活到现代，参与构成现代北方动物区系，如普氏野马、野驴、赤鹿、双峰驼、普氏原羚（*Gazella przewalskyi*）、盘羊（*Ovis ammon*）、野猪、虎、狼[32]。

沙拉乌苏动物群的成分不是耐寒就是耐旱，或既耐寒又耐旱。这些特征为现代蒙新区和华北区区系所继承。

4）古北界动物区系的分化和现代各动物区的形成

晚更新世后期，沙拉乌苏动物区系分化成北京周口店山顶洞动物群和东北猛犸象-披毛犀动物群。同时期还有内蒙古包头动物群和山西峙峪动物群。这些动物群已经非常新。例如，沙拉乌苏动物群中，现代类群占 66.7%；山顶洞动物群则有 87.9%的种类为现代类群。

山顶洞动物群的典型代表有最后斑鬣狗、洞熊以及猎豹，现生种有虎、兔、斑鹿、野驴、普氏原羚、赤鹿、狗獾、猎豹、果子狸、象。没有冰期常见的喜冷物种，如披毛犀；但有南方热带、亚热带林栖物种，如猎豹、鸵鸟、果子狸、香猫等。这种区系成分可能反映东部季风区在晚更新世冰期—间冰期交替中，南北动物区系反复进退的结果。山西朔州峙峪动物群和内蒙古包头动物群成分与山顶洞动物群相似。包头动物群的典型代表有诺氏古菱齿象、披毛犀、包头大角鹿、大角鹿未定种、东北野牛以及王氏水牛。这些物种后来全部灭绝。现生种有普氏野马和赤鹿[32]。在河套地区，典型代表有鹅喉羚、鄂尔多斯大角鹿、披毛犀、原牛、王氏水牛和最后斑鬣狗，现生种有普氏野马、野驴、蒙古野马、普氏小羚羊、虎和赤鹿。典型的草原动物有蒙古野马、野驴、普氏小羚羊、鹅喉羚，构成现代蒙新区的基本成分。森林-灌丛-草原环境的种类有赤鹿、鄂尔多斯大角鹿等。这些类群构成现代华北区动物区系的基本成分。喜冷物种有披毛犀、蒙古野马等。

猛犸象-披毛犀动物群化石广泛见于东北各地。常见种有鄂尔多斯大角鹿、野马、野猪、野牛、原牛和麝等。这一动物群适应冻土苔原和寒冷草甸草原生态环境。由于与西伯利亚苔原动物群关系密切，这一动物群对寒冷冰缘环境有良好的适应性，成为现代东北区的主要成分来源。

周明镇[2]认为，猛犸象-披毛犀动物区系后来演化成阿尔泰山地动物群。然而，张荣祖[1]认为，阿尔泰动物区系属于全球古北界欧洲—西伯利亚亚界的一部分，既不属于东北亚界，也不属于中亚亚界。

3. 现代南方区系形成

1）巨猿动物区系

早更新世末前后，南方出现巨猿动物区系，以广西柳城社冲村南楞寨山硝岩洞，即巨猿洞洞穴堆积中的化石群为代表，所以也称为柳城动物群（Liucheng fauna）。其他重要动物群有广西武鸣、大新（黑洞）、巴马、崇左和柳州（笔架山），湖北建始高坪、重庆巫山以及贵州毕节等。

巨猿动物区系的重要哺乳动物有灵长目布氏巨猿（*Gigantopithecus blacki*）、猕猴属（*Macaca*）、猩猩属（*Pongo*）、长臂猿属（*Hylobates*）、仰鼻猴属（*Rhinopithecus*），长鼻目先东方剑齿象（*Stegodon praeorientalis*）、乳齿象（*Mastodon*），食肉目大熊猫（*Ailuropoda*）、桑氏鬣狗（*Hyaena licenti*）、假面果子狸（*Paguma larvata*）、柯氏西藏熊（*Ursus thibetanus kokeni*），奇蹄目云南马（*Equus yunnanensis*）、中国犀、中国貘（*Tapirus sinensis*）、巨貘（*Megatapirus augustus*），鲸偶蹄目野猪（*Sus scrofa*）以及啮齿目次脊豪猪（*Hystrix cf. subcristata*）和竹鼠（*Rhizomys*）等。区系成分有以下特征：①以布氏巨猿为代表的森林种类（如灵长类以及啮齿类中的豪猪及竹鼠）占区系主导，表明这个时期华南地区温暖湿润，区系成分已经明显有别于北方泥河湾区系。②一些类群是巨猿动物区系与泥河湾动物区系的共有类群，如剑齿象、中国犀；表明冰期—间冰期的反复交替使得南北区系反复进退和相互交流。

2）大熊猫-剑齿象动物区系

在北方丁村时期，南方动物区系演变成大熊猫-剑齿象动物区系[2]。该区系分布范围广，东起江苏、浙江，西至四川、云南，北起湖北，南达广东；化石发现点广布各地。区系中的一些成分（如大熊猫、剑齿象、猩猩）实际上在巨猿动物区系时期已经出现。从动物群的成分看，巨猿动物群与大熊猫-剑齿象动物群有密切关系，前者就像是后者的原始类型[4]。但是，大熊猫-剑齿象发展到顶峰是在中更新世末—晚更新世初。因此，一些作者将这个动物区系出现的时间放在中更新世[34]也不无道理。在顶峰时期，区系类群非常丰富。浙江金华双龙洞大熊猫-剑齿象动物群有脊椎动物化石 9 目 24 科 48 种，其中兽类 47 种[35]。除了典型灭绝种（如大熊猫巴氏种 *Ailuropoda baconi*、最后斑鬣狗、东方剑齿象 *Stegodon orientalis*、华南巨貘 *Megatapirus augustus*、小猪 *Sus* sp. *cf. xiaozhu*）外，大部分是现生种。在广东乐昌，兽类有 5 目 15 属 16 种[36]，典型种类有大熊猫巴氏种、东方剑齿象、中华犀（*Sinotherium*）、中国黑熊、水鹿（*Rusa unicolor*）和水牛。乐昌与曲江马坝动物群、封开黄岩洞动物群比较接近。这些动物的出现表明，晚更新世早期广东森林茂密，水草丰富，气候温凉不干燥。此外，大熊猫-剑齿象动物区系中常见类群还有智人及其他非人灵长类动物。整个区系大约有 70% 为现代种，是现代华中区和华南区的基本成分。

第二节　当代中国动物区系区划简介

中国当代动物分布格局在上述演化背景下形成。中国的动物地理位于全球古北界东部和印度马来界（亦即东洋界）北部 [图 8-1（b）]。其中，古北界以耐寒耐旱物种为代表，如驼鹿、驯鹿、狍、蒙古野马、狐、獾、鹅喉羚。印度马来界以喜温湿物种为代表，如各种灵长类。两界相比，中国印度马来界的物种多样性较中国古北界高。据张荣祖[1]，中国印度马来界的两栖类物种数是中国古北界的 7 倍多，爬行类是 5~6 倍，繁殖鸟和兽类接近 3 倍。从演化来看，古北界区系较新。张荣祖将中国的陆地划分为 90 个景观区，并对当时记录的每一种陆栖脊椎动物在景观区中的分布进行了详细描述。在此基础上，将中国陆栖脊椎动物的分布划分为 2 界：古北界和东洋界。在界下划分 7 个区，包括古北界的东北区、华北区、蒙新区、青藏区，东洋界的华中区、华南区、西南区（图 9-1）。张荣祖之后，没人进行这种全面、细致、耗时的分析。因此，《中国动物地理》至今仍然是了解中国动物地理分布格局最重要的著作。本节对该鸿篇巨著在区划方面的内容进行简要介绍。为了阅读简便以及对原著尊重，本节后续叙述沿用"东洋界"来指称印度马来界。

当代中国的自然环境大尺度分异体现在三大自然区：西北干旱区、青藏高寒区以及东部季风区。相应地，中国动物区系分化出三大生态地理动物群：蒙新高原耐旱动物群、青藏高原耐寒动物群以及季风区耐湿动物群。

一、蒙新高原耐旱动物群——蒙新区

西北干旱区位于干湿分界线（图 3-2）以西、青藏高原以北区域，包括内蒙古、新疆、宁夏、甘肃西北、山西以及陕西北部。该区域的特点是干旱：年降雨量<450mm，极度干旱区甚至不到 30mm。同时，蒸发强烈，而且常有强风。日温差大。虽然有山脉横亘其间，但地形起伏不大，景观十分开阔，地形对动物扩散的障碍作用不大。这种环境下，动物区系的总体特征是对干旱的良好适应，形成耐旱动物群。在这个动物群中，

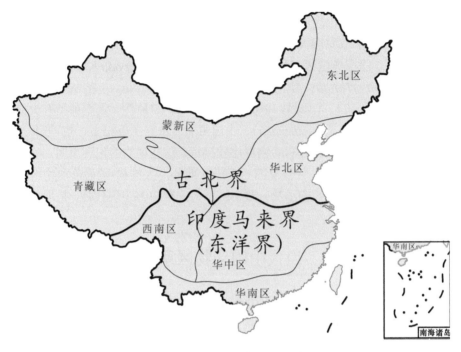

图 9-1　中国各动物地理区域

两栖类多样性很低。许多耐旱种类全区分布，如沙蜥（*Phrynocephalus*）、鸨（*Otis*）、跳鼠（*Dipus*）、沙鼠（*Rhombomys*）。这种适应性导致该区域出现许多特有类群。干旱环境对耐湿动物群的扩散形成颇为明显的障碍，使该区动物的适应性特征比较一致。基于适应的一致性和类群特有性，张荣祖[1]将整个蒙新高原划在一个统一的动物地理区——蒙新区。伴随着从东到西的湿度变化，区系出现差异：阿拉善以东，以草原为主要景观类型，动物区系则以温带草原动物群为主。这个动物群的主体类群包括草原啮齿类（主要成分有田鼠、鼢鼠、黄鼠、旱獭）、草原有蹄类（以黄羊最具有代表性）以及草原食肉类（大多为中小型种类，如黄鼬、艾鼬、沙狐、狐、兔狲、虎鼬、香鼬）。草原鸟类多样性不高，常见种类有云雀（*Alauda arvensis*）、角百灵（*Eremophila alpestris*）、蒙古百灵（*Melanocorypha mongolica*）。常见猛禽有鸢、金雕（*Aquila chrysaetos*）、雀鹰、苍鹰（*Accipiter gentilis*）、大鵟（*Buteo hemilasius*）。著名爬行动物有蝮蛇，两栖动物有花背蟾蜍。阿拉善以西，半荒漠和荒漠（包括戈壁和沙漠）为主要景观类型，动物区系以温带荒漠、半荒漠动物群为主。兽类成分与草原相似，也以啮齿类和有蹄类最为繁盛，但具体的种类有差异。堪称荒漠动物群的代表性兽类有鹅喉羚、野驴、草原斑猫。常见食肉兽有狐、沙狐、虎鼬、荒漠猫、狼。著名爬行类有蝮蛇（半荒漠地区中形成优势）和沙蟒，两栖类有绿蟾蜍。在新疆北部分布有天山山系，中亚阿尔泰山南部也延伸到这里。山地捕捉较多水分，环境较周边盆地湿润，阴坡出现针叶林，阳坡有高山草甸和草原交替分布，景观显著不同于周边荒漠。动物群中，兽类以灰旱獭为优势种类，常见有蹄类有马鹿、狍、野猪、盘羊、北山羊，常见食肉类有石貂、伶鼬、猞猁、雪豹。著名爬行类有草原蝰、极北蝰、中介蝮、胎生蜥蜴，两栖类有绿蟾蜍。相应地，蒙新区被进一步划分为三个亚区，包括阿拉善以东的东部草原亚区、阿拉善以西的西部荒漠亚区和以山地为特征的天山山地亚区。

二、青藏高原耐寒动物群——青藏区、西南区

青藏区又称青藏高原区，位于干湿分界线（图 3-2）以西、古北界—东洋界分界线以北，北起昆仑山—阿尔金山—祁连山，南至喜马拉雅山脉，包括西边的帕米尔高原、兴都库什山、喀喇昆仑山以及东边的横断山区。高原面平均海拔>4500m，最高山岭海拔>8000m。空气稀薄缺氧，风力强烈，气温低（年均温<0℃），无真正的夏季。苔原景观普遍，植被矮小稀疏，属于高寒类型。在东南部边缘的横断山区，海拔较低（3000～4000m），河流强烈切割，南北向高山峡谷地貌发育，景观垂直带谱丰富，从热带—亚热带森林至高山冰原均有分布。这种环境下分布着高山森林草原—草原、寒漠动物群，属于古北界区系。典型代表兽类有野牦牛、藏羚羊、藏野驴，鸟类有雪鸡、雪鸽、黑颈鹤、雪雀，爬行类有温泉蛇、沙蜥，两栖类只有高山蛙和绿蟾蜍。在动物地理区划中，这里属于青藏区。

青藏区进一步划分为两个亚区。第一个是羌塘高原亚区，地理上包括高原面和西部山地，平均海拔 4500～5000m，高寒环境，能够适应的物种很少，因此物种多样性低。例如，羌塘高原完全缺乏两栖类和冬候鸟。上述典型代表是该亚区的主要成分。高原东南部的横断山区是第二个亚区，即青海藏南亚区。气候相对温和的峡谷环境和丰富的生境类型孕育着较高的动物物种多样性，使这一区域成为青藏高原物种多样性的主要分布区。高山沟谷地貌成为南北动物交流的通道，进一步增加物种多样性。两栖类中，除了广布的西藏齿突蟾外，还有山溪鲵、西藏山溪鲵、花齿突蟾、刺胸齿蟾、西藏蟾蜍。爬行类有高原蝮、雪山蝮、青海沙蜥、红原沙蜥等。鸟兽种类更多。其中，灵长类中的猕猴属也分布到这里，即藏猕猴（*Macaca mulatta vestita*），分布海拔可达 3700～4200m[37]。从北向南，峡谷海拔差增大，气候变暖，古北界成分比例下降，东洋界成分增加。昌都以北及以西的喜马拉雅山中、东段高山带及北麓谷地，动物区系基本上是古北界类群，北方类型成分比例高达 65%，南方类型仅有 26%。

青海藏南亚区以南的横断山区在动物地理区划上属于西南区，包括四川西部、昌都地区东部，北起青海和甘肃南缘，南抵云南北部，向西包括喜马拉雅山南坡针叶林带以下的山地。印度洋季风带来更多水热资源，环境整体上较青海藏南亚区更温和。西南区遍布高山峡谷，地形起伏巨大，相对高差达 3000m，垂直气候带和植被带谱得到进一步发展。在高山峡谷的隔离中，地质史上成种过程活跃，产生大量土著种类。南北向高山深谷为南北各类动物群的扩散提供通道，形成区系间的相互渗透。这一切孕育着西南区极高的物种多样性，使之成为生物地理学的物种发生中心之一和国际生物多样性保护热点地区之一。喜马拉雅山南坡对印度洋暖湿气流的阻挡导致水热资源富集，局部出现热

带气候，分布有低山热带雨林以及热带喜温动物。西南区的灵长类明显较青海藏南亚区丰富，长臂猿科、猴科（如猕猴属多种）、疣猴科（如滇金丝猴 *Rhinopithecus bieti*、川金丝猴 *R. roxllanae*）均有代表。这些代表种类呈现出一定程度对寒冷环境的适应，如藏酋猴（*M. thibetana*）、西黑冠长臂猿（*Hylobates concolor*）、滇金丝猴以及川金丝猴，不但体形变大，分布海拔上升，食性也从食果变成食叶（西黑冠长臂猿）甚至食树皮（藏酋猴）或松笋（金丝猴），婚配制度从一夫一妻制变成一夫多妻制（西黑冠长臂猿）。

西南区动物区系由本地特有种类（亦即横断山—喜马拉雅山分布型）以及南北方和青藏高原渗透到该区的种类构成，如雪豹（*Panthera uncia*）；但以本地特有种类为代表，如大熊猫、小熊猫、羚牛、血雉（*Ithaginis cruentus*）、虹雉（*Lophophorus* spp.）等。古北界种类见于高处，如有蹄类中的马麝、白唇鹿、马鹿、狍、藏原羚、岩羊、矮岩羊、盘羊。一些类群从北向南扩散，如雪豹、岩羊和喜马拉雅旱獭，沿着高山草原、草甸、流石滩向南延伸至云南。东洋界种类见于谷地，如有蹄类中的赤鹿、羚牛等。一些沟谷分布的种类沿着沟谷从南向北延伸，如鹦鹉、太阳鸟、猕猴、猪獾等。这些种类沿着峡谷向北延伸到横断山区北段的青海藏南亚区。从水平分布来看，从巴塘、理塘、康定、丹巴、黑水到若尔盖一线位于西南区与青海藏南亚区的过渡区。该线以北，东洋界兽类仅占当地区系成分的34%，古北界成分占66%，呈现古北界区系特色。该线以南是西南区的主要区域，东洋界成分高达84%，整体呈现东洋界特色。因此，西南区被划归东洋界。

张荣祖进一步将西南区划分为西南山地亚区和喜马拉雅亚区。西南山地亚区是横断山区部分，也是西南区主体。该亚区的动物区系代表西南区的区系特征。喜马拉雅亚区包括喜马拉雅山南坡以及波密—察隅针叶林带以下的山区。不同于西南山地亚区，喜马拉雅亚区的沟谷呈东西走向，而非南北走向。印度洋暖湿气流难以进行北向渗透。迎风面对暖湿气流的阻挡使自然条件的垂直分异更为明显。不同动物群依海拔渐次分布，南北渗透非常有限。古北界动物基本上分布在高海拔区，阔叶林带以下几乎全部为东洋界成分。东洋界成分中，东部季风区的动物占多数，显示该亚区动物区系与中国季风区的关系远胜于与印度次大陆的关系。该亚区的代表性物种有孟加拉虎（*Panthera tigris tigris*）、黑麝、喜马拉雅麝、红斑羚、小灰泡鼠、黄嘴蓝鹊、红胸斑翅鹛、白眶雀鹛、血雀、金头黑雀、墨脱竹叶青、喜山小头蛇以及卡西游蛇等。灵长目长尾叶猴（*Semnopithecus entellus*）也见于此亚区。

三、季风区耐湿动物群——东北区、华北区、华中区、华南区

东部季风区位于干湿分界线以东区域（图3-2）。该区域的特点是湿度较高，南北夏季温差小，冬季温差大。这里的耐湿动物群由欧亚大陆北部寒温带的耐湿动物和东南亚或旧大陆的耐湿动物构成，南北成分相向延伸渗透，温度的阻碍作用小。因此，东部季风区事实上成了南（东洋界）北（古北界）区系交流通道：古北界向南延伸进入东洋界的种类如大蟾蜍（*Bufo gargarizans*）、普通鸸（*Sitta europaea*）、小飞鼠（*Pteromys volans*），

东洋界向北延伸进入古北界的种类如猕猴（*Macaca mulatta*）、黑枕黄鹂（*Oriolus chinensis*）。南北区系相互渗透中，向北扩散的南方成分多于向南扩散的北方成分。因此，随着纬度增高，古北界成分越占优势；反之，随着纬度降低，东洋界成分越来越占优势。从南向北，湿度总体呈现递减趋势，物种多样性下降。

1. 古北界季风区——东北区、华北区

1）东北区

季风区北部（秦岭—淮河以北）位于全球古北界东亚亚界（张荣祖称之为东北亚界），气候属于中国温带，冬季气温可低至-30℃，年降水量 400～800mm，属于热量少、水分较多的寒湿环境。动物区系主要由当地演化出来的以及广布欧亚大陆北方的耐寒冷类群构成。其中，中温带南沿（大约从燕山向东延伸至辽东湾沿岸和辽东半岛北部一线）以北，相当于中国行政区划的东北三省，包括北部的大兴安岭、小兴安岭，东部的张广才岭、老爷岭、长白山地，西部的松花江和辽河平原以及东部的三江平原，属于东北区。在地质历史上，受更新世冰期气候影响，东北区出现古近纪—新近纪动物大量灭绝的事件，同时在冰缘环境下演化出新类群，主要表现在一些特有的亚种分化。因此，东北区是中国最年轻的动物区系之一。东北区气候寒冷且湿润，属于湿润型和半湿润型气候。局部出现永冻层和较深的季节冻层。平原地表排水不畅，湿地广泛发育；山地有苔原分布。以温带针叶林以及针阔混交林为主要森林类型，镶嵌以温带草原。动物区系由寒温带针叶林动物群以及温带森林、森林草原、农田动物群构成。代表性种类有东北小鲵、粗皮蛙、黑龙江林蛙、黑龙江草蜥、胎生蜥蜴、团花锦蛇、黑嘴松鸦、小太平鸟、攀雀、柳雷鸟、丹顶鹤、东北兔、雪兔、森林旅鼠、狍、驼鹿、驯鹿、马鹿、麝、紫貂、黄鼬、香鼬、艾鼬、狼獾、狐、狼、棕熊、猞猁、虎等。其中一些类群在野外已经灭绝，如虎、豹、驯鹿，但近年又人工引入，如虎、驯鹿。

东北区内各地环境有差异，区系起源也不同。相应地，东北区被进一步划分为大兴安岭亚区、长白山地亚区以及松辽平原亚区。大兴安岭亚区涵盖大兴安岭，是西伯利亚泰加林南延部分，属于寒温带。年降水量为 400～500mm，属于湿润气候型。动物区系由古北界成分以及东北区特有成分组成的典型亚寒带针叶林—沼泽动物群（大兴安岭北部）和针阔混交林动物群（大兴安岭南部）构成，完全缺乏两栖类和爬行类中的南方成分；中亚鸟兽也很少。全北型种类（如棕熊、驼鹿）大多限于或主要分布于此。因此，动物区系更多呈现泰加林特色。由于严寒，物种多样性较低。从小兴安岭主峰以南至长白山的山地地区属于长白山地亚区，气候属于中温带，较大兴安岭亚区温暖湿润。动物区系主要由针阔混交林动物群、温带山地垂直分布动物群以及沼泽草甸-农田动物群组成。北方耐寒成分有少数分布至此，如极北小鲵、胎生蜥蜴、攀雀、雪兔等。植被以针阔混交林为主，动物物种多样性显著较大兴安岭亚区丰富。长白山地亚区是许多南方类群北延的最北限，如领角鸮、蓝翡翠、黑枕黄鹂等夏候鸟以及黑熊、青鼬、豹、豹等东

洋界的广布类群；同时也是两栖类和爬行类在东北分布最丰富的地区。冰期气候下演化的种类主要分布于该亚区，代表成分有大鼩鼱（*Sorex mirabilis*）、缺齿鼹（*Mogera robusta*）、东北黑兔、东北兔、粗皮蛙、东北铃蟾等。东北虎主要分布于该亚区的针阔混交林中。林中其他大、中型兽类还有狍、野猪、马鹿、麝以及梅花鹿。松辽平原亚区包括东北平原及其外围山麓地带。在整个东北区，相比于山地，平原降水量少，相对干旱，气候属于半湿润型。典型原生植被为森林草原和草甸草原。在林间河流泛滥地和低阶地，大多排水不畅，湿地发育。然而，大多数地方已经被开垦为农耕地。动物区系由森林草原-草甸动物群（山麓地带）、沼泽草原-农田动物群（嫩江平原）以及农田-草地动物群（辽河平原）构成。物种多样性较前两个亚区贫乏化。常见兽类有狍、花鼠、狭颅田鼠、东方田鼠、东方鼢鼠、黑线姬鼠，鸟类有松鸦、丹顶鹤、灰喜鹊、灰椋鸟（*Sturnus cincraceus*）、金翅雀（*Carduelis sinica*）、牛头伯劳、鸲鹟（*Ficedula mugimaki*），两栖类有北方狭口蛙、黑龙江林蛙、粗皮蛙、黑斑蛙。少量中亚（蒙新区）类型进入到该亚区，如小沙百灵、毛腿沙鸡、达乌尔黄鼠、五趾跳鼠、三趾跳鼠、小毛足鼠以及兔狲。

2）华北区

从上述中温带南沿向南到秦岭—淮河一线，西起兰州附近西倾山、东抵黄海和渤海的区域属于华北区，包括西部的黄土高原、北部的冀热山地、东部的华北平原以及辽东半岛和山东半岛。华北区气候属于暖温带，年温差大，冬季寒冷，夏季炎热。山东半岛和辽东半岛年降水量>800mm，属于湿润型；其余地区年降水量<700mm，属于半湿润型。自然植被依各地湿度变化：在东部沿海，有落叶阔叶林分布；向西，植被逐步过渡到半旱生落叶阔叶林、森林草原、干草原。农业开垦已经使得大部分地方变成农田、次生落叶林和灌丛。过渡性气候类型导致华北区动物区系呈现明显的南北相互渗透的特征，属于华北区的特有种类很少，如无蹼壁虎、山噪鹛、褐马鸡、麝鼹、大仓鼠、棕色田鼠以及一些鼢鼠（*Myospalax* spp.）。许多北方成分向南扩散经过该区或者止于该区，如东北区的东方铃蟾、日本雨蛙，古北界的黄脊游蛇、白条锦蛇、黑水鸡、普通䴓、黑头䴓、银喉长尾山雀，以及一些鸭、雁、鹭等。一些南方种类向北扩散止于该区，如泽蛙、黑眉锦蛇、灰斑鸠、朱颈斑鸠、红角鸮、猕猴、果子狸、猪獾。蒙新区也有一些成分向东扩散进入该区，如凤头百灵、毛腿沙鸡、石鸡、斑翅山鹑、达乌尔黄鼠、草原沙蜥等。华北区是旅鸟最丰富的地区。长期的农业开垦使原来的森林动物群改变为森林草原动物群，大型鲸偶蹄目动物，如马鹿、梅花鹿、麋鹿，已经消失。相较于北部的东北区和南部的华中区，华北区比较干旱，促使一些对湿度特别敏感的种类在本区消失，形成间断分布。例如，震旦鸦雀（*Paradoxornis heudei*）是中国特有鸟类，间断分布于东北区（黑龙江）和华中区，在华北区消失。

依据地形，华北区进一步分为黄淮平原亚区和黄土高原亚区。黄淮平原亚区包括淮河以北、伏牛山和太行山以东、燕山以南的广大平原地区，是典型的开阔农耕景观。动物区系由平原农田-林灌草原动物群、丘陵林灌-草地-湖沼动物群以及农田-林灌-草地-

湖沼动物群构成，物种多样性贫乏，优势成分是适应农耕环境中田间稀疏林地的种类，如黑线仓鼠、大仓鼠、黑线姬鼠、小家鼠、褐家鼠、姬鼠、麝鼩等。旅鸟占该亚区鸟类种数比例高达54%，为全国之最。沿东部沿海迁飞的旅鸟和候鸟使该亚区鸟类区系复杂化。爬行类为季风区常见种类，如古北界的黄脊游蛇和白条锦蛇、东洋界的玉斑锦蛇和黑眉锦蛇。干旱少雨、河流断流导致两栖类种类颇为贫乏。黄土高原亚区包括山西、陕西和甘肃南部的黄土高原以及燕山、太行山、吕梁山、伏牛山、秦岭、中条山等山地。华北区的自然生境主要残留在该亚区。尽管如此，由于长期农业垦殖和经济活动，温带森林大多已经消失，生境已经演变为荒草坡。动物区系由森林草原-农田动物群、林灌-农田动物群以及常绿-落叶林灌动物群构成。由于地理位置关系，黄土高原亚区融入一些蒙新区、青藏区、西南区以及华南区的区系成分。黄土高原的优势类群是啮齿类，如各种沙鼠、跳鼠、仓鼠、姬鼠、田鼠；其次是各种中、小型食肉类，如狐、猪獾、狗獾、黄鼬、艾鼬、豹猫、果子狸、青鼬。猕猴分布的最北记录是河北兴隆，约于20世纪80年代后期消失。秦岭位于该亚区南沿，是古北界和东洋界的分界线。南北区系在此相互渗透。其中，部分类群汇聚于秦岭。例如，鸟类区系中，南方北延的东洋界成分有牛背鹭、红翅凤头鹃、斑头鸺鹠、发冠卷尾、小鸦鹃、黑领噪鹛、褐山鹪莺、蓝喉鹟、红胸啄花鸟、八哥等，南中国成分有灰胸竹鸡、红翅绿鸠、白头鹎、丝光椋鸟、红顶穗鹛、棕背雅雀、红嘴相思鸟等，喜马拉雅山-横断山成分有白尾斑地鸫、金胸雀鹛等。这些种类止限于秦岭南坡。北方南延的全北界成分有金雕、普通燕鸥、戴菊、旋木雀，古北界成分有领岩鹨、黄眉柳莺，东北区成分有黑眉苇莺、长尾雀，喜马拉雅山-横断山成分有白喉红尾鸲、异色树莺、橙斑翅柳莺、褐冠山雀、赤胸灰雀，青藏区成分有林岭雀、白翅拟蜡嘴雀，蒙新区成分有山鹛、红嘴山鸦，华北区-华中区特有成分有白冠长尾雉、红腹山雀。这些种类止限于秦岭北坡。这种汇聚表明秦岭存在一定的阻隔作用，从而形成秦岭北坡区系以古北界成分占主导、南坡区系以东洋界成分占主导的分布格局。

2. 东洋界季风区——华中区、华南区

1）华中区

秦岭—伏牛山—淮河—通扬运河以南，云南保山—无量山—云贵高原南缘—广西中北部（百色、河池、瑶山）—南岭山地—福建武夷鹫峰山南缘一线以北，秦岭—四川盆地西缘—西江上游一线以东的区域为华中区，包括四川盆地、云贵高原以及长江流域，气候属于亚热带。各地气候不同。在面积最广、具有代表性的中亚热带，各地年降水量>1000mm，高原上年均温为14～17℃，最冷月6～10℃；谷地中年均温>20℃。北亚热带湿度和温度略低于中亚热带，但仍然属于湿润型气候。南亚热带湿度、温度高于中亚热带。这种水热组合显示，华中区气候温和，较华北区湿润温暖。相应地，典型植被类型为常绿阔叶林，动物物种多样性远较华北区丰富。但是，与华南区相比，华中区多样性明显较低，特有性也很低，种类大多为华南区向北扩散的种类，形同华南区区系向

北延伸过程中的贫乏化。从华南区向华中区，典型热带类群减少 1/3～1/2。华中区动物区系由东洋界成分、南中国型、旧大陆或环球热带-亚热带型种类构成，绝大多数与华南区共有，属于华中区的特有种类不多。南中国型种类为该区代表，但它们大多也见于华南区。扬子鳄分布于该区，分化于热带祖先，但在生活习性上已经不同于现代热带亲缘类群：在生活史中，扬子鳄长期过着穴居生活，而且每年至少有半年处于蛰伏休眠期，以应对该区冬天的寒冷。藏酋猴主要分布于该区，但向西延伸到西南区（如峨眉山），可视为该区的代表种。川金丝猴既见于该区，又见于西南区。

华中区东部以平原地貌为特征，西部以山地高原为特征，气候环境存在较大差异，因此进一步划分为东部丘陵平原亚区和西部山地高原亚区。东部丘陵平原亚区位于三峡以东的长江中、下游流域，包括沿江冲积平原、长江三角洲、大别山、黄山、武夷山、罗霄山以及福建和两广北部丘陵。天然植被是以锥属（*Castanopsis*）、青冈（*Cyclobalanopsis*）、柯（*Lithocarpus*）为主的常绿阔叶林。被人为干扰后，常绿阔叶林演替为以马尾松（*Pinus massoniana*）、苦槠（*C. sclerophylla*）、枫香树（*Liquidambar formosana*）、落叶栎（*Quercus* spp.）和竹为主的次生林。进一步干扰后，则演替为次生常绿灌丛和高草地。东部丘陵平原亚区中，平原和谷地大部分已经被开垦为农田。动物区系有亚热带落叶-常绿阔叶林动物群、农田湿地动物群以及亚热带林灌农田动物群。代表种类有两栖类黑框蟾蜍、虎纹蛙、饰文姬蛙，爬行类扬子鳄、平胸龟、盲蛇、光吻蝮、眼镜蛇，鸟类大拟啄木鸟、画眉、白颈长尾雉以及兽类鼬獾、食蟹獴、鬣羚、豪猪、竹鼠。西部山地高原亚区包括秦岭、淮阳山地西部、四川盆地、云贵高原东部以及西江上游的南岭山地。与东部平原丘陵亚区相比，该亚区海拔较高，地形崎岖，气候整体温凉（四川盆地除外），各类亚热带山地植被丰富。由于地理位置较接近，西南区的不少种类渗透进入该亚区西部和西南部，如峨山掌突蟾、棘皮湍蛙、血雉、羚牛、小熊猫、绒鼠、云南兔、藏鼠兔等。动物区系由亚热带落叶-常绿阔叶林动物群、农田-亚热带林灌动物群、亚热带常绿阔叶林灌-农田动物群以及低山丘陵亚热带林灌-农田动物群构成。西部山地高原亚区特有或者主要分布于该亚区的种类有两栖类秦巴拟小鲵、巫山小鲵、黄斑（拟）小鲵、华西雨蛙，爬行类菜花烙铁头，兽类川金丝猴、黔金丝猴、扫尾豪猪以及红腹锦鸡等。该亚区间断分布现象很普遍。例如，19 世纪末以来，川金丝猴间断分布于秦岭、湖北神农架以及川西和川北山地。其他种类有羚牛、水鹿、虎、黑熊、豹、云豹、黄鼬、豹猫等。这些分布格局是人为导致的，为保护生物地理学研究提供大量课题。

2）华南区

云南保山—无量山—云贵高原南缘—广西中北部（百色、河池、瑶山）—南岭山地—福建武夷鹫峰山南缘一线以南至国境线为华南区，包括云南和两广大部分、福建东南沿海、台湾岛、海南岛以及南海诸岛。华南区在气候上属于南亚热带和热带，水热资源充足：最冷月均温>10℃，年降水量为 990～2600mm。原生植被主要有季风常绿阔叶林和热带季雨林。丰富的水热资源以及森林提供的立体空间结构支撑着丰富的物种多样性，使该区成为中国物种丰富度最高的动物地理区之一。这个区域的物种以喜温的东洋界成分为主。由于受季风影响，区系特有性不高，大多数种类都是广适性的广布物种。典型的动物成分有两栖类花细狭口蛙、树蛙、长吻湍蛙，爬行类巨蜥，鸟类红头咬鹃、橙腹叶鹎，以及兽类棕果蝠。该区是灵长类的主要分布区，多样性在各区中最高。

该区各地地形不同。大陆东部以沿海丘陵平原地貌为主，西部为内陆山地。大陆周边是岛屿，包括热带特征不甚明显的台湾岛、近岸的海南岛以及热带海洋上的南海诸岛。相应地，该区进一步分为5个亚区，包括滇南山地亚区、闽广沿海亚区、台湾亚区、海南亚区和南海诸岛亚区。滇南山地亚区包括云南西部和南部，即怒江、澜沧江、元江等流域的中游地区。该亚区地理上属于横断山的南延部分，但高山峡谷地形较西南区缓和，有不少宽谷盆地出现。滇南山地亚区气候属于热带（低山、河谷）和亚热带（高山），而且受寒潮影响较弱。夏季主要受孟加拉湾气流影响，有明显的雨季和旱季之分。这种环境孕育着常绿阔叶季雨林，而且天然林保存较多，动物栖息条件优越，多样性极高。例如，以全国物种数计，蛙科>50%、游蛇科>85%、啄木鸟科>90%、鼬科有63%的物种集中分布于该亚区。该亚区动物区系由热带-亚热带山地森林动物群和热带森林动物群构成，以喜温种类为特色。一些典型热带类群以该亚区作为分布北限，不再向北、向东分布，如鹦鹉、蟆口鸱、犀鸟、阔嘴鸟、懒猴、长臂猿、象、鼷鹿等。由于优越的气候环境，动物区系的优势度表现不明显。

两广南部和福建东南沿海构成闽广沿海亚区。与滇南山地亚区相比，该亚区受季风影响较大，冬季有时较寒冷。但是，在该亚区南沿，冬季寒流已如强弩之末。闽广沿海亚区以丘陵平原为主要地貌类型，山地海拔不高，缺乏山地垂直景观和植被带，动物垂直分布不明显，物种多样性较低，是滇南山地亚区的贫乏化。农业发达，导致天然植被急剧萎缩。动物区系由热带常绿阔叶林-农田动物群、热带农田-林灌动物群以及热带雨林性常绿阔叶林-农田动物群构成。可见，农田鼠类非常常见。区系中大部分物种为广适性的广布类群，与华中区、西南区共有。特有种类不多，如两栖类红吸盘小树蛙、小口拟角蟾、瑶山树蛙，爬行类爪哇鳝蜓、瑶山鳄蜥、崇安地蜥、无颞鳞腹链蛇，鸟类白额山鹧鸪以及兽类白头叶猴。黑叶猴为该亚区和西南区的共有种类。瑶山鳄蜥仅分布于广西贺州和广东韶关，为古老的活化石物种。

台湾岛及其附近各小岛，在地质历史上与大陆存在反复隔离，在动物区系上与闽广沿海亚区存在一定差异，因此归为独立的亚区——台湾亚区。该亚区处于闽广沿海亚区以东，受夏季风影响较大。动物区系以东洋界成分为主，也有一些古北界成分。地质历史上的陆连期，大陆类群分别通过华南区的台湾海峡以及华中区与台湾岛的陆连扩散进入该亚区。区系分析结果表明，台湾小型兽类有三大起源：北方温带（古北界）、横断山以及南方热带，反映该亚区在季风气候明显影响下形成的区系特征。这种历史导致该亚区与大陆的区系关系高度密切，尤其是两栖类和爬行类共有种类最多。台湾亚区与西南山地共有的兽类种类>54%。海进期的隔离历史反映在该亚区的特有种类上，如台湾猴（*Macaca cyclopis*）、台湾鼬（*Mustela formosana*）、台湾小鲵（*Hynobius formosanus*），它们的亲缘类群均出现在大陆上。

海南亚区位于闽广沿海亚区以南，仅包括海南岛。相比于台湾岛，海南岛在过去 25 万年以来与大陆隔离的时间少[38]，区系交流程度高，有丰富的亚种分化。海南岛是 20°N 以南的热带近岸大岛，冬季寒流影响已经微不足道。海南岛中南部为五指山山地，山地东南部分布有热带季雨林；西南部为雨影区，分布有热带稀树草原。充沛的水热资源为动植物提供优越的生存环境。

与其他岛屿一样，隔离导致大陆物种扩散受阻，使岛屿动物区系贫乏化。在海南亚区，贫乏化主要表现在两栖类、爬行类和兽类。海南岛缺乏鼹、獾、豺、狼、狐、貉、虎、豹以及牛科种类，但这些物种广泛分布于大陆上。两栖类和爬行类中完全缺乏温带和高山耐寒种类，体现出典型的东洋界区系特征。其中，海南两栖类和爬行类与广西关系最密切，如白框游蛇和尖喙蛇均见于两地；其次是中南半岛。该亚区典型种类有两栖类鳞皮游蟾、脆皮蛙、海南湍蛙、海南树蛙，爬行类海南闭壳龟、粉链蛇，鸟类海南山鹧鸪，以及兽类海南毛猬、海南小麝鼩、海南兔，它们是海南特有种类。该亚区还有一些种类不见于东南沿海，但见于中南半岛、云南南部、印度和南洋群岛，呈现间断分布现象，如两栖类东南亚拟髭蟾、头盔蟾蜍，爬行类长棘蜥、缅甸钝头蛇，鸟类盘尾树鹊、孔雀雉、褐冠鹃隼，以及兽类坡鹿。这些物种足以显示该亚区的热带特征。海南有许多亚种分化，其亲缘类群分布于大陆，如海南黑冠长臂猿（*Nomascus* sp. cf. *nasutus*；但部分学者将其独立成种 *Nomascus hainanus*）和海南猕猴（*Macaca mulatta brevicaudus*），反映这些类群在晚近的地质时期扩散到海南岛以及抵达岛上后较短的分化历史。

海南亚区与台湾亚区存在物种分布替代现象。例如，在鸟类中，台湾岛分布有毛脚角鸮（*Ketupa flavipes*）、小燕尾（*Enicurus scouleri*）、橙背鸦雀（*Paradoxornis nipalensis*），海南岛则分布有褐角鸮（*K. zeylonensis*）、黑背燕尾（*E. leschenaulti*）、灰头鸦雀（*P. gularis*），表明祖先类群在不同生境类型中分化的结果。

海南岛以南、南海九段线以内各天然岛屿，包括东沙群岛、西沙群岛、中沙群岛和南沙群岛，属于南海诸岛亚区。由于远离大陆，这些岛屿在地质史上长期孤立于海洋中。除了少数扩散能力强的热带海鸟（如鲣鸟、燕鸥、军舰鸟）以及海洋动物（如棱皮龟、玳瑁、海龟）造访这些岛屿外，其他类群极少进入这些岛屿。来自大陆的鸟类大多是冬候鸟，如绿翅鸭、家燕、鹡鸰，也有北方的潜鸟（寒温带水鸟）和太平鸟（北方针叶林鸟类）。两栖类和爬行类极度贫乏。啮齿类（如黄胸鼠、缅鼠、褐家鼠）和猫由人类携带进入，所以该亚区不属于它们的自然分布区。因此，该亚区的自然动物区系事实上缺乏兽类。为了控制鼠害，人为引进猫；但猫野化后，大量捕食鸟卵和雏鸟，使土著种类受到威胁。这种外来物种导致的问题具有全球性，为保护生物地理学提供大量的研究课题。

参 考 文 献

[1] 张荣祖. 中国动物地理. 北京: 科学出版社, 1999.

[2] 周明镇. 中国第四纪动物区系的演变. 动物学杂志, 1964, 6(6): 274-278.

[3] 中国科学院《中国自然地理》编辑委员会. 中国自然地理: 动物地理. 北京: 科学出版社, 1979.

[4] 李炎贤. 我国南方第四纪哺乳动物群的划分和演变. 古脊椎动物与古人类, 1981, (1): 69-78.

[5] Linnemann U, Su T, Kunzmann L, et al. New U-Pb dates show a Paleogene origin for the modern Asian biodiversity hot spots. Geology, 2018, 46(1): 3-6.

[6] 化石网. 和政动物群. http://web.uua.cn/zhuanti/hezheng.html[2020-3-13].

[7] 周明镇, 邱占祥. 内蒙古渐新世巨犀类一新属. 古脊椎动物学报, 1963, 7(3): 38-47.

[8] 李智超, 李永项, 张云翔, 等. 早渐新世兰州盆地的巨犀及南坡坪动物群组合特征与环境意义. 中国科学: 地球科学, 2016, 46(6): 824-833.

[9] 邱占祥, 谢骏义, 阎德发. 甘肃东乡几种早中新世哺乳动物化石. 古脊椎动物学报, 1990, 28(1): 9-24.

[10] 邓涛, 王晓鸣, 李强, 等. 青藏高原: 从热带动植物乐土到冰期动物群摇篮. 中国科学院院刊, 2017, 32(9): 959-966.

[11] Bishop L C. Suoidea//Werdelin L, Sanders W J. Cenozoic Mammals of Africa. Berkeley, California: University of California Press, 2010.

[12] Pickford M, Gabunia L, Mein P, et al. The Middle Miocene mammalian site of Belometchetskaya, North Caucasus: An important biostratigraphic link between Europe and China. Géobios, 2000, 33(2): 257-267.

[13] Hou S K, Deng T. A new species of Kubanochoerus (Suidae, Artiodactyla) from the Linxia Basin, Gansu Province, China. Vertebrata PalAsiatica, 2019, 57(2): 155-172.

[14] Biasatti D, 王杨, 邓涛. 中国西北新生代犀牛古生态的稳定同位素证据. 古脊椎动物学报, 2018, 56(1): 45-68.

[15] Fossilworks. www.fossilworks.org[2020-3-5].

[16] 董光荣, 柴宗新, 陈惠中, 等. 2002. 生态环境的演变(下)//王绍武, 董光荣. 中国西部环境演变评估. 第一卷: 中国西部环境特征及其演变. 北京: 科学出版社, 2002.

[17] 邱占祥. 中国北方"第四纪(或亚代)"环境变化与大型哺乳动物演化. 古脊椎动物学报, 2006, 44(2): 109-132.

[18] Renner S S. Available data point to a 4-km-high Tibetan Plateau by 40 Ma, but 100 molecular-clock papers have linked supposed recent uplift to young node ages. Journal of Biogeography, 2016, 43: 1479-1487.

[19] Spicer R A. Tibet, the Himalaya, Asian monsoons and biodiversity-In what ways are they related? Plant Diversity, 2017, 39: 233-244.

[20] Su T, Spicer R A, Li S H, et al. Uplift, climate and biotic changes at the Eocene-Oligocene transition in south-eastern Tibet. National Science Review, 2019, 6: 495-504.

[21] Su T, Farnsworth A, Spicer R A, et al. No high Tibetan Plateau until the Neogene. Sci. Adv, 2019, 5: eaav2189.

[22] Favre A, Päckert M, Pauls S U, et al. The role of the uplift of the Qinghai-Tibetan Plateau for the evolution of Tibetan biotas. Biol. Rev, 2015, 90: 236-253.

[23] Wang Y, Deng T, Biasatti D. Ancient diets indicate significant uplift of southern Tibet after ca. 7 Ma. Geology, 2006, 34: 309-312.

[24] 高雄. 西藏札达盆地形成环境及其发展演化. 北京: 中国地质大学, 2006.

[25] 张青松, 王富葆, 计宏祥, 等. 西藏札达盆地的上新世地层. 地层学杂志, 1981, (3): 62-66.

[26] Deng T, Wang X, Fortelius M, et al. Out of Tibet: Pliocene woolly rhino suggests high- plateau origin of ice age megaherbivores. Science, 2011, 333: 1285-1288.

[27] 计宏祥. 第四纪期间中国南北两大动物区系之间的过渡地带动物群. 地层学杂志, 1994, 18(4): 248-254.

[28] 刘宇飞. 湖北白龙洞动物群研究. 重庆: 重庆师范大学, 2016.

[29] Deng T, Li Q, Tseng Z J, et al. Locomotive implication of a Pliocene three-toed horse skeleton from Tibet and its palaeo-altimetry significance. Proceedings of the National Academy of Sciences USA, 2012, 109: 7374-7378.

[30] 同号文, 胡楠, 韩非. 河北阳原泥河湾盆地山神庙咀早更新世哺乳动物群的发现. 第四纪研究, 2011, 31(4): 643-653.

[31] 同号文, 张贝, 陈曦. 中国北方泥河湾发现猛犸象-披毛犀动物群的早更新世先驱. 中国古生物学会第十二次全国会员代表大会暨第 29 届学术年会, 2018.

[32] 聂宗笙, 李虹, 马保起. 内蒙古河套盆地晚更新世晚期化石动物群. 第四纪研究, 2008, 28(1): 14-25.

[33] 谢骏义, 高尚义, 董光荣, 等. 沙拉乌苏动物群. 中国沙漠, 1995, 15(4): 313-322.

[34] 张镇洪, 刘军. 贵州盘县大洞遗址动物群的研究. 人类学学报, 1997, 16(3): 209-220.

[35] 马安成, 汤虎良. 浙江金华全新世大熊猫——剑齿象动物群的发现及其意义. 古脊椎动物学报, 1992, 30(4): 295-312.

[36] 金建华, 王英永, 张镇洪. 广东乐昌第四纪大熊猫—剑齿象动物群. 中山大学学报(自然科学版), 2004, (4): 95-97, 101.

[37] 蒋学龙, 王应祥, 马世来. 中国猕猴的分类及分布. 动物学研究, 1991, 12(3): 241-247.

[38] Voris H K. Maps of Pleistocene sea levels in Southeast Asia: Shorelines, river systems and time durations. Journal of Biogeography, 2000, 27: 1153-1167.

第十章

保护生物地理学

生物地理学的奠基性工作早在 19 世纪末便已完成。20 世纪以来，相关研究工作只是在原有框架内进行完善和提高（见第一章）。今天的科学共识是人类正在目睹物种大灭绝。这不禁令人回想到远古的地质历史中发生过的事件（见第六、七章）。失去的物种已经永远无法再回来，人类能够做的是避免现有物种继续流失，因此需要对它们加以保护。然而，用于保护的资源在全球大规模物种危机中永远显得有限，在哪些地方投入资源以及如何投入是投资成败的关键。在这种努力中，生物地理学能够提供相应的概念和工具，帮助厘清一些关键的生物地理学过程，对处于不同的人类发展前景下的物种和生态系统即将发生的事件作出切实的预测，并据此为保护投资提供建议[1,2]。

第一节　人　类　纪　元

2000 年，生物学家尤金·斯多默（Eugene Stoermer）和化学家保罗·克鲁琛（Paul Crutzen）提出"人新世（Anthropocene）"概念[3]。这个概念用以表征全新世以来，人类大规模改变环境导致物种处于大规模灭绝的时期。由于物种大规模流失以及环境的大规模改变，目前的物种分布格局已经大大偏离了全新世开始时的物种分布格局。因此，作者认为，全新世已经终结，地球进入了人新世。这个概念事实上是象征性的[2]，并非真正的地质历史阶段。为此，结合中国文化习惯，本书将人新世改称为"人类纪元"。人类纪元开始于什么时候？一些科学家认为，这个时间取决于人类影响具备区域性意义的时间。依据这种观点，人类纪元始于 750 年前，因为人类在那时将新西兰作为全球最后一个主要区域开始殖民，导致新西兰生物区系开始发生重大变化，并参与到全球物种灭绝洪流中。其他科学家提出，人类纪元始于 18 世纪工业革命，因为全球性环境变化始于这个时期。当然，也有人认为人类纪元始于 2000 年，因为这一年是杜撰出人新世概念的时间。

人类纪元中，人类的福利得到极大改善。然而，在与环境的互动中，人类导致物种大规模走向灭绝，生物多样性快速丧失。

一、物种灭绝

18 世纪，乔治·居维叶从象化石的比较形态学研究中发现，这些化石类群与现生类群非常不同，而且它们在现代地球上已经不存在，因而认为这些是灭绝了的类群（见第一章）。此后，人们开始逐步认识到灭绝的真实性[2]。在当时的欧洲，接受灭绝思想是一次巨大的进步，因为人们普遍认为物种是神创的，不可能会灭绝。由于欧洲渔民的过度猎杀，最后一只大海雀（Pinguinus impennis）于 1844 年被捕获，1852 年这个物种完全灭绝[4]。这是一次有准确记录的灭绝事件。今天，人们不难从各种渠道获得灭绝物种的名字（如渡渡鸟）、种数和其他相关信息。例如，1900 年以后科学记录的 1230 种鸟类中，13 种已经灭绝了[5]。在丰富的数据面前，科学共同体达成共识——人类正在经历第六次物种大灭绝（关于前面五次大灭绝，见第六、七章）。

谁导致物种灭绝？从居维叶时期开始，人们虽然逐步接受灭绝的客观真实性，但不情愿将过错归结到人类自身。这种不情愿一直持续到现在，只是这种不情愿从居维叶时期的大众观点变成了今天的小众观点。20 世纪，随着古生物学资料的积累，人们发现大灭绝在地质历史时期反复发生过多次，而且每次发生均与环境变化密切相关。另外，物种的灭绝和产生本来就是自然演化的过程，是一种自然现象。基于这种认识，不情愿论者获得了"科学"依据，认为灭绝是自然过程，与人类无关。与物种灭绝紧密相关的是环境变化。为人类开脱责任的观点认为，环境变化是一种自然现象。例如，更新世以来，全球气温一直在上下波动，不能将现在的全球暖化归结为人类活动的结果。

第七章中列举了一些古生物学发现，暗示人类在物种灭绝中所扮演的角色。今天，科学共同体中绝大多数人基于以下原因认为人类必须承担责任。首先，从智人走出非洲向全球各地扩散的过程中，所到之处很快出现物种灭绝；同时，人类演化历史越短的地区，大型物种灭绝率越高（见第七章"第四纪大灭绝事件"）。如果人类出现与物种快速灭绝之间在一地发生时间上的吻合，这种吻合可能仅仅是巧合，不一定说明是人类导致的灭绝。然而，从欧亚大陆到北美、南美、澳大利亚、新西兰沿途都出现了"吻合"，这种"吻合"就不会是巧合，而是一种规律，表明人类在物种灭绝中所扮演的作用。其次，从 1800 年以来，全球人口增长与灭绝物种数高度吻合（图 10-1）。这种吻合不是巧合。最后，相较于背景灭绝（即非人类引起的自然灭绝）速率，当代物种灭绝速率高。据 Pimm 等[5,6]，当代鸟类种的灭绝率高于自然灭绝率的 132 倍。另据 Harnik 等[7]，腕足动物属的灭绝率高于自然灭绝率的 60 倍。最后，世界各地气象学家的主流共识认为，现代全球暖化（global warming）主要由人类燃烧化石燃料所产生的 CO_2 所推动[8]。在全球暖化中，极区正环流和中纬度逆环流（图 3-3）机制被打乱，封锁在极地上空的冷气

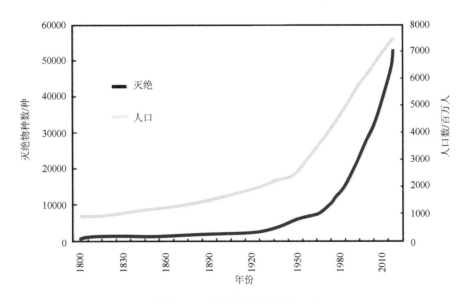

图 10-1　灭绝物种数以及人口数

流泄露到中低海拔地区，全面扰乱原有气候格局，导致全球气候变化（climate changes）。狭适性的局域物种短期内因无法产生新的适应特征而灭绝。

二、人类生存与物种灭绝

人类活动通过以下机制导致物种灭绝：猎杀、生存空间竞争、生境质量下降。

1）猎杀

作为大自然中的一员，与其他物种一样，人需要食物。演化历史造就了人类的杂食性，动物蛋白是健康生存不可缺少的食物组成成分。因此，从人类诞生的那一刻起，就猎杀其他动物。在人口稀少的早期，缺乏科学和技术的自然人类与非洲其他物种一同被编织在稳定的群落中。在这个群落中，人类进食其他物种，同时也被其他物种捕食；种间关系可持续维持。另外，在协同演化中，人类和其他物种演化出相互规避被捕食的行为，不会导致大规模物种灭绝。

至少从能人（Homo habilis）开始，随着人类智力提升、文化在种间的传递（见第七章第七节）和技术不断积累，工具帮助人类生存的效率不断提高。种间协作（即人-狼合作狩猎，见第五章第六节）进一步提高狩猎成功率。越来越丰富的食物资源促进人口增长，工具的有效性帮助人类逐步摆脱生物群落的制约，人类分布区开始快速向外扩展（第五章第三节）。进入新的地理空间后，人类没有作为自然中的一员被编织到当地的生物群落中，而是作为外来物种与当地物种进行激烈竞争。在远离人类起源地，尤其是美洲、澳大利亚和新西兰，由于缺乏协同演化历史，其他物种，尤其是能为人类提供丰富食物的大型物种，缺乏有效规避人类的生物学特征，从而纷纷走向灭绝。火器出现后，人类更能够从远距离射杀动物，加速这一灭绝进程。

猎杀的目的不仅限于食物需求，还有安全需求。与其他物种一样，人类在适应环境的过程中，不断主动改变环境，使环境变得更适合自身需求（见第二章第三节）。在此过程中，通常不受人类青睐的食肉动物遭到猎杀。当人类分布区覆盖局域性食肉动物的整个分布区时，这个物种便在劫难逃。人进入工业化社会后，安全概念扩大到包含家禽家畜和农作物的保护。为了避免经济损失，大规模报复性猎杀促进物种灭绝。

猎杀的第三个目的是物种的药用价值。除人类以外，许多其他动物（如蛾类、蜂类、蚁类、黑猩猩）也会利用动植物的药用价值[9]。当今动物生态学几乎所有文献均将动物所食用的物种当做食物物种对待，很少有人关注其药用价值及对动物的健康意义。作者在对白头叶猴的食性研究中发现，在 1381 次摄食记录中，白鹤藤（Argyreia acuta，旋花科 Convolvulaceae）及另外 5 种植物各自仅有 1 次记录出现在数据表中，宽筋藤（Tinospora sinensis，防己科 Menispermaceae）及另外 3 种植物各自有 2 次记录。很显然，在如此低的食用频率下，这些植物不具备食物价值，因为它们为白头叶猴提供的能量微不足道。那么白头叶猴为何要食用它们？在整个周年的行为观察中，有数据代表性的群体（如 GA3、GA7、GA8）中，研究者没有发现猴群内个体的不健康现象，更未发现由于健康问题而死亡的事例。那么白头叶猴是如何维持自身健康的？研究者发现这些植物大多入中药，如宽筋藤，属于青牛胆属 Tinospora，中医认为其性清热解毒，主治急慢性扁桃体炎、急性咽喉炎、口腔炎、腮腺炎、乳腺炎、阑尾炎、痈疽疔疮、急慢性肠炎、菌痢、胃痛以及热嗽失音。基于这些考虑，研究者推测，偶尔被进食的植物可能对白头叶猴有药用价值[10]。以上观察仅仅是间接证据，尚需要直接证据来检验。在工业革命前，全球各地人群均有以动植物材料为药物的传统医药实践。其中，最体系化和理论化的是中国中医。即使在今天，欠发达地区仍然大量使用野生动植物作为药材来维护人群健康。对于自然稀少的物种，这种需求对它们形成强大的生存压力。一旦这些药物商业化，大规模的市场需求极易将它们推向灭绝。

直接猎杀导致灭绝的例证不多。这是部分学者质疑猎杀成为物种灭绝原因的重要依据。事实上，如果认为仅仅猎杀就可以消灭一个物种，那可能是对问题的简单化观点。当猎杀导致物种的种群密度很低时，进一步寻找猎物就变得很困难，人们因此而放弃。其结果，猎物没有灭绝，但以小或极小种群的形式存在，变成濒危物种。后续的灭绝进程需要其他因素助推，包括种群结构中出现的随机事件以及极端气候。在一个种群中，一些个体偏于生育雄性后代，一些偏向于雌性后代，但一个大种群的总体出生性别比是平衡的（多数兽类是1∶1）。这种平衡建立在较多的繁殖个体基础上。对于特定个体，只生育雄性后代和只生育雌性后代的现象很常见。由于这种随机现象，一个小种群，尤其是极小种群，一旦出现一次偏性生殖，后代中将只有一个性别，繁殖机制就会中断。种群由有寿命的个体组成。当种群中最后一个个体存活时，尽管繁殖机制中断了，但该物种尚未灭绝；该物种变成"活死人（the living dead）"，处于灭绝债务（extinction debt）[11,12]状态。一旦最后个体走到寿命尽头，这个物种便灭绝。另一个助推因素是极端气候。对于一个喜温局域物种的小种群而言，一次极端严寒足以将其消灭。许多濒危物种以单个小种群或极小种群形式存在，一个极小种群的灭绝可能带走的是一个物种。

2）生存空间竞争

生存空间的竞争自始至终伴随着物种的演化历史。在处于生物群落中的自然人时期，人口稀少，这种竞争不会威胁到群落结构的完整性，不会导致大规模物种灭绝。在热带山地，刀耕火种可能是最早的农业生产实践。在狩猎-采摘社会中，刀耕火种较采摘能为早期人口提供更为稳定的食物供给。刀耕火种是一种轮耕农业。在热带雨林中，人们砍倒并放火烧掉一片树林，灰烬成为天然肥料。他们在这里种植庄稼2~3年。随后，由于土壤肥力下降，其不再适合种植，他们便放弃这块地方，到别的地方重复3年前的砍伐火烧和种植。在这个过程中，砍伐的地方面积有限，而且在郁闭的林冠中开启了"天窗"，弃耕后出现次生生境。原生生境和演替阶段不同的次生生境同时存在，增加雨林中的生境多样性，有效维护物种多样性。然而，随着人口增加，斑块状分布的"天窗"逐步连片形成裸地，轮耕机制被打破。农业生产变得不可持续的同时，生境多样性消失，生物多样性丧失。由于世界各地发展不一，一些区域正处在这种状态中，使刀耕火种成为威胁物种生存的重要因素之一[13]。

畜牧是人类与其他物种争夺生存空间的另一类活动。相较于狩猎，游牧能提供更多稳定的动物蛋白供给。随着人口增长，饲养的牲畜越来越多，所需草场越来越大，自然生境不断丧失，野生物种分布区不断退缩。

在自给自足经济下，随着人口增长，农业和畜牧业已经开始与野生动物竞争生存空间。随着工业革命中兴起的商业化，尤其是远距离贸易的兴起，高度集约化的固定农场取代原来的游牧和小农经济，而且规模迅速加大，加速了自然生境丧失。据 Sanderson 等[14]，全球适合农耕的土地中，98%已经被转化为农田。在德国、英国和日本，已经没有未被人类改造过的真正意义上的原生生境。据 Noss 等[15]，美国仅有 42%的自然植被被保留着；欧洲人殖民后，一些生物群落的面积已经减少了 98%。据 Gallant 等[16]，旧大陆热带超过 65%的野生动物栖息地已经被破坏。在地中海地区，仅 10%的原生森林植被被保留，90%的鸟类、蛙类、蝴蝶、野花和苔藓类随着原生生境的丧失而消失。在中国东部季风区，自然生境也所剩无几（见第九章）。

3）生境质量下降

导致生境质量下降的因素首推温室气体排放。人类从工业革命开始，燃烧化石燃料（煤炭、石油、天然气）的过程中向大气中排放巨量 CO_2。过去 100 年中，大气 CO_2 含量已经从 290ppm 升至 400ppm，而且预测到 21 世纪后半叶将达 580ppm。现在，人类活动每天向大气排放约 7000 万 t CO_2[17,18]。CO_2 能够捕捉长波长太阳能，形成温室效应，导致全球暖化。另一种温室气体是甲烷（CH_4）。甲烷主要来自水稻种植、牲畜饲养、粪便中微生物的活动、热带雨林、草地以及化石燃料的燃烧。在过去 100 年里，甲烷在大气中的含量已经从 0.8ppm 上升到 1.7ppm。甲烷是更为致命的温室气体，捕捉热量的效率远高于 CO_2；低浓度甲烷可以成为温室效应的重要贡献者。同时，甲烷在大气中的滞留时间也远超 CO_2。温室效应导致全球暖化。在过去 110 年中，全球地表温度已经上升了 0.8℃。近年来，各地不断出现最热年记录，如 2010 年欧洲、2013 年中国 [13,19]。受全球暖化影响最严重的是高纬度地区，如西伯利亚、阿拉斯加以及加拿大。气温上升导致这些区域自然生境变得越来越不适合野生物种生存，促使一些物种的分布区开始发生变化，如显花植物[20]、迁飞鸟类[21]。全球暖化的另一个效应是极端气候。极端低温、极端高温、冷夏、暖冬、洪涝、干旱正在变得频繁，改变全球各地原有气候格局，各地动物面临新的环境挑战，极小种群极易因无法适应新环境而灭绝。由于极端气候每次持续时间短暂，不容易引起人们注意，因此难以获得数据评估极端气候对物种生存的影响。

燃烧化石燃料以及工业冶炼大量释放氧化氮和氧化硫。这些分子滞留在大气中，与水汽结合形成硫酸和硝酸，形成酸雨，造成土壤和水体酸化。重度酸化直接导致土壤动物及水生动物死亡，轻度酸化阻断鱼类和两栖类产卵。水体酸化导致全球蛙类种群大量灭绝[22]。

除了全球暖化带来的气候变化以及酸雨导致生境质量下降外，其他污染以及生境片断化也促使环境质量下降[13]。这些因素对野生物种的影响常常不是直接导致其灭绝,而是降低生境对物种生存的适宜性,促使物种分布区发生改变甚至收缩,从而将物种推向濒危边缘。在面临灾害时,它们极容易灭绝。在灭绝前,由于分布区变化,它们退出一些原有群落,从而导致群落发生改变,最终可能导致群落崩溃以及其他物种走向灭绝(详见本章第二节)。

三、物种灭绝和人类生存

与其他物种一样,智人早期对自然环境完全依赖,主要表现在食物需求上。随着文明进步,集约化牲畜饲养和农业种植缓解了这种依赖,为人类提供稳定的粮食供给。在这个过程中,一个假象慢慢出现:在工业化的食物供给状态下,人类越来越不需要依赖大自然。因此,人类敬畏自然的态度逐步消失,代之以人定胜天的傲慢态度。事实上,人类不可能摆脱对自然的依赖。

人类对自然生态系统服务功能依旧存在依赖。人每时每刻呼吸的新鲜空气来自自然生态系统。植物在进行光合作用过程中,吸收 CO_2,并释放 O_2。光合作用过程是当今地球上 O_2 的主要来源。植物依赖昆虫进行传粉,依赖鸟类散播种子,从而实现植被更新换代。土壤无脊椎动物和微生物在维持自身生命过程中,改良土壤,促进植物生长。在各类动物利用植物以及动物利用动物的过程中,物质循环和能量流动得到促进。这些过程推动群落演替,使群落进入物质循环和能量流动的更高效、完备的状态,抗拒干扰力变得更强,群落变得更稳定。物种灭绝驱使群落走向崩溃,O_2 供应势必下降。O_2 供应只是自然生态系统的服务功能之一,其他功能包括清洁水源、稳定局域气候。生态服务功能只反映生物多样性的间接使用价值(indirect use values)。生物多样性还有直接使用价值。

人类离不开生物多样性的直接使用价值(direct use values),包括消费利用价值(consumptive use value)和生产利用价值(productive use value)。消费利用价值是生物多样性对人类最原初的价值,它们是人类的食物:人类通过食用其他动植物得以生存。在现代世界,这种价值对于不同经济发展水平的社会意义不同:工业化社会高效的牲畜养殖和农业种植技术使人们远离了对野生物种的食物性需求,但欠发达地区仍然大量以野生物种为食。经济发展有助于降低这种需求带给野生物种的压力。野生动植物不仅供当地人维持生存,还被在商业市场上出售,因此具有生产利用价值。在商业市场上出售的野生动植物被用于各种用途。例如,金缕梅(*Hamamelis* spp.)被用于生产收敛剂,添加到刮胡膏、驱蚊膏、痔疮膏中;每年销量极大。野生动植物的生产利用价值在国民经济中占据着重要位置。即使在美国,它在 2012 年的 GDP(16 万亿美元)中所占比例也达到 4.5%,即 7200 亿美元[13]。这个比例在发展中国家更高。据 10 年前的估计(Engler,2008;引自 Barber-Meyer[23]),每年在国际市场上交易的、直接从野外获取的野生动物、鱼类以及木材产品价值大约为 3320 亿美元。近年来,各国政府将生物医药作为发展战略,进一步提高生物多样性的生产利用价值。

生物多样性还有伦理价值（ethical values）[13]。可见，如果人们智慧地利用一个物种，这个物种对人类的价值是多方面的。一些价值支撑着人类的生存和可持续发展，另一些价值可以改善人类福利。这凸显了物种对人类的意义。

因此，物种需要保护。物种保护涉及法律和政策的制订以及保护计划的执行。法律、政策、保护行动计划制订的基础是保护科学研究。

第二节　保护生物地理学简介

一、保护生物学和保护生物地理学

保护生物学（Conservation Biology）的源头通常被认为是 1978 年在美国加利福尼亚大学圣迭戈（San Diego）分校召开的第一届保护生物学国际大会（First International Conference on Conservation Biology），但这门年轻的学科诞生的标志是 1982 迈克尔·索磊（Michael Soulé）和布鲁斯·威尔科克斯（Bruce Wilcox）发表的《保护生物学：一种演化-生态视角》（*Conservation Biology: An evolutionary-ecological perspective*）[24]。7 年后，保护生物学学会（Society for Conservation Biology）成立，同时推出学会刊物《保护生物学》（*Conservation Biology*）[25]。保护生物学诞生后，迅速在全球蓬勃发展，各地高校纷纷建立保护生物学中心、保护生物学研究所，国别保护生物学学会不断涌现，大大促进了保护生物学研究的发展。

在保护生物学研究中，人们用种群生物学（population biology）、分类学以及遗传学的概念和理论探讨各类保护问题的解决办法，如灭绝和种群数量下降问题。英国生态学家 Graham Caughley 将保护生物学研究分为两个范式[26]：种群下降范式（the declining population paradigm，即寻找导致种群数量减少的直接原因）和小种群范式（the small population paradigm，即研究小种群最终面临的结果）。两种范式关注的都是物种灭绝问题。现代保护生物学的研究更融入了人类学（anthropology）、生物地理学、环境经济学（environmental economics）、环境伦理学（environmental ethics）、社会学（sociology）、环境法（environmental law）以及环境教育的研究[13]。

物种濒危的原因通常与稀少性相关。大多数物种或者种群密度高、但分布的地理空间狭小（如白头叶猴），或者分布很广、但种群密度很低（如虎），从而表现出稀少性。在人类干扰下，这些物种极易走向濒危甚至灭绝，导致多样性下降。稀少性的原因涉及物种本身的生物学特征及与之相关的自然分布区大小[27]。生物地理学是研究物种分布的科学，它与保护生物学有内在联系：通过研究物种分布区的变化，为物种保护提出解决办法。这是保护生物地理学的使命。

牛津大学生物地理学教授罗伯特·惠特克（Robert Whittaker）及其同事于 2005 年提出一门新学科——保护生物地理学（Conservation Biogeography），并将这门学科定义为"用生物地理学原理和理论分析生物多样性保护问题（the application of biogeographical principles，theories，and analyses to problems concerning the conservation of biodiversity）"[28]。广义地说，保护生物地理学家研究的是在粗放地理尺度上（景观尺度及其之上）运作的生物物理学过程[29]。在关注的领域上，保护生物地理学与传统的保护生物学不同：传统的保护生物学关注物种的种群变化以及如何避免种群走向灭绝，保护生物地理学强调的是更大的空间（景观尺度甚至更大尺度）和时间尺度。世界已经百孔千疮，需要保护的地区和物种比比皆是。传统的保护生物学研究结果几乎得出同样的结论：所有研究过的地方和物种甚至所有受人类干扰过的地方和物种均要得到保护。然而，保护的资源永远有限，在人类现有以及可以预见的未来的经济、政治、社会以及人类的认识水平下，不可能做到保护所有地方和所有物种。面对这种状况，生物地理学原理可以帮助厘清优先地区和优先物种，将有限资源投入到优先地区和优先物种保护中，使生物多样性保护效益最大化。例如，在世界自然保护联盟红色名录的评估系统中，物种分布区大小长期以来成为评估的重要指标：如果一个物种分布的区域面积估计小于 $5000km^2$，或者实际占有的区域不到 $500km^2$，这个物种则被评级为"濒危（endangered）"[30]。这种评级用于指导各国政府优先投入保护资源。

二、保护生物地理学研究

1. 岛屿生物地理学理论与保护区规划

　　保护生物地理学是一个新学科，从概念提出到现在的时间不长。然而，相关的研究历史不短。在保护生物学作为学科被提出来之前，杰拉德·戴尔曼（Jared Diamond）就注意到麦克阿瑟和威尔逊的岛屿生物地理学理论（见第一章）在保护中的应用价值[31,32]。他提醒人们关注位于质量下降的土地或农地之中的保护地与海洋中的岛屿的相似性。基于岛屿生物地理学的原理，戴尔曼提出：①一个保护地在物种平衡的情况下（即物种数不变时）所能承载的物种数是其地理面积和隔离程度的函数。相应地，靠近广泛的自然生境的大的自然保护区拥有更大的物种数。②如果保护区周边大部分自然生境被破坏，这个保护地将承载的物种数远超过平衡时的物种数；多余的这些物种将会在后期逐步灭绝。尽管戴尔曼对海洋岛屿与保护地的类比有失简单化，但这些基本观点被广泛应用于自然保护区的规划中。

　　戴尔曼的观点带来一次大辩论，文献中称之为"单一大或几个小"（single large or several small）辩论，简称 SLOSS debate。这次辩论围绕着一个问题[33,34]：是一个单一的大保护区还是几个小的、但总面积一样大的保护区能够承载更多物种？举例说，在 1 个 1 万 hm^2 的保护区和 4 个各为 $2500hm^2$ 的保护区之间，谁能承载更多物种？支持单一大保护区的观点认为，大保护区为那些活动范围大、种群密度低的物种（主要是中大型食肉动物）提供可以维持可持续种群大小（sustainable population size）的生存空间。同时，与多个小保护区相比，单一大保护区减少边缘生境，并涵盖更多物种，拥有更高的生境多样性。这种观点得到事实支持。在北美西部 14 个国家公园中[35]，公园成立之后灭绝的兽类有 29 种（公园建立时共有 299 种），新迁入 7 种。这表明，灭绝率超过新种迁入率，与岛屿生物地理学理论的预期相吻合。进一步分析发现：①在面积超过 1000km² 的公园中，灭绝率低到几乎为零；在小于 1000km² 的公园中，灭绝率非常高，29 种兽类的灭绝几乎都发生在这些小公园中。②当公园的面积增长到一定程度时，随着公园面积进一步增加，每个单位面积单元所获新迁入的物种数下降。这些发现均与岛屿生物地理学理论的预期相吻合。鉴于此，支持者认为，小的保护区对保护毫无用处。然而，反对者认为，相较于一个大的保护区，布设合理的几个小保护区能够涵盖更多生态系统类型以及更多稀有物种，并用事实支持这种观点[36]。美国得克萨斯州大弯国家公园（Big Bend National Park）、华盛顿州北瀑布国家公园（North Cascades National Park）以及加利福尼亚州红木林国家公园（Redwoods National Park）的总面积比黄石国家公园（Yellowstone National Park）小，但承载的兽类物种数比黄石多。进一步分析发现，一系列的小面积保护区在保护局域性物种时很有效。同时，这种保护区网络可以降低单一灾害力量导致整个物种灭绝的可能性：外来物种、疾病、飓风、野火出现在一个保护区时，对于一个广布种，受影响的仅仅是分布于该保护区中的种群，其他保护区中的种群不易受到波及。另外，在人口较为稠密的区域，相比于大而单一的保护区，小而多的保护区网络比较容易建立。

SLOSS 辩论提醒人们，不能简单使用麦克阿瑟-威尔逊的岛屿生物地理学理论，需要根据实际情况（如受保护物种的生物学背景、生态习性、当地自然和社会状况等）在原有模型上添加不同参数。最终，岛屿生物地理学理论成为保护区规划中的指导性理论，在当代保护生物学教科书中已经占据一席之地[13]。

2. 保护管理中的演化指导思想

表面上看，保护问题源于人类的破坏。因此，传统的保护实践就是建立自然保护区，将人类排除在保护区外，让野生物种在没有人存在的环境中生存发展。传统的保护实践常常引起保护区与当地社区尖锐的利益矛盾。为了解决这种矛盾，管理部门将保护区进行功能区划，其中的核心区仍然完全排除人类活动。这种实践的指导思想认为，人类是自然存在的一个负面因素。然而，生态学早就发现不同物种对环境有不同的适应性：一些物种倾向于分布在没有人类干扰或者受人类干扰很少的地方，另一些物种则分布于有一定人类干扰的地方。保护区建立起来后，后一类物种逐步消失，或者转移到保护区外活动。由于这种现象的存在，近年来国际学术界提出"社会-生态系统"（socioecological system）概念，建议将当地社区与自然生态系统融合为一个整体。通过对这个整体中各组分间关系的研究，解决保护与社区发展的矛盾，使保护与社区作为整体得以同步协调发展。

无论是传统保护实践，还是社会-生态系统的保护实践，都应基于仔细的区系演化历史研究。历史动物地理学研究已经发现，野生物种与人类已经拥有长达 3Ma 的协同演化历史，而且各地区系的协同演化历史长短不一：距离人类起源地（非洲）越近，历史越长；距离越远，历史越短。人类属于喜温类群，进入寒冷、高寒区域是很晚近的事件，与这些区域的区系协同演化历史很短。同时还发现，与人类协同演化历史越短的地区，区系越容易出现灭绝事件。与人类协同演化历史较长的类群，不但表现出对人类活动的耐受性，甚至可能还存在一定程度的依赖性。为此，在制订保护区管理规则时，需要依据当地经纬度（即与人类起源地的距离、温度）和海拔（温度）来大致判断协同演化时间长短。同时，还应分析区系成分的生境选择，判断物种对人类干扰的整体耐受性。对于协同演化历史短、野生物种对人类耐受性差的区域，应当严格慎重对待人类活动的影响；对于协同演化历史长、野生物种对人类耐受性较强甚至出现依赖性的区域，应当容忍人类在保护区中一定程度的活动，从而做到对野生物种的科学保护。

3. 气候变化和物种分布区变迁

21世纪头20年是气候变化越来越明显的时期，暖冬、冷夏、酷寒的冬天、酷暑的夏天、极度干旱和缺水、蝗灾、疫情等在新闻媒体中频繁报道。例如，2012年夏，美国国家航空航天局（NASA）公布的照片显示，格陵兰冰川首次融化几乎殆尽。2014年夏，本书作者在河西走廊旅行，发现沙漠边缘开始长草。2019年，酷暑引发澳大利亚山火持续燃烧达210天，至2020年2月方才熄灭。2020年夏，中国降雨线北移到秦岭以北。2021年2月底至3月初，一向温暖的美国得克萨斯州突遇严寒等等。

关注到这些变化，保护生物地理学于2005年应运而生。4年后，Elith和Leathwick[37]提出物种分布模型（species distribution models，SDM），基于物种出现、丰富度以及环境特征，用数学手段模拟和预测物种分布区在全球气候变化下随时空发生的变化。这种研究手段后来得到广泛应用，如珍稀植物[38]、海草[39]以及动物[40]的分布区变迁研究，以及生物多样性保护研究[41]。然而，作为新模型，难免会存在不足，因此引起争议。例如，在研究外来物种分布区的变化时，SDM的可靠性就值得进一步探究[42]。

在气候变化与物种分布区变迁的研究中，人们通常预设物种被动对气候变化带来的环境变迁做出反应，即迁移到新的更合适的环境中。这种预设观点可能将问题简单化了。魏辅文及其同事分析了30年的数据后发现，气候因子对大熊猫分布的影响只出现在初期；随着时间推移，其作用逐步消失[43]。各物种的生态位构成不同（第二章第三节），面对相同的环境变化做出的反应方式也会不同。生活于不同群落中的物种以及在群落中扮演的角色不同的物种，对群落的依赖程度不同（见下文"三、网络分析、群落研究及其在保护中的应用"）；当群落分布未发生改变时，对群落依赖性强的物种较依赖性弱的物种更不容易发生分布区的变化。其结果，不同物种面对气候变化的最终命运不一样。

可见，保护生物地理学发展时间短，研究方法尚未成熟。同时，全球气候变化是全球性事件，涉及几乎所有物种。然而，现有生态学知识仅来自少数研究过的、认识不完整的物种；面对大量未研究过的物种和问题，生态学家和保护学家存在知识短缺问题，理论上也存在不确定性。Hortal等[44]总结出大尺度生态学和演化研究中存在的七大类根本性的知识短缺，即①林奈短缺（Linnean shortfall）：地球上绝大多数物种还没有被科学描述和分类，包括现生和灭绝物种。因此，科学界事实上对物种多样性的了解还很有限。②华莱士短缺（Wallacean shortfall）：由于对已知物种分布区的研究很不够，关于大多数物种的地理分布知识是不完整的，在所有空间尺度上的描述都是不恰当的。③普雷斯顿短缺（Prestonian shortfall）：这种短缺是指关于物种丰度（species abundances）以及它们随时空发生的动态性变化的数据短缺，这些数据通常非常少。④达尔文短缺（Darwinian shortfall）：这种短缺是指关于生命树、物种演化以及物种特征的知识短缺。⑤朗基塞短缺（Raunkiceran shortfall）：是指缺乏对物种特征和生态学功能的认识。⑥哈钦松短缺（Hutchinsonian shortfall）：是指缺乏对物种对无机环境的反应和耐受力的认识。⑦埃尔顿短缺（Eltonian shortfall）：缺乏物种间的互动及其对个体生存及适合度影响的认识。缺乏这些知识，就无法对物种及其所在群落的分布区变化做出准确判断，从而无法采取科学有效、财政上可行的保护行动。

4. 生境丧失和生态位研究

当今大多数物种都面临生境丧失问题。因此，寻找合适的地理空间是解决这些物种保护的关键。理论上说，物种的基础生态位概念可以用于指导这方面的研究：基础生态位决定一个物种的全部分布区，实现生态位决定了现有分布区。现有分布区与全部分布区的差异便是物种可以分布的潜在分布区。划定潜在分布区后，便可制订保护计划，为面临生境丧失严重的物种提供新的生存空间[2]。

然而，实际操作存在困难。在生态位中，涉及物理环境因素的维度比较容易研究，但涉及生物环境因素的维度研究起来比较困难。例如，一个食肉物种在生理上既可以食用大型有蹄类，也可以食用小型啮齿类。但在生态学上，大型食肉物种如果捕食小型啮齿类，将会因为获益太少、捕食成本太大而无法生存。因此，只能在有中、大型有蹄类分布的地方建立可持续种群。这些大、中型有蹄类可持续种群的维持进一步有赖于其他在生态学上存在关联的物种，它们是有蹄类种群可持续维持的基础。不考虑这些生物环境因素研究得到的生态位是不全面的，相应的保护行动计划可能会失败。如果这些因素都考虑，生态位的研究将变得极其复杂，传统的生态学研究方法难以完成。对每个物种都进行生态位研究，显然是不切实际的考虑。

三、网络分析、群落研究及其在保护中的应用

群落是生态系统的功能单位。物理环境中的物质（H_2O、各种矿物质）通过植物的根，CO_2、太阳能通过植物叶的光合作用进入群落。光合作用的同时，O_2经过叶子被释放到大气中。进入植物的无机物被合成有机物，用于构建植物各种器官和组织。植食性动物以植物为食，肉食性动物以植食性动物为食，甚至以肉食性动物为食。腐食性物种以所有物种的尸体及排泄物为食。在这个过程中，物质承载着能量，从一个物种传递到另一个物种，实现能量在群落中的流动。在支撑能量流动的过程中，物种间存在着固定

的生态关系，并通过这些关系构成网络状结构。这种结构便是群落。群落是演化的结果，其演化过程既包括物种在生理学和形态学特征方面的演变，也包括物种在种间互动过程中逐步形成的相互适应。因此，现代保护生物学认为，保护的终极目的是让物种生活在健康的群落中，从而得以继续其演化历程。相应地，群落研究就成为保护研究中的重要课题之一，也解决上述朗基塞短缺和埃尔顿短缺问题。

然而，群落生态学的研究是普通生态学研究的短板，研究水平远次于个体生态学、种群生态学以及生态系统生态学。在普通生态学教科书中，群落生态学是关于物种关系的科学，并列举了一些高度简化了的种间生态学关系。可能由于这种描述的误导，过去几十年的群落生态学研究文献仅限于物种对的研究，亦即两个物种的关联性研究。这种研究主要集中在植物生态学文献中。动物物种间的生态学关系基本上基于对野外工作时的一些零星观察做出的主观描述。这种研究方法难以建立群落。首先，观察不具备系统性，无法将一个区域的所有相关物种整合到相应的网络中。其次，基于零星观察做出的主观描述无法将偶然现象从群落分析中排除。最后，定性描述下的不同生态学关系种类各异，不具备可比性。因此，至今尚无任何研究案例用客观数据指出哪里有群落。另外，群落概念使用混乱，主观性很强（见第二章）。这种现状严重阻碍相关的研究进展，导致上述朗基塞短缺和埃尔顿短缺。在保护生物学研究中，虽然人们期待着物种能够生活在健康群落中，但没有任何研究案例能够从群落角度去探讨特定物种的生存状态以及未来的命运。

笔者从2018年开始，在指导研究生的过程中探讨用空间网络分析方法来构建群落，并在群落中分析物种的种间互动、生态学作用、群落对物种继续生存的保障性，并获得了初步有趣的发现。

1. 空间网络分析和群落构建的原理和方法

1）原理

空间网络分析以及群落构建基于以下原理。①所有的种间生态学关系必须以物种在相应的地理空间共同出现，亦即以空间分布的重叠为基础。没有种间的空间重叠，生态学关系就不可能出现。为此，数据采集需要在广阔的空间中同步进行。②并非所有空间重叠都有生态学意义。因此，需要将偶然因素或者随机因素导致的空间重叠排除掉，保留真正有意义的、因生态学关系而出现的空间重叠。这种空间重叠便是种间的关联性。通过种间关联性建立任何两个物种形成的物种对。一个物种对中，关联性可以是正的，也可以是负的，负关联表明两个物种在分布上相互排斥。③两个物种在相同空间中的重叠频率越高，关联程度则越强，所代表的生态学关系也越强。因此，需要计算关联系数，用以表征种间关联性的强弱。部分物种存在种群数量年际间波动的现象，因此关联系数也会发生年际间波动。④保留所有存在正关联的物种对，并以物种为联结点，通过种间关联，将众多物种联结为一个网络结构——物种空间关联网络。负关联将不属于同一网络的物种排除在网络外。⑤进一步通过统计分析，判断网络中两个关联物种间的关系属于偏利性还是平等性关系，并通过物种的形态学特征、食性、行为以及其他生态学特征解释网络中物种两两间的生态学关系，从而将物种空间关联网络还原为群落结构。

2）数据采集方法

传统生态学大多采用截线抽样法（line-transect sampling）、样块法（quadrat sampling）、标志重捕法（trap-mark sampling）进行物种或种群数量的数据采样[45]。

截线抽样法又叫样线法，是最常见的生态学研究方法之一。按此方法，首先在研究区域中随机确定一个起始点和穿插方向，然后沿着确定方向向前步行，记录穿插线两侧遇到的所有物种或痕迹以及这些遇见物到穿插线的垂直距离。穿插结束后，依据穿插线长度、垂直距离的平均值计算穿插面积。在研究区域中重复若干条穿插线，使穿插总面积≥研究区域面积的 5%。最后用所记录到的物种代表研究区域的区系构成。在空间分析中，如果采用这种方法采集物种分布数据，将难以客观判断哪些物种出现在相同空间中（亦即哪些物种出现空间重叠）。因此，该方法不适用于空间分析。

样块法也称样方法，是另一种常用的生态学研究方法，尤其在植物生态学研究中常用。在使用该方法时，首先要确定样方大小（草本植物通常用 1m×1m，木本植物则为 10m×10m，甚至更大）和形状（通常是正方形或者长方形）。然后，将研究区域划分成一系列样方。最后，随机选择≥5%的样方，并在选定的样方中搜寻记录每个物种及相关数据，并用所记录到的物种代表研究区域的区系构成。使用这种方法时，样方的大小通常是主观决定的，对研究结果有极大的影响。例如，在研究两个乔木树种时，假如植株冠层覆盖半径是 5m，则 10m×10m 的样方只容得下一棵植株，该物种与所有其他物种都不存在空间重叠，因而呈现负关联。如果将样方面积扩大到 100m×100m，这两个物种就极有可能呈现正关联。这种研究结果的差异是主观因素导致的。在植物的空间关联研究中，大量文献用此方法，导致许多错误结论。事实上，该方法不适用于空间分析研究。

标志重捕法是对小型动物进行采样的有效且可靠的方法。在使用该方法的过程中，首先要在研究区域中随机布设鼠笼，并对鼠笼加以伪装。经过一定时间（如 5 天）后，检查每个鼠笼。如果发现有动物被捕获，对其进行标记和分类鉴定，并释放。同时，将鼠笼进行清洗去味后，在原地重新布设。过一段时间后，再检查鼠笼，并重复相同工作。此时，可能有部分标记过的动物又出现在捕获个体中。继续重复，直至所有个体均为标记过的个体。研究者要经常造访鼠笼布设点进行标记、释放、鼠笼清洗，工作量巨大，难以应用到广阔空间中的采样。同时，一些物种（尤其是灵长类）一旦被捕捉过一次，就不会再次上当。另外，捕捉中大型动物常常触犯野生动物保护法。因此，不建议使用该方法。

可见，上述传统的生态学采样方法无法用于大尺度的空间分析。我们的研究方案采用红外相机技术。首先用 ArcGIS 将研究区域（如一个保护区）划分成 1km×1km 的公里网格，然后随机选择不少于 5%的格子，并在格子中布设红外相机，记录经过相机前的温血物种。红外相机技术也存在问题，它只能记录发出红外线的物种，包括鸟类和兽类；无法记录冷血物种，包括爬行类、两栖类、鱼类以及无脊椎动物。然而，相比于传统生态学采样方法，这种方法有其优势：①由于价格低廉，大多数保护区有数量众多的相机，可以满足空间分析中在广阔空间里同步采集数据的要求。②相机安装位点在几何学上是个点，没有面积，研究者不需要主观确定数据采集区域的面积问题。相同相机拍摄到的物种可以被客观地视为出现空间重叠的物种。

在分析植物物种关联性时，本研究方案建议采用象限法（也称四分之一圆法）[45]。在研究区域中，选取研究物种任一植株，并以此植株为原点画出坐标，记录坐标的四个象限中距离原点最近的植株，并进行分类鉴定。重复相同操作，从而获取该研究物种的所有关联物种以及所有物种的关联物种。与上述红外相机技术一样，象限法的空间关联基准是个点（而非面），没有面积，因而排除研究者确定共同空间时出现的主观判断。

3）物种关联性衡量

文献中出现各种指数或者系数用于衡量物种关联性，如联结系数（association coefficient）[46]、共同出现百分率（percentage of coocurrence）[47]、Dice 联结指数[48]、Ochiai 联结指数[49]、点相关系数（Φ）[50]等。这些系数或指数能够反映物种的空间重叠程度。但是，它们未经数理推演，无法对其显著性进行判断，因而无法排除无意义的空间重叠。因此，本研究方案不建议采用这些指标。

相应地，本研究方案建议使用统计学中的相关系数进行物种关联强弱衡量，包括佛爱系数 r_φ、斯皮尔曼秩相关系数 r_s 以及皮尔逊积矩相关系数 r[51]。具体采用哪个系数取决于数据性质、数据类型以及数据频率分布类型。这些关联系数的大小（亦即关联性强弱）受种间生态学关系强弱和物种的种群密度影响。首先，生态学关系强度越高，关联物种出现在相同地理空间的概率就越大，计算出来的系数也就越大。其次，种群密度越高，种间空间重叠概率越大，关联系数也就越大。因此，一次数据采集获得的关联系数包含着这两种因素的共同影响。

在进行群落分析时，仅分析物种间的相关性有时是不够的，还需要找出物种间的生态学关系，从而构建群落。生态学关系大体可以分为利益对等关系（如对资源共享时出现的空间重叠）和偏利关系（如捕食者与猎物）两大类型。偏利关系会导致空间关联不对称，施益物种的分布会预示获益物种的分布。为了检验这种不对称关联，本研究方案建议采用兰布达系数 L_B 和非对称关联萨默斯指数 d_{BA}。具体采用哪个系数取决于数据性质、数据类型以及数据频率分布类型[51]。

4）群落构建

基于物种关联计算结果，以各物种为结点，通过显著正关联系数，将全部物种编织成物种空间关联网络。基于此网络，多维度分析任一物种与其他物种的生态学关系以及物种在群落中所扮演的角色，从而用生态学关系将各物种连接在一起，形成群落。最后，通过群落与环境因子的相关性分析，将群落定位在一定的地理空间中。

2. 群落研究案例

卧龙国家级自然保护区（简称卧龙）、黑竹沟国家级自然保护区（简称黑竹沟）以及唐家河国家级自然保护区面临四川盆地，在地理上分别处于横断山区东部边缘的北、中、南三个方位。在保护区内安装红外相机，采集物种分布资料。野外工作中，首先对工作区域进行公里网格划分（每个格子面积为 1km×1km），然后在随机选定的格子中各安装红外相机一台。目前已经完成在卧龙和黑竹沟的数据采集工作。由于每个相机位点只安装了一台红外相机，而且相机朝向镜头前地面，因此所获物种均为地面活动物种。

在单种的种群数量监测中，人们通常用有效照片数作为种群密度的相对多度指标。由于本节要分析多物种间的关系，其中一些物种为孤独性物种，一些为社会性物种，单位时间内它们在镜头前活动、从而触发相机曝光的相同频率不能代表不同物种具有相同的种群密度。因此，有效照片数不能用于比较不同物种的种群密度。然而，当一个地区的整体种群密度较高时，动物的家域（home range）整体上受挤压，无论是社会性物种还是孤独性物种，个体出现在特定位点上的频率会升高，从而提高有效照片数。因此，有效照片数可以用于比较不同地区动物区系的整体种群密度。

目前的红外相机技术尚无法进行个体识别，尤其是夜行性物种。为此，我们仅从照片资料中鉴定各物种，并确定这些物种在特定相机（位点）中出现与否；无法获取可靠的、各物种在该相机中出现的个体数。

由于上述原因，本研究所获得的数据类型为分类型中的二分型。对于二分型数据，采用佛爱系数 r_φ 分析种间关联性，采用兰布达系数 L_B 分析不对称关联性[51]，获得以下初步结果。

1）研究区域的动物区系

从卧龙 60 台红外相机中共获得 47592 张有效照片和 11033 个视频，黑竹沟 22 台相机获得 13537 张有效照片和 3421 个视频。卡方吻合度检验结果显示，两地有效照片数差异具有极显著性（χ^2=1895.75，df=1，p<0.001），黑竹沟有效照片数极显著少于卧龙，表明黑竹沟相较于卧龙地栖鸟兽的整体种群密度低。这个结果可能反映黑竹沟野生动物的生存环境差，并影响到群落结构的完整性[52]。

从卧龙的有效照片和视频中鉴定出 35 种地栖鸟兽，属于 6 目 15 科 33 属。其中，兽类 5 目 14 科 24 属 26 种，鸟类 1 目 1 科 9 属 9 种。食肉目物种最多，共 6 科 13 种；其次为鸡形目 1 科 9 种、鲸偶蹄目 4 科 8 种、啮齿目 2 科 2 种和灵长目 1 科 2 种。兔形目物种最少，仅 1 科 1 种。从黑竹沟的有效照片和视频中鉴定出 20 种，属于 6 目 11 科 20 属。其中，兽类 5 目 10 科 17 属 17 种，鸟类 1 目 1 科 3 属 3 种。食肉目物种最多，共 4 科 8 种；其次为鸡形目 1 科 3 种、鲸偶蹄目 2 科 4 种、啮齿目 2 科 2 种；灵长目与兔形目物种最少,各有 1 科 1 种。两个保护区有 16 个共有物种,占卧龙总物种数约 46%,占黑竹沟 80%。从共有物种数以及各类群在区系中的优势度看,两地区系相似度很高。两地物种多度差异看起来很大,但不具备显著性($\chi^2=0.997$, $df=1$, $p>0.30$)。这表明,黑竹沟和卧龙地栖鸟兽物种多度相似,研究数据显示的差异是两个保护区工作区域面积导致的(卧龙:60km²;黑竹沟:22km²)。这个结果反映卧龙和黑竹沟地栖鸟兽区系紧密的亲缘关系。

2)地栖鸟兽群落

佛爱系数计算结果显示,卧龙的 35 种地栖鸟兽归属两个网络,一个为以雪豹为代表的高海拔网络,以古北界物种为主,暂时称为古北群落;另一个为以大熊猫为代表的低海拔网络,以印度马来界物种为主,称为印度马来群落(图 10-2)。黑竹沟的 20 种地栖鸟兽种间关联性已经被严重破坏,仅有 4 个关联种对,其余种对的关联性已经不存在(图 10-3)。

卧龙的两个网络显示,雪豹和大熊猫不在一个网络中,分布区在海拔维度上是分离的。过去很长一段时间里,人们在大熊猫分布区寻找雪豹。尽管投入很大,一直未发现雪豹,以至曾经有人认为雪豹已经在卧龙灭绝。基于图 10-2 的网络,我们认为当年的研究者在野外考察中选择考察区域的海拔范围出现错误[53]。进一步分析发现:①在卧龙,相对于印度马来群落 [图 10-2 (b)],古北群落 [图 10-2 (a)] 结构比较简单。这与高

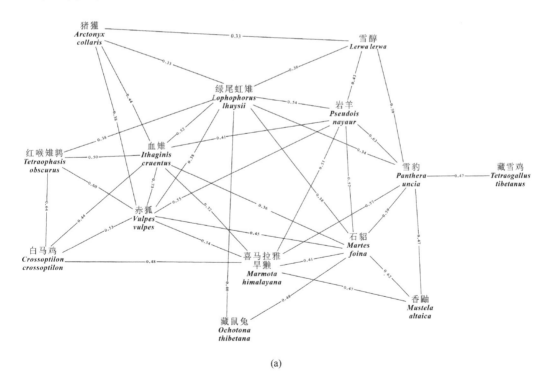

(a)

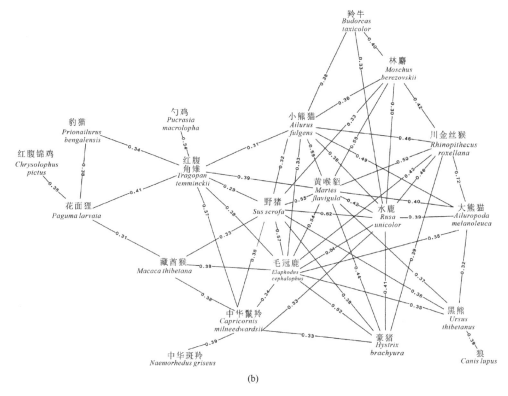

图 10-2　卧龙地栖动物物种关联网络

（a）古北群落；（b）印度马来群落

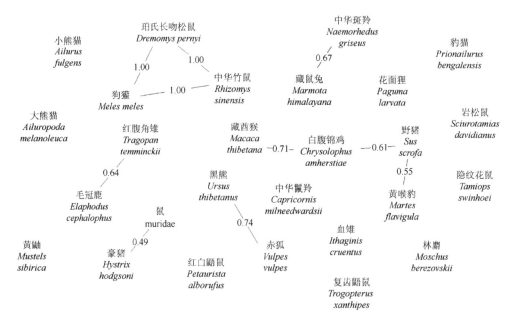

图 10-3　黑竹沟地栖动物物种关联现状

山苔原环境下物种多样性较低以及群落处于初级演替阶段有关。②从群落中物种的生态功能来看，古北群落较印度马来群落结构更完整。这与高海拔区域受人类干扰程度较低有关[52]。③在印度马来群落中，水鹿、羚牛等大型食草动物种群没有受到食肉动物控制。这种状况可能与虎的消失有关[54]。在 20 世纪 70 年代以前，虎在卧龙有分布。羚牛分布于中、高山针叶林和针阔混交林中。在那种环境下，羚牛在高海拔受雪豹捕食，在低海拔受虎捕食。虎消失后，羚牛分布区向低海拔移动，进入阔叶林区，并脱离了高海拔雪豹的捕食，从而进入种群增长失去控制的状态，导致种群数量近年来暴涨。野猪可能也处于相似状态。这种状态有可能最终导致群落崩溃。④在印度马来群落中，小熊猫与大熊猫存在非对称关联，小熊猫的出现对大熊猫具有 1.1%～31.6%的预测率[55]。大熊猫和小熊猫均偏好竹林生境，但小熊猫偏好密生竹林，大熊猫偏好稀疏竹林。小熊猫活动过后，密生竹林变成稀疏竹林，适合大熊猫活动。因此，大熊猫倾向于尾随小熊猫。其结果，有小熊猫分布的地方，大熊猫可能生活得更好。

黑竹沟地栖动物区系（图 10-3）物种间的空间关联性所剩无几，群落可能已经不存在。这种现状反映人类严重干扰后的结果[52]。狩猎和生境质量下降使多数物种的种群密度降低。在低密度下，每个物种个体数太少，无法产生种间关联，种间生态学关系断裂，群落的物质循环和能量流动受阻，各物种丧失其生态学功能。这些物种处于"活死人"状态，这个区域处于灭绝债务中。随着时间推移，这些物种可能逐步走向灭绝。黑竹沟自建立以来，已经有多个物种消失。如何扭转这种局面，成为保护区管理部门的当务之急。

3. 网络分析在保护中的价值

1）预警

图 10-3 表明，仅有物种名录，生物多样性保护者不能高枕无忧，因为物种的生态学关系断裂后，一些物种会随着时间逐步消亡。一旦到了物种找不到的时候，一切都晚了。因此，保护工作需要预警，提前告知危机来临以及危机在哪里。

本研究建立的物种空间关联网络基于存在生态学关系的物种种群在特定空间的重叠。种群密度越高，重叠程度越大，种间关联性越强；种群密度越低，重叠程度越小，种间关联性越弱。由于许多物种的种群密度存在年际波动，因此种间关联性也会出现年际波动。然而，如果某些种间关联性持续走低，表明保护工作出现了疏漏，保护区内可能正在发生危害野生动物的事件。一旦空间关联消失，物种间的生态学关系就会断裂，食肉物种可能失去食物，并最终走向消亡；食肉物种一旦消亡，食草物种可能出现大爆发，生境受到过度利用而被破坏，最终自身消亡。在这种连锁反应过程的早期，通过保护努力是可以逆转群落演替方向的。因此，只要及时发现问题，物种消亡的悲剧是可以被预警的，因而也是可以避免的。

目前，全国许多自然保护区都配备有红外相机。保护区管理部门按照随机布设要求将红外相机安装在野外，每年对收集到的资料建立物种空间关联网络图，并保存起来。在比较当年和之前的网络图时，如果发现图中某些区域的关联状况出现异常，就针对该区域中的相关物种展开调查，找出原因，消除隐患，从而做到野生动物种群的可持续生存和发展。

2）保护投资指导

用于保护的资金以及其他资源对于保护事业的整体而言，永远是有限的。因此，保护生物地理学的重任之一是鉴定出哪些区域需要给予投资优先。依据物种名录，决策者通常难以做出科学决策。假设有两个区域，物种名录相似。现在只有一笔钱，投给谁呢？有三种分配：①奖励。哪边的保护工作做得好就投给哪边。这是一种奖励性投资。但是，奖励只能产生马太效应①，无法带来良好的保护效果。做得好的一方由于更多投入变得更好，差的一方因为投入少变得更差，而只靠几个好的保护区是无法完成物种多样性保护事业的。②平分。两个地区各拿一半。这是平衡策略，很公平，但不会带来好的保护效果。公平分配后，双方都认为工作好坏不重要。同时，平分后的资金可能不足以解决任何一方面临的问题。因此，决策者事实上是在浪费宝贵的财政资源。③按需投入。哪方更有需求，就投入到哪方。这是科学决策。但是，在物种名录相似的情况下，如何判断哪方更有需求？在上述研究实例中，卧龙地栖动物生活于健康的群落环境中，而黑竹沟处于灭绝债务中。因此，应该加大对黑竹沟的关注和投入，努力恢复这里的生态环境，设法减缓甚至逆转群落崩溃进程。

3）生境修复指导

人类大规模经济活动后，自然生境可谓千疮百孔。生境破坏大体可分为两类，一类是显性的，一类是隐性的。顾名思义，显性的生境破坏是一眼就能看到的自然生境外貌的显著改变，如为了开矿而将地表植被移除，从而形成裸露地表。在修复这类生境时，简单地种植几棵树可以使地表看到绿色，但带不来生物多样性。生境修复的目的是恢复被破坏区域的原有生物群落。如果生境修复者事先在同类群落中进行物种关联性研究，提出种间关联网络图，并以此图为指导，对不同物种进行恰当的时空配置，则会收获良好效果。如先种植关联图中喜阳的先驱植物；待其成长后，再种植关联图中的耐阴植物。依据关联图中种间关联性规划植株间的空间距离，不要将存在相互排斥的物种（负关联物种）种植在一个狭小的空间里。同时，结合野生动物救助放归活动，将关联图中的动物物种迁入修复空间里。一旦群落结构建立起来，群落就进入自我维持状态，生境修复工程可以宣告胜利完成。

---

① 马太效应是指一种两极分化的不公平现象。美国科学史家罗伯特·莫顿（Robert K. Merton）提出这个术语，用以概括一种社会心理现象，即相较于不太知名的学者，在成就相似的情况下，名声显赫者通常得到更多声望和社会资源，从而使其名声更显赫。他将马太效应定义为，任何个体、群体或地区，在某一个方面（如金钱、名誉、地位等）获得成功和进步，就会产生一种积累优势，从而会有更多的机会取得更大的成功和进步。

隐性生境破坏是指从生境外表看起来很好，但内在的生态学过程已经出现障碍的状态。这类破坏通常是由群落中部分重要物种缺失导致的。例如，卧龙的印度马来群落 [图 10-2（b）] 中，虎消失后，有蹄类开始出现种群数量快速增长。这种增长常常误导公众。近十年来，各地都有野生动物泛滥成灾的新闻报道。新闻最后的评价都是说现在由于保护的成功，野生动物种群数量急剧增加，导致人兽冲突、野生动物进入农村社区损害庄稼等。值得注意的是，这些报道绝大多数涉及有蹄类动物。在一个健康的群落中，物种间的相互依赖、相互制约的关系会避免某些物种出现种群数量暴增。有蹄类种群数量上升后，会很快为食肉类提供丰富食物，食肉类因而也出现种群数量上升；较多的食肉类迅速消耗大量有蹄类，压抑有蹄类的种群增长。因此，有蹄类大爆发，不能表明是保护成功的结果，而是在有效保护措施下，群落结构不完整的结果。解决这类问题需要借助物种关联网络图，分析群落的健康状况，最后提出解决问题的方案。

隐性生境破坏的第二个因素是人类隐性的干扰活动导致群落内部物种间的空间关联断裂。隐性干扰活动包括偷猎、污染以及被认为对野生动物没有影响的林下资源（过度）获取。在黑竹沟野外工作时，发现村民上山挖竹笋、采药、路边抛弃垃圾的现象很普遍。黑竹沟的植被外貌看起来很好，物种名录也包括一些珍稀种类，如大熊猫、珙桐等。但物种空间关联图（图 10-3）显示，这些物种的种间关联大多断裂，生态学关系已经被破坏。如果情况得不到逆转，这些物种会随着时间悄悄流失掉。

隐性生境破坏的第三个因素是在保护事业中的矫枉过正。在过去的发展历史中，人类一度对环境过度利用，导致许多生态灾难。由此得到的认识是只要有人就有破坏，人类被完全看成是负面因素，不能与自然共存。在这种认识下，所有保护地管理至少在理论上排除人类。然而，这种认识不符合演化生物学的认识。能人于上新世末期在非洲出现后，人类首先作为自然群落中的一员与自然生境互动，与群落中的其他成员互动，并在此过程中结下生态学关系。一些物种由于这种关系变得无法脱离人类。随着人类逐步向欧亚大陆、澳大利亚、新西兰、北美、南美以及各大陆周边岛屿扩散，人类依次与这些区域的自然生境发生互动，生态学关系的成熟度取决于互动历史的长短：历史越短，成熟度越低，人类对自然产生的负面作用越大。在成熟度高的非洲和欧亚大陆低海拔和低纬度地区，只要保持适当的种群密度，人类可以成为群落中和谐的一员，物种空间关联网络图中可能原本就包含人的位置。例如，范鹏飞研究组发现，滇西天行长臂猿（*Hoolock tianxing*）有一半种群生活在保护区外，而且从 2009～2017 年数量稳定。他们认为这得益于当地村民拥有的传统生态学知识[56]，这些知识使人与长臂猿能够和谐共处。盲目将人从群落中驱赶出来，可能会导致一系列问题，并且可能成为人-兽冲突以及保护区中珍稀物种种群数量下降（见 Zhang 等[56]）的根源。在分析人对自然群落的影响时，可以将人放到物种空间关联网络图中，并通过网络分析确定人在群落中的生态作用。

参 考 文 献

[1] Ladle R J, Whittaker R J. Conservation Biogeography. New York: John Wiley & Sons, Inc, 2011.

[2] Cox C B, Moore P D, Ladle R J. Biogeography: An Ecological and Evolutionary Approach. Ninth Edition. New Jersey: Wiley Blackwell, 2016.

[3] Crutzen P J, Stoermer E F. The 'Anthopocene'. IGBP Newsletter, 2006, 14: 17-18.

[4] Bengtson S. Breeding ecology and extinction of the great auk (Pinguinus impennis): Anecdotal evidence and conjectures. The Auk, 1984, 101: 1-12.

[5] Pimm S L, Jenkins C N, Abell R, et al. The biodiversity of species and their rates of extinction, distribution, and protection. Science, 2014, 344(6187): 1246752.

[6] Pimm S L, Russell G J, Gittleman J L, et al. The future of biodiversity. Science, 1995, 269(5222): 347-349.

[7] Harnik P G, Lotze H K, Anderson S C, et al. Extinctions in ancient and modern seas. Trends in Ecology and Evolution, 2012, 27(11): 608-617.

[8] Cook J, Oreskes N, Doran P T, et al. Consensus on consensus: A synthesis of consensus estimates on human-caused global warming. Environ. Res. Lett, 2016, 11: 048002.

[9] De Roode J C, Lefèvre T, Hunter M D. Self-medication in animals. Science, 2013, 340(6129): 150-151.

[10] Li Z. The Socioecology of White-headed Langurs (Presbytis leucocephalus) and Its Implications for Their Conservation. Edinburgh: The University of Edinburgh, 2000.

[11] Dullinger S, Essl F, Rabitsch W, et al. Europe's other debt crisis caused by the long legacy of future extinctions. Proceedings of the National Academy of Sciences USA, 2013, 110: 7342-7347.

[12] Hylander K, Ehrlen J. The mechanisms causing extinction debts. Trends in Ecology and Evolution, 2013, 28: 341-346.

[13] Primack R B. Essentials of Conservation Biology. Sixth Edition. Sunderland, Massachusetts, USA: Sinauer Associates, Inc, 2014.

[14] Sanderson E W, Jaiteh M, Levy M A, et al. The human footprint and the last of the wild. BioScience, 2002, 52: 891-904.

[15] Noss R F, La Roe III E T, Scott J M. Endangered Ecosystems of The United States: A Preliminary Assessment of Loss and Degradation. Biological Report 28. Washington, DC: U.S. Department of the Interior, National Biological Services, 1995.

[16] Gallant A L, Klaver R W, Casper G S, et al. Global rates of habitat loss and implications for amphibian conservation. Copeia, 2007, 967-979.

[17] Climate Central. Global Weirdness: Severe Storms, Deadly Heat Waves, Relentless Drought, Rising Seas, and the Weather of the Future. New York: Pantheon, 2012.

[18] Intergovernmental Panel on Climate Change (IPCC). Climate Change 2013: The physical science basis. Contribution of Working Group I to the Fifth Assessment Report of the Intergovernmental Panel on Climate Change. Cambridge: Cambridge University Press, 2013.

[19] Barriopedro D, Fischer E M, Luterbacher J, et al. The hot summer of 2010: Redrawing the temperature record map of Europe. Science, 2011, 332: 220-224.

[20] Ellwood E R, Temple S A, Primack R B, et al. Record-breaking early flowering in the eastern United States. PLOS ONE, 2013, 8(1): e53788.

[21] Nilsson A L K, Lindström Å, Jonzén N, et al. The effect of climate change on partial migration – the blue tit paradox. Global Change Biology, 2006, 12: 2014-2022.

[22] Norris S. Ghosts in our midst: Coming to terms with amphibian extinctions. BioScience, 2007, 57: 311-316.

[23] Barber-Meyer S M. Dealing with the clandestine nature of wildlife-trade market surveys. Conservation Biology, 2010, 24: 918-923.

[24] Soulé M E, Wilcox B. Conservation Biology: An Evolutionary-Ecological Perspective. Journal of Wildlife Management, 1980, 55(4).

[25] Hunter Jr M L. Fundamentals of Conservation Biology. Blackwell Science, 1996.

[26] Caughley G. Directions in conservation biology. Journal of Animal Ecology, 1994, 63: 215-244.

[27] Soulé M E. Conservation Biology: The science of scarcity and diversity. Sunderland, Massachusetts: Sinauer, 1986.

[28] Whittaker R J, Araújo M B, Jepson P, et al. Conservation biogeography: Assessment and prospect. Diversity and Distributions, 2005, 11(1): 3-23.

[29] Whittaker R J, Ladle R J. The roots of conservation biogeography// Ladle R J, Whittaker R J . Conservation Biogeography. New Jersey Wiley: Wiley-Blackwell, 2011.

[30] International Union for Conservation of Nature (IUCN). IUCN Red List Categories and Criteria. Version 3.1. Switzerland and Cambridge: IUCN, 2001.

[31] Diamond J M. The island dilemma: Lessons of modern biogeographic studies for the design of natural reserves. Biological Conservation, 1975, 7(2): 129-146.

[32] Diamond J M. Island biogeography and conservation: Strategies and limitations. Comptes Rendus des Seances de la Societe de Biologie et de ses Filiales (Paris), 1976, 160(3): 1966.

[33] McCarthy M A, Thompson C J, Williams N S G. Logic for designing nature reserves for multiple species. American Naturalist, 2006, 167: 717-727.

[34] Soulé M E, Simberloff D. What do genetics and ecology tell us about the design of nature reserves? Biological Conservation, 1989, 35: 19-40.

[35] Newmark W D. Extinction of mammal populations in western North American national parks. Conservation Biology, 1995, 9: 512-527.

[36] Maiorano L, Falcucci A, Boitani L. Size-dependent resistance of protected areas to land-use change. Proceedings of Royal Society of London. Series B: Biological Sciences, 2008, 275: 1297-1304.

[37] Elith J, Leathwick J R. Species distribution models: Ecological explanation and prediction across space and time. Annual Review of Ecology, Evolution, and Systematics, 2009, 40(1): 677.

[38] Williams J N, Seo C, Thorne J, et al. Using species distribution models to predict new occurrences for rare plants. Diversity and Distributions, 2010, 15(4): 565-576.

[39] Bittner R E, Roesler E L, Barnes M A. Using species distribution models to guide seagrass management. Estuarine, Coastal and Shelf Science, 2020, 240: 106790.

[40] Warren D L, Dornburg A, Zapfe K, et al. The effects of climate change on Australia's only endemic Pokémon: Measuring bias in species distribution models. Methods Ecol Evol, 2021, 12(5): 985-995.

[41] Hallstan S. Species Distribution Models: Ecological Applications for Management of Biodiversity. Campus Ultuna: Uppsala Swedish University of Agricultural Sciences, 2011.

[42] Liu C, Wolter C, Xian W, et al. Species distribution models have limited spatial transferability for invasive species. Ecol Lett, 2020, 23: 1682-1692.

[43] Tang J, Swaisgood R R, Owen M A, et al. Climate change and landscape-use patterns influence recent past distribution of giant pandas. Proc. R. Soc. B, 2020, 287(1929): 20200358.

[44] Hortal J, De Bello F, Diniz-Filho J A F, et al. The seven fundamental shortfalls in large-scale knowledge for ecological and evolutionary research. Annual Review of Ecology, Evolution, and Systematics, 2015, 46(1): 523-549.

[45] 李兆元. 第三章: 中国叶猴生态学和行为学研究// 叶智彰. 叶猴生物学. 昆明: 云南科技出版社, 1993.

[46] Yule G. On the methods of measuring association between two attributes. Journal of the Royal

Statistical Society, 1912, 5(6): 579-652.

[47] Whittaker R J, Fairbanks C. A study of plankton copepod communities in the Columbia Basin, southeastern Washington. Ecology, 1958, 39(1): 46-65.

[48] Dice L R. Measure of the amount of ecological association between species. Ecology, 1945, 26: 297-302.

[49] Ochiai A. Zoogeographic studies on the soleiod fishes found in Japan and its neighbouring regions-II. Bulletin Japanese Social Science Fisheries, 1957, 22: 526-530.

[50] 张苗苗, 王咏雪, 田阔, 等. 台州玉环北部沿岸海域主要游泳动物生态位和种间联结性. 应用生态学报, 2018, 29(11): 3867-3875.

[51] 李兆元, 刘萍. 实用统计学方法. 北京: 科学出版社, 2018.

[52] 杨虎. 卧龙和黑竹沟国家级自然保护区地栖动物群落比较研究. 昆明: 西南林业大学, 2021.

[53] 周厚熊, 姜楠, 李君, 等. 四川卧龙国家级自然保护区雪豹地栖动物群落初探. 野生动物学报, 2021, 42(3): 645-653.

[54] 杨虎, 李君, 姜楠, 等. 卧龙国家级自然保护区羚牛同域分布地栖动物群落内种间关联度. 野生动物学报, 2021, 42(3): 654-662.

[55] 刘卓涛, 周厚熊, 李谦, 等. 四川卧龙自然保护区小熊猫与大熊猫群落关系比较. (撰写中)

[56] Zhang L, Guan Z, Fei H, et al. Influence of traditional ecological knowledge on conservation of the skywalker hoolock gibbon (Hoolock tianxing) outside nature reserves. Biological Conservation, 2020, 241: 108267.

附表 1　地质年代表

宙	代	纪	世	绝对年代/MaBP
显生宙（Phanerozoic Eon）	新生代（Cenozoic）	第四纪（Quaternary）	全新世（Holocene）	0.0117 以来
			更新世（Pleistocene）	2.58～0.0117
		新近纪（Neogene）	上新世（Pliocene）	5.333～2.58
			中新世（Miocene）	23.03～5.333
		古近纪（Paleogene）	渐新世（Oligocene）	33.9～23.03
			始新世（Eocene）	56.0～33.9
			古新世（Paleocene）	66.0～56.0
	中生代（Mesozoic）	白垩纪（Cretaceous）		145.0～66.0
		侏罗纪（Jurassic）		201.3～145.0
		三叠纪（Triassic）		251.902～201.3
	古生代（Paleozoic）	二叠纪（Permian）		298.9～251.9
		石炭纪（Carboniferous）		358.9～298.9
		泥盆纪（Devonian）		419.2～358.9
		志留纪（Silurian）		443.8～419.2
		奥陶纪（Ordovician）		485.4～443.8
		寒武纪（Cambrian）		541.0～485.4
隐生宙（Cryptozoic Eon）	元古代（Proterozoic）	埃迪卡拉纪（Ediacaran）		635.0～541.0

数据来源：International Commission on Stratigraphy（2016，2021）。

附表 2　渐新世旧大陆和北美陆生兽类区系比较

目	科	属数			
		北美	亚洲	欧洲	非洲
食肉目 Carnivora	犬熊科 Amphicyonidae[124,126]	3			
	犬科 Canidae	9			
	猎猫科 Nimravidae[124,127-129]	2		3	
	古灵猫超科 Viverravoidea	1		2	
	熊科 Ursidae		1	1	
	灵猫科 Viverridae		1		
	猫科 Felidae		1		
	獴科 Herpestidae[130]			1	
	鼬科 Mustelidae			1	
	科归属未定	1			
鲸偶蹄目 Cetartiodactyla	郊猪科 Agriochoeridae[131]	1			
	异鼷鹿科 Hypertragulidae	2			
	细鼷鹿科 Leptomerycidae	1			
	岳齿兽科 Merycoidodontidae	3			

目	科	属数			
		北美	亚洲	欧洲	非洲
奇蹄目 Perissodactyla	骆驼科 Camelidae[132]	1			
	石炭兽科 Anthracotheriidae[18,133]		1	1	1
	罗菲反刍兽科 Lophiomerycidae[134]		1		
	古猪科 Entelodontidae		1		
	卡恩氏兽科 Cainotheriidae[135]			1	
	犀科 Rhinocerotidae[124,136,137]	1		2	
	马科 Equidae	1			
	拟犀科 Eggysodontidae[138]		2	2	
	爪兽科 Chalicotheriidae[139]				1
啮齿目 Rodentia	河狸科 Castoridae[124,140]	2	2	1	
	始鼠科 Eomyidae[141,142]		1	1	
	查干鼠科 Tsaganomyidae[143]		1		
	蔗鼠超科 Thryonomyoidea[144]				1
	鼠豪科 Myophiomyidae[145]				1
灵长目 Primates	小狐人科 Ekgmowechashalidae[146]	1			
	扎比狐猴科 Djebelemuridae[147]		1		
	撒旦猴科 Saadaniidae[148]		1		
	上猿科 Pliopithecidae[18]				1
	非洲眼镜猴科 Afrotarsiidae[149]				1
	副猿科 Parapithecidae[150,151]				2
	人猿总科 Hominoidea[152]				1
	渐新猿科 Oligopithecidae[153]				1
肉齿目 Creodonta	鬣齿兽科 Hyaenodontidae	2			
兔形目 Lagomorpha	兔科 Leporidae	1			
蹄兔目 Hyracoidea	上新蹄兔科 Pliohyracidae[154]				1
劳亚食虫目 Eulipotyphla	刺猬科 Erinaceidae		2	2	1
安格勒兽目 Anagaloidea	安格勒兽科 Anagalidae[18]		1		
重脚目 Embrithopoda	古亚马兽科 Palaeoamasiidae			1	
	重脚兽科 Arsinoitheriidae[155]				1
长鼻目 Proboscidea	钝兽科 Barytheriidae[35]				1
	恐象科 Deinotheriidae[35]				1
	古乳齿象科 Palaeomastodontidae[35]				1
托勒密兽目 Ptolemaiida	托勒密兽科 Ptolemaiidae[156,157]				2
	科归属未定[158]				1
中爪兽目 Mesonychia	中爪兽科 Mesonychidae[124,159]		2		

注：右上标为第七章文献序号。未置右上标者，数据来源均为 Fossilworks[124]。

附表3 中新世旧大陆和北美陆生真兽类区系比较

目	科	属数			
		北美	亚洲	欧洲	非洲
食肉目 Carnivora	犬熊科 Amphicyonidae[124,236-241]	8	4	5	4
	犬科 Canidae[124,242]	6	1		1
	熊科 Ursidae[124, 209,211,212,230,238,243-246]	4	4	3	2
	灵猫科 Viverridae[124,247]				1
	猫科 Felidae[124,213,214,216,229,248-252]	5	4	6	2
	鼬科 Mustelidae[18,124,253-255]	4	1	2	1
	巴博剑齿虎科 Barbourofelidae	2	1	1	1
	半狗科 Hemicyonidae[124,210]	2	1		
	鬣狗科 Hyaenidae[33,256,257]	1	2	2	1
	中鬣狗科 Percrocutidae[18,124]		1		1
	猫型总科 Aeluroidea			1	3
食肉形目 Carnivoramorpha	恐犬科 Borophaginae	5			
鲸偶蹄目 Cetartiodactyla	异鼷鹿科 Hypertragulidae[124,247]			1	
	岳齿兽科 Merycoidodontidae	4			
	骆驼科 Camelidae[18,124,258]	8			
	石炭兽科 Anthracotheriidae[259]				1
	卡恩氏兽科 Cainotheriidae[18,135]			1	
	原角鹿科 Protoceratidae	5			
	始鼷鹿科 Palaeomerycidae[124,260-263]	6	2	3	
	鼷鹿科 Tragulidae[264]				1
	叉角羚科 Antilocapridae[18,265]	2			
	西猯科 Tayassuidae[266]	1			
	河马科 Hippopotamidae[124,267,268]		1		2
	牛科 Bovidae[269]		1		
	猪科 Suidae[33,124,216,270-273]		8	10	3
	长颈鹿科 Giraffidae[124,216,274-279]		9	6	4
	麝科 Moschidae			1	
	梯角鹿科 Climacoceratidae				2
奇蹄目 Perissodactyla	犀科 Rhinocerotidae[124,280-286]	3	3	1	2
	马科 Equidae[18,124,287-290]	7	1	1	
	爪兽科 Chalicotheriidae[18,124,216]	1	1	2	1
	貘科 Tapiridae[18,291]	1	1	1	
啮齿目 Rodentia	河狸科 Castoridae[292,293] 鼠豪科 Myophiomyidae[124,294]	1		1	2
	仓鼠科 Cricetidae[295,296]		2	1	
	硅藻鼠科 Diatomyidae[297]		1		
	跳鼠科 Dipodidae[298]		1		

续表

目	科	属数			
		北美	亚洲	欧洲	非洲
啮齿目 Rodentia	豪猪科 Hystricidae		1		
	松鼠科 Sciuridae		1	1	
	似滨鼠科 Bathyergoididae				1
	鼠科 Muridae		1		1
灵长目 Primates	小狐人科 Ekgmowechashalidae[153] 人猿总科 Hominoidea	1			1
	人科 Hominidae[124,153,231,232,299-303]		4	2	6
	原康修尔猿科 Proconsulidae[124,153]		1		2
	西瓦兔猴科 Sivaladapidae[153,304]		3		
	婴猴科 Galagidae[305]				1
	维多利亚猴科 Victoriapithecidae[306]				1
	树猴科 Dendropithecidae				1
	猴科 Cercopithecidae[124,153]		1		3
肉齿目 Creodonta	鬣齿兽科 Hyaenodontidae[124,307,308]		2		1
兔形目 Lagomorpha	兔科 Leporidae[309,310]	1	1	1	
劳亚食虫目 Eulipotyphla	刺猬科 Erinaceidae[124,311]	1	2	3	2
	鼩鼱科 Soricidae[312]		1		
长鼻目 Proboscidea	恐象科 Deinotheriidae[124,313,314]		1	1	1
	乳齿象科 Mammutidae[124,247,315]	1	2	1	1
	铲齿象科 Amebelodontidae[124,316-319]	3	2	2	1
	嵌齿象科 Gomphotheriidae[124,216,316,320-322]	3	1	1	1
	互棱齿象科 Anancidae[18,124,216,321,323-325]	1	3	2	2
	半乳齿象科 Hemimastodontidae[326]		1		
	象科 Elephantidae[124,327]		1	2	2
托勒密兽目 Ptolemaiida	古狗科 Kelbidae				1
披毛目 Pilosa	磨齿兽科 Mylodontidae	1			
	大地懒科 Megalonychidae	2			
鬣齿兽目 Hyaenodonta	硕鬣兽科 Hyainailouridae[124,328-330]		1	1	7
翼手目 Chiroptera	长翼蝠科 Miniopteridae[331]			1	

注：以上右上标为第七章参考文献序号。未置右上标者，数据均来自 Fossilworks[124]。

附表 4　中新世南美陆生兽类区系构成

目	科	属
原兽类		
冈瓦纳兽亚目 Gondwanatheria	苏大美兽科 Sudamericidae	*Patagonia*[340]
磔齿兽超目 Dryolestoidea	Necrolestidae（科）	*Necrolestes*[341]
后兽类（无袋）		
袋犬目 Sparassodonta	袋剑虎科 Thylacosmilidae	*Anachlysictis*[348]，*Patagosmilus*，*Thylacosmilus*
	袋鬣狗科 Borhyaenidae	*Arctodictis*，*Borhyaena*
	原袋鬣狗科 Proborhyaenidae	*Paraborhyaena*
	原袋狼科 Prothylacinidae	*Prothylacinus*
	哈氏袋犬科 Hathliacynidae	*Acyon*，*Cladosictis*，*Sallacyon*，*Sipalocyon*
	袋鬣狗超科 Borhyaenoidea	*Dukecynus*[348]，*Lycopsis*[349]
	本田负鼠科 Hondadelphidae	*Hondadelphys*
	科归属未定	*Stylocynus*
后兽类（有袋）		
鼩负鼠目 Paucituberculata	银袋兔科 Argyrolagidae	*Hondalagus*，*Proargyrolagus*，*Microtragulus*
	鼩负鼠科 Caenolestidae	*Stilotherium*，*Pliolestes*
	阿氏鼩负鼠科 Abderitidae	*Abderites*，*Pitheculites*
	皮氏鼩负鼠科 Pichipilidae	*Pichipilus*，*Phonocdromus*
	Palaeothentidae（科）	*Palaeothentes*，*Acdestis*，*Titanothentes*，*Parabderites*
负鼠目 Didelphimorphia	负鼠科 Didelphidae	*Chironectes*，*Didelphis*，*Hyperdidelphys*，*Lutreolina*，*Marmosa*，*Philander*，*Thylamys*，*Zygolestes*
微兽目 Microbiotheria	微兽科 Microbiotheriidae	*Eomicrobiotherium*
陆生真兽类		
食肉目 Carnivora	浣熊科 Procyonidae	*Cyonasua*
偶蹄目 Ardiodactyla	始鼷鹿科 Palaeomerycidae	*Surameryx*
啮齿目 Rodentia	豚鼠科 Caviidae	*Caviodon*
	长尾豚鼠科 Dinomyidae	*Eumegamys*，*Phoberomys*，*Telicomys*
	始豚鼠科 Eocardiidae	*Eocardia*
	豚鼠总科 Cavioidea	*Guiomys*
灵长目 Primates[149]	僧面猴亚科 Pitheciinae	*Soriacebus*，*Carlocebus*，*Homunculus*，*Cebupithecia*，*Nuciruptor*，*Propithecia*
	夜猴亚科 Aotinae	*Tremacebus*，*Aotus*
	卷尾猴亚科 Cebinae	*Dolichocebus*，*Chilecebus*，*Neosaimiri*，*Laventiana*
	蜘蛛猴亚科 Atelinae	*Stirtonia*
	狨亚科 Callitrichinae	*Micodon*，*Patasola*，*Lagonimico*
	亚科未定	*Mohanamico*
披毛目 Pilosa	磨齿兽科 Mylodontidae	*Chubutherium*[162]，*Eionaletherium*，*Lestobradys*，*Lestodon*，*Nematherium*，*Octodontotherium*，*Octomylodon*

续表

目	科	属
披毛目 Pilosa	大懒兽科 Megatheriidae	*Hapalops*，*Pelecyodon*，*Prepotherium*，*Promegatherium*，*Thalassocnus*
	食蚁兽科 Myrmecophagidae	*Neotamandua*，*Protamandua*
	侏食蚁兽科 Cyclopedidae	*Palaeomyrmidon*
	北地懒兽科 Nothrotheriidae	*Mionothropus*[342]，*Pronothrotherium*
	地懒超科 Megalonychoidea	*Hiskatherium*
有甲目 Cingulata	倭犰狳科 Chlamyphoridae	*Macroeuphractus*，*Peltephilus*，*Propalaehoplophorus*
	雕齿兽科 Glyptodontidae	*Parapropalaehoplophorus*
	犰狳科 Dasypodidae	*Stegotherium*
滑距骨目 Litopterna	原马形兽科 Proterotheriidae	*Diadiaphorus*，*Diplasiotherium*[345]，*Thoatherium*
	后弓兽科 Macraucheniidae	*Cramauchenia*，*Macrauchenia*，*Paranauchenia*，*Scalabrinitherium*，*Theosodon*
南方有蹄目 Notoungulata	箭齿兽科 Toxodontidae	*Adinotherium*，*Hoffstetterius*，*Nesodon*，*Toxodon*，*Trigodon*，*Xotodon*
	中黑格兽科 Mesotheriidae	*Hypsitherium*
	中间兽科 Interatheriidae	*Interatherium*，*Protypotherium*
	巨弓兽科 Homalodotheriidae	*Chasicotherium*[347]，*Homalodotherium*
	利昂马科 Leontiniidae	*Huilatherium*
	黑格兽科 Hegetotheriidae	*Pachyrukhos*
	南方河马科 Notohippidae	*Notohippus*
闪兽目 Astrapotheria	闪兽科 Astrapotheriidae	*Astrapotherium*，*Comahuetherium*[344]，*Granastrapotherium*，*Hilarcotherium*，*Parastrapotherium*，*Xenastrapotherium*

注：以上右上标为第七章参考文献序号。表内未置右上标者，数据来源均为 Fossilworks（2017）[124]。

附表5 新近纪澳洲有袋总目区系构成

目科	属	
	中新世	上新世
回旋镖齿目 Yalkaparidontia		
回旋镖齿科 Yalkaparidontidae	*Yalkaparidon*	
袋鼬目 Dasyuromorphia		
袋狼科 Thylacinidae	*Maximucinus，Muribacinus，Mutpuracinus，Ngamalacinus，Nimbacinus，Thylacinus，Tjarrpecinus*[357]，*Wabulacinus*	*Thylacinus*
袋鼬科 Dasyuridae	*Ganbulanyi，Barinya*	*Glaucodon，Dasyurus，Sarcophilus，Antechinus，Sminthopsis*
袋鼹目 Notoryctemorphia		
袋鼹科 Notoryctidae	*Naraboryctes*	
袋狸目 Peramelemorphia		
兔袋狸科 Thylacomyidae	*Liyamayi*	*Ischnodon*
袋狸科 Peramelidae	*Crash，Rhynchomeles*	*Isoodon，Perameles，Peroryctes*
双门齿目 Diprotodontia		
树袋熊科 Phascolarctidae	*Nimiokoala，Madakoala，Litokoala，Perikoala，Priscakoala*	*Nimiokoala，Koobor，Perikoala，Phascolarctos*
袋熊科 Vombatidae	*Vombatus，Lasiorhinus，Warendja*	*Vombatus，Lasiorhinus，Warendja，Phascolonus*
双门齿科 Diprotodontidae	*Bematherium，Pyramios*[354]，*Diprotodon，Silvabestius，Neohelos，Raemeotherium，Plaisiodon*[354]，*Zygomaturus，Kolopsis*	*Nototherium，Meniscolophus，Euryzygoma，Euowenia，Diprotodon，Raemeotherium，Zygomaturus，Kolopsis，Kolopsoides*
袋貂科 Phalangeridae	*Strigocuscus，Trichosurus，Wyulda*	*Strigocuscus，Phalanger，Trichosurus*
袋貘科 Palorchestidae	*Ngapakaldia，Propalorchestes，Palorchestes*	*Palorchestes*
侏袋貂科 Burramyidae	*Burramys，Cercartetus*	*Burramys，Cercartetus*
环尾袋貂科 Pseudocheiridae	*Pildra，Paljara，Marlu，Pseudochirops*	*Pildra，Paljara，Pseudokoala，Petauroides，Pseudocheirus，Pseudochirops*
鼠袋鼠科 Potoroidae	*Wakiewakie，Purtia，Ngamaroo，Bulungamaya，Palaeopotorous，Gumardee，Aepyprymnus*	*Aepyprymnus，Milliyowi，Potorous*
麝袋鼠科 Hypsiprymnodontidae	*Hypsiprymnodon，Ekaltadeta，Jackmohoneyi*	*Propleopus*
袋鼠科 Macropodidae	*Protemnodon，Hadronomas，Archaeosimos，Onychogalea*	*Watutia，Dorcopsoides，Kurrabi，Lagostrophus，Protemnodon，Troposodon，Sthenurus，Eosthenurus，Archaeosimos，Simosthenurus，Procoptodon，Prionotemnus，Bohra，Synaptodon，Fissuridon，Silvaroo，Dendrolagus，Dorcopsis，Macropus，Onychogalea，Petrogale，Thylogale，Wallabia*
袋狮科 Thylacoleonidae	*Microleo*[358]，*Priscileo，Wakaleo，Thylacoleo*	*Thylacoleo*
负鼠目 Didelphimorphia		
负鼠科 Didelphidae		*Monodelphis*

注：以上右上标为第七章参考文献序号。无右上标者，数据来源于 Fossilworks（2017）[124]。

附表 6　上新世旧大陆和北美陆生真兽类多样性比较

目	科	属数			
		北美	亚洲	欧洲	非洲
食肉目 Carnivora	犬熊科 Amphicyonidae				1
	犬科 Canidae[124,378,380]	1	3	1	2
	熊科 Ursidae	3	1	1	1
	灵猫科 Viverridae		1		1
	猫科 Felidae[229]		1		
	鼬科 Mustelidae[124,377]		1		1
	巴博剑齿虎科 Barbourofelidae	1			
	鬣狗科 Hyaenidae[257]			1	
鲸偶蹄目 Cetartiodactyla	骆驼科 Camelidae	3			1
	原角鹿科 Protoceratidae	1			
	西猯科 Tayassuidae[216]	1			
	河马科 Hippopotamidae				1
	牛科 Bovidae[124,381]		1	1	4
	猪科 Suidae[124,216]		2	1	1
	长颈鹿科 Giraffidae[124,274,275,382]		2		1
	鹿科 Cervidae		1	1	
奇蹄目 Perissodactyla	犀科 Rhinocerotidae[124,379]		1	1	1
	马科 Equidae	1			1
	貘科 Tapiridae	1		1	
	爪兽科 Chalicotheriidae[124,383]		1		1
啮齿目 Rodentia	河狸科 Castoridae[384]	1			
	豚鼠科 Caviidae	1			
	鼠科 Muridae		1	1	1
灵长目 Primates	人科 Hominidae[124,385,386]		1		3
	猴科 Cercopithecidae		1	2	5
兔形目 Lagomorpha	兔科 Leporidae[124,387]		1	1	
披毛目 Pilosa	大地懒科 Megalonychidae	1			
劳亚食虫目 Eulipotyphla	刺猬科 Erinaceidae			1	
长鼻目 Proboscidea	恐象科 Deinotheriidae[124,314]			1	1
	乳齿象科 Mammutidae[124,388]		1	1	
	嵌齿象科 Gomphotheriidae	1			
	互棱齿象科 Anancidae[124,389]		1	2	2
	象科 Elephantidae	1	1	1	2
有甲目 Cingulata	科归属未定[390]	1			
蹄兔目 Hyracoidea	上新蹄兔科 Pliohyracidae			1	

注：以上右上标为第七章参考文献序号。无右上标者，数据均来自于 Fossilworks (2017)[124]。

附表 7　上新世南美陆生兽类区系构成

目	科	属
有袋类		
鼩负鼠目 Paucituberculata	银袋兔科 Argyrolagidae	*Argyrolagus, Microtragulus*
美洲古袋鼠目 Polydolopimorphia	Bonapartheriidae 科	*Epidolops*
袋犬目 Sparassodonta	袋剑虎科 Thylacosmilidae	*Thylacosmilus*
负鼠目 Didelphimorphia	负鼠科 Didelphidae	*Chironectes, Didelphis, Hyperdidelphys, Lutreolina, Marmosa, Monodelphis, Philander, Thylamys, Thylophorops*
陆生真兽类		
食肉目 Carnivora	浣熊科 Procyonidae	*Chapalmalania, Cyonasua*
	猫科 Felidae	*Leopardus*
鲸偶蹄目 Cetartiodactyla	骆驼科 Camelidae	*Hemiauchenia*
	西猯科 Tayassuidae	*Platygonus*[216]
奇蹄目 Perissodactyla	貘科 Tapiridae	*Tapirus*
啮齿目 Rodentia	豚鼠科 Caviidae	*Caviodon, Hydrochoerus*
	长尾豚鼠科 Dinomyidae	*Eumegamys, Josephoartigasia*
披毛目 Pilosa	磨齿兽科 Mylodontidae	*Glossotherium, Lestodon*
	大地懒科 Megatheriidae	*Megatherium, Thalassocnus*
	食蚁兽科 Myrmecophagidae	*Neotamandua*
	侏食蚁兽科 Cyclopedidae	*Palaeomyrmidon*
长鼻目 Proboscidea	嵌齿象科 Gomphotheriidae	*Cuvieronius*
有甲目 Cingulata	倭犰狳科 Chlamyphoridae	*Macroeuphractus*
滑距骨目 Litopterna	原马形兽科 Proterotheriidae	*Diplasiotherium*[345]
	后弓兽科 Macraucheniidae	*Macrauchenia*
南方有蹄目 Notoungulata	箭齿兽科 Toxodontidae	*Nonotherium, Toxodon*[394], *Trigodon*
	中黑格兽科 Mesotheriidae	*Hypsitherium*

注：以上右上标为第七章参考文献序号。表内未置右上标者，数据来源均为 Fossilworks (2017)[124]。

附表 8　更新世旧大陆和北美陆生兽类区系比较

目	科	属数			
		北美	亚洲	欧洲	非洲
负鼠目（有袋类）Didelphimorphia	负鼠科 Didelphidae	2			
食肉目 Carnivora	犬科 Canidae[124,433]	4	3	2	2
	熊科 Ursidae	3	1	1	1
	浣熊科 Procyonidae	2			
	猫科 Felidae[124,434]	5	3	3	3
	鼬科 Mustelidae			2	
鲸偶蹄目 Cetartiodactyla	骆驼科 Camelidae	2			
	西猯科 Tayassuidae	1			

续表

目	科	属数			
		北美	亚洲	欧洲	非洲
鲸偶蹄目 Cetartiodactyla	河马科 Hippopotamidae		2	1	3
	牛科 Bovidae[124,435,436]	4	5	3	3
	猪科 Suidae[124,433]		1		2
	长颈鹿科 Giraffidae		1		1
	鹿科 Cervidae	5	8	9	
	叉角羚科 Antilocapridae	1			
奇蹄目 Perissodactyla	犀科 Rhinocerotidae[124,437,438]		2	2	2
	马科 Equidae	2	1	2	3
	貘科 Tapiridae	1	1	1	
	爪兽科 Chalicotheriidae		1		1
啮齿目 Rodentia	河狸科 Castoridae	3	1	2	1
	豚鼠科 Caviidae	2		1	
	仓鼠科 Cricetidae	1			
	更格卢鼠科 Heteromyidae	1			
	鼠科 Muridae	1	1	1	1
	松鼠科 Sciuridae	1			
	鼢鼠科 Spalacidae		1	1	
灵长目 Primates	人科 Hominidae[124,439]	1	3	1	3
	长臂猿科 Hylobatidae[440]		1		
	猴科 Cercopithecidae[124,441]		2	4	5
兔形目 Lagomorpha	兔科 Leporidae	1	1	1	
披毛目 Pilosa	大地懒科 Megalonychidae	1			
	北地懒兽科 Nothrotheriidae	2			
	大懒兽科 Megatheriidae	2			
	磨齿兽科 Mylodontidae	2			
劳亚食虫目 Eulipotyphla	刺猬科 Erinaceidae			1	1
	鼹科 Talpidae	6	13	6	
长鼻目 Proboscidea	恐象科 Deinotheriidae[314]		1	1	1
	嵌齿象科 Gomphotheriidae	1			
	互棱齿象科 Anancidae	2		1	
	象科 Elephantidae		2	3	3
有甲目 Cingulata	倭犰狳科 Chlamyphoridae	1			
	潘帕兽科 Pampatheriidae	1			
	犰狳科 Dasypodidae	1			
	科归属未定	1			
南方有蹄目 Notoungulata	箭齿兽科 Toxodontidae[442]	1			
翼手目 Chiroptera	叶口蝠科 Phyllostomidae	1			
	长翼蝠科 Miniopteridae		1	1	1

注：以上右上标为第七章参考文献序号。未置右上标者，数据来源均为 Fossilworks（2017）[124]。

附表 9　更新世南美陆生兽类区系构成

目	科	属
有袋类		
美洲古袋鼠目 Polydolopimorphia	科归属未定	*Microtragulus*
负鼠目 Didelphimorphia	负鼠科 Didelphidae	*Caluromys*，*Caluromysiops*，*Chironectes*，*Didelphis*，*Gracilinanus*，*Lestodelphys*，*Lutreolina*，*Marmosa*，*Marmosops*，*Metachirus*，*Monodelphis*，*Philander*，*Thylamys*
真兽类		
食肉目 Carnivora	浣熊科 Procyonidae	*Basaricyon*，*Nasua*，*Potos*，*Procyon*
	熊科 Ursidae	*Arctotherium*
	犬科 Canidae	*Canis*，*Chrysocyon*，*Dusicyon*，*Protocyon*，*Speothos*，*Theriodictis*
	猫科 Felidae	*Homotherium*，*Leopardus*，*Panthera*，*Puma*，*Smilodon*
偶蹄目 Artiodactyla	骆驼科 Camelidae	*Eulamaops*，*Hemiauchenia*，*Palaeolama*
	西猯科 Tayassuidae	*Platygonus*
	鹿科 Cervidae	*Agalmaceros*，*Antifer*，*Charitoceros*，*Epieuryceros*，*Morenelaphus*，*Odocoileus*
	牛科 Bovidae	*Bos*，*Bison*
奇蹄目 Perissodactyla	貘科 Tapiridae	*Tapirus*
	马科 Equidae	*Equs*，*Hippidion*
啮齿目 Rodentia	豚鼠科 Caviidae	*Cavia*，*Dolichotis*，*Galea*，*Hydrochoerus*，*Kerodon*，*Microcavia*，*Neochoerus*
	长尾豚鼠科 Dinomyidae	*Josephoartigasia*
	仓鼠科 Cricetidae	*Agathaeromys*，*Andinomys*，*Carletonomys*[444]，*Megalomys*，*Reigomys*[445]
	鼠科 Muridae	*Mus*
灵长目 Primates	蜘蛛猴科 Atelidae	*Protopithecus*
	人科 Hominidae	*Homo*
披毛目 Pilosa	磨齿兽科 Mylodontidae	*Catonyx*，*Chubutherium*[162]，*Glossotherium*，*Lestodon*，*Mylodon*，*Orophodon*，*Scelidodon*，*Scelidotherium*，*Valgipes*
	大懒兽科 Megatheriidae	*Eremotherium*，*Megatherium*
	食蚁兽科 Myrmecophagidae	*Myrmecophaga*
	北地懒兽科 Nothrotheriidae	*Nothropus*，*Nothrotherium*
	大地懒科 Megalonychidae	*Ahytherium*，*Australonyx*，*Megistonyx*[446]，*Neocnus*
	科归属未定	*Diabolotherium*[447]
长鼻目 Proboscidea	嵌齿象科 Gomphotheriidae	*Cuvieronius*，*Haplomastodon*，*Notiomaslodon*
有甲目 Cingulata	倭犰狳科 Chlamyphoridae	*Doedicurus*，*Glyptodon*，*Hoplophorus*，*Lomaphorus*，*Neosclerocalyptus*，*Panochthus*，*Plaxhaplous*
	犰狳科 Dasypodidae	*Dasypus*，*Eutatus*
	潘帕兽科 Pampatheriidae	*Holmesina*
	科归属未定	*Pachyarmatherium*
滑距骨目 Litopterna	后弓兽科 Macraucheniidae	*Macrauchenia*，*Xenorhinotherium*
翼手目 Chiroptera	叶口蝠科 Phyllostomidae	*Desmodus*[448]
	长翼蝠科 Miniopteridae	*Miniopterus*
南方有蹄目 Notoungulata	箭齿兽科 Toxodontidae	*Mixotoxodon*，*Piauhytherium*[449]，*Toxodon*
	中黑格兽科 Mesotheriidae	*Mesotherium*

注：以上右上标为第七章参考文献序号。未置右上标者，数据来源均为 Fossilworks（2017）[124]。

附表 10　术语索引[①]

名词	西文	页码
阿伦定律	Allen's law	76
阿舍利文化	Acheulean	292
阿瓦隆生物大爆发	Avalon explosion	208
埃尔顿短缺	Eltonian shortfall	402
埃塞俄比亚区	Ethiopian Region	18，330
奥杜韦文化	Oldowan	139，292
奥陶纪—志留纪生物大灭绝	Ordovician–Silurian extinction event	216
澳大拉西亚界	Australasian Realm	20，360
澳大利亚界	Australian Realm	334
澳大利亚区	Australian region	18
澳洲有袋总目	Australidelphia	128
白垩纪末生物大灭绝	End-Cretaceous extinction event	240
白垩纪—古近纪生物灭绝事件	Cretaceous-Paleogene or K-Pg or K-T extinction event	240
摆渡	rafting	56
半种	semispecies	36
伴生植物	associated plants	77
北方大陆界	Realm Arctogea	15
北方兽类	Boreoeutheria	125
北美区	North American Region	14
北纬		66
边缘效应	Edge effect	75
伯格曼法则	Bergmann's rule	75
博物学	Natural History	5
布丰	Georges Louis Leclere de Buffon	7，12
布丰定律	Buffon's Law	12
超级有机体概念	superorganism concept	52
巢寄生	brood parasitism	35
潮间带	intertidal zones	76
成种	Speciation	33
成种时间	Time for speciation	36
齿式	Dentition	135
重演律	recapitulation law	12
创始种群	founder population	33

① 本表检索顺序为：首先，按汉语拼音字母顺序；其次，字母顺序相同时，进一步按笔画数；再次，笔画数相同时，进一步按笔画顺序。

续表

名词	西文	页码
创造中心	Center or Focus of Creation	13
达尔文	Charles Robert Darwin	9
达尔文短缺	Darwinian shortfall	402
大奥陶纪生物多样化事件	The Great Ordovician Biodiversification event	214
大断裂事件	Grande Coupure/Great Break	270
大陆漂移学说	continental drift theory	17
大气环流	Atmospheric circulation	69
大西洋兽类	Atlantogenata	125
大洋洲界	Oceanian Realm	333，361
单倍-二倍体系统	Haplo-Diploidy	43
单型科		39
单型属		38
单一大或几个小大辩论	single large or several small/SLOSS debate	399
岛屿生物地理学	Theory of Island Biogeography	22
岛屿跳跃	Island hopping	57
低纬度正环流	Hadley cell	70
地理成种	geographic speciation	11
地理动物地理学	geographical zoogeography	2
地球的公转		67
地球的自转		67
地球冷缩说		18
地球自转偏向力		71
地心		66
地轴		66
第六次物种大灭绝		262
第四纪生物大灭绝	Quaternary Extinction Event	300
东北区		383
东北信风		70
东风带		70
东古热带区	Eastern Palaeotropical Region	14
东经		66
东南信风		70
东洋界	Oriental Realm	19，356
东洋区	Oriental Region	15
东洋型		19

名词	西文	页码
动物地理学定义		2
动物区系	fauna	59
多型科		39
多型性	Polymorphism	27
多型属		38
厄尔尼诺现象		291
二叠纪—三叠纪生物大灭绝	Permian-Triassic Extinction Event	228
泛大陆	Pangaea	18，104
飞车理论	Fisherian Runaway	54
非洲热带界	Afrotropical Realm	333，349
非洲兽总目	Afrotheria	126
费雷尔环流	Ferrel cells	70
分布区	distribution range	57
分布型	distribution pattern	58
分类单元	Taxon	40
分类阶元	Taxon	40
分类性状		27
分类学特征		27
分类学物种定义		27
焚风效益		73
冈瓦纳大陆	Gondwana	18，103，105
冈瓦纳古陆	Gondwana	210
高斯公理	Gause's axiom	48
个体选择	individual selection	41
个体主义概念	individualistic concept	52
古北界	Palearctic Realm	333，334
古北区	Palaearctic Region	15
古新世—始新世极热事件	Paleocene-Eocene Thermal Maximum, -PETM	109，265
哈得来环流	Hadley cell	70
哈钦松短缺	Hutchinsonian shortfall	402
海流		71
海陆相		100
海洋动物地理学		22
寒武纪生物大爆发		211
寒武纪生物灭绝事件		212

名词	西文	页码
冷流		72
连续分布	continuous distribution	55
联合古陆	Pangaea	18
林奈	Carl von Linné	5
林奈短缺	Linnean shortfall	401
灵长总目	Euarchontoglires	126
路易·阿伽西	Louis Agassiz	13
露点	dew point	72
美洲有袋总目	Ameridelphia	128
蒙古重塑事件	Mongolian Remodeling	270
蒙新区		379
灭绝		392
灭绝债务	extinction debt	395
模式标本		6
模式种思想		6
墨西拿盐度危机	Messinian salinity crisis	152，283
南北美洲生物大迁徙	Great American Interchange	284
南方大陆界	Realm Notogea	15
南极界	Antarctic Realm	333，348
南美区	South American Region	15
南纬		67
南中国型		19
泥盆纪生物大爆发	Devonian Explosion	219
拟态	Mimicry	35
逆向演化		51
暖流		72
贫齿总目	Xenarthra	126
普雷斯顿短缺	Prestonian shortfall	402
气候限制型区	Climate-limited regions	18
潜在分布区	potential distribution range	58
亲缘选择	kin selection	42
青藏区		381
区系		59
趋同演化		50
趋异演化		50

续表

名词	西文	页码
行为学成种	Behavioural speciation	35
行星西风急流		70
形态隔离		29
形态性二型	morphological sexual dimorphism	49
形态学物种定义		27
性二型	sexual dimorphism	49
续发性间断分布		17
衍生特征		31
衍征	apomorph	31
演化		11
演化军备竞赛	evolutionary arms races	54
羊膜	Amniotic membrane	114
羊膜动物	Amniotes	114
洋流		71
洋面流		71
夜长	night length	68
异域成种	allopatric speciation	33
印度马来界	Indomalayan Realm	333，356
印度区	Indian Region	14
用进废退学说		8
游禽		77
原发性间断分布		17
原因生物地理学	causal biogeography	14
远交衰退	outbreeding depression	38
灾变论		13
赞克勒期大洪水	Zanclean Flood	287
张荣祖		2
障碍限制型区	Barrier-limited regions	19
支序分类	Cladistics	30
直接适合度	direct fitness	45
植物地理学		2
植物区系	flora	59
志留纪生物灭绝事件		217
中古热带区	Middle Palaeotropical Region	14
中纬度逆环流	mid-latitude cells	70

续表

名词	西文	页码
中中新世气候适宜期		110
种群	Population	11
筑礁物种		209
子午线		66
自然选择		11，41
自私基因理论		43
总适合度	inclusive fitness	45
走出西藏假说	Out of Tibet	175
走出印度机制	Out of India	356
走出非洲机制	Out of Africa	356
祖征	Plesiomorph	31
祖先特征		31

附表 11　生物类群索引

中文名	拉丁名	页码
阿道夫熊	*Adelpharctos*	172
阿尔泰查干鼠	*Tsaganomys altaicus*	371
阿富汗狐	*Vulpes cana*	166
阿喀琉斯基猴	*Archicebus achilles*	133
阿喀琉斯基猴属	*Archicebus*	133
阿拉伯大羚羊	*Oryx leucoryx*	145
阿穆尔虎	*Panthera tigris altaica*	88
埃及猿	*Aegyptopithecus*	135
埃氏猪	*Egatochoerus*	147
艾科象	*Elephas ekorensis*	185
艾什欧鲸科	Aetiocetidae	274
安第斯神鹫	*Vultur gryphus*	345
安格罗鲸科	Aglaocetidae	277
安格罗鲸属	*Aglaocetus*	277
安徽麝	*Moschus anhuiensis*	144
安卡拉古猿	*Anakarapithecus*	278
安娜黑领雀	*Ciridops anna*	51
安琪马	*Anchitherium*	371
桉属	*Eucalyptus*	361
桉族	Eucalypteae	361
奥弗涅熊	*Ursus minimus*	179
奥里诺科鳄	*Crocodylus intermedius*	344
澳洲野狗	*Canis familiaris dingo*	176
	Canis lupus dingo	176
澳洲有袋总目	Australidelphia	128
八齿鼠总科	Octodontoidea	344
八角科	Winteraceae	346
八色鸫科	Pittidae	359
巴巴里马鹿	*Cervus elaphus barbarus*	152
巴博剑齿虎科	Barbourofelidae	171
巴基斯坦鲸	*Pakicetus*	148
巴拉圭胡狼	*Lycalopex gymnocercus*	346
巴拉万石松属	*Baragwanathia*	217
巴塔哥尼亚嘲鸫	*Mimus patagonicus*	346
巴塔哥尼亚灰狐	*Lycalopex griseus*	346
巴塔哥尼亚岭雀鹀	*Phrygilus patagonicus*	346
巴西黑霸鹟	*Knipolegus franciscanus*	347

续表

中文名	拉丁名	页码
二齿兽下目	Dicynodontia	227
二叠拟巨脉蜻蜓	*Meganeuropsis permiana*	227
法兰克刃鼬属	*Franconictis*	177
番红花	*Crocus sativus*	86
番荔枝科	Annonaceae	82
番茄蛙	*Dyscophus antongilii*	355
番杏科	Aizoaceae	93
反刍亚目	Ruminantia	143，144
反鸟类	Enantiornithes	241
防己科	Menispermaceae	394
房角石属	*Cameroceras*	215
放射虫类	Radiolarians	228
非洲金猫	*Profelis aurata*	352
非洲猎豹	*Acinonyx jubatus*	351
非洲攀鼠亚科	Dendromurinae	349
非洲森林象	*Loxodonta cyclotis*	182
非洲兽总目	Afrotheria	107
非洲水牛	*Syncerus caffer*	352
非洲水牛属	*Syncerus*	145
非洲猬目	Afrosoricida	126
非洲象	*Loxodonta africana*	182
非洲象属	*Loxodonta*	182
非洲野狗	*Lycaon pictus*	166
非洲野狗属	*Lycaon*	164
非洲野驴	*Equus africanus*	156
非洲棕榈果子狸	*Nandinia binotata*	162
非洲棕榈果子狸科	Nandiniidae	162
菲氏熊属	*Plithocyon*	277
菲氏叶猴	*Trachypithecus phayrei*	136
鲱科	Clupeidae	342
狒狒属	*Papio*	285
鼢鼠属	*Myospalax*	376
鼢鼠亚科	Myospalacinae	371
风信子	*Hyacinthus orientalis*	86
风信子科	Hyacinthaceae	86
枫香	*Liquidambar formosana*	386
封印木	*Sigillaria*	227
蜂猴科	Lorisidae	85，356

续表

中文名	拉丁名	页码
格鲁吉亚人	*Homo georgicus*	119
隔板须鲸属	*Parietobalaena*	277
葛氏斑鹿	*Cerus cf. C.（sika）grayi*	377
葛氏毛猬属	*Galerix*	273
根齿鱼目	Rhizodontida	224
更猴科	Plesiadapidae	134
更猴属	*Plesiadapis*	132
更猴型亚目	Plesiadapiformes	264
更新鲸属	*Plesiocetus*	277
弓鲛目	Hybodontiformes	224
沟齿鼩科	Solenodontidae	343
沟齿鼩属	*Solenodon*	342
钩嘴鵙科	Vangidae	355
古长颈鹿	*Palaeotragus*	279
古翅属	*Archaeoptitus*	223
古鲸亚目	Archaeoceti	148
古棱齿象属	*Palaeoloxodon*	184
古灵猫科	Viverravidae	170
古偶蹄兽属	*Diacodexis*	146
古乳齿象属	*Palaeomastodon*	183
古兽次亚纲	Pantotheria	349
古兽马科	Palaeotheriidae	158
古亚河豚属	*Isthminia*	277
古羊齿属	*Archaeopteris*	219
古猪科	Palaeochoeridae	147
鼓腹咝蝰	*Bitis arietans*	356
乖犬	*Zodiocyon*	170
冠海豚属	*Lophocetus*	277
冠叫鸭	*Chauna torquata*	347
冠恐鸟属	*Gastornis*	265
管齿目	Tubulidentata	350
管猫	*Adelphailurus*	277
管舌鸟科	Drepanididae	362
管状鲸属	*Aulophyseter*	277
鹳形目	Ciconiiformes	80
广西犬	*Guangxicyon*	172
龟鳖类	Testudines	241
龟鳖目	Testudoformes	80

续表

中文名	拉丁名	页码
河川兽	*Potamotherium*	279
河狸	*Castor fiber*	87
河狸科	Castoridae	271
河狸属	*Castor*	293
河狸鼠	*Myocastor coypus*	346
河马	*Hippopotamus amphibius*	144
河马科	Hippopotamidae	144
河马属	*Hippopotamus*	293
河马形亚目	Whippomorpha	143
河套裂爪兽	*Schizotherium ordosium*	371
河猪科	Choeropotamidae	270
荷花玉兰	*Magnolia grandiflora*	85
贺夫斯塔特兽	*Hoffstetterius*	280
貉	*Nyctereutes procyonoides*	376
褐喉树懒	*Bradypus variegatus*	343
褐家鼠	*Rattus norvegicus*	362
褐角鸮	*Ketupa zeylonensis*	388
褐马鸡	*Crossoptilon mantchuricum*	87
褐树蛇	*Boiga irregularis*	362
鹤鸵	*Casuarius casuarius*	360
鹤鸵科	Casuariidae	360
鹤鸵目	Casuariiformes	360
鹤形目	Gruiformes	80
黑白仰鼻猴	*Rhinopithecus bieti*	359
黑白疣猴	*Colobus guereza*	352
黑斑羚	*Aepyceros melampus*	353
黑斑羚属	*Aepyceros*	154
黑斑牛羚	*Connochaetes taurinus*	145
黑背胡狼	*Canis mesomelas*	167
黑背燕尾	*Enicurus leschenaulti*	388
黑貂羚羊	*Hippotragus niger*	145
黑耳狨猴	*Callithrix penicillata*	347
黑冠鹤	*Balearica pavonina*	351
黑吼猴	*Alouatta caraya*	347
黑监督吸蜜鸟	*Drepanis funerea*	51
黑角马	*Connochaetes gnou*	352
黑脸黑斑羚	*Aepyceros melampus petersi*	154
黑马羚	*Hippotragus niger*	145

续表

中文名	拉丁名	页码
黑帽长臂猿	*Hylobates pileatus*	32
黑麝	*Moschus fuscus*	144
黑尾鹿	*Odocoileus hemionus*	341
黑纹卷尾猴	*Sapajus libidinosus*	347
黑犀牛	*Diceros bicornis*	353
黑猩猩	*Pan troglodytes*	138
黑猩猩属	*Pan*	132
黑叶猴	*Presbytis françoisi*	31
	Trachypithecus françoisi	31
黑枕黄鹂	*Oriolus chinensis*	87
鸻科	Charadriidae	276
鸻形目	Charadriiformes	80
横纹喷毒眼镜蛇	*Naja nigricincta*	355
红豆杉科	Taxaceae	236
红颊獴	*Herpestes javanicus*	362
红山兽	*Rhodopagus*	161
红疣猴	*Colobus badius*	40
虹银汉鱼科	Melanotaeniidae	355
虹雉	*Lophophorus*	382
猴超科	Cercopithecoidea	136
猴科	Cercopithecidae	132
吼猴	*Allouatta*	81
后弓兽	*Macrauchenia*	280
后弓兽科	Macraucheniidae	280
后兽类	metatherians	239
后兽亚纲	Metatheria	127
厚齿兽科	Pachynolophidae	158
呼气虫属	*Pneumodesmus*	217
狐猴超科	Lemuroidea	301
狐猴科	Lemuridae	355
狐猴类	Lemurs	132
狐猴亚目	Prosimii	132
狐獴	*Suricata suricatta*	93
狐属	*Vulpes*	164
胡桃科	Juglandaceae	370
胡颓子科	Elaeagnaceae	93
湖猿	*Limnopithecus*	371
葫芦科	Cucurbitaceae	354

动物地理学

续表

中文名	拉丁名	页码
巨蛇科	Madtsoiidae	284
巨獭	*Pteronura brasiliensis*	169
巨犀亚科	Indricotheriinae	272
巨蜥科	Varanidae	83
巨虾蟆螈	*Mastodonsaurus giganteus*	232
巨型锯脂鲤	*Megapiranha*	276
巨翼齿兽	*Megalopterodon*	371
巨猿	*Gigantopithecus*	138
巨嘴鸟科	Ramphastidae	342
锯齿龙科	Pareiasauridae	52
锯脂鲤	*Piranha*	276
锯脂鲤科	Serrasalmidae	276
鹃鸿科	Leptosomidae	355
卷柏目	Selaginellales	229
卷角龟科	Meiolaniidae	281
卷角龟属	*Meiolania*	292
卷尾猴属	*Cebus*	81
狷羚亚科	Alcelaphinae	153，155
俊美种子目	Callistophytales	221
卡里兽	*Kalitherium*	158
卡莫亚猿	*Kamoyapithecus*	135
卡廷加蚁鹩	*Herpsilochmus sellowi*	347
开普野狗	*Lycaon pictus pictus*	354
开通科	Caytoniaceae	236
凯门鳄亚科	Caimaninae	342
坎贝兽	*Cambaytherium*	157
坎贝兽科	Cambaytheriidae	157
砍林鸟科	Dendrocolaptidae	347
柯	*Lithocarpus*	386
柯氏西藏熊	*Ursus thibetanus kokeni*	378
科达树	*Cordaites*	229
科达树目	Cordaitales	222
科克顿古蝎	*Pulmonoscorpius kirktonensis*	223
科拉特古猿	*Khoratpithecus*	138
壳斗科	Fagaceae	272
壳椎亚纲	Lepospondyli	225
克什米尔麝	*Moschus cupreus*	144
肯尼亚古猿	*Kenyapithecus*	279

454

中文名	拉丁名	页码
肯尼亚平脸人	*Kenyanthropus platyops*	285
肯尼亚人属	*Kenyanthropus*	285
肯氏海豚科	Kentriodontidae	274
肯氏海豚属	*Kentriodon*	277
肯氏兽	*Kannemeyeria*	234
恐鹤科	Phorusrhacidae	265
恐龙型	dinosauromorph	236
恐马属	*Dinohippus*	160
恐毛猬	*Deinogalerix*	279
恐鸟科	Dinornithidae	292
恐鸟目	Dinornithiformes	281
恐鸟属	*Dinornis*	292
恐犬亚科	Borophaginae	175
恐头兽亚目	Dinocephalia	227
恐象科	Deinotheriidae	182
恐象属	*Deinotherium*	182
苦槠	*Castanopsis sclerophylla*	386
库班猪	*Kubanochoerus*	371
酷比马	*Equus koobiforensis*	160
宽筋藤	*Tinospora sinensis*	394
宽阔额角鹿属	*Libralces*	285
蝰蛇科	Viperidae	283
昆虫纲	Insecta	80
昆明鱼	*Myllokunmingia*	211
阔鼻类	Platyrrhini	132，134
阔齿龙	*Diadectes*	227
拉布拉达龙	*Laplatasaurus*	106
拉米塔龙	*Lametosaurus*	106
莱尼虫	*Rhyniognatha hirsti*	218
莱斯特大地懒	*Lestodon*	280
莱提海牛	*Rytiodus*	279
兰科	Orchidaceae	169
兰州巨獠犀	*Aprotodon lanzhouensis*	371
蓝翅鹅	*Cyanochen cyanoptera*	353
蓝角马	*Connochaetes taurinus*	352
蓝孔雀	*Pavo cristatus*	359
蓝羚羊	*Hippotragus leucophaeus*	145
蓝牛	*Boselaphus tragocamelus*	153

续表

续表

中文名	拉丁名	页码
山薮羚	*Tragelaphus buxtoni*	352
山苇羚	*Redunca fulvorufula*	352
山魈	*Mandrillus sphinx*	38
山羊族	Caprini	154
杉科	Taxodiaceae	236
珊瑚虫类	Anthozoans	228
闪兽科	Astrapotheriidae	280
闪兽目	Astrapotheria	274
上龙	pliosaurs	237
上新短面熊	*Plionarctos*	178
上新鬣灵猫	*Plioviverrops*	173
上新马	*Equus simplicidens*	160
上新猿	*Pliopithecus*	371
猞猁	*Lynx lynx*	88
猞猁属	*Lynx*	88
舌鞘目	Glosselytrodea	229
舌羊齿属	*Glossopteris*	227
蛇颈龙类	plesiosaurs	237
蛇颈龙目	Plesiosauria	233
蛇目	Serpentiformes	80
蛇尾目	Ophiuroidea	214
蛇螈	*Ophiderpeton*	225
射手座管舌雀	*Loxops sagittirostris*	51
麝	*Noschus noschiferus*	87
麝喙兽属	*Moschorhinus*	232
麝科	Moschidae	144
麝牛	*Ovibos moschatus*	95
圣狒狒	*Papio hamadryas*	119
狮	*Panthera leo*	163
狮狨猴	*Leontopithecus caissara*	347
狮尾狒	*Theropithecus gelada*	352
狮尾狒属	*Theropithecus*	285
狮子座鲸属	*Denebola*	277
石楠叉轴蕨	*Eohostimella heathana*	217
石松纲	Lycopodiopsida	222
石松类	lycophytes	219
石蒜科	Amaryllidaceae	86
石炭蚌属	*Carbonicola*	224

续表

中文名	拉丁名	页码
条纹臭鼬	*Mephitis mephitis*	169
条纹林狸	*Prionodon linsang*	162
条纹啄木鸟	*Centurus striatus*	49
跳羚	*Antidorcas marsupialis*	59
跳鼠	*Dipus*	380
铁心木	*Metrosideros*	362
同翅目	Homoptera	80
同形鲨目	Symorida	224
统兽类	archontans	271
头索动物亚门	Cephalochordata	39
秃鹰	*Haliaeetus leucocephalus*	340
突螈属	*Tuditanus*	225
土耳其欧兰猿	*Ouranopithecus turkae*	138
土狼	*Proteles*	162
土豚科	Orycteropodidae	126
兔猴科	Adapidae	133
兔科	Leporidae	293
兔属	*Hypolagus*	293
兔形目	Lagomorpha	80
豚鼠科	Caviidae	286
豚尾狒狒	*Papio ursinus*	352
豚尾叶猴	*Simias*	136
豚足袋狸	*Chaeropus ecaudatus*	143
驼鹿属	*Alces*	88
驼鹿族	Alceini	152
鸵鸟科	Struthionidae	350
鸵鸟属	*Struthio*	377
鸵形目	Struthioniformes	100
蛙蜥类	Batrachosaurs	228
瓦利亚野山羊	*Capra walie*	352
瓦萨氏犬	*Vassacyon*	170
外肛动物门	Ectoprocta	40
弯齿兽下目	Ancodonta	144，149
弯管舌鸟	*Loxops virens*	51
蜿鹫	*Sagittarius serpentarius*	354
完齿兽科	Entelodontidae	147
腕足动物门	Brachiopoda	40
王氏水牛	*Bubalus wansjock*	377

续表

续表

中文名	拉丁名	页码
亚洲直牙象	*Palaeoloxodon namadicus*	264
胭脂鱼科	Catostomidae	342
岩鸧科	Chaetopidae	350
岩鹨科	Prunellidae	336
岩羚	*Oreotragus oreotragus*	352
岩鹛科	Picathartidae	350
岩须属	*Cassiope*	93
眼镜猴超科	Lorisoidea	358
眼镜猴科	Lorisidae	358
眼镜猴类	Lorises	132
眼镜蛇科	Elapidae	283
眼镜蛇属	*Naja*	26
眼镜熊	*Tremarctos ornatus*	89
眼镜熊属	*Tremarctos*	179
眼镜熊亚科	Tremarctinae	178
鼹鼠亚科	Spalacinae	376
雁形目	Anseriformes	80
羊齿系	Aegodontia	153
羊羚族	Naemorhedini	154
羊鹿	*Tragelaphus moroitu*	153
羊牛族	Ovibovini	154
羊驼属	*Vicugna*	144
羊亚科	Caprinae	153，154
阳潭兽	*Yangtanlestes*	145
扬子鳄	*Alligator sinensis*	359
杨柳科	Salicaceae	86
杨属	*Populus*	86
洋海狮属	*Thalassoleon*	277
仰鼻猴	*Rhinopithecus*	85
野马	*Equus ferus*	376
野猪	*Sus scrofa*	87
叶猴属	*Presbytis*	40
叶足动物门	Lobopodia	40
夜行兽科	Nyctitheriidae	271
伊尔丁脊貘属	*Irdinolophus*	160
伊里安齿犀	*Ilianodon*	161
伊特鲁尼亚古熊	*Ursus etruscus*	179
沂蒙兽	*Yimengia*	161

续表

注：本表检索顺序为①汉语拼音字母顺序；②字母顺序相同时，进一步按读音顺序；③读音顺序相同时，进一步按笔画数；④笔画数相同时，进一步按笔画顺序。

附录　广东省长隆慈善基金会简介

　　广东省长隆慈善基金会由广东长隆集团有限公司发起，于 2017 年在广东省民政厅注册成立，是广东省 AAAAA 级慈善基金会。自成立以来，秉承人与自然生命共同体及致力乡村振兴的理念，积极开展动植物保护、科学研究、科普教育、扶危济困、抗震救灾、捐资助学等社会公益事业。

　　长隆慈善基金会积极践行 "绿水青山就是金山银山"理念，持续支持和参与野生动植物保护事业；贯彻落实习近平总书记长江大保护系列重要讲话精神，修复长江水域生态环境，保护生物多样性，开展野生动物救护、保护研究、科普宣传，增强野生动物保护、救护力度，提升中国在野生动物保护方面的国际影响力，最终实现生态保护、生态旅游和乡村振兴的有机结合；积极开展野生动物疾控、繁育等课题攻关；大力普及青少年生物多样性及生命共同体观念；响应国家"一带一路"倡议，在世界范围宣传我国人与自然生命共同体理念。

　　长隆慈善基金会将始终致力于"扶危济困、抗震救灾、动植物保护、捐资助学等社会公益事业，回报社会"的愿景，以人与自然和谐共生为理念，积极推进生物多样性建设，促进乡村振兴、社区可持续发展，推动国家民族富强与人类社会进步。

后　　记

　　终于封笔了……想起 2016 年 12 月以来的日日夜夜，很多次想将笔撂到一旁，自己喝茶去……常常因为一个数字查阅资料耗掉半天时间！因为一个科学判断查证文献耗掉几天时间！尤其是，几十年前看过的某个科学观点引入本著时，寻找证据实在犹如大海捞针……在这个过程中，看到妻子刘萍在默默做饭或者静静做自己的事，尽力营造一个安静环境给我。其身影让我只能一次次埋下头继续工作。欠她太多，无法用个"谢"字来表达内心感受。

　　2012 年夏，产生了写一部《动物地理学》的想法。在那时，只注意到中国学术界缺什么，全然没注意到自己能奉献什么。西南林业大学杨晓军教授极其认同我的想法，并极力鼓励我。所以，他是本书的播种者、施肥人，以及浇水的园丁。在那之后，我把写书的想法逐步落实到写作计划、内容构架，以及文献查阅和思考中。在文献收集过程中，维基百科网站功不可没。网站上无数不知名的人为我免费提供大量的文献资料及古地理地图，并赐予使用许可证，使我得以深刻理解古生物在不同地质时期的区系构成、生存和演化环境。网上化石库 Fossilworks 和 The Paleobiology Database 不但提供大量的化石数据，还有难以获得的早期论文。本书在撰写过程中，相继获得中国科学院动物研究所魏辅文院士、西北大学李保国教授、贵州大学赵元龙教授、中国科学院西双版纳植物园苏涛研究员、中国科学院古脊椎与古人类研究所倪喜军研究员、中山大学范朋飞教授等赐予文献，为拙著增添不少元气。

　　从小就听说过"书到用时方恨少"。小达灵顿在其著作的前言中自问自答："谁应该来写动物地理学？如果要求作者把动物地理学的所有方面都深刻了解，没有人能担此重任。"许多年前看到这个自问自答时，我以为他仅仅是在表达谦虚。在本书撰写过程中，我明白了，那是在困境中艰难前行者发出的呻吟！由于知识的片面性，难以将与动物地理分布相关的各种知识融汇起来解释某些特定现象，此时作者犹如身处荆棘丛中……在这种困境中，得到西南林业大学魏爱英博士和中国科学院西双版纳植物园苏涛研究员的悉心指导，去除了初稿中的错误；他们在地质学和古植物学上的专业知识增强了本书在地质学、古地理学以及古植物学方面相关论述的科学性。

　　除了知识的片面性，作图技能不足也令人苦恼。为了做出准确的草图，在古地理底图的基础上，经过魏爱英博士指导，爱徒李谦和刘卓涛根据书稿文字叙述，在底图上进行准确标注。由于要求苛刻，他们常常几易其稿，投入大量时间和心血。

　　作者深刻了解自己的知识不足以及可能带来的谬误。因此，避免谬误始终是不敢忘